FORTSCHRITTE DER CHEMIE ORGANISCHER NATURSTOFFE

PROGRESS IN THE CHEMISTRY OF ORGANIC NATURAL PRODUCTS

PROGRÈS DANS LA CHIMIE DES SUBSTANCES ORGANIQUES NATURELLES

HERAUSGEGEBEN VON   EDITED BY   RÉDIGÉ PAR

L. ZECHMEISTER
CALIFORNIA INSTITUTE OF TECHNOLOGY, PASADENA

ZWANZIGSTER BAND
TWENTIETH VOLUME   VINGTIÈME VOLUME

VERFASSER   AUTHORS   AUTEURS

G. BASCHANG · J. H. BIRKINSHAW · K. FREUDENBERG · O. R. GOTTLIEB
J. B. HARBORNE · J. E. HEARST · N. H. HOROWITZ · S. L. MILLER
W. B. MORS · C. R. NARAYANAN · O. SCHINDLER · C. E. STICKINGS
M. TAVEIRA MAGALHÃES · J. VINOGRAD · K. WIESNER

MIT 33 ABBILDUNGEN   WITH 33 FIGURES   AVEC 33 ILLUSTRATIONS

WIEN · SPRINGER-VERLAG · 1962

LIBRARY OF CONGRESS CATALOG CARD NUMBER AC 39-1015

ISBN-13: 978-3-7091-7155-4   e-ISBN-13: 978-3-7091-7153-0
DOI: 10.1007/978-3-7091-7153-0

Herausgeber und Verlag sprechen ihren besten Dank den Autoren und Lesern aus, die das Erscheinen der ersten zwanzig Bände dieser Sammlung ermöglicht haben.

The Editor and the Publishers wish to thank the authors and readers who have made it possible to publish the first twenty volumes of this Series.

Le rédacteur ainsi que les éditeurs tiennent à remercier les auteurs et lecteurs qui ont rendu possible la publication des vingt premiers volumes de cette série.

Inhaltsverzeichnis.
Contents. — Table des matières.

Die Ubichinone (Coenzyme Q). Von O. SCHINDLER, Forschungsinstitut Dr. A. Wander A.-G., Bern 73

Aminozucker, Synthesen und Vorkommen in Naturstoffen. Von GERHARD BASCHANG, Max-Planck-Institut für medizinische Forschung, Heidelberg, und The Rockefeller Institute, New York

Nitrogen-containing Metabolites of Fungi.

By J. H. Birkinshaw and C. E. Stickings, London.

Contents.

I. Introduction.

A considerable number of fungal metabolites have now been isolated and characterised which contain nitrogen as a constituent part of the molecule. The molecular structure of these nitrogenous metabolites has in many cases been determined. The time is now ripe for an attempt to arrange these substances in some sort of order, based on constitution, and to review any evidence available relating to their biosynthesis, in the hope of throwing some light on the fundamental processes of nitrogen incorporation and exchange as exemplified in fungal metabolism.

In undertaking this task, we shall not deal specifically with either the commoner amino-acids, vitamins and co-factors, or macro-molecules such as the nucleic acids and proteins since these are fundamental requirements of all forms of life and are presumably produced by similar methods wherever they occur in nature. It is mainly in the products of intermediate complexity that we may find the key to the special synthetic abilities of the fungi.

Other microorganisms, such as actinomycetes and bacteria, appear in general to produce different groups of metabolites. Their activities in nitrogenous metabolism will in any case not be reviewed here, but reference will be made to a few cases where the biosynthetic processes appear to be following parallel lines.

II. Compounds Containing Acyclic Nitrogen.

1. Amines.

List and his collaborators have examined some of the higher fungi for volatile bases. Thus *Coprinus micaceus* (86) yielded eight volatile amines, the corresponding amino-acids of which were also detected. *Polyporus sulfureus* (87) afforded the following known amines: methylamine, dimethylamine, ethylamine, *n*-propylamine, *iso*-amylamine, colamine and phenylethylamine. All these bases represent decarboxylation products of the amino-acids which are also present in the fungus, with the exception of dimethylamine, the corresponding amino-acid of which, sarcosine, could not be detected.

In *Coprinus atramentarius* (88) on the other hand, there were only a few bases which could be regarded as simple decarboxylation products of the numerous amino-acids present. Of the volatile amines only phenylethylamine and *iso*-amylamine could be detected. Histamine, which is of frequent occurrence in fungi, was lacking, but urocanic acid, imidazolylacetic acid, imidazolylpropionic acid and imidazolylethanol were all detected chromatographically. The authors conclude that some of the specific decarboxylases which presumably produce the respective bases from the amino-acids in the other fungi are lacking in *C. atramentarius*.

These and other bases derivable from amino-acids have also been isolated from ergot *(Claviceps purpurea)* (*130*). Dimethylamine is also produced in the fruiting-body of the stinkhorn, *Phallus impudicus* (76). Trimethylamine has been reported from several fungi; presumably it arises from breakdown of choline (p. 4).

A number of hydroxy-amines and their derivatives have been obtained from fungi. Ethanolamine (I) is a constituent of phosphatides as in other organisms. N-methylethanolamine (II) was isolated from a *Neurospora crassa* mutant by HOROWITZ (*72*) and is probably a precursor of choline. A C-dimethylethanolamine (III) was isolated from *N. crassa* (*52*).

Sphingolipides (lipides containing sphingosine and related hydroxy-amines) are widely distributed in nature. The animal sphingolipides contain sphingosine (IV) and dihydrosphingosine (V), characterised by two hydroxyl groups. In plants and fungi, however, the analogous bases usually contain three hydroxyl groups. The amino group is acylated in all cases, usually with a long-chain hydroxylated fatty acid. In the case of animals and higher plants, the sphingolipides also contain carbohydrate and/or phosphate; the fungal members of the group, known as cerebrins, are simple amides of the base with hydroxy-acids, but it is not certain whether they exist in this form in vivo, since in many cases the extraction process has involved autolysis or hydrolysis. There is evidence of binding to phosphate in yeast (*107*).

$H_2NCH_2CH_2OH$ (I.) Ethanolamine.

$CH_3NHCH_2CH_2OH$ (II.) N-Methyl-ethanolamine.

$H_2NCH_2C(CH_3)_2OH$ (III.) 2,2-Dimethylethanolamine.

H_2NCHCH_2OH

     $\lfloor$—$CHOH$—$CH{=}CH(CH_2)_{12}CH_3$ (IV.) Sphingosine.

H_2NCHCH_2OH

     $\lfloor$—$CHOH(CH_2)_{14}CH_3$ (V.) Dihydrosphingosine.

H_2NCHCH_2OH

     $\lfloor$—$CHOH$—$CHOH(CH_2)_nCH_3$ (VI.) (a) $n = 13$, C_{18}-Phytosphingosine.
                                    (b) $n = 15$, C_{20}-Phytosphingosine.

$CH_3(CH_2)_xCHOH$—$CONH$—$CHCH_2OR$

                  $\lfloor$—$CHOH$—$CHOH(CH_2)_nCH_3$

              (VII.)

   $x = 21$ or 23; $n = 13$ or 15.
   (a) $R = H$, Cerebrin. (b) $R = PO_3H_2$, Cerebrin phosphate.

Fungal cerebrin was isolated first by ZELLNER (*166*) from *Amanita muscaria*. The cerebrin bases have been the subject of much study. REINDEL et al. (*121, 122*) studied yeast cerebrin base and concluded that it had a C_{20} formula. ODA (*104–106*) investigated cerebrins from an un-named mould and gave a C_{18} formula (VIa). CARTER et al. (*36*), isolating a sphingosine-like substance for the first time from a higher plant in 1954, also arrived at the same C_{18} formula. On the basis of comparisons of physical properties of the base and derivatives, they decided that REINDEL's substance was identical with theirs and suggested the name "phytosphingosine". However, a thorough re-examination of yeast cerebrin-base by PROŠTENIK and STANAĆEV (*117*) definitely favoured the C_{20} formula for this substance. Periodate oxidations established the structure as (VIb). The authors do not exclude the possibility that small amounts of a C_{18}-base may also be present. The position has been clarified by the use of a gas chromatographic method developed by Sweeley (*137, 138*), in which the fatty aldehydes resulting from periodate oxidation are separated. The yeast lipid studied by Sweeley was thus shown to contain C_{18}-phytosphingosine (59%) and C_{20}-phytosphingosine (38%), and also 3% dihydrosphingosine. (Similarly, there is evidence of small amounts of C_{20}-bases in at least one of the plant phosphatides, which are predominantly C_{18}-bases.) There are, therefore, several fungal cerebrins. Oda and Kamiya (*107*) have shown that autolysed yeast contains cerebrin as a phosphate ester. Analysis, by methods similar to those already described, established that both C_{18}- and C_{20}-phytosphingosine were present.

Several long-chain acid components have been found in fungal sphingolipides; one of the main components is 2-hydroxy-*n*-hexacosanoic acid. Proštenik (*116*) has presented evidence that this has the *D*-configuration. Oda (*104–106*) described two cerebrins derived from 2-hydroxy-*n*-tetracosanoic acid (cerebronic acid) and 2,3-dihydroxy-*n*-tetracosanoic acid, while the crude cerebrin also yielded lignoceric acid (*n*-tetracosanoic acid). The cerebrin phosphate of Oda and Kamiya (*107*) contained cerebronic acid and 2-hydroxy-hexacosanoic acid in the proportion 3:1.

The major part of yeast cerebrin can, therefore, be depicted by the formula (VIIa) and the phosphate by (VIIb) (p. 3).

Wickerham and Stodola (*144*) obtained tetraacetyl-C_{18}-phytosphingosine from cultures of the yeast *Hansenula ciferri*. It was produced extracellularly, and was obtained from some, but not all, unisexual colonies, but only in very low yield from the stock culture.

2. Quaternary Ammonium Compounds.

Quaternisation of ethanolamine gives choline (VIII), again a common constituent of phosphatides in fungi as in other organisms. Acetylcholine (IX), of such importance in animal nerve metabolism, was found in ergot by Ewins (*56*) and was also obtained from *Amanita muscaria* by Kögl et al. (*80*). Another ester of choline, choline sulphate (X), was first obtained from the mycelium of *Aspergillus sydowi* by Woolley and Peterson (*162*). Surveys by Harada and Spencer (*63*) and Ballio et al. (*16*) have shown that it is produced in relatively large amounts by a wide variety of Ascomycetes and all the Basidiomycetes and Fungi Imperfecti, but not by the Endomycetales division of Ascomycetes, nor by any Phycomycetes or Bacteria. Spencer and Harada (*128*) showed that choline sulphate is derived from adenosine 3'-phosphate-

5'-sulphatophosphate and choline, and suggest that it functions as a store of easily assimilated sulphate in an activated state.

$(CH_3)_3\overset{+}{N}CH_2CH_2OH(Cl^-)$ (VIII.) Choline.

$(CH_3)_3\overset{+}{N}CH_2CH_2OCOCH_3(Cl^-)$ (IX.) Acetylcholine.

$(CH_3)_3\overset{+}{N}CH_2CH_2OSO_3^-$ (X.) Choline sulphate.

$(CH_3)_3\overset{+}{N}CH_2CHCH_2CHOHCHCH_3(Cl^-)$ (XI.) Muscarine.

$\overline{O}$

$(CH_3)_3\overset{+}{N}CH_2CH_2CH_2CHOHCHOHCH_3(Cl^-)$ (XII.) Muscaridine.

$(CH_3)_3\overset{+}{N}CHCH_2CH=\!=\!=CH$
$|||$
${}^-OOCNHN$
$\backslash/$
CH

(XIII.) Hercynine.

$(CH_3)_3\overset{+}{N}CHCH_2C=\!=\!=CH$
$|||$
${}^-OOCNHN$
$\backslash/$
C
$|$
SH

(XIV.) Ergothioneine.

Muscarine, derived from the fly-agaric *Amanita muscaria*, has long been known to be responsible for the toxicity of the fungal extracts to flies. Muscarine is obtained in higher yield from other fungi, e. g. *Inocybe patouillardi* (*53*, *55*). The structure has been investigated by KÖGL et al. (*78*) and by EUGSTER (*54*). KÖGL et al. (*80*) modified EUGSTER's proposed structure and allocated to muscarine structure (XI). This has now been confirmed by synthesis and the absolute configuration has been determined (*64*).

The history and chemistry of muscarine has recently been reviewed by WILKINSON (*157*).

A new alkaloid, in addition to muscarine and acetylcholine, was extracted from *Amanita muscaria* by KÖGL et al. (*81*) and called muscaridine. It was obtained only in very small yield (300 mg. of the chloroaurate from 1035 kg. fly-agaric). The structure was established as (XII). It can be seen that muscarine is a substitution product of choline, whilst muscaridine is a reduction product of muscarine.

Some fungal betaines are known, of which special mention should be made of ergothioneine (XIV) isolated first from ergot, and also found in mammalian blood. Hercynine (herzynine) (XIII), the closely related histidine betaine, was recorded many years ago from *Boletus edulis* (*159*) and *Amanita muscaria* (*84*). Recently LIST and co-workers have noted the occurrence of hercynine and ergothioneine together in the fungus *Coprinus comatus* (*85*), and also in the seminal fluid of the boar, in cattle erythrocytes and in the crab *Limulus polyphemus* (*7*).

It is suggested that the biosynthetic route is, histidine → hercynine →
→ ergothioneine.

3. Nitro- and Nitroso-Compounds.

One fungal product, β-nitropropionic acid (XV) contains the nitro-
group, which is most unusual in natural products. β-Nitropropionic
acid, first isolated as hiptagenic acid, a constituent of two plant glycosides,
and later as the toxic principle of the legume *Indigofera endecaphylla* (*96*),
has been reported as a metabolite of several species of fungi: *Aspergillus
flavus* (*34, 35*), *A. oryzae* (*102*), and more recently from *Penicillium
atrovenetum* by Raistrick and Stössl (*119*). The yields in the last case
were surprisingly large, the maximum yield on Raulin-Thom medium,
in which the nitrogen is supplied as ammonium salts being over 1 mg.
per ml. of culture fluid after 8 days incubation. Birch et al. (*26*) have
studied the biosynthesis of β-nitropropionic acid. *P. atrovenetum* was

$$O_2N—CH_2—CH_2—COOH$$

(XV.) β-Nitropropionic acid.

grown on Raulin-Thom medium, containing, in turn, [^{14}C]β-alanine
NaH$^{14}CO_3$, and [4-^{14}C]($\pm$)aspartic acid. Radioactivity was incorporated
into the β-nitropropionic acid only from the last two substances. With
NaH$^{14}CO_3$ 97% of the label was located in the 1-position. From the
labelled aspartic acid 96% of the label was in the 1-position and none
in the 2-position, as indicated in *Chart 1*. This result indicates the
incorporation of aspartic acid as a unit into the β-nitropropionic acid.

$$\overset{\times}{HOOC}—CH_2—CH—COOH \longrightarrow \overset{\square}{H}\overset{\times}{OOC}—CH_2—CH_2—NO_2$$
$$\underset{NH_2}{|} \qquad \qquad \qquad \qquad (XV.)$$
$$\underset{NaHCO_3}{\square}$$

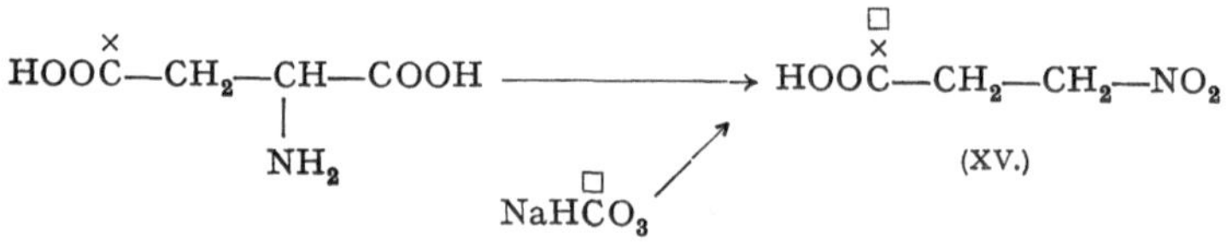

Chart 1. Biosynthesis of β-Nitropropionic Acid.

No information is available as to the manner in which the amino-group becomes
oxidised to the nitro-group.

For some further data on β-nitropropionic acid see also the survey by
Pailer (*109a*) published in this Series.

Another fungal metabolite which contains an unusual group is
p-methylnitrosamine benzaldehyde (XVI) which was obtained by
Herrmann (*65*) from *Clitocybe suaveolens*.

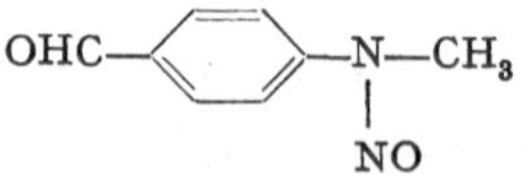

$$OHC—\overset{}{\underset{}{\boxed{}}}—N—CH_3$$
$$\underset{NO}{|}$$

(XVI.) *p*-Methylnitrosamine benzaldehyde.

4. Polyacetylenes Containing Nitrogen.

The number of known naturally occurring polyacetylenes is now very large (*127, 28a*), and several have been found in Basidiomycetes. Many of these have terminal carboxyl or ester groups, but in a few cases the group is modified and contains nitrogen.

$$HOCH_2—C\equiv C—C\equiv C—C\equiv C—CONH_2 \qquad \text{(XVII.) Agrocybin.}$$

$$HOOC—HC=CH—C\equiv C—C\equiv C—CONH_2 \qquad \text{(XVIII.) Diatretyne-I.}$$

$$HOOC—HC=CH—C\equiv C—C\equiv C—CN \qquad \text{(XIX.) Diatretyne-II.}$$

Thus agrocybin (XVII) (*74, 15*) from *Agrocybe dura* and diatretyne-I (XVIII) (*8, 15*) from *Clitocybe diatreta* contain the simple amide group, and diatretyne-II (XIX) is the nitrile corresponding to diatretyne-I (*9, 15*).

The simple amide group is not particularly common in natural products; among more complex amides, the group of insecticidal isobutylamides derived from plants includes two acetylenic compounds, anacyclin and dehydroanacyclin (*43*).

The nitrile group is also unusual, outside the group of plant cyanoglycosides, and so far as we know diatretyne-II is the sole example of a fungal nitrile.

III. Oligopeptides.

Fungal protein contains the common amino-acids, but a number of unusual amino-acids have been obtained from fungi. They are present as peptides, the term being here used in the wider sense to include those metabolites containing as building units either amino-acids only or amino-acids and other organic acids attached by the peptide-CONH-linkage.

The simplest example of this class is *D*L-fumarylalanine of structure (XX), m. p. 229°, isolated from the culture fluid of *Penicillium resticulosum* by BIRKINSHAW et al. (*28*). The occurrence of this product in the racemic form was somewhat unexpected but *DL*-alanine had previously been recorded by WINTERSTEIN and REUTER (*160*) as present in an aqueous extract obtained from the higher fungus *Boletus edulis*.

$$HOOC—CH=CH—CO—NH—CH—COOH$$
$$|$$
(XX.) Fumarylalanine. $\qquad CH_3$

The genus *Fusarium* has provided several examples of peptide metabolites. These have been isolated and studied in the course of investigations on the cause of wilting of plants attacked by fungi. It has been found that the wilting is produced by certain fungal metabolites, some of which are of peptide nature. Thus lycomarasmine, $C_9H_{15}O_7N$, obtained from the culture filtrate of *Fusarium lycopersici* shows a strong wilting action. First isolated by Plattner and Clauson-Kaas (*111*) it affords on acid hydrolysis 1 mol. each of NH_3, glycine, aspartic acid and pyruvic acid. As working hypothesis the components of lycomarasmine are considered to be glycine, glyceric acid and asparagine. The exact method in which these are fitted together, however, still presents an unsolved problem.

Structural formulae proposed by Plattner et al. (*112*) and by Woolley (*161*) are open to various objections and a further attempt to resolve the structural problem by Brenner et al. (*31*) by a synthetic approach led to no final solution. Structures (XXI) and (XXII) are possibilities but neither explains the properties satisfactorily. Structure (XXII) might rearrange to the tautomeric structure (XXIII); the final product of rearrangement would be (XXIV), which cannot explain all the properties of lycomarasmine. The synthesis of (XXII) was attempted and probably successful. There was no evidence of tautomerisation to (XXIII), probably because (XXIII) is unstable and therefore cannot be lycomarasmine.

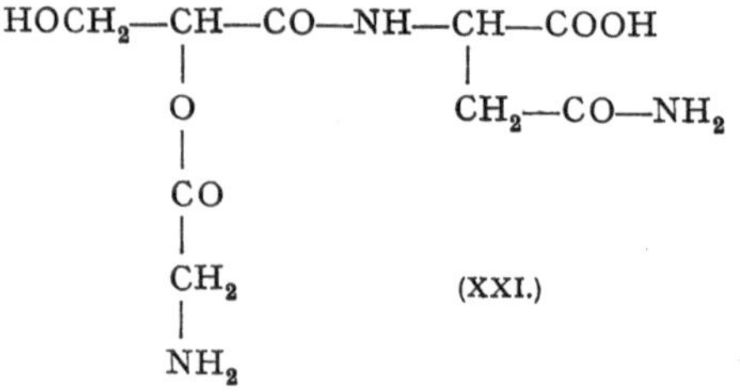

$$HOCH_2—CH—CO—NH—CH—COOH$$

(structures XXI, 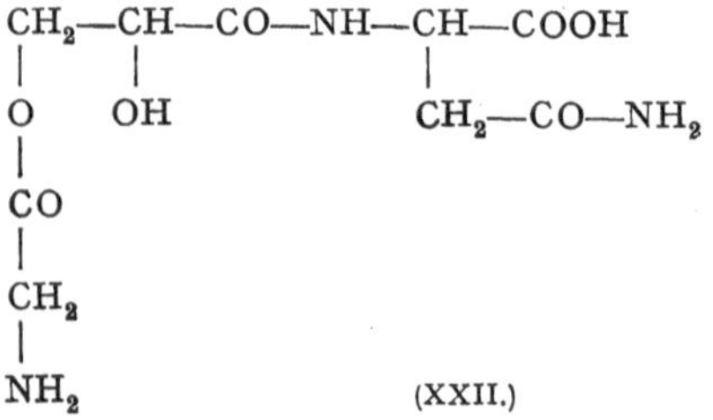 XXII, 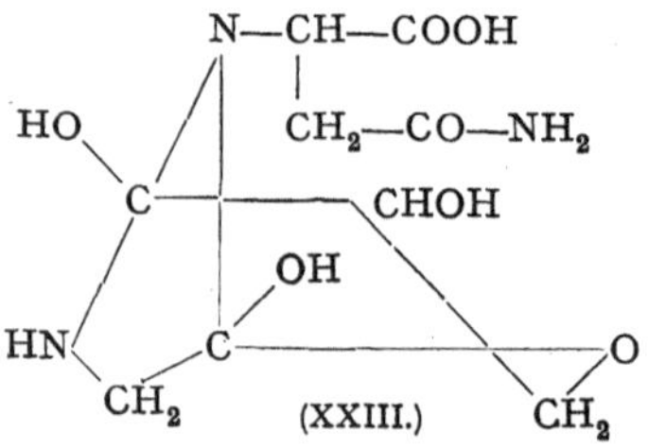 XXIII, 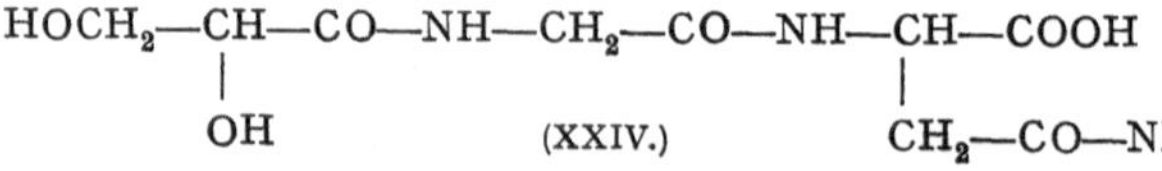 XXIV as drawn)

```
HOCH2—CH—CO—NH—CH—COOH
        |              |
        O          CH2—CO—NH2
        |
        CO
        |
        CH2          (XXI.)
        |
        NH2
```

```
CH2—CH—CO—NH—CH—COOH
 |   |            |
 O   OH       CH2—CO—NH2
 |
 CO
 |
 CH2
 |
 NH2          (XXII.)
```

```
        N—CH—COOH
       / \  |
  HO  /   \ CH2—CO—NH2
      C————CHOH
      |    OH
  HN /  C————————O
     CH2  (XXIII.)  CH2
```

```
HOCH2—CH—CO—NH—CH2—CO—NH—CH—COOH
        |                      |
        OH      (XXIV.)    CH2—CO—NH2
```

From *Fusarium culmorum* another very active wilting agent was obtained by Kiss et al. (*75*) and given the name of culmomarasmin. It has decomp. p. 215—218°, contains C, H, O, N, S, Cl and, on amino-acid analysis by the method of Stein and Moore, the acid hydrolysate reveals the presence of the following components: cysteine, leucine, serine, asparagine, glycine, alanine, valine, allo-isoleucine, proline, threonine. It is thus a complex polypeptide.

PLATTNER et al. (*114*) obtained from five species or strains of *Fusaria* two polypeptides which showed antibiotic action against *Mycobacterium tuberculosis*. These were enniatin A, $C_{24}H_{42}O_6N_2$ m. p. 121–122° and enniatin B, $C_{22}H_{38}O_6N_2$ m. p. 173–175°.

Enniatin B on acid hydrolysis affords 2 mol. of N-methyl-*L*-valine (XXV) and 2 mol. of *D*-α-hydroxy*iso*valeric acid (XXVII) whilst on alkaline hydrolysis it gives *D*-α-hydroxy*iso*valeryl-N-methyl-*L*-valine (XXVI) together with the corresponding lactone 4-methyl-3 : 6-di-*iso*propyl-2 : 5-diketomorpholine (XXVIII). On the basis of these reactions the cyclic structure (XXIX) is allocated to enniatin B. It will be noted that it contains ester linkages as well as peptide linkages. The name "depsipeptides" has been suggested for this group of compounds (*126*).

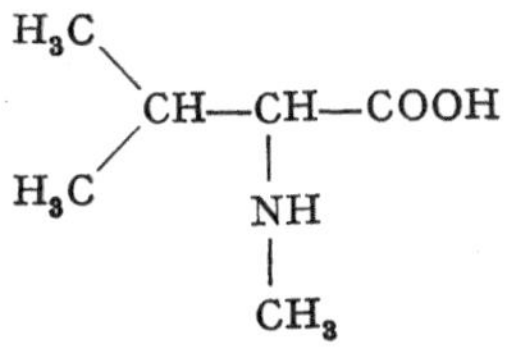

(XXV.) N-Methyl-*L*-valine.

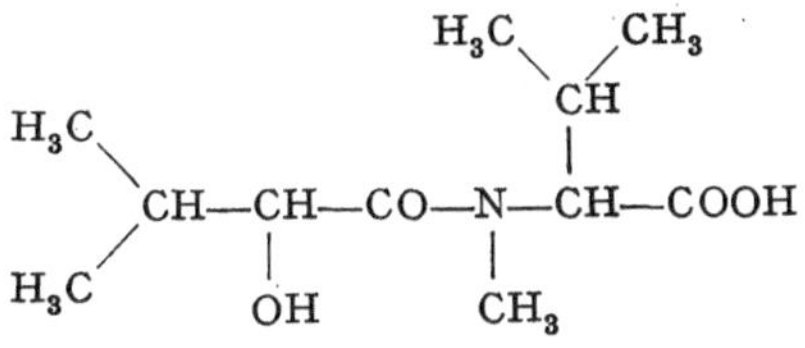

(XXVI.) *D*-α-Hydroxy*iso*valeryl-N-methyl-*L*-valine.

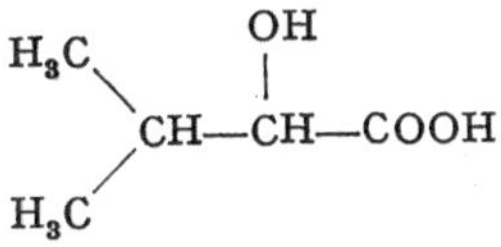

(XXVII.) *D*-α-Hydroxy*iso*valeric acid.

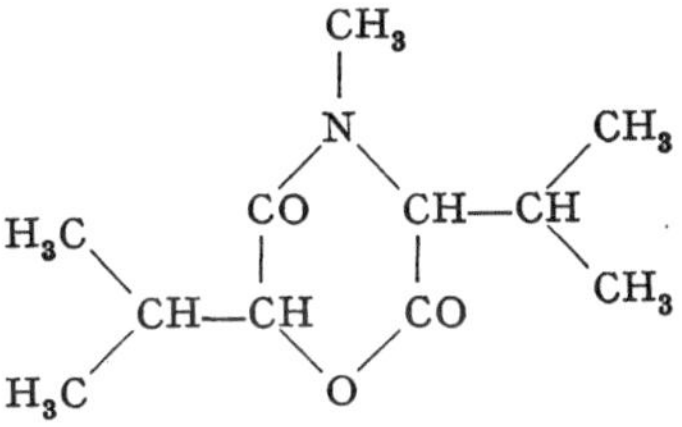

(XXVIII.) 4-Methyl-3 : 6-di*iso*propyl-2 : 5-diketomorpholine.

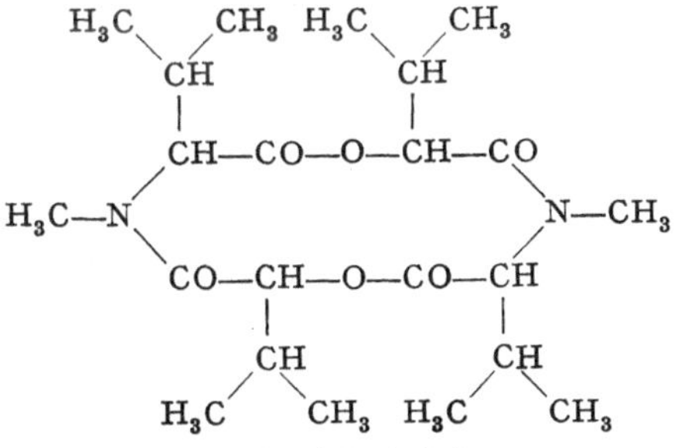

(XXIX.) Enniatin B.

Enniatin A is degraded to *D*-α-hydroxyisovaleric acid (2 mols.) and to N-methyl-*L*-isoleucine (2 mols.) and is therefore assigned a similar 12-membered ring structure of the form (XXX).

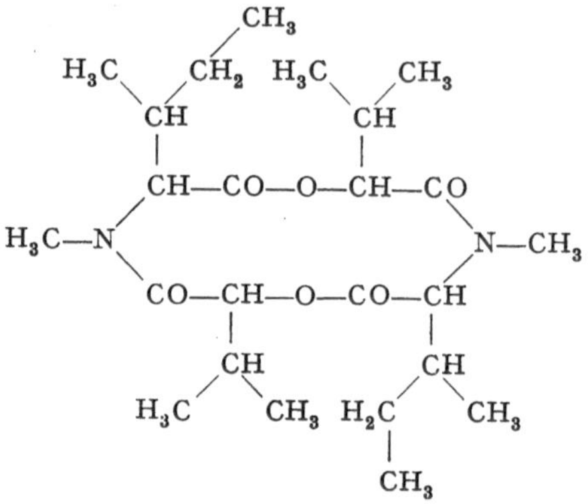

$$
\begin{array}{c}
CH_3 \\
H_3C \quad CH_2 \quad H_3C \quad CH_3 \\
CH \qquad\qquad CH \\
| \qquad\qquad\quad | \\
CH-CO-O-CH-CO \\
H_3C-N \qquad\qquad\qquad N-CH_3 \\
CO-CH-O-CO-CH \\
| \qquad\qquad\quad | \\
CH \qquad\qquad CH \\
H_3C \quad CH_3 \quad H_2C \quad CH_3 \\
CH_3
\end{array}
$$

(XXX.) Enniatin A.

Cook et al. (*41*) also investigated polypeptide antibiotics from a number of *Fusarium* species. The structures were not completely elucidated, but the results of degradations indicated that they were related to the enniatins.

Russell (*125*) has studied the metabolites of the pasture fungus *Sporidesmium bakeri* Syd. [= *Pithomyces chartarum* (Berk. and Curt.) Ellis]. This fungus is associated with a facial eczema of ruminants. One metabolite isolated from cultures, named sporidesmolide I, is probably formed in the natural habitat also. It can be split quantitatively by alkaline hydrolysis into almost equal amounts of two acids, sporidesmolic acids A and B, which are probably *L*-α-hydroxy-*iso*valeryl-*D*-valyl-*D*-leucine and *L*-α-hydroxy*iso*valeryl-*L*-valyl-N-methyl-*L*-leucine. Russell suggests the 18-membered ring structure (XXXI) for sporidesmolide I. Another metabolite, sporidesmolide II, appears to be a homologue in which the *D*-valine residue is replaced by *D*-isoleucine.

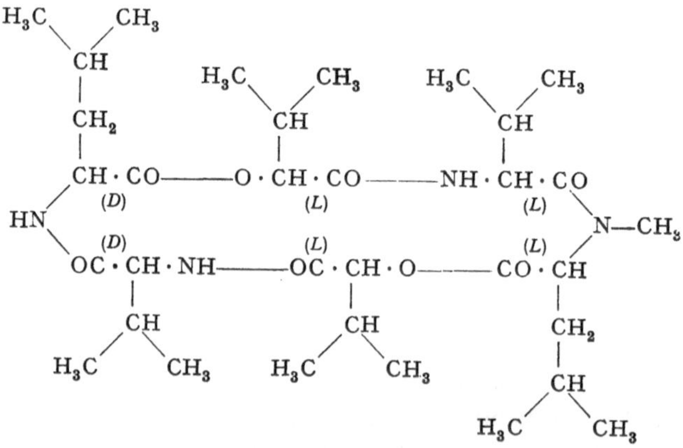

$$
\begin{array}{c}
H_3C \quad CH_3 \\
CH \\
| \\
CH_2 \qquad H_3C \quad CH_3 \qquad H_3C \quad CH_3 \\
| \qquad\qquad CH \qquad\qquad CH \\
CH \cdot CO \longrightarrow O \cdot CH \cdot CO \longrightarrow NH \cdot CH \cdot CO \\
\quad (D) \qquad\qquad (L) \qquad\qquad (L) \\
HN \qquad\qquad\qquad\qquad\qquad N-CH_3 \\
\quad (D) \qquad\qquad (L) \qquad\qquad (L) \\
OC \cdot CH \cdot NH \longrightarrow OC \cdot CH \cdot O \longrightarrow CO \cdot CH \\
| \qquad\qquad\quad | \qquad\qquad\quad | \\
CH \qquad\qquad CH \qquad\qquad CH_2 \\
H_3C \quad CH_3 \quad H_3C \quad CH_3 \qquad CH \\
H_3C \quad CH_3
\end{array}
$$

(XXXI.) Sporidesmolide I.

These structures are very similar to those of enniatins A and B. It is interesting that the hydroxy-acid in this case is *L*-α-hydroxy-*iso*valeric acid. All four compounds are derivable from the three "neutral" amino-acids, valine, leucine and isoleucine, or their deamination products. These three amino-acids appear as probable biosynthetic units in several other fungal metabolites, e. g. penicillin (XCI, p. 28), tenuazonic acid (XLIII, p. 15), aspergillic acid and other products from *A. flavus* (LXXXI–LXXXIV, p. 24), pulcherrimin (cf. LXXXV) and some ergot alkaloids (LII–LVI, p. 18).

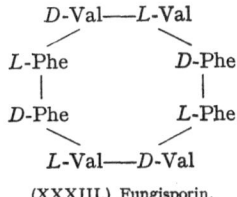

(XXXII.) Valinomycin.

Depsipeptides, frequently with antibiotic activity, are also produced by bacteria and actinomycetes. In most cases these are more complex than the above fungal products, and contain other groupings in addition to hydroxy- and amino-acids, but the antibiotic valinomycin (XXXII) produced by *Streptomyces fulvissimus* bears many resemblances to the enniatins and sporidesmolides, consisting of two molecules each of *D*- and *L*-valine, *L*-lactic acid and *D*-α-hydroxy*iso*valeric acid arranged to form a 24-membered ring (*32*). The molecule is derivable from valine, alanine and their deamination products.

Fungisporin, a sublimable component of the spores of some fungi, has been examined by MIYAO (*95*). It has the empirical formula $(C_{14}H_{18}O_2N_2)_x$ and is a polypeptide containing equal numbers of molecules of valine and phenylalanine. The molecular weight by isothermal distillation was 980 giving a formula (Phe, Val)$_4$. It is a cyclic polypeptide since it shows no infrared bands at 2100–2400 and at 1400 cm.[-1]

```
        D-Val——L-Val
       /              \
   L-Phe              D-Phe
     |                  |
   D-Phe              L-Phe
       \              /
        L-Val——D-Val
```

(XXXIII.) Fungisporin.

which are given by NH_3^+ and COO^- groups. The amino-acid sequence was studied by hydrolysis and isolation of various polypeptides. The complete structure seems to be (XXXIII).

Considerable attention has been directed to the toxins of *Amanita phalloides* owing to the highly poisonous nature of this fungus. Six toxins have been isolated: phalloidin, phalloin, phallacidin and α-, β- and γ-amanitin. These are chemically related and are all to be regarded as cyclopeptides, consisting of only a few amino-acids, the molecular weight being of the order of 1000. They all contain a sulphur atom in the molecule, belonging to a cysteine unit that is present neither as thiol group nor as disulphide bridge. They have in common an indole chromophore.

The structure of phalloidin has been completely determined by Wieland and co-workers (*154, 155*). Previous work had shown that

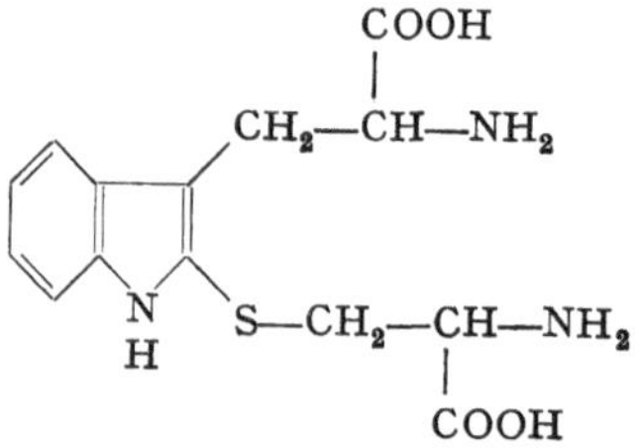

(XXXIV.) 2-(β-Amino-β-carboxyethylthio)-tryptophan.

this cyclic peptide contains alanine, threonine, allo-hydroxyproline and 2-(β-amino-β-carboxyethylthio)-tryptophan (XXXIV).

Compound (XXXIV) decomposes on acid hydrolysis into 2-hydroxy-tryptophan and cysteine. On boiling an alcoholic solution of phalloidin with Raney-nickel, sulphur is eliminated and a non-toxic cyclopeptide, desthiophalloidin, is formed that gives on hydrolysis tryptophan in place of hydroxytryptophan, and alanine for cysteine. Summing the named components in various simple proportions did not give a total formula fitting the analytical figures. Search for the missing amino-acid(s) in the hydrolysate showed that a lactone-forming amino-acid was present which according to the conditions could be neutral or basic. It had the same R_F in the lactone form as alanine, hence had previously been overlooked. The substance was found to be the lactone of γ,δ-dihydroxyleucine (XXXVII).

Earlier results indicated that the new amino-acid was present in phalloidin as the unsaturated compound (XXXVI), but periodate oxidation of phalloidin yields formaldehyde and "ketophalloidin" (XL), a toxic peptide which on hydrolysis affords α-aminolaevulinic acid in place of the lactone (XXXVII). The amino-acid is, therefore, present as γ,δ-dihydroxyleucine (XXXV).

References, pp. 33—40.

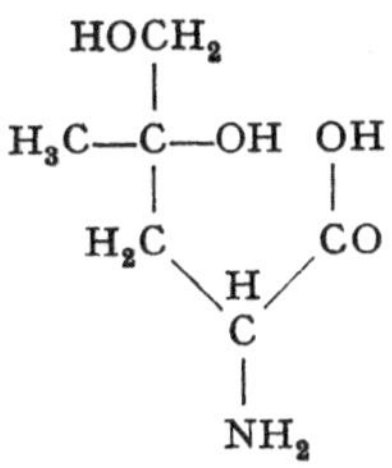

$$\begin{array}{ccc}
\text{HOCH}_2 & \text{HOCH}_2 & \text{HOCH}_2 \\
| & | & | \\
\text{H}_3\text{C—C—OH} \quad \text{OH} & \text{H}_3\text{C—C} \qquad \text{OH} & \text{H}_3\text{C—C————O} \\
| \qquad\qquad | & \| \qquad\qquad | & | \qquad\qquad | \\
\text{H}_2\text{C} \qquad\quad \text{CO} & \text{HC} \qquad\quad \text{CO} & \text{H}_2\text{C} \qquad\quad \text{CO} \\
\diagdown\text{H}\diagup & \diagdown\text{H}\diagup & \diagdown\text{H}\diagup \\
\text{C} & \text{C} & \text{C} \\
| & | & | \\
\text{NH}_2 & \text{NH}_2 & \text{NH}_2 \\
\end{array}$$

(XXXV.)   (XXXVI.)   (XXXVII.) γ,δ-Dihydroxyleucine lactone.

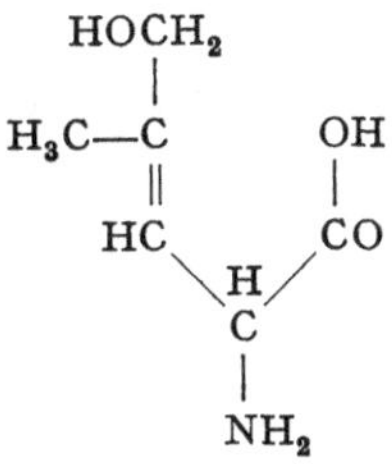

γ,δ-Dihydroxyleucine.

Stepwise degradation of the peptide chain by known methods establishes the structure (XXXVIII) for phalloidin. All of the seven amino-acid units have the L-configuration, except for D-threonine. The new amino-acid is L-erythro-γ,δ-dihydroxyleucine.

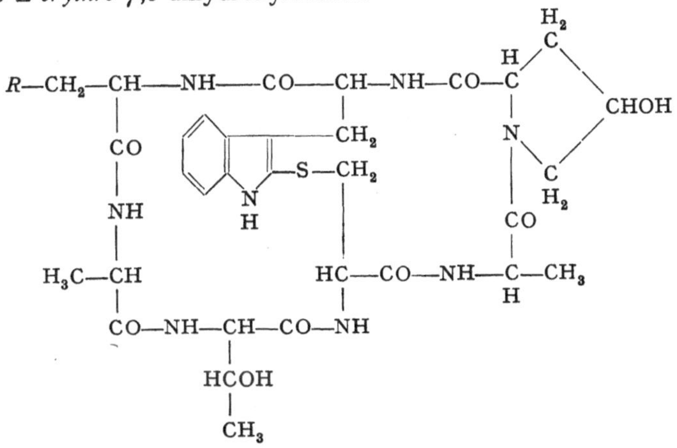

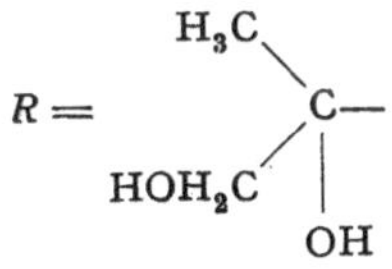

(XXXVIII.) Phalloidin. 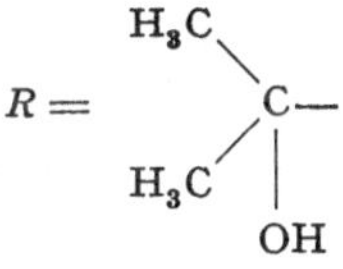   (XXXIX.) Phalloin.   (XL.) "Ketophalloidin".

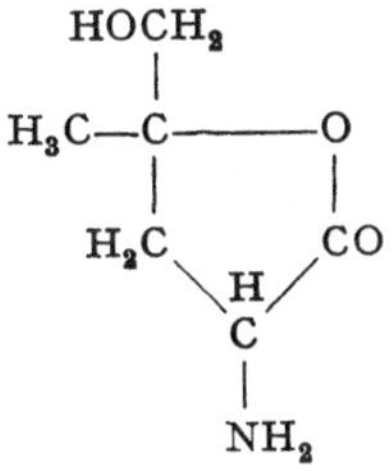

The toxin phalloin is present in *Amanita phalloides* in very small amount, together with the main toxin phalloidin which it closely resembles. The acid hydrolysis products are identical except that the lactone (XXXVII) is replaced by the lactone of γ-hydroxyleucine (*146*). The structure of phalloin is therefore (XXXIX).

Another toxin of this series, phallacidin, has been reported recently by WIELAND (*147*). It is acidic, but is otherwise similar in structure and properties to phalloidin.

Progress has been made towards synthesis of phalloidin and phalloin. Wieland, Freter and Gross (*150*) have synthesised a model linear hepta-peptide which contains the thioether bridge. The model contains the amino-acids of phalloin in the correct order, except that *L*-allo-hydroxyproline, *D*-threonine and *L*-γ-hydroxyleucine are replaced by *L*-hydroxyproline, *L*-threonine and *L*-isoleucine.

Less is known about the amanitins. These have been investigated by H. and Th. Wieland and collab. (*145, 156, 153, 149, 148*). α-Amanitin, $C_{39}H_{50(52)}O_{14}N_{10}S$, the most poisonous constituent of *Amanita phalloides* is a cyclic heptapeptide. The acid hydrolysate contains glycine, *L*-aspartic acid, isoleucine, cysteine and cysteic acid, γ-hydroxyproline, a reducing tryptophan derivative and a new amino-acid $C_7H_{15}O_4N$. This was isolated as the lactone hydrochloride and recognised as β-methyl-γ,δ-dihydroxyleucine (XLI).

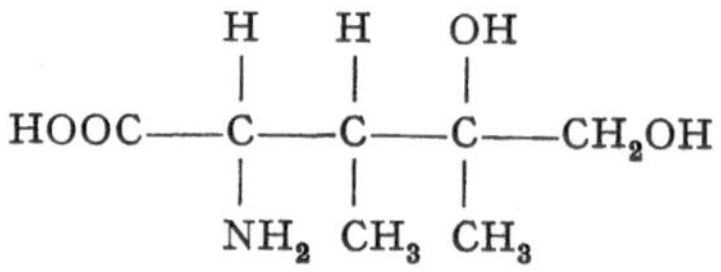

(XLI.) β-Methyl-γ,δ-dihydroxyleucine.

α-Amanitin is the amide of β-amanitin.

γ-Amanitin is probably closely related to α- and β-amanitin. The ring of α-amanitin as in phalloidin appears to be bridged by a —S— link. Although the nature of the bridge is uncertain, all the constituents not involved in this linkage are known with certainty.

Islanditoxin is a toxic metabolite produced by *Penicillium islandicum*. It was investigated in Japan as a causative agent of liver damage in animals fed on rice infected with *P. islandicum*. Marumo (*91, 92*) found that islanditoxin, $C_{25}H_{33}O_8N_5Cl_2$, was a cyclic polypeptide consisting of 5 amino acids viz. 2 serine, *L*-α-aminobutyric acid, β-phenyl-β-amino-propionic acid, and dichloroproline, and ascribed to it the structure (XLII).

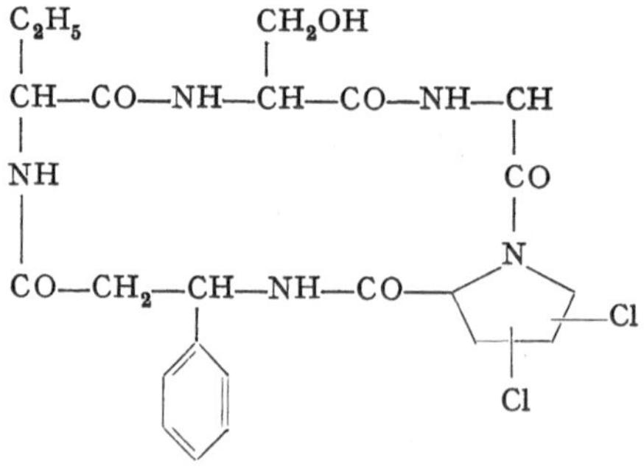

(XLII.) Islanditoxin.

IV. Heterocyclic Nitrogen Compounds.

1. Pyrrole Derivatives.

Tenuazonic acid was obtained from *Alternaria tenuis* by STICKINGS and co-workers (*123*) and was allocated the structure (XLIII) (*131*). When the mould was grown in presence of [1-^{14}C]acetate, tenuazonic acid was produced with the primary labelling on carbon atoms 2 and 6 and the remainder of the labelling on $C_{(4)}$ and $C_{(10)}$ (*133*). STRASSMAN et al. (*135*) found that the corresponding atoms in isoleucine were equally labelled when *Torulopsis utilis* was grown on [1-^{14}C]acetate. It seems probable that tenuazonic acid is synthesised from two molecules of acetate and one of isoleucine, the pathway to isoleucine being similar to that found in *Torulopsis*.

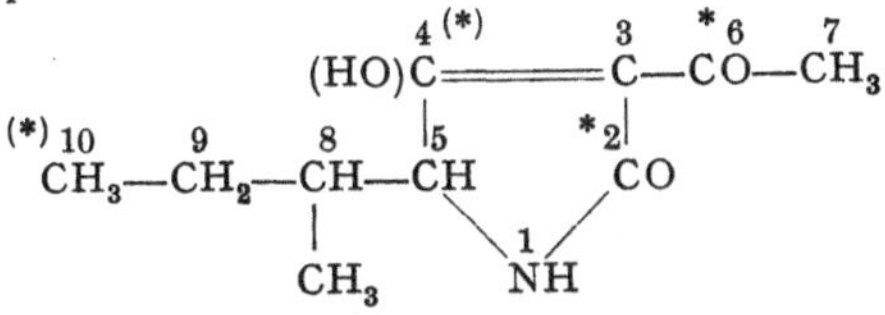

(XLIII.) Tenuazonic acid.

* Main labelling from [1-^{14}C]acetate.
(*) Minor labelling from [1-^{14}C]acetate.

Proline and derivatives are constituents of some fungal peptides, e. g. culmomarasmin, phalloidin (XXXVIII, p. 13), islanditoxin (XLII) and some ergot alkaloids (Chart 2, p. 18).

2. Simple Indole Derivatives.

For the occurrence of simple indoles in plants see STOWE (*134a*).

The amino-acid tryptophan, itself an indole derivative, is a common constituent of proteins and is a recognised product of fungal metabolism. The conversion of indole to tryptophan by condensation with serine is well-established, and the enzyme system responsible for this synthesis can be extracted from wild-type *Neurospora* (*142*).

Several more complex fungal metabolites which contain the indole nucleus are mentioned elsewhere, e. g. echinulin, phalloidin, the amanitins, and the ergot alkaloids.

The pigment indigo has been obtained from a mutant culture of *Schizophyllum commune* by MILES et al. (*94*). The fungus was grown in a synthetic medium containing thiamine with ammonium ion as source of nitrogen. The pigment was obtained as a suspension in the culture fluid and was also present in the mycelium. It was identical

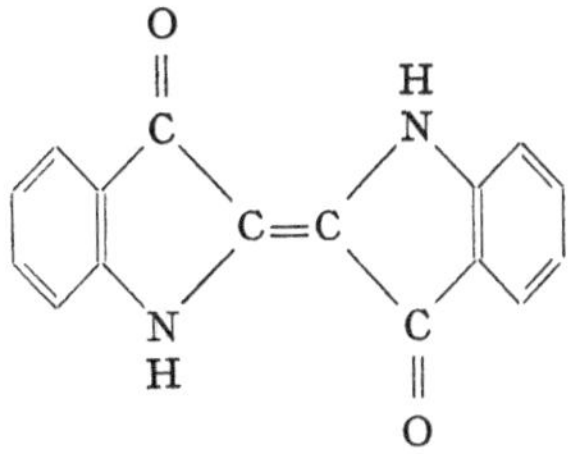

(XLIV.) Indigo.

with synthetic indigo (XLIV). This is the first authentic record of indigo production by a fungus, although certain bacteria are able to produce it when supplied with indole. Possibly the fungus also carries out the biosynthesis by way of indole, which it is presumably capable of producing for itself.

Bufotenin (5-hydroxy-N-dimethyltryptamine) (XLV) previously known in nature as a constituent of the skin secretions of toads was isolated by WIELAND et al. (*152*) from extracts of the higher fungus *Amanita mappa* (= *citrina*) and was also detected in other *Amanita* species.

(XLV.) Bufotenin.

Synthetic 5-hydroxytryptophan is not attacked by liver extracts which convert tryptophan to kynurenie but in contrast to tryptophan is decarboxylated by a protein from dog or guinea-pig kidney. Since the hydroxy amino acid is present in the secretion of the toad *Bufo marinus*, this acid may be the precursor of the amine and hence of the N-dimethyl derivative. There is, however, no definite evidence for the occurrence of 5-hydroxytryptophan in *Amanita citrina* where a similar course might be envisaged. This observation of WIELAND does, however, increase the probability of the suggestion of EK and WITKOP (*51*) that an alternative path for the biological oxidation of tryptophan is by way of oxidation in the 5-position.

Further examples of indole derivatives are psilocybin and psilocin, psychotomimetics obtained from *Psilocybe* species and from *Stropharia cubensis*. The Mexican magic-fungus Teonanácatl has been used for centuries by the priests in tribal and religious ceremonies to produce illusions and hallucinations. From *Psilocybe mexicana* grown in the laboratory HOFMANN (*68*) obtained an active extract which was further purified chromatographically. Two active substances were thus obtained in the pure state, psilocybin and psilocin. The constitution of these products was determined by HOFMANN et al. (*71*). Psilocybin has the structure 4-phosphoryloxy-ω-N,N-dimethyltryptamine (XLVI) and is thus the first indole derivative containing phosphorus to be discovered in nature.

Psilocin (XLVII) is dephosphorylated psilocybin.

These structural formulae were confirmed by synthesis. The preparation of synthetic psilocybin can now be undertaken as a commercial process, more easily than the product can be extracted from fungal material.

(XLVI.) Psilocybin.

(XLVII.) Psilocin.

These products are structurally closely related to other naturally occurring tryptamine derivatives such as pirotonin and bufotenin. Psilocybin and psilocin show, however, one remarkable structural difference from the other hydroxylated tryptamines found in nature in having the hydroxyl group (actual or potential) in the 4-position, whereas in the other natural products the hydroxyl is in the 5-position. The Mexican drugs are thus more closely related to the alkaloids of ergot, also substituted in position 4.

3. Ergot Alkaloids.

The fungus *Claviceps purpurea* (ergot), grown either naturally on various Gramineae (especially rye) or in laboratory culture, produces a group of alkaloids which form a closely-related series among themselves but are not at first sight related to other groups of nitrogen compounds produced by fungi.

Reviews of the chemistry of these compounds have appeared recently (*69, 67, 57, 134*), and only certain aspects will be considered here.

All the ergot alkaloids (with one exception) are derived from the ergoline nucleus (XLVIII). In the one exception, chanoclavine (secaclavine?) (LXII), ring *D* is broken in the 6–7 position.

The well-known alkaloids derived from natural ergot (*Chart 2*, p. 18) consist of six derivatives (L–LV) of lysergic acid (XLIX), together with the corresponding derivatives of isolysergic acid which differs only in the

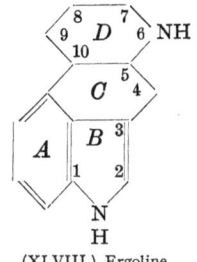

(XLVIII.) Ergoline.

configuration about $C_{(8)}$; the isolysergic acid derivatives are practically inactive biologically; their names end in -inine.

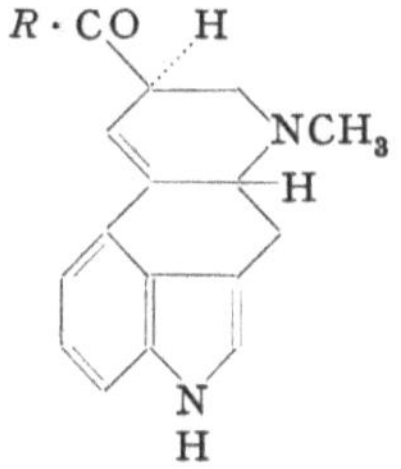

(XLIX.) Lysergic acid. $R = OH$.

(L.) Ergometrine. $R = CH_3CH—NH—$
                               CH_2OH

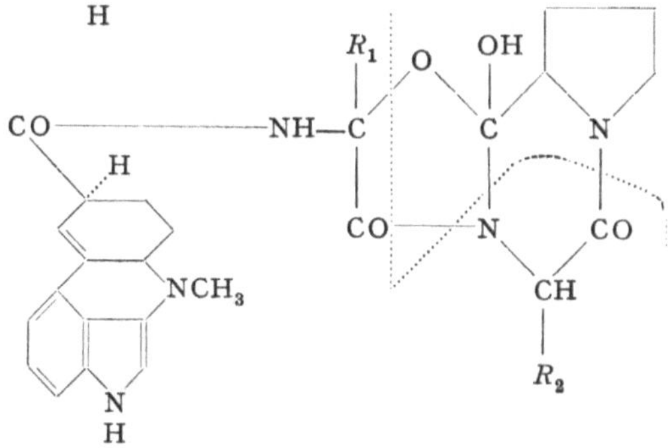

	R_1	R_2
(LI.) Ergotamine	CH_3	$C_6H_5CH_2$
(LII.) Ergosine	CH_3	$(CH_3)_2CHCH_2$
(LIII.) Ergocristine	$(CH_3)_2CH$	$C_6H_5CH_2$
(LIV.) Ergokryptine	$(CH_3)_2CH$	$(CH_3)_2CHCH_2$
(LV.) Ergocornine	$(CH_3)_2CH$	$(CH_3)_2CH$

Chart 2. Ergot Alkaloids: Peptide Group.

Abe et al. (*1–3*) and Rossbach et al. (*124*) have obtained ergometrine and peptide-type alkaloids from laboratory cultures of *C. purpurea* on liquid media. In addition, Abe et al. (*3*) obtained a new alkaloid ergosecalinine of probable structure (LVI), with indications that ergosecaline was also present.

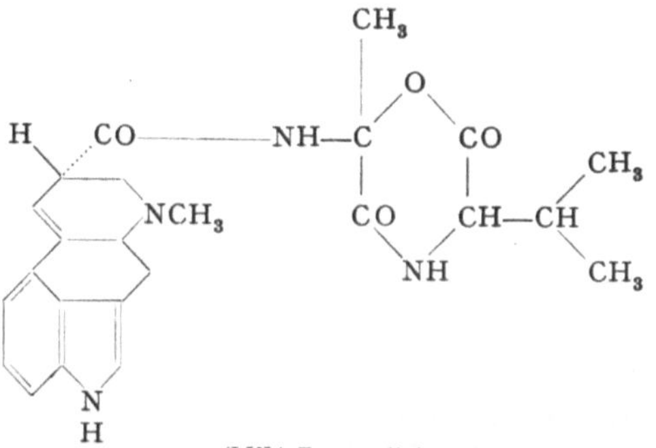

(LVI.) Ergosecalinine.

The main products of laboratory culture, however, have been a series of bases of general formula (LVII), clearly closely related to lysergic acid. They are shown in *Chart 3* (LVIII–LXVIII, p. 20) which depicts the stereochemical details where these have been established, and some chemical interconversions. In each of the three bracketed pairs, the relationship corresponds to that between lysergic and isolysergic acids. Chanoclavine (LXII), the one exception to the general formula, clearly belongs to this series. ABE et al. (*3*) state that secaclavine ("alkaloid X") (*4*) appears to be identical with chanoclavine (*70*).

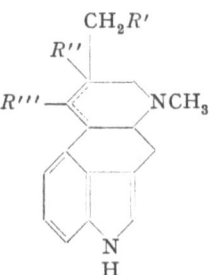

(LVII.) Clavine group. *R'*, *R''*, *R'''* = H or OH.

A recent survey by SPILSBURY and WILKINSON (*129*) indicated that a wide variety of fungi produce alkaloids in artificial culture. In particular, good yields of indole alkaloids were obtained from a culture of *Aspergillus fumigatus* grown on a malt-lactose-asparagine medium. The major component was named fumigaclavine A, $C_{18}H_{22}O_2N_2$, and was shown to be an acetyl derivative of one of the minor components fumigaclavine B, $C_{16}H_{20}ON_2$. Another minor component was shown to be festuclavine (LXVI). Fumigaclavine B is dehydrated on heating with soda-lime to lysergine, an isomer of agroclavine (LXIII), which can be hydrogenated to festuclavine. The structure (LXIX) is proposed for fumigaclavine B, and fumigaclavine A would then be the O-acetyl derivative.

Paper chromatography indicates that fumigaclavine B is also produced by *Rhizopus arrhizus*.

Considerations of possible biosynthetic pathways to these ergot alkaloids show their relationship to other nitrogen compounds (see *97*, *98*). MOTHES et al. (*99*) and TABER and VINING (*139*) have shown that tryptophan can act as a precursor of lysergic acid. MOTHES et al. (*99*) and BIRCH and SMITH (*27*) suggested that the remainder of the molecule could arise from mevalonate *(Chart 4)*. GRÖGER et al. (*62*, *60*) demonstrated high incorporation of both [β-¹⁴C]tryptophan and [2-T]- and [4-T]-mevalonic acid* into clavine alkaloids, but incorporation of [2-¹⁴C]-acetate was much lower and that of [*carboxy*-¹⁴C]tryptophan was negli-

---

* T = tritium.

2*

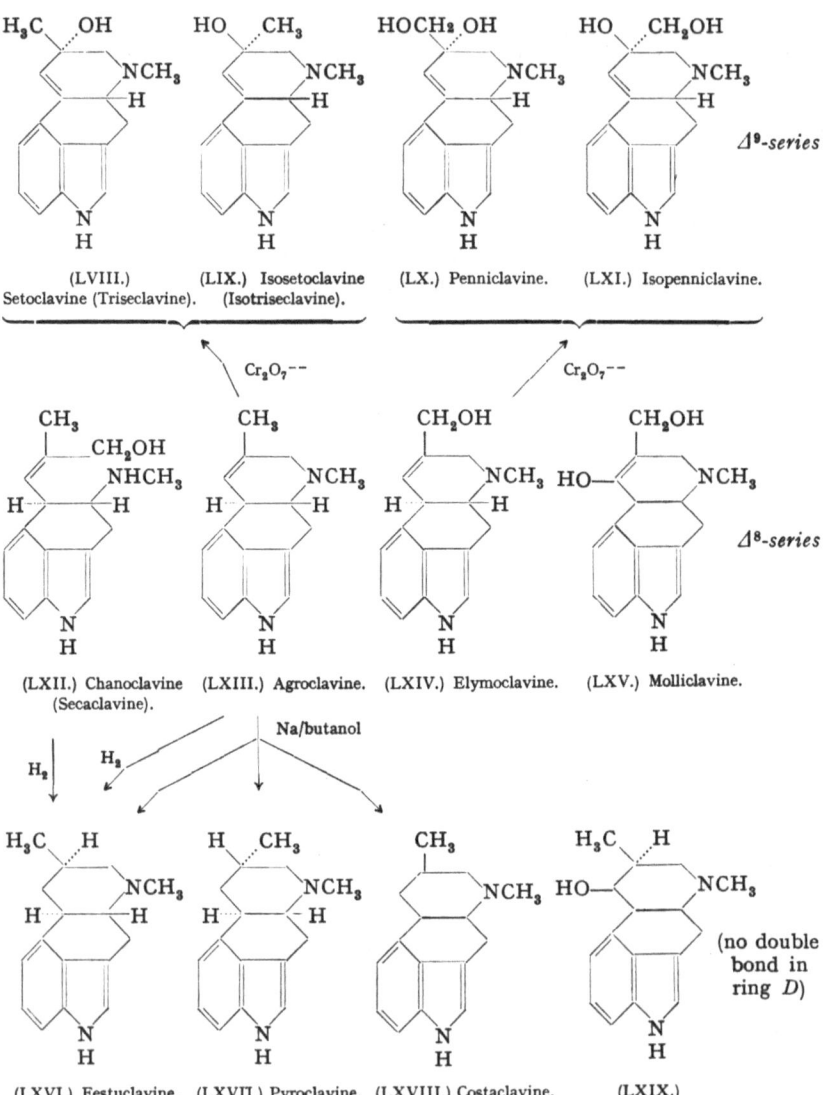

Chart 3. Clavine Alkaloids: with the exception of fumigaclavine B (from *Aspergillus fumigatus*), these are all produced by *Claviceps purpurea.*

gible. Similarly, high incorporation of [2-¹⁴C]mevalonate into lysergic acid was shown by Taylor and Ramstad (*140*).

Birch, McLoughlin and Smith (*25*) have shown that radioactivity is incorporated into agroclavine (LXIII) and elymoclavine (LXIV) from [2-¹⁴C]mevalonic lactone, [1-¹⁴C]acetate and [2-¹⁴C]acetate. Results of partial degradation indicate support for the presence of a terpenoid fragment in the molecules.

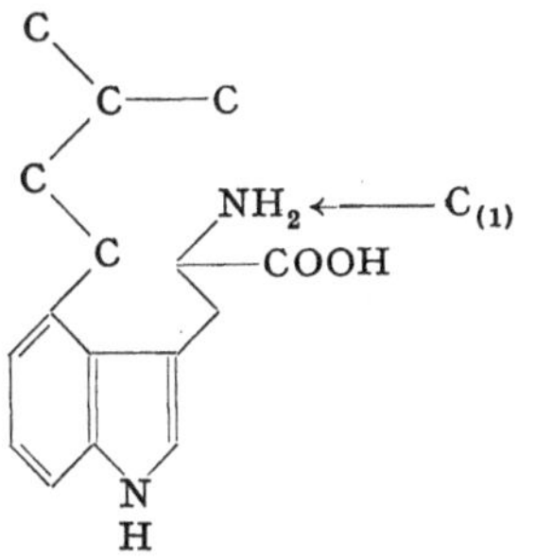

Chart 4. Biosynthesis of Lysergic Acid and Clavine Alkaloids.

ABE et al. (*4, 5*; see *132*) suggested that the lysergic acid and clavine series arise in the fungus via a common, intermediate aldehyde, which is either oxidised to lysergic acid or reduced to agroclavine and elymo-clavine followed by oxidation and reduction analogous to the reactions shown in Chart 3. There is no biochemical evidence for this theory. It has been pointed out by MOTHES (*97*) that "ring *D*" of chano-clavine (LXII) (secaclavine) is broken at a point consistent with the biosynthetic scheme shown in Chart 4. It is possible that chanoclavine is an intermediate in the formation of agroclavine, and that lysergic acid is a further oxidation product. Ergometrine (L) and the peptide group of alkaloids would then be formed by further condensation. The dotted lines in Chart 2 (p. 18) indicate the possible origin of the peptide moiety from proline; alanine or valine; and phenylalanine or leucine or valine. However, GRÖGER and MOTHES (*61*) were unable to find any improvement in yield of alkaloids on injecting any of these amino-acids into ergot-bearing rye plants.

4. Pyridine Derivatives.

Dipicolinic acid (LXX) was first isolated from natural sources by UDO (*141*) who obtained it from the slime of "Natto", a Japanese food preparation from soya beans inoculated with *Bacillus natto*. POWELL (*115*) demonstrated that the loss in dry weight of spores of *B. megatherium* during germination was due to the release of dipicolinic acid to the medium.

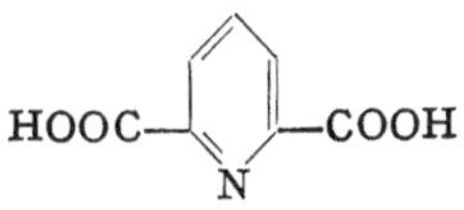

(LXX.) Dipicolinic acid.

Ooyama et al. (*108*) obtained from the culture fluid of a *Penicillium* (probably *P. citreo-viride*) grown on synthetic medium a crystalline acid of m. p. 232° (corr.) which proved to be dipicolinic acid.

The "bakanae" fungus *Fusarium heterosporium* excretes a growth-promoting and a growth-inhibiting substance for rice seedlings. Yabuta et al. (*165*) obtained the growth inhibitor as colourless plates, $C_{10}H_{13}O_2N$, m. p. 108–109°, and named it fusaric acid. They concluded from its chemical properties and degradation products that it might be 5-butyl- or 5-*sec*butylpicolinic acid. Plattner et al. (*113*) described the isolation of fusaric acid from *Fusarium lycopersici*, *F. vasinfectum* and *Gibberella fujikuroi* and showed that it was identical with synthetic 5-*n*-butyl-pyridine-2-carboxylic acid (LXXI). Dehydrofusaric acid (LXXII) was also produced. Fusaric acid causes wilting by destroying the differential permeability of leaf cells. It proved to be a virotoxin in *Fusarium* wilt.

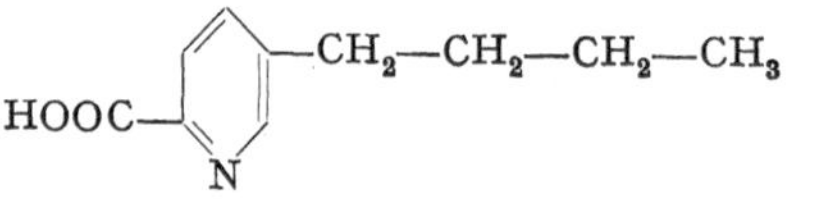

(LXXI.) Fusaric acid. 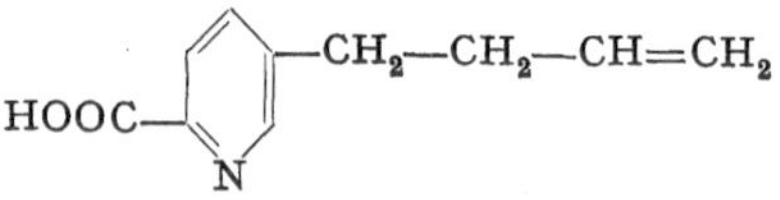   (LXXII.) Dehydrofusaric acid.

5. Quinoline Derivatives.

Viridicatin, $C_{15}H_{11}O_2N$, was first obtained from the mycelium of *Penicillium viridicatum* by Cunningham and Freeman (*44*). Bracken et al. (*30*) isolated it as a product of *P. cyclopium* and by degradation established its structure as (LXXIII). They also isolated cyclo-

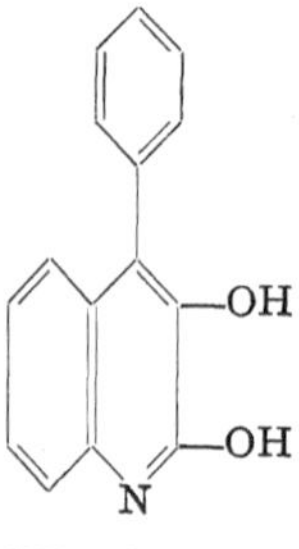

(LXXIII.) Viridicatin. 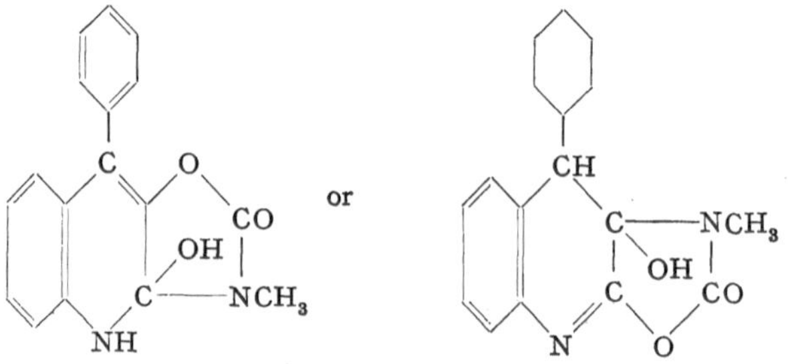   (LXXIVa.)   Cyclopenin.   (LXXIVb.)

penin, $C_{17}H_{14}O_3N_2$, which is readily decomposed in the cold by dilute mineral acids with the formation of one molecule each of carbon dioxide, methylamine and viridicatin. Piecing together these constituents in such a way as to arrive at a structure which would account for the properties of cyclopenin, in particular its optical activity, they arrived at the alternative structures (LXXIV a or b) with a slight preference for (b).

6. Azanthracene Derivative.

Phomazarin, $C_{18}H_{17}O_6N$, a pigment obtained by KöGL and SPAREN-BURG (82) from the mycelium of *Phoma terrestris* was allocated an azanthraquinone structure with the substituents (*n*-butyl), (—OH)$_2$, (—OCH$_3$), and (—COOH). Further work on the constitution by KöGL et al. (79, 83) led to two azanthraquinone structures (LXXV a or b) as alternative possibilities.

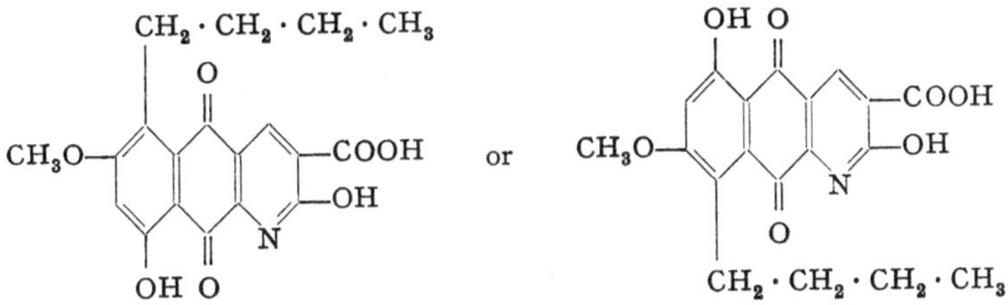

(LXXVa.)   Phomazarin.   (LXXVb.)

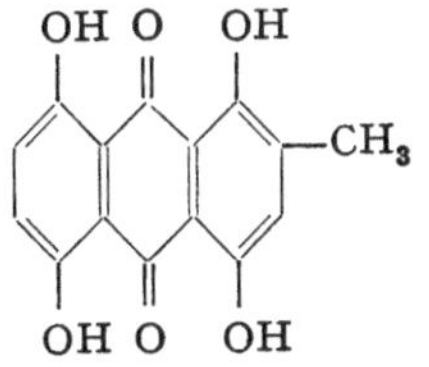

(LXXVI.) Cynodontin.

Recently, WRIGHT and SCHOFIELD (163) were unable to obtain the pigment using the same species, grown under the same conditions. BIRCH et al. (22), however, found that cultures from the same source produced the pigment, but not invariably. Both groups also obtained the anthraquinone cynodontin (LXXVI) from the same organism. Preliminary work on the biosynthesis indicates that eight acetate units are involved, together with a grouping arising possibly from glycine and carbon dioxide (22, 19). The distribution of activity, and spectral evidence support structure (a) rather than (b).

7. Phenoxazone Derivatives.

A red nitrogenous pigment has been obtained by several workers from the fungus *Coriolus sanguineus* (synonyms: *Polyporus cinnabarinus*, *P. sanguineus*, *Polystictus sanguineus*, *P. cinnabarinus*, *Trametes cinnabarina*). It has been described under the names polystictin and cinnabarin. Cinnabarin has the empirical formula $C_{14}H_{10}O_5N_2$. By degradation and spectroscopic studies CAVILL et al. (38) showed that it contained a phenoxazone nucleus and later (39, 40) assigned to it the structure (LXXVII).

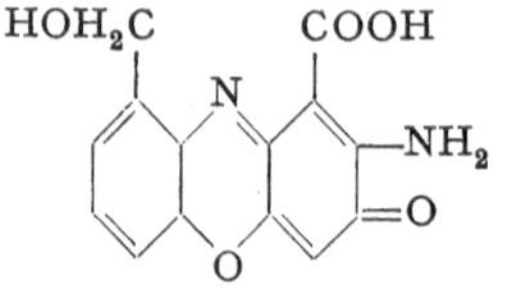

(LXXVII.) Cinnabarin.

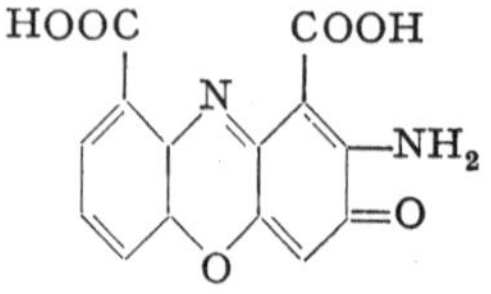

(LXXVIII.) Cinnabarinic acid.

GRIPENBERG (59) in an independent investigation ultimately arrived at the same structure. He also obtained from the same fungus cinnabarinic acid to which he assigns structure (LXXVIII) in which the hydroxymethyl group of cinnabarin is replaced by carboxyl. Cinnabarin and cinnabarinic acid are thus related to the insect pigments known as ommachromes, e. g. xanthommatin (LXXIX) and to the actinomycins (LXXX).

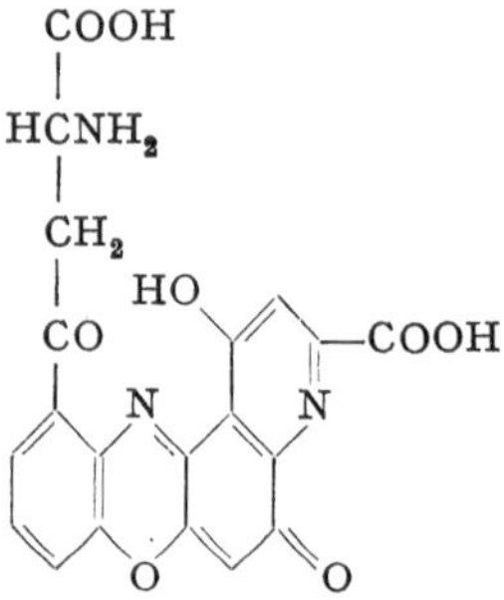

(LXXIX.) Xanthommatin.

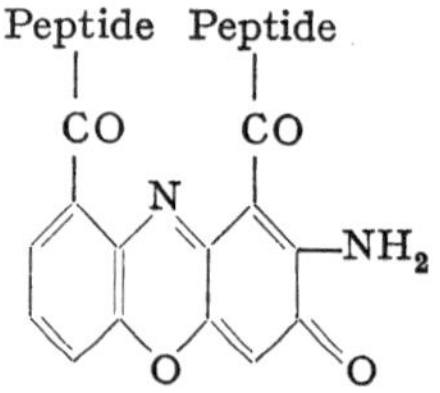

(LXXX.) Actinomycins.

It is significant that cinnabarinic acid may be obtained synthetically by oxidative coupling of two molecules of 3-hydroxyanthranilic acid. The biosynthesis of the type of structure represented by these phenoxazone derivatives may well follow the same pattern since 3-hydroxyanthranilic acid has been shown to be produced by *Neurospora* (29) and is a precursor of nicotinic acid.

8. Pyrazine Derivatives.

Various members of the pyrazine series are encountered as mould metabolites. Aspergillic acid (LXXXI) and hydroxyaspergillic acid

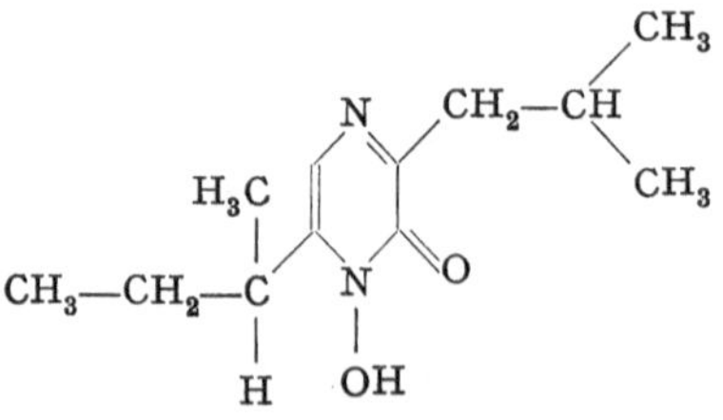

(LXXXI.) Aspergillic acid.

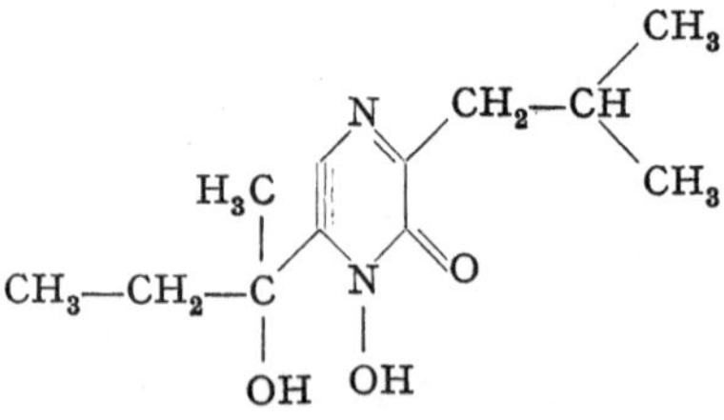

(LXXXII.) Hydroxyaspergillic acid.

(LXXXII) are obtained from *Aspergillus flavus*, one or other of the products predominating in the culture filtrate according to the medium employed and the conditions of culture.

The first indication of the presence of aspergillic acid in a culture filtrate was obtained from the bactericidal action shown by the solution (*143*). It was isolated by GLISTER (*58*) and was subjected to chemical examination by several groups of workers. The complete structure of the two acids was finally established by DUTCHER (*49*).

A closely related substance accompanying hydroxyaspergillic acid, muta-aspergillic acid, has recently been isolated by NAKAMURA (*100, 101*). He has determined the structural formula to be (LXXXIII).

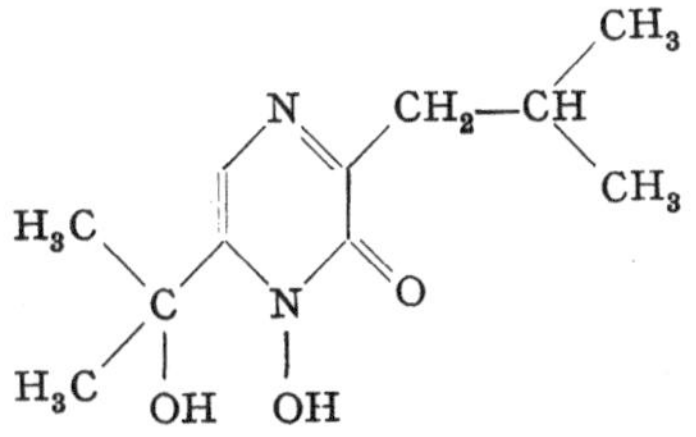

(LXXXIII.) Muta-aspergillic acid.

DUNN et al. (*48*) obtained from culture filtrates of *Aspergillus flavus* a second acidic product in addition to aspergillic acid. It was separated from aspergillic acid by taking advantage of the fact that it is insoluble in sodium bicarbonate but soluble in sodium hydroxide solution, whereas aspergillic acid is soluble in bicarbonate solution. The new product flavacol, $C_{12}H_{20}ON_2$ (LXXXIV), was shown to be identical with synthetic 3-hydroxy-2 : 5-di*iso*butylpyrazine. It is thus closely related to aspergillic acid.

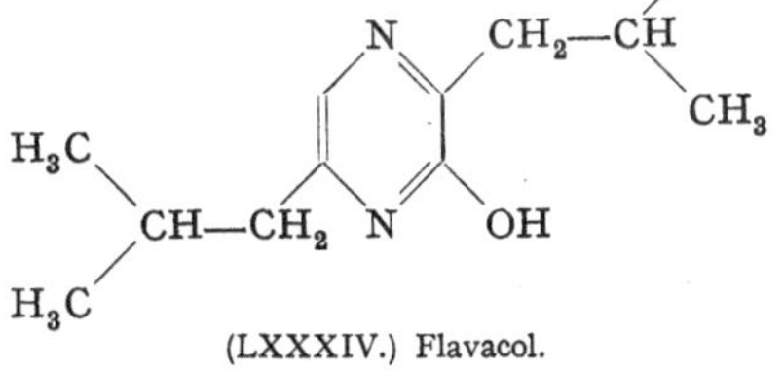

(LXXXIV.) Flavacol.

The synthesis was accomplished by dehydration of *DL*-leucine anhydride with phosphoryl chloride directly to flavacol. It seems probable that the biosynthesis follows a similar route.

Pulcherrimin was obtained by KLUYVER et al. (*77*) from a yeast *Candida pulcherrima* grown in an aerated medium containing ferric ammonium citrate. It forms a deep maroon powder containing 12.7% of iron. Treatment with cold aqueous NaOH removes the iron and the metal-free compound (pulcherriminic acid) is obtained as a yellow amorphous powder, $C_{12}H_{22}O_4N_2$. Cook and Slater (42) revising an earlier formula allocated to it the structure (LXXXV). Pulcherriminic acid is obviously closely related to aspergillic acid but has two identical alkyl side-chains, whereas those of aspergillic acid are isomeric.

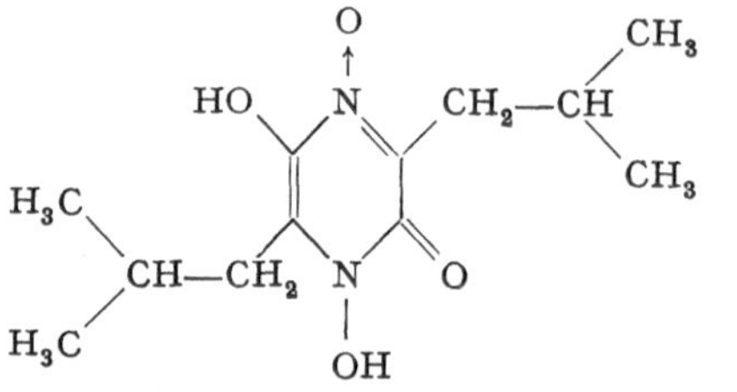

(LXXXV.) Pulcherriminic acid.

These pyrazine derivatives all appear to be structurally derived from two amino-acid molecules. It has been shown by MacDonald (90) that radioactivity is incorporated from DL-[1-^{14}C]leucine, D-[1-^{14}C]-leucine, uniformly-labelled L-[^{14}C]leucine and uniformly-labelled L-[^{14}C]-isoleucine into aspergillic acid, in each case into the expected half of the molecule.

Quilico and Panizzi (118) obtained a substance named echinulin from the mycelium of Aspergillus echinulatus, a member of the A. glaucus series. Several formulae have been put forward by Quilico and co-workers based on the molecular formula $C_{28}H_{37}O_2N_3$. Recent work by Quilico et al. (37) suggests that this formula must be revised to $C_{29}H_{39}O_2N_3$. They now propose the formula (LXXXVI), which is supported by the independent biogenetic studies of Birch et al. (20).

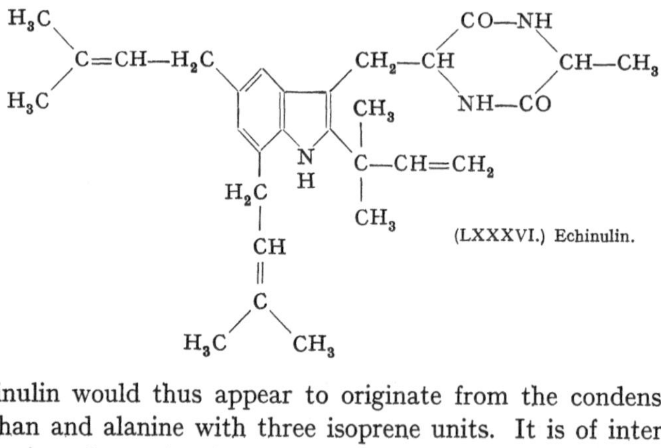

(LXXXVI.) Echinulin.

Echinulin would thus appear to originate from the condensation of tryptophan and alanine with three isoprene units. It is of interest that flavoglaucin and auroglaucin, two pigments also isolated from the A. glaucus group, likewise each carry an isoprenoid unit attached to the benzene ring.

Mycelianamide, $C_{22}H_{28}O_5N_2$, was first encountered by ANSLOW and RAISTRICK (*10*) as a product present in the mycelium of *Penicillium griseofulvum*. It was further examined by OXFORD and RAISTRICK (*109*) and a partial structure was suggested. BIRCH et al. (*23, 24*) as a result of further degradative studies finally arrived at the formula (LXXXVII). BIRCH et al. (*21*) found that [$1-^{14}C$]acetic acid and [$\alpha-^{14}C$]mevalonic lactone were incorporated into the mycelyl side-chain in accordance with the expected manner of biosynthesis for a terpenoid structure. The biosynthesis of the nitrogenous portion of the molecule was investigated in the same laboratory. It arises, as expected, from tyrosine and alanine (*19*).

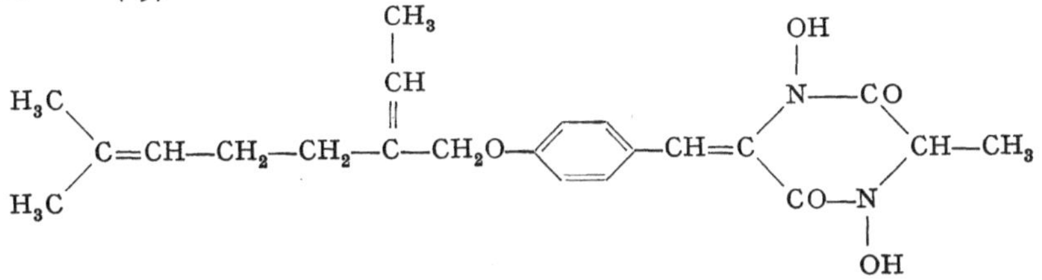

(LXXXVII.) Mycelianamide.

9. Purine Derivatives.

From the filtrate of *Cordyceps militaris* grown on a synthetic medium containing peptone a crystalline antibacterial substance, $C_{10}H_{13}O_3N_5$, was obtained by CUNNINGHAM et al. (*46, 45, 18*) and named cordycepin. Cordycepin on acid hydrolysis readily gave adenine and a sugar, cordycepose, which is a branched-chain deoxypentose, $C_5H_{10}O_4$, related to apiose. The structure of cordycepin was established as (LXXXVIII); the configuration is not yet completely determined.

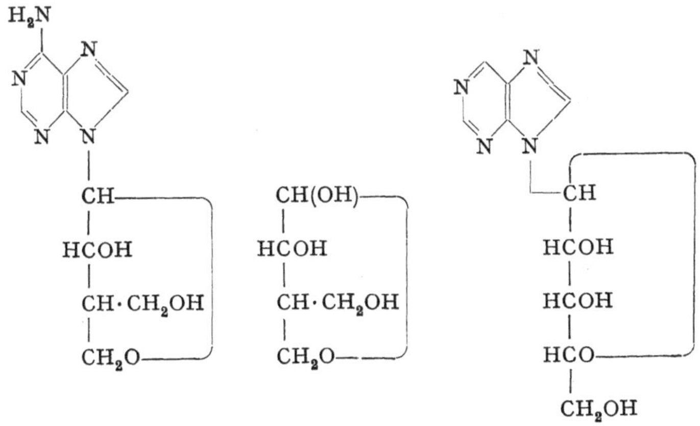

LXXXVIII.) Cordycepin. (LXXXIX.) Cordycepose. (XC.) Nebularine.

The sugar ($\pm$)-cordycepose (LXXXIX) was synthesised by Raphael and Roxburgh (*120*). It formed the same *p*-nitrophenylosazone as the natural compound.

Closely related to cordycepin is nebularine, a product of *Clitocybe nebularis*. It shows antibiotic action against Mycobacteria. First isolated by Ehrenberg et al. (*50*) it was shown by Löfgren and Lüning (*89*) to possess the empirical formula $C_{10}H_{12}O_4N_4$ and to yield purine and ribose on hydrolysis. Brown and Weliky (*33*) synthesised 9-β-D-ribofuranosylpurine and showed it to be identical with nebularine which is therefore deamino-adenosine (XC).

V. Heterocyclic Compounds Containing Sulphur as well as Nitrogen.

1. The Penicillins.

A considerable amount of work has been devoted to the elucidation of the course of biosynthesis of the penicillin molecule (XCI).

For recent reviews see Arnstein (*11*) and Demain (*47*).

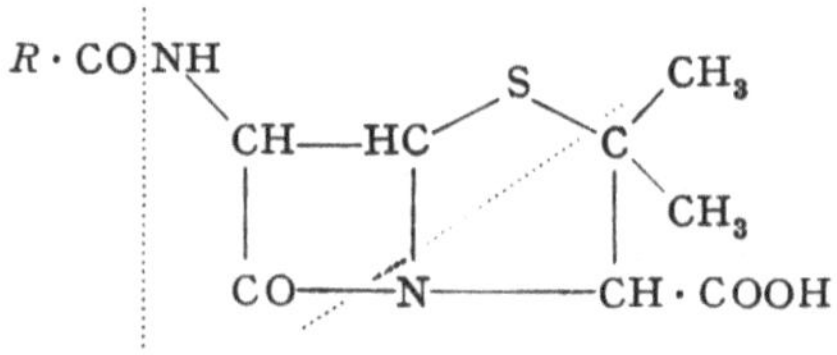

(XCI.) Penicillin.

Earlier evidence indicated that the thiazolidine-β-lactam structure is derived from *L*-cystine and *L*-valine. The side-chain precursor is the appropriate substituted acetic acid; in benzyl penicillin this is phenylacetic acid. The acetylation of the amino-group appears to be one of the final steps in the biosynthesis.

Arnstein and Morris (*13*) have shown that *Penicillium chrysogenum* utilizes *L*-cystinyl-*L*-valine for penicillin formation without obligatory cleavage of the peptide bond. Whereas *L*-cystinyl-*D*-[*carboxy*-¹⁴C] valine was not metabolised to a significant extent, *L*-cystinyl-*L*-[*carboxy*-¹⁴C]valine was used preferentially, but the extent of this direct utilisation appeared to be quantitatively limited. The existence of an alternative pathway from cystine and valine was suggested.

Arnstein et al. (*12*) incubated *P. chrysogenum* briefly with [¹⁴C] valine and examined the mycelial extracts. They obtained a radioactive tripeptide containing α-amino-adipic acid, cysteic acid (formed from cysteine during the isolation procedure), and valine. The structure of this peptide was determined as δ-(α-amino-adipoyl)-cyst(e)inylvaline of structure (XCII). α-Aminoadipic acid was also isolated mainly as the

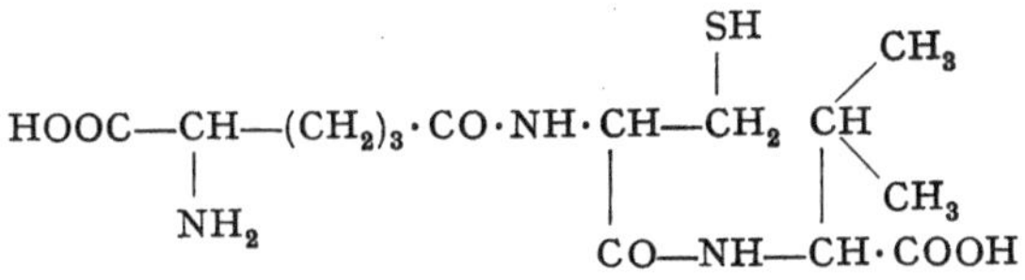

$$\underset{\underset{\text{NH}_2}{|}}{\text{HOOC—CH}}\text{—(CH}_2)_3\cdot\text{CO·NH·}\underset{\underset{\text{CO—NH—CH·COOH}}{|}}{\text{CH—CH}_2}\ \underset{\diagdown\text{CH}_3}{\overset{\diagup\text{CH}_3}{\text{CH}}}$$

(XCII.)

L-form. This immediately suggests a possible biogenetic relationship with cephalosporin N (XCIII), an antibiotic obtained by NEWTON and ABRAHAM (*103*) from the culture fluid of a species of *Cephalosporium*.

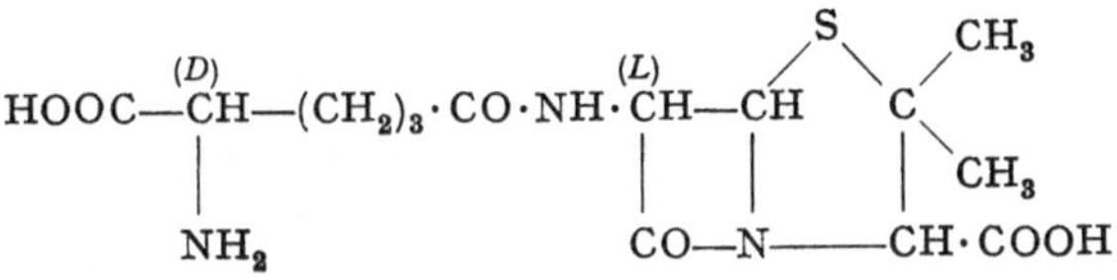

$$\overset{(D)}{\text{HOOC—CH}}\text{—(CH}_2)_3\cdot\text{CO·NH·}\overset{(L)}{\text{CH—CH}}\quad\text{C}$$

(XCIII.) Cephalosporin N.

A possible pathway for penicillin biosynthesis envisaged by ARNSTEIN and MORRIS (*14*) is summarised in the following scheme (Cys, cystine or cysteine; Val, valine; Aad, aminoadipic acid):

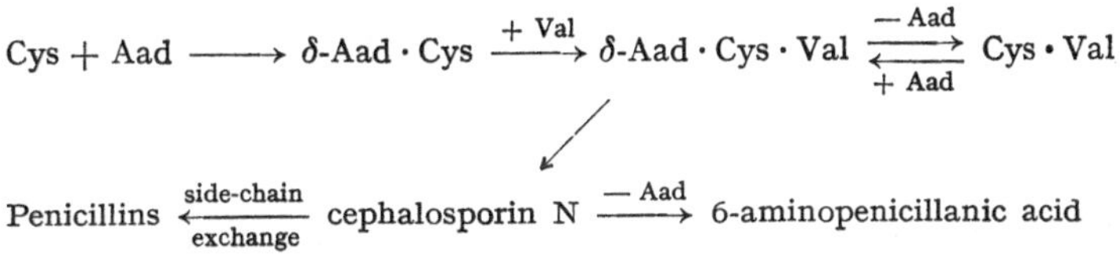

$$\text{Cys} + \text{Aad} \longrightarrow \delta\text{-Aad}\cdot\text{Cys} \xrightarrow{+\ \text{Val}} \delta\text{-Aad}\cdot\text{Cys}\cdot\text{Val} \underset{+\ \text{Aad}}{\overset{-\ \text{Aad}}{\rightleftarrows}} \text{Cys}\cdot\text{Val}$$

$$\text{Penicillins} \xleftarrow[\text{exchange}]{\text{side-chain}} \text{cephalosporin N} \xrightarrow{-\ \text{Aad}} \text{6-aminopenicillanic acid}$$

This scheme would account for the experimental observations, namely (a) the presence of (XCII) in amounts comparable with the intracellular concentration of penicillin, (b) the direct utilization of labelled cyst(e)inyl-valine for penicillin biosynthesis, (c) the quantitatively limited nature of this conversion, since another route is available for new synthesis of (XCII). The final step in penicillin biosynthesis would then involve exchange of the α-amino-adipic acid side-chain of cephalosporin N for a carboxylic acid, e. g. phenylacetic acid, as in the known side-chain transfer between benzyl- and phenoxymethyl-penicillin (*110*).

6-Aminopenicillanic acid, which is biosynthesized in the absence of side-chain precursors would therefore be a shunt-product rather than an intermediate in penicillin biosynthesis.

ABRAHAM and NEWTON (*6*) have recently determined the structure of another antibiotic from *Cephalosporium*, namely cephalosporin C, to be (XCIV). The structure has been confirmed by X-ray analysis by HODGKIN and MASLEN (66).

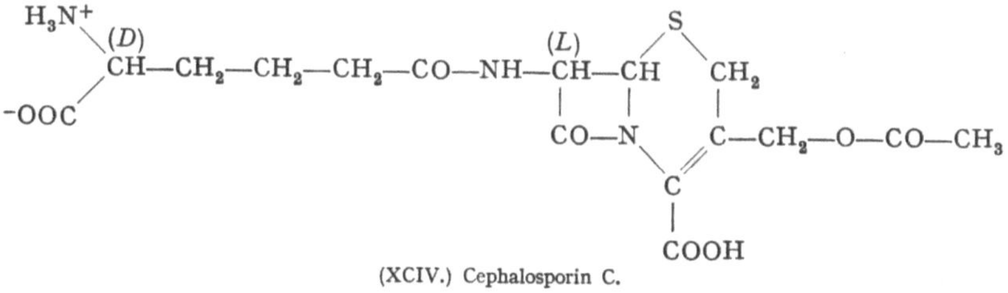

(XCIV.) Cephalosporin C.

The interesting feature of this molecule is the replacement of the fused β-lactam-thiazolidine ring system of the penicillins by the fused β-lactam-dihydrothiazine system.

The similarity in structure of cephalosporin C and cephalosporin N is strongly suggestive of a biogenetic relationship. ABRAHAM and NEWTON indicate the possibility that δ-(α-aminoadipoyl)-cysteinylvaline is a common precursor of cephalosporin-C, -N and benzylpenicillin and that the biosynthesis of cephalosporin C depends on a mechanism for the oxidation of the *gem*-dimethyl group of the valine residue in the tripeptide.

2. Other Metabolites Containing Sulphur.

Certain mould metabolites containing nitrogen and sulphur have already been mentioned. Thus some of the cyclic polypeptides contain a cysteine component e. g. phalloidin (XXXVIII, p. 13) and the amanitins. Others are choline sulphate (X, p. 5) and ergothioneine (XIV, p. 5).

Biotin-*l*-sulphoxide is a growth factor obtained in crystalline form from certain mould filtrates after growth in presence of added pimelic acid. It was first encountered in filtrates of *Aspergillus niger* grown in this way and was, therefore, named AN factor. The investigation of WRIGHT et al. (*164*) established its structure as biotin-*l*-sulphoxide (XCV).

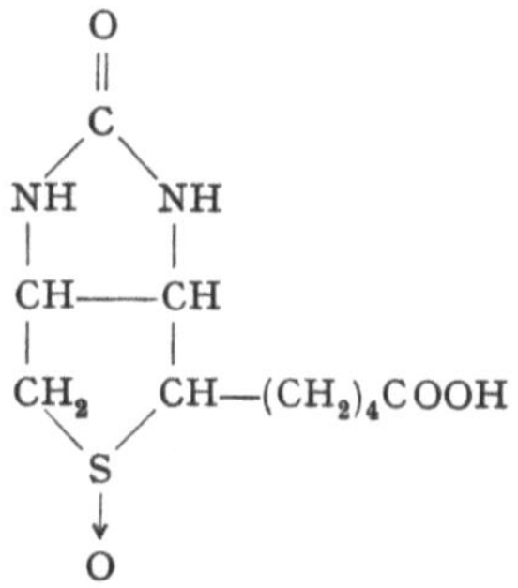

(XCV.) Biotin-*l*-sulphoxide.

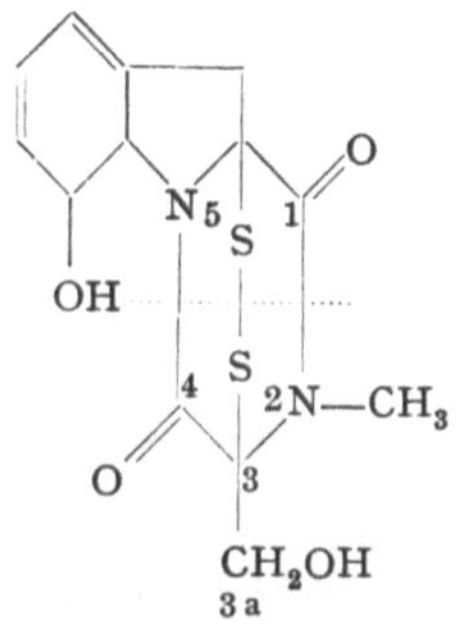

(XCVI.) Gliotoxin.

A. niger converts added biotin to biotin-*l*-sulphoxide; the sulphoxide formation is the result of an enzyme reaction.

Gliotoxin, $C_{13}H_{14}O_4N_2S_2$, the antibiotic principle derived from *Gliocladium fimbriatum* has received much attention on account of its bacteriostatic and fungicidal properties which were reported by WEINDLING in a series of papers dating back to 1932. It is also obtained from other fungi. From *Penicillium terlikowskii* it is obtained as the acetate (*73*). Since 1943, a considerable amount of work by JOHNSON, DUTCHER and others has been devoted to the determination of structure which was finally elucidated by BELL et al. (*17*) as (XCVI).

It is now clear that gliotoxin is an anhydropeptide related to the amino-acids serine and phenylalanine, which are also linked by the disulphide bridge.

The biosynthesis of gliotoxin has been studied by SUHADOLNIK et al. (*136, 158*) using *Trichoderma viride* as the organism.

It was found that phenylalanine is a direct precursor of the indole moiety. The incorporation of *m*-tyrosine indicated that hydroxylation can occur before cyclisation of the aliphatic side-chain of phenylalanine. The N-methyl group of gliotoxin from [$^{14}CH_3$]methionine, [3-^{14}C]serine, [2-^{14}C]glycine, and [1-^{14}C]serine was found to contain 72, 25, 19 and 0% of the radioactivity, respectively. Gliotoxin from [3-^{14}C]serine was degraded to indole-2-carboxylic acid containing 19% of the activity. All the radioactivity incorporated into the gliotoxin from [1-^{14}C]serine and 56% from [3-^{14}C]serine was present in the carbon atoms 3, 3a and 4. The proposed synthetic pathway is shown in *Chart 5*.

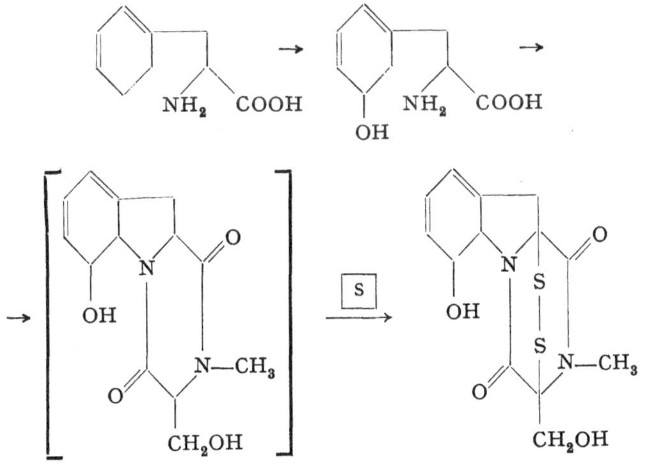

Chart 5. Biosynthesis of Gliotoxin.

VI. Concluding Remarks.

This review has shown that a predominant role is played by the commoner α-amino-acids in the biosynthesis of nitrogenous mould metabolites. In only a few cases among the compounds mentioned in the preceding pages do other nitrogenous intermediates seem to be involved; in some of these cases, other well-established metabolic pathways may well be employed. Thus the pyridine derivatives, dipicolinic acid, fusaric and dehydrofusaric acid would seem from their structures to be readily derivable via the nicotinic acid pathway, as would cinnabarin and cinnabarinic acid if they are, as supposed, the result of self-condensation of 3-hydroxyanthranilate; this pathway is, in any case, the result of tryptophan breakdown. Cordycepin and nebularine are presumably biosynthesised by reactions analogous to those employed in normal purine biosynthesis; and biotin sulphoxide is a simple modification of biotin. Other nitrogenous compounds whose mode of biosynthesis is as yet unknown, and which are not necessarily simply derived by known pathways, are the phytosphingosines, muscarine and muscaridine, cyclopenin and viridicatin, and the β-phenyl-β-aminobutyric acid apparently present in islanditoxin; one can suggest feasible routes to these compounds via amino-acids, but this is not justifiable in the absence of experimental evidence. There remain the nitrile and amide groups in the polyacetylenes, diatretyne-I and -II and agrocybin, which would appear likely to involve direct incorporation of ammonia at some stage, and the unusual p-methylnitrosamino-benzaldehyde for which no biosynthetic route is obvious.

Nearly all the common α-amino-acids are implicated in the fungal metabolites described in this article. The simple aliphatic amino-acids, alanine, valine, leucine, isoleucine, and serine, are each known to take part in the biosynthesis of several products, but glycine and threonine are of rather infrequent occurrence in these pathways. Of the aromatic amino-acids, phenylalanine is a precursor in several cases, but tyrosine is implicated in the biosynthesis of only one product, namely mycelianamide. Tryptophan plays an important part in many metabolites, as mentioned in the text. Cysteine is a building unit in a few products, but methionine is not, although it acts as a methylating agent. Proline, or a derivative of proline, is present in a few peptides. Aspartic acid acts as a precursor for β-nitropropionic acid, and asparagine is a constituent of lycomarasmine and culmomarasmin; but glutamic acid and glutamine have not yet been shown to play any part. Histidine is of limited interest, as the source of histidine and the betaines hercynine and ergothioneine; the other basic amino-acids, arginine, lysine and hydroxylysine do not contribute, so far as is known, to any of the metabolites mentioned.

References, pp. 33—40.

It may well be that further compounds will be described which will alter the picture given above. But at present, it would appear that recognised pathways of nitrogen incorporation, especially the routes leading to amino-acids, are responsible for the great majority of nitrogenous fungal metabolites, and that the special synthetic abilities of fungi in this field involve conversion of the primary products of these routes into the more complex substances described.

References.

1. ABE, M.: Annu. Rep. Takeda Res. Lab. 10, 73 (1951).
2. ABE, M., T. YAMANO, Y. KOZU and M. KUSUMOTO: A new Water-soluble Ergot Alkaloid, Elymoclavine. J. Agr. Chem. Soc. Japan 25, 458 (1952).
3. ABE, M., T. YAMANO, S. YAMATODANI, Y. KOZU, M. KUSUMOTO, H. KOMATSU and S. YAMADA: On the new Peptide Type Ergot Alkaloids, Ergosecaline and Ergosecalinine. Bull. Agr. Chem. Soc. Japan 23, 246 (1959).
4. ABE, M. and S. YAMATODANI: Isolation of Soluble Ergot Alkaloids. J. Agr. Chem. Soc. Japan 28, 501 (1954).
5. ABE, M., S. YAMATODANI, T. YAMANO and M. KUSUMOTO: On a new Water-soluble Ergot Alkaloid, Triseclavine. Bull. Agr. Chem. Soc. Japan 19, 92 (1955).
6. ABRAHAM, E. P. and G. G. F. NEWTON: The Structure of Cephalosporin C. Biochemic. J. 79, 377 (1961).
7. ACKERMANN, D., P. H. LIST und H. G. MENSSEN: Über das Vorkommen von Herzynin neben Ergothionein in der Samenflüssigkeit des Ebers sowie in Rinder-Erythrocyten und die biologische Beziehung der beiden Basen zueinander. Z. physiol. Chem. (Hoppe-Seyler) 314, 33 (1959).
8. ANCHEL, M.: Identification of an Antibiotic Polyacetylene from *Clitocybe diatreta* as a Suberamic Acid Ene-Diyne. J. Amer. Chem. Soc. 75, 4621 (1953).
9. — Structure of Diatretyne 2, an Antibiotic Polyacetylenic Nitrile from *Clitocybe diatreta*. Science (Washington) 121, 607 (1955).
10. ANSLOW, W. K. and H. RAISTRICK: Studies in the Biochemistry of Micro-organisms. 19. 6-Hydroxy-2-methylbenzoic Acid, a Product of the Metabolism of Glucose by *Penicillium griseofulvum* DIERCKX. Biochemic. J. 25, 39 (1931).
11. ARNSTEIN, H. R. V.: The Biosynthesis of Penicillin and some other Antibiotics. Annu. Rep. Progr. Chem. 54, 339 (1957).
12. ARNSTEIN, H. R. V., M. ARTMAN, D. MORRIS and E. J. TOMS: Sulphur-Containing Amino Acids and Peptides in the Mycelium of *Penicillium chrysogenum*. Biochemic. J. 76, 353 (1960).
13. ARNSTEIN, H. R. V. and D. MORRIS: The Utilization of *L*-Cysteinyl-*L*-Valine for Penicillin Biosynthesis. Biochemic. J. 76, 323 (1960).
14. — — The Structure of a Peptide, Containing α-Aminoadipic Acid, Cystine and Valine, Present in the Mycelium of *Penicillium chrysogenum*. Biochemic. J. 76, 357 (1960).
15. ASHWORTH, P. J., E. R. H. JONES, G. H. MANSFIELD, K. SCHLÖGL, J. M. THOMPSON and M. C. WHITING: Researches on Acetylenic Compounds. Part LIX. The Synthesis of Three Polyacetylenic Antibiotics. J. Chem. Soc. (London) 1958, 950.
16. BALLIO, A., E. B. CHAIN, F. D. DI ACCADIA, F. NAVAZIO, C. ROSSI and M. T. VENTURA: Selected Sci. Papers Istituto Super. Sanità 1960, 312.
17. BELL, M. R., J. R. JOHNSON, B. S. WILDI and R. B. WOODWARD: The Structure of Gliotoxin. J. Amer. Chem. Soc. 80, 1001 (1958).

18. Bentley, H. R., K. G. Cunningham and F. S. Spring: Cordycepin, a Metabolic Product from Cultures of *Cordyceps militaris* (Linn.) Link. Part II. The Structure of Cordycepin. J. Chem. Soc. (London) 1951, 2301.

19. Birch, A. J.: Personal communication.

20. Birch, A. J., G. E. Blance, S. David and H. Smith: Studies in Relation to Biosynthesis. Part XXIV. Some Remarks on the Structure of Echinulin. J. Chem. Soc. (London) 1961, 3128.

21. Birch, A. J., R. J. English, R. A. Massy-Westropp and H. Smith: Studies in Relation to Biosynthesis. Part XV. Origin of Terpenoid Structures in Mycelianamide and Mycophenolic Acid. J. Chem. Soc. (London) 1958, 369.

22. Birch, A. J., R. I. Fryer, P. J. Thomson and H. Smith: Pigments of *Phoma terrestris* Hansen and their Biosynthesis. Nature (London) 190, 441 (1961).

23. Birch, A. J., R. A. Massy-Westropp and R. W. Rickards: Mycelianamide. Chem. and Ind. 1955, 1599.

24. — — — Studies in Relation to Biosynthesis. Part VIII. The Structure of Mycelianamide. J. Chem. Soc. (London) 1956, 3717.

25. Birch, A. J., B. J. McLoughlin and H. Smith: Biosynthesis of Ergot Alkaloids. Tetrahedron Letters 1960, No. 7, 1.

26. Birch, A. J., B. J. McLoughlin, H. Smith and J. Winter: Biosynthesis of β-Nitropropionic Acid. Chem. and Ind. 1960, 840.

27. Birch, A. J. and H. Smith: Oxidative Formation of Biologically Active Compounds from Peptides. In: Ciba Found. Sympos., Amino Acids and Peptides with Antimetabolic Activity, p. 247. London: Churchill. 1958.

28. Birkinshaw, J. H., H. Raistrick and G. Smith: Studies in the Biochemistry of Micro-organisms. 71. Fumaryl-*dl*-alanine (Fumaromono-*dl*-alanide) a Metabolic Product of *Penicillium resticulosum* sp. nov. Biochemic. J. 36, 829 (1942).

28 a. Bohlmann, F. und H. J. Mannhardt: Acetylenverbindungen im Pflanzenreich. Fortschr. Chem. organ. Naturstoffe 14, 1 (1957).

29. Bonner, D. M.: The Identification of a Natural Precursor of Nicotinic Acid. Proc. Nat. Acad. Sci. (USA) 34, 5 (1948).

30. Bracken, A., A. Pocker and H. Raistrick: Studies in the Biochemistry of Micro-organisms. 93. Cyclopenin, a Nitrogen-containing Metabolic Product of *Penicillium cyclopium* Westling. Biochemic. J. 57, 587 (1954).

31. Brenner, M., R. Tamm und P. Quitt: Zum Problem der Struktur des Lycomarasmins. Helv. Chim. Acta 41, 763 (1958).

32. Brockmann, H. und H. Geeren: Valinomycin, II; Antibiotica aus Actinomyceten, XXXVII. Die Konstitution des Valinomycins. Liebigs Ann. Chem. 603, 216 (1957).

33. Brown, G. B. and V. S. Weliky: Synthesis of 9-β-D-Ribofuranosyl-purine and the Identity of Nebularine. J. Biol. Chem. 204, 1019 (1953).

34. Bush, M. T., A. Goth and H. L. Dickison: Flavicin 2. An Antibacterial Substance Produced by an *Aspergillus flavus*. J. Pharmacol. 84, 262 (1945).

35. Bush, M. T., O. Touster and J. E. Brockman: The Production of β-Nitropropionic Acid by a Strain of *Aspergillus flavus*. J. Biol. Chem. 188, 685 (1951).

36. Carter, H. E., W. D. Celmer, W. E. M. Lands, K. L. Mueller and H. H. Tomizawa: Biochemistry of the Sphingolipides. 8. Occurrence of a Long-chain Base in Plant Phosphatides. J. Biol. Chem. 206, 613 (1954).

37. Casnati, G., F. Piozzi, A. Quilico e A. Ricca: Sulla costituzione dell'echinulina: sintesi del 2-terz. amil-5,7-diisoamiltriptofano. Chim. e ind. (Milano) 43, 412 (1961).

38. CAVILL, G. W. K., P. S. CLEZY and J. R. TETAZ: The Chemistry of Mould Metabolites. II. Partial Structure for Polystictin. J. Chem. Soc. (London) 1957, 2646.

39. — — — Structure of Cinnabarin (Polystictin). Proc Chem. Soc. (London) 1957, 346.

40. CAVILL, G. W. K., P. S. CLEZY, J. R. TETAZ and R. L. WERNER: The Chemistry of Mould Metabolites. III. Structure of Cinnabarin (Polystictin). Tetrahedron 5, 275 (1959).

41. COOK, A. H., S. F. Cox and T. H. FARMER: Production of Antibiotics by Fungi. Part IV. Lateritiin-I, Lateritiin-II, Avenacein, Sambucinin, and Fructigenin. J. Chem. Soc. (London) 1949, 1022.

42. COOK, A. H. and C. A. SLATER: The Structure of Pulcherrimin. J. Chem. Soc. (London) 1956, 4133.

43. CROMBIE, L.: Amides of Vegetable Origin. Part IV. The Nature of Pellitorine and Anacyclin. J. Chem. Soc. (London) 1955, 999.

44. CUNNINGHAM, K. G. and G. G. FREEMAN: The Isolation and some Chemical Properties of Viridicatin, a Metabolic Product of *Penicillium viridicatum* WESTLING. Biochemic. J. 53, 328 (1953).

45. CUNNINGHAM, K. G., S. A. HUTCHINSON, W. MANSON and F. S. SPRING: Cordycepin, a Metabolic Product from Cultures of *Cordyceps militaris* (LINN.) LINK. Part I. Isolation and Characterisation. J. Chem. Soc. (London) 1951, 2299.

46. CUNNINGHAM, K. G., W. MANSON, F. S. SPRING and S. A. HUTCHINSON: Cordycepin, a Metabolic Product Isolated from Cultures of *Cordyceps militaris* (LINN.) LINK. Nature (London) 166, 949 (1950).

47. DEMAIN, A. L.: Mechanism of Penicillin Biosynthesis. Adv. Appl. Microbiol. 1, 23 (1959).

48. DUNN, G., G. T. NEWBOLD and F. S. SPRING: Synthesis of Flavacol, a Metabolic Product of *Aspergillus flavus*. J. Chem. Soc. (London) 1949, 2586.

49. DUTCHER, J. D.: Aspergillic Acid: an Antibiotic Substance produced by *Aspergillus flavus*. III. The Structure of Hydroxyaspergillic Acid. J. Biol. Chem. 232, 785 (1958).

50. EHRENBERG, L., H. HEDSTRÖM, N. LÖFGREN and B. TAKMAN: Antibiotic Effect of Agarics on Tubercle Bacilli. Svensk. Kem. Tidskr. 58, 269 (1946).

51. EK, A. and B. WITKOP: Synthesis and Biochemistry of 5- and 7-Hydroxytryptophan and Derivatives. J. Amer. Chem. Soc. 75, 500 (1953).

52. ELLMAN, G. L. and H. K. MITCHELL: Evidence for the Existence of 1-Amino-2-Methyl-2-Propanol in Phospholipids of *Neurospora*. J. Amer. Chem. Soc. 76, 4028 (1954).

53. EUGSTER, C. H.: Isolierung von Muscarin aus *Inocybe patouillardi* (BRES.). 4. Mitt. über Muscarin. Helv. Chim. Acta 40, 886 (1957).

54. — Zur Konstitution des Muscarins. 3. Mitt. über Muscarin. Helv. Chim. Acta 39, 1023 (1956).

55. EUGSTER, C. H. und G. MÜLLER: Notiz über weitere Vorkommen von Muscarin. 12. Mitt. über Muscarin. Helv. Chim. Acta 42, 1189 (1959).

56. EWINS, A. J.: Acetylcholine, A New Active Principle of Ergot. Biochemic. J. 8, 44 (1914).

57. GLENN, A. L.: The Structure of the Ergot Alkaloids. Quart. Rev. (Chem. Soc. London) 8, 192 (1954).

58. GLISTER, A.: A new Antibacterial Agent Produced by a Mould. Nature (London) 148, 470 (1941).

59. Gripenberg, J.: Fungus Pigments. VIII. The Structure of Cinnabarin and Cinnabarinic Acid. Acta Chem. Scand. 12, 603 (1958).

60. Gröger, D., K. Mothes, H. Simon, H. Floss und F. Weygand: Über den Einbau von Mevalonsäure in das Ergolinsystem der Clavin-Alkaloide. Z. Naturforsch. 15 b, 141 (1960).

61. Gröger, D. und U. Mothes: Über das Vorkommen von Aminosäuren und Aminen in Mutterkorn. Pharmazie 11, 323 (1956).

62. Gröger, D., H. J. Wendt, K. Mothes und F. Weygand: Untersuchungen zur Biosynthese der Mutterkornalkaloide. Z. Naturforsch. 14 b, 355 (1959).

63. Harada, T. and B. Spencer: Choline Sulphate in Fungi. J. Gen. Microbiol. 22, 520 (1960).

64. Hardegger, E. und F. Lohse: Über Muscarin. 7. Mitt. Synthese und absolute Konfiguration des Muscarins. Helv. Chim. Acta 40, 2383 (1957).

65. Herrmann, S.: p-Methylnitrosaminebenzaldehyd, ein Stoffwechselprodukt von Clitocybe suaveolens. Naturwiss. 47, 162 (1960).

66. Hodgkin, D. C. and E. N. Maslen: The X-ray Analysis of the Structure of Cephalosporin C. Biochemic. J. 79, 393 (1961).

67. Hofmann, A.: Die Chemie der Mutterkornalkaloide. Planta Med. 6, 381 (1958).

68. — Die psychotropen Wirkstoffe der mexicanischen Zauberpilze. Verh. Naturf. Ges. Basel 71, 239 (1960).

69. — Recent Developments in Ergot Alkaloids. Austral. J. Pharm. 42, 7 (1961).

70. Hofmann, A., R. Brunner, H. Kobel und A. Brack: Neue Alkaloide aus der saprophytischen Kultur des Mutterkornpilzes von Pennisetum typhoideum Rich. Helv. Chim. Acta 40, 1358 (1957).

71. Hofmann, A., R. Heim, A. Brack, H. Kobel, A. Frey, H. Ott, T. H. Petrzilka und F. Troxler: Psilocybin und Psilocin, zwei psychotrope Wirkstoffe aus mexicanischen Rauschpilzen. Helv. Chim. Acta 42, 1557 (1959).

72. Horowitz, N. H.: The Isolation and Identification of a Natural Precursor of Choline. J. Biol. Chem. 162, 413 (1946).

73. Johnson, J. R., A. R. Kidwai and J. S. Warner: Gliotoxin. XI. A Related Antibiotic from Penicillium terlikowski: Gliotoxin Monoacetate. J. Amer. Chem. Soc. 75, 2110 (1953).

74. Kavanagh, F., A. Hervey and W. J. Robbins: Antibiotic Substances from Basidiomycetes. VI. Agrocybe dura. Proc. Nat. Acad. Sci. (USA) 36, 102 (1950).

75. Kiss, J., S. Naef-Roth, E. Hardegger, A. Boller, F. Lohse, E. Gäumann und Pl. A. Plattner: Welkstoffe und Antibiotica. 23. Mitt. Über die Isolierung von Culmomarasmin, einen peptidartigen Welkstoff aus dem Kulturfiltrat von Fusarium culmorum (W. G. Sm.) Sacc. Helv. Chim. Acta 43, 2096 (1960).

76. Klein, G. und M. Steiner: Stickstoffbasen in Eiweißabbau höherer Pflanzen. I. Ammoniak und flüchtige Amine. Jahrb. wiss. Bot. 68, 602 (1928).

77. Kluyver, A. J., J. P. van der Walt and A. J. van Triet: Pulcherrimin, the Pigment of Candida pulcherrima. Proc. Nat. Acad. Sci. (USA) 39, 583 (1953).

78. Kögl, F., H. Duisberg und H. Erxleben: Untersuchungen über Pilzgifte. I. Über das Muscarin. I. Liebigs Ann. Chem. 489, 156 (1931).

79. Kögl, F. und F. W. Quackenbush: Untersuchungen über Pilzfarbstoffe. XV. Über Phomazarin. II. Rec. trav. chim. Pays-Bas 63, 251 (1944).

80. Kögl, F., C. A. Salemink, H. Schouten und F. Jellinek: Über Muscarin. III. Rec. trav. chim. Pays-Bas 76, 109 (1957).

81. KÖGL, F., C. A. SALEMINK und P. L. SCHULLER: Über Muscaridin. Rec. trav. chim. Pays-Bas **79**, 278 (1960).
82. KÖGL, F. und J. SPARENBURG: Untersuchungen über Pilzfarbstoffe. XIII. Über Phomazarin, den Farbstoff von *Phoma terrestris* HANSEN. I. Rec. trav. chim. Pays-Bas **59**, 1180 (1940).
83. KÖGL, F., G. C. VAN WESSEM und O. I. ELSBACH: Untersuchungen über Pilzfarbstoffe. XVI. Synthetische Versuche zur Konstitutionsaufklärung des Phomazarins (III). Rec. trav. chim. Pays-Bas **64**, 23 (1945).
84. KÜNG, A.: Über einige basische Extraktivstoffe des Fliegenpilzes *(Amanita muscaria)*. Z. physiol. Chem. (Hoppe-Seyler) **91**, 241 (1914).
85. LIST, P. H.: Basische Pilzinhaltsstoffe. II. Biogene Amine und Aminosäuren des Schopftintlings, *Coprinus comatus* GRAY. Arch. Pharmaz. **291/63**, 502 (1958).
86. LIST, P. H. und H. HETZEL: Basische Pilzinhaltsstoffe. 8. Mitt. Biogene Amine und Aminosäuren des Glimmertintlings, *Coprinus micaceus* BULL. Planta Medica **8**, 105 (1960).
87. LIST, P. H. und H. G. MENSSEN: Basische Pilzinhaltsstoffe. 3. Mitt. Flüchtige Amine und Aminosäuren des Schwefelporlings, *Polyporus sulphureus* BULL. Arch. Pharmaz. **292/64**, 21 (1959).
88. LIST, P. H. und H. REITH: Basische Pilzinhaltsstoffe. 10. Mitt. Imidazolderivate im Faltentintling, *Coprinus atramentarius* BULL. Z. physiol. Chem. (Hoppe-Seyler) **319**, 17 (1960).
89. LÖFGREN, N. and B. LÜNING: On the Structure of Nebularine. Acta Chem. Scand. **7**, 225 (1953).
90. MacDONALD, J. C.: Biosynthesis of Aspergillic Acid. J. Biol. Chem. **236**, 512 (1961).
91. MARUMO, S.: Islanditoxin, a Toxic Metabolite Produced by *Penicillium islandicum* SOPP. Part I. Bull. Agric. Chem. Soc. Japan **19**, 258 (1955).
92. — Islanditoxin, a Toxic Metabolite Produced by *Penicillium islandicum* SOPP. Part III. Structure of Islanditoxin. Bull. Agric. Chem. Soc. Japan **23**, 428 (1959).
93. MARUMO, S., K. MIYAO and A. MATSUYAMA: Islanditoxin, a Toxic Metabolite Produced by *Penicillium islandicum* SOPP. Part II. Acid Hydrolysis of Islanditoxin. Bull. Agric. Chem. Soc. Japan **19**, 262 (1955).
94. MILES, P. G., H. LUND and J. R. RAPER: The Identification of Indigo as a Pigment Produced by a Mutant Culture of *Schizophyllum commune*. Arch. Biochem. Biophys. **62**, 1 (1956).
95. MIYAO, K.: The Structure of Fungisporin. (Studies on Fungisporin. III.) Bull. Agric. Chem. Soc. Japan **24**, 23 (1960).
96. MORRIS, M. P., C. PAGAN and H. E. WARMKE: Hiptagenic Acid, a Toxic Component of *Indigofera endecaphylla*. Science (Washington) **119**, 322 (1954).
97. MOTHES, K.: New Perspectives in the Biosynthesis of Alkaloids. Symposia Soc. exp. Biology No. **13**, 258 (1959).
98. MOTHES, K. und D. GRÖGER: Fortschritte in der Mutterkornforschung. Monatsber. dtsch. Akad. Wiss. Berlin **2**, 300 (1960).
99. MOTHES, K., F. WEYGAND, D. GRÖGER und H. GRISEBACH: Untersuchungen zur Biosynthese der Mutterkorn-Alkaloide. Z. Naturforsch. **13b**, 41 (1958).
100. NAKAMURA, S.: Muta-aspergillic Acid, a New Growth Inhibitant against Hiochi Bacteria. Bull. Agric. Chem. Soc. Japan **24**, 629 (1960).
101. — The Structure of Muta-aspergillic Acid. Agric. Biol. Chem. (Japan) **25**, 74 (1961).
102. NAKAMURA, S. and C. SHIMODA: Existence of β-Nitropropionic Acid in the Fermentation Broth. J. Agric. Chem. Soc. Japan **28**, 909 (1954).

103. Newton, G. G. F. and E. P. Abraham: Degradation, Structure and Some Derivatives of Cephalosporin N. Biochemic. J. **58**, 103 (1954).
104. Oda, T.: Components of Penicillin-producing Moulds. 2. Fungus Cerebrin (1). J. pharmac. Soc. Japan **72**, 136 (1952).
105. — Components of Penicillin-producing Moulds. 3. Fungus Cerebrin (2). J. pharmac. Soc. Japan **72**, 139 (1952).
106. — Components of Penicillin-producing Moulds. 4. Fungus Cerebrin (3). J. pharmac. Soc. Japan **72**, 142 (1952).
107. Oda, T. and H. Kamiya: The Complex Lipide, Cerebrine Phosphate, of Yeast. Chem. Pharmac. Bull. (Tokyo) **6**, 682 (1958).
108. Ooyama, J., N. Nakamura and O. Tanabe: Biosynthesis of Dipicolinic Acid by a *Penicillium* Species. Bull. Agric. Chem. Soc. Japan **24**, 743 (1960).
109. Oxford, A. E. and H. Raistrick: Studies in the Biochemistry of Micro-organisms. 76. Mycelianamide, $C_{22}H_{28}O_5N_2$, a Metabolic Product of *Penicillium griseofulvum* Dierckx. 1. Preparation, Properties and Breakdown Products. Biochemic. J. **42**, 323 (1948).
109a. Pailer, M.: Natürlich vorkommende Nitroverbindungen. Fortschr. Chem. organ. Naturstoffe **18**, 55 (1960).
110. Peterson, W. H. and N. E. Wideburg: Enzymatic Interconversion of Penicillins G and V. Int. Abst. biol. Sci., Suppl. **1958**, 136.
111. Plattner, Pl. A. und N. Clauson-Kaas: Über ein Welke erzeugendes Stoffwechselprodukt von *Fusarium lycopersici* Sacc. Helv. Chim. Acta **28**, 188 (1945).
112. Plattner, Pl. A., N. Clauson-Kaas, A. Boller und U. Nager: Welkstoffe und Antibiotika. 9. Mitt. Der hydrolytische Abbau des Lycomarasmins. Helv. Chim. Acta **31**, 860 (1948).
113. Plattner, Pl. A., W. Keller und A. Boller: Welkstoffe und Antibiotika. 15. Mitt. Konstitution und Synthese der Fusarinsäure. Synthese von 5-Äthyl- und 5-n-Hexyl-pyridin-2-carbonsäure. Helv. Chim. Acta **37**, 1379 (1954).
114. Plattner, Pl. A., U. Nager und A. Boller: Welkstoffe und Antibiotika. 7. Mitt. Über die Isolierung neuartiger Antibiotika aus Fusarien. Helv. Chim. Acta **31**, 594 (1948).
115. Powell, J. F.: Isolation of Dipicolinic Acid (Pyridine-2 : 6-dicarboxylic Acid) from Spores of *Bacillus megatherium*. Biochemic. J. **54**, 210 (1953).
116. Proštenik, M.: The Sphingolipid Series. 7. The Configuration of α-Hydroxy-*n*-hexacosanoic Acid. Croat. Chem. Acta **28**, 287 (1956).
117. Proštenik, M. und N. Ž. Stanaćev: Studien in der Reihe der Sphingolipoide. X. Über die Struktur der Cerebrin-Base aus Hefe. Chem. Ber. **91**, 961 (1958).
118. Quilico, A. und L. Panizzi: Chemische Untersuchungen über *Aspergillus echinulatus*. I. Ber. dtsch. chem. Ges. **76**, 348 (1943).
119. Raistrick, H. and A. Stössl: Studies in the Biochemistry of Micro-organisms. 104. Metabolites of *Penicillium atrovenetum* G. Smith: β-Nitropropionic Acid, a Major Metabolite. Biochemic. J. **68**, 647 (1960).
120. Raphael, R. A. and C. M. Roxburgh: Synthesis of Cordycepose. Chem. and Ind. **1953**, 1034.
121. Reindel, F.: Über Pilzcerebrin. I. Liebigs Ann. Chem. **480**, 76 (1930).
122. Reindel, F., A. Weickmann, S. Picard, K. Luber und P. Turula: Über Pilzcerebrin. II. Liebigs Ann. Chem. **544**, 116 (1940).
123. Rosett, T., R. H. Sankhala, C. E. Stickings, M. E. U. Taylor and R. Thomas: Studies in the Biochemistry of Micro-organisms. 103. Metabolites of *Alternaria tenuis* auct.: Culture Filtrate Products. Biochemic. J. **67**, 390 (1957).

124. ROSSBACH, H., K. G. BÜCHEL und H. ROCHELMEYER: Die Bildung von Ergometrin in saprophytischen Kulturen von *Claviceps purpurea* TUL. Arzn. Forsch. **6**, 690 (1956).

125. RUSSELL, D. W.: Sporidesmolide I, a Metabolic Product of *Sporidesmium bakeri* SYD. Biochem. Biophys. Acta **45**, 411 (1960).

126. SCHEMJAKIN, M. M.: Die Chemie der Depsipeptide. Angew. Chem. **72**, 342 (1960).

127. SÖRENSEN, N. A.: Some Naturally Occurring Acetylenic Compounds. Proc. Chem. Soc. (London) **1961**, 98.

128. SPENCER, B. and T. HARADA: The Role of Choline Sulphate in the Sulphur Metabolism of Fungi. Biochemic. J. **77**, 305 (1960).

129. SPILSBURY, J. F. and S. WILKINSON: The Isolation of Festuclavine and Two New Clavine Alkaloids from *Aspergillus fumigatus* FRES. J. Chem. Soc. (London) **1961**, 2085.

130. STEINER, M. und E. S. v. KAMIENSKI: Neue Alkylamine im Mutterkorn. Naturwiss. **42**, 345 (1955).

131. STICKINGS, C. E.: Studies in the Biochemistry of Micro-organisms. 106. Metabolites of *Alternaria tenuis* auct.: The Structure of Tenuazonic Acid. Biochemic. J. **72**, 332 (1959).

132. STICKINGS, C. E. and H. RAISTRICK: Chemistry of the Fungi. Annu. Rev. Biochem. **25**, 225 (1956).

133. STICKINGS, C. E. and R. J. TOWNSEND: Studies in the Biochemistry of Micro-organisms. 108. Metabolites of *Alternaria tenuis* auct.: The Biosynthesis of Tenuazonic Acid. Biochemic. J. **78**, 412 (1961).

134. STOLL, A.: Recent Investigations on Ergot Alkaloids. Fortschr. Chem. organ. Naturstoffe **9**, 114 (1952).

134a. STOWE, B. B.: Occurrence and Metabolism of Simple Indoles in Plants. Fortschr. Chem. organ. Naturstoffe **17**, 248 (1959).

135. STRASSMAN, M., A. J. THOMAS, L. A. LOCKE and S. WEINHOUSE: The Biosynthesis of Isoleucine. J. Amer. Chem. Soc. **78**, 228 (1956).

136. SUHADOLNIK, R. J. and R. G. CHENOWETH: The Biosynthesis of Gliotoxin. I. Incorporation of Phenylalanine-1- and -2-C^{14}. J. Amer. Chem. Soc. **80**, 4391 (1958).

137. SWEELEY, C. C.: A Gas Chromatographic Method for Sphingosine Assay. Biochim. Biophys. Acta **36**, 268 (1959).

138. SWEELEY, C. C. and E. A. MOSCATELLI: Qualitative Microanalysis and Estimation of Sphingolipide Bases. J. Lipid Res. **1**, 40 (1959).

139. TABER, W. A. and L. C. VINING: Tryptophan as a Precursor of the Ergot Alkaloids. Chem. and Ind. **1959**, 1218.

140. TAYLOR, E. H. and E. RAMSTAD: Biogenesis of Lysergic Acid in Ergot. Nature (London) **188**, 494 (1960).

141. UDO, S.: "Natto", Fermented Soya Beans. (I) Dipicolinic Acid in "Natto" and its Behaviour. J. Agric. Chem. Soc. Japan **12**, 386 (1936).

142. UMBREIT, W. W., W. A. WOOD and I. C. GUNSALUS: The Activity of Pyridoxal Phosphate in Tryptophane Formation by Cell-free Enzyme Preparations. J. Biol. Chem. **165**, 731 (1946).

143. WHITE, E. C.: Bactericidal Filtrates from a Mould Culture. Science (Washington) **92**, 127 (1940).

144. WICKERHAM, L. J. and F. H. STODOLA: Formation of Extracellular Sphingolipides by Micro-organisms. 1. Tetra-acetylphytosphingosine from *Hansenula ciferri*. J. Bacteriol. **80**, 484 (1960).

145. WIELAND, H., R. HALLERMEYER und W. ZILG: Über die Giftstoffe des Knollenblätterpilzes. VI. Amanitin, das Hauptgift des Knollenblätterpilzes. Liebigs Ann. Chem. **548**, 1 (1941).

146. WIELAND, TH.: Über die Giftstoffe des grünen Knollenblätterpilzes. XV. Die Konstitution des Phalloins. Liebigs Ann. Chem. **617**, 152 (1958).

147. — Giftstoffe des grünen Knollenblätterpilzes *(Amanita phalloides).* Helv. Chim. Acta **44**, 919 (1961).

148. WIELAND, TH. und W. BOEHRINGER: Über die Giftstoffe des grünen Knollenblätterpilzes. XIX. Umwandlung von β-Amanitin in α-Amanitin. Liebigs Ann. Chem. **635**, 178 (1960).

149. WIELAND, TH. und C. DUDENSING: Über die Giftstoffe des grünen Knollenblätterpilzes. XI. γ-Amanitin, eine weitere Giftkomponente. Liebigs Ann. Chem. **600**, 156 (1956).

150. WIELAND, TH., K. FRETER und E. GROSS: Über die Giftstoffe des grünen Knollenblätterpilzes. XVII. Versuche zur Synthese Phalloin-ähnlicher Cyclopeptide. Liebigs Ann. Chem. **626**, 154 (1959).

151. WIELAND, TH. und A. HÖFER: Die Giftstoffe des grünen Knollenblätterpilzes. XVI. Die Bausteine des α-Amanitins. Liebigs Ann. Chem. **619**, 35 (1958).

152. WIELAND, TH., W. MOTZEL und H. MERZ: Über das Vorkommen von Bufotenin im gelben Knollenblätterpilz. Liebigs Ann. Chem. **581**, 10 (1953).

153. WIELAND, TH., G. SCHMIDT und L. WIRTH: Über die Giftstoffe des Knollenblätterpilzes. VIII. Liebigs Ann. Chem. **577**, 215 (1952).

154. WIELAND, TH. und W. SCHÖN: Über die Giftstoffe des grünen Knollenblätterpilzes. X. Die Konstitution des Phalloidins. Liebigs Ann. Chem. **593**, 157 (1955).

155. WIELAND, TH. und A. SCHÖPF: Über die Giftstoffe des grünen Knollenblätterpilzes. XVIII. Ergänzungen zur Phalloidin-Formel: Ketophalloidin. Liebigs Ann. Chem. **626**, 174 (1959).

156. WIELAND, TH., L. WIRTH und E. FISCHER: Über die Giftstoffe des Knollenblätterpilzes. VII. β-Amanitin, eine dritte Komponente des Knollenblätterpilzgiftes. Liebigs Ann. Chem. **564**, 152 (1949).

157. WILKINSON, S.: The History and Chemistry of Muscarine. Quart. Rev. (Chem. Soc. London) **15**, 153 (1961).

158. WINSTEAD, J. A. and R. J. SUHADOLNIK: The Biosynthesis of Gliotoxin. II. Further Studies on Incorporation of Carbon-14 and Tritium Labelled Precursors. J. Amer. Chem. Soc. **82**, 1645 (1960).

159. WINTERSTEIN, E. und C. REUTER: Über das Vorkommen von Histidinbetain im Steinpilz. Z. physiol. Chem. (Hoppe-Seyler) **86**, 234 (1913).

160. — — Über die stickstoffhaltigen Bestandteile der Pilze. Landw. Vers. Sta. **79/80**, 541 (1913) [Chem. Zbl. **1912** II, 935].

161. WOOLLEY, D. W.: Studies on the Structure of Lycomarasmin. J. Biol. Chem. **176**, 1291 (1948).

162. WOOLLEY, D. W. and W. H. PETERSON: Isolation of Cyclic Choline Sulphate from *Aspergillus sydowi.* J. Biol. Chem. **122**, 213 (1937).

163. WRIGHT, D. E. and K. SCHOFIELD: The Pigments of *Phoma terrestris* HANSEN. Nature (London) **188**, 233 (1960).

164. WRIGHT, L. D., E. L. CRESSON, J. VALIANT, D. E. WOLF and K. FOLKERS: Biotin *l*-Sulphoxide. III. The Characterization of Biotin *l*-Sulphoxide from a Microbiological Source. J. Amer. Chem. Soc. **76**, 4163 (1954).

165. YABUTA, T., K. KAMBE and T. HAYASHI: Biochemistry of the "Bakanae" Fungus. I. Fusaric Acid, a New Product of "Bakanae" Fungus. J. Agric. Chem. Soc. Japan **10**, 1059 (1934).

166. ZELLNER, J.: Zur Chemie des Fliegenpilzes *(Amanita Muscaria* L.) (IV. Mitt.) Monatsh. Chem. **32**, 133 (1911).

(Received, October 30, 1961.)

Forschungen am Lignin.

Von **K. Freudenberg**, Heidelberg.

Inhaltsverzeichnis.

I. Einleitung.

Seit der letzten Abhandlung über das Lignin in dieser Folge [FR.* (15)] sind nahezu 8 Jahre vergangen. Viel Neues ist hinzugekommen; trotz verschiedener kurzer Darstellungen [ADLER und GIERER (3); FR. (16—21); HARKIN (55)] ist ein neuer Bericht am Platze. In dieser Zeit ist die alte Vermutung, daß Lignin eine Substanz der C_6C_3-Klasse sei, zur Gewißheit geworden; die Annahme ist bestätigt, daß Lignin durch Dehydrierung des Coniferylalkohols (XXVI, S. 56) und ähnlicher p-

---

* FR. = Abkürzung für FREUDENBERG.

Hydroxy-zimtalkohole entsteht und daß die Bauprinzipien des künstlichen Lignins mit denen des Naturstoffs übereinstimmen. Die Zahl der bekannten Zwischenprodukte, die bei der Dehydrierung in vitro entstehen, hat sich vergrößert; auf diese Zwischenprodukte und die erkannten Bauprinzipien gründen sich verschiedene Entwürfe [Adler (1, 2); Fr. (49); Kratzl (63); McCarthy (66)] für ein Konstitutionsbild des Lignins, die untereinander große Ähnlichkeit aufweisen. Die analytische Untersuchung des Lignins ist gefördert worden und hat eine feste Grundlage erhalten durch Björkmans (8) Verfahren zur Isolierung von Präparaten, die dem Naturstoff im Holze außerordentlich nahestehen.

Mit dieser Aufzählung sind die Gesichtspunkte angedeutet, unter denen die folgende Abhandlung geschrieben ist. In ihr sollen ohne allzu viel Bezug auf Früheres der gegenwärtige Stand und seine Fragen geschildert werden. Wer mitten in der praktischen Arbeit an einem Problem wie diesem steht, hat Mühe, sich auf einen entfernten Standpunkt zu begeben, von dem aus er versuchen könnte, das ganze Gebiet darzustellen. Das mag später geschehen. Heute sei es mir gestattet, aus der Sicht meines Laboratoriums zu schreiben und nur diejenige Literatur heranzuziehen, die mit den aktuellen Fragen der Konstitution des Lignins in Zusammenhang steht.

Vor 8 Jahren bemühte man sich um die Frage, ob im Lignin eine begreifbare Ordnung herrsche. Heute ist diese Frage bejaht und sind die Wachstumsprinzipien erkannt. Die Arbeit wendet sich von den gelösten grundsätzlichen Fragen den speziellen zu, wie der Erfassung weiterer Zwischenprodukte der Ligninbildung sowie der Menge und Verteilung dieser erkannten Strukturelemente im Naturstoff im Einklang mit der vorschreitenden analytischen Forschung.

II. Ligninpräparate.

1. Milled-Wood-Lignin nach Björkman.

Vor 8 Jahren veröffentlichte Björkman (8) ein neues Verfahren zur Isolierung großer Teile des Lignins aus dem Holze ohne chemischen Eingriff. Dies geschieht durch feinste Mahlung unter einem Einbettungsmittel, in dem das Holz nicht quillt, sondern spröde bleibt. Nach Entfernung des Einbettungsmittels, meist Toluol, wird der Rückstand mit Aceton oder Dioxan extrahiert, denen je 10% Wasser zugesetzt sind. Jetzt werden durch Fällungsmittel und Adsorption kohlenhydrathaltige Fraktionen entfernt [Fr. (32)] und alsdann mit kaltem Butanol niedermolekulare Anteile ausgewaschen. Es hinterbleibt eine sehr helle gelbbraune Substanz von der Farbe des frischen Fichtenholzes*. Dieses

---

* Wenn nicht anders vermerkt, ist im folgenden nur von Fichtenholz die Rede.

Milled-Wood- (MW-) Lignin verdankt seine Löslichkeit einem mechanischen Abbau des mit den Kohlenhydraten verankerten Lignins im Holze. Das Molekulargewicht dieses Präparats liegt im Durchschnitt bei 7000 bis 11000. Anteile höheren Molekulargewichtes sind abwesend, weil sie in Dioxan oder Aceton unlöslich sind. Beimengungen, die ein niedrigeres Molekulargewicht haben als einige Tausend werden durch das Butanol entfernt. Das Molekulargewicht des MW-Lignins ist also keine von der Natur vorgegebene Größe, sondern ein von der Löslichkeit bestimmter Ausschnitt aus einer polymer-homologen Reihe, wenn dieser Ausdruck hier zulässig ist. Einzelheiten seiner Eigenschaften werden weiter unten mitgeteilt. Ein Kennzeichen dieses Lignins, das mit der Molekülgröße zusammenhängt, ist seine Unfähigkeit, in Lösungsmittelgemischen, die früher beschrieben wurden [FR. (40)], im Papierchromatogramm zu wandern.

2. Ligninpräparate anderer Herstellung.

Bis 1954 bildeten die Grundlage für die Untersuchung des Lignins Präparate, die in Gegenwart von Mineralsäure gewonnen waren. WILLSTÄTTER benutzte überkonzentrierte Salzsäure in der Kälte (Salzsäurelignin), FREUDENBERG sehr verdünnte Schwefelsäure in der Wärme (Cuproxamlignin). In beiden Verfahren wird die Bindung zwischen Lignin und den Polysacchariden gelöst. Die hochkonzentrierte Salzsäure bringt die Polysaccharide unmittelbar in Lösung, während im anderen Falle Kupferoxydammoniak angewendet werden muß. Diese Ligninpräparate unterscheiden sich von dem MW-Lignin durch ihre Unlöslichkeit in organischen Lösungsmitteln und durch den Verlust der Thermoplastizität. Sie haben eine nachträgliche Kondensation erlitten, die sich allerdings analytisch nur wenig bemerkbar macht. Ein großer Teil der älteren Ergebnisse ist an diesen Materialien gewonnen worden.

Nach einer Beobachtung von BRAUNS enthält das Fichtenholz einen kleinen Anteil löslicher Substanzen, die mit dem Lignin verwandt sind.

Da Lignin leicht mit niederen primären Alkoholen reagiert, empfiehlt es sich, das *sehr fein* gemahlene Holz mit Aceton-Wasser (9 : 1 Vol.) bei Zimmertemperatur zu perkolieren. Es gibt nach der Extraktion keine weiteren Anteile an kaltes Äthanol ab und dient nach der sorgfältigen Trocknung zur Bereitung des MW-Lignins. Die Extrakte werden wechselseitig in wenig Aceton aufgenommen und ungeachtet eines ungelösten Anteils wiederholt erst mit Petroläther, dann mit Benzol gefällt. Der im Petroläther lösliche Anteil macht ungefähr 0,6% des Holzes aus; er besteht aus Wachsen und ähnlichem und enthält nur Spuren von Phenolen. Im Benzol löst sich etwa 1,1% des Holzes. Dies sind die zahlreichen Lignane, unter denen Hydroxy-mataTresinol bei weitem überwiegt [FR. (37)]. Außerdem sind niedermolekulare, vielleicht ligninähnliche Anteile anwesend. Diese benzollösliche Fraktion (Gemisch der Oligomeren) wandert im Papierchromatogramm in den von FREUDENBERG und LEHMANN (40) beschriebenen Lösungsgemischen. Der Rückstand wird wiederholt mit kleinen Mengen Butanol in der Kälte ausgerieben. Dabei bleibt ein Teil ungelöst, ein anderer fällt aus, wenn die Butanollösung im Vakuum stark eingeengt wird. Diese Anteile werden vereinigt, sie machen zusammen 0,3—0,4% des Holzes aus. Zur Entfernung festgehaltenen Butanols wird mit Wasser übergossen und dieses zum größeren Teil bei vermindertem Druck abdestilliert. Im Chromatogramm (16 Stunden) bleibt dieser Teil am Startfleck, er hat die Löslichkeitseigenschaften des MW-Lignins und des künstlichen Lignins. Die Butanolmutterlauge enthält noch 0,4—0,5% eines Gemisches dieses löslichen Lignins mit Lignanen und oligomerer Substanz.

Es ist noch nicht entschieden, ob in dem chromatographisch inerten löslichen Lignin ein enzymatisch oxydatives Abbauprodukt oder ein Nebenprodukt der Ligninbildung vorliegt oder, möglicherweise aus dem Harzstoffwechsel stammend, ein den Lignanen angehörendes Dehydrierungspolymerisat. Der Methoxylgehalt des Endproduktes beträgt 14,3%. Der Gehalt an Phenolhydroxyl ist höher als im Lignin. Im Gegensatz zum Lignin und seinen Bestandteilen sind die einzelnen Lignane optisch aktiv. Sie gehören offenbar einem anderen Stoffwechsel als dem des Lignins an, vielleicht dem der Harze.

Die Ligninchemie leidet an einer Unsicherheit, die dadurch entstanden ist, daß ein Teil der Versuchsergebnisse am Holze gewonnen wurde, in dem das Lignin an die Polysaccharide gebunden ist und von Fremdstoffen begleitet sein kann. Andere Ergebnisse, besonders ältere, wurden erarbeitet am Säurelignin nach WILLSTÄTTER und am Cuproxamlignin nach FREUDENBERG. Das MW-Lignin nach BJÖRKMAN wird nicht von allen Autoren in der gleichen Weise hergestellt. Das sehr feine Holzmehl muß mit Aceton-Wasser (9 : 1 Vol.) erschöpft und sehr gut getrocknet sein. Der Zuckergehalt schwankt, und nicht alle Reaktionen des Lignins sind an einwandfreien Präparaten dieser Herkunft durchgeführt worden. Viele Reaktionen und Vergleiche sind am löslichen Anteil des Holzes durchgeführt worden, und zwar nicht an den oben geschilderten hochmolekularen Fraktionen, sondern an dem Gemisch, das aus Lignanen, oligo- und polymeren Anteilen besteht.

3. Berechnung der Ligninanalysen.

Zum Vergleich der Analysen untereinander hat sich die von HOLMBERG (62a) eingeführte Gepflogenheit bewährt, die Analysen auf die C_9-Einheit zu berechnen. Zu diesem Zweck werden die gefundenen Analysenwerte auf ein (angenommenes) Molekulargewicht mit *einem* Methoxyl umgerechnet. Jetzt wird OCH_3 abgezogen und als Methoxyl herausgestellt. Alle gefundenen Zahlen werden sodann auf C_9 umgerechnet. Zur Ausrechnung dienen folgende Formeln:

$$C_9; \quad H = \frac{277,1 \cdot \% \, H - 27,0 \cdot \% \, OCH_3}{2,584 \cdot \% \, C - \% \, OCH_3}; \quad O = \frac{17,457 \cdot \% \, O - 9 \cdot \% \, OCH_3}{2,584 \cdot \% \, C - \% \, OCH_3};$$

$$OCH_3 = \frac{9 \cdot \% \, OCH_3}{2,584 \cdot \% \, C - \% \, OCH_3}.$$

Literaturverzeichnis: SS. 69—72.

Will man den Oxydationsgrad im Vergleich zu den p-Hydroxyzimt-alkoholen feststellen, so klammert man so viel Wasser aus, wie dem Sauerstoffgehalt entspricht, der 2 Atome Sauerstoff überschreitet. Wenn ein Acetat auf die acetylfreie Substanz zurückgerechnet werden soll, muß die dem Acetylgehalt entsprechende Menge C_2H_2O von den gefundenen Prozentwerten für C, H und O abgezogen werden. Die neuen Werte für C, H und O sind in $100 - \%\ C_2H_2O$ enthalten und werden auf 100 umgerechnet. Das Acetat enthalte $a\%$ $COCH_3$; C', H', O', $(OCH_3)'$ sind die Prozentgehalte der acetylfreien Substanz.

$$C' = \frac{102,38 \cdot \%\ C - 57,1 \cdot a}{102,38 - a}; \qquad H' = \frac{102,38 \cdot \%\ H - 4,79 \cdot a}{102,38 - a};$$

$$O' = \frac{102,38 \cdot \%\ O - 38,1 \cdot a}{102,38 - a}; \qquad (OCH_3)' = \frac{102,38 \cdot \%\ OCH_3}{102,38 - a}.$$

Aus C', H', O', $(OCH_3)'$ wird die C_9-Einheit der acetylfreien Substanz nach den obigen Ansätzen berechnet. Die Anzahl der acetylierbaren OH-Gruppen in der C_9-Einheit ist gleich

$$\frac{0,721 \cdot a \cdot [OCH_3]'}{\%\ OCH_3}.$$

Auf diese Weise wird für das Fichtenlignin eine durchschnittliche Zusammensetzung $C_9H_{7,25}O_2[H_2O]_{0,4}[OCH_3]_{0,92}$ gefunden. Die Zusammensetzung des Coniferylalkohols ist $C_9H_9O_2[OCH_3]_1$. Das Defizit im Methoxylgehalt, das das Lignin gegenüber dem Coniferylalkohol aufweist, rührt her von beigemengter p-Cumaralkohol-komponente der Zusammensetzung $C_9H_{10}O_2$. Ein entsprechendes Gemisch der Alkohole hat die Zusammensetzung $C_9H_{9,08}O_2[OCH_3]_{0,92}$. Mit dem Gemisch verglichen, hat das Lignin 1,8 Atome Wasserstoff weniger und 0,4 Moleküle H_2O mehr. Weiter unten wird gezeigt, daß diese Zahlen eine erhebliche Bedeutung für die Beurteilung des Lignins haben. Das Wasser wird lediglich ausgeklammert, um die Oxydationsstufe deutlich zu machen. Diese rechnerische Maßnahme hat nichts Unmittelbares mit dem Hydroxyl-gruppengehalt des Lignins zu tun.

III. Die Abbausäuren.

Vor Jahren konnte gezeigt werden, daß Fichtenholz oder Lignin nach der Methylierung, Behandlung mit heißer Kalilauge, erneuter Methylierung und Oxydation außer Veratrumsäure (II) greifbare Mengen an Isohemipinsäure (XIV) und Dehydro-diveratrumsäure (XVI) liefern [FR. (28)]. Später hat RICHTZENHAIN (70) Metahemipinsäure (XI) hinzugefügt. Eine neuere Untersuchung [FR. (24)], die inzwischen fortgeführt wurde [FR. (25, 23)], hat die Anzahl der Säuren auf 25 erhöht. Papier-, Dünnschicht-, Gas- und Säulenchromatographie nebst Massenspektroskopie mußten hier zusammenwirken. Die Säuren sind, bis auf wenige, als solche und als Methylester kristallinisch isoliert worden. Veratrumsäure entsteht mit einer Ausbeute von 8—9% des Lignins, Isohemipinsäure 2,5—3,5%, Dehydro-diveratrumsäure 2%, Metahemipinsäure unter 1%. Die übrigen 21 in der *Formeltabelle* (s. unten) bezeichneten Säuren machen zusammen einige Prozente aus. Dazu kommen rund 4% Verlust durch Zwischenfraktionen, deren Auftrennung nicht lohnt, und einige Prozente höhermolekularer Verbindungen, die offenbar mehrkernig sind. Zusammen genommen, beträgt die Ausbeute an diesen Abbausäuren, wie wir sie nennen, etwa 25%. Die Anissäure (I) und die unter ihr stehenden Säuren, dazu die Trimethoxy-diphenyl-

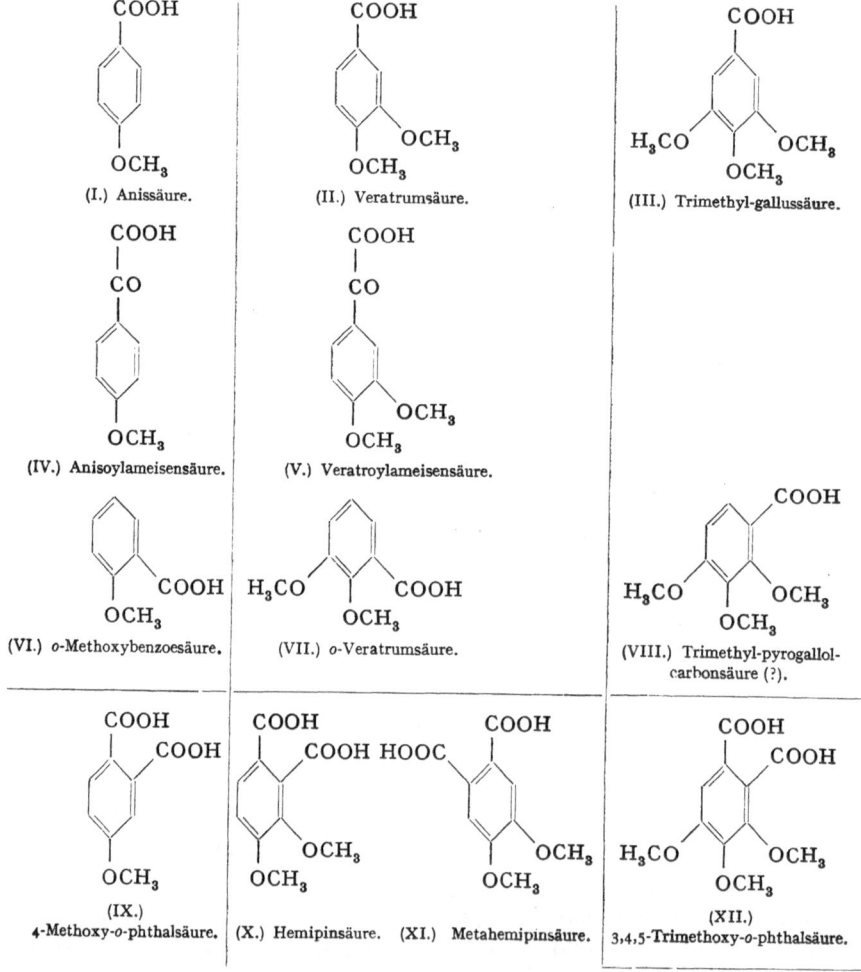

(I.) Anissäure.

(II.) Veratrumsäure.

(III.) Trimethyl-gallussäure.

(IV.) Anisoylameisensäure.

(V.) Veratroylameisensäure.

(VI.) o-Methoxybenzoesäure.

(VII.) o-Veratrumsäure.

(VIII.) Trimethyl-pyrogallol-carbonsäure (?).

(IX.) 4-Methoxy-o-phthalsäure.

(X.) Hemipinsäure.

(XI.) Metahemipinsäure.

(XII.) 3,4,5-Trimethoxy-o-phthalsäure.

Literaturverzeichnis: SS. 69—72.

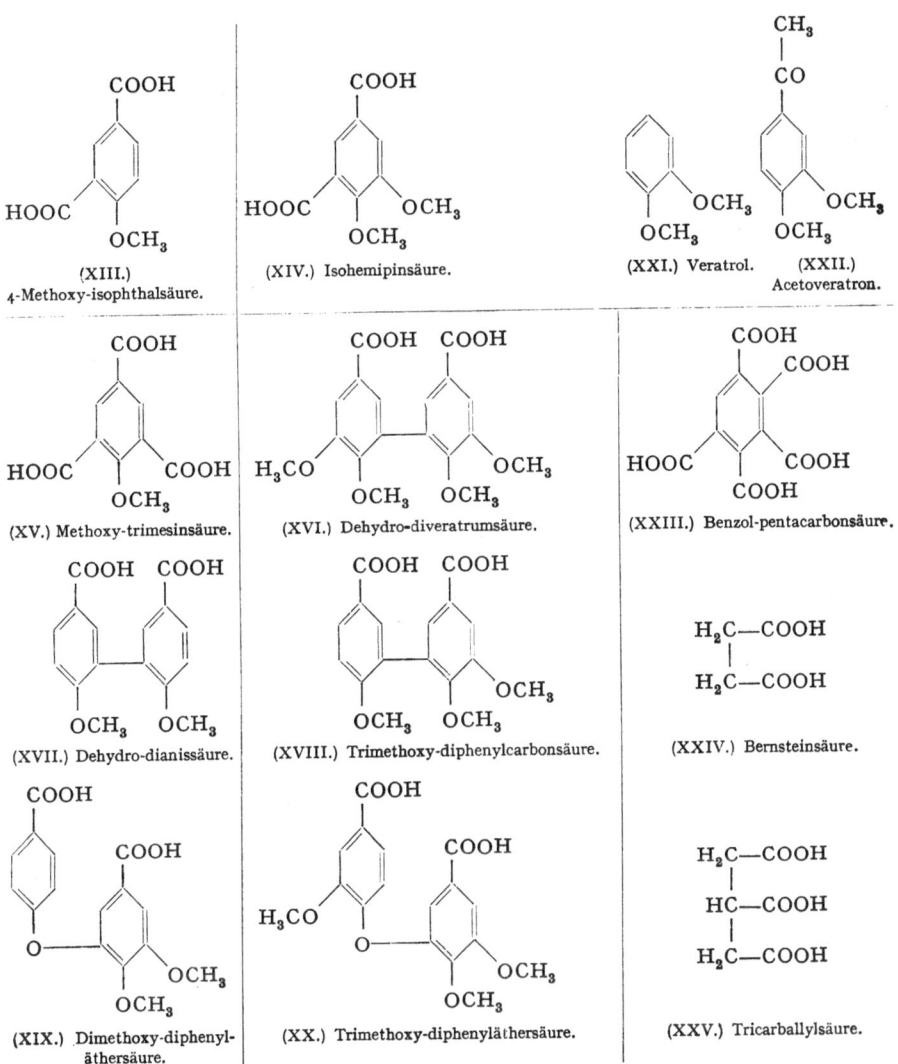

dicarbonsäure (XVIII), sind oder enthalten Monomethoxy-carbonsäuren. Die Methylsalicylsäure (VI) dürfte ein Decarboxylierungsprodukt der 4-Methoxy-isophthalsäure (XIII) sein. Mengenmäßig überwiegt die Reihe der Veratrumsäure (in der Mittelspalte), zu der noch ihr Decarboxylierungsprodukt, das Veratrol (XXI), sowie das Aceto-veratron (XXII) gehören. Veratroyl-ameisensäure (V) und o-Veratrum-säure (VII) sind zunächst nur chromatographisch nachgewiesen, während die übrigen Substanzen in kristallinischer Form isoliert wurden. Die o-Veratrumsäure dürfte ein Decarboxylierungsprodukt der Isohemipin-

säure (XIV) sein. Eine weitere Säure hat die Konstitution der Diphenyl-
äthersäure (XX); (XIX) ist noch ungewiß. Drei Säuren (III), (VIII)
und (XII) sind Derivate des Pyrogallols. Die Benzolpentacarbonsäure
(XXIII) nebst verschiedenen Decarboxylierungsprodukten, ferner die
Bernsteinsäure (XXIV) und die Tricarballylsäure (XXV) bilden eine
eigene Gruppe.

Zunächst schien es fraglich, ob den Abbausäuren für die Beurteilung
der Konstitution des Lignins eine große Bedeutung beizumessen sei,
weil sie nach einer robusten Behandlung mit Alkali entstehen. Diese
Bedenken haben sich jedoch zerstreut, als gefunden wurde, daß acetyliertes
MW-Lignin bei der Behandlung mit Essigsäureanhydrid und Spuren
von Perchlorsäure hinreichend aufgeschlossen wird, um nach Methylierung
und Oxydation genau dieselben Säuren, und zwar in dem entsprechenden
Mengenverhältnis, allerdings mit geringerer Gesamtausbeute, zu geben.
Der Aufschluß mit Acetanhydrid und Perchlorsäure wird bei 20°
vorgenommen und ist an Phenylcumaranen vom Typus der Substanz
A (XXXI) und B (XXXII, S. 56) erprobt worden [Fr. (52)]. Demnach
ist auch der Aufschluß mit heißem Alkali zulässig. In beiden Fällen
handelt es sich um Öffnung von Ätherbindungen.

IV. Die destruktive Hydrierung des Lignins.

Die meisten Versuche, das Lignin zu hydrieren, werden in der Absicht
ausgeführt, niedermolekulare Phenole oder andere für technische Zwecke
geeignete Produkte zu gewinnen. Sie haben für die Strukturfrage nur
einen begrenzten Wert, zumal sie bei sehr hohen Temperaturen durchgeführt werden. Dies ist anders bei der Hydrierung nach Harris,
D'Ianny und Adkins (56), die aus sogenanntem Methanollignin 54%
des Kohlenstoffgerüstes in Gestalt definierter Alkohole und Kohlen-
wasserstoffe des Propylcyclohexans gewonnen haben (Cu, Cr-Katalysator,
260°). Für eine hochkondensierte Substanz ist die Rückführung auf
so erhebliche Mengen der Einheit sehr beachtenswert. Dies ist damit
zu erklären, daß ein Teil der Bindungen zwischen den Einheiten Ätherbindungen sind. Auch verdient hervorgehoben zu werden, daß keine
Andeutung von Substanzen der Gruppe C_6, C_7 und C_8 angetroffen
wurde. Man muß in dieser Feststellung ein starkes Argument für die
Zusammensetzung des Lignins aus C_6C_3-Einheiten erblicken. Das gleiche
gilt für die Versuche, Lignin in flüssigem Ammoniak mit Alkalimetallen
zu spalten [Fr. 36, 39; Shorygina (71)]. Man erhält wenige Prozente
von Guajacylpropan und Dihydroconiferylalkohol sowie durchhydrierte,
zum Teil sauerstoff-freie Spaltstücke der Zusammensetzung C_9 und C_{18}. Der
Rest sind höhermolekulare Substanzen. C_8 und C_7 werden nicht angetroffen.

Literaturverzeichnis: SS. 69—72.

Die Hydrierung gibt demnach deutliche Hinweise darauf, daß das Lignin ein C_6C_3-Gerüst besitzt.

V. Weitere Eigenschaften des Lignins.

Mit Äthanol-Chlorwasserstoff hat HIBBERT (9, 57—59) einige Prozente von Ketonen der Guajacylpropanreihe gewonnen. Auch hier sind keine niedrigeren Produkte aufgetreten.

Die C_9-Einheit des MW-Fichtenlignins enthält, abgesehen von 0,92 Atomen Methoxylsauerstoff, rund 2,4 Atome weiterer Sauerstoff, die sich folgendermaßen einteilen lassen: 0,3—0,35 gehören freien Phenolgruppen an [FR. (19, 26, 48); ADLER (2, 5)], 0,9—1,0 alkoholischem Hydroxyl. Der Gehalt an Carbonylgruppen beträgt nicht ganz 0,2. Der Rest des Sauerstoffs, 0,9—1,0, ist Äthersauerstoff, der das eigentliche Kennzeichen des Lignins ist. An etwa 0,7 der Äthergruppen pro Einheit ist aromatischer Sauerstoff beteiligt. Davon ist 0,1 oder weniger Diphenyläthersauerstoff, während die Hauptmenge des Aryls, 0,6, mit aliphatischen Resten veräthert ist. 0,2—0,3 Atome Äthersauerstoff sind beiderseits aliphatisch gebunden.

Vor bald 30 Jahren hat HOLMBERG (7, 60, 61) erkannt, daß die reaktionsfähigen Stellen des Lignins p-substituierte Phenylcarbinole und ihre Äther sind. An diesem Punkt setzen in erster Linie die Reaktionen ein, die in der Technik in gewaltigem Umfang im Sulfit- und Sulfatprozeß ausgeführt werden. Die schwedische Schule hat sich in der Folgezeit (HÄGGLUND, ERDTMAN, ADLER) um die speziellere Unterteilung der obigen Sauerstoffbilanz verdient gemacht. Freies Guajacylcarbinol ist vorhanden [GIERER (53, 54)], aber in sehr geringem Umfange. Offene aromatische Äther dieses Carbinols sollen nicht oder nur in sehr geringem Umfange vorkommen, weil sich sonst bei der Spaltung die Zahl der Phenylhydroxyle vermehren müßte [ADLER (2)]. Dagegen liegen cyclische aliphatische und aromatische Äther des Phenylcarbinols vor. Wenn wir, nachher zu Beweisendes vorwegnehmend, dem Lignin die Sauerstoffverteilung der p-Hydroxy-zimtalkohole, insbesondere des Coniferylalkohols, zugrunde legen und, wie schon oben geschehen, in Rechnung stellen, daß 0,33 Phenylhydroxyl in freiem Zustande vorkommt, so ist nahezu 0,7 phenolischer Äthersauerstoff anzunehmen, der, nach den Abbausäuren (XIX) und (XX) (S. 47) zu schließen, in geringem Umfang Diphenyläther ist, zum weitaus größten Teil dagegen, schätzungsweise 0,6, gemischtem aromatisch-aliphatischem Äther angehört.

Das aliphatische Hydroxyl hat, wie schon erwähnt, zu einem Teil den Charakter sekundärer Phenylcarbinolgruppen. Sonstiger sekundärer Alkohol dürfte nur sehr spärlich vorkommen, der weitaus größte Teil ist primärer Natur. Der Gehalt an Äthylenbindungen ist sehr gering.

Sie liegen unter der Wahrnehmungsgrenze der magnetischen Kernresonanzspektren. Dennoch ist ein kleiner Teil (auf rund 25 Einheiten
eine) Äthylenbindung in Gestalt von Zimtaldehydgruppen vorhanden
[Adler (2)], die zugleich für viele Farbreaktionen des Lignins verantwortlich sind. Weitere Äthylengruppen kommen, wenn überhaupt, nur
in sehr geringer Menge vor. Andere Eigenschaften des natürlichen
Lignins werden unten angeführt im Vergleich mit dem künstlichen Lignin.

VI. Die p-Hydroxy-zimtalkohole.

Im voranstehenden ist wiederholt auf die p-Hydroxy-zimtalkohole,
insbesondere den Coniferylalkohol, verwiesen worden. Die Ordnung der
Ligninpräparate nach C_9-Einheiten ist von diesen typischen Vertretern
der natürlichen C_6C_3-Gruppe angeregt worden. C_9-Einheiten sind uns
begegnet in Hibberts Ketonen, in den Produkten der destruktiven
Hydrierung und schließlich in der Elementaranalyse des Lignins selbst,
für die man anders als mit C_9-Einheiten wechselnden Methoxylgehalts
keine verständliche Formulierung finden kann. Das Glucosid des
Coniferylalkohols hat vor bald 100 Jahren F. Tiemann untersucht und
aufgeklärt. Er hat daraus mit Emulsin den Coniferylalkohol hergestellt
und seine Neigung zur Polymerisation oder Polykondensation wahrgenommen. Aus dem reichlichen Vorkommen des Coniferins im Gebiet
des Cambiums der Coniferen und den genannten Eigenschaften des
Coniferylalkohols hat er bereits eine Beziehung zwischen Lignin und
Coniferylalkohol erkannt und in sehr unbestimmter Form ausgesprochen.
Deutlich, aber ohne Beweise, hat sich P. Klason hierzu bekannt und
Holmberg hat seine experimentell begründeten Anschauungen auf die
C_6C_3-Einheit gestützt. Erdtman (13, 14) hat ausgesprochen, daß in
der Seitenkette mit Sauerstoff versehene Guajacylpropane durch
Dehydrierung in Lignin übergehen. Diese Entwicklung ist ausführlich
an anderer Stelle geschildert worden [Fr. (15)]. Auch im Heidelberger
Laboratorium ist die Auffassung von der C_6C_3-Einheit seit langem ge-
läufig. Im Jahre 1931 wurden hydratisierter Coniferylalkohol und ähnliche
Alkohole der Phenylpropanreihe („Coniferyleinheiten") diskutiert (50).
Hier wird für das Lignin ein kontinuierliches Bauprinzip wie bei jedem
großen Naturstoff gefordert. Der Coniferylalkohol und sein Polymerisat
wurden aus Coniferin und aus Lubanol, seinem Benzoat, das in der
Siambenzoe vorkommt, gewonnen. Auch für die ersten Dehydrierungs-
versuche diente Coniferylalkohol solcher Herkunft [Fr. (46)].

VII. Die Herstellung des Dehydrierungspolymerisates (DHP).

Früher wie heute dient die Laccase aus Pilzen zur Herstellung des
Dehydrierungspolymerisates (DHP) (46). An solchen Präparaten wurden

die Vergleiche des künstlichen Lignins mit dem natürlichen durchgeführt [FR. (*31*); HARKIN (*55*)]. Als Akzeptor des Wasserstoffs dient Luft oder Sauerstoff. Für andere Zwecke, bei denen die Oxydationshöhe der Seitenkette gleichgültig ist, wie bei der Bildung der Abbausäuren, auch der radioaktiven, oder bei den unten beschriebenen Versuchen mit deuteriertem Coniferylalkohol, wurde auch Peroxydase mit äußerst verdünntem Wasserstoffperoxyd verwendet. Nachdem sich gezeigt hat, daß die Zwischenprodukte der DHP-Bildung bei Verwendung von Laccase und Peroxydase dieselben sind, wird zur Isolierung von Zwischenprodukten die leichter zu handhabende Peroxydase verwendet, aber nur dann, wenn ausdrücklich festgestellt ist, daß das gesuchte Zwischenprodukt auch bei der Dehydrierung mit Laccase gebildet wird. Das gleiche gilt erst recht für die Dehydrierung in Abwesenheit oder Anwesenheit von Wasser in Aceton, Dimethylformamid oder Dioxan mit Hilfe von Braunstein [FR. (*31*)]. Hier unterbleibt, insbesondere in Abwesenheit von Wasser, die Bildung mancher Zwischenprodukte, so daß die Isolierung anderer einfacher wird. Es handelt sich aber stets um solche, die auch mit Laccase gebildet werden. DHP wird mit Braunstein nur dann hergestellt, wenn festgestellt werden soll, ob eine bestimmte Reaktion eines mit Laccase hergestellten DHP auch mit einem DHP anderer Herstellung eintritt. Für optische Zwecke wird nur DHP verwendet, das mit Laccase bereitet ist, weil Peroxyd wahrscheinlich die Seitenketten stärker angreift. Wir haben den Eindruck, als bestehe der Unterschied in der Wirkung der Laccase und der Peroxydase nur in der weitergehenden Einwirkung der letzteren auf die Seitenkette. Das System der kondensierten Kerne wird dagegen von den beiden Enzymen offensichtlich in der gleichen Weise aufgebaut. Selbst mit Mangandioxyd scheint das letztere zuzutreffen, wie sich bei den unten zu besprechenden Versuchen mit Deuterium erwiesen hat. Man muß jedoch in diesem Punkte vorsichtig sein, denn LINDGREN (*65*) hat gezeigt, daß Guajacol von verschiedenen anorganischen Dehydrierungsmitteln in unterschiedlicher Weise kondensiert wird.

Grundsätzlich sind zwei Verfahren der Herstellung von DHP möglich, die an ihren extremen Bedingungen geschildert werden. Modifikationen, die zwischen diesen Extremen liegen, können angewendet werden. Das erste Verfahren haben wir Zulauf-Verfahren genannt. Zur Lösung des Enzyms läßt man die gesamte Menge des zu dehydrierenden Coniferylalkohols auf einmal zulaufen und sorgt durch Durchperlen von Luft oder Sauerstoff für die langsame Dehydrierung, die bei 10 g Coniferylalkohol mehrere Tage dauert. Die Temperatur ist 20°, die Konzentration des Coniferylalkohols unter 0,4%. Hier läuft die Dehydrierung zunächst in Gegenwart eines Überschusses an Coniferylalkohol ab bis zu dem Punkte, an dem er verschwindet, was an schnell laufenden Papierchromatogrammen erkannt werden kann. Zu diesem Zeitpunkt liegen

hauptsächlich dimere und andere oligomere Zwischenprodukte vor neben
einer geringen Menge (bis zu 20%) von solchem DHP, das durch seine
geringe Löslichkeit in Butanol und seine fehlende oder sehr schwache
Wanderungsfähigkeit im Papierchromatogramm als ligninartig aus-
gewiesen ist. Leitet man nach Verschwinden des Coniferylalkohols weiter
Luft ein, gegebenenfalls unter Zusatz von neuen Enzymmengen, so tritt
ein neues Stadium ein. Die zunächst gebildeten Oligomeren verschwinden
eines um das andere mit verschiedener Geschwindigkeit und die Ausscheidung amorphen Materials nimmt zu. Der Endpunkt der Reaktion
ist bei diesen Arbeitsbedingungen schwer zu ermessen. Wenn das meiste
Material ausgeschieden ist, wird es nur sehr langsam weiter aufgebaut,
zumal es als Schaum von der Hauptmenge der Fermentlösung abgetrennt
ist. Was bleibt, ist eine feste Lösung von Oligomeren in polymerem
Material. Die Ausbeute an letzterem ist infolgedessen niemals ganz
befriedigend. Besser ist es, nach einem neueren Verfahren die Lösung
des Enzyms und die des Coniferylalkohols mit abgemessenen Mengen
Sauerstoff, der aus einer Bürette nachgegeben werden kann, mit Hilfe
eines Vibromischers von der Oberfläche her in Berührung zu bringen.
Hierbei unterbleibt die Schaumbildung, man kann den Sauerstoffverbrauch
messen, aber auch jetzt bleibt ein Teil der Oligomeren in fester Lösung
in dem sich ausscheidenden unlöslichen Material vor weiterem Angriff
geschützt.

Hier sei bemerkt, daß die schnell steigende Kurve des Ver-
brauchs des Sauerstoffs nach Aufnahme eines halben Atoms umbiegt
und in weiterem langsamem Anstieg niemals zu einem Ende kommt.
Denn auch das fertige DHP wird unter diesen Umständen angegriffen,
zumal wenn weiteres Enzym nachgegeben wird. Das Enzym scheint
teilweise gefällt oder okkludiert zu werden oder an Wirksamkeit nach-
zulassen. Das fertige Präparat wird mit Aceton-Wasser 9 : 1 Vol. gelöst.
Der geringe unlösliche Teil enthält Enzymeiweiß und hochkondensierte
Produkte, der lösliche Anteil wird nach Entfernung des Acetons in
Wasser suspendiert, getrocknet und mit *n*-Butanol bei 0° wiederholt
ausgezogen. Damit sind dieselben Bedingungen der Löslichkeit erfüllt,
die wir an das Lignin nach Björkman stellen. Der größte Teil darf
im Chromatogramm nicht wandern, ein kleiner nur äußerst langsam.

Das andere Verfahren zur Herstellung des DHP nennen wir das Zutropf-
Verfahren. Hier wird zu der verdünnten, belüfteten Laccaselösung die
verdünnte Lösung des Coniferylalkohols tropfenweise in dem Maße
zugegeben wie der Coniferylalkohol verschwindet. Dabei finden sich
die schon gebildeten oligomeren Dehydrierungsprodukte in keinem
Stadium der Reaktion einem Überschuß an Coniferylalkohol gegenüber.
Der bisher beobachtete Unterschied gegenüber dem Zulauf-Verfahren
besteht darin, daß bei diesem die Oligomeren H (XLI) und J (XLII, S. 57)

anfangs stark auftreten und im weiteren Verlauf verschwinden. Bei dem Zutropf-Verfahren werden sie in keinem Stadium des Versuches wahrgenommen. Dagegen tritt Substanz C (XXXVIII, S. 55) stark hervor. Misch-DHP scheidet sich, wahrscheinlich wegen stärkerer Verzweigung und Vernetzung der p-Cumarkomponente (siehe Methoxy-trimesinsäure XV), rascher ab als das Coniferyl-DHP. Will man auf DHP hinarbeiten, so muß man die Belüftung fortsetzen, bis die Hauptmenge der Produkte ausgeschieden ist.

VIII. Vergleich des natürlichen und des künstlichen Lignins.

Der Vergleich zwischen MW-Lignin und DHP kann niemals zu einer letzten Übereinstimmung führen, weil das MW-Lignin aus Bruchstücken bestimmter Größe besteht, die aus einem weit größeren Gebilde herausgeschlagen worden sind, während das DHP mit Buschwerk zu vergleichen ist, das bis zu der Größe jener Bruchstücke herangewachsen ist.

Für die älteren Vergleiche zwischen natürlichem und künstlichem Lignin diente ausschließlich ein aus Coniferylalkohol mit Laccase hergestelltes DHP. Dies bedeutet eine bewußte Vereinfachung, denn am Aufbau des Lignins sind außer Coniferylalkohol 15—20% eines Gemisches von p-Cumar- und Sinapinalkohol beteiligt. Erst bei der Bearbeitung der Abbausäuren wurde die nicht zu übersehende Rolle dieser Alkohole deutlich.

Das Coniferyl-DHP zeigt im Ultraviolett eine etwas höhere Extinktion als das Björkman-Lignin. Die Maxima und Minima sind aber dieselben. Im alkalischen Medium ist die Kurve verflacht und um ein geringes angehoben ohne deutliche Verschiebung des Maximums von 280 mμ nach dem längerwelligen Bereich [nach AULIN-ERDTMAN (6); FR. (19)]. Die Differenzkurven (Δ_e) stimmen überein. Die Ultraviolettkurve im neutralen Medium wird gesenkt, wenn das Präparat eine Woche bei gewöhnlicher Temperatur unter 0,1 n-Schwefelsäure gestanden hat. Eine weitere Senkung der Extinktion zeigt sich, wenn das DHP mit einem Gemisch von Coniferylalkohol, p-Cumaralkohol und Sinapinalkohol im molekularen Verhältnis 82 : 13 : 5 hergestellt worden ist (Misch-DHP). Dieses Verhältnis dürfte der Mischung in der Pflanze am nächsten stehen und dem MW-Lignin entsprechen. Auch die Senkung der Extinktion durch Säure hat vermutlich eine Parallele bei dem Naturprodukt, denn das Lignin im Holze unterliegt derselben Einwirkung, wenn es, oft sogar bei erhöhter Temperatur, jahrelang der schwachen Säure des Gewebes ausgesetzt ist. Die Infrarotkurven sind kaum voneinander zu unterscheiden; nur der an sich geringe Gehalt an Carbonyl ist im Kunstprodukt etwas größer, ebenso der gleichfalls sehr geringe Gehalt an konjugierter Doppelbindung. Bei den DHP-Präparaten anderer Herstellungsweise kann die Abweichung vom MW-Lignin stärker sein. Dies rührt, wie schon erwähnt, vornehmlich von Veränderungen in den Seitenketten her.

Die Analyse schwankt um einen Mittelwert, der mit dem oben mitgeteilten des MW-Lignins übereinstimmt. Bei Coniferyl-DHP ist in der C_9-Einheit *ein* Methoxyl vorhanden, bei Misch-DHP in dem oben angegebenen Verhältnis nur 0,92. Die Abbausäuren des Misch-DHP stimmen mit denen des MW-Lignins in allen Einzelheiten überein. Es sind keine weniger und keine mehr wahrzunehmen. Wenn auch die Menge einzelner Abbausäuren äußerst gering ist, so geben sie doch in ihrer Gesamtheit eine Art Spektrum, dessen Ähnlichkeit zwischen Natur- und Kunstprodukt überraschend ist und einen weiteren Hinweis auf die grundsätzliche Übereinstimmung beider bildet.

Unter den Abbausäuren des Coniferyl-DHP fehlt die gesamte linke Vertikalspalte der Formeltabelle (S. 46) sowie (XVIII), (VIII) und (XII). Alle übrigen Abbausäuren sind vorhanden einschließlich der Trimethyl-gallussäure (III), die vielleicht von der teilweisen Aufspaltung der Diphenyläthersäuren (XIX) und (XX) herrührt. Die Trimethoxysäuren (VIII) und (XII) treten nur auf, wenn bei der Bildung des DHP den übrigen Hydroxy-zimtalkoholen der Sinapinalkohol zugesetzt war. Der Anteil an Trimethyl-gallussäure ist in diesem Falle vermehrt.

Über die beim MW-Lignin geschilderte Sauerstoffbilanz der Hydroxyl- und Äthergruppen kann für das Laccase-DHP gesagt werden, daß in qualitativer Hinsicht Übereinstimmung besteht und in quantitativer ebenfalls, soweit Messungen vorgenommen worden sind.

Natürliches und künstliches Lignin sind optisch inaktiv trotz der Gegenwart zahlreicher asymmetrischer C-Atome. Die Erklärung wird unten gegeben. Durch Messung der magnetischen Kernresonanz kann keine Doppelbindung nachgewiesen werden. Dennoch ist im Kunstprodukt ein wenig mehr Doppelbindung vorhanden als im Naturprodukt.

Nach einer von ZIEGLER und GARTLER (73) aufgefundenen Reaktion, die GIERER (53) auf das Lignin angewendet hat, werden freie Guajacylgruppen durch Chinonchlorimin in Indophenol übergeführt. Der Gehalt an diesen Gruppen ist bei beiden Präparaten gering. Im MW-Lignin findet ADLER (2) in jeder zwanzigsten Einheit ein freies, d. h. in der *p*-Stellung nicht veräthertes Guajacylcarbinol, während im DHP diese Gruppe etwa in jeder zehnten Einheit auftritt [FR. (27)]. ADLER und HERNESTAM (4) haben gefunden, daß aus Methoxyl, das einem phenolischen Hydroxyl benachbart ist, mit Perjodsäure Methanol entsteht. Der Betrag ist bei beiden Produkten gleich hoch [FR. (27)] und entspricht der Zahl der freien Phenolhydroxyle. Beim Kochen mit starker Mineralsäure entsteht aus beiden Produkten [FR. (19)] Formaldehyd in der gleichen Menge (MWL 1,1%, DHP 1,4%). Durch Mahlung des DHP entstehen dieselben Bruchstücke wie aus MW-Lignin (Coniferylalkohol und andere) (*19*). Wenn beide Präparate mit Diazomethan methyliert und dann oxydiert werden, so entsteht in beiden Fällen 0,8% rohe Isohemipinsäure [FR. (*42*, *43*)]. Ein größerer Betrag (2—3%) wird in beiden Fällen erhalten, wenn das Präparat mit starkem Alkali behandelt, methyliert und oxydiert wird (*43*). Die Ausbeute an Vanillin bei der Oxydation mit Nitrobenzol und Alkali ist in beiden Fällen gleich (25%). Aus beiden Präparaten entstehen mit Äthanol-chlorwasserstoff geringe Mengen der von HIBBERT beschriebenen Ketone der Guajacylpropanreihe.

Beim Erhitzen mit Natriumhydrogensulfit bilden sich aus beiden Substanzen Sulfonsäuren. Es empfiehlt sich, die Substanzen zuerst aus Acetonlösung auf Kieselgur oder Bariumsulfat zu verteilen, damit nicht infolge der Thermoplastizität eine Verklumpung eintritt. Auch bei der Herstellung der Abbausäuren wird das Bariumsulfat benutzt. Wenn die acetylierten Präparate mit einer Mischung von Acetanhydrid und Eisessig in Gegenwart von Spuren von Perchlorsäure behandelt werden, so wird zusätzliches Acetyl aufgenommen. Diese Erscheinung beruht auf der Öffnung von Phenylcumaran-, Pinoresinol-ringen und anderen Phenylcarbinoläthern. In beiden Fällen werden 0,5 Acetyl pro C_9-Einheit aufgenommen. Dies bedeutet, daß ungefähr jede dritte Einheit eine solche Gruppe besitzt [FR. (*52*)].

IX. Zwischenprodukte der Ligninbildung.

Es wäre wünschenswert, die Zwischenprodukte der Dehydrierung des Gemisches der drei p-Hydroxy-zimtalkohole zu untersuchen. Aber die Reaktion verläuft schon an einem dieser Alkohole so kompliziert, daß wir uns auf den Coniferylalkohol (XXVI, S. 56) beschränken mußten.

Wenn die Dehydrierung so geleitet wird, daß der Coniferylalkohol verschwunden, aber noch möglichst wenig unlösliches Material gebildet ist, so kann man etwa 80% des eingesetzten Alkohols in Gestalt niedermolekularer Dehydrierungsprodukte erhalten. Papierchromatographie, Trennung durch Gegenstromverteilung und Säulenchromatographie sind ausführlich beschrieben [FR. (*40*)]. Zunächst lassen sich im Papierchromatogramm ungefähr 40 Produkte unterscheiden, die in sehr verschiedener Menge auftreten. Die Substanzen A (XXXI), B mit L (XXXII) und C (XXXVIII) (S. 56) überwiegen die übrigen an Menge und bilden zusammen in einem bestimmten Stadium der Dehydrierungsreaktion etwa die Hälfte des Gemisches. Außer diesen sind zwölf weitere (XXXIII bis XXXVI, XL—XLVI, LIV) isoliert und aufgeklärt worden. Dazu kommen Vanillin, Vanillinsäure sowie *cis*- und *trans*-Ferulasäure. Auf andere ist aus dem Vorkommen verschiedener Spaltsäuren zu schließen, wobei Versuche

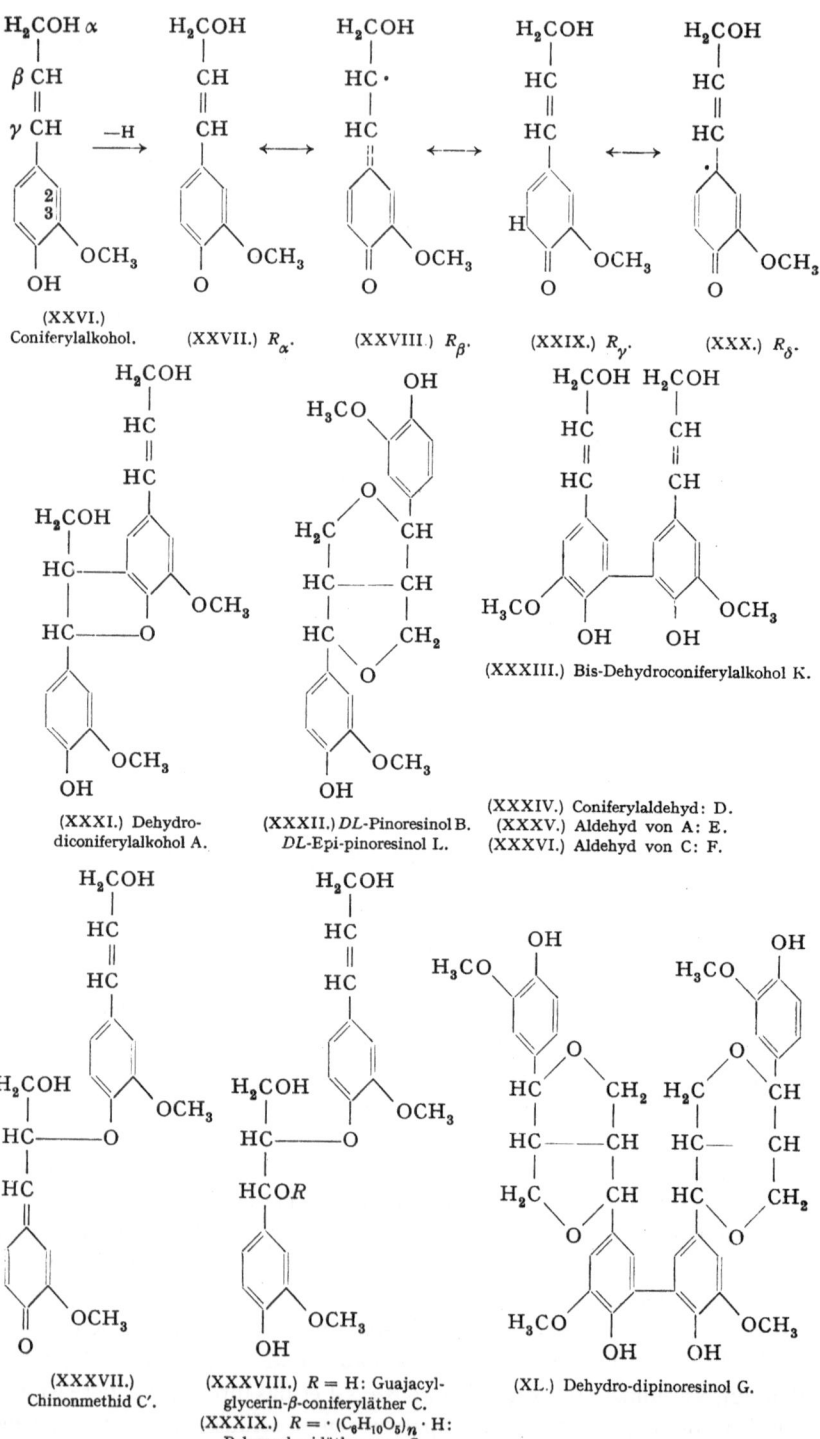

(XXVI.)
Coniferylalkohol.

(XXVII.) R_{α}.

(XXVIII.) R_{β}.

(XXIX.) R_{γ}.

(XXX.) R_{δ}.

(XXXIII.) Bis-Dehydroconiferylalkohol K.

(XXXI.) Dehydro-
diconiferylalkohol A.

(XXXII.) DL-Pinoresinol B.
DL-Epi-pinoresinol L.

(XXXIV.) Coniferylaldehyd: D.
(XXXV.) Aldehyd von A: E.
(XXXVI.) Aldehyd von C: F.

(XXXVII.)
Chinonmethid C'.

(XXXVIII.) $R = H$: Guajacyl-
glycerin-β-coniferyläther C.
(XXXIX.) $R = \cdot (C_6H_{10}O_5)_n \cdot H$:
Polysaccharidäther von C.

(XL.) Dehydro-dipinoresinol G.

Literaturverzeichnis: SS. 69—72.

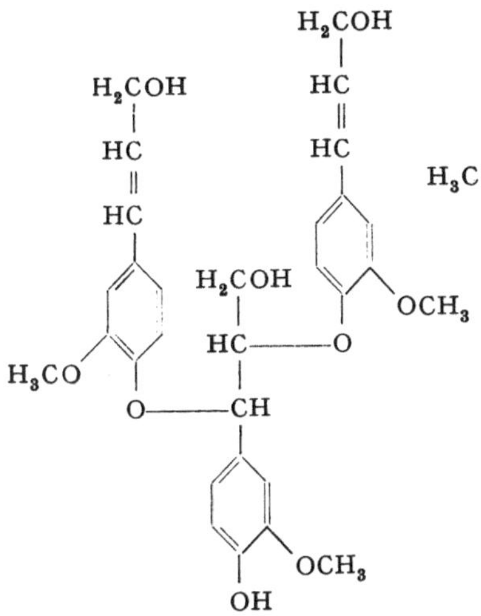

(XLI.) Guajacyl-glycerin-bis-coniferyläther H.

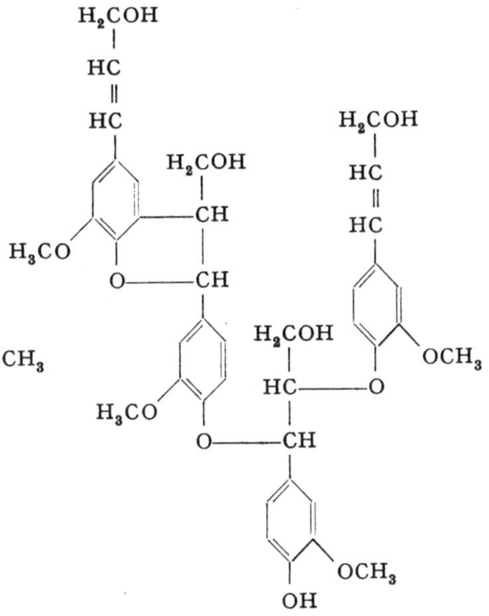

(XLII.) Guajacyl-glycerin-α-dehydro-diconiferyl-β-coniferyläther J.

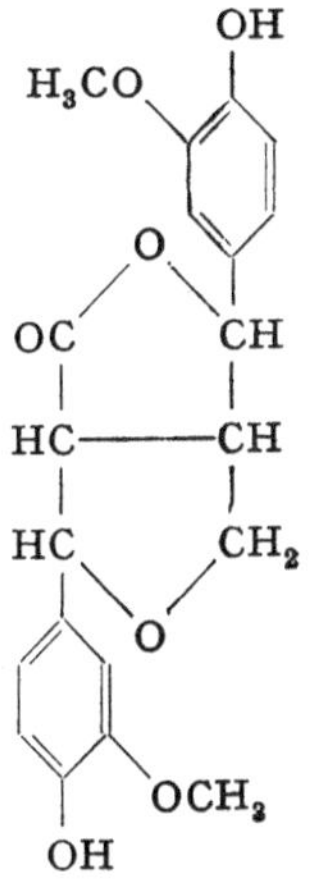

(XLIII.) Pinoresinolid (Subst. 8).

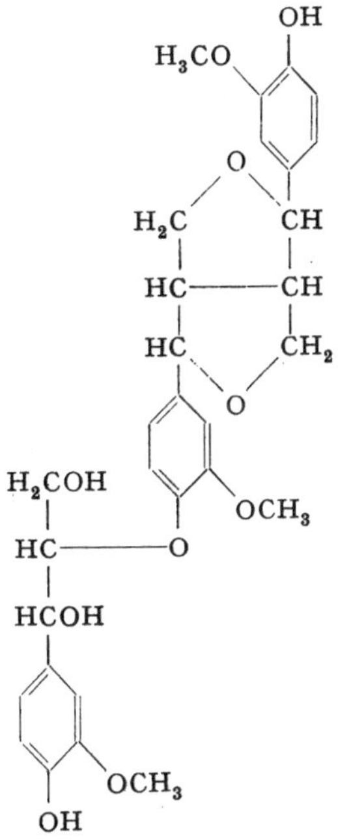

(XLIV.) Guajacylglycerin-pinoresinoläther (Subst. 16).
(XLV.) Guajacylglycerin-epi-pinoresinoläther (Subst. 15).

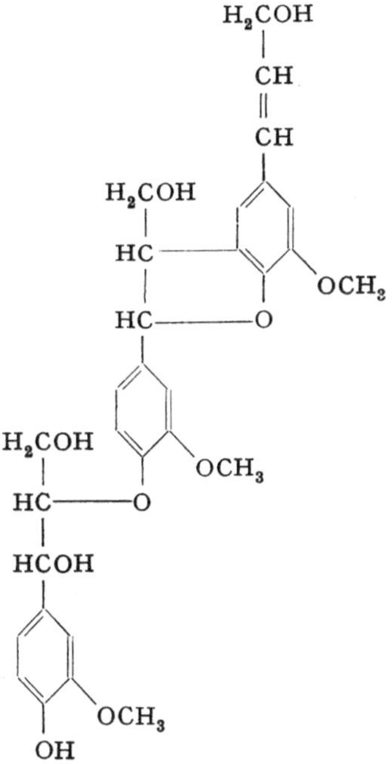

(XLVI.) Guajacylglycerin-dehydrodiconiferyläther (Subst. 23).

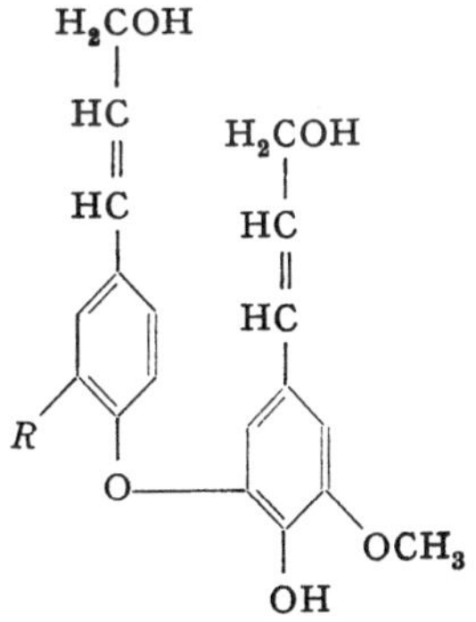

(XLVII.) R = H: Hydroxy-methoxy-diphenyläther.
(XLVIII.) R = OCH₃: Hydroxy-dimethoxy-diphenyläther.

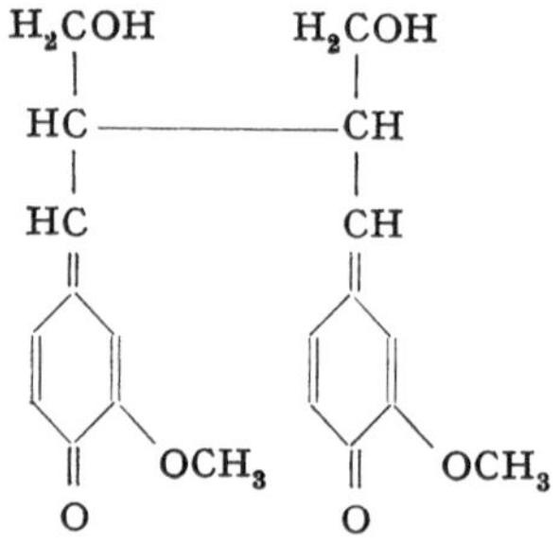

H_2COH
CH
CH

H_2COH H_2COH
HC——CH
HC CH

O OCH_3
O

(XLIX.) Bis-chinonmethid.

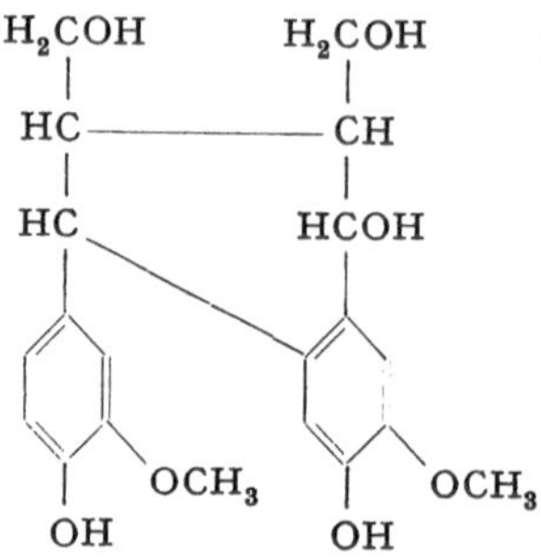

H_2COH H_2COH
HC——CH
HC $HCOH$

OCH_3 OCH_3
OH OH

(L.) Cyclolignan.

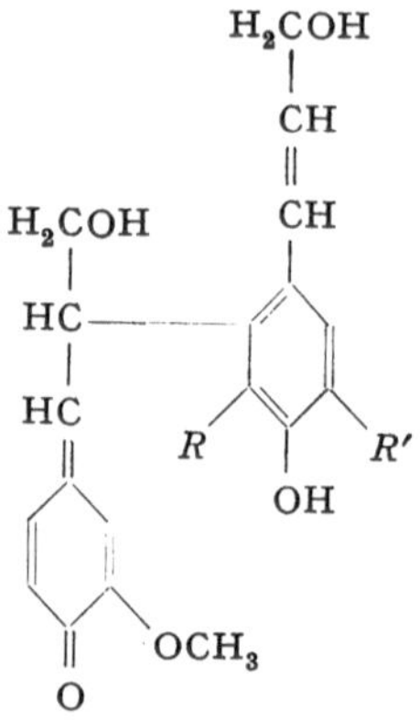

H_2COH
HC
HC R R'
OH

OCH_3

(LI.) $R = H$, $R' = OCH_3$.
(LII.) $R = OCH_3$, $R' = H$.

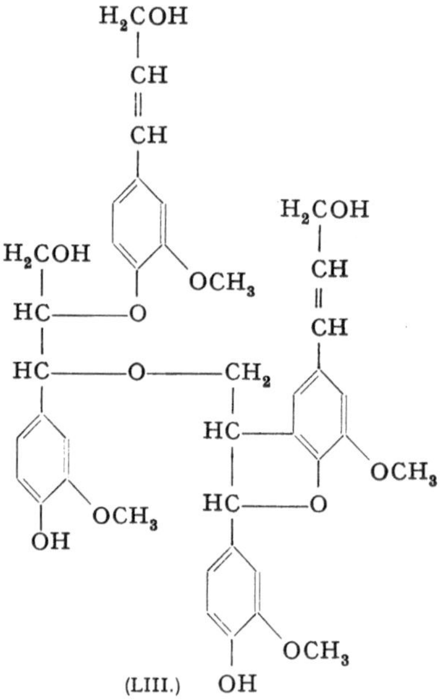

H_2COH
CH
CH

H_2COH OCH_3
HC——O
HC——O——CH_2

OCH_3
OH

H_2COH
CH
CH

HC
OCH_3
HC——O

OCH_3

(LIII.) OH

$HOCH_2$—HC=CH

H_2COH OCH_3
HC——O
$HCOH$

OCH_2

H_2COH OCH_3
HC——O
$HCOH$

OCH_3
OH (LIV.) Substanz 26.

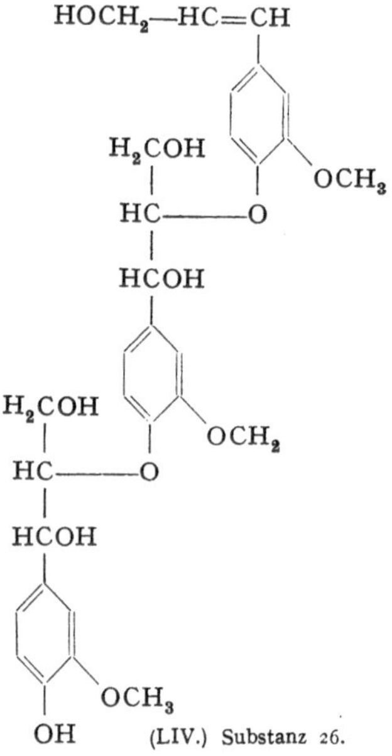

mit radioaktivem Material weitere Auskünfte geben. Die Isolierung individueller Substanzen ist außerordentlich erschwert durch die Bildung zahlreicher stereoisomerer Racemate. Sobald daher ein Individuum herausgeschält ist, wie zum Beispiel B (XXXII), erweist es sich als ein Gemisch sehr nahestehender Formen, in diesem Falle des Pinoresinols B und Epipinoresinols L. Auch die Substanz C (XXXVIII) besteht wegen der Labilität der *p*-Hydroxy-benzylalkoholgruppe aus zwei Formen, die im Wasser im Gleichgewicht stehen. Alle Substanzen sind wie das Lignin optisch inaktiv, weil der Anstoß zu ihrer Bildung von einer sterisch unspezifischen Dehydrierung der Phenolgruppe ausgeht (R_α, XXVII). Vor die Substanz C (XXXVIII) ist in der Tafel (S. 56) das Chinonmethid C' (XXXVII) eingeschaltet, das gleichfalls ein nachgewiesenes Zwischenprodukt ist, sich aber sehr rasch verwandelt. Die tri- und tetrameren Zwischenprodukte* H und J bilden sich im Anfang der Reaktion in nicht unbedeutender Menge, aber nur wenn der Coniferylalkohol oder die Substanz A in der Lösung vorhanden sind. Mit dem Verbrauch des Coniferylalkohols und der Substanz A verschwinden H und J alsbald auch. Dies kommt von ihrer außerordentlich leichten Hydrolysierbarkeit. Sie bilden sich zwar als Zwischenprodukte, aber es ist wahrscheinlich, daß nur ein geringer Teil von ihnen durch weiteren Einbau stabilisiert wird und alsdann einen Platz im gesamten Gefüge erhält. Neuerdings konnten in Zusammenarbeit mit H. NIMZ, H. GEIGER und H. TAUSEND die Zwischenprodukte (XLIII)–(XLVI), (LIV) (Substanzen 8, 16, 15, 23, 26) aufgeklärt werden [FR. (25)]. Die arabische Bezifferung ist dem Schema der Chromatogramme von FREUDENBERG und LEHMANN (40) entnommen.

Zu der Liste der Zwischenprodukte [FR. (40)] ist zu bemerken, daß der kleine Fleck 3 im Chromatogramm zum Teil von Ferulasäureäthylester herrührt, der als Beimengung des Coniferylalkohols von der Darstellung her eingeschleppt ist. Substanz 9 ist *trans*-, 11 ist *cis*-Ferulasäure (wohl vom Coniferylaldehyd D herstammend); Substanz 10 ist Vanillinsäure, die wie das Vanillin in äußerst geringer Menge auftritt.

Damit ist etwa die Hälfte der bei der Bildung des künstlichen Lignins entstehenden Zwischenprodukte aufgeklärt. Darunter befinden sich die mengenmäßig wichtigsten. Die Menge der erfaßten Zwischenprodukte darf auf 60—70% geschätzt werden. Für die Substanzen (XLVII), (XLVIII) und (L)—(LIII) bestehen experimentelle Hinweise, sie sind aber noch nicht isoliert. Aus der Abbausäure (XX) (S. 47) ist auf die Formel (XLVIII) zu schließen. Wahrscheinlich kommt auch (XLVII) vor. Diese Dimeren sind noch nicht isoliert worden. Entsprechendes gilt für die Substanz (L, Cyclolignan). Ein solches oder ähnliches Cyclolignan [FR., WEINGES (51)] muß aus der Entstehung der Tricarballylsäure und der Benzolpentacarbonsäure gefordert werden, die aus dem Tetralinsystem durch Aromatisierung und Oxydation in derselben Weise entsteht, wie dies am Podophyllotoxin durchgeführt worden ist [SPÄTH, WESSELY und KORNFELD (72)]. READ und PURVES (69 b) haben aus Lignin 0,14% Pentacarbonsäure isoliert. Die Benzol-tetracarbonsäure (Pyromellitsäure) die aus Podophyllotoxin erhalten wird, stammt ohne Zweifel aus Benzolpentacarbonsäure. Vorstufe des Cyclolignans (L) ist das Bis-chinonmethid (XLIX), das auch der Bildung des Pinoresinols (XXXII) vorausgeht.

---

* Unter dimer, trimer usw. werden Zwischenprodukte verstanden, die aus 2, 3 usw. Einheiten entstanden sind.

Es ist nicht schwer, aus den bisher besprochenen erfaßten und geforderten Zwischenprodukten herauszulesen, daß ihre Vorstufen drei Radikale sind (R_α, R_β, R_γ, XXVII, XXVIII, XXIX), zu denen sich wegen des Verhaltens des radioaktiven Phenylalanins in der Pflanze das Radikal R_δ (XXX) gesellt. Denn Lignin, das nach Zugabe von mittelständig markiertem Phenylalanin gewachsen ist, liefert die vier o-Phthalsäuren (IX—XII, S. 46) in radioaktiver Form. Dies läßt sich am besten durch Wechselwirkung zwischen R_β (XXVIII) und R_δ (XXX) erklären, die unter Dienon-phenolumlagerung im Sinne der hypothetischen Zwischenprodukte (LI) und (LII) reagieren. Diese sind wie das Zwischenprodukt C′ Chinonmethide und als solche weiterer Umwandlung fähig, insbesondere der Addition von Wasser, sowie der Polymerisation.

Wenn die Dehydrierung des Coniferylalkohols mit Enzymen in wäßrigem Methanol vorgenommen wird, so entsteht zwischen den üblichen Dehydrierungsprodukten der Methyläther des Guajacyl-glycerin-coniferyläthers (XXXVIII, $R = CH_3$). Nimmt man die Dehydrierung in Gegenwart von Rohrzucker vor, so bildet sich ein Äther des Rohrzuckers $[R = (C_6H_{10}O_5)_2 \cdot H]$. Dulcit verhält sich ebenso. Auf diese Saccharidäther des Ligninbausteins C wird weiter unten zurückgegriffen. In allen diesen Fällen ist es aliphatisches Hydroxyl, ohne Zweifel primäres, das mit dem Chinonmethid C′ reagiert hat. Es ist daher nicht zu bezweifeln, daß primäre Carbinole, die einer gesättigten Gruppe angehören (wie in A und C), gleichfalls mit den Chinonmethiden Additionsverbindungen eingehen können. Dies führt zur Annahme neuer Zwischenprodukte des Typus C (XXXVIII), in denen R die Komponenten A (XXI) oder C sind [Fr. (19)]. Aus A und C′ (XXXVII) bildet sich (LIII). Es ist schon erwähnt, daß die α-Phenoläther (XLI = H) und (XLII) rasch vergehen. Vielleicht bilden sich aus ihnen und primären Carbinolen Substanzen vom Typus (LIII). Zimtalkohole an C′ zu addieren, ist bisher nicht gelungen.

Von den aufgefundenen und hypothetischen Zwischenprodukten werden diejenigen mit besonderer Geschwindigkeit eingebaut, die wie (XXXIII = K), (XLVII), (XLVIII), (LI) und (LII) substituierte Coniferylalkohole sind. Sie werden, wie das bei K festgestellt wurde, nur als Hydrierungsprodukte zu fassen sein oder sich vorwiegend in höheren Aggregaten vorfinden.

Nunmehr ist es möglich, aus den Zwischenprodukten diejenigen Abbausäuren zu deuten, deren Erklärung noch ausstand. In anderen Fällen ist aus auftretenden Abbausäuren auf bisher unbekannte Zwischenprodukte zu schließen.

In der Tabelle der Abbausäuren (S. 46, 47) sind in der linken Vertikalspalte solche aufgeführt, die sich von p-Cumaralkohol herleiten. Die 4-Methoxy-isophthalsäure (XIII) und ihr Decarboxylierungsprodukt (VI) stammen von Zwischenprodukten ab, die analog A (XXXI), K (XXXIII) und G (XL) gebaut sind. Anders als der Coniferylalkohol kann der p-Cumaralkohol sowohl in Stellung 3 wie in 5 Kondensationen eingehen. Das zeigt sich an der Methoxy-trimesinsäure (XV). Die vermutete Dehydro-dianissäure (XVII) entstammt zwei Radikalen nach Art von R_γ (XXIX), aber aus der Reihe des p-Cumaralkohols. Die Diphenyläthersäuren (XIX) und (XX) sind schon besprochen. Isohemipinsäure und ihr Decarboxylierungsprodukt, die o-Veratrumsäure, entstammen A, K oder G. Wenn ein Dehydrierungspolymerisat abgebaut wird, das nur aus Coniferylalkohol stammt, so entstehen die Säuren der mittleren Vertikalspalte nebst Veratrol (XXI) und Acetoveratron (XXII), aber ohne die Trimethoxy-diphenyl-dicarbonsäure (XVIII), die eine Komponente aus der p-Cumarreihe enthält. Auffallend ist, daß bei der Verwendung von Coniferylalkohol allein auch Trimethylgallussäure (III) auftritt. Sie dürfte den Diphenyläthern (XIX) und (XX) entstammen. Die Trimethoxy-o-phthalsäure (XII) und ihr Decarboxylierungsprodukt, die vermutete Trimethyl-pyrogallol-carbonsäure (VIII), treten nur auf, wenn Sinapinalkohol in Mischung mit den anderen p-Hydroxy-zimtalkoholen dehydriert wird. Über die Herkunft der vier o-Phthalsäuren wird später berichtet.

X. Zur Biochemie und über Versuche mit Isotopen.

In pflanzenphysiologischen Versuchen anderer Autoren ist mit Hilfe des radioaktiven Kohlenstoffs zur Genüge bewiesen, daß die normale Vorstufe für die Substanzen der Gruppe C_6C_3 die Prephensäure und von ihr aus die Phenylbrenztraubensäure ist [KRATZL (63); NEISH (68); NORD (69)]. Daß Lignin der großen Gruppe von Naturstoffen der Zusammensetzung C_6C_3 angehört, geht, wie oben erwähnt, aus der Elementarzusammensetzung hervor, aus den Ergebnissen der destruktiven Hydrierung und aus der Feststellung, daß radioaktiv markierte Phenylbrenztraubensäure, Zimtsäure, Phenylalanin, Phenylmilchsäure und Coniferin zu echtem Lignin aufgebaut werden, aus dem die Hibbert-Ketone in radioaktiver Form erhalten werden. Die immer wieder gefundene und durch die Abbausäuren bestätigte weitgehende Übereinstimmung zwischen MW-Lignin und DHP ist ein weiterer Beweis für die Zugehörigkeit zur Gruppe C_6C_3.

Das erste Ziel der Synthese im Gebiet des Cambiums führt zu den drei p-Hydroxy-zimtalkoholen und ihren Glucosiden. Von diesen überwiegt im Saft des Cambiumgebietes der Fichte das Coniferin bei weitem. Erst neuerdings ist an der gleichen Stelle in sehr geringen Mengen das Glucosid des p-Cumaralkohols (Glucocumaralkohol) gefunden worden [FR. (32)]. Wenn beim Abheben der Rinde eines Stammstückes der Cambialsaft auf der Stelle mit Formalinlösung ausgewaschen wird, so daß die Enzyme der zerstörten Zellen keine nachträgliche Wirkung ausüben können, so findet sich neben den Glucosiden in geringer Menge Coniferylalkohol vermischt mit Zwischenprodukten, unter denen die mengenmäßig wichtigsten A (XXXI), B mit L (XXXII) und C (XXXVIII) ohne weiteres erkannt werden [Fr. (32)]. Mit diesen Feststellungen ist erneut bestätigt, daß die Bildung des Lignins in der Pflanze und in vitro zu dem gleichen Endprodukt, in einem Falle dem natürlichen Lignin, im anderen dem DHP, hinführt. In beiden Fällen sind die Ausgangsmaterialien, die Enzyme, die Zwischen- und Endprodukte die gleichen.

In untergeordnetem Maße kann nach Kratzl et al. (63, 64) die Pflanze zum Aufbau der für das Lignin dienenden C_6C_3-Körper auch eine Synthese aus C_6C_1- und C_2-Substanzen benutzen. Es ist anzunehmen, daß auch hier der Weg über die p-Hydroxy-zimtalkohole führt.

Für den Aufbau des Lignins kann sowohl der freie Coniferylalkohol wie das Coniferin dienen, das durch eine an der Stelle der Verholzung vorhandene, zellgebundene Glucosidase in Glucose und Coniferylalkohol zerlegt wird [Fr. (44)]. Im Aglykon radioaktiv markiertes Coniferin wird in ausgezeichneter Weise in das Lignin eingebaut, während das L-Glucosid des Coniferins, zu dessen Synthese L-Glucose gedient hat, nicht fixiert wird [Fr. (45)]. Wenn endständig markiertes Coniferin der Fichte zugeführt wird, so bildet das gewonnene radioaktive Lignin mit heißer Mineralsäure radioaktiven Formaldehyd [Fr. (22)]. Dasselbe Verhalten zeigte DHP, das mit endständig markiertem Coniferylalkohol hergestellt war. Radioaktives Phenylalanin, das in die Fichtenstämmchen eingeführt wird, erweist sich als ein ausgezeichneter Ligninbildner. Lignin, das in Anwesenheit von mittelständig markiertem Phenylalanin gewachsen ist, liefert folgende Abbausäuren in radioaktiver Form: Isohemipinsäure (XIV) [Fr. (41, 42)], Methoxy-isophthalsäure (XIII) und Methoxy-trimesinsäure (XV), ferner sämtliche vier o-Phthalsäuren (IX—XII) [Fr. (41)]. Die Derivate der Isophthalsäure nebst der Methoxytrimesinsäure entstammen, soweit sie radioaktiv sind, ohne Zweifel dem in das Lignin eingebauten Zwischenprodukt A (XXXI, S. 56) und seinem Analogen der p-Cumarreihe. Der nichtradioaktive Anteil entstammt Diphenyl-Gruppierungen wie K (XXXIII) und G (XL) [Fr. (47)], wobei sich zeigt, daß der p-Cumaralkohol sowohl in 3- wie in 5-Stellung Kondensationen eingehen kann, die zum Teil zu Diphenylbindungen, zum Teil zu Gruppierungen nach Typus A führen. Daß die o-Phthalsäuren radioaktiv sind, zwingt zu der Annahme, daß die Radikale R_β (XXVIII) und R_δ (XXX) unter Dienon-phenol-Umlagerung zu Dimerisaten (LI) und (LII, S. 58) reagieren, die in das Lignin eingebaut sind. DHP, das aus mittelständig markiertem Coniferylalkohol hergestellt ist, bildet radioaktive, aus Substanz A (XXXI) stammende Isohemipinsäure [Fr. (34, 42)] nebst anderen radioaktiven Abbausäuren.

Um festzustellen, wieviel Einheiten des Coniferylalkohols bei der DHP-Bildung in 5-Stellung reagieren, wurde DHP aus 5-Deuteroconiferylalkohol bereitet, und zwar durch Dehydrierung in Wasser und in D_2O [FR. (35)]. Im ersteren Falle enthalten rund 50, im zweiten Fall rund 60% der Einheiten Deuterium. Wenn gewöhnlicher Coniferylalkohol in D_2O dehydriert wird, so nehmen 5% der Einheiten Deuterium auf. Aus der Auswertung der Zahlen geht hervor, daß von 100 Einheiten 45 in der 5-Stellung reagiert haben. Es handelt sich hauptsächlich um Diphenylbindungen, ferner um solche Verknüpfungen, die dem Schema A (XXXI) entsprechen, und weitere, die zu Diphenyläthern, wie (XLVII) und (XLVIII, S. 57), führen.

Damit stimmt überein, daß PEW (69 a) aus optischen Messungen die Zahl der Einheiten, die an Diphenylbindungen teilnehmen, auf 25% oder mehr schätzt.

XI. Die Wachstumsprinzipien des Lignins.

Die Konstitutionsforschung des Lignins mußte einen seltsamen Umweg gehen. Der unmittelbare Angriff durch Analyse und Abbau führte nicht zu ausreichend speziellen Vorstellungen über die Konstitution des Lignins. Erst durch die Auffindung der oligomeren Zwischenprodukte der Biosynthese, die ihrerseits zu höheren Aggregaten vereinigt werden, wurde es möglich, definierte Angaben über die Struktur großer Teile des Naturstoffs zu machen.

Dieser Aufbau geht auf mehreren Wegen vor sich. Der erste führt über die Bildung der mesomeren Radikale R_α bis R_δ. Weitere mesomere Formen sind möglich, aber ihre Beteiligung ist noch nicht erwiesen. Diese Radikale sättigen sich zu Dimeren ab, die ihrerseits Phenole sind oder wie die Chinonmethide C' (XXXVII), ferner (XLIX), (LI) und (LII) durch Additionsreaktionen in Phenole übergehen. Alle diese oligomeren Phenole unterliegen erneuter Dehydrierung oder dem Radikalaustausch. Sie bilden Diphenyle, wie K (XXXIII) und G (XL), Diphenyläther, wie (XLVII) und (XLVIII), oder Radikale, die zu weiterer Umsetzung befähigt sind. Somit ist die fortgesetzte Dehydrierung einer der Wege zum Lignin. Aber bei fortschreitendem Wachstum würden sich nichtphenolische Endgruppen wie in A (XXXI), C (XXXVIII) und ähnliche häufen. Die Entstehung eines Polymoleküls verlangt jedoch, daß im Durchschnitt pro Einheit zwei Bindungsstellen betätigt werden, und das ist auf dem Wege der fortgesetzten Dehydrierung nur teilweise möglich.

Aber eine zweite Art des Wachstums führt weiter. Das mesomere Radikal $R_\alpha - R_\delta$ reagiert vorzugsweise nach R_β (XXVIII, S. 54). Zunächst entstehen Chinonmethide wie die erwähnten. Sie sind sehr reaktionsfähig und können sich in verschiedener Weise stabilisieren.

Am häufigsten ist die Addition von Wasser, die beispielsweise zu C (XXXVIII) führt. Statt Wasser können sich aber auch andere Hydroxylverbindungen, wie Säuren, Phenole und Alkohole, addieren. Wenn beispielsweise bei der Dehydrierung des Coniferylalkohols durch Laccase in Wasser *Phenol* anwesend ist, das für sich allein unter diesen Bedingungen nicht angegriffen wird, so bildet sich in geringer Menge neben den vielen anderen Dehydrierungsprodukten des Coniferylalkohols eine neue Verbindung [Fr. (*30*)]. Sie entsteht in reichlicher Menge, wenn Coniferylalkohol und Phenol mit Mangandioxyd behandelt werden. Sie ist eine Additionsverbindung von Phenol an C' (XXXVII); von ihr wurde ein kristallisiertes Derivat gewonnen [Fr. (*29*)]. Vom gleichen Typus ist das Zwischenprodukt H (XLI), das im Zulauf-Verfahren mit Laccase zunächst in reichlicher Menge entsteht. Es bildet sich auch bei der Dehydrierung des Coniferylalkohols in Acetonlösung durch Braunstein. Ein anderes Beispiel ist die tetramere Verbindung J (XLII) (*29*), bei der die Phenolgruppe des Zwischenproduktes A (XXXI) an das Chinonmethid C' (XXXVII) addiert wurde. Die Substanzen H und J wurden isoliert, sind aber, wie schon erwähnt, unbeständig. Ob ihr Verschwinden allein auf der leichten Hydrolysierbarkeit beruht oder auf einer Umlagerung [Fr. (*19*)], oder ob ein Teil dieser Zwischenprodukte vorher durch weitere Dehydrierung eingebaut wird, ist nicht geklärt. Bei einem geringen Anteil dürfte das letztere der Fall sein.

Aber auch *Alkohole* können an die Chinonmethide addiert werden. Das ist beispielsweise der Fall, wenn durch Zusammenlagerung zweier Radikale R_β zu (XLIX) ein doppeltes Chinonmethid mit dem Gerüst eines Lignans entstanden ist. Durch intramolekulare Addition bildet sich, wenn die sterischen Voraussetzungen an der Lignanbrücke erfüllt sind, das Pinoresinol B und das Epi-pinoresinol L (XXXII). Es fällt auf, daß, wenn Coniferylalkohol in Abwesenheit von Wasser in Aceton durch Braunstein oder Tritertiärbutylphenoxyl [Müller und Ley (*67*)] dehydriert wird, kein Pinoresinol entsteht [Fr. (*32*)]. Wird aber wenig Wasser zugegeben, so bildet es sich in beiden Fällen. Offenbar reicht in Abwesenheit von Wasser die Dissoziation der primären Hydroxylgruppen nicht aus, um zur Addition an die Chinonmethidgruppen zu führen. Nach einer Feststellung von Adler (*1*) kann Pyridin gleichfalls den Ringschluß katalysieren. Auch hier begünstigt der Zusatz die Ionisierung.

Aber auch intermolekular können sich Alkohole an die Chinonmethide addieren. Wenn, wie schon erwähnt, Coniferylalkohol in wäßriger Lösung mit Laccase in Gegenwart von 30% Methanol dehydriert wird, so tritt zwischen den vielen Dehydrierungsprodukten in greifbarer Menge eine neue Verbindung auf, die in reichlicher Menge entsteht, wenn der Coniferylalkohol in Methanol durch Braunstein dehydriert wird [Fr. (*30*)]. Sie ist das Addukt des Methanols an das Chinonmethid C′ (XXXVII) oder der Methyläther von C (XXXVIII, $R = CH_3$, S. 56). Auch diese Verbindung wird sehr leicht durch verdünnte Säure unter Bildung von C hydrolysiert. Ferner gelingt, wie schon erwähnt, die Addition von Rohrzucker oder Dulcit an C′, die wegen ihrer starken Löslichkeit in Wasser für den Versuch (30) gewählt wurden. Sehr leicht werden Säuren addiert.

Diese an den verschiedenen Beispielen beschriebene Addition von Hydroxylen an die Chinonmethide ist der zweite Weg, auf dem das Wachstum des Ligninmoleküls vonstatten geht. Er unterscheidet sich vom ersten, der fortgesetzten Dehydrierung, dadurch, daß er durch echte Addition, also nicht unter erneutem Wasserstoffverlust, weiterführt. Hierdurch kommt die Wasserstoffbilanz des Lignins zustande, die oben bereits besprochen ist.

Primäre Hydroxylgruppen, die ohne jeden Zweifel derselben Addition fähig sind, wie Methanol oder die Zucker, finden sich in den reichlich vorkommenden Zwischenprodukten A (XXXI) und C (XXXVIII) und treten noch in anderen Fällen (XLIV—XLVI) auf. Es ist sicher, daß auch sie der Addition an die Chinonmethide fähig sind, z. B. in der Weise, wie es an der Formel (XLIX) dargestellt ist. p-Chinonmethide bilden stabile Polymerisationsprodukte. Auch solche können im Lignin vorkommen.

Die Chinonmethide haben infolge ihres Additionsvermögens noch eine weitere Funktion im Zusammenhang mit ihrem Beitrag zum fortgesetzten Wachstum der Aggregate. Ein schon gebildeter größerer Komplex kann durch die unmittelbare Dehydrierung einer Phenolgruppe oder im Radikalaustausch ein Aroxyl bilden, das mit R_β reagiert. An das so gebildete Chinonmethid lagert sich ein Hydroxyl aus einem anderen Komplex an. Auf diese Weise kann eine einzelne R_β-Einheit zwei schon vorgebildete größere Baustücke vereinigen.

Hieraus ergibt sich das Bild, daß das Lignin nicht zu jenen hochmolekularen Substanzen gehört, die durch Anfügung einer Einheit an die andere wachsen; vielmehr bilden sich zunächst größere und kleinere Aggregate, die auf dem geschilderten Wege durch einzelne Einheiten zusammengeschweißt werden.

Demnach begegnen wir der fortgesetzten Dehydrierung und der Addition von HOR an Chinonmethide. Diese beiden Wachstumsprinzipien sind gesichert. Dazu kommt die dritte, am Modell festgestellte Polymerisation der p-Chinonmethide und vielleicht folgende vierte Polymerisation: Für das Verschwinden der Äthylenbindungen in denjenigen Seitenketten, die im Dehydrierungsmechanismus nicht an der Verknüpfung der Einheiten beteiligt sind, fehlt eine sichere Erklärung. Ein Teil kann in —CO—CH$_2$—CH$_3$ umgelagert, ein anderer Teil von den zahlreichen Radikalen erfaßt und zu begrenzter Polymerisation angeregt werden; sie kann auch vom H+-Ion ausgelöst sein.

Beide Polymerisationsprinzipien dürften keinen großen Umfang haben, aber für die Molekülvergrößerung sehr wirksam sein.

XII. Die Bindung des Lignins an die Kohlenhydrate.

Wenn Coniferylalkohol in konzentrierter wäßriger Rohrzuckerlösung (66% Rohrzucker) mit Laccase dehydriert wird, so bilden sich zwei neue, stark hydrophile Substanzen neben den üblichen Dehydrierungsprodukten [FR. (30, 31)]. In besserer Ausbeute entstehen beide, wenn die Dehydrierung des Coniferylalkohols in einer Lösung von Rohrzucker in Dimethylformamid mit Hilfe von Mangandioxyd vorgenommen wird. Die eine dieser beiden Verbindungen ist (XXXIX, S. 56) ($n = 2$). Hier hat sich ein Rohrzuckermolekül an das Chinonmethid C′ (XXXVII) addiert und den leicht hydrolysierbaren Zuckeräther von C gebildet [$R = \cdot (C_6H_{10}O_5)_2 \cdot H$]. Die andere Verbindung, die mit dem Enzym oder mit Braunstein in geringerer Menge entsteht, ist seltsamerweise die Verbindung einer Coniferyleinheit mit 2 Molekülen Rohrzucker, die beide ätherartig gebunden sind. Man kann hier an das Radikal R_β (XXVIII) denken, an das sich ein Rohrzuckermolekül, wie eben beschrieben, anlagert, während das zweite mit dem mittleren Kohlenstoffatom der Seitenkette reagiert. Hier müßte die Annahme gemacht werden, daß auch der Rohrzucker in den Radikalaustausch einbezogen wird. Unwahrscheinlich ist dies nicht, da sich erwiesen hat, daß mit dem blauen Tri-tert.-butylphenoxylradikal [FR. (31)] der Zimtalkohol zu Zimtaldehyd dehydriert wird unter Rückbildung des Tri-tert.-butylphenols. Dies ist nur durch Dehydrierung des Alkohols und Disproportionierung zum Aldehyd zu erklären.

Mit Dulcit wurde ein dem ersten Rohrzuckeraddukt entsprechender Äther von (XXXVIII) nachgewiesen, und zwar im gewöhnlichen Ansatz mit Laccase sowie bei der Dehydrierung mit Mangandioxyd.

Hier ist demnach die Fähigkeit von Zuckerhydroxylen, wahrscheinlich primären, nachgewiesen, sich mit zwischendurch gebildetem Chinonmethid zum Zuckeräther eines Ligninbausteins zu verbinden, der nun seinerseits phenolisch ist und nach Belieben in das Lignin eingebaut werden kann. Es besteht kein Zweifel, daß dies der Weg ist, auf dem das Lignin auf die Polysaccharide der Zellwand aufgepfropft (grafted) ist. Es handelt sich nicht um eine Glucosidbindung, sondern um neuartige Äther von Zuckern, die im Falle des Typus (XXXIX) als Äther von Benzylcarbinolen sehr leicht gespalten werden. Anders ist es mit dem zweiten Typus, bei dem das mittelständige Carbinol einbezogen ist. Diese Bindung wird nicht leicht hydrolysiert.

XIII. Bemerkungen zu den Entwürfen
eines Konstitutionsschemas des Coniferenlignins.

Vor einiger Zeit wurde ein vorläufiges Konstitutionsschema für das Lignin an Hand von 15 Einheiten vorgelegt [FR. (49)]. Die Betrachtung wurde bewußt auf die Coniferyleinheit beschränkt. Eine genauere Angleichung an das MW-Lignin müßte in der Reihe der 15 Einheiten 2 Einheiten des Cumaralkohols und 0,8 des Sinapinalkohols berücksichtigen. Einem Vorschlag von ADLER (2) zufolge sollte der Typus H und J nicht oder nur vereinzelt vorkommen. Dem kann Rechnung getragen werden durch Ersatz einer solchen Bindung durch den Typus (LIII, S. 58) und einer zweiten durch den Typus (LII). Ferner sollten in einem derartigen Schema die Typen (XLVIII) sowie (L) Platz finden. Hierzu würde die Zahl der gewählten 15 Einheiten nicht mehr ausreichen, zumal noch ein weiteres Glied, ein Phenyl-carbinol mit freiem, p-ständigem Hydroxyl nötig wäre. Ein Teil dieser Gesichtspunkte wurde in einem zweiten Schema berücksichtigt, das 1961 vorgelegt wurde [FR. (20)]. Obwohl solche Schemata zu sehr wertvollen Voraussagen, Diskussionen und Korrekturen geführt haben, verzichte ich hier auf die Wiedergabe eines solchen, um die Ergebnisse laufender Versuche abzuwarten. Auch ist es nicht so, daß man in einem solchen Schema nach Belieben eine Gruppe durch die andere ersetzen kann, denn man muß es von Anfang bis zu Ende nach den erkannten Regeln des Wachstums aufbauen. Wenn zugleich das richtige Verhältnis der funktionellen Gruppen und das Überwiegen der Strukturelemente A, B und C berücksichtigt wird, so zeigt sich, daß bei diesen Konstruktionen der Willkür enge Grenzen gezogen sind. Es ist bemerkenswert, daß bei dem erwähnten Schema die inzwischen festgestellte Zahl der Bindungen an C-Atom 5 richtig zum Ausdruck kam.

Oben ist bereits erwähnt, daß auch andere Versuche vorliegen [ADLER (1)], unsere Zwischenprodukte zu Strukturentwürfen für das Lignin zu verwenden. Dabei zeigt sich eine weitgehende Übereinstimmung. Zugleich hat sich erwiesen, daß diese Entwürfe eine sehr brauchbare Grundlage der Diskussion und der weiteren Orientierung bieten. Auch hat sich ergeben, daß die gesicherte Grundlage für die Struktur des Lignins sehr breit geworden ist und daß sich die Diskussion mehr und mehr auf Einzelheiten richtet. Auch KRATZL (63) hat ein solches Schema mitgeteilt.

In diesem Zusammenhang sei erwähnt, daß McCARTHY (66) durch Messung der magnetischen Kernresonanz die Wasserstoffatome des Lignins und ihre Fähigkeit zur Bildung von Wasserstoffbrücken charakterisiert hat. Bei Einhaltung dieses Gesichtspunktes hat er unter Verwendung unserer Zwischenprodukte ein Schema für die Konstitution des Lignins entworfen. Es stimmt in ausreichender Weise mit den bisherigen Entwürfen überein.

Bei diesen Entwürfen ist streng darauf zu achten, daß die Elementarzusammensetzung des Coniferenlignins $C_9H_{7,1}O_2[H_2O]_{0,4}[OCH_3]_{0,92}$ oder $C_{9,92}H_{10,66}O_{3,32}$ ist.

Auf Wasserstoffbrücken im Lignin weist auch die folgende Beobachtung hin. Wenn MW-Lignin oder DHP in Aceton-Wasser (9 : 1 Vol.) gelöst und im Vakuum eingedampft werden, zuletzt unter Zugabe von weiterem Wasser, so hinterbleibt ein mehr oder weniger kompaktes Material, das bei der Trocknung im Exsiccator und Lagerung zu einem Teil in Aceton-Wasser unlöslich wird. Wenn man das Lignin jedoch in der Kälte vorsichtig mit Wasser ausfällt, abzentrifugiert und die feuchte Masse der Gefriertrocknung unterwirft, so wird ein lockeres Pulver erhalten, das löslich bleibt, wenn es kalt aufbewahrt wird. Hier sind die Partikeln offenbar genügend aufgelockert, so daß sie nicht in nennenswertem Maße Wasserstoffbrücken bilden können. Auch die Zugabe von 1 Teil Wasser zu 9 Teilen Aceton oder Dioxan dient dazu, die Wasserstoffbrücken ins Gleiten zu bringen.

XIV. Laubholzlignin. Humus.

Im Holzteer der Laubbäume finden sich neben Brenzcatechin und seinen Verwandten zahlreiche Pyrogallolabkömmlinge. Die Kalischmelze des Buchenlignins ergibt ein Gemisch von Protocatechu- und Gallussäure [Fr. (33)]. Nachdem sich die Oxydation des Holzes oder der Sulfitablauge mit Nitrobenzol und Alkali eingeführt hatte [Fr. (38)], fanden Hibbert und Mitarb. (9—12) beim Abbau des Lignins der Angiospermen Vanillin und Syringaaldehyd nebeneinander in Ausbeuten bis 40%. Auch sehr geringe Mengen p-Hydroxy-benzaldehyd wurden festgestellt. Im Gemisch der Aldehyde aus Laubholzlignin überwiegt fast immer der Syringaaldehyd, weil die Sinapinkomponente wesentlich weniger stark kondensiert ist als die des Coniferylalkohols. Aus dem Methoxylgehalt der Laubholzlignine (22—23%) geht hervor, daß höchstens die Hälfte der Einheiten aus der Sinapinkomponente bestehen kann. Über das Lignin der Buche (Fagus silvatica) liegt eine neuere Untersuchung vor [Fr. (49)].

Sinapinalkohol (5-Methoxy-coniferylalkohol) bildet für sich allein statt eines Dehydrierungspolymerisates fast ausschließlich das dem Pinoresinol entsprechende Syringaresinol. Durch weitere Dehydrierung entsteht aus diesem Dimethoxy-benzochinon. Wenn jedoch ein hälftiges Gemisch von Coniferyl- und Sinapinalkohol dehydriert wird, so bildet sich ein sehr schönes DHP, das die gesamte Coniferinkomponente enthält, während sich der Sinapinalkohol nicht in diesem Maße beteiligt. Auch wenn ein Überschuß an Sinapinalkohol geboten wird, beträgt das Verhältnis der

Sinapin- zur Coniferylkomponente weniger als 1. In der Buche dürfte das Verhältnis 0,08 *p*-Cumar-, 0,48 Coniferyl- und 0,44 Sinapinkomponente vorliegen. Die C_9-Einheit enthält 1,3—1,4 Methoxyl. Abgesehen davon ist die Zusammensetzung des Buchenlignins der des Fichtenlignins außerordentlich ähnlich.

Im Fichtenlignin sind, wie oben dargelegt wurde, von 100 C_9-Einheiten 55 in der 5-Stellung unbesetzt. Legt man dem Buchenlignin ein ähnliches Konstitutionsschema zugrunde wie dem Fichtenlignin, so sind für die zusätzlichen Methoxylgruppen des Buchenlignins genügend freie 5-Stellungen vorhanden.

Der in Aceton-Wasser 9 : 1 Vol. lösliche Anteil des Buchenholzes beträgt nur etwa ein Viertel desjenigen des Fichtenholzes, nämlich 0,5%. Darin sind einige Phenole enthalten, die für die Konstitution des Lignins nicht aufschlußreich sind. Ein Teil dieser 0,5% ist ligninartig.

Humus und Huminsäuren. Oben wurde mitgeteilt, daß Laccase und Peroxydase auf das DHP weiter einwirken, auch wenn es bereits ausgefallen ist. Befeuchtet man Björkman-Lignin mit Aceton und setzt Wasser zu, so daß die Partikeln gut benetzt sind, so läßt sich auch hier eine weitere Einwirkung der Laccase oder der Peroxydase wahrnehmen. Ein geregelter Abbau zu niedermolekularen Bruchstücken ist nicht wahrzunehmen. Zunehmende Dunkelfärbung läßt auf Chinonbildung schließen. Das huminartige Material, das auf diesem Wege entsteht, ist, wenn überhaupt, nur zum Teil durch Abbau zu einfachen Hydroxy-chinonen und Rückkondensationen entstanden. Es macht den Eindruck, als enthielte es noch große Teile des ursprünglichen Skelettes des Lignins. Huminsäurebildung durch Kondensation von Hydroxy-chinonen kann für andere Ausgangsmaterialien nach wie vor gültig sein.

Im Gegensatz zu den soeben geschilderten Versuchen hört in der Zellwand die Wirkung der Enzyme auf, sobald sie mit Lignin vollgefüllt, also verholzt ist. Offenbar wird das wäßrige Medium, in dem die Enzyme wirken können, durch das Lignin verdrängt. Kommt aber durch holzzersetzende Pilze oder Bakterien von außen her Laccase oder ein anderes dehydrierendes Enzym an das verholzte Gewebe heran, so wird es angegriffen.

Die Enzyme, die das Lignin bilden, vermögen es auch wieder abzubauen.

Literaturverzeichnis.

1. ADLER, E.: Symposium, Helsinki, 1961. — Tagung Zellstoffchem. und -ingenieure, Baden-Baden, 1961. — Das Papier **15**, 604 (1961).
2. — Recent Studies on the Structure Elements of Lignin. Paperi ja Puu (Helsinki) **43**, 634 (1961); hier ist die neuere Literatur über analytische Arbeiten angeführt. — Structural Elements of Lignin. Ind. Eng. Chem. **49**, 1377 (1957).
3. ADLER, E. und J. GIERER: Lignin. In: E. Treiber, Chemie der Pflanzenzellwand, S. 446. Berlin-Göttingen-Heidelberg: Springer. 1957.

4. Adler, E. and S. Hernestam: Estimation of Phenolic Hydroxyl Groups in Lignin. I. Periodate Oxidation of Guaiacol Compounds. Acta Chem. Scand. **9**, 319 (1955).

5. Adler, E., S. Hernestam and I. Walldén: Estimation of Phenolic Hydroxyl Groups in Lignin. Svensk Papperstidn. **61**, 641 (1958).

6. Aulin-Erdtman, G. and L. Hegbom: Spectrographic Contributions to Lignin Chemistry. VIII. $\Delta\varepsilon$ Studies on Braun's "Native Lignin" from Coniferous Woods. Svensk Papperstidn. **61**, 187 (1958).

7. Berg, G. A. und Br. Holmberg: Etyl Lignin och Tioglykolsyra. Svensk kem. Tidskr. **47**, 257 (1935).

8. Björkman, A.: Isolation of Lignin from Finely Divided Wood with Neutral Solvents. Nature (London) **174**, 1057 (1954). — Studies on Finely Divided Wood. Svensk Papperstidn. **59**, 477 (1956); **60**, 158, 243, 285, 392 (1957).

9. Cramer, A. B., M. J. Hunter and H. Hibbert: Studies on Lignin and Related Compounds. XXXV. The Ethanolysis of Spruce Wood. J. Amer. Chem. Soc. **61**, 509 (1939).

10. Creighton, R. H. J., R. D. Gibbs and H. Hibbert: Studies on Lignin and Related Compounds. LXXV. Alkaline Nitrobenzene Oxidation of Plant Materials and Application to Taxonomic Classification. J. Amer. Chem. Soc. **66**, 32 (1944).

11. Creighton, R. H. J. and H. Hibbert: Studies on Lignin and Related Compounds. LXXVI. Alkaline Nitrobenzene Oxidation of Corn Stalks. Isolation of p-Hydroxybenzaldehyde. J. Amer. Chem. Soc. **66**, 37 (1944).

12. Creighton, R. H. J., J. L. McCarthy and H. Hibbert: Studies on Lignin and Related Compounds. LIX. Aromatic Aldehydes from Plant Materials. J. Amer. Chem. Soc. **63**, 3049 (1941).

13. Erdtman, H.: Dehydrierungen in der Coniferylreihe. I. Dehydro-di-eugenol und Dehydro-di-isoeugenol. Biochem. Z. **258**, 172 (1933).

14. — Dehydrierungen in der Coniferylreihe. II. Dehydro-di-isoeugenol. Liebigs Ann. Chem. **503**, 283 (1933).

15. Freudenberg, K.: Neuere Ergebnisse auf dem Gebiete des Lignins und der Verholzung. Fortschr. Chem. organ. Naturstoffe **11**, 43 (1954).

16. — Biosynthesis and Constitution of Lignin. Nature (London) **183**, 1152 (1959).

17. — Biochimie et constitution de la lignine. Bull. soc. chim. France **1959**, 1748.

18. — Principles of Lignin Growth. J. Polymer Sci. **48**, 371 (1960).

19. — Vergleichende Untersuchung des natürlichen und biosynthetischen Lignins. J. prakt. Chem. **10**, 220 (1960).

20. — Biogenesis and Constitution of Lignin. 18th IUPAC Congr., Montreal, 1961; IUPAC-Journ. Pure and Appl. Chem. London: Butterworth (im Druck).

21. — Neuere Ergebnisse am Lignin und den Hydro-zimtalkoholen. Paperi ja Puu (Helsinki) **43**, 630 (1961).

22. Freudenberg, K. und F. Bittner: Versuche mit Coniferyl-alkohol, der radioaktiven Kohlenstoff enthält. Chem. Ber. **86**, 155 (1953).

23. Freudenberg, K. und G. Cardinale: unveröffentlicht.

24. Freudenberg, K. und C. L. Chen: Methylierte Phenolcarbonsäuren aus Lignin. Chem. Ber. **93**, 2533 (1960).

25. Freudenberg, K. und Mitarbeiter: unveröffentlicht.

26. Freudenberg, K. und K. Dall: Phenolgruppen im Lignin. Naturwiss. **42**, 606 (1955).

27. Freudenberg, K., K. Dall und B. Lehmann: unveröffentlicht.

28. Freudenberg, K., K. Engler, E. Flickinger, A. Sobek und F. Klink: Der Abbau des Fichtenlignins zu Phenolcarbonsäuren. Ber. dtsch. chem. Ges. **71**, 1810 (1938).

29. FREUDENBERG, K. und M. FRIEDMANN: Oligomere Zwischenprodukte der Ligninbildung. Chem. Ber. **93**, 2138 (1960).
30. FREUDENBERG, K. und G. GRION: Beitrag zum Bildungsmechanismus des Lignins und der Lignin-Kohlenhydrat-Bindung. Chem. Ber. **92**, 1355 (1959).
31. FREUDENBERG, K. und J. M. HARKIN: Modelle für die Bindung des Lignins an die Kohlenhydrate. Chem. Ber. **93**, 2814 (1960).
32. — — unveröffentlicht.
33. FREUDENBERG, K., A. JANSON, B. KNOPF und A. HAAG: Zur Kenntnis des Lignins. Ber. dtsch. chem. Ges. **69**, 1415 (1936).
34. FREUDENBERG, K. und K. JONES: unveröffentlicht.
35. FREUDENBERG, K., V. JOVANOVIĆ und F. TOPFMEIER: Versuche mit deuteriertem Coniferylalkohol zur Bestimmung der Substitution am C-Atom 5 der Coniferyleinheit des Lignins. Chem. Ber. **94**, 3227 (1961).
36. FREUDENBERG, K. und V. JOVANOVIĆ: unveröffentlicht.
37. FREUDENBERG, K. und L. KNOF: Die Lignane des Fichtenholzes. Chem. Ber. **90**, 2857 (1957).
38. FREUDENBERG, K., W. LAUTSCH und K. ENGLER: Die Bildung von Vanillin aus Fichtenlignin. Ber. dtsch. chem. Ges. **73**, 167 (1940).
39. FREUDENBERG, K., W. LAUTSCH und G. PIAZOLO: Die Einwirkung von Kalium in Ammoniak auf das Lignin und Holz der Fichte und Buche. Ber. dtsch. chem. Ges. **74**, 1879 (1941).
40. FREUDENBERG, K. und B. LEHMANN: Aldehydische Zwischenprodukte der Ligninbildung. Chem. Ber. **93**, 1354 (1960); hier werden die verwendeten Lösungsmittelgemische beschrieben.
41. — — unveröffentlicht.
42. FREUDENBERG, K. und F. NIEDERCORN: Anwendung radioaktiver Isotope bei der Erforschung des Lignins. VI. Herkunft der Isohemipinsäure. Chem. Ber. **89**, 2168 (1956).
43. — — Anwendung radioaktiver Isotope bei der Erforschung des Lignins. VIII. Umwandlung des Phenylalanins in Coniferin und Fichtenlignin. Chem. Ber. **91**, 591 (1958).
44. FREUDENBERG, K., H. REZNIK, H. BOESENBERG und D. RASENACK: Das an der Verholzung beteiligte Fermentsystem. Chem. Ber. **85**, 641 (1952).
45. FREUDENBERG, K., H. REZNIK, W. FUCHS und M. REICHERT: Untersuchung über die Entstehung des Lignins und des Holzes. Naturwiss. **42**, 29 (1955).
46. FREUDENBERG, K. und H. RICHTZENHAIN: Enzymatische Versuche zur Entstehung des Lignins. Ber. dtsch. chem. Ges. **76**, 997 (1943).
47. FREUDENBERG, K. und A. SAKAKIBARA: Weitere Zwischenprodukte der Bildung des Lignins. Liebigs Ann. Chem. **623**, 129 (1959).
48. FREUDENBERG, K., K. SEIB und K. DALL: Schwefelhaltige Ligninpräparate und ihr Vergleich mit Modellsubstanzen. Chem. Ber. **92**, 807 (1959).
49. FREUDENBERG, K. und G. S. SIDHU: Zur Kenntnis des Lignins der Buche und der Fichte. Holzforsch. **15**, 33 (1961).
50. FREUDENBERG, K., F. SOHNS, W. DÜRR und CHR. NIEMANN: Über Lignin, Coniferylalkohol und Saligenin. Cellulosechemie **12**, 263 (1931).
51. FREUDENBERG, K. und K. WEINGES: Systematik und Nomenklatur der Lignane. Tetrahedron **15**, 115 (1961).
52. FREUDENBERG, K., H. WILK, H.-U. LEUCK, L. KNOF und T. H. FUNG: Ringöffnung bei Hydrofuranen. Liebigs Ann. Chem. **630**, 1 (1960).
53. GIERER, J.: Die Reaktion von Chinonmonochlorimid mit Lignin. I. Spezifität der Reaktion auf *p*-Oxybenzylalkohol-Gruppen und deren Bestimmung in verschiedenen Ligninpräparaten. Acta Chem. Scand. **8**, 1319 (1954).

54. Gierer, J.: Die Reaktion von Chinonmonochlorimid mit Lignin. II. Isolierung und Identifizierung der gebildeten Farbstoffe. Chem. Ber. **89**, 257 (1956).

55. Harkin, J. M.: Lignin and the Formation of Wood. Experientia **16**, 80 (1960).

56. Harris, E. E., J. D'Ianni and H. Adkins: Reaction of Hardwood Lignin with Hydrogen. J. Amer. Chem. Soc. **60**, 1467 (1938).

57. Hewson, W. B., J. L. McCarthy and H. Hibbert: Studies on Lignin and Related Compounds. LVIII. The Mechanism of the Ethanolysis of Maple Wood at High Temperatures. J. Amer. Chem. Soc. **63**, 3045 (1941).

58. Hibbert, H.: siehe Cramer, A. B. (*9*); Creighton, R. H. J. (*10–12*); Hewson, W. B. (*57*).

59. — In: F. E. Brauns, The Chemistry of Lignin, p. 467. New York: Academic Press. 1952.

60. Holmberg, Br.: Ligninets Konstitution och Sulfit Cellulosa-Processens Kemi. Papir J. (Oslo) **23**, 81, 92 (1935).

61. — Die Alkoholyseprodukte des Fichtenholzes. Svensk Papperstidn. **39**, Sondernr. 113 (1936).

62. — siehe Berg, G. A. (*7*).

62a. — Über Bromlaugenlignin. Ber. dtsch. chem. Ges. **75**, 1760 (1942).

63. Kratzl, K.: Einige Reaktionen der Ligninseitenkette. Paperi ja Puu (Helsinki) **43**, 641 (1961): hier Literatur zur Biogenese des Lignins. — Ligninverwertung. Österr. Chem.-Ztg. **62**, 102 (1961). — Zur Biogenese des Lignins. Holz als Roh- und Werkstoff **19**, 219 (1961).

64. Kratzl, K., W. Kisser, J. Gratzl und H. Silbernagel: Der β-Guajacyläther des Guajacylglycerins, seine Umwandlung in Coniferylaldehyd und verschiedene andere Arylpropanderivate. Monatsh. Chem. **90**, 771 (1959).

65. Lindgren, B. O.: Dehydrogenation of Phenols. II. Dehydrogenation Polymers from Guaiacol. Acta Chem. Scand. **14**, 2089 (1960).

66. McCarthy, J. L.: Vortrag, 18th IUPAC Congr., Montreal, 1961; IUPAC-Journ. Pure and Appl. Chem. London: Butterworth (im Druck).

67. Müller, E. und K. Ley: Über ein stabiles Sauerstoffradikal, das 2,4,6-Tri-*tert*.-butyl-phenoxyl-(1), I. Mitt. Chem. Ber. **87**, 922 (1954).

68. Neish, A. C.: siehe Kratzl, K. (*63*).

69. Nord, F. F.: siehe Kratzl, K. (*63*).

69a. Pew, J. C.: Biphenyl Group in Lignin. Nature (London) **193**, 250 (1962).

69b. Read, D. E. and C. B. Purves: Isolation of Penta- and 1, 2, 4, 5-Benzenetetracarboxylic Acids from Wood Lignins Oxidized with Alkaline Permanganate. J. Amer. Chem. Soc. **74**, 120 (1952).

70. Richtzenhain, H.: Über den oxydativen Abbau von methylierten Ligninpräparaten. Svensk Papperstidn. **53**, 644 (1950).

71. Shorygina, N. N. und T. Ya. Kefeli: J. Gen. Chem. (USSR), Engl. Transl. **17**, 2058 (1947); Zhurn. Obshchei Khimii **18**, 528 (1948); **20**, 1199 (1950).

72. Späth, E., F. Wessely und L. Kornfeld: Über die Konstitution von Podophyllotoxin und Picro-podophyllin. Ber. dtsch. chem. Ges. **65**, 1536 (1932).

73. Ziegler, E. und K. Gartler: Über Indophenole. Monatsh. Chem. **79**, 637 (1948): **80**, 759 (1949).

(Eingelaufen am 26. Dezember 1961.)

Die Ubichinone (Coenzyme Q).

Von **O. SCHINDLER**, Bern.

Mit 1 Abbildung.

Inhaltsübersicht.

I. Einleitung.

Diese Übersicht soll die wesentliche Literatur über Ubichinon und einige chemisch nahe verwandte natürliche Chinone bis etwa Oktober 1961 referieren.

Der Name *Ubichinon* (englisch Ubiquinone) wurde von MORTON und Mitarb. (*113*) für eine Substanzgruppe der allgemeinen Formel (I) vorgeschlagen. In MORTONs Arbeitskreis wurde die betreffende Substanz anfänglich als „Substanz SA" bezeichnet (*108*). Wie sich aus späteren

$$
\begin{array}{c}
\text{O} \\
\| \\
\text{H}_3\text{CO} \diagdown \bigwedge \diagup \text{CH}_3 \\
\text{H}_3\text{CO} \diagup \overline{} \diagdown (\text{CH}_2-\text{CH}=\overset{\overset{\displaystyle \text{CH}_3}{|}}{\text{C}}-\text{CH}_2)_n-\text{H} \\
\| \\
\text{O}
\end{array}
$$

(I.)

Untersuchungen ergeben hat, waren nicht alle als SA bezeichneten Substanzen untereinander identisch; die verschiedenen Präparate unterschieden sich in der Länge der Polyisopren-seitenkette oder durch Ersatz einer der beiden Methoxylgruppen durch Äthoxyl (vgl. SS. 78 und 101 ff.). Nach einem Vorschlag von MORTON und Mitarb. (*111*) sollen die verschiedenen von (I) sich ableitenden natürlichen und synthetischen Ubichinone, die sich nur in der Anzahl der Isoprenreste in der Seitenkette unterscheiden, in Anlehnung an die in der Vitamin-K-Reihe übliche Nomenklatur, dadurch gekennzeichnet werden, daß die Anzahl der C-Atome in der Seitenkette hinter dem Namen Ubichinon in Klammern angegeben wird; z. B. Ubichinon-(50) für das Derivat mit 10 Isoprenresten usw. Bisher wurden in der Natur die Glieder mit $n = 6, 7, 8, 9$ und 10 aufgefunden.

Die gleiche Substanzgruppe wird von amerikanischen Autoren (FOLKERS und Mitarb., GREEN und Mitarb.) als „*Coenzyme Q*" (anfänglich Coenzyme Q_{275}) bezeichnet. Die Länge der Seitenkette wird charakterisiert durch einen Index, welcher die Anzahl der Isoprenreste in der Seitenkette angibt, also z. B. für das Derivat mit 50 C-Atomen in der Seitenkette als Coenzym Q_{10} usw. Von CRANE und AMBE (*22*) wurde auf Grund des besonders reichhaltigen Vorkommens in Mitochondrien der Name Mitochinon (Mitoquinone) vorgeschlagen.

Obwohl in der Literatur keine Angaben über einen direkten Vergleich von Ubichinon und Coenzym Q bzw. Mitochinon enthalten sind, so besteht auf Grund der sicher identischen Abbauprodukte kein Zweifel, daß die unter verschiedenem Namen beschriebenen Naturprodukte identisch sind. In diesem Übersichtsreferat wird der Name Ubichinon verwendet.

Literaturverzeichnis: SS. 121—130.

II. Isolierung und Vorkommen der Ubichinone.

1. Erste Beobachtungen zum Vorkommen von Ubichinon.

Als erste haben MOORE und RAJAGOPAL (*106*) 1940 in den lipoidlöslichen Extrakten der Leber und des Darmes von Ratten eine alkali-
labile Substanz, die durch ein Absorptionsmaximum in Alkohol oder
Cyclohexan bei 275 mμ gekennzeichnet war, beschrieben. Auch die von
MORICE (*107*) in den unverseifbaren Anteilen der Butter nachgewiesene
sogenannte „Compound A" könnte ein Derivat des Ubichinons sein.
Das Absorptionsspektrum in alkoholischer Lösung dieser Substanz mit
einem hohen Maximum bei 272,5 mμ sowie zwei längerwelligen Maxima
bei 320 mμ und 348 mμ ist nicht sehr verschieden von den UV-Spektren
der ersten noch rohen Fraktionen von Ubichinon. Auch die stark positive
Reaktion von „Compound A" mit Tetranitromethan steht mit den
Eigenschaften von Ubichinon durchaus in Einklang.

Sehr verschieden von Ubichinon-Derivaten ist jedoch der relativ hohe
Schmelzpunkt (108°) von „Compound A".

2. Isolierung von Ubichinon aus verschiedenen tierischen Geweben sowie Mikroorganismen.

a) Nachweis und Isolierung von Substanz SA (Ubichinon) durch MORTON und Mitarbeiter.

Historische Übersichten: (*110*) und (*162*).

Nach einer Beobachtung von MORTON und Mitarb. zeigten die unverseifbaren Anteile aus Lebern von A-avitaminotischen Ratten, in denen
weder in der Leber, im Blut noch in der Niere mit $SbCl_3$ eine Blau-
färbung gefunden werden konnte, im UV-Spektrum bei Aufnahme in
Cyclohexan Maxima bei 275 mμ und 332 mμ. Je größer das Defizit an
Vitamin A, um so reicher schienen die Lebern an dieser Substanz. Ähnliche UV-Spektren zeigten Konzentrate des Unverseifbaren von Lebern
von Pferden, die auf Grund des vorgeschrittenen Alters geschlachtet
werden mußten. Solche Pferde waren meistens arm an Vitamin-A-
Reserven (*14, 97*).

Eine spektroskopisch sich gleich verhaltende Substanz wurde im
Unverseifbaren des Darmes verschiedener Tierspecies gefunden (*40*).
Durch Chromatographie an Al_2O_3, dessen Adsorptionskraft durch Zusatz
von Wasser abgeschwächt war, ließen sich von Pferd und Schwein (nicht
aber von Schaf und Ochs) Fraktionen erhalten, die durch das in Rattenlebern beobachtete charakteristische UV-Spektrum ausgezeichnet waren.
Die gleiche Substanz war bei der Ratte im Unverseifbaren der Leber,
der Niere, des Darmes und der Speicheldrüse nachzuweisen, fehlte aber
in der Blase, den Testes und der Vagina. In Cyclohexan-Lösung zeigten

die damals reinsten Chromatographie-Fraktionen ein Maximum bei
272—273 mμ, eine Inflexion (Schulter) bei 330 mμ, ein sehr flaches
Maximum bei zirka 410 mμ und ein Minimum bei 235—236 mμ. Die
für diese Absorptionen verantwortliche Substanz wurde als „Substanz SA"
bezeichnet. Zu jener Zeit wurde die Möglichkeit in Betracht gezogen,
daß Substanz SA ein Steroid-Derivat mit $\Delta^{8,9}$-7,11-Di-oxo-Gruppierung
sei, da die letzteren im UV-Spektrum ein Maximum an der gleichen
Stelle wie Substanz SA aufwiesen. Mit dem Fortschreiten der Reinigung
von Substanz SA konnten genügende Unterschiede im chemischen
Verhalten beobachtet werden, die ausschlossen, daß SA identisch mit
einem Steroid-Derivat sein könne. Besonders deutlich war der Unterschied der beiden Substanzen bei Aufnahme des UV-Spektrums in konz.
Schwefelsäure. Cholestadien-(3,5)-7-on zeigte ein Maximum bei 355 mμ,
während die an Substanz SA angereicherten Fraktionen unter diesen
Bedingungen ein Maximum bei 315 mμ aufwiesen (*14*).

Im Laufe einer weiteren Untersuchung wurden die rohen Leberöle
sowie die unverseifbaren Anteile aus Lebern mehrerer Tierspecies auf die
im UV-Spektrum zu erkennende Substanz geprüft (*14*). Die Untersuchung erstreckte sich auf Lebern von Walfisch, Pferd, Kuh und Schaf,
wobei in allen vier Gattungen die Substanz mit den charakteristischen
Absorptionsmaxima gefunden wurde. Für die präparative Isolierung
der für die selektive Absorption bei 272 mμ verantwortlichen Substanz
erwies sich eine Beobachtung von HEATON, LOWE und MORTON (*65*) als
nützlich: Bei der Untersuchung des Wirkungsmechanismus von Vitamin A
wurde das Unverseifbare der Lebern von Ratten, die mit einer Vitamin-A-
freien Diät aufgezogen wurden, untersucht. Dabei zeigte sich, daß die
Lebern der Vitamin-A-frei ernährten Tiere einen höheren Gehalt der
bei 272 mμ absorbierenden Substanz aufwiesen als die Lebern von Tieren,
die kleine Dosen von Vitamin A erhielten (20 I. E. pro Tag, per os).

Für die Abschätzung des Gehaltes an Ubichinon (Substanz SA) und
Ubichromenol (Substanz SC) wurden aus den unverseifbaren Anteilen
die in Methanol schwer löslichen Stoffe abgetrennt. Der methanol-
lösliche Teil wurde an einem durch Zusatz von Wasser abgeschwächten
Al$_2$O$_3$ chromatographiert. Dadurch wurde eine Anreicherung erreicht,
welche aus der Messung der Extinktion bei 272 mμ auf den Gehalt
schließen ließ. Die erhaltenen Resultate sind in *Tabelle 1* zusammengestellt. Der durch Vitamin A bedingte Unterschied im Gehalt an SA
und SC beschränkte sich auf die Leber; bei den übrigen untersuchten
Organen war der Gehalt innerhalb der Genauigkeit der Bestimmungsmethode gleich. Die Erhöhung des Gehaltes an Substanz SA durch
Vitamin-A-Mangeldiät beschränkte sich auf die Ratte. Bei allen anderen
geprüften Versuchstieren, z. B. Huhn (*96*), waren keine Unterschiede
erkennbar.

Tabelle 1. Gehalt an Gesamtsterinen, Ubichinon (Substanz SA) und Ubichromenol (Substanz SC) im Unverseifbaren verschiedener Organe der Ratte, mit und ohne Verfütterung von Vitamin A.

Organ	Vitamin-A-Gehalt der Diät	Ubichinon (SA)		Ubichromenol (SC)[c]		Total-Sterine mg/g
		Einheit/g[a]	γ/g[b]	Einheit/g[a]	γ/g[b]	
Leber	+	19,9	119	7,19	80	2,19
	—	47,2	283	15,5	172	2,78
Niere	+	10,6	63	—	—	4,14
	—	12,5	75	0,453	5	4,08
Speicheldrüse	+	4,70	28	—	—	3,62
	—	6,45	39	—	—	4,68
Darm	+	2,09	13	0,651	7,2	2,54
	—	3,23	19	0,769	8,5	2,00
Magen	+	0,80	4,8	—	—	2,67
	—	1,61	9,7	—	—	2,70

[a] Die in dieser Kolonne beschriebenen Einheiten wurden durch Multiplikation des $E_{1\,cm}^{1\%}$-Wertes bei 272 mμ (für SA), bei 275 mμ (für SC) mit dem Gewicht der betreffenden Chromatographiefraktion erhalten.

[b] Der in dieser Kolonne angegebene Gehalt wurde aus dem Extinktionswert bei 272 mμ für Substanz SA bzw. bei 275 mμ für Substanz SC berechnet. Als Extinktionswert für Ubichinon (Substanz SA) diente $E_{1\,cm}^{1\%} = 170$, für Ubichromenol (Substanz SC) $E_{1\,cm}^{1\%} = 90$; 1 Einheit Ubichinon = 6 γ; 1 Einheit Ubichromenol = 11,1 γ.

[c] Zur konstitutionellen Beziehung von Ubichromenol zu Ubichinon vgl. Kapitel VI (S. 96).

Mit der entwickelten Isolierungs- und Nachweismethode konnten MORTON und Mitarb. (39, 40) das Vorkommen und den ungefähren Gehalt von Ubichinon in verschiedenen biologischen Materialien ermitteln: Außer der Leber und der Niere verschiedener Versuchstiere wurde die Substanz auch im Pankreas und in der Milz gefunden. Auch im menschlichen Blut, Herz und Niere und im Fötus wurde das Vorkommen erkannt (104, 105). Einige Beispiele der untersuchten Materialien sind in *Tabelle 2* zusammengefaßt.

Die Kristallisation von Substanz SA gelang im Arbeitskreis von MORTON erstmals WILSON (161), der angereicherte Fraktionen aus Schweineleber durch Rechromatographie an Al$_2$O$_3$ so weit reinigen konnte, daß Ubichinon in kristallisierter Form gefaßt werden konnte. Schweinelebern sind für die Isolierung besonders günstig, da diese Organe relativ arm an Vitamin A und Carotinoiden sind. Die spektralen Daten, welche mit dem Kristallisat erhalten wurden, deckten weitgehend die Resultate,

Tabelle 2. Gehalt an Ubichinon (Substanz SA) und Ubichromenol (SC) in verschiedenen tierischen Organen auf Grund der Extinktionshöhe bei 272 bzw. 275 mμ.

Organ	Species	Ubichinon[b] γ/g	Ubichromenol[b, c] γ/g
Niere	Mensch.....................	11—39	11—24 (105)
Niere (98)	Schwein.....................	16,8	8,9
	Schaf	7,8	3,8
	Ochs.......................	13,8	2,2
	Hund	18,0	3,3
	Huhn	18,0	8,8
	Katze......................	18,6	2,3
	Meerschweinchen	25,8	nicht nachweisbar
	Ziege	11,4	6,0
Leber	Kücken	42	4,0
Darm	Kücken	10,4	1,76

[b, c] vgl. Tabelle 1, S. 77.

welche mit amorphen angereicherten Fraktionen erhalten wurden. Als Schmelzpunkte wurden angegeben: 33—34°; 36° und 41° (114).

Eine detaillierte Vorschrift zur Gewinnung von kristallisiertem Ubichinon aus Schweineherzmuskel wurde von Gloor und Mitarb. (111) angegeben.

Nach dem Aufschließen des Muskelgewebes in wässeriger Kalilauge in Gegenwart von Pyrogallol wurden durch Extraktion mit Äther die unverseifbaren Anteile gewonnen. Aus diesen wurde entweder durch Kristallisation aus Methanol der größte Teil des Cholesterins abgeschieden und die Mutterlauge weiter verarbeitet, oder das rohe Unverseifbare wurde direkt durch Chromatographie an Al_2O_3 aufgetrennt. Nach Abtrennung von leicht eluierbaren öligen Produkten wurde bei der Chromatographie mit Petroläther-Äther (99 : 1) eine orange Zone abgelöst, welche die gesuchte Substanz enthielt. Diese Fraktionen zeigten im UV die Maxima von Ubichinon und lieferten aus Aceton Kristalle. Das kristallisierte Produkt wurde durch Chromatographie an Polyäthylenpulver (Hostalen W) mit 85%igem wässerigem Aceton aufgetrennt. Nach erneuter Kristallisation aus Aceton-Wasser wurde Ubichinon-(50) in Kristallen vom Smp. 49° erhalten.

Die gleiche Isolierungsmethode wurde zur Aufarbeitung von Ubichinon aus den Lebern von Vitamin-A-Mangelratten verwendet (47, 83, 140). Durch Chromatographie an Hostalenpulver konnte dabei sowohl Ubichinon-(45) (Smp. 44,5°) als auch Ubichinon-(50) erhalten werden. Das Vorliegen dieser beiden Ubichinone vermochte die anfänglichen niedrigen Schmelzpunkte des isolierten Ubichinons aus Rattenlebern zu erklären, da der Misch-schmelzpunkt zwischen Ubichinon-(45) und Ubichinon-(50) bei 40—42,5° lag. Später ließen sich in der Ratte auch die Glieder mit 40 und 35 C-Atomen in der Seitenkette nachweisen (83 a).

Literaturverzeichnis: SS. 121—130.

*b) Isolierung von Ubichinon (Coenzym Q bzw. Coenzym Q_{275})
durch* FOLKERS *und Mitarbeiter.*

Eine ähnliche, wie von GLOOR und Mitarb. (*111*) beschriebene
Isolierungsmethode wurde von FOLKERS und Mitarb. (*120, 121, 92*)
gleichzeitig entwickelt.

Dem Aufschluß von menschlichem — oder Ochsen- — Myocard-Gewebe mit
wässeriger Natronlauge (in Gegenwart von Pyrogallol) folgte die Extraktion mit
Petroläther (Scellisolve B). Die chromatographische Abtrennung von Ubichinon
wurde an Florisil (Magnesiumsilikat) durchgeführt. Vor der Kristallisation war
dabei eine Wiederholung der Chromatographie am gleichen Adsorptionsmittel
der angereicherten Fraktionen nötig. Die durchschnittliche Ausbeute betrug
84 mg/kg Herz-Gewebe.

Mit dieser Methode wurden verschiedene andere tierische Gewebe
auf die Anwesenheit von Ubichinon untersucht. Es konnte dabei das
Vorkommen von Ubichinon-(50) im Herzgewebe des Schweines, der
Ratte, des Kückens, des Truthahnes, des Kaninchens und, wie schon
erwähnt, des Menschen und Ochsen sichergestellt werden. Außerdem
ließ sich die Substanz in der Niere des Lammes und des Stiers sowie
in der quergestreiften Muskulatur des Ochsen nachweisen. In der Ratte
und der Maus ließ sich neben Ubichinon-(50) papierchromatographisch
ein zweites Glied der Chinonreihe bestimmen. Von verschiedenen untersuchten menschlichen Organen erwiesen sich die Leber, das Herz, die
Milz, die Nieren, das Pancreas und die Nebennieren als relativ reich an
Ubichinon, während die Thyroidea und das Gehirn nur einen geringen
Gehalt zeigten (*42a*).

Auch Mikroorganismen vermögen Ubichinone zu bilden. Aus Bäcker-
hefe *(Saccharomyces cerevisiae)* wurde Ubichinon-(30) isoliert (*64, 43, 86*).
Azotobacter vinelandii bildet Ubichinon-(40) (*86, 85, 87*), während *Torula*-
Hefen sowohl Ubichinon-(45) als auch -(35) zu synthetisieren vermögen (*85—87*).

Die Untersuchung Ubichinon-produzierender Bakterienstämme wurde
von FOLKERS und Mitarb. (*120*) auf eine große Zahl von Species aus-
gedehnt (in der Originalarbeit fehlen leider die Angaben über die Mikroorganismen, die kein Ubichinon zu bilden vermögen). Die Resultate
sind in der *Tabelle 3* zusammengefaßt. Es kann ersehen werden, daß
Pseudomonas denitrificans so viel Ubichinon-(50) in ihren Zellen auf-
zuspeichern vermag, um als Ausgangsmaterial zur präparativen Isolierung
zu dienen.

Mit der gleichen Versuchstechnik ließ sich in zwei Basidiomyceten,
nämlich *Ustilago zea* und *Agaricus campestris*, die Bildung von Ubichinonen
nachweisen (*38*). *Ustilago zea* bildete Ubichinon-(45) und Ubichinon-(50),
während die untersuchte Probe von *Agaricus campestris* nur Ubichinon-(50)
aufbaute. Auch in Kulturen des Schwefelbakteriums *Chromatium* ließ

sich auf Grund des papierchromatographischen Verhaltens und der Prüfung im UV-Spektrum die Bildung von Ubichinon-(50) nachweisen (59).

Tabelle 3. Ubichinon-produzierende Mikroorganismen.

Species	Produzierter Ubichinon-Typ	Gehalt an Ubichinon in den Bakterienzellen γ/g
Azotobacter vinelandii.................	40	480
Escherichia coli	40	490
Proteus vulgaris	35, 40, 45	150
Pseudomonas aeruginosa	45	790
P. denitrificans	50	1000
P. fluorescens	45	880
P. fragi	45	380
P. geniculata	45	600
P. mildenbergii	45	310
P. putida	45	310
Serratia marcescens	40	—
Ashbya gossypii	30	290
Endomyces lindneri	35	—
Endomycopsis fibuliger	35	—
Mycoderma monosa	35, 40	—
Saccharomyces ludwigii	30	310
Zygosaccharomyces barkeri.............	30	280
Penicillium brevi-compactum...........	45	—
P. chrysogenum	45	375

c) Isolierung von Ubichinon (Coenzym Q bzw. Coenzym Q_{275}) durch Green, Crane, Hatefi, Lester, Widmer und Mitarbeiter.

Die genannten Autoren beschrieben als erste den Zusatz von Pyrogallol bei der Verseifung; die beschriebene Isolierungsmethode (25, 87) weicht im übrigen in wesentlichen Punkten nicht von den Methoden, die von Folkers und Mitarb. sowie Morton und Mitarb. angegeben worden sind, ab.

Für die Extraktion aus Ochsenherz hat sich die alkalische Verseifung des Gewebes in Gegenwart von Pyrogallol und nachfolgende Extraktion des Unverseifbaren mit Heptan als nützlich erwiesen. Als Adsorbens der Chromatographie des Unverseifbaren wurde Decalso (Natrium-Aluminium-Silikat) empfohlen. Das durch Wiederholung der Chromatographie gereinigte Ubichinon wurde aus Äthanol kristallisiert. Die Autoren beschrieben außerdem eine Methode zur Isolierung von Ubichinon ohne Verseifung des rohen Herzgewebes. Die mit Isooctan oder Heptan erhaltenen Lipoidextrakte wurden an Aluminiumoxyd, Decalso, Florisil (Magnesiumsilikat), Fullererde, Kieselsäure (Mallincrodt) oder Silicagel (Davidson) chromatographiert. Die Chromatographiefraktionen wurden im UV-Spektrum geprüft. Aus den am meisten angereicherten Fraktionen konnte Ubichinon-(50) aus Äthanol kristallisiert erhalten werden.

Auch Lester und Crane (85) haben eine große Zahl biologischer Materialien auf die Anwesenheit von Ubichinon bzw. Plastochinon

Tabelle 4. Nachweis und geschätzter Gehalt an Ubichinon und verwandter Chinone in verschiedenen biologischen Ausgangsmaterialien*.

| Organismus | Ubichinon | | Plastochinon |
	Gehalt μ Mol/g nicht getrocknetes Gewebe	Typ	mg/g Trockengewicht
Meerschweinchen, Herz	0,15		
Hausfliege *(Musca domestica)* (Ganztier)..	0,067	45	
Erdwurm *(Lumbricus terrestris)* (Ganztier)	< 0,028	50 (?)	
Frosch *(Rana catesbeiana)*:			
Herz...............................	0,023	50	
Beinmuskulatur	0,011	50	
Kleiner Kohlweißling *(Pieris rapae)* (Ganztier)	0,27	45	
Hummer *(Homarus americanus)*:			
Rückenmuskulatur	< 0,002		
Scherenmuskulatur	< 0,002		
Garnele, Muskulatur	< 0,001		
Cladophora sp. (Grünalge).............	0,018	45	0,049
Polysiphonia sp. (Rotalge)	0,027		0,080
Fucus sp. (Braunalge)	0,019	45	0,061
Spinacia oleracea (Blätter)	0,049	50	0,090
Medicago sativa (Alfaalfa-Mehl, Handelsprodukt)	0,023	50	0,110
Zea mays (junge Triebe)	0,068		0,082
Zea mays (junge Wurzeln)	0,037		0,019
Ipomoea batatas (Wurzeln)	0,029	50	< 0,001
Solanum tuberosum	0,005	50	< 0,001
Brassica oleracea	0,012		0,015
Streptomyces griseus	< 0,002		
Mucor corymbifer.....................	0,20	45	
Neurospora crassa	+	50	
Saccharomyces cerevisiae (aerobe Form) ...	0,35	30	
S. cerevisiae (anaerobe Form)	< 0,001		
S. cavalieri	+	30	
S. fragilis	+	30	
Torula utilis.........................	0,59	35 + 45	
Psalliota campestris...................	< 0,0001		
Hydrogenomonas sp.	0,10	40	
Rhodospirillum rubrum................	4,3	45	
Chromatium sp. (Stamm D)	2,9	35	
Streptococcus faecalis.................	< 0,004		
Clostridium perfringens................	< 0,002		
Bacillus mesentericus.................	< 0,001		
Mycobacterium smegmatis..............	< 0,001		
M. tuberculosis, Stamm H 37 Ra........	< 0,0002		

* In dieser Tabelle sind nur diejenigen Angaben der Originalarbeit (*85*) referiert, die nicht auch in Tabelle 3 aufgeführt sind.

(Koflers Chinon; Coenzym Q_{254}) (vgl. Kapitel VIII, S. 109) untersucht. Eine Auswahl davon ist in *Tabelle 4* zusammengestellt.

Es ist bemerkenswert, daß von den untersuchten Stämmen nur *Neurospora crassa* Ubichinon-(50) aufbaut. Die Mehrzahl der untersuchten übrigen Bakterienstämme bildet Ubichinone mit kürzerer Polyisoprenkette.

3. Isolierung und Nachweis von Ubichinon als Coferment.

Mitochondrien sind, ähnlich wie Strukturelemente der Zellmembran, sehr lipoidreich; Herzmitochondrien können z. B. bis ein Viertel ihres Gewichtes Lipoide enthalten. Auch die fermentativ wirksamen Präparate, die bei der Fraktionierung von Mitochondrien erhalten wurden, enthielten reichlich Lipoide, wobei die einzelnen Fraktionen durch einen charakteristischen Lipoidgehalt ausgezeichnet waren. *(49)*.

Auf Grund der Redoxpotentiale konnten einzelne Glieder des sogenannten „Electron-Transport-Systems" (Diphosphopyridin-nukleotid, Flavoproteine und die Cytochrome b, c_1, c, a und a_3) zu einer wohlbegründeten Fermentkette zusammengestellt werden. Es war vorerst nicht einzusehen, ob und in welcher Rolle die vorhandenen Lipoide in das Fermentgeschehen einzugreifen vermögen *(55, 52)*. 1955 konnten Nason und Lehman *(115)* nachweisen, daß auch die lipoidlöslichen Tocopherole sich am Weitergeben von Elektronen beteiligen können.

Dies scheint mit ein Anlaß gewesen zu sein, daß die Lipoidanteile solcher Fermentfraktionen chemisch untersucht worden sind. Im Laufe dieser Fraktionierung konnten bisher vier verschiedene Lipoidfraktionen aus Mitochondrien von Ochsenherzen isoliert werden *(55)*. Die Bezeichnungen sowie die Methoden der Isolierung sind in *Tabelle 5* zusammengestellt.

Tabelle 5. Isolierung von Lipoproteinen aus Rinderherz-mitochondrien.

Bezeichnung	Isolierungsverfahren	Literatur
Q-Lipoid	Cholat-KCl-Fraktionierung $(NH_4)_2SO_4$-Fraktionierung	(5)
Cytochrom-c_1-Lipoprotein	Desoxycholat-$(NH_4)_2SO_4$-Butanol- Fraktionierung	(53)
f_D2-Lipoprotein	Cholat-KCl-Fraktionierung Petroläther-Fraktionierung Gel-Bildung in Isooctan	(168)
Cytochrom-c-Lipoid	Desoxycholat-$(NH_4)_2SO_4$-Fraktionierung	(160)

Literaturverzeichnis: SS. 121—130.

Mit Ausnahme der in Tabelle 5 zuletzt genannten, bilden die Lipoid-fraktionen klare wässerige Lösungen ohne Lösungsvermittler, wie z. B. Gallensäuresalze. Der Proteingehalt ist sehr verschieden: Cytochrom-c_1-Lipoprotein hat einen Proteingehalt von 48%, f_D2-Lipoprotein 15%; von Q-Lipoid beträgt er weniger als 1%, eventuell sogar null. Auf Grund dieses geringen Gehaltes ist es wohl nicht richtig, diese Fraktion als Lipoprotein anzusprechen. Wenn Q-Lipoid mit Alkohol behandelt oder eingefroren und wieder aufgetaut wird, verliert es seine geordnete Struktur und bildet ein wasserunlösliches, amorphes Lipoid. Das letztere kann durch Gallensäuresalze in Lösung gebracht werden.

Der Lipoidanteil von Coenzym-Q-Lipoid wurde von BASFORD (4) untersucht. Er bestand danach aus 5—8% neutralen Lipoiden und 92—95% Phospholipoiden. Die neutrale Fraktion enthielt Coenzym Q, Cholesterin, Glyceride und mindestens drei weitere unbekannte Komponenten. Der Phospholipoidanteil bestand aus Cephalin, Lecithin; beide waren begleitet von Plasmalogonen (vgl. *Tabelle 6*).

Tabelle 6. Zusammensetzung des Lipoidanteiles von Coenzym-Q-Lipoid.

Neutrale Lipoide (4,7% des Totalgehaltes)	12% Coenzym Q 12% Cholesterin Carotinoide, Triglyceride usw.
Phospholipoide (95,3% des Totalgehaltes)	53% Cholin-Phosphatide 43% Äthanolamin- und Serin-Phosphatide 3% Inosit-Phosphatide

Der Nachweis von Ubichinon in Q-Lipoid beruht auf dem UV-Spektrum als Chinon-Derivat oder nach Reduktion als Hydrochinon. Zu Beginn der Versuche zur Isolierung von Ubichinon aus Q-Lipoid wurde die Anreicherung mit Hilfe des flachen, langwelligen Maximums bei 400 mμ verfolgt. Später diente hiezu wie im Laboratorium von MORTON das besser ausgebildete Maximum bei 275 mμ (21). Demzufolge wurde als Name *Coenzym Q_{275}* gewählt; auch die Bezeichnung Mitoquinone wurde für den Wirkstoff vorgeschlagen (22, 62).

Für die präparative Isolierung von Coenzym Q_{275} wurden ähnliche Extraktions- und Trennmethoden eingesetzt (24, 25), wie sie von der Morton-Schule zur Isolierung von Ubichinon (Substanz SA) aus Lebern und anderen tierischen Organen ent-wickelt wurden. Zur Isolierung aus Mitochondrien wurden diese mit Äthanol-Äther-Gemischen extrahiert und die gesammelten Auszüge so weit konzentriert, daß eine wässerig-alkoholische Lösung vorlag. Diese wurde mit Heptan oder Isooctan ausgeschüttelt und aus den Lipoidextrakten durch Fällung mit Aceton die Phospholipoide entfernt. Die acetonlöslichen Anteile wurden an Kieselsäure chromatographiert. Die auf Grund des UV-Absorptionsspektrums am reinsten erkannten Fraktionen wurden einer zweiten Chromatographie an Decalso unter-worfen. Dabei wurde Q_{275} so weit angereichert, daß die Substanz in Kristallen gefaßt werden konnte. Für die Kristallisation haben sich verschiedene Lösungs-mittel (Amylalkohol, Äthylacetat, Aceton, Essigsäure, Äthanol, Methanol) bewährt.

Die Extraktion wurde erleichtert, wenn durch Verseifung mit Alkalien ein Teil der Lipoide zuerst abgetrennt wurde. Analoge Isolierungsmethoden wurden auch eingesetzt, um Q_{275} aus Rinderherzgewebe zu isolieren. Auch in diesem Fall erlaubt die Trennmethode die Isolierung von Q_{275} sowohl ohne Behandlung mit Alkalien als auch nach Verseifung, wobei Q_{275} in den unverseifbaren Anteilen angereichert wird.

Über die analoge Anreicherung von Ubichinon aus Succinat- und DPNH-Cytochrom-c-Reduktasen durch Extraktion mit Isooctan berichteten Pumphrey und Mitarb. (128).

III. Physikalisch-chemische Eigenschaften der Ubichinone.

1. Schmelzpunkte.

Die Ubichinone sind gelborange gefärbt. Die Glieder mit mehr als 30 C-Atomen in der Seitenkette sind bei Zimmertemperatur kristallisiert; die übrigen sind Öle. Die Schmelzpunkte sind in der *Tabelle 7* zusammengestellt.

Tabelle 7. Schmelzpunkte der natürlichen und synthetischen Ubichinone in Abhängigkeit der Länge der Polyisopren-Seitenkette [Formel (I), S. 74.

n	Synthetisch		Naturprodukt	
	Literatur	Smp.	Literatur	Smp.
10	(*140*)	49°	(*111*)	49°
9	(*144*)	42—43,5°	(*140*)	44,5°
8			(*86*)	37°
7			(*86*)	30,5°
6	(*43*)	19—20°	(*86*)	16°
3	(*145*)	⎫		
2	(*145*)	⎬ Öle		
1	(*145*)	⎭		

2. Papierchromatographisches Verhalten.

Die analytische Unterscheidung der einzelnen Glieder ist durch Papierchromatographie möglich. Als Verteilungssystem verwendeten Folkers und Mitarb. (120, 92) mit Vaselin imprägniertes Whatman-Nr. 1-Papier; als mobile Phase Dimethylformamid mit Wasser und Vaselin gesättigt; die Chromatogramme wurden auf Rundfiltern durchgeführt. Dabei wurden die in der *Tabelle 8* aufgezeichneten relativen R_F-Werte erhalten.

Besonders deutliche Unterschiede in den R_F-Werten der einzelnen Glieder

Tabelle 8. Relative R_F-Werte verschiedener Ubichinone mit Vaseline als stationärer Phase.

Verbindung	Relativer R_F-Wert [Ubichinon-(50) = 1]
Ubichinon-(50).....	1,0
Ubichinon-(45).....	1,32
Ubichinon-(40).....	1,79
Ubichinon-(35).....	1,77
Ubichinon-(30).....	2,02

wurden bei der Chromatographie auf Filterpapier, das mit Siliconöl (*Dow-Corning Silicone Fluid Nr. 550*) imprägniert war, erhalten (*89*, vgl. auch *140*). Als mobile Phase diente *n*-Propanol-Wasser verschiedener Konzentrationen. Die Flecken wurden durch Eintauchen in KMnO$_4$-Lösung oder durch die zwar nicht sehr empfindliche Fluoreszenz im UV-Licht sichtbar gemacht.

Die erhaltenen R_F-Werte sind in *Tabelle 9* zusammengestellt.

Tabelle 9. R_F-Werte verschiedener Ubichinone und deren Dihydroverbindungen auf mit Silicon imprägniertem Papier.

Ubichinon-seitenkettenlänge	R_F	
	n-Propanol-Wasser (4 : 1)	*n*-Propanol-Wasser (7 : 3)
10	0,27	0,06
9	0,36	0,11
8	0,42	0,18
7	0,49	0,23
6	0,54	0,31
Hydrochinone		
10		0,26
9		0,41
8		0,55
7		0,60
6		0,66

Von Diplock und Mitarb. (*32*) wurde eine Trennung durch zweidimensionale Papierchromatographie von Ubichinon, Ubichromenol, Vitamin K$_1$, den α-, β- und γ-Tocopherolen sowie α-Tocopherylchinon beschrieben. Die Methode kann nach Eluierung der betreffenden Zonen im Papierchromatogramm auch quantitativ ausgewertet werden. Die Bestimmung von Ubichinon-(50) neben den Tocopherolen nach Trennung durch Adsorptionschromatographie wurde von Pudelkiewicz (*126*) beschrieben.

3. UV-Absorptionsspektren.

Ubichinon-(50) zeigt im UV-Spektrum bei Aufnahme in Cyclohexan neben der Endabsorption bei 200 mμ ein Absorptionsmaximum bei 272 mμ mit einem $E_{1\,cm}^{1\%}$-Wert von 172 (entsprechend log ε = 4,17, berechnet auf C$_{59}$H$_{90}$O$_4$ = 863,31) (*111, 86, 92*). Die Kurve ist außerdem charakterisiert durch ein Minimum bei 238 mμ, $E_{1\,cm}^{1\%}$ = 38 (entsprechend log ε = 3,51). Das Verhältnis der Extinktionswerte zwischen dem Minimum und dem Maximum diente im Laufe der Isolierung als Reinheitstest der amorphen Fraktionen (*113*).

Ubichinon-(30) zeigt den gleichen Verlauf der Absorptionskurve, jedoch beträgt der Extinktionswert bei 272 mμ entsprechend dem niedrigeren Molekulargewicht $E_{1\,cm}^{1\%}$ = 246 (*43*). Bei Aufnahme in Alkohol wurde die folgende Beziehung der $E_{1\,cm}^{1\%}$-Werte in Abhängigkeit der Kettenlänge erhalten *(Tabelle 10)*.

Tabelle 10. **Abhängigkeit der Extinktionswerte in alkoholischer Lösung von der Länge der polyisoprenoiden Seitenkette.**

Kettenlänge . . .	50	45	40	35	30
$E_{1\,cm}^{1\%}$ des Maximums bei 275 mμ	172	185	206	221	246
$E_{1\,cm}^{1\%}$ des Minimums bei 236 mμ	28,4	33,1	38	39,5	

Das Absorptionsmaximum bei zirka 270 mμ entspricht der K-Bande eines α,β-ungesättigten Ketons in Benzochinon-Derivaten *(13)*. Die Lage dieses Maximums ist abhängig von der Substitution und wird durch die Einführung eines Substituenten um zirka 10 mμ nach längeren Wellenlängen verschoben. Nachdem die Art der Substituenten im Benzochinonkern von Ubichinon abgeklärt war, ließ sich auf Grund der Lage des UV-Maximums auf die Stellung der Substituenten schließen. Die Lage der Maxima in Dimethoxy-toluchinonen ist in *Tabelle 11* zusammengestellt *(155, 111)*.

Tabelle 11.
Lage der Maxima im UV-Spektrum von Dimethoxy-toluchinonen.

Toluchinon-Derivat	λ_{max} in Cyclohexan (mμ)
2,3-Dimethoxy-5-methyl-benzochinon (H$_3$CO, H$_3$CO, CH$_3$)	262
2-Methoxy-5-methyl-6-methoxy-benzochinon (OCH$_3$, H$_3$CO, CH$_3$)	282
2,3-Dimethoxy-... (H$_3$CO, OCH$_3$, CH$_3$)	280

Literaturverzeichnis: SS. 121—130.

Da, wie erwähnt, die Lage des Maximums durch Einführung eines weiteren Alkylsubstituenten um zirka 10 mμ nach längeren Wellen verschoben wird, so kann sich Ubichinon nur von 3,4-Dimethoxy-toluchinon ableiten. (Sowohl im Falle eines 2,5- als auch eines 2,6-Dimethoxy-Derivates müßte das Absorptionsmaximum der entsprechenden tetra-substituierten Verbindung oberhalb 290 mμ liegen.) Diese Ableitung der Lage der Substituenten wurde durch das Absorptionsspektrum von Aurantiogliocladin (2,3-Dimethoxy-5,6-dimethyl-p-benzochinon) be-stätigt. Dieses zeigte bei Aufnahme in alkoholischer Lösung in guter Übereinstimmung mit Ubichinon das Maximum bei 275 mμ (*155*).

Ubichinon läßt sich mit einem durch Bleisalze vergifteten Palladium-Katalysator nach LINDLAR (*90*) katalytisch oder chemisch mit Zink in Eisessig oder Natriumborhydrid in das entsprechende Hydrochinon selektiv reduzieren. Die Dihydroverbindung des Ubichinon-(50) zeigt bei 290 mμ ein Absorptionsmaximum ($E_{1\,cm}^{1\%} = 48$) und ein Minimum bei 251 mμ ($E_{1\,cm}^{1\%} = 10$) (*92*). Die Änderungen im UV-Spektrum stimmen mit den Unterschieden von Tri- und Tetramethylbenzochinonen und den entsprechenden Hydrochinonen überein (*76*).

4. IR-Absorptionsspektren.

Im IR-Spektrum von Ubichinon sind bei Aufnahme als Kristallfilm (mit NaCl-Prismen) die Benzochinon-Banden bei 6,0 und 6,3 μ erkennt-lich. Bei 8,3 und 8,7 μ sind zwei intensive Banden, die den Methoxy-gruppen zuzuordnen sind, sichtbar. Diese sind als Äther außerdem durch zwei Banden bei 7,94 und 9,14 μ erkenntlich. Die CH-Streck-schwingung der Methoxylgruppen (*66*) liegt bei Aufnahme mit CaF$_2$-Prismen als schwache Bande bei 3,525 μ vor.

Die polyisoprenoide Seitenkette ist durch drei Banden zwischen 11—14 μ charakterisiert (11,47 μ, 12,61 μ und 13,40 μ) (*141*). Die Auf-spaltung in diese drei Banden beschränkt sich auf die Aufnahme in kristallisierter Form. In Lösung oder geschmolzenem Zustand ist die Absorption in einer breiten Bande bei ungefähr 12 μ erkenntlich (*111*). Die Intensität dieser drei Banden nimmt mit Verlängerung der isoprenologen Kette zu. Wenn z. B. in Ubichinon-(30) die Intensität dieser Bande in Relation zur Intensität der Benzochinon-Gruppierung gesetzt wird und mit dem entsprechenden Verhältnis in Ubichinon-(50) verglichen wird, so wird deutlich, daß im ersteren Fall die langwelligen Banden des Isoprenrestes weniger intensiv sind als in der entsprechenden Verbindung mit 10 Isoprenresten in der Seitenkette (*43*).

Die CH$_2$- und CH$_3$-Schwingungen sind durch Banden bei 3,4, 6,9 und 7,2 μ charakterisiert. In der kristallisierten Di-O-acetyl-dihydro-

Verbindung (VII, S. 91) sind die Phenolacetat-Gruppierungen durch Banden bei 5,63 und 5,84 μ erkenntlich. Die Valenzschwingungsbande der C=C-Doppelbindung liegt bei 5,99 μ (*111*).

5. Kernresonanzspektren.

Die Kernresonanzspektren verschiedener Ubichinone wurden von mehreren Autoren aufgenommen und diskutiert (*165, 123, 73*). Insbesondere FOLKERS und Mitarb. (*165*) sind bei der Ermittlung der Konstitution von Ubichinon-(50) von der richtigen Zuordnung der Resonanzlinien im Kernresonanzspektrum ausgegangen. Zum Teil fehlen bei den publizierten Spektren die experimentellen Angaben, um die Werte der verschiedenen Arbeitsgruppen miteinander vergleichen zu können.

Bei Aufnahme in CCl_4-Lösung bei 40 MHz mit Wasser als Standard* wurden die in *Tabelle 12* angegebenen Signale den in der Tabelle beschriebenen Strukturelementen zugeordnet (*165*); +-Werte bedeuten dabei im tieferen Magnetfeld als Wasser-Protonen, —-Werte entsprechend im höheren Magnetfeld.

Tabelle 12. Protonensignale und ihre Zuordnung bei 40 MHz in Ubichinon-(50), bezogen auf Wasser.

Protonen-Typ	Wasser als Standard		Anzahl der Protonen, bezogen auf 2 OCH_3-Gruppen	Anzahl der Protonen, berechnet auf $C_{59}H_{90}O_4$
	Hertz	ppm		
H—C=	+ 8	+ 0,20	10	10
H_3C—O	— 34	— 0,85	6	6
—C—CH₂—CH=	— 64, — 69	— 1,60; — 1,72	2	2
{=C—CH₂—CH₂—C=				36
{CH₃—C= (Ring)	— 113	— 2,82	40	3
CH₃—C= (Kette) ...	— 125	— 3,12	33	33

Bei Aufnahme mit 60 MHz, ebenfalls in CCl_4-Lösung, bezogen auf $Si(CH_3)_4$ oder Benzol, wurden die folgenden Resonanzlinien erhalten (*Tabelle 13*).

---

* Es kann angenommen werden, daß es sich dabei um einen externen Standard handelt.

Tabelle 13. Protonensignale und ihre Zuordnung bei 60 MHz in Ubichinon-(50), bezogen auf Tetramethylsilan.

Protonen-Typ	$Si(CH_3)_4$ als Standard		Berechnet aus den Werten der Tab. 12; $Si(CH_3)_4 = +4{,}86$	Benzol als Standard ppm
	Hertz	ppm		
H—C= (Kette)	304	+ 5,06	5,06	1,9
O—CH₃............	241	+ 4,02	4,01	
CH₂—	191	+ 3,18	3,26; 3,14	3,8
=C—CH₃ (Kette) ...	103	+ 1,72	1,74	5,2
=C—CH₃ (Ring)	122	+ 2,03	2,04	

IV. Ermittlung der Konstitution der Ubichinone durch chemischen Abbau.

1. Reduktive Methylierung und anschließender oxydativer Abbau.

Ubichinon-(50) (II) wurde zum entsprechenden Hydrochinon (III) reduziert *(Formelübersicht 1)*, das, ohne isoliert zu werden, mit Dimethylsulfat und Alkali zum kristallisierten Tetramethoxyderivat (IV) methyliert wurde. Verbindung (IV) gab bei der Oxydation mit einem vierfachen Überschuß an alkalischer $KMnO_4$-Lösung bei 100° und anschließender Sublimation der sauren Anteile der Oxydationsprodukte Tetramethoxy-phthalsäureanhydrid (VI). Das letztere wurde mit einer synthetisch bereiteten Probe der Substanz verglichen und identifiziert. Oxydation des Tetramethoxy-Derivates (IV) mit $KMnO_4$ in Aceton führte zu 2-Methyl-3,4,5,6-tetramethoxy-phenylessigsäure (V). Die Konstitution der letzteren wurde ebenfalls durch Synthese des Abbauproduktes bewiesen *(165)*.

2. Reduktive Acetylierung und anschließende Ozonisierung.

Die reduktive Acetylierung von Ubichinon-(50) *(Formelübersicht 2,* S. 91) ließ sich entweder mit Zink in Eisessig-Acetanhydrid-Gemisch oder durch katalytische Hydrierung in Gegenwart eines für die selektive und partielle Hydrierung der Acetylenbindung empfohlenen Pd-Katalysators *(90)* mit anschließender Acetylierung in Pyridin-Acetanhydrid durchführen. Das Dihydro-di-O-acetyl-Derivat (VII) ist eine gut kristallisierte Verbindung, die sich leicht rein erhalten läßt. Die Ozonisierung

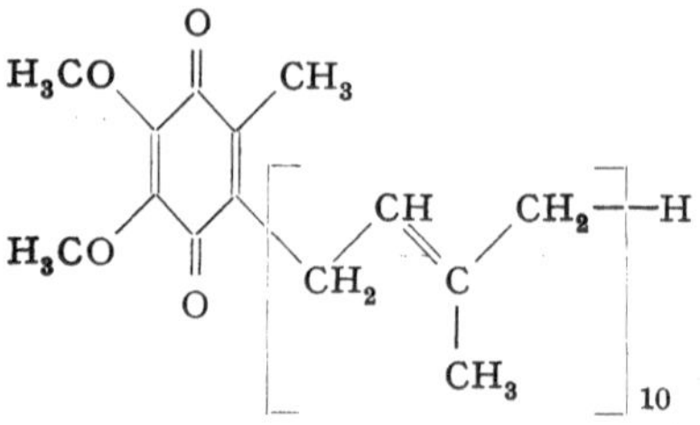

(II.) Ubichinon-(50).

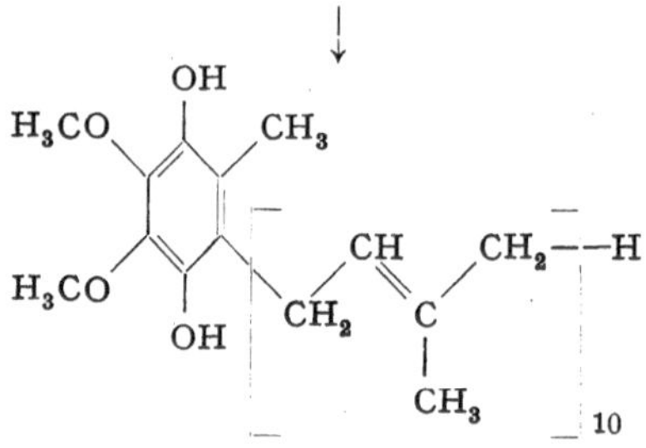

(III.) Ubihydrochinon-(50).

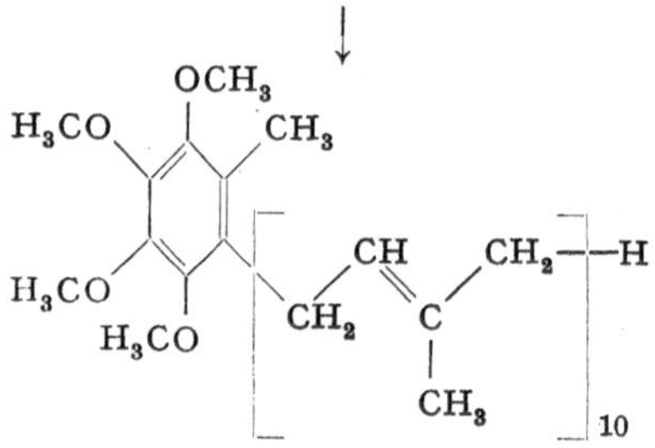

(IV.) Tetramethoxy-Derivat.

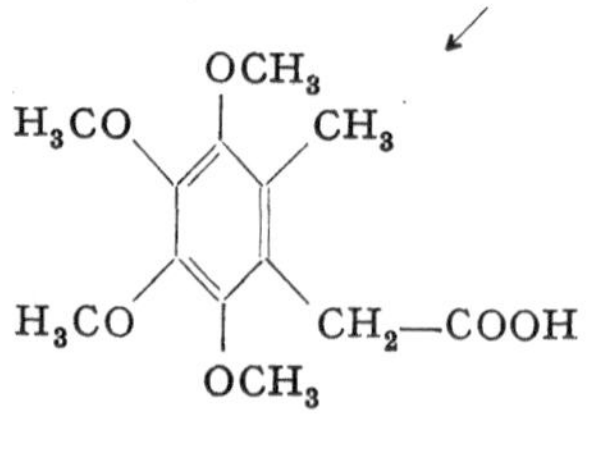

(V.) 2-Methyl-3,4,5,6-tetramethoxy-phenylessigsäure.

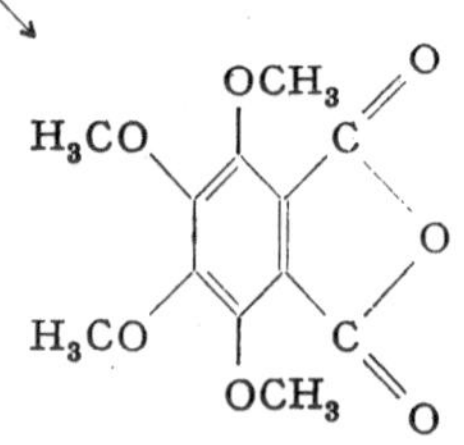

(VI.) Tetramethoxy-phthalsäureanhydrid.

Formelübersicht 1. Oxydativer Abbau von Ubichinon-(50) nach reduktiver Methylierung.

in Eisessig mit anschließender reduktiver Spaltung der Ozonide mit Zink lieferte verschiedene Oxydationsprodukte, die sich auf Grund der verschiedenen Löslichkeit und Flüchtigkeit trennen ließen. In den wasserlöslichen Anteilen ließ sich Aceton (VIII) als 2,4-Dinitro-phenylhydrazon

Literaturverzeichnis: SS. 121—130.

nachweisen. Aus den nicht-flüchtigen, wasserlöslichen Anteilen der Oxydation konnte Lävulinaldehyd (IX) als 2,4-Dinitro-phenylhydrazon oder als Phenyl-azophenylsemicarbazon isoliert werden. Durch papier-chromatographische Kontrolle konnte dabei sichergestellt werden, daß neben diesen beiden Oxydationsprodukten keine anderen wasserlöslichen Oxydationsprodukte entstanden waren.

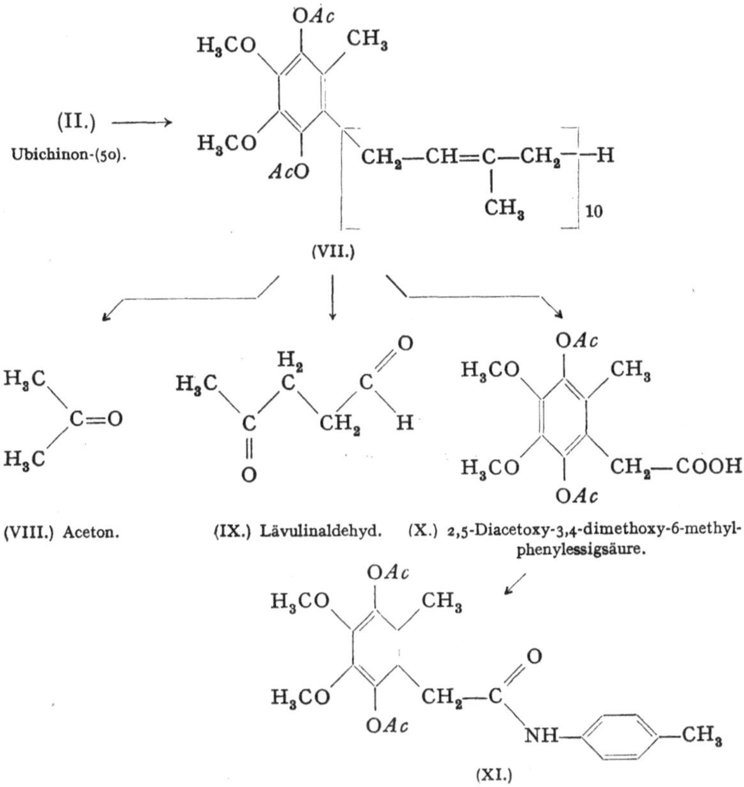

Formelübersicht 2. Oxydativer Abbau von Ubichinon-(50) nach reduktiver Acetylierung.

Die ätherlöslichen Oxydationsprodukte wurden mit $KMnO_4$ in Aceton nachoxydiert. Es ließ sich auf diese Weise 2,5-Diacetoxy-3,4-dimethoxy-6-methyl-phenylessigsäure (X) in Kristallen fassen. Die Säure (X) wurde als kristallisiertes *p*-Toluidid-Derivat (XI) charakterisiert (*111*).

Die Oxydation von (II) mit alkalischer $KMnO_4$-Lösung führte zu Lävulinsäure, Bernsteinsäure und Essigsäure (*86*). Mit den Bruchstücken (VIII), (IX) und (X) ist der Aufbau der Ubichinone auf chemischem Wege sichergestellt.

V. Synthesen der Ubichinone.

Die Synthese der Ubichinone (vgl. *Formelübersicht 3*) wurde nach Methoden durchgeführt, die beim Aufbau von Vitamin K_2 zum Erfolg geführt haben (*72*). Dabei wird ein Poly-isopren-allylalkohol (z. B. Linalool) mit dem geeigneten Hydrochinon kondensiert. Als Kondensationsmittel haben sich $ZnCl_2$, Bortrifluoridätherat oder Gemische der beiden Lewis-Säuren in Äther oder Petroläther bewährt. Nach diesem Prinzip wurden 2,3-Dimethoxy-6-methyl-hydrochinon (XII) und all-*trans*-Farnesylnerolidol (XIII) kondensiert (*43*). Der Aufbau und die Stereochemie des Poly-isopren-alkoholes (XIII) sind im Zuge der Synthese von Vitamin K_2 abgeklärt worden (*72*). Als Kondensationsmittel diente $ZnCl_2$ in ätherischer Lösung. Die Reaktion zwischen (XII) und (XIII) ist verknüpft mit einer Allylumlagerung und einer Wasserabspaltung und führt zum Hydrochinon (XIV), das sich mit Silberoxyd in ätherischer Lösung zum Benzochinon (XV) oxidieren ließ. Das auf diese Weise erhaltene Präparat erwies sich als identisch mit Ubichinon-(30), wie es erstmals aus Hefe isoliert wurde (*64*). Mit dieser Synthese ist zugleich die Stereochemie an den Doppelbindungen abgeklärt; es handelt sich um *trans*-substituierte Doppelbindungen.

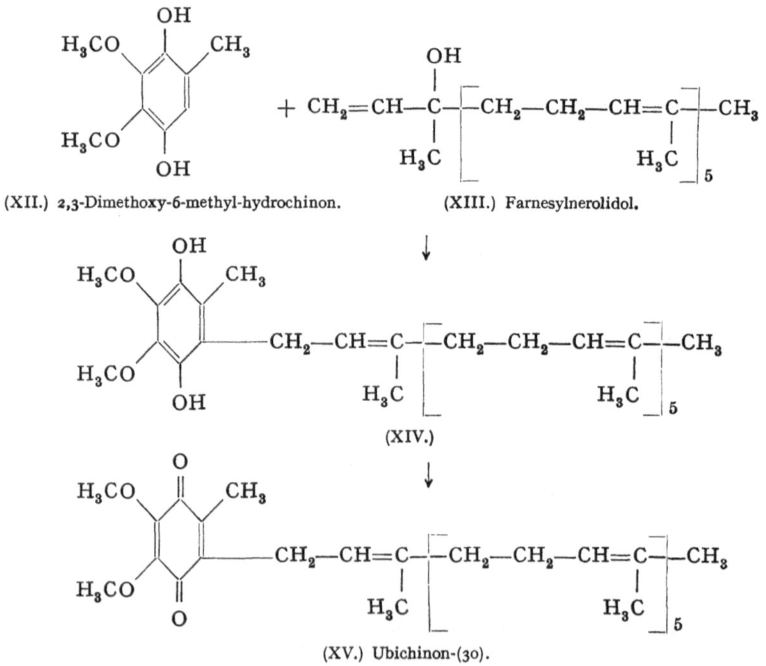

(XII.) 2,3-Dimethoxy-6-methyl-hydrochinon.   (XIII.) Farnesylnerolidol.

(XIV.)

(XV.) Ubichinon-(30).

Formelübersicht 3. Synthese von Ubichinon-(30).

Literaturverzeichnis: SS. 121—130.

Auf analogem Wege wurden neben Ubichinon-(30) einige strukturell verwandte Chinone (XVI)—(XIX) aufgebaut, die sich in der Konstitution der Seitenkette unterscheiden und die bisher noch nicht als Naturprodukte nachgewiesen werden konnten (*145*).

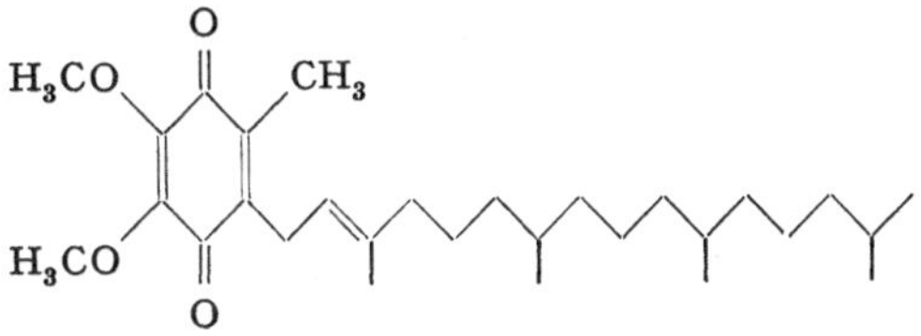

H_3CO ... CH_3 (XVI.)

H_3CO ... CH_3 (XVII.)

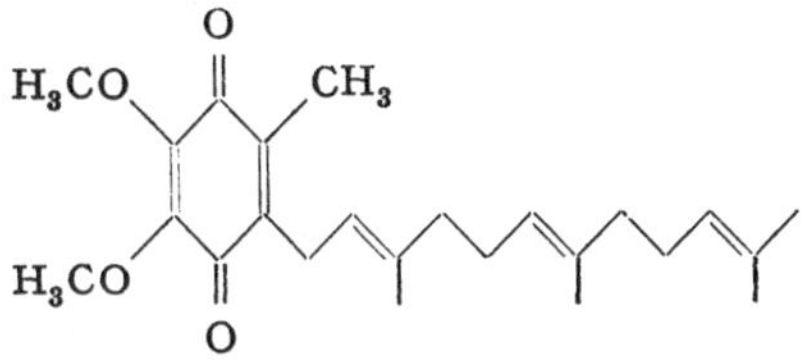

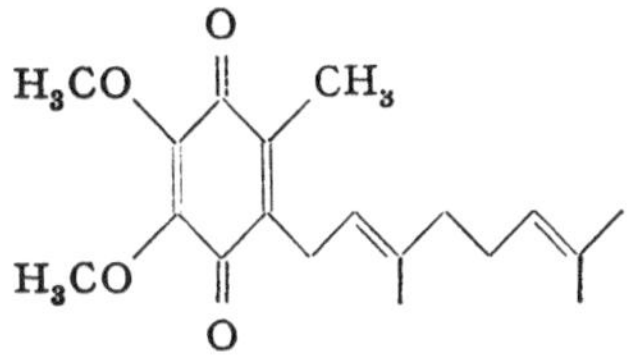

H_3CO ... CH_3 (XVIII.)

H_3CO ... CH_3 (XIX.)

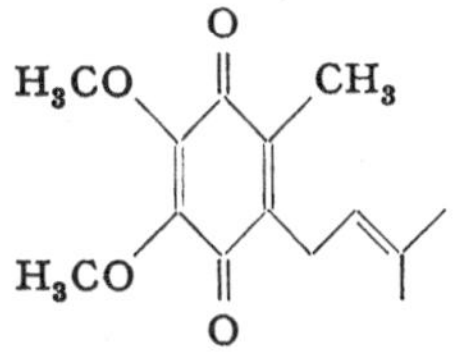

Als Kondensations-komponenten für die Seitenkette dienten dabei für (XVI) Phytol, für (XVII) Farnesol oder Nerolidol, für (XVIII) Geraniol und für (XIX) 3-Methyl-2-buten-1-ol.

Die Synthese der höheren Homologen von Ubichinon (mit 9 und 10 Isoprenresten) wurde ermöglicht durch die Abklärung der Konstitution von Solanesol (XX). Dieser ungesättigte Alkohol ließ sich aus den lipoidlöslichen Anteilen von Tabakblättern verschiedener Herkunft

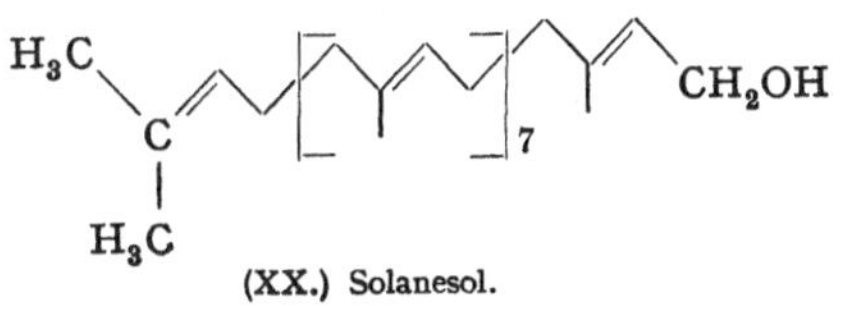

H_3C ... CH_2OH

(XX.) Solanesol.

gewinnen (*136*) und wurde später auch aus menschlichem Herz- und Lebergewebe isoliert (*48*). Die Kondensation von Solanesol mit 2,3-Dimethoxy-6-methyl-hydrochinon (XII) und nachfolgender Oxydation mit Silberoxyd führt zu Ubichinon-(45) (*140*, *144*). Dieses erwies sich als identisch mit dem aus den unverseifbaren Anteilen der Leber von Ratten isolierten Ubichinon. Zur Verlängerung der Kohlenstoffkette von 45 C-Atomen um einen weiteren Isoprenrest in Solanesol wurde das Bromid (XXI) mit Acetessigester kondensiert (*140*). Nachfolgende Verseifung lieferte das Keton (XXII). An das letztere ließ sich in flüssigem Ammoniak Acetylen zu (XXIII) anlagern. Partialhydrierung lieferte den substituierten Allylalkohol (XXIV), der mit Phosphortribromid unter Allylumlagerung die Verbindung (XXV) ergab *(Formelübersicht 4)*.

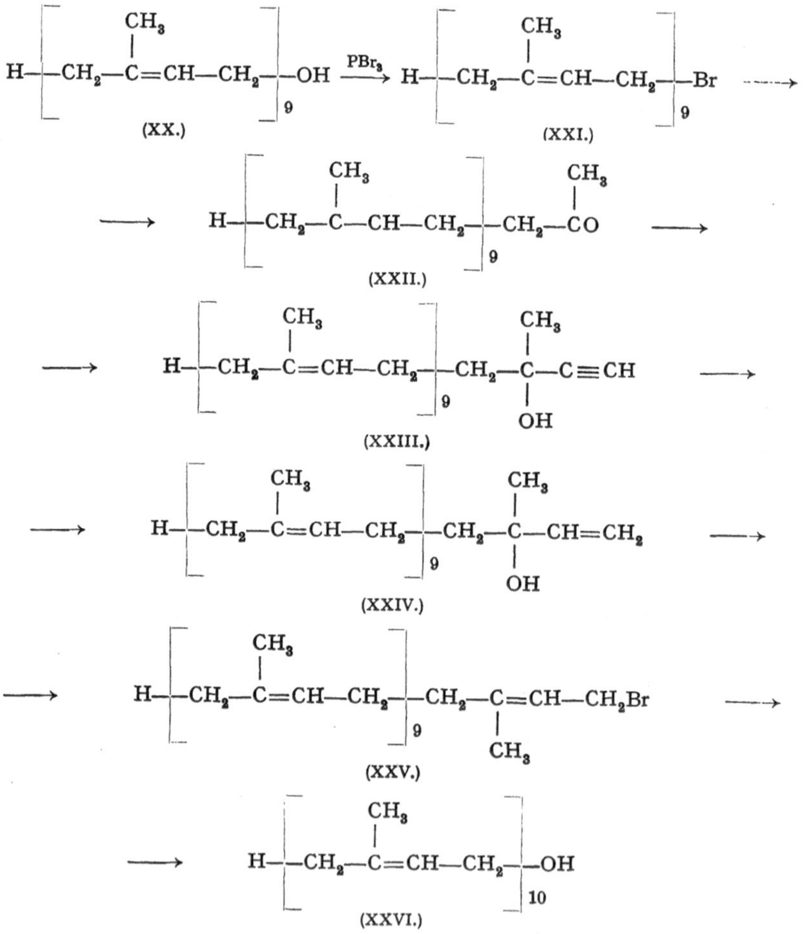

$$H-\left[-CH_2-\underset{\underset{CH_3}{|}}{C}=CH-CH_2-\right]_9 OH \xrightarrow{PBr_3} H-\left[-CH_2-\underset{\underset{CH_3}{|}}{C}=CH-CH_2-\right]_9 Br \dashrightarrow$$

(XX.) (XXI.)

$$\longrightarrow H-\left[-CH_2-\underset{\underset{CH_3}{|}}{C}-CH-CH_2-\right]_9 CH_2-CO \longrightarrow$$

(XXII.)

$$\longrightarrow H-\left[-CH_2-\underset{\underset{CH_3}{|}}{C}=CH-CH_2-\right]_9 CH_2-\underset{\underset{OH}{|}}{\overset{\overset{CH_3}{|}}{C}}-C\equiv CH \longrightarrow$$

(XXIII.)

$$\longrightarrow H-\left[-CH_2-\underset{\underset{CH_3}{|}}{C}=CH-CH_2-\right]_9 CH_2-\underset{\underset{OH}{|}}{\overset{\overset{CH_3}{|}}{C}}-CH=CH_2 \longrightarrow$$

(XXIV.)

$$\longrightarrow H-\left[-CH_2-\underset{\underset{CH_3}{|}}{C}=CH-CH_2-\right]_9 CH_2-\underset{\underset{CH_3}{|}}{C}=CH-CH_2Br \longrightarrow$$

(XXV.)

$$\longrightarrow H-\left[-CH_2-\underset{\underset{CH_3}{|}}{C}=CH-CH_2-\right]_{10} OH$$

(XXVI.)

Formelübersicht 4. Erweiterung von Solanesol um einen Isoprenrest.

Literaturverzeichnis: SS. 121—130.

Aus (XXV) wurde der Alkohol (XXVI) mit 10 Isoprenresten erhalten, der mit 2,3-Dimethoxy-6-methyl-hydrochinon (XII) und anschließender Oxydation mit Ag_2O Ubichinon-(50) lieferte.

Die Kondensation des Allylalkohols (XXIV) mit Dimethoxy-methyl-hydrochinon (XII) verlief nur mit schlechter Ausbeute, weshalb diese Variante als Abkürzung des Syntheseweges nicht in Frage kommt.

Von ANDREWS (2) wurde mit einer auf einer freien Radikalreaktion beruhenden Phosphorylierungsmethode (129) mit Dibenzylphosphit

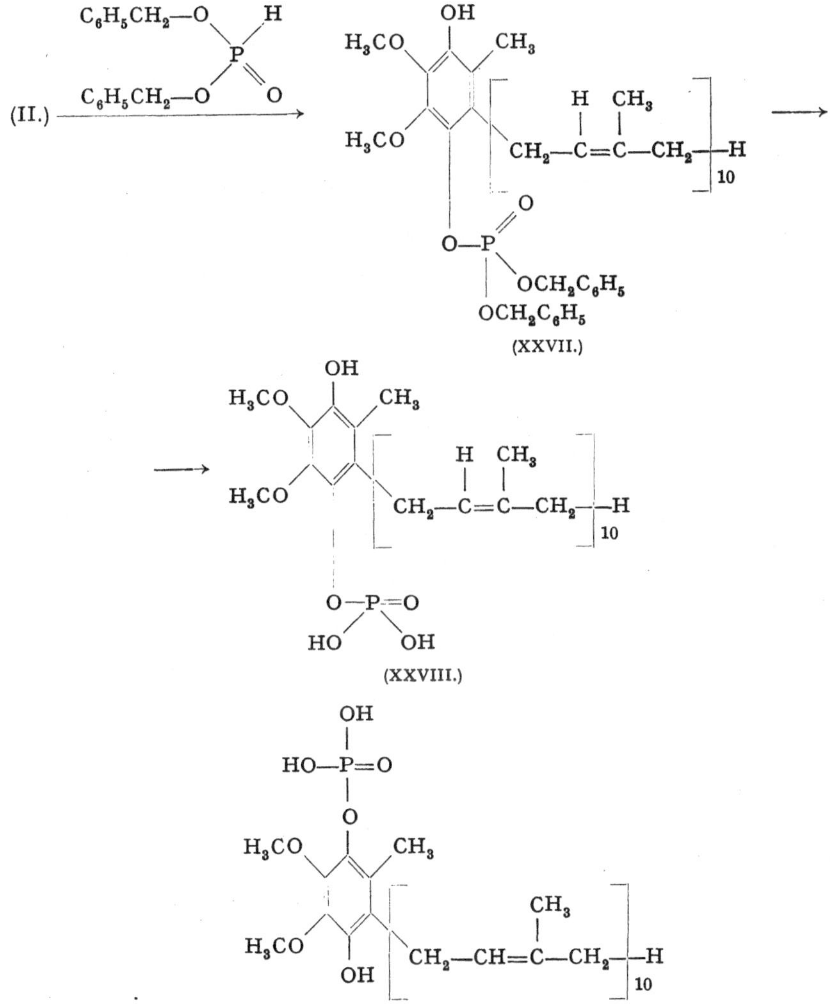

Formelübersicht 5. Synthese des Phosphorsäureesters von Dihydro-ubichinon-(50).

Ubichinon-(50) (II) in ein Dihydro-dibenzyl-phosphat (XXVII) übergeführt *(Formelübersicht 5).* Dieses ließ sich in Gegenwart von Lindlar-
Katalysator *(90)* hydrogenolytisch in das Monophosphat überführen.
Zwischen den beiden möglichen Konstitutionen (XXVIII) und (XXIX)
wurde nicht entschieden.

Shunk, McPherson und Folkers *(146a)* haben durch Reaktion von
Dihydro-ubichinon-(50) mit $POCl_3$ in Pyridin und nachfolgender chromato-
graphischer Reinigung an Silicagel einen Phosphorsäureester von Dihydro-
ubichinon-(50) bereitet. Die Synthese vermeidet also im Unterschied
zu derjenigen von Andrews *(2)* die Bedingungen der Hydrogenolyse
mit Lindlar-Katalysator und schließt somit eventuelle Reduktionen von
Doppelbindungen der Seitenkette aus. Die sehr labile Substanz zeigte
keine Wirksamkeit als Coenzym der Bernsteinsäure-dehydrogenase.

VI. Umwandlungsprodukte der Ubichinone.

1. Chroman- und Chromen-Derivate von Ubichinon (Substanz SC).

Durch Morton wurde im Laufe der Isolierung von Ubichinon (damals
Substanz SA genannt) aus Rattenlebern eine Substanz mit ähnlichen
Eigenschaften beobachtet. Die „SC" genannte Substanz wurde bei der
Chromatographie des Unverseifbaren an Al_2O_3 nach Ubichinon eluiert
(97, 28). Neben Rattenlebern hat sich insbesondere menschliches Nierengewebe als günstiges Ausgangsmaterial für die Isolierung größerer Mengen
von Substanz SC erwiesen. Bemerkenswerterweise war SC immer in
normalen Nieren enthalten, fehlte jedoch in nephritischem Nierengewebe.
SC ließ sich aus Alkohol bei 0° kristallisieren (Smp. 18°) und zeigte
im UV-Spektrum in Cyclohexan-Lösung die folgenden Maxima *(81, 82)*:

Wellenlänge (mμ)	$E_{1\ cm}^{1\%}$
233	217,3
275	96,1
283	91,4
332	38,6

Das Spektrum ist gegenüber demjenigen von Ubichinon durch die
Maxima bei 233 mμ und 283 mμ verschieden. SC bildet im Unterschied
zu Ubichinon bei der Acetylierung eine kristallisierte O-Acetylverbindung
vom Smp. 18°. Die mikroanalytischen Daten zeigten, daß Substanz SC
vier Sauerstoffatome enthält, von denen eines als acylierbare Hydroxylgruppe vorliegen muß. Zwei weitere waren als Methoxy-Derivate identifi-
zierbar (Zeisel-Vieböck-Bestimmung). Bei der katalytischen Hydrierung
nahm die Substanz eine Wasserstoffmenge auf, die 10,7 Doppelbindungen,

berechnet auf das Molgewicht 860, entsprach. Das Hydrierungsprodukt zeigte ein Absorptionsmaximum bei 291 mμ, $E_{1\,cm}^{1\%}$ 42,6. Dieses Per-hydro-Derivat ließ sich mit FeCl$_3$ zu einem Produkt oxydieren, das im UV-Spektrum die gleichen Maxima wie Perhydro-ubichinon zeigte. Das Reaktionsprodukt ließ sich mit NaBH$_4$ reduzieren, und auch dieses zeigte im UV die gleichen Absorptionsmaxima wie das entsprechende Produkt aus Perhydro-ubichinon. Auf Grund dieser Umsetzungen wurde Substanz SC die Konstitution (XXX) zugeschrieben. Formel (XXX)

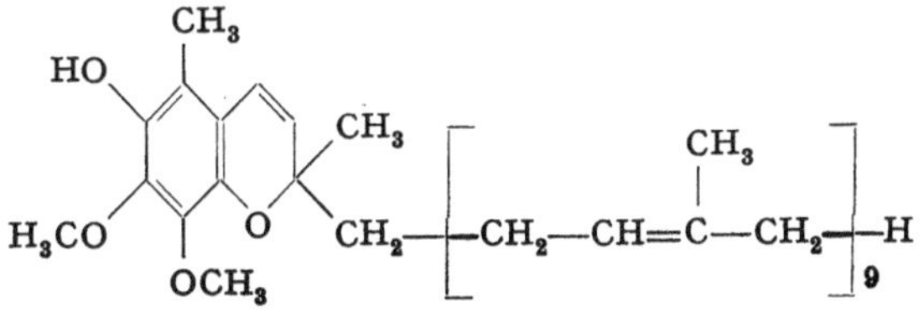

(XXX.) Ubichromenol (Substanz SC).

enthält einen Chromen-Ring, weshalb für die Substanz der Name Ubichromenol vorgeschlagen wurde (82). Mit der Konstitution (XXX) steht das Kernresonanz-Spektrum in Einklang. Dieses zeigt z. B. Signale für Protonen an zwei nicht äquivalenten Methoxygruppen sowie zwei ortho-ständige Wasserstoffatome an einem Ring und an einer phenolischen Hydroxylgruppe.

Das Ubichinon entsprechende Hydrochinon läßt sich unter ver-schiedenen Bedingungen zu einem Chroman-Derivat cyclisieren. Für die Cyclisierung hat sich SnCl$_2$ als besonders geeignet erwiesen (12). Dem Reaktionsprodukt wurde die Konstitution (XXXI) zugeschrieben; sie unterscheidet sich von Substanz SC (XXX) durch das Fehlen der Doppelbindung im Hetero-Ring.

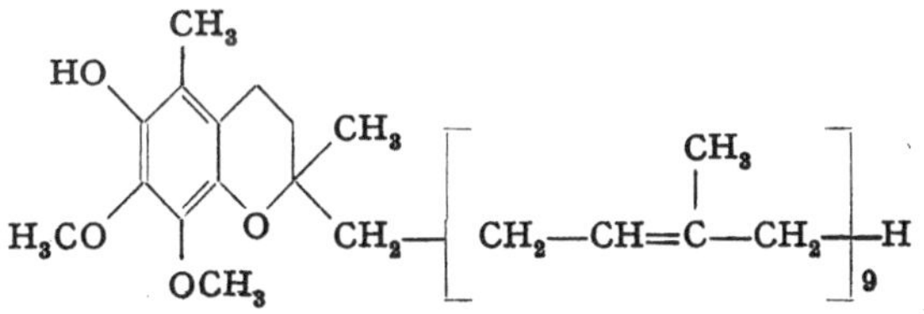

(XXXI.)

Diese Doppelbindung soll in einer Absorptionsbande bei 1575 cm^{-1}, welche in Substanz SC vorhanden ist, im Cyclisierungsprodukt (XXXI) hingegen fehlt, zu erkennen sein. Die Überführung von Ubichinon in Ubichromenol soll auch unter der Einwirkung von „saurem" Aluminium-oxyd gelingen. Da für die Isolierung von Ubichinon meistens Aluminium-oxyd als Adsorptionsmittel bei der Chromatographie verwendet wurde,

war mit der Möglichkeit zu rechnen, daß Ubichromenol nicht ein Naturprodukt, sondern einen im Laufe der Isolierung entstandenen Artefakt
darstellt (*91*). Draper und Csallamy (*34*) glauben ebenfalls experimentell
belegt zu haben, daß Ubichromenol im Laufe der Isolierung aus Ubichinon
entstehe. Die Autoren vermuten, daß der Chromen-Ring sich bei der
alkalischen Hydrolyse bilde. Zu diesem Zwecke wurden Schweinenieren
nach drei verschiedenen Verfahren aufgearbeitet, wobei zwei mit Verseifung und die dritte ohne Einwirkung von Alkalien durchgeführt wurde.
Während die beiden ersten Methoden neben Ubichinon Ubichromenol
lieferten, konnte bei der dritten Methode kein Ubichromenol erhalten
werden. Da die Anreicherung der Extrakte in allen drei Ansätzen durch
Chromatographie an Al_2O_3 erfolgte, stehen diese Resultate in einem
gewissen Gegensatz zu den oben referierten Arbeiten von Links (*91*).

Für die Bildung des Chromen-Ringes aus substituierten Alkylbenzo-
chinon-Derivaten wurde der folgende Mechanismus in Betracht gezogen
(Formelübersicht 6).

Formelübersicht 6. Bildung von Ubichromenol.

Die Versuche von Links (*91*) wurden von Green und Mitarb. (*58*)
kritisch nachgeprüft. Die Autoren kommen zum Schluß, daß Ubichromenol nicht unter den Bedingungen der Isolierung von Ubichinon
entstehe, sondern ein natürlicher Begleiter von Ubichinon darstelle
[vgl. auch (*31a*)].

Die Bildung von Ubichromenol durch Behandlung von Ubichinon mit Ascorbinsäure in salzsaurer Lösung wurde von SLATER (*149*) beschrieben.

FOLKERS (*41*) erwähnt in seiner Übersicht über die Chemie von Ubichinon die unterschiedlichen Angaben der Literatur über Ubichromenol. Er und seine Mitarbeiter (*147*) haben die Produkte der Reaktion von Ubichinon-(50) mit $SnCl_2$ in Eisessig bei Siedetemperatur untersucht. Die erwähnten Reaktionsbedingungen führen Ubichinon primär in das entsprechende Hydrochinon über, das anschließend zu einem Chroman-Derivat cyclisiert. Daneben müssen aber noch andere chemische Veränderungen eintreten, indem im NMR-Spektrum nur noch die für Paraffin-Derivate typischen Frequenzen bei 8,7—9,2 τ erkennbar waren. Auch LAIDMAN und Mitarb. (*82*) geben an, daß in ihrem mit $SnCl_2$ erhaltenen Cyclisierungsprodukt keine allylischen Protonen mehr sichtbar waren.

FOLKERS (*41*) zieht folgende intramolekulare Kondensation in Betracht:

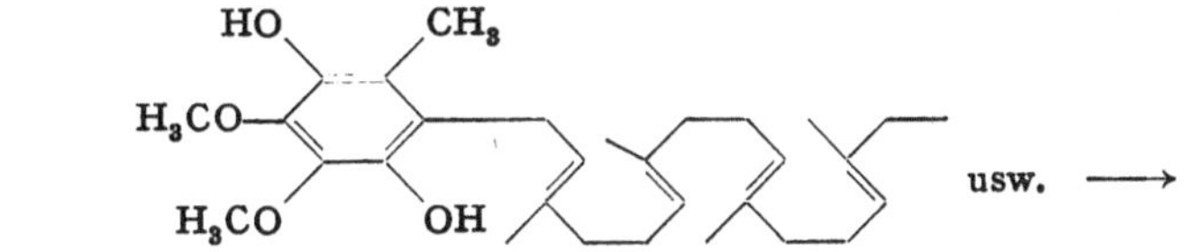

(XXXVI.)

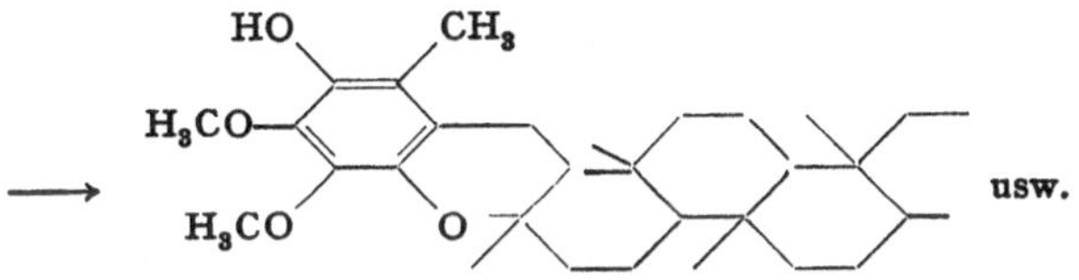

(XXXVII.)

Die beschriebene Veränderung der Seitenkette zu (XXXVII) **kann** im Hexahydro-Derivat (XXXVIII) nicht eintreten. **Das erhaltene**

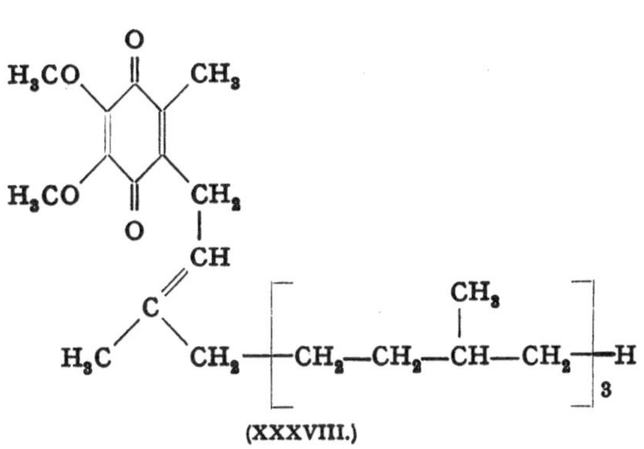

(XXXVIII.)

7*

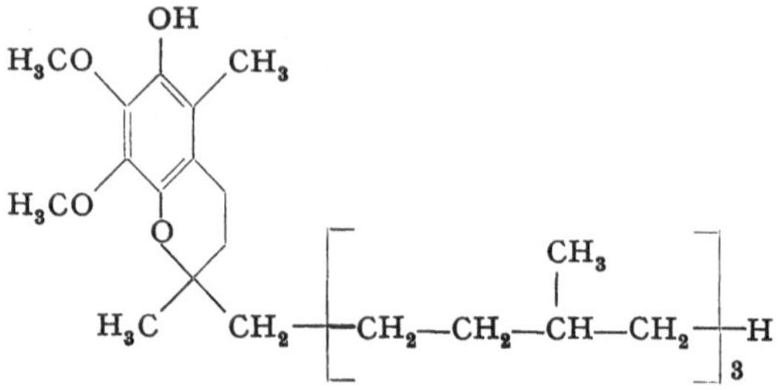

(XXXIX.)

Chromanol (XXXIX) hatte bei in vitro-Versuchen nicht die Coenzym-Aktivität von Ubichinon (*147*).

Von Hoffman und Mitarb. (*68*) wurden Reaktionsbedingungen angegeben, die zu einem Produkt führten, dessen Chromanol-Konstitution (XXXI) sehr gut gesichert ist.

Das durch Reaktion von Dihydro-ubichinon-(50) mit $KHSO_4$ in Eisessig erhaltene Produkt wurde an Florisil chromatographiert. Das ölige Produkt wurde durch NMR-, UV- und IR-Spektra sowie im Papierchromatogramm charakterisiert und bildete mit Acetanhydrid in Pyridin eine Mono-O-acetylverbindung.

Die Versuche zur Überführung von Ubichinon-(50) in ein Chromen-Derivat wurden von Folkers und Mitarb. (*71*) wiederholt. Durch Absorption von Ubichinon-(50) an basischem Al_2O_3 wurde ein Reaktionsprodukt erhalten, aus dem durch chromatographische Reinigung an Silicagel ein kristallisiertes Chromen-Derivat gefaßt werden konnte. Dieses zeigte einen Schmelzpunkt von 25°, also um mindestens 7° höher als von Morton und Mitarb. (*81, 82*) angegeben. Das Produkt unterschied sich außerdem von dem früher beschriebenen Präparat (*81, 82*), daß es optisch inaktiv war. Die Konstitution entsprechend der Formulierung (XXX) ist durch physikalisch-chemische Daten weitgehend gesichert. Entsprechend seiner nahen chemischen Verwandtschaft zu den Tocopherolen zeigte (XXX) Vitamin-E-Wirksamkeit an der Ratte (*71*).

Konstitutionell in naher Beziehung zu Ubichromenol steht ein anderes natürliches Chromen-Derivat, Solanachromen (*135*) (XL), das aus Tabakblättern isoliert wurde. Solanachromen steht somit zu Plastochinon (Koflers Chinon, S. 109) in gleicher Beziehung wie Ubichromenol zu Ubichinon.

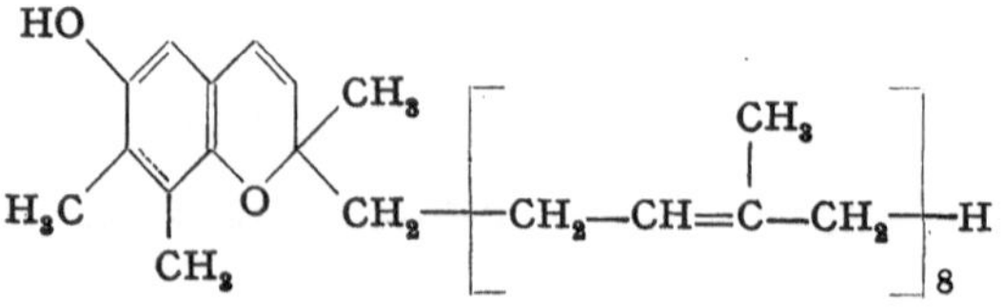

(XL.) Solanachromen.

2. Alkoxy-Homologe der Ubichinone.

Der Isolierung von Ubichinon geht eine alkalische Hydrolyse voraus. Wird diese in äthanolischer Lösung durchgeführt, so bildet sich dabei, wie erstmals FOLKERS und Mitarb. (94, 93) beobachtet haben, ein Artefakt, in dem je nach Reaktionsbedingungen 1 bzw. 2 Methoxygruppen durch Äthoxyl substituiert werden. Das Monoäthoxy-Derivat ließ sich als Begleitsubstanz des natürlichen Chinons in Kristallen fassen, Smp. 43 bis 43,5°, somit etwa 5—6° tiefer als derjenige des Naturproduktes.

Auch im IR-Spektrum läßt sich das Homologe vom Naturprodukt unterscheiden. Dem Monoäthoxy-Derivat (XLVIII) bzw. (XLIX) fehlt eine Bande bei 10,55 μ, die bei Ubichinon-(50) vorhanden ist, während das Äthoxy-Derivat bei 10,10 und 11,18 μ zwei neue Banden zeigt. Dem Diäthoxy-Derivat (XLV) fehlen Banden bei 8,30, 8,67 und 10,55 μ des Naturproduktes. Es treten dafür zusätzliche Banden bei 8,51, 10,20 und 11,05 μ auf (vgl. *Tabelle 14*).

Tabelle 14. Lage der wichtigsten Banden im IR-Gebiet von Ubichinon-(50) im Vergleich zu den entsprechenden Äthoxy-Homologen (in μ, CS$_2$-Lösung) (93).

Ubichinon-(50)	Äthoxy-Homolog (XLVIII) bzw. (XLIX)	Diäthoxy-Homolog (XLV)
3,45	3,45	3,42
6,03	6,03	6,01
6,18	6,18	6,18
7,24	7,23	7,20
7,50	7,50	7,50
7,76	7,76	7,75
7,90	7,92	7,94
8,30	8,32	
		8,51
8,67	8,66	
9,05	9,07	9,06
9,76	9,75	9,70
	10,10	10,20
10,55		
	11,18	11,05

Auf Grund der Schmelzpunkte und der angegebenen Daten im IR-Spektrum läßt sich vermuten, daß die ersten Kristalle von Ubichinon (Substanz SA) vom entsprechenden Äthoxy-Derivat begleitet waren.

Die Substituierbarkeit der Methoxygruppen in Ubichinon ist bemerkenswert, läßt sich aber auf Grund einiger analoger Reaktionen voraussehen: 3,4,6-Trimethoxy-toluchinon (XLI) geht mit Methylamin über in 3,6-Bismethylamino-4-methoxy-2,5-toluchinon (XLII) (3).

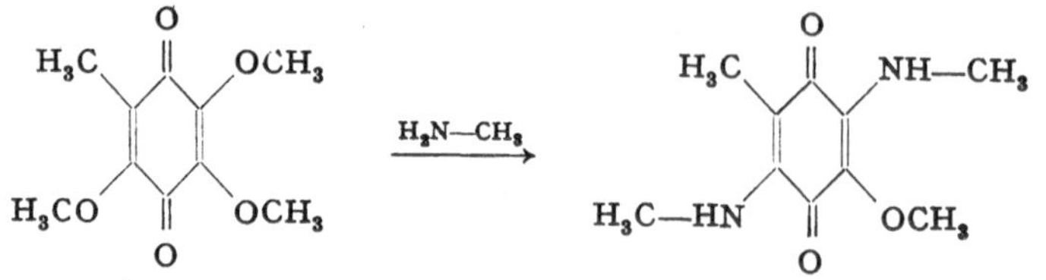

(XLI.) 3, 4, 6-Trimethoxy-toluchinon.   (XLII.) 3,6-Bismethylamino-4-methoxy-2,5-toluchinon.

THOMSON (*153*) beobachtete die Substituierbarkeit der Äthoxygruppe in (XLIII) durch Methoxyl zu (XLIV).

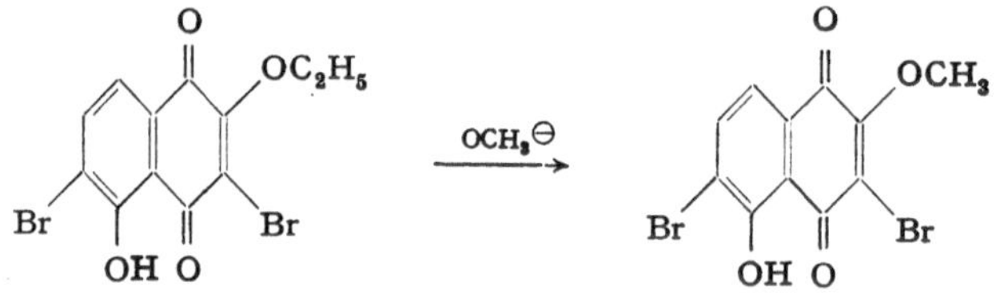

(XLIII.)   (XLIV.)

Die Ermittlung der Konstitution (XLVIII) bzw. (XLIX) basiert im wesentlichen auf Kernresonanzspektren. Von der Äthoxygruppe ließen sich zwei Signale des Methyltriplets (bei — 144 und — 136,5 Hertz) und drei Glieder des —CH$_2$—O-Quartetts (bei — 29, — 22 und — 14,5 Hertz) erkennen. Die restlichen für die Äthoxygruppe charakteristischen Banden wurden durch die Absorption des Moleküls verdeckt.

Durch Reaktion von reinem Ubichinon-(50) mit Na-Äthylat in äthanolischer Lösung wurde das Diäthoxy-Derivat (XLV) in Kristallen erhalten, Smp. 34,5—35,5°.

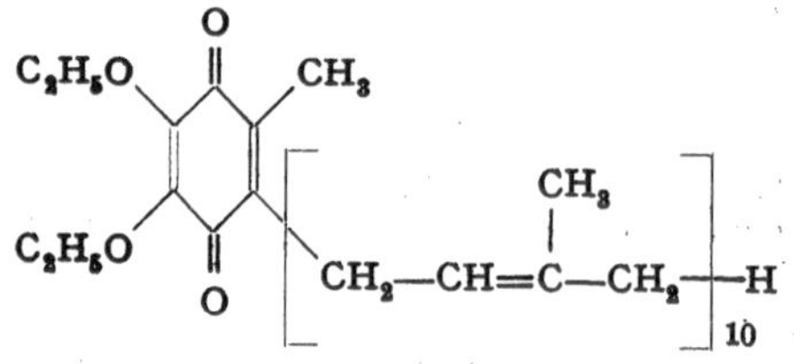

(XLV.)

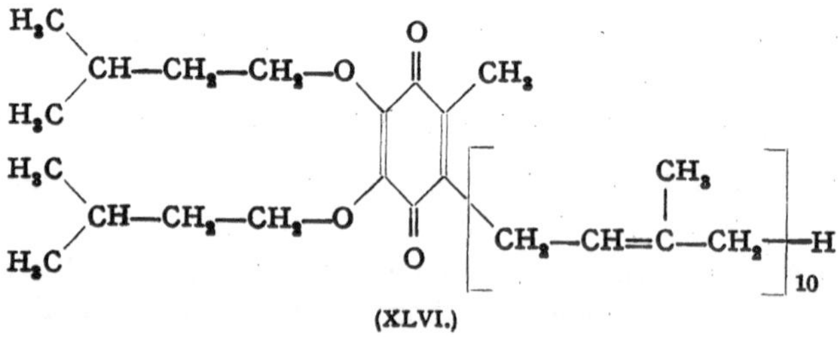

(XLVI.)

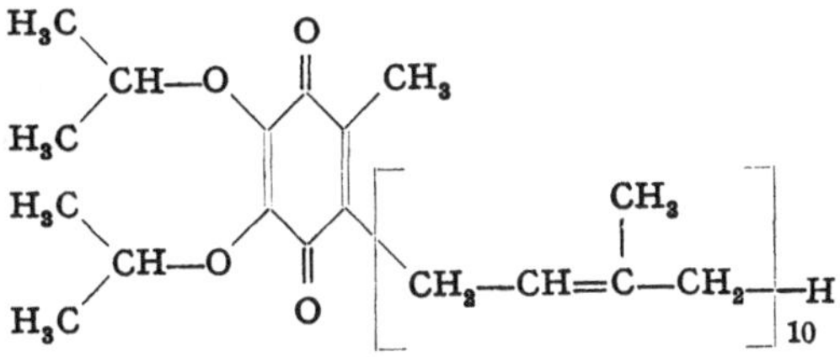

$$
\text{(XLVII.)}
$$

Die Beweglichkeit der Methoxygruppen benutzten FOLKERS und Mitarb. (41, 147a), um die höheren Homologen (XLVI) und (XLVII) zu synthetisieren.

Das Monoäthoxy-Derivat zeigte einen scharfen Schmelzpunkt und war auch papierchromatographisch einheitlich. Trotzdem scheint es sich um ein Gemisch der beiden Isomeren (XLVIII) und (XLIX) zu handeln. Nach oxydativem Abbau ließen sich nämlich die Carbonsäuren (L) und (LI) erhalten, die mit bekannten, synthetisierten Proben identifiziert wurden (41, 147a).

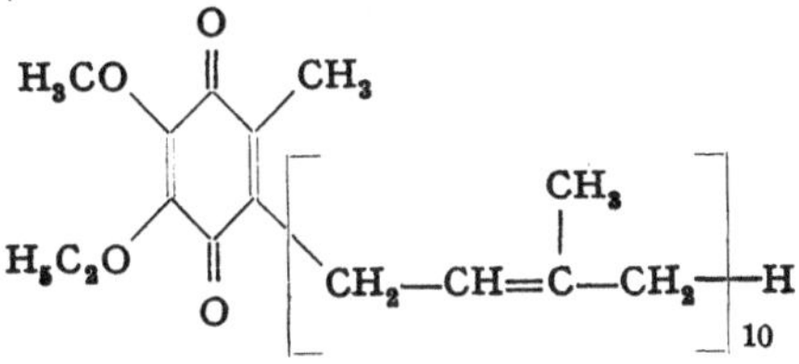

$$
\text{(XLVIII.)}
$$

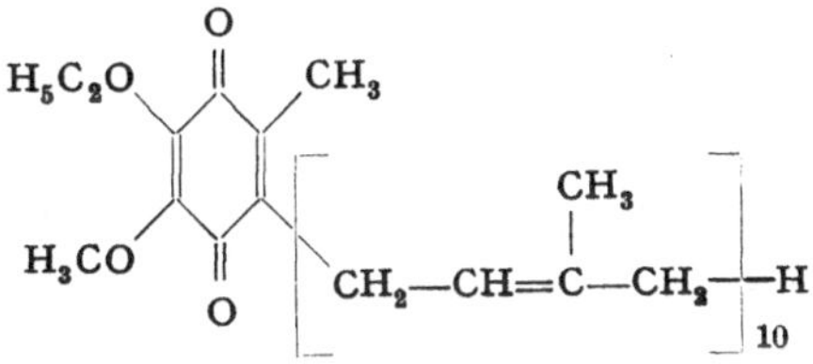

$$
\text{(XLIX.)}
$$

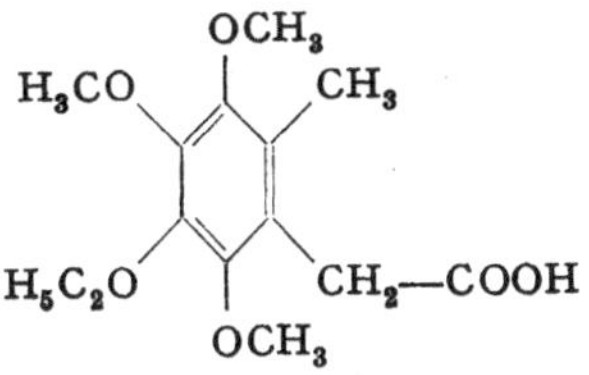

$$
\text{(L.)} \qquad \text{(LI.)}
$$

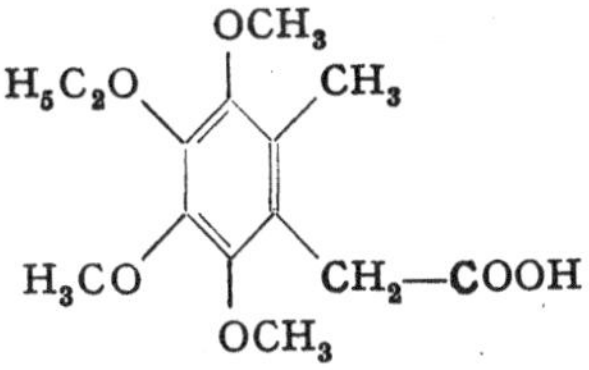

Die höheren Homologen (XLVIII) bzw. (XLIX), (XLV) und (XLVI) wurden auf ihre Wirksamkeit zur Wiederherstellung der Succinoxydase-Aktivität an Isooctan-extrahierten Electron-Transport-Partikeln von Rinderherz-Mitochondrien geprüft (67). Die relativen Aktivitäten sind in *Tabelle 15* zusammengestellt. Es ist aus der Tabelle ersichtlich, daß für volle Wirksamkeit als Coferment beide Methoxygruppen unerläßlich sind. Ersatz einer Methoxygruppe durch Äthoxyl zu (XLVIII) bzw. (XLIX) führte zu einer Verringerung der Aktivität auf 40%; wird auch die zweite Methoxylgruppe durch Äthoxyl zu (XLV) ersetzt, so zeigt das Produkt nur noch 10% der Wirksamkeit des Naturproduktes.

Tabelle 15. Effekt der Alkoxylgruppen auf Coenzym-Wirksamkeit.

Verbindung	Formel	Relative Aktivität
Ubichinon-(50)..............	(II)	100
Monoäthoxy-Derivat	(XLVIII) bzw. (XLIX)	40
Diäthoxy-Derivat	(XLV)	10
Isoamyloxy-Derivat	(XLVI)	< 1

Die in Tabelle 15 angegebenen Werte der Aktivierung der Succinoxydase-Aktivität stehen in einem gewissen Widerspruch zu Resultaten, die CRANE (20) bei der Testierung des Diäthoxy-Homologen (XLV) an mit Lipoidlösungsmitteln extrahierten Mitochondrien erhielt. Er stellte fest, daß (XLV) in bezug auf die erwähnte Reaktivierung des Fermentsystems ein kompetitiver Hemmer von Ubichinon-(50) darstellt. Die Hemmwirkung läßt sich mit Ubichinon-(50) aufheben.

Auf der Substituierbarkeit der Methoxylgruppen basiert eine Farbreaktion mit Cyanessigester in abs. Alkohol mit Ammoniakgas (146). Die Farbreaktion stellt eine Modifikation einer erstmals von CRAVEN (27) beschriebenen Nachweismethode für Chinone mit labilen Wasserstoffatomen dar. Daß der tetrasubstituierte Benzochinonkern in Ubichinon die blaue Färbung des Craven-Testes zu liefern vermag, beruht auf der Substitution eines der beiden Methoxyle durch das Anion des Cyanessigesters.

Die Farbreaktion läßt sich auch quantitativ auswerten und wurde dazu benützt, um im Urin von Männern und Frauen den Ubichinongehalt zu ermitteln. Im Durchschnitt scheiden Männer 55 γ/24 Std. und Frauen 22 γ/24 Std. Ubichinon-(50) aus (80). Die Ausscheidungsquote ist bei Diabetes mellitus-Patienten erhöht (5 a).

VII. Biosynthese der Ubichinone.

Nach Verabreichung von (1-^{14}C)-Acetat an Ratten erwies sich das aus der Leber isolierte Ubichinon als radioaktiv. Damit ist erwiesen, daß die Ratte zum mindesten zu einer Partial-Synthese des Ubichinons befähigt ist (30). An der Ratte ließ sich außerdem beobachten, daß die Einbaurate von ^{14}C-signierter Mevalonsäure in Ubichinon ungefähr der Cholesterin-Biosynthese entsprach (45, 46, 83, 83a). Auch an der Maus ließ sich der Einbau von (2-^{14}C)-markierter Mevalonsäure (LIII) in die Ubichinone-(45) und -(50) sicherstellen (119). Die ersten Versuche (45) gaben keine Auskunft darüber, ob dieser Einbau der Mevalonsäure sich auf die polyisoprenoide Seitenkette beschränkt, oder ob auch der Benzo-chinonkern aus Mevalonsäureresten synthetisiert wird. Zur Abklärung dieser Frage wurden Vitamin-A-Mangel-Ratten serienweise (2-^{14}C)-markierte sowie (4-^{14}C)-markierte Mevalonsäure verfüttert und anschließend das Gemisch der Ubichinone-(45) und -(50) isoliert *(44)*. Das kristallisierte Produkt wurde in das Dihydro-diacetat übergeführt und durch Ozonisierung daraus die drei Spaltstücke, 2,5-Diacetoxy-3,4-dimethoxy-6-methyl-phenylessigsäure (X, S. 91), Aceton (VIII) und Lävulinaldehyd (IX) isoliert. Aceton wurde dabei, um den Quenching-Effekt des 2,4-Dinitrophenylhydrazons zu vermeiden, als Semicarbazon, Lävulinaldehyd als Phenyl-methyl-dihydropyridazin zur Messung gebracht. Die experimentell erhaltenen Resultate sind in *Tabelle 16* zusammengestellt.

Tabelle 16. Radioaktivität der Abbauprodukte von biosynthetisch markiertem Ubichinon nach Gaben von (2-^{14}C)- bzw. (4-^{14}C)-Mevalonsäure. (Angaben in Impulsen pro μ Mol/Min. im Scintillationszähler bei 75% Zählausbeute.)

Ausgangsmaterial für die Biosynthese	(2-^{14}C)-Mevalonsäure (LII)	(4-^{14}C)-Mevalonsäure (LIII)
Ausgangsmaterial für den Ozon-abbau	938	44
Substituierte Phenylessigsäure...	0	4,5
Lävulinaldehyd (als Phenyl-methyl-dihydropyridazin)	114	3,2
Aceton (als Semicarbazon)......	108	0,15

Es folgt aus Tabelle 16, daß nach Verabreichung von (2-^{14}C)-markierter Mevalonsäure als Vorstufe, Aceton und Lävulinaldehyd, nicht aber die substituierte Phenylessigsäure aktiv waren. Nach Zufuhr von (4-^{14}C)-Mevalonsäure erwiesen sich der Lävulinaldehyd und die Phenylessigsäure, nicht aber das Aceton als aktiv. Wenn von der Voraussetzung ausgegangen wird, daß Mevalonsäure nach dem Muster der Sterin-Biosynthese für den Aufbau der ganzen Seitenkette des Ubichinons verwendet wird und die Ringkomponente anderer Herkunft ist, so wird nach Verabreichung von (2-^{14}C)-Mevalonsäure einerseits und (4-^{14}C)-Mevalonsäure anderseits die Radioaktivität im Ubichinon, wie in *Formel-übersicht 7* (S. 106) dargestellt, verteilt sein. Die Isolierung der in Tabelle 16 beschriebenen Ozon-Abbauprodukte und Messung deren Aktivität beweist die Richtigkeit dieses Aufbauschemas.

In der gleichen Art wie bei der Ratte wird (2-^{14}C)-Mevalonsäure auch beim Hühnchen für den Aufbau von Ubichinon verwendet. Das Verhältnis der Radioaktivität in Squalen, Ubichinon und Cholesterin in der Leber des Hühnchens war das gleiche wie bei der Ratte. Das gleiche Verhältnis wurde außerdem auch im Herzen des Hühnchens gefunden *(163)*.

Ausgangsmaterial:

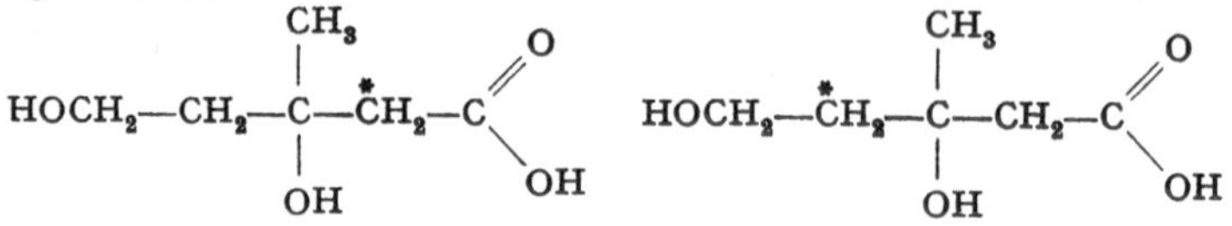

$$HOCH_2-CH_2-\overset{CH_3}{\underset{OH}{C}}-\overset{*}{C}H_2-C\overset{O}{\underset{OH}{}}$$

$$HOCH_2-\overset{*}{C}H_2-\overset{CH_3}{\underset{OH}{C}}-CH_2-C\overset{O}{\underset{OH}{}}$$

(LII.)   Mevalonsäure.   (LIII.)

Biosynthetische Substanz:

aus (LII):

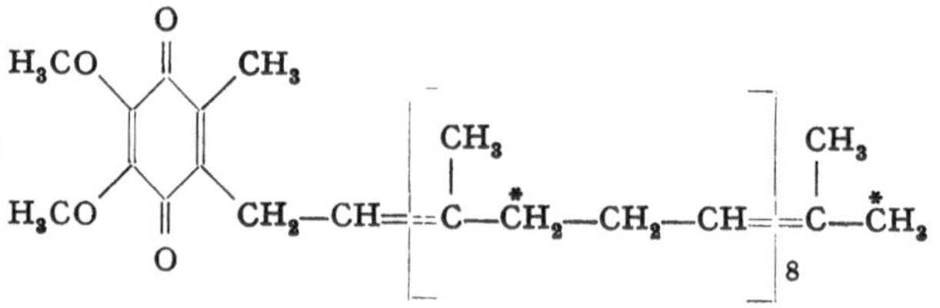

(LIV.) Ubichinon-(45).

aus (LIII):

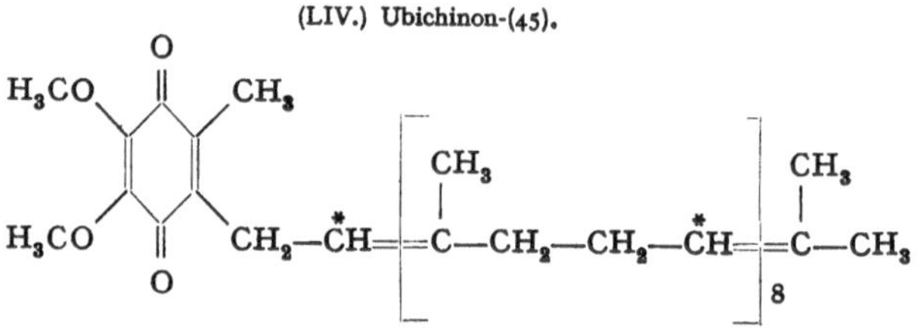

(LV.) Ubichinon-(45).

Formelübersicht 7. Biosynthese von Ubichinon-(45) aus zwei verschieden markierten Mevalonsäuren.

Über die Vorstufe der Ringkomponente des Ubichinons ist nichts Sicheres bekannt. Nach den heutigen Kenntnissen über die Synthese-reaktionen der verschiedenen Organismen ist es unwahrscheinlich, daß höhere Tiere Benzochinone aus aliphatischen Vorstufen aufbauen können. Hingegen käme ein Umbau aromatischer Vorstufen in Betracht.

Nach Verabreichung von ^{14}C-markiertem Phenylalanin und Tyrosin konnte ein geringer Einbau von Radioaktivität in die Ubichinone der Leber festgestellt werden. Die Aktivität des isolierten Ubichinons war jedoch so gering, daß auch durch Abbau des Phenylalanins entstandenes Acetat dafür verantwortlich sein kann (*163, 118*).

BIRCH und Mitarb. (*8*) vermuteten, daß die Biosynthese des Chinon-ringes auf einem für die Biosynthese von Aurantiogliocladin und ver-wandten Chinonen nachgewiesenen analogen Weg durch Kopf-Schwanz-Verknüpfung von Essigsäureresten erfolgt.

Als Vorstufe der Methoxylgruppen konnte beim Tier Formiat aus-geschlossen werden (*138*). Ubichinon-(30) mit ^{14}C-markierten Methoxyl-gruppen wird nach Verabreichung an Ratten in der Leber unverändert gefunden; es findet also im Rattenorganismus keine Verlängerung der isoprenologen Seitenkette statt (*138*). Hingegen konnte bei der Hefe ein erheblicher Einbau festgestellt werden (*139*). Beim Tier scheint zum mindesten eines der Methyle der beiden Methoxylgruppen durch eine Transmethylierungsreaktion, mit Methionin als Überträger-Substanz eingeführt zu werden. Das nach Verfütterung von Methyl-markiertem Methionin an Ratten erhaltene Ubichinon war radioaktiv. Das nach Ätherspaltung mit Jodwasserstoffsäure nach FURTER (*42*) erhaltene Alkyljodid wurde in den Dinitrobenzoesäure-methylester übergeführt, und dieser erwies sich als radioaktiv (*164*). Soweit die bisherigen Untersuchungen ein abschließendes Resultat zulassen (*46*), ist es unwahrscheinlich, daß 2,3-Dimethoxy-5-methyl-1,4-benzochinon die biologische Synthese von Ubichinon-(30) in der Hefe zu fördern vermag; im Gegenteil, das Benzochinon-Derivat wirkte hemmend (*152*). Unter anaeroben Bedingungen gezüchtete Hefe enthielt weniger Ubichinon als in Sauerstoffgegenwart gewachsene Hefe. Außerdem war die Bildung von Ubichinon vom Phosphat- und insbesondere Glucosegehalt des Nährmediums stark abhängig. Glucose vermochte die Bildung von Ubichinon auf das 5- bis 10fache zu steigern. Phenylalanin, Inosit und Shikimisäure waren ohne Einfluß (*152*).

MARTIUS und Mitarb. (*150, 151, 99*) konnten an einem aus Mitochondrien-Fraktionen der Leber und des Herzmuskels isolierten Fermentpräparat die Alkylierung von 2,3-Dimethoxy-5-methylbenzochinon bewirken. Als Alkylierungskomponente dienten dabei die Pyrophosphorsäureester von Polyisoprenalkoholen, z. B. von Farnesyl, wobei Ubichinon-(15) [und wenig Ubichinon-(20)] gebildet wurde. Solanesylpyrophosphat bildete analog Ubichinon-(45) neben wenig Ubichinon-(50). Phytolpyrophosphat hingegen reagierte unter den Bedingungen der Synthese von Ubichinon-(15) und Ubichinon-(50) nicht. Die analoge biosynthetische Bildung von Ubichinonen wurde auch in Leber- und Herzzellkulturen von Kücken und Ratten untersucht. Die Kückenzellkultur vermochte 5,6-Dimethoxy-2-methyl-benzochinon zu Ubichinon-(20) und Ubichinon-(50) zu alkylieren, während die Rattenzellkultur neben Ubichinon-(20) auch Ubichinon-(45) und Ubichinon-(50) aufbaute. Der Unterschied der durch Einführung von Seitenketten gebildeten Chinone zwischen dem lebenden Tier und der Zellkultur ist bemerkenswert. Er beschränkt sich nicht auf die Ubichinone. Analoge Beobachtungen wurden auch bei den in Zellkulturen erhaltenen Vitamin-K$_2$-Derivaten gemacht (*142*).

Wie im Kapitel II (S. 75) ausgeführt wurde, steigt der Ubichinongehalt der Leber bei Ratten unter Vitamin-A-Mangel an. Dieses Phänomen versuchten GLOOR und Mitarb. (*47, 164*) zu erklären. Die Erhöhung scheint auf einer Änderung des Einbaues von Mevalonsäure zu beruhen. Ratten wurde (2-^{14}C)-markierte Mevalonsäure intraperitoneal appliziert und anschließend auf eine Vitamin-A-freie Diät gesetzt. In regelmäßigen Abständen wurden bei einzelnen Versuchstieren der Tiergruppe das Unverseifbare der Leber in Squalen, Cholesterin und Ubichinon aufgetrennt und in den einzelnen Fraktionen die Radioaktivität ermittelt. Dabei wurden die in *Tabelle 17* angegebenen Beziehungen erhalten.

Tabelle 17. Aufbau von Cholesterin, Squalen und Ubichinon nach Applikation von (2-^{14}C)-markierter Mevalonsäure im Laufe der Entwicklung einer A-Avitaminose an der Ratte.

Tage der Vitamin-A-freien Diät	% Radioaktivität in verschiedenen Fraktionen (Radioaktivität des Unverseifbaren = 100%)		
	Squalen	Ubichinon	Cholesterin
0	2,0	2,5	95,5
7	8,7	10,7	80,6
14	19,3	12,8	67,9
21	25,0	16,1	58,9
24	26,9	18,5	54,6

Es geht aus Tabelle 17 hervor, daß unter der Wirkung des Vitamin-A-Mangels eine Änderung der Einbaurate der Mevalonsäure erfolgt. Schon nach einer Woche, bevor also äußere Symptome des Vitamin-A-Mangels sichtbar werden, ist der Einbau der Mevalonsäure in Squalen und Ubichinon deutlich erhöht, während die Biosynthese von Cholesterin gehemmt ist. Eine Erklärungsmöglichkeit für diese Änderung ist, daß Vitamin A für die Biosynthese von Cholesterin von Bedeutung ist, und zwar müßte unter dieser Annahme A-Avitaminose eine Blockierung der Synthese von Cholesterin aus Squalen bewirken.

EDWIN, GREEN und Mitarb. (*36*) konnten mit Hilfe der im Abschnitt III, 2 (S. 84) erwähnten Bestimmungsmethode feststellen, daß Vitamin E an der Ratte den Gehalt an Ubichinon und Ubichromenol weitgehend beeinflußt. Diejenigen Organe, die einen hohen Gehalt an Vitamin E aufwiesen, waren auch reich an Ubichinon und Ubichromenol. Die beobachtete Beeinflussung steht im Widerspruch zu einer Angabe von MORTON und PHILLIPS (*112*), welche im Herzmuskel, in der Leber, der Niere und den Testes keine Parallele zwischen Ubichinon und Vitamin E fanden.

Der Selengehalt der Nahrung vermag an der Ratte den Ubichinongehalt in der gleichen fördernden Art wie Vitamin E zu verändern. Insbesondere in der Leber wurde der Gehalt an Ubichinon durch Zusatz von Natriumselenit zu einer normalen, organische Selenverbindungen in genügender Konzentration enthaltenden Diät erhöht (*36*).

Analoge Beobachtungen über die Beeinflussung des Ubichinon- und Ubichromenolgehaltes durch Vitamin E wurden auch am Kaninchen gemacht (*57*). Thiamin und Riboflavin vermochten an der Ratte den Ubichinongehalt im Herzmuskel, in der Leber und in der Milz nicht zu verändern. Pantothensäuremangel erhöhte den Gehalt an Ubichinon in der Leber, nicht aber im Herzmuskel (*31*).

VIII. Plastochinon (KOFLERS Chinon, Coenzym Q$_{254}$).

Mit der Gruppe von Ubichinonen ist ein pflanzliches Benzochinon-Derivat chemisch nahe verwandt. Die Substanz ist erstmals von KOFLER isoliert worden. Er verzichtete darauf, seiner Substanz einen Trivialnamen zu geben. Auf Grund eines Absorptionsmaximums bei 254 mμ wurde die Substanz auch als Coenzym Q$_{254}$ bezeichnet. Neuerdings (21) wird die Substanz auf Grund des reichlichen Vorkommens in Chloroplasten als Plastochinon (englisch Plastoquinone) bezeichnet. Im folgenden wird diesem Nomenklaturvorschlag Rechnung getragen und die älteren Bezeichnungen fallengelassen. KOFLER (76) gelang die Entdeckung der Substanz bei Versuchen zur Isolierung von Vitamin K$_1$ aus Luzerne (Medicago sativa). Er erhielt dabei eine Substanz, die ähnliches chromatographisches Verhalten wie Vitamin K$_1$ zeigte, die sich aber davon im Schmelzpunkt (Vitamin K$_1$ ist bei 20° flüssig) und im UV-Absorptionsspektrum unterschied. Auf Grund der Absorptionsmaxima bei 320 und 255 mμ (in Petroläther) und aus der Berechnung des Verhältnisses der Extinktionswerte zwischen dem kurzwelligen Maximum und dem Maximum bei 320 mμ vermutete KOFLER, daß die von ihm isolierte Substanz ein tri- oder tetrasubstituiertes Benzochinon sei. Die Untersuchung dieser Verbindung wurde seit 1958 erneut aufgenommen. KOFLER und Mitarb. (77, 78) wiesen die weite Verbreitung der Substanz im Pflanzenreich nach, indem sie die in Tabelle 18 zusammengestellten Blätter auf ihren Gehalt an Plastochinon untersuchten.

Tabelle 18. Gehalt der Blätter an Plastochinon pro kg Trockengewicht.

Blätter von	Gehalt g/kg	Blätter von	Gehalt g/kg
Roßkastanien, weißblühend..	1,6—3,5	Walnuß	2,6
Roßkastanien, rotblühend ...	2,5	Akazien	1,5
Eschen....................	1,2	Weiden	1,1
Prunus....................	1,4	Birnen	0,9
Blutbuchen	3,0	Oliven	0,2
Rotbuchen	1,2	Feigen	0,7
Ahorn.....................	3,2	Linden	0,5
Ginkgo....................	0,8	Eichen	0,9
Pappeln	1,7	Sonnenblumen	0,2
Katalpa...................	0,4	Spinat	0,2
Platanen	0,9		

Die Chinone aus verschiedenen Blättern waren untereinander identisch; es ließen sich keine Unterschiede chemischer oder physikalischer Natur zwischen den einzelnen Präparaten feststellen. Auch die Debye-Scherrer-Diagramme verschiedener Präparate waren identisch. Die

Länge der Seitenkette (vgl. unten) scheint somit nicht wie im Falle der Ubichinone und der Vitamin-K_2-Familie zu variieren.

Neben dem UV-Spektrum sprach auch der positive Ausfall des Craven-Testes (27) dafür, daß es sich bei Plastochinon um ein substituiertes Benzochinon handle. In Übereinstimmung damit zeigte die Substanz im IR eine intensive Bande bei 6,07 μ. Drei starke Banden bei 11,45 μ, 12,57 μ und 13,29 μ (bei Aufnahme in festem Zustande) ließen es als wahrscheinlich erscheinen, daß das Chinon-Derivat eine mehrere Einheiten enthaltende all-*trans*-Isoprenkette enthält.

Die Ermittlung der Konstitution basiert neben den angegebenen physikalisch-chemischen Daten auf folgenden chemischen Reaktionen (78): Bei der Hydrierung mit Lindlar-Katalysator (90) wurde das Chinon in ein farbloses Dihydro-Derivat übergeführt, das im UV ein Absorptionsmaximum bei 290 mμ zeigte. Durch Oxydation mit Silberoxyd ließ sich die Dihydroverbindung in das ursprüngliche Chinon zurückverwandeln. Bei der Reduktion mit Palladium in Eisessig wurde unter Aufnahme von 10,9 Mol H_2 ein Hydrochinon mit vollständig gesättigter Seitenkette erhalten. Dieses ließ sich unter den gleichen Bedingungen wie die Dihydroverbindung zu einem Chinon mit vollständig gesättigter Seitenkette oxydieren.

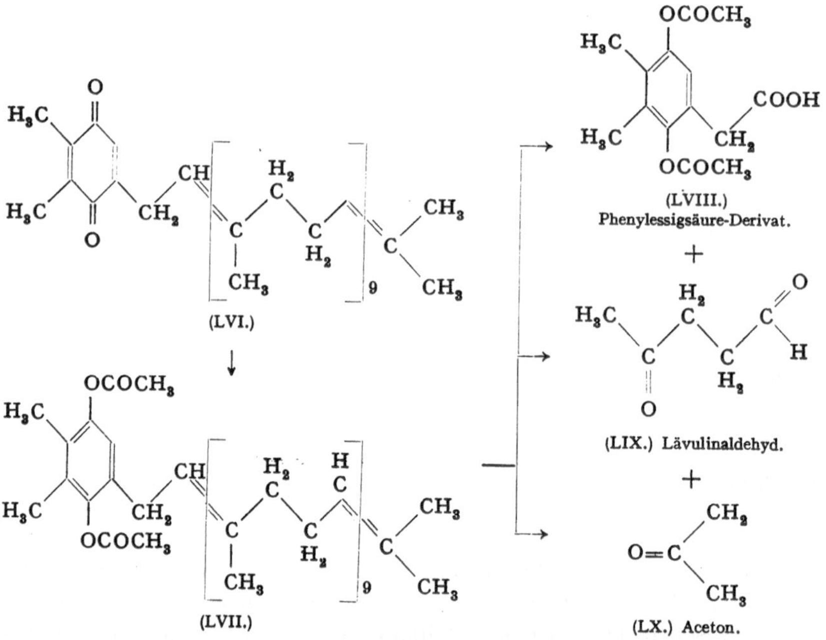

Formelübersicht 8. Oxydativer Abbau von Plastochinon.

Auf Grund dieser Wasserstoffaufnahme wurde angenommen, daß Plastochinon in der Seitenkette 10 Doppelbindungen enthalte. Der oxydative Abbau der Dihydro-diacetoxy-Verbindung mit Ozon unter analogen Bedingungen, wie sie für die Konstitutionsermittlung von Ubichinon-(50) eingesetzt wurden, führte zu Aceton (LX) (isoliert als 2,4-Dinitrophenylhydrazon), Lävulinaldehyd (LIX) (ebenfalls kristallisiert gefaßt als 2,4-Dinitrophenylhydrazon) und der substituierten Phenylessigsäure (LVIII). Die Konstitution der letzteren wurde dadurch bewiesen, daß an o-Xylohydrochinon Isophytol mit ZnCl$_2$ in ätherischer Lösung angelagert wurde. Die Di-O-acetylverbindung lieferte bei der Ozonisierung die gleiche Säure, wie sie beim Abbau von Dihydro-di-O-acetyl-plastochinon erhalten wurde. Auf Grund der erhaltenen Bruchstücke wurde die Konstitution (LVI) für Plastochinon abgeleitet *(Formelübersicht 8)*.

Durch exakte Interpretation von IR-, UV- und NMR-Spektren gelangten TRENNER und Mitarb. *(154)* zur gleichen Konstitution, wobei sie aber auf Grund der Intensitäten der Absorptionsmaxima im UV eine Seitenkette mit nur 9 Isoprenresten und nicht 10, wie von KOFLER und Mitarb. *(78)* angegeben, fanden. Durch Kondensation von 2,3-Dimethyl-hydrochinon (LXI) mit Solanesol (XX) (dessen Kettenlänge auf Grund ausgedehnter analytischer Daten des freien Alkoholes und der 3,5-Dinitrobenzoyloxy-Verbindung feststeht) und anschließender Oxydation zum Chinon wurde ein Produkt (LXII) erhalten *(Formelübersicht 9)*, das mit dem natürlichen Produkt identisch war. Demzufolge ist die von den amerikanischen Autoren abgeleitete Formel (LXII) die richtige. Die Partialsynthese von Plastochinon wurde auch von FOLKERS

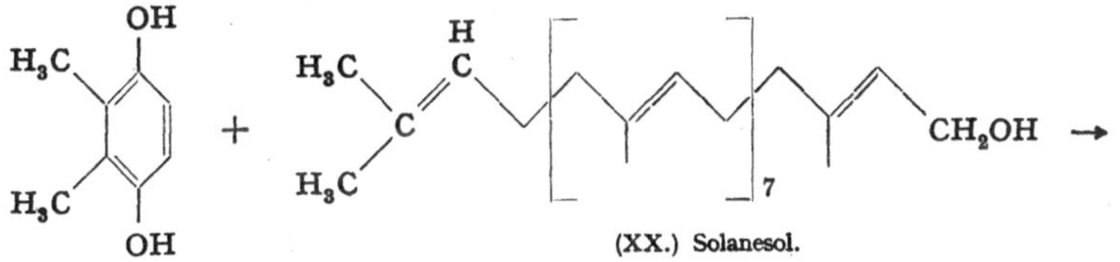

(LXI.) 2,3-Dimethyl-hydrochinon.

(XX.) Solanesol.

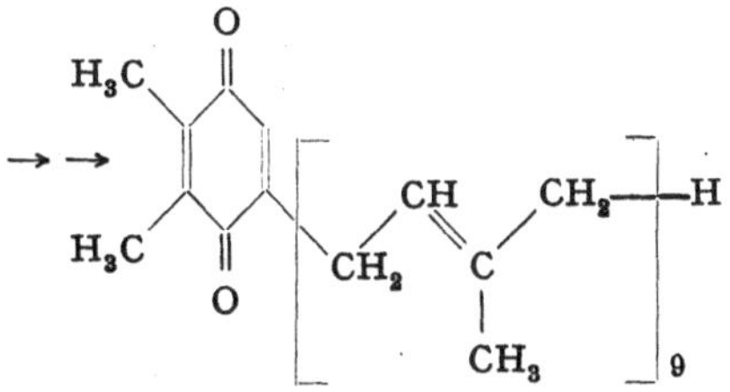

(LXII.) Plastochinon.

Formelübersicht 9. Synthese von Plastochinon.

und Mitarb. (*144*) auf einem analogen Wege wie oben angegeben durchgeführt. 2,3-Dimethyl-hydrochinon wurde mit Solanesol in Gegenwart von Bortrifluoridätherat kondensiert. Nach Oxydation des Hydrochinons zum Chinon erwies sich das erhaltene Produkt als identisch mit dem Naturprodukt.

Über die Isolierung und den Nachweis des pflanzlichen Chinons wurde auch von CRANE (*19*) sowie LESTER und CRANE (*85*) berichtet. Die mögliche biologische Funktion der Substanz in der Photosynthese ist von CRANE (*20, 21*) und von BISHOP (*9, 10*) untersucht und diskutiert worden.

IX. Biochemische Bedeutung der Ubichinone.

Das Literaturverzeichnis dieses Kapitels erhebt keinen Anspruch auf Vollständigkeit.

Unter Electron-Transport-System (ETP-System) wird die Endoxydation der aus dem Citronensäurezyklus stammenden, niedermolekularen Metaboliten der Kohlehydrate, Proteine und Fette verstanden. Es handelt sich bei diesem Teil der Atmungskette um Dehydrierungsreaktionen mit molekularem Sauerstoff. Die bei diesen Dehydrierungen frei werdende Energie wird als Adenosintriphosphat (ATP) gespeichert; die Dehydrierung ist demzufolge gekoppelt mit Phosphorylierungsreaktionen. Die Bilanz dieser Oxydationen läßt sich in der Summenformel

$$2\,AH_2 + O_2 \rightarrow 2\,A + 2\,H_2O + \text{Energie}$$

zusammenfassen (wobei AH_2 z. B. Bernsteinsäure, Dihydro-di-phospho-pyridinnukleotid — im folgenden als DPNH bezeichnet — bedeutet). Die einstufige Reaktion der Wasserstoffatome mit dem Sauerstoff der Luft würde eine sehr schlechte Ausnützung der dabei frei werdenden Energie bedingen. Der lebende Organismus verwendet deshalb eine Kette von Wasserstoff- und Elektronenüberträgern: Di-phosphopyridinnukleotide, Flavoproteine, Cytochrome, Cytochromoxydasen. Die letzteren bewirken die Reduktion von Sauerstoff zu Wasser.

Die Fermente des Electron-Transport-Systems sind in den Mitochondrien (Membran und Cristae mitochondriales) konzentriert. Nach neueren Untersuchungen kann angenommen werden, daß die verschiedenen Enzyme nicht als wahlloses Gemisch vorliegen, sondern auf Grund der verschiedenen Funktionen geordnet sind. GREEN (*50*) spricht von einem Riesenmakromolekül („giant macromolecule") oder Supramolekül. Die Glieder der Atmungskette sind in das Gerüst der Lipoproteine räumlich derart eingebettet, daß der rasche Fluß der Elektronen vom Substrat zum Sauerstoff sowie die Bildung von ATP aus ADP (Adenosindiphosphat) und anorganischem Phosphat gewährleistet werden.

GREEN hat den Aufbau von Mitochondrien wie in *Abb. 1* schematisiert (*51*) [vgl. auch die Zusammenfassung bei SCHNEIDER (*143*)].

Je größer die Anzahl der Cristae pro Flächeneinheit, um so größer ist die Aktivität der Fermente des ETP-Systems und je kleiner ist die Aktivität der übrigen in Mitochondrien vorhandenen Enzyme (z. B. synthetisierende, fettsäure-oxydierende Fermente usw.). Besonders deutlich ist dieser Unterschied zwischen Herzmuskel- und Leber-

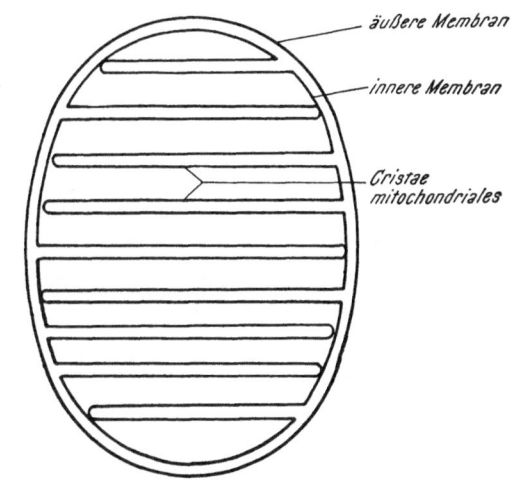

Abb. 1. Schema des Aufbaus eines Mitochondrions nach GREEN und HATEFI. [Aus: Science 133, 13 (1961).

Mitochondrien. Die ersteren sind besonders reich an Cristae; die Leber-Mitochondrien, parallel zur spärlichen Ausrüstung mit Cristae, sind besonders reich an zusätzlichen „Hilfsfermenten".

Es sind verschiedene Methoden beschrieben worden, um Mitochondrien in kleinere Partikel zu zerlegen. In neuerer Zeit werden vielfach Ultraschallwellen benutzt, um zu Partikeln zu gelangen, welche nicht mehr die Form von Mitochondrien besitzen (*75, 95, 103, 169*). Zwischen der Bruchstückform und der Fermentaktivität haben sich Beziehungen ergeben: Solange der Partikel eine Doppelmembran-Struktur besitzt, bleibt die Fähigkeit zur Oxydation gekoppelt mit dem Aufbau von ATP verbunden. Wenn der Partikel das Bruchstück nur einer Membran darstellt, so kommt ihm nur die Fähigkeit des Elektronentransportes, nicht aber der Phosphorylierung zu. Diese Art von Partikel wird von GREEN und Mitarb. (*23*) als ETP (Elektronen-Transport-Partikel) bezeichnet, während diejenigen Partikel, die neben der Endoxydation auch die Fähigkeit zur Phosphorylierung besitzen, als PETP (*95*) oder ETP_H bezeichnet werden.

Das folgende, einer Arbeit von GREEN (*51*) entnommene *Schema 1*
soll die Zusammenhänge übersichtlich darstellen.

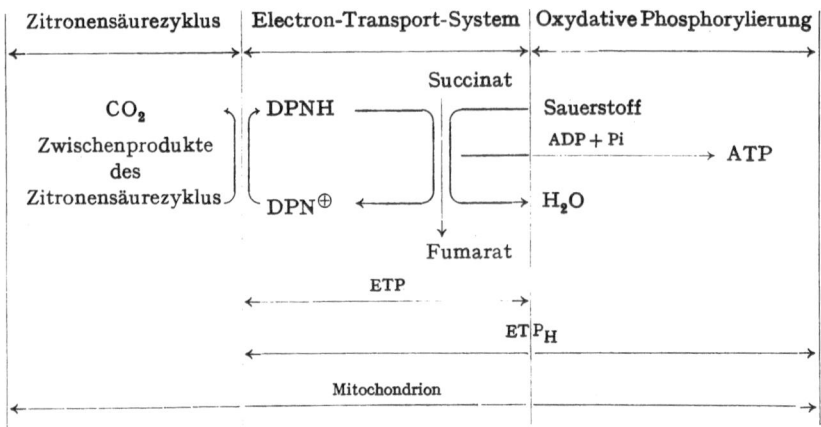

Schema 1. Übersicht der Stellung von ETP und ETP$_H$ innerhalb des Mitochondrions
nach GREEN und HATEFI (*51*).

Die Zusammensetzung der ETP-Partikel ist bemerkenswert konstant:
Auf zwei Moleküle eines Flavinfermentes (je eines der Bernsteinsäure-
dehydrogenase und der DPNH-Dehydrogenase) sind je zwei Moleküle
der Häme von Cytochrom a und Cytochrom b und je ein Molekül der
Häme der Cytochrome c und c$_1$ enthalten. Die Funktion des Elektronen-
transportpartikels (ETP) besteht in der Dehydrierung von Bernsteinsäure zu Fumarsäure und von DPNH zu DPN$\oplus$ durch molekularen
Sauerstoff. An diesen Oxydationen sind beteiligt die oben erwähnten
Fermente, zwei Flavoprotein-Dehydrogenasen (*6, 168*); vier Cytochrome
(*74, 11, 53, 54*), Eisen (*23*), Kupfer (*23, 37*) und Ubichinon. Die verschiedenen Cytochrome sind in ungefähr äquimolekularen Konzentrationen (*16*) vorhanden.

Über die Reihenfolge der verschiedenen Elektronenüberträger herrscht
unter den maßgebenden Arbeitskreisen noch nicht bei allen Stufen
Übereinstimmung; insbesondere die Stellung von Cytochrom b ist
umstritten. Die folgende Diskussion stützt sich auf ein von CHANCE (*16*)
angegebenes Schema.

Andere Schemata stammen von SLATER (*148*) sowie von GREEN (*55*).

Mit der im *Schema 2* angegebenen Reihenfolge stimmen die Redoxpotentiale der einzelnen Glieder überein (*16*).

Die im Electron-Transport-System ablaufenden chemischen Reaktionen
können auf verschiedenen Stufen gehemmt werden: Cytochrom a$_3$
(Cytochromoxydase) wird durch Cyanide, Azide und Kohlenmonoxyd

gehemmt. Zwischen Cytochrom b und Cytochrom c_1 wird die Kette durch das Antibioticum Antimycin A, Bal (= British antilewisite; 2,3-Dimercapto-propanol), 2-Alkyl-4-hydroxychinolin-oxyd und die Antimalaria-Therapeutica aus der Naphthochinonreihe unterbrochen. Zwischen DPNH und Flavoprotein greift das Barbiturat Amytal hemmend ein und schließlich wird die Bernsteinsäuredehydrogenase durch Oxalacetat und Malonat gehemmt.

Bedeutung der Lipide für Electron-Transport-Systeme.

Es ist im Abschnitt II, 3 (S. 82) beschrieben, daß die ersten Beobachtungen über die Bedeutung der Lipide auf NASON und Mitarb. zurückgehen (115, 116). Die Autoren beobachteten, daß durch Extraktion mit Lipoid-Lösungsmitteln (wie Isooctan) die Bernsteinsäuredehydrogenase- und DPNH-Dehydrogenase-Aktivität des Electron-Transport-Systems praktisch auf Null zurückging. Zusatz von (+)-α-Tocopherol in einer Suspension von Rinderserum-Albumin vermochte die Aktivität auf das frühere Niveau zu heben. Es wurde daraus der Schluß gezogen, daß Tocopherol ein für das Funktionieren des Electron-Transport-Systems unerläßlicher Faktor sei. Diese Schlußfolgerung erwies sich als unrichtig, indem später gezeigt werden konnte, daß auch andere Lipide (wie Vitamin K_1, Di-O-acetyl-dihydro-Vitamin K_1, Phytol, Squalen usw.), die chemisch nur entfernt mit den Tocopherolen verwandt sind, ebenfalls das Electron-Transport-System zu reaktivieren vermochten (33, 156, 157). Es hat sich

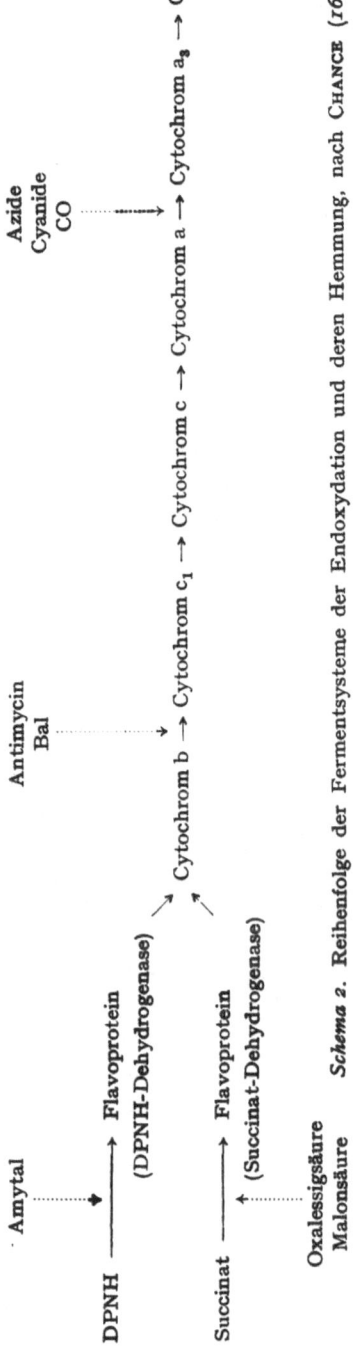

Schema 2. Reihenfolge der Fermentsysteme der Endoxydation und deren Hemmung, nach CHANCE (16).

später ergeben, daß die von Nason beobachtete Inaktivierung nicht auf der Extraktion von Lipiden beruhte, sondern offenbar auf Resten von Lösungsmitteln, welche den Hemmeffekt bewirkten (*132*, *157*, *124*, *158*, *125*, *134*). Die Reaktivierung durch Tocopherol beruht **auf** der Entfernung oder Verdünnung des hemmenden Lösungsmittels.

Daß aber entsprechend der Beobachtung von Nason und Mitarb. (*115*, *116*) tatsächlich die Lipide für die Funktion der Fermentreaktionen im Electron-Transport-System von Bedeutung sind, ist im Anschluß an die Arbeiten von Nason wiederholt experimentell bestätigt worden (vgl. z. B. *35*, *117*). Auch für Ubichinon scheint eine spezifische Wirkung im Electron-Transport-System sichergestellt zu sein (*88*). Werden Mitochondrien mit Aceton extrahiert, so fällt dabei in analoger Art wie bei isooctan-extrahierten Partikeln die Succinoxydase-Aktivität auf Null. Sie läßt sich durch Zusatz von Ubichinon wieder steigern; dabei hat sich Cytochrom c als Verstärkung der Wirkung erwiesen.

Der Gehalt an Ubichinon in Mitochondrien wurde von Pumphrey und Redfearn mit einer zu diesem Zweck besonders ausgearbeiteten Methode bestimmt (*127*, vgl. auch *70*). Proteine werden dabei durch Zugabe von Methanol denaturiert und das Ubichinon mit Petroläther extrahiert. Die quantitative Bestimmung des Ubichinons erfolgte an Hand des UV-Spektrums. Es wird dabei Gebrauch gemacht von der Differenz in den Extinktionswerten der Chinonform und der durch Reduktion mit NaBH$_4$ erhaltenen Hydrochinonform [($\varepsilon_{ox} - \varepsilon_{red}$)$_{275}$ = = 12250].

Mit dieser Methode wurden u. a. die folgenden Konzentrationen gefunden:

Meerschweinchennieren-Mitochondrien	4,0 μ mol/g Protein,
Schweinenieren-Mitochondrien	1,1 μ mol/g Protein.

Berechnet auf ein ungefähres Molgewicht von 900 entspricht die angegebene Konzentration 4—5 Mol Ubichinon auf 1 Mol Cytochrom c (*127*). Daß Ubichinon tatsächlich am Electron-Transport teilnimmt, läßt sich daran erkennen, daß das endogene Ubichinon in den Mitochondrien-Fraktionen unter anaeroben Bedingungen entweder durch Dihydrodiphospho-pyridinnukleotid oder Succinat reduziert wird (es ist möglich, daß die Reduktion spezifisch vom Succinat ausgeht); unter aeroben Versuchsbedingungen findet Rückoxydation zu Ubichinon statt (*24*, *62*, *128*). Außerdem läßt sich in ETP-Partikeln, aus denen durch Aceton Ubichinon entfernt worden ist, durch Zusatz von Ubichinon die Enzymaktivität wieder in Gang bringen (*148*, *88*).

Von Ziegler und Doeg (*166*, *167*) wurde aus Ochsenherz-Mitochondrien eine Succinat-Coenzym-Q-Reduktase isoliert und weitgehend gereinigt. Das Ferment vermag in Anwesenheit von Succinat Ubichinon zu reduzieren. Für volle Wirksamkeit bedarf das Ferment des Zusatzes von Coenzym-Q-Lipid (5). Das Ferment enthält pro mg Protein 4,5 bis 5,0 mμ Mol Flavin, 18—20 mμ Mol Eisen (nicht als Häm-gebunden) und 4,8—5,2 mμ Mol Häm.

Auch Isooctan vermag aus Electron-Transport-Partikeln von Rinderherz-Mitochondrien Ubichinon neben anderen Lipiden zu isolieren. Die so extrahierten Partikel haben ihre Fähigkeit, Succinat zu dehydrieren, verloren. Die Enzymaktivität kann durch Zusatz von Ubichinon und anderen Lipoidbestandteilen auf die frühere Aktivität zurückgehoben werden. Die Wirkung von Ubichinon ist dabei sehr spezifisch und läßt sich weder durch Vitamin K$_1$ noch Tocopherylchinon ersetzen. Das Maß der Reaktivierung ist abhängig von der polyisoprenoiden Seitenkette. 2,3-Dimethoxy-5-methyl-benzochinon zeigte gar keine Wirkung; die Verbindung mit einer einem Isoprenrest entsprechenden Seitenkette war schwach wirksam. Die Verbindungen mit zwei und mehr Isoprenresten in der Seitenkette zeigten praktisch die gleiche volle Coenzym-Wirksamkeit wie das natürliche Ubichinon-(50) (25a). Die durch Ubichinon bewirkte Fermentreaktivierung bezieht sich nur auf die Succinatdehydrogenase, nicht aber auf diejenige der DPNH-Dehydrogenase (26) [vgl. hiezu jedoch CHANCE (15)].

Zur Abklärung der Stellung von Ubichinon in der Atmungskette waren Hemmversuche mit den oben (SS. 114, 115) beschriebenen spezifischen Hemmsubstanzen aufschlußreich (133). Amytal vermag die Reduktion des endogenen Ubichinons in Herzmuskel-Präparaten mit DPNH als Substrat zu hemmen; andererseits vermögen Malonat und Oxalacetat die Reduktion mit Succinat als Substrat zu hemmen. Antimycin hat keinen Effekt auf die Reduktion von Ubichinon, vermag aber die Oxydation von Ubichinon zu hemmen. Die Stellung von Ubichinon ist demzufolge wahrscheinlich zwischen den Flavoproteinen und dem Antimycin-hemmbaren Teil des ETP-Ferment-Systems (56).

Die exakte Lage von Ubichinon innerhalb der Atmungskette ist aber noch nicht festgelegt. Neben der oben beschriebenen, auf Grund von Hemmwirkungen abgeleiteten Stellung (a im Schema 3, S. 118) sind von REDFEARN (130, 131) zwei weitere Möglichkeiten diskutiert worden. Bei der einen (vgl. b) wird angenommen, daß Ubichinon in einer Verbindungslinie der beiden Äste des Reaktionsschemas liegt und lediglich mit den Flavoproteinen reagiert. Bei der dritten Möglichkeit (vgl. c) wird in Betracht gezogen, daß Ubichinon gewissermaßen als Überleitung der DPNH- und Succinatkette dient.

Die bei der Oxydation von DPNH bzw. Bernsteinsäure eintretenden Änderungen der freien Energie lassen sich aus den Redoxpotentialen berechnen: Auf Grund solcher Berechnungen liefert die Reduktion von Sauerstoff zu Wasser aus DPNH 51,9 kcal/Mol, während der entsprechende Wert aus Bernsteinsäure 39,7 kcal/Mol beträgt. Diese Energie

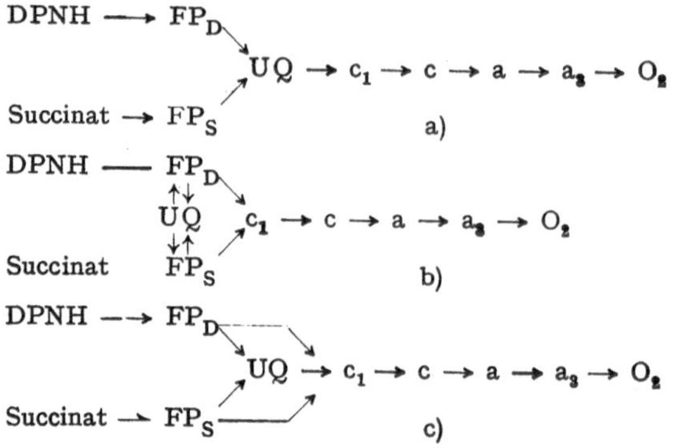

$$DPNH \longrightarrow FP_D$$
$$\searrow$$
$$UQ \rightarrow c_1 \rightarrow c \rightarrow a \rightarrow a_3 \rightarrow O_2$$
$$Succinat \rightarrow FP_S \qquad \nearrow \qquad a)$$

$$DPNH \longrightarrow FP_D$$
$$\uparrow\downarrow \searrow$$
$$UQ \quad c_1 \rightarrow c \rightarrow a \rightarrow a_3 \rightarrow O_2$$
$$\downarrow\uparrow \nearrow$$
$$Succinat \quad FP_S \qquad b)$$

$$DPNH \dashrightarrow FP_D$$
$$\searrow$$
$$UQ \rightarrow c_1 \rightarrow c \rightarrow a \rightarrow a_3 \rightarrow O_2$$
$$Succinat \rightarrow FP_S \qquad \nearrow \qquad c)$$

Schema 3. Vermutliche Stellung von Ubichinon in der Atmungskette.

FP_D = DPNH-Dehydrogenase-Flavoprotein.

FP_S = Bernsteinsäure-Dehydrogenase-Flavoprotein.

UQ = Ubichinon.

c_1, c, a, a_3 = die entsprechenden Cytochrome.

wird zur Bildung von ATP verwertet, wobei ausgehend von DPNH 3 Mol ATP, ausgehend von Bernsteinsäure, 2 Mol ATP gebildet werden. Der genaue Vorgang dieser oxydativen Phosphorylierung ist noch weitgehend ungeklärt.

MARTIUS und Mitarb. (*101, 102*) haben in einer Reihe von Arbeiten den Nachweis zu erbringen versucht, daß Vitamin K_1 als Wasserstoffüberträger in einer Kette zwischen DPNH und Cytochrom b verbunden mit einer Phosphorylierung wirke. Da der spektroskopische Nachweis von Vitamin K in Mitochondrien nicht gelingen konnte, wurde diese Hypothese von verschiedenen Arbeitsgruppen angegriffen.

Die Funktion von Vitamin K_1 bei der oxydativen Phosphorylierung wird durch die folgenden Experimente erläutert (*1, 7*). Wenn Rattenleber-Mitochondrien UV-Licht ausgesetzt werden, so sinkt das Verhältnis des gebildeten ATP zum dehydrierten Substrat (z. B. Bernsteinsäure oder DPNH). Dieses Verhältnis wurde auf den Normalwert gehoben, wenn im Falle von Succinat Cytochrom c der Reaktionslösung zugesetzt wurde, während DPNH neben Cytochrom c Vitamin K_1 erforderte. Es scheint somit, daß Vitamin K_1 einen Faktor zu ersetzen vermag, der durch UV-Bestrahlung zerstört worden ist.

Die Beteiligung von Ubichinon an einzelnen Stufen der oxydativen Phosphorylierung ist durch HATEFI (*63*), DALLAM und TAYLOR (*29*) sowie JACOBS und CRANE (*69*) wahrscheinlich gemacht. Die Versuchstechnik von HATEFI beruht auf einer Anordnung von CHANCE und WILLIAMS (*16*), welche den Einfluß von Adenosindiphosphat (ADP) auf die Oxydoreduktion von DPN, Flavinenzymen und Cytochromen in Mitochondrien untersucht haben. Unter dem Einfluß von ADP nimmt der Anteil der oxydierten Form der oben erwähnten Elektronenüberträger so lange zu, bis der Vorrat an ADP durch Überführung in Adenosintriphosphat (ATP) auf Grund der erfolgten Phosphorylierung erschöpft ist. Analoge Beziehungen ließen sich an Ubichinon finden, indem der Anteil der reduzierten Form durch anorganisches Phosphat (und Arseniat) vergrößert und durch ADP verkleinert wurde.

Die chemischen Grundlagen der Beteiligung von Chinonen, wie Ubichinon, Vitamin K und Vitamin E, an der oxydativen Phosphorylierung sind Gegenstand der Diskussion verschiedener Arbeitskreise (*17*, *18*, *84*, *60*, *61*). Die Annahme, daß das Chinon primär zum Hydrochinon reduziert und das letztere anschließend durch Reaktion mit anorganischem Phosphat zu einem Phosphorsäureester des Hydrochinons verestert wird, setzt voraus, daß das anorganische Phosphat in eine aktivierte Form übergeführt wird. Im folgenden wird eine Reaktionsfolge referiert (*17*), welche die Annahme einer solchen Aktivierung des Phosphates umgeht.

Als gemeinsames Strukturelement kommt den drei für die oxydative Phosphorylierung in Frage kommenden Chinonen [Vitamin K_1 (LXIII), Anhydro-α-tocopherylchinon (LXV) und Ubichinon (LXIV)] zu, daß der Chinonring tetrasubstituiert ist und daß alle drei in β,γ-Stellung zum Chinonkern eine Doppelbindung enthalten.

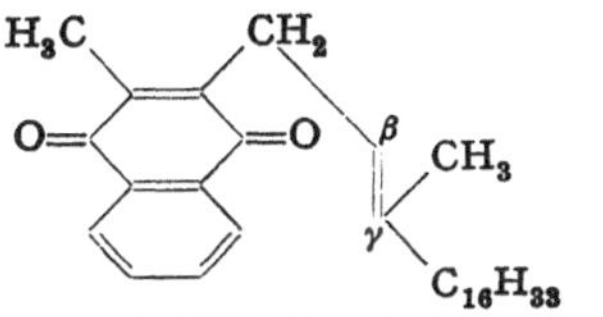

(LXIII.) Vitamin K_1.

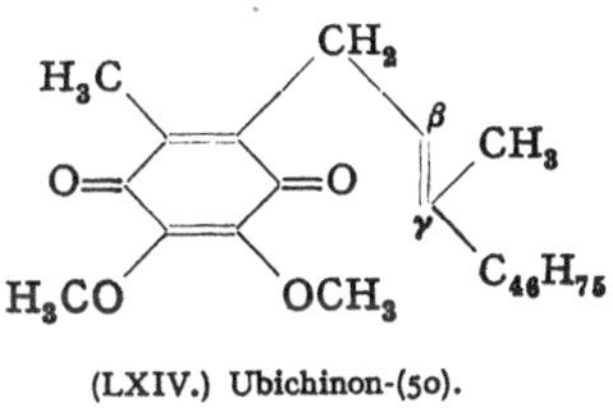

(LXIV.) Ubichinon-(50).

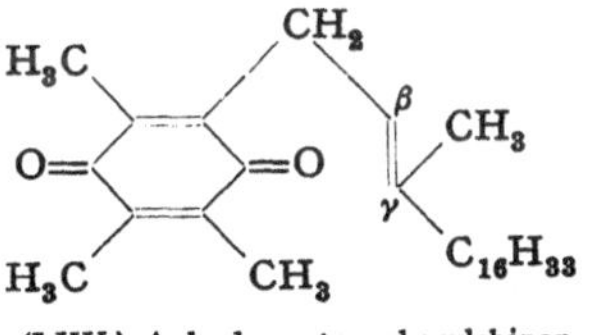

(LXV.) Anhydro-α-tocopherylchinon.

Anlagerung eines elektronenarmen Reagens (z. B. $H^{\oplus}$) an das β-C-Atom führt in allen drei Fällen zu einem tertiären Carbonium-Ion, welches durch die eine der Carbonylgruppen solvatisiert wird (z. B. zu LXVI). (LXVI) ist mesomer mit (LXVII). Diese Grenzform wird im Falle von Vitamin K_1 in Benzyl-Stellung stabilisiert, im Falle der Ubichinone würde die Stabilisierung durch eine der beiden Methoxygruppen übernommen (vgl. LXVIII, LXIX).

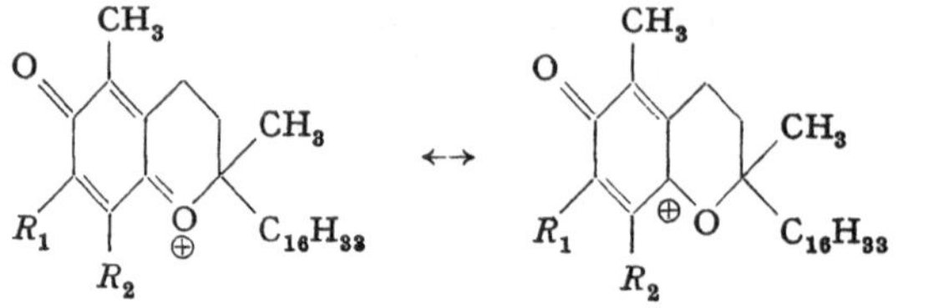

(LXVI.) (LXVII.)

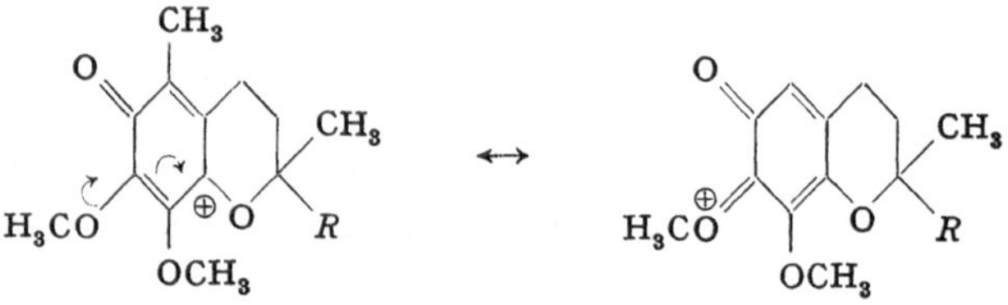

(LXVIII.) (LXIX.)

Einen experimentellen Nachweis für eine Zwischenstufe, wie sie in (LXVII) formuliert ist, konnten MARTIUS und EILINGSFELD (*100*) finden (*Formelübersicht 10*): Oxydation mit $FeCl_3$ von α-Tocopherol in Äthanol führte zu (LXX). In diesem Falle ist das Carbonium-Ion durch Oxydation des Chromanringes in Tocopherol entstanden.

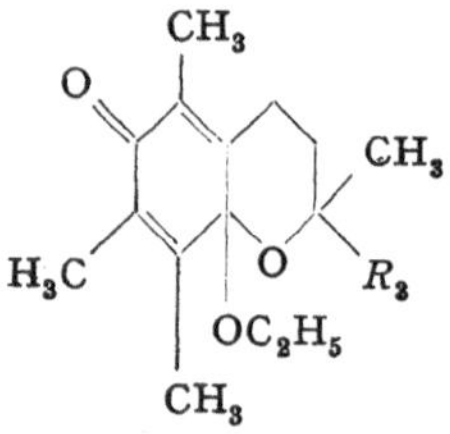

(LXX.)

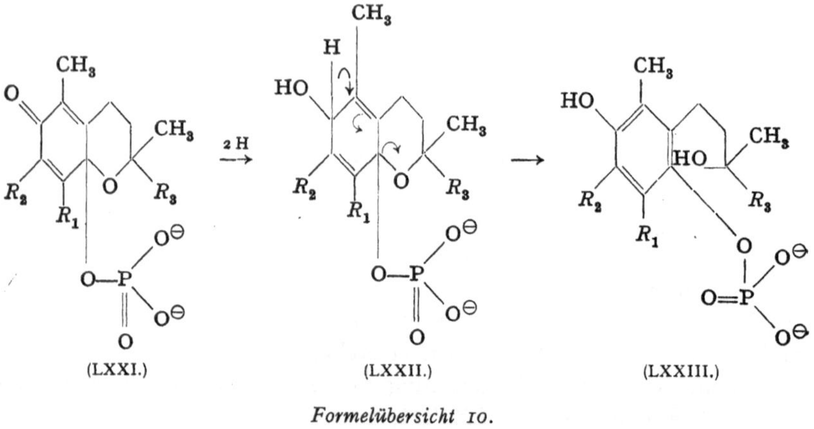

(LXXI.) (LXXII.) (LXXIII.)

Formelübersicht 10.

Literaturverzeichnis: SS. 121—130.

Wenn Ortho-phosphat-dianion das angreifende nukleophile Reagens darstellt, so führt die Reaktion zu (LXXI); dieses geht unter Aufnahme von zwei Wasserstoffatomen in (LXXII) über, welches zu (LXXIII) stabilisiert wird.

Die Bedeutung der Ubichinone bei der Photosynthese wurde von RUDNEY (*137*) an *Rhodospirillum rubrum* untersucht. Zellen, die in Gegenwart von Diphenylamin gezüchtet wurden, haben einen bedeutend kleineren Gehalt an Ubichinon-(45). Parallel damit zeigten die Chromatophoren nur 25—60% der photophosphorylierenden Wirkung der unter normalen Bedingungen gewachsenen Zellen. Für die Reaktivierung der photophosphorylierenden Wirkung waren die niederen Glieder, Ubichinon-(10) und Ubichinon-(15), wirksam; die Derivate mit längerer Isoprenkette waren unwirksam; ebenso waren die Vitamine K_1 und K_3 ohne Wirkung.

Einen interessanten biologischen Effekt der niederen Glieder der Reihe, Ubichinon-(10) und Ubichinon-(20), beobachteten FOLKERS und Mitarb. (*122*) am Sperma des Hahnes. Unter der Wirkung von Ubichinon-(10) und Ubichinon-(20) (diese niederen Glieder wurden wegen der besseren Löslichkeit in Wasser gewählt) sowie der entsprechenden Chromen- und Chroman-Derivate blieben die Spermazellen zum Teil bis zu 20 Tagen beweglich, während in den Kontrollversuchen, ohne Ubichinonzusatz, nach 4 Tagen keine beweglichen Zellen mehr festzustellen waren.

Ubichinon wurde außer in Mitochondrien (41% des Gesamtgehaltes) besonders reichlich (37,5%) auch in den Zellkernen gefunden (*140a*). Es wurde auch in Mikrosomen nachgewiesen. Mikrosomen aus Schweine-Nebennieren enthielten auf Grund der papierchromatographischen Kontrolle Ubichinon-(50), während in Mikrosomen der Rattenleber Ubichinon-(45) und -(50) gefunden wurden (*84a*).

Literaturverzeichnis.

1. ANDERSON, W. W. and R. D. DALLAM: The Effect of Vitamin K_1 on Oxidative Phosphorylation of Rat Liver Mitochondria Irradiated with Ultraviolet Light. J. Biol. Chem. **234**, 409 (1959).

2. ANDREWS, K. J. M.: Synthesis of Quinol Monophosphates from Vitamin K_1, Ubiquinone, and other Quinones, and Experiments on Oxidative Phosphorylation. J. Chem. Soc. (London) **1961**, 1808.

3. ANSLOW, W. K. and H. RAISTRICK: The Action of Alcoholic Monomethylamine on Derivatives of Benzoquinone and Toluquinone. Part I: The Methoxy- and Hydroxy-methoxy-derivatives. J. Chem. Soc. (London) **1939**, 1446.

4. BASFORD, R. E.: Studies on the Terminal Electron Transport System. XXII. Lipide Composition of Coenzyme Q Lipoprotein. Biochim. Biophys. Acta **33**, 195 (1959).

5. BASFORD, R. E. and D. E. GREEN: Studies on the Terminal Electron Transport System. XXI. Properties of a Soluble Lipoprotein Dissociated from the Succinic Dehydrogenase Complex. Biochim. Biophys. Acta **33**, 185 (1959).

5a. BERGEN, S. S., Jr., F. R. KONIUSZY, A. C. PAGE, Jr. and K. FOLKERS: Urinary Excretion of Coenzyme Q_{10} by Patients with Diabetes Mellitus. Arch. Biochem. Biophys. **95**, 348 (1961).

6. BERNARD, B. DE: Studies on the Terminal Electron Transport System. V. Extraction of a Soluble Reduced DPNH Cytochrome c Reductase from the Electron Transport Particle. Biochim. Biophys. Acta **23**, 510 (1957).

7. BEYER, R. E.: The Effect of Ultraviolet Light on Mitochondria. II. Restoration of Oxidative Phosphorylation with Vitamin K_1 after Near-ultraviolet Treatment. J. Biol. Chem. **234**, 688 (1959).

8. BIRCH, A. J., R. I. FRYER and H. SMITH: The Biosynthesis of Aurantiogliocladin, Rubriogliocladin and Gliorosein: a Possible Relation to the Biosynthesis of Ubiquinone (Coenzyme Q). Proc. Chem. Soc. (London) **1958**, 343.

9. BISHOP, N. I.: The Reactivity of a Naturally Occurring Quinone (Q-255) in Photochemical Reactions of Isolated Chloroplasts. Proc. Nat. Acad. Sci. (USA) **45**, 1696 (1959).

10. — The Possible Rôle of Plastoquinone (Q_{254}) in the Electron Transport System of Photosynthesis. Ciba Found. Sympos., Quinones in Electron Transport, p. 385. London: Churchill. 1961.

11. BOMSTEIN, R., R. GOLDBERGER and H. TISDALE: The Isolation of Cytochrome b from Beef Heart Mitochondria. Biochem. Biophys. Res. Comm. **2**, 234 (1960).

12. BOUMAN, J., E. C. SLATER, H. RUDNEY and J. LINKS: Ubiquinone and Tocopherylquinone. Biochim. Biophys. Acta **29**, 456 (1958).

13. BRAUDE, E. A.: Studies in Light Absorption. Part I. *p*-Benzoquinones. J. Chem. Soc. (London) **1945**, 490.

14. CAIN, J. C. and R. A. MORTON: Some Minor Constituents of Liver Oil. Biochemic. J. **60**, 274 (1955).

15. CHANCE, B.: Direct Spectrophotometric Assays of Ubiquinone — Coenzyme Q in Mitochondria. Federat. Proc. (Amer. Soc. exp. Biol.) **19**, 39 (1960).

16. CHANCE, B. and G. R. WILLIAMS: The Respiratory Chain and Oxidative Phosphorylation. Adv. Enzymology **17**, 65 (1956).

17. CLARK, V. M., G. W. KIRBY and A. TODD: Oxidative Phosphorylation: A Chemical Approach using Quinol Phosphates. Nature (London) **181**, 1650 (1958).

18. CLARK, V. M. and A. TODD: In vitro Phosphorylation Involving Oxidation of Quinol Phosphates. Ciba Found. Sympos., Quinones in Electron Transport, p. 190. London: Churchill. 1961.

19. CRANE, F. L.: Internal Distribution of Coenzyme Q in Higher Plants. Plant Physiol. **34**, 128 (1959) [Chem. Abstr. **53**, 11 544 (1959)].

20. — Quinones in Electron Transport. I. Coenzymatic Activity of Plastoquinone, Coenzyme Q and Related Quinones. Arch. Biochem. Biophys. **87**, 198 (1960).

21. — Isolation and Characterization of the Coenzyme Q (Ubiquinone) Group and Plastoquinone. Ciba Found. Sympos., Quinones in Electron Transport, p. 36. London: Churchill. 1961.

22. CRANE, F. L. and K. S. AMBE: A Requirement for Phospholipid in Restoration of Succinoxidase Activity by Mitoquinone (Q_{275}). Federat. Proc. (Amer. Soc. exp. Biol.) **17**, 207 (1958).

23. CRANE, F. L., J. L. GLENN and D. E. GREEN: Studies on the Electron Transfer System. IV. The Electron Transfer Particle. Biochim. Biophys. Acta **22**, 475 (1956).

24. CRANE, F. L., Y. HATEFI, R. L. LESTER and C. WIDMER: Isolation of a Quinone from Beef Heart Mitochondria. Biochim. Biophys. Acta **25**, 220 (1957).

25. CRANE, F. L., R. L. LESTER, C. WIDMER, Y. HATEFI, W. F. FECHNER and E. M. WELCH: Studies on the Electron Transport System. XVIII. Isolation of Coenzyme Q (Q_{275}) from Beef Heart and Beef Heart Mitochondria. Biochim. Biophys. Acta **32**, 73 (1959).

25a. CRANE, F. L., C. H. SHUNK, F. M. ROBINSON and K. FOLKERS: Coenzyme Q. IV. Coenzyme Activity of 6-Isoprenoid and other Derivatives of 2,3-Dimethoxy-5-methyl-benzoquinone. Proc. Soc. exp. Biol. Med. **100**, 597 (1959).

26. CRANE, F. L., C. WIDMER, R. L. LESTER, Y. HATEFI and W. FECHNER: Studies on the Electron Transport System. XV. Coenzyme Q (Q_{275}) and the Succinoxidase Activity of the Electron Transport Particle. Biochim. Biophys. Acta **31**, 476 (1959).

27. CRAVEN, R.: A Sensitive Colour Reaction for Certain Quinones. J. Chem. Soc. (London) **1931**, 1605.

28. CUNNINGHAM, N. F. and R. A. MORTON: Unsaponifiable Constituents of Liver; Ubiquinone and Substance SC in Various Species. Biochemic. J. **72**, 92 (1959).

29. DALLAM, R. D. and J. F. TAYLOR: Action of Quinones and Tocopherols in Oxidative Phosphorylations. Federat. Proc. (Amer. Soc. exp. Biol.) **18**, 210 (1959).

30. DIALAMEH, G. H. and R. E. OLSON: Incorporation of Acetate-1-^{14}C into Coenzyme Q. Federat. Proc. (Amer. Soc. exp. Biol.) **18**, 214 (1959).

31. DIPLOCK, A. T., J. BUNYAN, J. GREEN and E. E. EDWIN: Studies on Vitamin E. 7. The Effect of Thiamine, Riboflavin and Pantothenic Acid on Ubiquinone and Ubichromenol in the Rat. Biochemic. J. **79**, 105 (1961).

31a. DIPLOCK, A. T., E. E. EDWIN, J. GREEN, J. BUNYAN and S. MARCINKIEWICZ: Ubiquinones and Ubichromenols in the Rat. Nature (London) **186**, 554 (1960).

32. DIPLOCK, A. T., J. GREEN, E. E. EDWIN and J. BUNYAN: Studies on Vitamin E. 4. The Simultaneous Determinations of Tocopherols, Ubiquinones and Ubichromenols (Substance SC) in Animal Tissues: A Reconsideration of the Keilin-Hartree Heart Preparation. Biochemic. J. **76**, 563 (1960).

33. DONALDSON, K. O., A. NASON and R. H. GARRETT: The Rôle of Lipides in Electron Transport. IV. Tocopherol as a Specific Cofactor of Mammalian Cytochrome c Reductase. J. Biol. Chem. **233**, 572 (1958).

34. DRAPER, H. H. and A. S. CSALLANY: On the Natural Occurrence of Ubichromenol. Biochem. Biophys. Res. Comm. **2**, 307 (1960).

35. EDWARDS, S. W. and E. G. BALL: The Action of Phospholipases on Succinate Oxidase and Cytochrome Oxidase. J. Biol. Chem. **209**, 619 (1954).

36. EDWIN, E. E., A. T. DIPLOCK, J. BUNYAN and J. GREEN: Studies on Vitamin E. 6. The Distribution of Vitamin E in the Rat and the Effect of α-Tocopherol and Dietary Selenium on Ubiquinone and Ubichromenol in Tissues. Biochemic. J. **79**, 91 (1961).

37. EICHEL, B., W. W. WAINIO, P. PERSON and S. J. COOPERSTEIN: A Partial Separation and Characterization of Cytochrome Oxidase and Cytochrome b. J. Biol. Chem. **183**, 89 (1950).

38. ERICKSON, R. E., K. S. BROWN, Jr., D. E. WOLF and K. FOLKERS: Coenzyme Q. XX. Isolation of Coenzymes Q_9 and Q_{10} from two Basidiomycetes. Arch. Biochem. Biophys. **90**, 314 (1960).

39. FAHMY, N. I.: Thesis, Univ. Liverpool, 1958.

40. FESTENSTEIN, G. N., F. W. HEATON, J. S. LOWE and R. A. MORTON: A Constituent of the Unsaponifiable Portion of Animal Tissue Lipids (λ_{max} 272 mμ). Biochemic. J. **59**, 558 (1955).

41. Folkers, K., C. H. Shunk, B. O. Linn, N. R. Trenner, D. E. Wolf, C. H. Hoffman, A. C. Page, Jr., and F. R. Koniuszy: Coenzyme Q. XXIII. Organic and Biological Studies. Ciba Found. Sympos., Quinones in Electron Transport, p. 100. London: Churchill. 1961.

42. Furter, M.: Qualitative Mikromethode zur Identifizierung von Alkylgruppen, die an Sauerstoff oder Stickstoff gebunden sind. Beiträge zur Mikro-Zeisel-Methodik, I. Helv. Chim. Acta 21, 872 (1938).

42a. Gale, P. H., F. R. Koniuszy, A. C. Page, Jr., K. Folkers and H. Siegel: Coenzyme Q. XXIV. On the Significance of Coenzyme Q_{10} in Human Tissues. Arch. Biochem. Biophys. 93, 211 (1961).

43. Gloor, U., O. Isler, R. A. Morton, R. Rüegg und O. Wiss: Die Struktur des Ubichinons aus Hefe. Helv. Chim. Acta 41, 2357 (1958).

44. Gloor, U., O. Schindler und O. Wiss: Die Beteiligung der Mevalonsäure an der Biosynthese der Ubichinone in der Ratte. Helv. Chim. Acta 43, 2089 (1960).

45. Gloor, U. und O. Wiss: Zur Biosynthese des Ubichinons. Experientia 14, 410 (1958).

46. — — On the Biosynthesis of Ubiquinone-(50). Arch. Biochem. Biophys. 83, 216 (1959).

47. — — Influence of Vitamin A Deficiency on the Biosynthesis of Cholesterol, Squalene and Ubiquinone. Biochem. Biophys. Res. Comm. 1, 182 (1959).

48. — — Ubiquinones and Solanesol in Human and Rat Tissues. Biochem. Biophys. Res. Comm. 2, 222 (1960).

49. Green, D. E.: Studies in Organized Enzyme Systems. Harvey Lect. 52, 177 (1956/57).

50. — Electron Transport and Oxidative Phosphorylation. Adv. Enzymology 21, 73 (1959).

51. Green, D. E. and Y. Hatefi: The Mitochondrion and Biochemical Machines. Science (Washington) 133, 13 (1961).

52. Green, D. E. and J. Järnefelt: Enzymes and Biological Organization. Perspectives in Biol. Med. 2, 163 (1959) [Chem. Abstr. 53, 14173 (1959)].

53. Green, D. E., J. Järnefelt and H. D. Tisdale: Studies on the Electron Transport System. XIV. The Isolation and Properties of Soluble Cytochrome c_1. Biochim. Biophys. Acta 31, 34 (1959).

54. — — — Studies on the Electron Transport System. XIV. The Isolation and Properties of Soluble Cytochrome c_1. Addendum. Biochim. Biophys. Acta 38, 160 (1960).

55. Green, D. E. and R. L. Lester: Rôle of Lipides in the Mitochondrial Electron Transport System. Federat. Proc. (Amer. Soc. exp. Biol.) 18, 987 (1959).

56. Green, D. E., D. M. Ziegler and K. A. Doeg: Sequence of Components in the Succinic Chain of the Mitochondrial Electron Transport System. Arch. Biochem. Biophys. 85, 280 (1959).

57. Green, J., A. T. Diplock, J. Bunyan and E. E. Edwin: Studies on Vitamin E. 8. Vitamin E, Ubiquinone and Ubichromenol in the Rabbit. Biochemic. J. 79, 108 (1961).

58. Green, J., E. E. Edwin, A. T. Diplock and D. McHale: The Conversion of Ubiquinone to Ubichromenol. Biochem. Biophys. Res. Comm. 2, 269 (1960).

59. Green, J., S. A. Price and L. Gare: Tocopherols in Microorganisms. Nature (London) 184, 1339 (1959).

60. Hadler, H. I.: An Hypothesis for Oxidative Phosphorylation. Experientia 17, 268 (1961).

61. HARRISON, K.: A Theory of Oxidative Phosphorylation. Nature (London) 181, 1131 (1958).
62. HATEFI, Y., R. L. LESTER, F. L. CRANE and C. WIDMER: Studies on the Electron Transport System. XVI. Enzymic Oxidoreduction Reactions of Coenzyme Q. Biochim. Biophys. Acta 31, 490 (1959).
63. HATEFI, Y. and F. QUIROS-PEREZ: Studies on the Electron Transport System. XVII. Effects of Adenosine Diphosphate and Inorganic Phosphate on the Steady-state Oxidoreduction Level of Coenzyme Q. Biochim. Biophys. Acta 31, 502 (1959).
64. HEATON, F. W., J. S. LOWE and R. A. MORTON: The Alleged Occurrence of Vitamin A in Baker's Yeast. J. Chem. Soc. (London) 1956, 4094.
65. — — — Aspects of Vitamin A Deficiency in the Rat. Biochemic. J. 67, 208 (1957).
66. HENBEST, H. B., G. D. MEAKINS, B. NICHOLLS and A. A. WAGLAND: The C—H Stretching Bands of Methoxyl Groups. J. Chem. Soc. (London) 1957, 1462.
67. HENDLIN, D. and T. M. COOK: The Activity of Coenzyme Q_{10} and its Analogues in the Succinoxidase System of Electron Transport Particles. J. Biol. Chem. 235, 1187 (1960).
68. HOFFMAN, C. H., N. R. TRENNER, D. E. WOLF and K. FOLKERS: Coenzyme Q. XXI. Conversion of Coenzyme Q_{10} into the Corresponding Chromanol. J. Amer. Chem. Soc. 82, 4744 (1960).
69. JACOBS, E. E. and F. L. CRANE: Phosphorylation Coupled to Electron Transport Initiated by Quinones. Federat. Proc. (Amer. Soc. exp. Biol.) 19, 38 (1960).
70. JOEL, C. D., M. L. KARNOVSKY, E. G. BALL and O. COOPER: Lipide Components of the Succinate and Reduced Diphosphopyridine Nucleotide Oxidase System. J. Biol. Chem. 233, 1565 (1958).
71. JOHNSON, B. C., Q. CRIDER, C. H. SHUNK, B. O. LINN, E. L. WONG and K. FOLKERS: The Biological Activity of DL-Ubichromenol and an Analogous DL-Ubichromanol in Vitamin E Deficiencies. Biochem. Biophys. Res. Comm. 5, 309 (1961).
72. ISLER, O., R. RÜEGG, L. H. CHOPARD-DIT-JEAN, A. WINTERSTEIN und O. WISS: Synthese und Isolierung von Vitamin K_2 und isoprenologen Verbindungen. Helv. Chim. Acta 41, 786 (1958).
73. ISLER, O., R. RÜEGG and A. LANGEMANN: Natural Quinones with Isoprenoid Side Chains. Chem. Weekbl. 56, 613 (1960).
74. KEILIN, D. and E. F. HARTREE: Relation between Certain Components of the Cytochrome System. Nature (London) 176, 200 (1955).
75. KIELLEY, W. W. and. J. R. BRONK: Oxidative Phosphorylation in Mitochondrial Fragments Obtained by Sonic Vibration. J. Biol. Chem. 230, 521 (1958).
76. KOFLER, M.: Über ein pflanzliches Chinon. Festschrift Emil Christoph Barell, S. 199. Basel: 1946 [Chem. Abstr. 41, 2209 (1947)].
77. KOFLER, M., A. LANGEMANN und R. RÜEGG: Die Struktur eines pflanzlichen Chinons mit isoprenoider Seitenkette. Chimia 13, 115 (1959) [Chem. Abstr. 53, 17005 (1959)].
78. KOFLER, M., A. LANGEMANN, R. RÜEGG, L. H. CHOPARD-DIT-JEAN, A. RAYROUD und O. ISLER: Die Struktur eines pflanzlichen Chinons mit isoprenoider Seitenkette. Helv. Chim. Acta 42, 1283 (1959).
79. KOFLER, M., A. LANGEMANN, R. RÜEGG, U. GLOOR, U. SCHWIETER, J. WÜRSCH, O. WISS und O. ISLER: Struktur und Partialsynthese des pflanzlichen Chinons mit isoprenoider Seitenkette. Helv. Chim. Acta 42, 2252 (1959).

80. Koniuszy, F. R., P. H. Gale, A. C. Page, Jr. and K. Folkers: Coenzyme Q. XIII. Isolation, Assay and Human Urinary Levels of Coenzyme Q_{10}. Arch. Biochem. Biophys. **87**, 298 (1960).

81. Laidman, D. L., R. A. Morton, J. Y. F. Paterson and J. F. Pennock: Ubichromenol: A Naturally Occurring Cyclic Isomer of Ubiquinone. Chem. and Ind. **1959**, 1019.

82. — — — — Substance SC (Ubichromenol): A Naturally-occurring Cyclic Isomeride of Ubiquinone-(50). Biochemic. J. **74**, 541 (1960).

83. Lawson, D. E. M., E. I. Mercer, J. Glover and R. A. Morton: Biosynthesis of Ubiquinone in the Rat. Biochemic. J. **74**, 38 P (1960).

83a. Lawson, D. E. M., D. R. Threlfall, J. Glover and R. A. Morton: Biosynthesis of Ubiquinone in the Rat. Biochemic. J. **79**, 201 (1961).

84. Lehninger, A. L., C. L. Wadkins, C. Cooper, T. M. Devlin and J. L. Gamble, Jr.: Oxidative Phosphorylation. Science (Washington) **128**, 450 (1958).

84a. Leonhäuser, S., K. Leybold, K. Krisch, Hj. Staudinger, P. H. Gale, A. C. Page, Jr., and K. Folkers: On the Presence and Significance of Coenzyme Q in Microsomes. Arch. Biochem. Biophys. (in press).

85. Lester, R. L. and F. L. Crane: The Natural Occurrence of Coenzyme Q and Related Compounds. J. Biol. Chem. **234**, 2169 (1959).

86. Lester, R. L., F. L. Crane and Y. Hatefi: Coenzyme Q: A New Group of Quinones. J. Amer. Chem. Soc. **80**, 4751 (1958).

87. Lester, R. L., F. L. Crane, E. M. Welch and W. F. Fechner: Studies on the Electron Transport System. XIX. The Isolation of Coenzyme Q from *Azotobacter vinelandii* and *Torula utilis.* Biochim. Biophys. Acta **32**, 492 (1959).

88. Lester, R. L. and S. Fleischer: The Specific Restoration of Succinoxidase Activity by Coenzyme Q Compounds in Acetone-extracted Mitochondria. Arch. Biochem. Biophys. **80**, 470 (1959).

89. Lester, R. L., T. Ramasarma and E. M. Welch: Chromatography of the Coenzyme Q Family of Compounds on Silicone-impregnated Paper. J. Biol. Chem. **234**, 672 (1959).

90. Lindlar, H.: Ein neuer Katalysator für selektive Hydrierungen. Helv. Chim. Acta **35**, 446 (1952).

91. Links, J.: The Conversion of Ubiquinone to Ubichromenol. Biochim. Biophys. Acta **38**, 193 (1960).

92. Linn, B. O., A. C. Page, Jr., E. L. Wong, P. H. Gale, C. H. Shunk and K. Folkers: Coenzyme Q. VII. Isolation and Distribution of Coenzyme Q_{10} in Animal Tissues. J. Amer. Chem. Soc. **81**, 4007 (1959).

93. Linn, B. O., N. R. Trenner, B. H. Arison, R. G. Weston, C. H. Shunk and K. Folkers: Coenzyme Q. XII. Ethoxy Homologs of Coenzyme Q_{10}. Artifact of Isolation. J. Amer. Chem. Soc. **82**, 1647 (1960).

94. Linn, B. O., N. R. Trenner, C. H. Shunk and K. Folkers: Coenzyme Q. VI. Ethoxy Homologs of Coenzyme Q_{10}. Artifact of Isolation. J. Amer. Chem. Soc. **81**, 1263 (1959).

95. Linnane, A. W. and D. M. Ziegler: Studies on the Mechanism of Oxidative Phosphorylation. V. The Phosphorylation Properties of the Electron Transport Particle. Biochim. Biophys. Acta **29**, 630 (1958).

96. Lowe, J. S., R. A. Morton, N. F. Cunningham and J. Vernon: Vitamin A Deficiency in the Fowl. Biochemic. J. **67**, 215 (1957).

97. Lowe, J. S., R. A. Morton and R. G. Harrison: Aspects of Vitamin A Deficiency in Rats. Nature (London) **172**, 716 (1953).

98. Lowe, J. S., R. A. Morton and J. Vernon: Unsaponifiable Constituents of Kidney in Various Species. Biochemic. J. **67**, 228 (1957).

99. Martius, C.: Zur Biochemie der K-Vitamine. Angew. Chem. **73**, 597 (1961).

100. Martius, C. und H. Eilingsfeld: Über die Konstitution des sogenannten „Tokopheroxyds". Biochem. Z. **328**, 507 (1957).

101. Martius, C. und D. Nitz-Litzow: Oxydative Phosphorylierung und Vitamin K-Mangel. Biochim. Biophys. Acta **13**, 152 (1954).

102. — — Über den Nachweis einer Wirkung von Vitamin K_1 in vitro auf die oxydative Phosphorylierung. Biochim. Biophys. Acta **13**, 289 (1954).

103. McMurray, W. C., G. F. Maley and H. A. Lardy: Oxidative Phosphorylation by Sonic Extracts of Mitochondria. J. Biol. Chem. **230**, 219 (1958).

104. Mervyn, L.: Thesis, Univ. Liverpool, 1957.

105. Mervyn, L. and R. A. Morton: Minor Unsaponifiable Constituents of Normal and Diseased Human Kidneys. Biochemic. J. **68**, 26 P (1958).

106. Moore, T. and K. R. Rajagopal: The Spectroscopic Detection of Vitamin E in the Tissues of the Rat. Biochemic. J. **34**, 335 (1940).

107. Morice, I. M.: The Unsaponifiable Matter of Butter Fat. J. Chem. Soc. (London) **1951**, 1200.

108. Morton, R. A.: The Modes of Action of Vitamin A. J. Sci. Food Agric. **6**, 349 (1955) [Chem. Abstr. **49**, 13390 (1955)].

109. — Minor Constituents of Unsaponifiable Fractions of Kidney, Liver and Other Tissues from Various Species. In: G. Popják and E. Le Breton, Biochemical Problems of Lipids, p. 395. London: Butterworths Sci. Publ. 1956.

110. — Ubiquinone. Nature (London) **182**, 1764 (1958).

111. Morton, R. A., U. Gloor, O. Schindler, G. M. Wilson, L. H. Chopard-dit-Jean, F. W. Hemming, O. Isler, W. M. F. Leat, J. F. Pennock, R. Rüegg, U. Schwieter und O. Wiss: Die Struktur des Ubichinons aus Schweineherzen. Helv. Chim. Acta **41**, 2343 (1958).

112. Morton, R. A. and W. E. J. Phillips: Unsaponifiable Constituents of Liver, Kidney and Heart Tissues from Vitamin E-Deficient Rats Compared with α-Tocopherol-Supplemented Rats. Biochemic. J. **73**, 427 (1959).

113. Morton, R. A., G. M. Wilson, J. S. Lowe and W. M. F. Leat: Ubiquinone. Chem. and Ind. **1957**, 1649.

114. — — — — Nature and Properties of SA (Ubiquinone). Biochemic. J. **68**, 16 P (1958).

115. Nason, A. and I. R. Lehman: Tocopherol as an Activator of Cytochrome c Reductase. Science (Washington) **122**, 19 (1955).

116. — — The Rôle of Lipides in Electron Transport. II. Lipide Cofactor Replaceable by Tocopherol for the Enzymatic Reduction of Cytochrome c. J. Biol. Chem. **222**, 511 (1956).

117. Nygaard, A. P.: Factors Involved in the Enzymatic Reduction of Cytochrome c. J. Biol. Chem. **204**, 655 (1953).

118. Olson, R. E., G. H. Dialameh and R. Bentley: Biosynthesis of Coenzyme Q_9 in the Rat. Federat. Proc. (Amer. Soc. exp. Biol.) **19**, 220 (1960).

119. Page, A. C., Jr., P. H. Gale, J. Huff and K. Folkers: Coenzyme Q. Discovery and Sequence of the Mevalonic Acid, Including Coenzyme Q_{10}. Abstr. Papers, Amer. Chem. Soc. Meeting, Boston, April 1959, p. 41 C.

120. Page, A. C., Jr., P. H. Gale, H. Wallick, R. B. Walton, L. E. McDaniel, H. B. Woodruff and K. Folkers: Coenzyme Q. XVII. Isolation of Coenzyme Q_{10} from Bacterial Fermentation. Arch. Biochem. Biophys. **89**, 318 (1960).

121. PAGE, A. C., Jr., B. O. LINN, P. H. GALE, E. L. WONG, C. H. SHUNK and K. FOLKERS: Coenzyme Q. V. Distribution of Coenzyme Q_{10} in Animal Tissues. Federat. Proc. (Amer. Soc. exp. Biol.) **18**, 297 (1959).

122. PAGE, A. C., Jr., M. C. SMITH, P. H. GALE, D. POLIN and K. FOLKERS: Coenzyme Q. XXVIII. Activity of the Coenzyme Q Group in Sperm Motility. Biochem. Biophys. Res. Comm. **6**, 141 (1961).

123. PLANTA, C. V., E. BILLETER und M. KOFLER: Anwendung der Protonenresonanz zur Strukturaufklärung und Identifizierung natürlich vorkommender und synthetischer Chinone mit isoprenoider Seitenkette. Helv. Chim. Acta **42**, 1278 (1959).

124. POLLARD, C. J. and J. G. BIERI: Nature of the Inactivation by Isooctane Extraction of Enzymes of the Respiratory Chain. Biochim. Biophys. Acta **30**, 658 (1958).

125. — — Further Observations on the Effect of Isooctane on Respiratory Enzymes. J. Biol. Chem. **234**, 1907 (1959).

126. PUDELKIEWICZ, W. J. and L. D. MATTERSON: Effect of Coenzyme Q_{10} on the Determination of Tocopherol in Animal Tissue. J. Biol. Chem. **235**, 496 (1960).

127. PUMPHREY, A. M. and E. R. REDFEARN: A Method for Determining the Concentration of Ubiquinone in Mitochondrial Preparations. Biochemic. J. **76**, 61 (1960).

128. PUMPHREY, A. M., E. R. REDFEARN and R. A. MORTON: Ubiquinone, an Active Component of the Respiratory Chain. Chem. and Ind. **1958**, 978.

129. RAMIREZ, F. and S. DERSHOWITZ: Reaction of Dialkyl Phosphites with Quinones. J. Organ. Chem. (USA) **22**, 1282 (1957).

130, REDFEARN, E. R.: Electron Transport and Oxidative Phosphorylation. Annu. Rep. Progr. Chem. **57**, 395 (1960).

131. — The Possible Rôle of Ubiquinone (Coenzyme Q) in the Respiratory Chain. Ciba Found. Sympos., Quinones in Electron Transport, p. 346. London: Churchill. 1961.

132. REDFEARN, E. R. and A. M. PUMPHREY: The Reactivation of the Succinate-Cytochrome c Reductase of a Heart-muscle Preparation Extracted with Isooctane. Biochim. Biophys. Acta **30**, 437 (1958).

133. — — The Kinetics of Ubiquinone Reactions in Heart-muscle Preparations. Biochemic. J. **76**, 64 (1960).

134. REDFEARN, E. R., A. M. PUMPHREY and G. H. FYNN: The Mechanism of Reactivation of Enzyme Systems in Mitochondrial Preparations Treated with Organic Solvents. Biochim. Biophys. Acta **44**, 404 (1960).

135. ROWLAND, R. L.: Flue-cured Tobacco. III. Solanachromene and α-Tocopherol. J. Amer. Chem. Soc. **80**, 6130 (1958).

136. ROWLAND, R. L., P. H. LATIMER and J. A. GILES: Flue-cured Tobacco. I. Isolation of Solanesol, an Unsaturated Alcohol. J. Amer. Chem. Soc. **78**, 4680 (1956).

137. RUDNEY, H.: The Stimulation of Photophosphorylation by Coenzyme Q_2 and Q_3 in Chromatophores of *Rhodospirillum rubrum*. J. Biol. Chem. **236**, PC 39 (1961).

138. RUDNEY, H. and T. SUGIMURA: The Biosynthesis of Ubiquinone (Coenzyme Q) in Rats. Federat. Proc. (Amer. Soc. exp. Biol.) **19**, 144 (1960).

139. — — Studies on the Biosynthesis of the Ubiquinone (Coenzyme Q) Series in Animals and Microorganisms. Ciba Found. Sympos., Quinones in Electron Transport, p. 211. London: Churchill. 1961.

140. RÜEGG, R., U. GLOOR, R. N. GOEL, G. RYSER, O. WISS und O. ISLER: Synthese von Ubichinon-(45) und Ubichinon-(50). Helv. Chim. Acta **42**, 2616 (1959).

140a. SASTRY P. SESHADRI, J. JAYARAMAN and T. RAMASARMA: Distribution of Coenzyme Q in Rat Liver Cell Fractions. Nature (London) **189**, 577 (1961).

141. SAUNDERS, R. A. and D. C. SMITH: Infrared Spectra and Structure of Hevea and Gutta Elastomers. J. Appl. Physics **20**, 953 (1949) [Chem. Abstr. **44**, 36 (1950)].

142. SCHIEFER, H.-G. und C. MARTIUS: Über die Synthese von Vitaminen der K_2-Reihe und von Ubichinonen (aus Methylnaphthochinon bzw. Dimethoxy-methylbenzochinon) in Zellkulturen. Biochem. Z. **333**, 454 (1960).

143. SCHNEIDER, W. C.: Mitochondrial Metabolism. Adv. Enzymology **21**, 1 (1959).

144. SHUNK, C. H., R. E. ERICKSON, E. L. WONG and K. FOLKERS: Coenzyme Q. X. Synthesis of Coenzyme Q_9, 2,3-Dimethyl-5-solanesyl-benzoquinone (Q_{254}), and a Vitamin K Analog. J. Amer. Chem. Soc. **81**, 5000 (1959).

145. SHUNK, C. H., B. O. LINN, E. L. WONG, P. E. WITTREICH, F. M. ROBINSON and K. FOLKERS: Coenzyme Q. II. Synthesis of 6-Farnesyl- and 6-Phytyl-derivatives of 2,3-Dimethoxy-5-methylbenzoquinone and Related Analogs. J. Amer. Chem. Soc. **80**, 4753 (1958).

146. SHUNK, C. H., J. F. McPHERSON and K. FOLKERS: Coenzyme Q. XIV. Ractions of Ethyl Cyanoacetate with Dimethoxybenzoquinones. J. Organ. Chem. (USA) **25**, 1053 (1960).

146a. — — — Coenzyme Q. XXIX. Monophosphate of Dihydrocoenzyme Q_{10}. Biochem. Biophys. Res. Comm. **6**, 124 (1961).

147. SHUNK, C. H., N. R. TRENNER, C. H. HOFFMAN, D. E. WOLF and K. FOLKERS: Coenzyme Q. XVIII. 7,8-Dimethoxy-2,5-dimethyl-2-(4′,8′,12-trimethyltri-decyl)-6-chromanol. Biochem. Biophys. Res. Comm. **2**, 427 (1960).

147a. SHUNK, C. H., D. E. WOLF, J. F. McPHERSON, B. O. LINN and K. FOLKERS: Coenzyme Q. XIX. Alkoxy Homologs of Coenzyme Q_{10} from Methoxy Group Exchange. J. Amer. Chem. Soc. **82**, 5914 (1960).

148. SLATER, E. C.: The Constitution of the Respiratory Chain in Animal Tissues. Adv. Enzymology **20**, 147 (1958).

149. — The Possible Rôle of Vitamin E in the Respiratory Chain. Wiss. Veröffentl. dtsch. Ges. Ernährung **4**, 52 (1959) [Chem. Abstr. **54**, 14395 (1960)].

150. STOFFEL, W. und C. MARTIUS: Zur Synthese der K-Vitamine und Ubichinone. Angew. Chem. **72**, 627 (1960).

151. — — Über den Mechanismus der Bildung von Vitaminen der K_2-Reihe und von Ubichinonen durch enzymatische Alkylierung der entsprechenden in 3-Stellung unsubstituierten Chinone. Biochem. Z. **333**, 440 (1960).

152. SUGIMURA, T. and H. RUDNEY: The Adaptive Formation of Ubiquinone-(30) (Coenzyme Q_6) in Yeast. Biochim. Biophys. Acta **37**, 560 (1960).

153. THOMSON, R. H.: Studies in the Juglone Series. II. Hydroxy- and Hydroxy-halogeno-derivatives. J. Organ. Chem. (USA) **13**, 870 (1948).

154. TRENNER, N. R., B. H. ARISON, R. E. ERICKSON, C. H. SHUNK, D. E. WOLF and K. FOLKERS: Coenzyme Q. VIII. Structure Studies on a Plant Quinone. J. Amer. Chem. Soc. **81**, 2026 (1959).

155. VISCHER, E. B.: The Structures of Aurantio- and Rubro-gliocladin and Glio-rosein. J. Chem. Soc. (London) **1953**, 815.

156. WEBER, F., U. GLOOR und O. WISS: Über den Mechanismus der Reaktivierung der Bernsteinsäure-Cytochrom-c-Reduktase durch die Vitamine E und K. Helv. Chim. Acta **41**, 1038 (1958).

157. — — — Die Reaktivierung der Bernsteinsäure-Cytochrom-c-Reduktase durch Vitamin K_1, 2-Methyl-1,4-naphthochinon und Ubichinon. Helv. Chim. Acta **41**, 1046 (1958).

158. Weber, F. und O. Wiss: Die Reaktivierung der Bernsteinsäure-Cytochrom-c-Reduktase durch die Vitamine K_1 und K_2 und deren Isoprenologen. Helv. Chim. Acta **42**, 217 (1959).

159. — — Hemmung der Bernsteinsäure-Cytochrom-c Reduktase und deren Reaktivierung durch isoprenartige Verbindungen. Helv. Chim. Acta **42**, 1292 (1959).

160. Widmer, C. and F. L. Crane: A Lipid-soluble Form of Cytochrome c from the Electron Transport Particle of Beef-heart Mitochondria. Biochim. Biophys. Acta **27**, 203 (1958).

161. Wilson, G. M.: Thesis, Univ. Liverpool, 1956.

162. Wiss, O.: Ubichinone, eine neue Klasse fettlöslicher Wirkstoffe. Wiss. Veröffentl. dtsch. Ges. Ernährung **4**, 84 (1959).

163. Wiss, O., U. Gloor and F. Weber: Biosynthesis of Ubiquinones. Ciba Found. Sympos., Quinones in Electron Transport, p. 264. London: Churchill. 1961.

164. — — Vitamin A Function in Ubiquinone and Cholesterol Biosynthesis. Amer. J. Clin. Nutrit. **9**, 27 (1961).

165. Wolf, D. E., C. H. Hoffman, N. R. Trenner, B. H. Arison, C. H. Shunk, B.·O. Linn, J. F. McPherson and K. Folkers: Coenzyme Q. I. Structure Studies on the Coenzyme Q Group. J. Amer. Chem. Soc. **80**, 4752 (1958).

166. Ziegler, D. M. and K. A. Doeg: The Isolation and Properties of a Soluble Succinic Coenzyme Q Reductase from Beef Heart Mitochondria. Biochem. Biophys. Res. Comm. **1**, 344 (1959).

167. — — Isolation of a Functionally Intact Succinic Dehydrogenase-Cytochrome b Complex from Beef-heart Mitochondria. Arch. Biochem. Biophys. **85**, 282 (1959).

168. Ziegler, D. M., D. E. Green and K. A. Doeg: Studies on the Electron Transfer System. XXV. The Isolation and Properties of a Lipoflavoprotein with Diaphorase Activity from Beef Heart Mitochondria. J. Biol. Chem. **234**, 1916 (1959).

169. Ziegler, D. M., A. W. Linnane, D. E. Green, C. M. S. Dass and H. Ris: Studies on the Electron Transport System. XI. Correlation of the Morphology and Enzymic Properties of Mitochondrial and Sub-mitochondrial Particles. Biochim. Biophys. Acta **28**, 524 (1958).

(Eingelaufen am 19. Dezember 1961.)

Naturally Occurring Aromatic Derivatives of Monocyclic α-Pyrones.

By Walter B. Mors, Mauro Taveira Magalhães
and Otto Richard Gottlieb, Rio de Janeiro.

Contents.

Acknowledgments. The authors wish to express their indebtedness to Dr. Fausto Aita Gai for encouragement and support of plant chemical research under his direction at the Instituto de Química Agrícola, Rio de Janeiro. Recognition is also due to the Conselho Nacional de Pesquisas, Brasil, for financial assistance.

9*

I. Introduction and Historical Development.

Condensed ring α-pyrones (coumarins and their derivatives) are widely distributed in nature and have been reviewed extensively (26, 76). In recent years the apparently much less numerous monocyclic α-pyrones have attracted considerable attention. These can be conveniently divided into two classes, according to their substituents: terpenoid and aromatic. The first include the toad poisons and squill glucosides and have already been the object of comprehensive progress reports (30, 82). On the other hand, a review of the aryl-pyrones and their partially hydrogenated derivatives is still lacking. They are the subject of the present article.

An interesting feature of these compounds, whose significance will be discussed in Chapter VI (p. 158), is the presence, in most representatives, of a methoxyl group at carbon atom 4 of the heterocycle. Only two substances have been isolated so far which lack this function, namely phenylcoumalin (I) and paracotoin (II) (Table 1, p. 134).

In 1876 Jobst (44, 45) obtained paracotoin from the so called "false coto bark" which at that time occasionally entered Europe as a substitute for the genuine drug. Paracotoin was later identified also as a minor constituent of the true coto (20), accompanying relatively much larger amounts of phenylcoumalin (19). Both true and false coto are indigenous to Bolivia, but their botanical identity was not known at that time.

Aryl-α-pyrones and dihydropyrones with a methoxyl group in position 4 began to be recognized at the beginning of this century when Borsche started his investigations on the constituents of kawa resin. Some of these were already known at that time but were chemically ill defined. Others were isolated by Borsche in the course of his work, which was to extend itself over a period of twenty years.

Kawa resin is extracted from the root of the kawa shrub, *Piper methysticum* Forst. (family Piperaceae), indigenous to Polynesia, where it constitutes the raw material for an intoxicating beverage used in feasts and rituals.

The first substance to be submitted to a thorough chemical examination by Borsche and his school was yangonin (VII, p. 134), discovered already in 1874 by Nölting and Kopp (72). The name yangonin is due to Lewin (60).

As can be seen in Table 1, yangonin is 4-methoxy-6-[p-methoxy-β-styryl]-α-pyrone. Although Borsche interpreted correctly the structures of all the other substances isolated by him from kawa, he failed to recognize the true nature of yangonin and formulated it as a γ-pyrone (7). The correct structure (VII) was established much later by Chmielewska and Cieślak (16, 17).

Of the remaining components of the drug, methysticin (XI) had been isolated in 1860 independently by Cuzent (23, 24), Gobley (32) and

O'RORKE (73). Dihydromethysticin (XIII) was discovered by WINZHEIMER in 1908 (89), who named the compound ψ-methysticin. BORSCHE (11) proceeded to isolate kawain (X) and dihydrokawain (XII), and established the structures of all these compounds as 5,6-dihydro-α-pyrones.

Quite recently still another component was added to this list when KLOHS et al. reinvestigated kawa root. This substance, at first described as "compound A" (55), has been found to be the fully unsaturated α-pyrone 5,6-dehydrokawain (VI) (35, 36, 54).

Compound (VI) (33, 34) and several additional new members of this class of compounds were described in recent years as the result of our own investigations of the South American rosewoods and related species.

These rosewood trees belong to the family Lauraceae, and the essential oil distilled from their wood has long been an article of commerce (39). Their botanical identity was uncertain for many years, but it is now accepted that the "bois de rose" from French Guiana and adjacent areas is *Aniba rosaeodora* DUCKE and the Brazilian "páu rosa" from the lower Amazon basin is *A. Duckei* KOSTERMANS (*A. rosaeodora* var. *amazonica* DUCKE) (28, 56).

Thirty-two other species of the genus *Aniba* are known today. Some of them, like *A. firmula* (NEES) MEZ and *A. fragrans* DUCKE, have fragrant wood and find use in popular perfumery. The wood and bark of *A. canelilla* (H. B. K.) KOSTERMANS have an odor and flavor reminiscent of cinnamon and were the object of the curiosity of the earliest explorers of the Amazon (65).

Finally, the already mentioned cotos, long used as drugs for the symptomatic treatment of tuberculosis and diarrhoea (64), have been found to belong to the same genus. Thus, the genuine coto is *A. coto* (RUSBY) KOSTERMANS and the false, or paracoto, is *A. pseudocoto* (RUSBY) KOSTERMANS (56).

II. Structural Elucidation.

1. α-Pyrones not Methoxylated at $C_{(4)}$.

Alkaline degradation was the key method in the structural elucidation of all these compounds. CIAMICIAN and SILBER (18, 19) identified acetopiperone and piperonylic acid among the products of alkali treatment of paracotoin (II). Similarly, the same authors found benzophenone and benzoic acid on analogous procedure with phenylcoumalin (I). From the empirical formulas and the general behavior of the substances, which pointed to a lactone nature, they implied and proposed structures (I) and (II).

Final proof for the α-pyrone nature of the lactone ring was brought forward by LEBEN (59) and SEVERINI (80). These authors succeeded in replacing the ring oxygen of phenylcoumalin by nitrogen, by boiling with ammonium acetate in glacial acetic acid. The resulting phenylpyridone could be reduced by distillation with zinc dust to 2-phenyl-

Table 1. Naturally Occurring Aromatic Derivatives of Monocyclic α-Pyrones, known at the End of 1961 and Arranged according to Structural Characteristics.

(XII.) Dihydrokawain.

(X.) Kawain.

(VI.) 5,6-Dehydrokawain.

(VII.) Yangonin.

(VIII.) 11-Methoxy-yangonin.

(III.) 4-Methoxyphenyl-coumalin.

(I.) Phenylcoumalin.

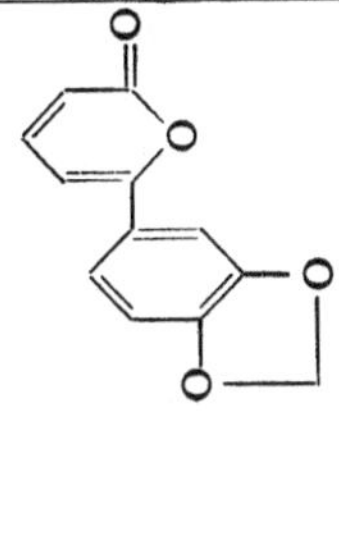

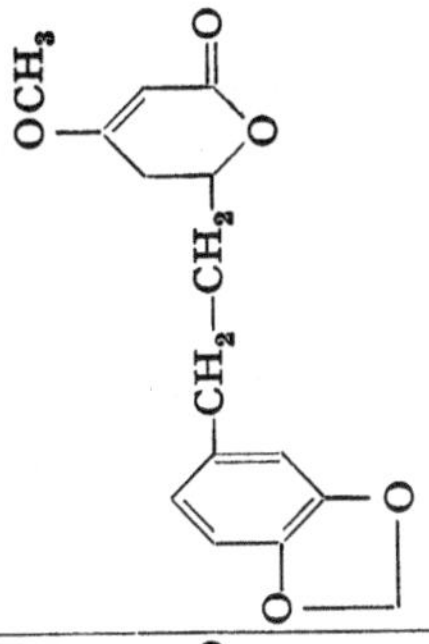

(XIII.) Dihydromethysticin.

(XI.) Methysticin.

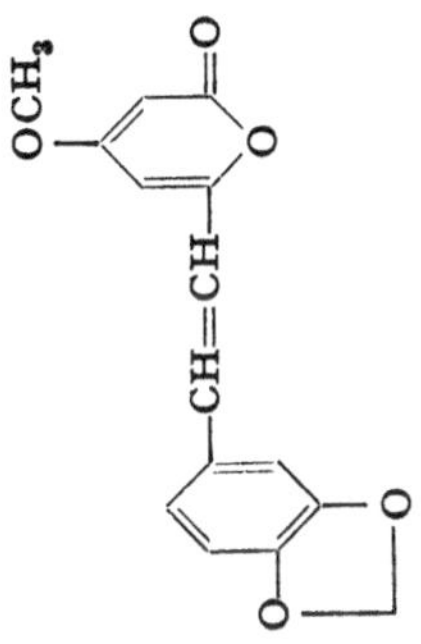

(IX.) 5,6-Dehydromethysticin.

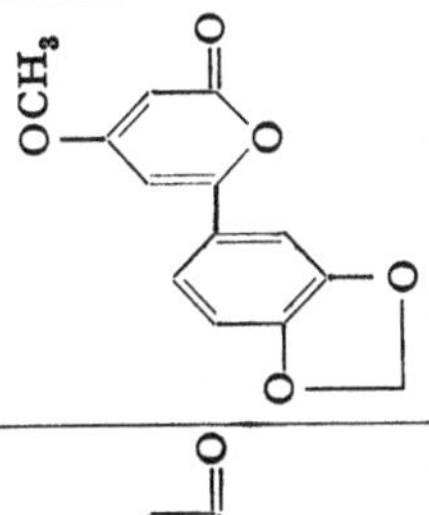

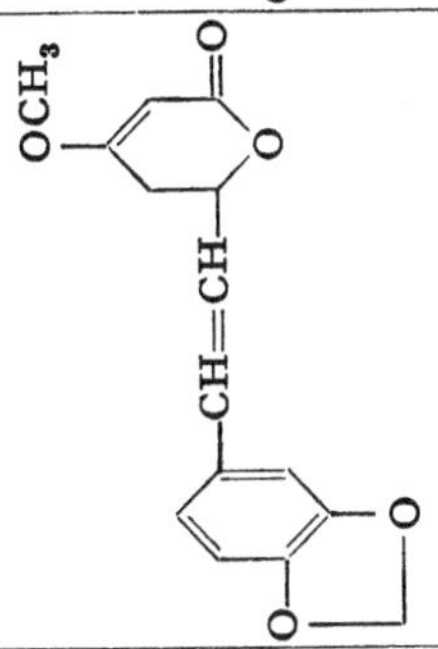

(IV.) 4-Methoxyparacotoin.

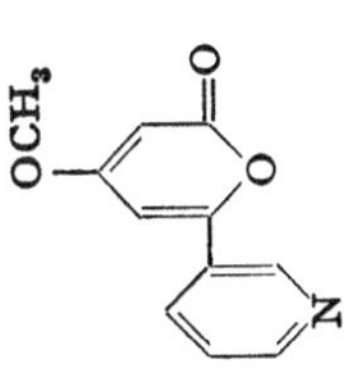

(V.) Anibin.

(II.) Paracotoin.

pyridine. Furthermore, the same authors were able to confirm the proposed structure by reducing phenylcoumalin to the known δ-phenyl-n-valeric acid. This reaction was performed with sodium amalgam or, better, with hydriodic acid. Structure (II), proposed for paracotoin, was considered correct by analogy.

2. Partially Saturated (at 5,6) α-Pyrones Methoxylated at $C_{(4)}$.

It was about at that time that Pomeranz (74) undertook the first serious investigation of a substance from *Piper methysticum*, namely methysticin. He carried out the oxidation of this substance with potassium permanganate in alkaline solution. As products he was able to identify piperonylic acid and, in small amounts, piperonal. He subsequently undertook the alkaline hydrolysis of methysticin and thus obtained an acid, termed methystic acid, which in turn could be decarboxylated to methysticol $C_{13}H_{12}O_3$. Pomeranz interpreted these results as showing that methysticin was the methyl ester of piperoylacetic acid which on treatment with alkali hydrolyzed to methanol and methystic acid. Methysticol was suggested to be 3,4-methylenedioxy-cinnamalacetone and was in fact shown by Winzheimer (90) to be identical with this compound. The methysticin structure proposed by Pomeranz and his suggested reaction sequence are formulated in *Chart 1*.

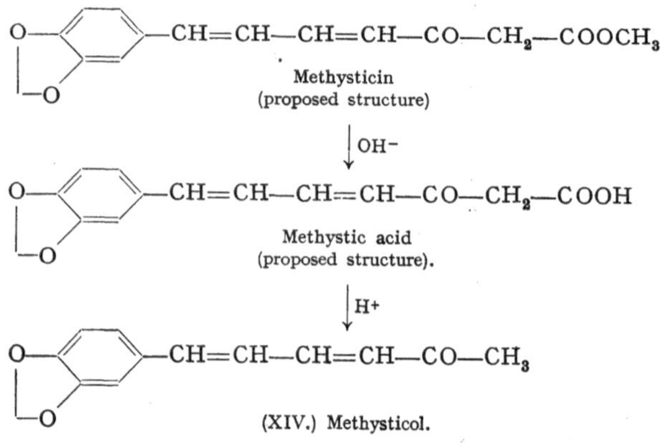

Methysticin
(proposed structure)

$$O\!\!-\!\!\bigcirc\!\!-\!\!O\qquad\text{—CH}=\text{CH—CH}=\text{CH—CO—CH}_2\text{—COOCH}_3$$

$$\downarrow \text{OH}^-$$

Methystic acid
(proposed structure).

$$O\!\!-\!\!\bigcirc\!\!-\!\!O\qquad\text{—CH}=\text{CH—CH}=\text{CH—CO—CH}_2\text{—COOH}$$

$$\downarrow \text{H}^+$$

(XIV.) Methysticol.

$$O\!\!-\!\!\bigcirc\!\!-\!\!O\qquad\text{—CH}=\text{CH—CH}=\text{CH—CO—CH}_3$$

Chart 1. Degradation Sequence of Methysticin as proposed by Pomeranz.

This approach was essentially correct. But Pomeranz was misled by false analytical results for his methystic acid, a substance which in fact still contains the original methoxyl group of methysticin. This was shown much later by Murayama and Shinozaki (71), who realized that methystic acid is an isomerization product of methysticin. Only on treatment with acid do methystic acid and methysticin decarboxylate and demethylate, yielding methysticol (XIV). In addition, the Japanese authors observed for the first time that methysticin is optically active, a property which is not in accordance with the structure proposed by POMERANZ. They therefore suggested the latter structure for the isomeric methystic acid (or "iso-methysticin"), and at the same time proposed a dihydro-γ-pyrone formula for methysticin itself (Chart 2).

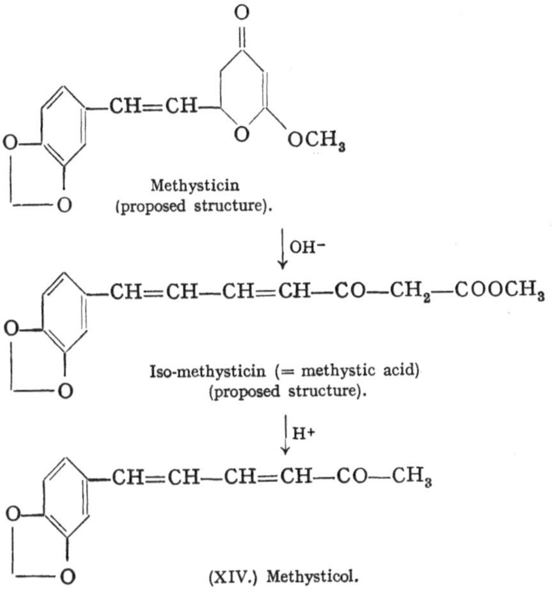

Methysticin
(proposed structure).

$\downarrow$ OH⁻

—CH=CH—CH=CH—CO—CH₂—COOCH₃

Iso-methysticin (= methystic acid)
(proposed structure).

$\downarrow$ H⁺

—CH=CH—CH=CH—CO—CH₃

(XIV.) Methysticol.

Chart 2. Degradation Sequence of Methysticin as proposed by MURAYAMA and SHINOZAKI.

It remained for BORSCHE et al. (8) to establish beyond doubt the identity of POMERANZ's methystic acid and MURAYAMA's iso-methysticin, recognizing at the same time that this compound was not an ester (which would not have survived under the alkaline conditions of degradation) but rather a free carboxylic acid. Its methoxyl group was assigned to the β-position, which would explain the easy decarboxylation and demethylation, under acidic conditions, to methysticol (XIV). To account for these facts the dihydro-α-pyrone structure (XI) was proposed for methysticin (Chart 3, p. 138). Shortly afterwards, BORSCHE and BLOUNT (4) were able to support this view by the synthesis of methystic acid (XV).

Once the structure of methysticin (XI) had been established, those of kawain (X) (11), dihydromethysticin (XIII, p. 135) (9) and dihydro-kawain (XII) (11) followed as a matter of course. It is interesting to recall that in the case of kawain, BORSCHE and PEITZSCH (10) isolated first the corresponding kawaic acid from the products of alkaline treatment

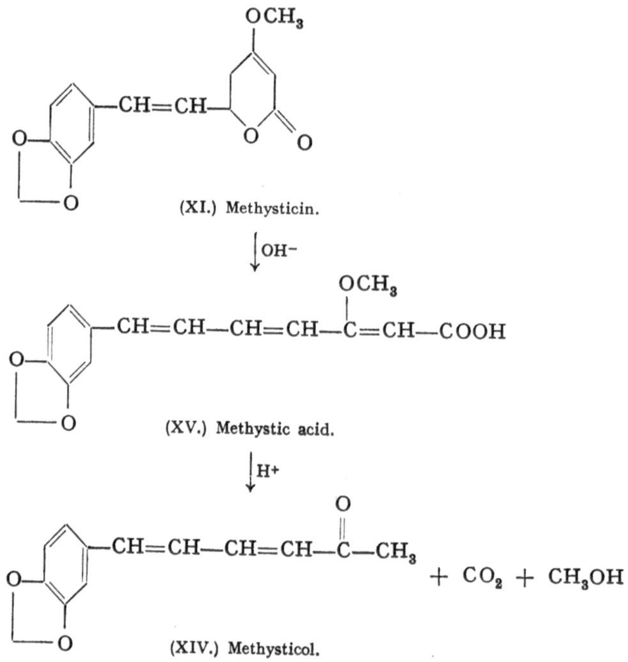

OCH$_3$

(XI.) Methysticin.

$\downarrow$ OH⁻

OCH$_3$

—CH=CH—CH=CH—C=CH—COOH

(XV.) Methystic acid.

$\downarrow$ H⁺

O
||
—CH=CH—CH=CH—C—CH$_3$ $+ \; CO_2 + CH_3OH$

(XIV.) Methysticol.

Chart 3. Degradation Sequence of Methysticin, according to Borsche, Meyer and Peitzsch.

of kawa resin. From its structure they predicted the existence of kawain in the plant and were in fact able to isolate this substance somewhat later (II).

3. α-Pyrones Methoxylated at C$_{(4)}$.

The first known representative of the fully unsaturated 4-methoxy-α-pyrones was yangonin (VII). Its alkaline degradation was already undertaken by Winzheimer (89), who established the following series of reactions: yangonin, on treatment with alcoholic alkali, yielded yangonic acid, a carboxylic acid which contained one methoxyl group less than the starting compound and which, on heating, easily decarboxylated to yangonol.

Borsche and his collaborators (7, 12) were able to identify p-methoxy-benzaldehyde (anisaldehyde) and p-methoxy-cinnamic acid after treatment with hot aqueous alkali and concluded that yangonic acid was γ-(p-methoxy)-cinnamoyl-acetoacetic acid (XVI), and yangonol, p-methoxy-cinnamoyl-acetone (XVII). On this basis Borsche and Gerhardt (7) proposed their γ-pyrone structure for yangonin (Chart 4).

Two critical facts led Borsche to assign the 2-methoxy-γ-pyrone constitution to yangonin. One was the unavoidable demethylation upon

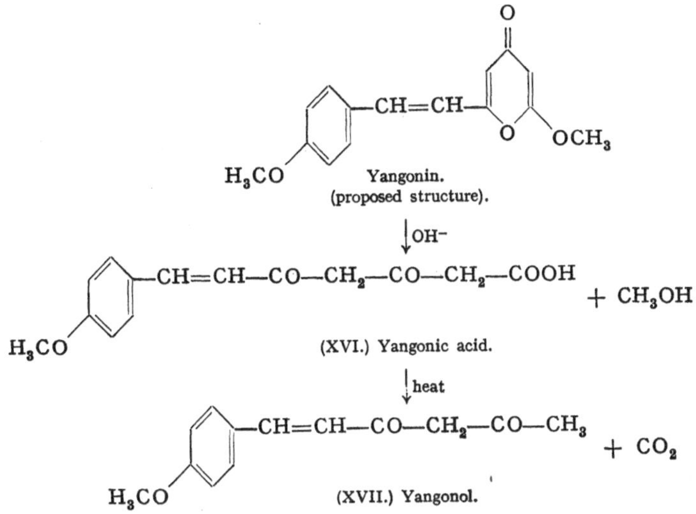

Yangonin.
(proposed structure).

$\downarrow$ OH⁻

(XVI.) Yangonic acid.   + CH₃OH

$\downarrow$ heat

(XVII.) Yangonol.   + CO₂

Chart 4. Degradation Sequence of Yangonin, according to BORSCHE and WALTER.

treatment with alkali which he knew to explain solely on the basis of transient formation of an ester following the opening of the ring, in contrast to the behavior of the 4-methoxy-α-pyrone derivative methysticin (XI) which isomerizes to methystic acid (XV) but does not demethylate even under drastic alkaline conditions (6). The second argument was the ease of formation of an addition compound with platinum chloride, which was interpreted as an oxonium salt, a typical γ-pyrone derivative (7).

This argument was weakened considerably when JANISZEWSKA-DRABAREK showed that both 2-methoxy-γ-pyrones and 4-methoxy-α-pyrones are able to form complex salts (not necessarily oxonium salts) with chloroplatinic acid (43).

BORSCHE's synthesis of yangonin (p. 145) involved as the last step the methylation of the corresponding 2,4-pyronone (XXVI, p. 147) and isolation of only one methylation product, identical with yangonin. Nevertheless, in 1954, the 2-methoxy-γ-pyrone structure for yangonin was shown to be incorrect, since repetition of the mentioned methylation led to both possible methyl ethers. These could be separated by taking advantage of the ether-insolubility of the salts derived from the γ-pyrone (16).

The 4-methoxy-α-pyrone proved to be identical with yangonin (VII, p. 134) and this was confirmed more recently by comparison of the ultraviolet and infrared spectra with those of model compounds (17).

In spite of this situation, BORSCHE's old yangonin formula is still extensively quoted in the literature (25, 53, 55, 75).

A series of degradation products similar to those obtained by BORSCHE from yangonin have been obtained from each of the other 4-methoxy-α-pyrones (III–VI), isolated in recent years from the wood of several *Aniba* species *(Chart 5)*. Indeed, on dissolving these substances in a small volume of *n*-alcoholic KOH, all of them yielded a crystalline dipotassium salt (XVIII) in which the original methoxyl group had been lost. Acidification of the aqueous solutions led to the corresponding acids (XIX), which decarboxylated with great ease. The final products of this degradation are β-diketones of the general structure (XX) of yangonol (XVII) (*33, 34, 37, 66*).

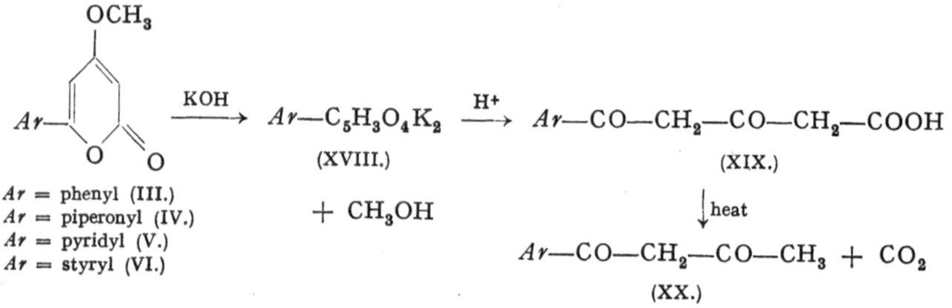
OCH3
Ar
O
O
KOH
Ar—C5H3O4K2
(XVIII.)
+ CH3OH
H+
Ar—CO—CH2—CO—CH2—COOH
(XIX.)
heat
Ar—CO—CH2—CO—CH3 + CO2
(XX.)
Ar = phenyl (III.)
Ar = piperonyl (IV.)
Ar = pyridyl (V.)
Ar = styryl (VI.)

Chart 5. Degradation Sequence of 4-Methoxy-6-aryl-α-pyrones, according to MORS, GOTTLIEB, DJERASSI and MAGALHÃES.

Nitric acid oxidation of anibine (V) yielded nicotinic acid (*66*). Similarly, permanganate treatment of 4-methoxyphenylcoumalin (III) (*37*) and of 4-methoxyparacotoin (IV) (*66*) yielded benzoic acid and piperonylic acid, respectively. Boiling in alkali transformed 5,6-dehydrokawain (VI) into a mixture of benzaldehyde and cinnamic acid (*34*). Consequently, the structures of the β-diketones could be formulated like yangonol, as (XX) and were confirmed by synthesis (*34, 37, 66*).

The absence of C-methyl groups in the original substances required that the lost carboxyl group be attached to the end of the side-chain of the methyl ketones (XX). Infrared spectra clearly showed the absence of β-lactone rings in the starting compounds. Therefore, lactonization could only have involved the oxygen atom at the δ-position in (XIX), which leads to a fundamental structure of a 2,4-pyronone (XXI) *(cf. Chart 6)*.

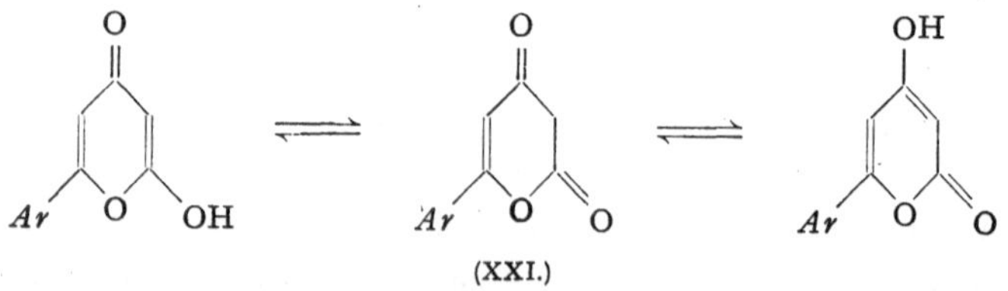
O
Ar
O
OH
O
Ar
O
O
(XXI.)
OH
Ar
O
O

Chart 6. Keto-enol Tautomerism of 2,4-Pyronones.

References, pp. 160—164.

In view of the keto-enol tautomerism of such a structure, it remained to be ascertained to which of the two carbonyls (potentially enolic hydroxyls) the original ether function belonged. This once more required a decision between a 4-methoxy-α-pyrone and a 2-methoxy-γ-pyrone structure, as was the case with yangonin.

4. Characterization of α- and γ-Pyrones by Physical and Chemical Methods.

The answer, in favor of the α-pyrone structure, was arrived at through spectral investigation of model compounds.

CHMIELEWSKA and CIEŚLAK (*15*) had already shown in 1952 how such a distinction can be made by ultraviolet spectroscopy of compounds substituted by —CH$_3$ at carbon atom 6. In this pair, the 4-methoxy-α-pyrone (XXII) exhibited in alcohol λ_{max} 280 mμ (log ε 3.80), while the 2-methoxy-γ-pyrone (XXIII) showed λ_{max} 240 mμ (log ε 4.13). Even in case of certain 6-phenylethyl substituents such evidence can still be accepted as satisfactory (*17*). However, when conjugated chromophoric substituents are at C$_{(6)}$, as is the case with some of the naturally occurring substances, ultraviolet data cannot be used effectively in the absence of the other isomer. When both isomers are available, then the one with the longer wavelength maximum represents the α-pyrone derivative (*17, 41*).

On the other hand, infrared spectral evidence can always be used to good advantage in differentiating between the two possible enol ethers (*14, 17, 41*). As can be seen in *Table 2* (p. 142), all γ-pyrone derivatives exhibit the carbonyl band near 6.0 μ (1667 cm.$^{-1}$), which in α-pyrone spectra is situated near 5.8 μ (1724 cm.$^{-1}$), typical of unsaturated six-membered lactones.

In view of the difference of environment of the protons at C$_{(5)}$, α- and γ-pyrones should also be easily distinguished with the aid of nuclear magnetic resonance spectrometry. Evidently, this tool was not available when the mentioned studies were carried out.

Conclusions drawn from spectra were placed on a firmer basis by chemical evidence. This comprised first of all unambiguous syntheses of 5,6-dehydrokawain (VI) (*61, 62*), kawain (X) (*31, 57, 58*), yangonin (VII) (*14*), 5,6-dehydromethysticin (IX) (*68*), and 11-methoxy-yangonin (VIII) (*68*), which will be discussed later (Chapter III, p. 144).

Another chemical argument depends upon the basic properties of γ-pyrones. Separation of isomers of the mentioned type was accomplished by several workers by taking advantage of the fact that γ-pyrones form pyroxonium salts (*22*), the hydrochlorides of 2-methoxy-γ-pyrones being insoluble in ether (*14, 17, 21*).

Table 2. Carbonyl Absorption Bands of Pyrones (in cm.$^{-1}$).

(^{a} = mineral oil mull, ^{b} = chloroform solution, ^{c} = carbon tetrachloride solution, and ^{d} = KBr pellet.)

α-Pyrones	γ-Pyrones
6-Phenyl-α-pyrone (I) 1712^a	
6-Piperonyl-α-pyrone (II) 1727^a	
4-Methoxy-6-methyl-α-pyrone (XXII) 1709^b (*41*); 1720^d (*88*)	2-Methoxy-6-methyl-γ-pyrone (XXIII) 1672^b (*41*)
4-Methoxy-6-phenyl-α-pyrone (III) 1706^b (*37, 41*)	2-Methoxy-6-phenyl-γ-pyrone (XXXII) 1675^b (*41*)
4-Methoxy-6-piperonyl-α-pyrone (IV) 1739^a (*41, 66*)	
4-Methoxy-6-pyridyl-α-pyrone (V) 1733^a (*41, 66*)	
4-Methoxy-6-styryl-α-pyrone (VI) 1712^b (*34, 41*); 1724^c (*17*); 1727^a (*55*)	
4-Methoxy-6-(*p*-methoxystyryl)-α-pyrone (VII) 1709^b (*41*); 1724$^{a,\ c}$ (*17*)	2-Methoxy-6-(*p*-methoxystyryl)-γ-pyrone (XXVII) 1667^a (*17*)
4-Methoxy-6-(3,4-dimethoxystyryl)-α-pyrone (VIII) 1706^a (*68*)	
4-Methoxy-6-(3,4-methylenedioxy-styryl)-α-pyrone (IX) 1727^a (*68*)	
4-Methoxy-6-styryl-5,6-dihydro-α-pyrone (X) 1704^a (*55*)	
4-Methoxy-6-(3,4-methylenedioxy-styryl)-5,6-dihydro-α-pyrone (XI) 1704^a (*55*)	
4-Methoxy-6-phenylethyl-5,6-dihydro-α-pyrone (XII) 1704^a (*55*)	
4-Methoxy-6-(3,4-methylenedioxy-phenylethyl)-5,6-dihydro-α-pyrone (XIII) 1706^a (*55*)	
4-Methoxy-6-phenylethyl-α-pyrone 1709^c (*17*)	2-Methoxy-6-phenylethyl-γ-pyrone 1667^c (*17*)
4-Methoxy-6-(*p*-methoxyphenylethyl)-α-pyrone 1709^c (*17*)	2-Methoxy-6-(*p*-methoxyphenylethyl)-γ-pyrone 1672^c (*17*)

This difference in polarity of such pairs of isomers also allows their ready separation by chromatography on alumina columns. Here the α-pyrones are eluted first by hydrocarbon solvents, whereas the γ-pyrones are displaced only by highly polar solvent mixtures (*41*).

Furthermore, Bu'Lock and Smith (*14*) showed conclusively how a triacetic acid methyl ether (ν_{max} 1736 cm.$^{-1}$, not salt forming, and therefore presumably XXII) reacted readily with dienophiles (diethyl acetylenedicarboxylate *a*, maleic anhydride *b*) as would be expected for an α-pyrone (*Chart 7*).

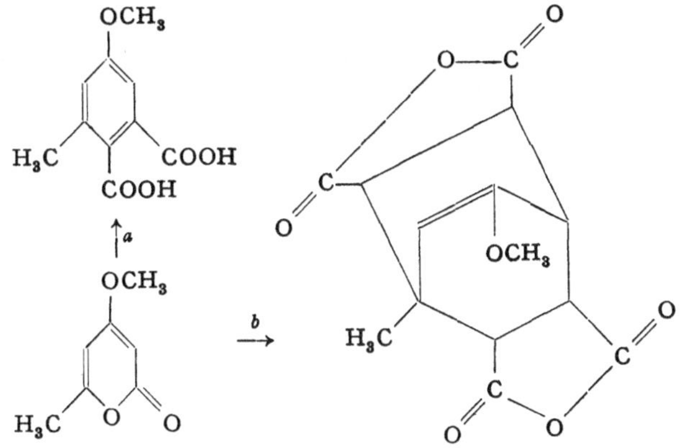

Chart 7. Dienic Character of α-Pyrones, according to BU'LOCK and SMITH.

When the salt forming isomer (ν_{max} 1692 cm.$^{-1}$, presumably XXIII) was treated with the same reagents, the starting material was recovered.

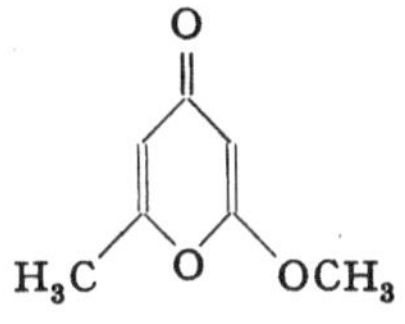

(XXIII.)

5. The Mechanism of Alkaline Hydrolysis.

The structures having been established, two peculiar reactions remain to be explained. On opening of the lactone ring in alkali, the 4-methoxy-α-pyrones differ fundamentally in their behavior from their corresponding 5,6-dihydro-derivatives. As will be recalled from the example in Chart 3 (p. 138), (X)–(XIII) eliminate one molecule of water, involving the lactonic hydroxyl group together with a neighboring hydrogen atom, and form a new double bond. Their methoxyl group, however, remains. The mechanism outlined in *Chart 8* will explain this behavior.

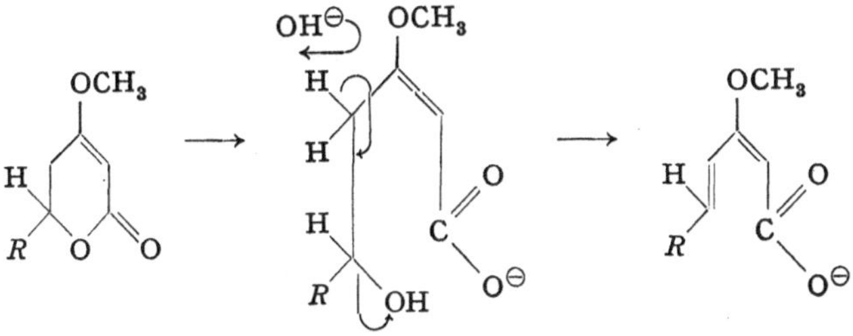

Chart 8. Mechanism of Alkaline Hydrolysis of 4-Methoxy-5,6-dihydro-α-pyrones.

Elimination of a proton from an activated methylene group is not possible in the case of the fully unsaturated 4-methoxy-α-pyrones (Charts 4–5, pp. 139, 140). Hydrolysis of the methoxyl group therefore takes place in the medium where hydroxyls are in absolute predominance (70). The mechanism is shown in *Chart 9*.

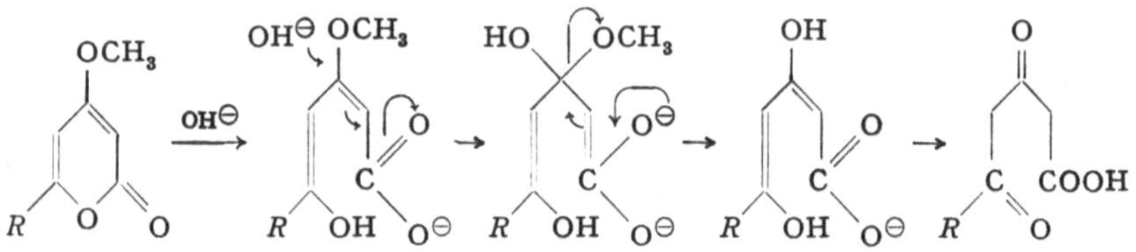

Chart 9. Mechanism of Alkaline Hydrolysis of 4-Methoxy-α-pyrones.

The potassium salts, initially isolated in the stepwise alkaline cleavage of these compounds, should then be represented by (XXIV).

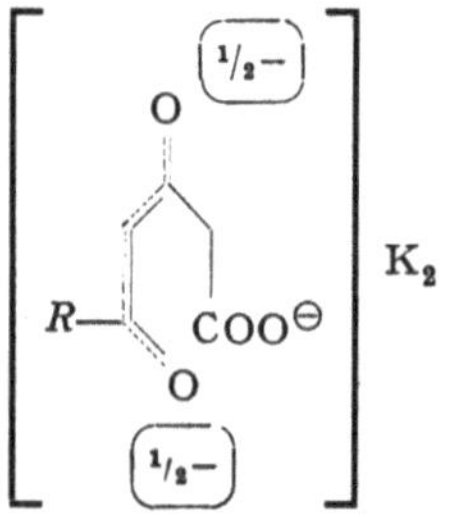

(XXIV.)

III. Syntheses.

1. Non-methoxylated α-Pyrones: Phenylcoumalin and Paracotoin.

a) Phenylcoumalin (I, p. 145).

The first synthesis of phenylcoumalin was accomplished as early as 1927 by Kalff (52), as outlined in *Chart 10*. Its yield was rather low on account of the decarboxylation involved. Several other procedures were developed much later by Lur'e et al. (92), Jacobs et al. (42), Julia and Bullot (48, 49, 51), and Zakharkin and Sorokina (93). These syntheses are summarized in *Charts 11–12*. By coincidence they were all published in 1958. A route similar to that of Jacobs et al. was followed later by Schulte and Baranowsky (79).

b) Paracotoin (II, p. 135).

By one of the routes devised by them for phenylcoumalin (Chart 12), Julia and Bullot (50) were able to arrive at paracotoin.

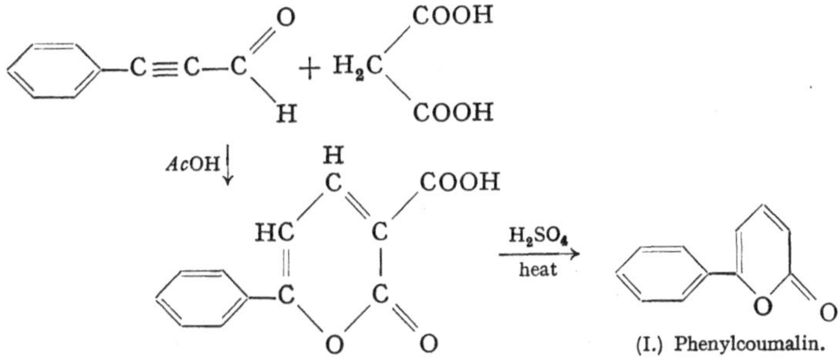

Chart 10. Synthesis of Phenylcoumalin, according to KALFF.

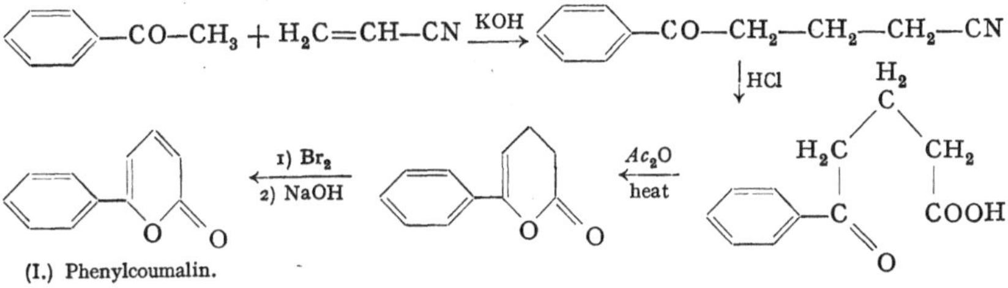

Chart 11. Synthesis of Phenylcoumalin, according to LUR'E et al.

The Grignard compound of 3,4-dioxymethylene-phenylacetylene was condensed with dichloroacrolein to 1,1-dichloro-5-piperonyl-pent-1-ene-4-yn-3-ol (the piperonyl analog of XXV). By prolonged boiling with acetic acid containing hydrochloric acid the dichloro compound was first isomerized and then cyclized into paracotoin.

2. α-Pyrones Methoxylated at $C_{(4)}$: 4-Methoxyphenylcoumalin (III), 4-Methoxyparacotoin (IV), Anibine (V), 5,6-Dehydrokawain (VI), Yangonin (VII), 11-Methoxy-yangonin (VIII) , and 5,6-Dehydromethysticin (IX).

a) Yangonin (VII, p. 147).

The first natural product of this type to be synthesized was yangonin. Its synthesis was accomplished by BORSCHE and BODENSTEIN (6) and was intended as final proof for the proposed (incorrect) structure (p. 139). The reaction sequence *(Chart 13)* involves as the last step the methylation of yangonalactone (XXVI), a reaction from which only a single product was isolated and found to be identical with yangonin.

Much later CHMIELEWSKA and CIEŚLAK (*16, 17*) were able to demonstrate that the action of diazomethane on yangonalactone leads to a mixture of the two possible isomeric ethers, namely 6-[*p*-methoxy-styryl]-4-methoxy-α-pyrone (VII) and 6-[*p*-methoxystyryl]-2-methoxy-

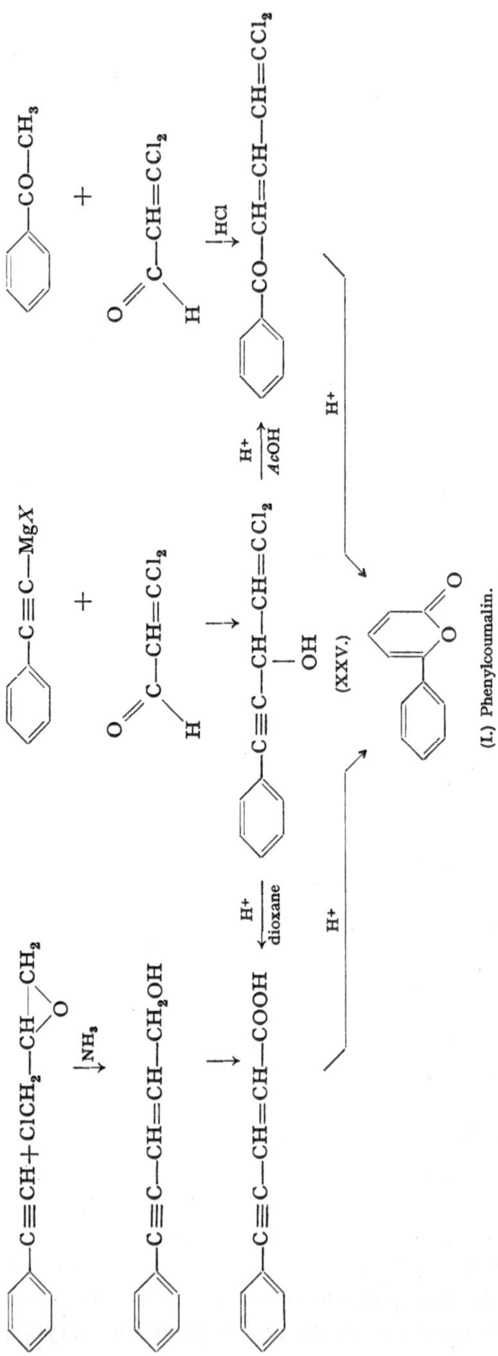

C_6H_5—CO—CH$_3$

$+$

O=CH—CH=CCl$_2$

$\xrightarrow{\text{HCl}}$

C_6H_5—CO—CH=CH—CH=CCl$_2$

C_6H_5—C≡C—MgX

$+$

O=CH—CH=CCl$_2$

$\rightarrow$

C_6H_5—C≡C—CH—CH=CCl$_2$
           |
          OH

(XXV.)

$\xrightarrow[\text{AcOH}]{\text{H}^+}$

H$^+$

H$^+$

C_6H_5—C≡CH + ClCH$_2$—CH—CH$_2$
                   \O/

$\xrightarrow{\text{NH}_3}$

C_6H_5—C≡C—CH=CH—CH$_2$OH

$\rightarrow$

C_6H_5—C≡C—CH=CH—COOH

$\xrightarrow[\text{dioxane}]{\text{H}^+}$

H$^+$

(I.) Phenylcoumalin.

Chart 12. Syntheses of Phenylcoumalin, according to Jacobs et al., Julia et al., and Zakharkin et al.

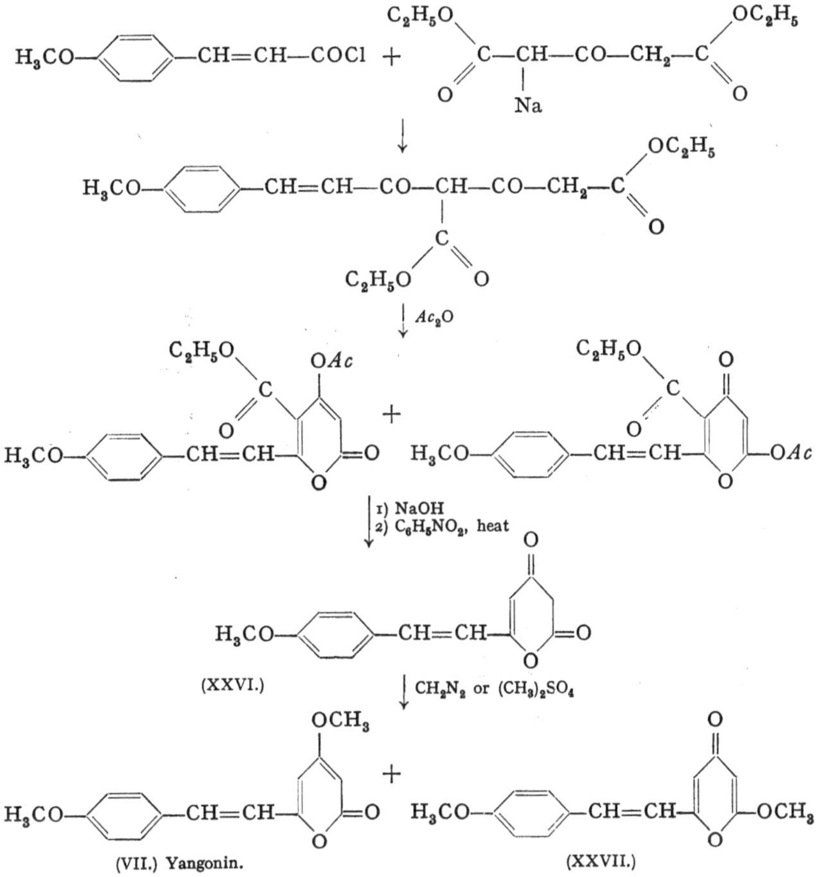

H_3CO—⟨ ⟩—$CH=CH$—$COCl$ + $\begin{matrix} C_2H_5O \\ \diagdown \\ C—CH—CO—CH_2—C \\ \| & | & \diagup \diagdown \\ O & Na & O \end{matrix}$ OC_2H_5

↓

H_3CO—⟨ ⟩—$CH=CH$—CO—CH—CO—CH_2—$C \diagup^{OC_2H_5}_{\diagdown O}$

with

$C \diagup^{C_2H_5O}_{\diagdown O}$

↓ Ac_2O

$\begin{matrix} C_2H_5O & OAc \\ \diagdown C \\ \| \\ O \end{matrix}$ H_3CO—⟨ ⟩—$CH=CH$—⟨pyrone⟩$=O$

+

$\begin{matrix} C_2H_5O & O \\ \diagdown C \\ \end{matrix}$ H_3CO—⟨ ⟩—$CH=CH$—⟨pyrone⟩—OAc

↓ 1) NaOH
2) $C_6H_5NO_2$, heat

H_3CO—⟨ ⟩—$CH=CH$—⟨pyrone⟩$=O$

(XXVI.)

↓ CH_2N_2 or $(CH_3)_2SO_4$

OCH_3

H_3CO—⟨ ⟩—$CH=CH$—⟨pyrone⟩$=O$

(VII.) Yangonin.

+

H_3CO—⟨ ⟩—$CH=CH$—⟨pyrone⟩—OCH_3

(XXVII.)

Chart 13. Synthesis of Yangonin, according to Borsche and Bodenstein; Chmielewska and Cieślak.

γ-pyrone (XXVII). The former proved to be identical with Borsche's synthetic product and natural yangonin. The other ether was called pseudo-yangonin.

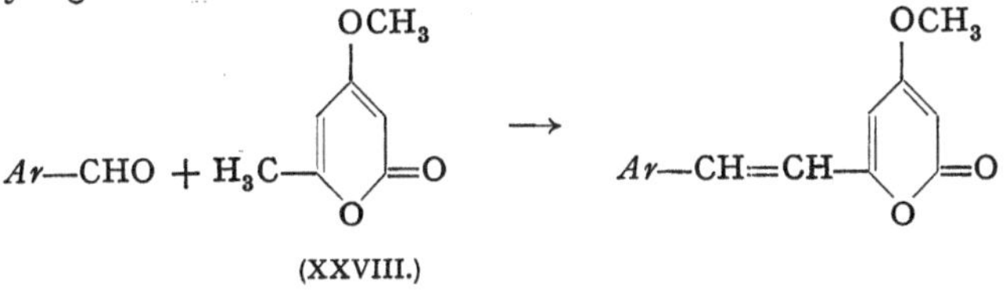

Ar—CHO + H_3C—⟨pyrone, OCH_3⟩$=O$ ⟶ Ar—$CH=CH$—⟨pyrone, OCH_3⟩$=O$

(XXVIII.)

Chart 14. Syntheses of Yangonin ($Ar = p$-methoxyphenyl); 11-Methoxy-yangonin ($Ar = $ 3,4-dimethoxyphenyl); and 5,6-Dehydromethysticin ($Ar = $ piperonyl). According to Bu'Lock and Smith; Mors, Magalhães, Araujo Lima, Bittencourt and Gottlieb.

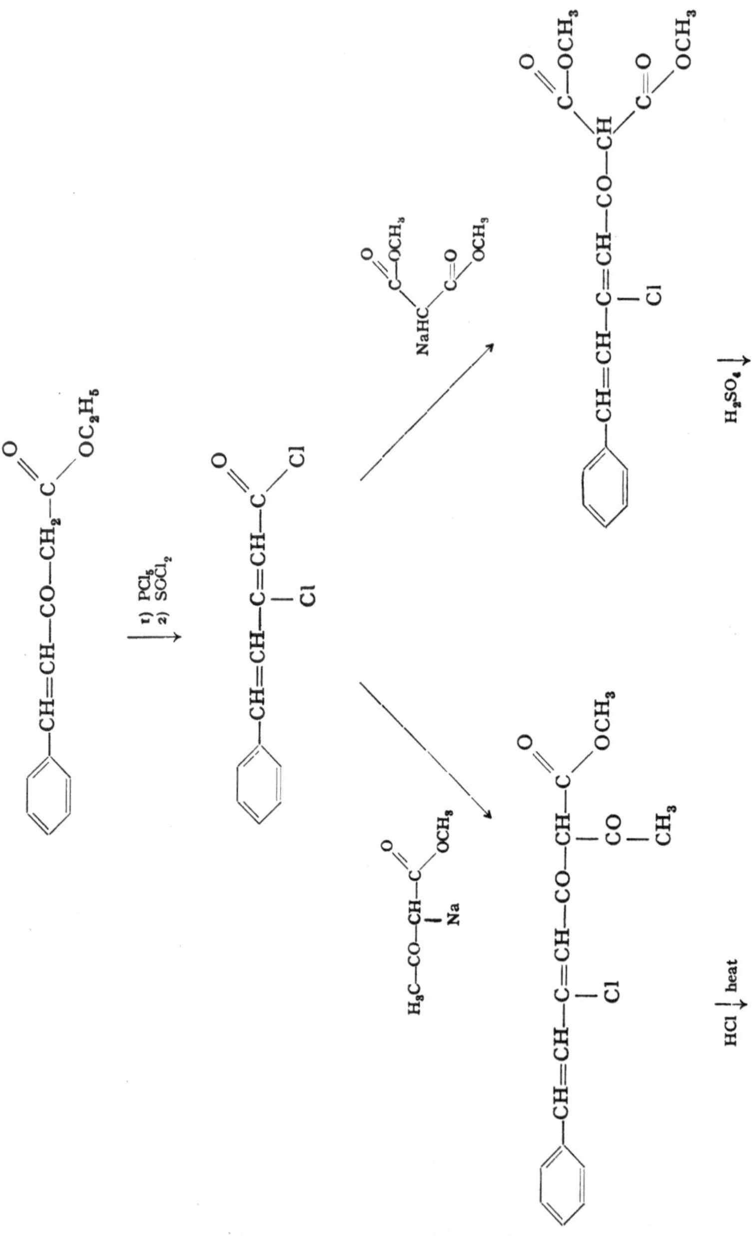

References, pp. 160—164.

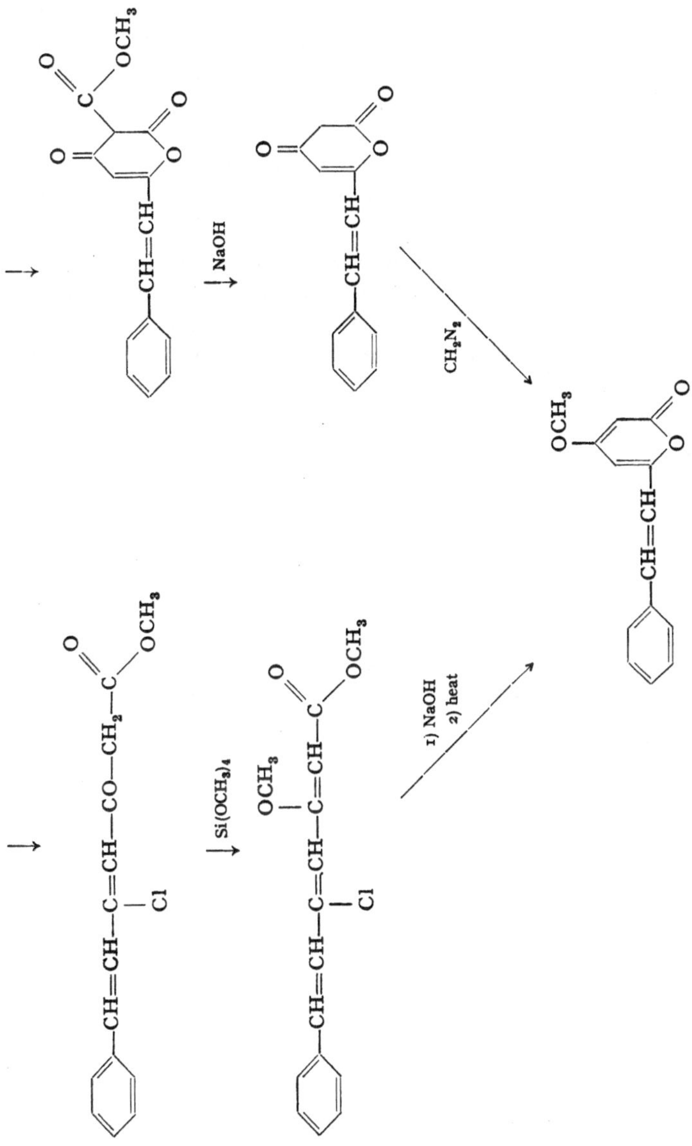

(VI.) 5,6-Dehydrokawain.

Chart 15. Syntheses of 5,6-Dehydrokawain, according to MACIEREWICZ.

Quite recently, Bu'Lock and Smith (*14*) produced the first un-ambiguous synthesis of yangonin by the interaction of 4-methoxy-6-methyl-α-pyrone (XXVIII) and *p*-methoxybenzaldehyde in the presence of magnesium methoxide (*Chart 14*, p. 147).

b) 11-Methoxy-yangonin (VIII) and 5,6-Dehydromethysticin (IX, p. 147).

The method used by Bu'Lock and Smith (*14*) for the synthesis of yangonin (VII) was applied successfully in the synthesis of 11-methoxy-yangonin (VIII) and 5,6-dehydromethysticin (IX) (*68*) (Chart 14). See also (*29 a, 29 b*).

c) 5,6-Dehydrokawain (VI, p. 149).

The synthesis of 5,6-dehydrokawain (VI) was reported (*61*) and later described in detail (*62*) by Macierewicz. Thus, this substance had been synthesized long before it was found in nature (*33–36*). The object was to provide a model compound for the study of the yangonin structure. The two routes chosen by the Polish author are summarized in *Chart 15*. In one of these, the methoxyl group was introduced into the side-chain before cyclization, leaving no doubt about the 4-methoxy-α-pyrone structure of the product. The second route involved the usual methylation of a 2,4-pyronone as the last step.

d) 4-Methoxyphenylcoumalin (III).

This compound has been synthesized by Janiszewska-Drabarek (*43*) through the methylation of 6-phenyl-2,4-pyronone (XXIX), and later

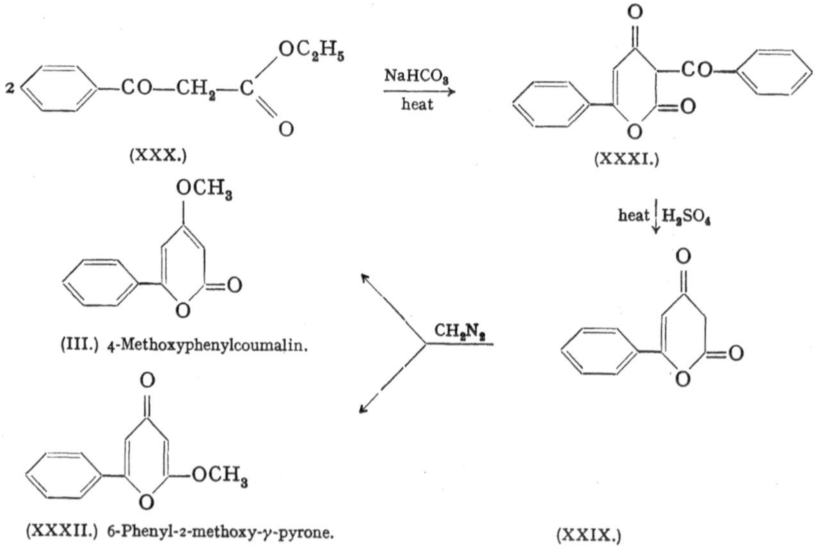

Chart 16. Synthesis of 4-Methoxyphenylcoumalin, according to Macierewicz; Janiszewska-Drabarek; Herbst, Mors, Gottlieb and Djerassi.

by HERBST, MORS, GOTTLIEB and DJERASSI (41) using essentially the same method. The preparation of the pyronone followed the procedure of ARNDT, EISTERT, SCHOLZ and ARON (1, cf. 2) in which two molecules of ethyl benzoylacetate (XXX) are condensed in the presence of sodium bicarbonate, and the resulting 3-benzoyl-6-phenyl-2,4-pyronone (XXXI) is debenzoylated in sulfuric acid *(Chart 16)*. The same pyronone (XXIX) can also be obtained by an alternate process due to ZIEGLER and JUNEK (94) [later applied in the synthesis of anibine (V), p. 152].

Methylation of the pyronone (XXIX) has been examined under various conditions: HCl in methanol (63); methyl iodide (43); and diazomethane (41, 43). Initially (43, 63) only a single reaction product was obtained, namely 6-phenyl-4-methoxy-α-pyrone (III). With the aid of chromatography on alumina it was later possible to isolate a small amount of the 6-phenyl-2-methoxy-γ-pyrone (XXXII) as well (41).

e) 4-Methoxyparacotoin (IV).

Essentially the reaction sequence shown in Chart 16 was recently employed by RESPLANDY (77) for the preparation of 4-methoxyparacotoin (IV). Starting material was piperonyloyl-acetic acid ethyl ester, which was condensed with itself by heating. In order to eliminate

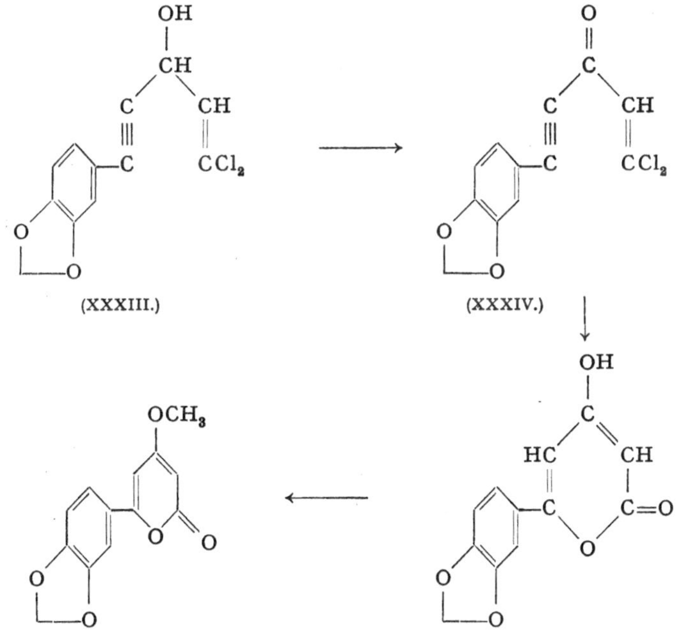

(XXXIII.)   (XXXIV.)

(IV.) 4-Methoxyparacotoin.

Chart 17. Synthesis of 4-Methoxyparacotoin, according to JULIA et al.

the piperonyloyl substituent at carbon atom 3 of the dimerization product, it was necessary to heat this in ethanolic sodium ethylate, since treatment with sulfuric acid would have hydrolyzed the methylenedioxy bridge. Under these alkaline conditions the product was 3,5-dioxo-5-piperonyl-valeric acid which could be recyclized in polyphosphoric acid. Methylation of the obtained pyronone resulted in 4-methoxyparacotoin as the only isolated product.

4-Methoxyparacotoin was also obtained by Julia and Binet du Jassonneix (47). The piperonyl analog of compound XXV (XXXIII) was oxidized to the corresponding keto derivative (XXXIV). The latter was cyclized with aqueous acetic acid and methylated with diazo-methane (*Chart 17*, p. 151).

f) Anibine (V).

According to Ziegler and Junek (94), fusion of aryl-alkyl-ketones with the bis-(2,4-dichlorophenyl)-ester of benzylmalonic acid (XXXV) leads to 3-benzyl substituted 6-aryl-2,4-pyronones. These can be debenzylated by AlCl$_3$. Ziegler and Nölken (95) have successfully applied this method to anibine. Methylation of the 6-pyridyl-2,4-pyronone (XXXVI) yielded as the only isolated product the substance (V) shown to be identical with the natural compound (96) *(Chart 18).*

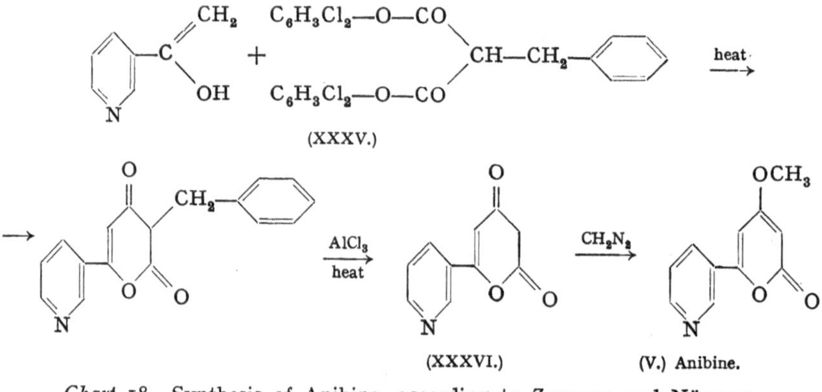

Chart 18. Synthesis of Anibine, according to Ziegler and Nölken.

3. Partially Saturated (at 5,6) α-Pyrones Methoxylated at C$_{(4)}$: Kawain (X), Methysticin (XI), Dihydrokawain (XII), Dihydromethysticin (XIII).

In the case of kawain (X) and methysticin (XI) and their respective dihydro derivatives (XII) and (XIII) (p. 134, 135), the situation becomes more complicated on account of the existence of optical isomers. (±)-Kawain and (±)-methysticin have been prepared but have not been

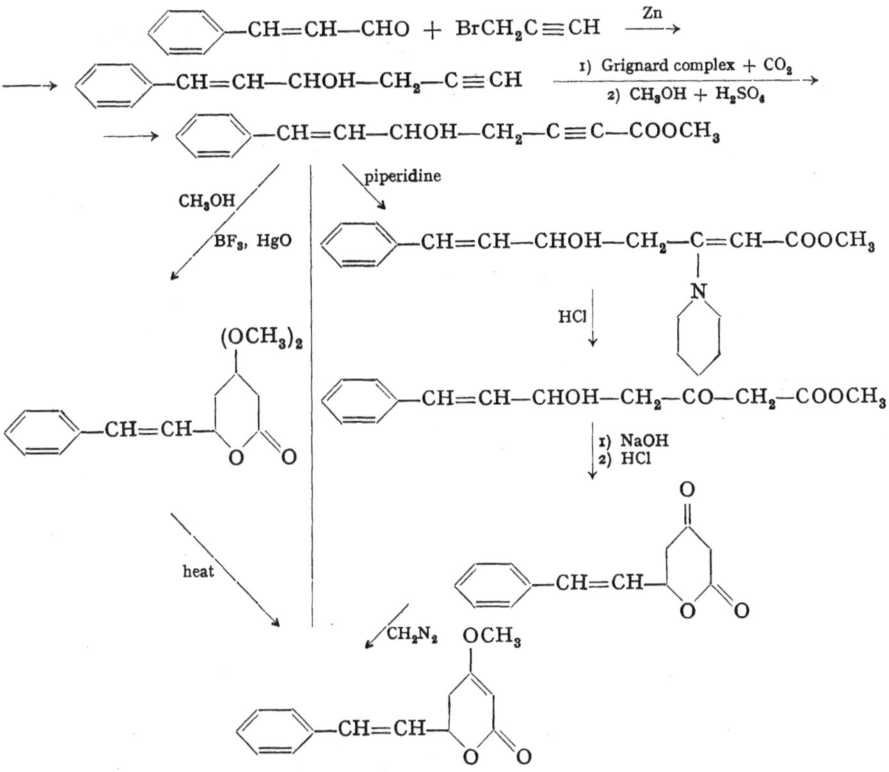

$$\text{C}_6\text{H}_5\text{—CH}=\text{CH—CHO} + \text{BrCH}_2\text{C}\equiv\text{CH} \xrightarrow{\text{Zn}}$$

$$\longrightarrow \text{C}_6\text{H}_5\text{—CH}=\text{CH—CHOH—CH}_2\text{—C}\equiv\text{CH} \xrightarrow[\text{2) CH}_3\text{OH} + \text{H}_2\text{SO}_4]{\text{1) Grignard complex} + \text{CO}_2}$$

$$\longrightarrow \text{C}_6\text{H}_5\text{—CH}=\text{CH—CHOH—CH}_2\text{—C}\equiv\text{C—COOCH}_3$$

CH₃OH, BF₃, HgO / piperidine

$$\text{C}_6\text{H}_5\text{—CH}=\text{CH—CHOH—CH}_2\text{—C}=\text{CH—COOCH}_3$$
(with N-piperidine substituent)

(OCH₃)₂

HCl

$$\text{C}_6\text{H}_5\text{—CH}=\text{CH—CHOH—CH}_2\text{—CO—CH}_2\text{—COOCH}_3$$

C₆H₅—CH=CH— (pyrone ring)

1) NaOH
2) HCl

C₆H₅—CH=CH— (pyrone with O)

heat

CH₂N₂   OCH₃

C₆H₅—CH=CH— (OCH₃-substituted pyrone)

(X.) Kawain.

Chart 19. Synthesis of (±)-Kawain, according to FOWLER and HENBEST.

resolved into antipodes. (±)-Kawain was synthesized independently by FOWLER and HENBEST (31) and by KOSTERMANS (57, 58) using

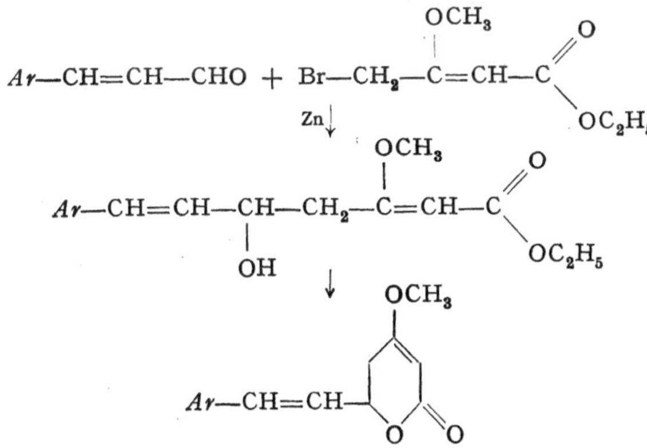

$$Ar\text{—CH}=\text{CH—CHO} + \text{Br—CH}_2\text{—C}=\text{CH—C} \overset{\text{OCH}_3}{\underset{\text{OC}_2\text{H}_5}{\diagdown}}$$ (C=O)

Zn ↓

$$Ar\text{—CH}=\text{CH—CH—CH}_2\text{—C}=\text{CH—C} \overset{\text{OCH}_3}{\underset{\text{OC}_2\text{H}_5}{\diagdown}}$$ (C=O), OH

↓   OCH₃

Ar—CH=CH— (pyrone ring with OCH₃)

Chart 20. Synthesis of (±)-Kawain (Ar = phenyl) and (±)-Methysticin
(Ar = piperonyl), according to KOSTERMANS, and KLOHS et al.

Reformatskytype reactions (*Charts 19, 20,* p. 153). Kostermans' procedure was also successfully employed by Klohs, Keller and Williams (*54*) for the synthesis of (±)-methysticin and, through hydrogenation, of (±)-dihydromethysticin.

The fourth substance, (±)-dihydrokawain (XII), was obtained by Viswanathan and Swaminathan (*87*), following the scheme of Chart 20 but using hydrocinnamaldehyde as starting material.

IV. Physical Properties.

All mentioned compounds crystallize well. In *Tables 1* and *3* (pp. 134, 156) they are arranged on the basis of certain structural characteristics; and some regularity of properties (melting point and optical rotations) can be observed within this scheme.

The successive inclusion of new structural entities, during the last few years, into Tables 1 and 3 allows to predict that also the remaining empty places may eventually be filled by substances still to be discovered in other plant species. The observed regularity in physical properties will then be of considerable value in the establishment of their structures.

It can be seen that only extensive conjugation of double bonds, as is present in the yangonin type compounds, results in color. Spectral dependencies on unsaturation can be observed even better with the ultraviolet absorption data.

As for IR spectra, the position of the carbonyl peaks has already been discussed (p. 141). It may be added that the particular styryl-type unsaturation present in the 6-arylethenyl compounds always gives rise to a *trans* CH=CH peak near 960 cm.$^{-1}$. The same compounds always show two maxima in the C=C stretching region: one close to 1603 cm.$^{-1}$ due to the typical styrene side-chain unsaturation, and a second one near 1636 cm.$^{-1}$ due to the unsaturation conjugated with the ring carbonyl. The latter band is also present in all the other compounds studied.

V. Pharmacological Properties.

Since two of the mentioned plant sources represent drugs with definite action, it will be of interest to report some pharmacological observations made on the isolated, pure substances.

Coto bark and its main constituent cotoin (2,6-dihydroxy-4-methoxy-benzophenone) have been used to considerable extent as antiseptics and astringents in the treatment of intestinal ailments and as anti-sudorifics. When the genuine coto bark had become scarce, the drug trade introduced as a substitute the paracoto bark, which was reported to exhibit identical pharmacological properties. Although paracotoin is chemically different from cotoin, several researchers have found that they have similar activities and reproduce the therapeutic action of the crude drugs. Reports on the action of cotoin are numerous. Paracotoin has been investigated especially by BURKART [quoted by JOBST and HESSE (45)] and by JODLBAUER and KURZ (46). Complete reviews of the chemical and biological work on the coto barks and their components have been presented by MESSNER (64) and GSTIRNER (38).

Although coto and paracoto barks are now rare in commerce, even recent treatises still describe their pharmaceutical preparations, dosage, therapeutic properties and contraindications (81, 91).

Kawa resin was introduced into Europe at the beginning of this century for the treatment of chronic inflammations of the urinary tract (7, 78). Mastication of the roots and stems and consumption of the expressed liquid, as practiced by the Polynesian natives, produces a narcotic or soporific effect (78, 85, 86). Whereas in these practices the fresh plant or drug is used, the preparation of the stimulating Polynesian ceremonial drink requires fermentation (85, 86). This peculiar diversity in effects—narcotic in one preparation and stimulating in the other—has prompted numerous pharmacological investigations.

After his extensive chemical work, BORSCHE (5) concluded that none of the pure compounds exhibited the typical stimulating action of kawa. It should however not be forgotten that such activity could conceivably be due to a substance which arises only on fermentation. More recently, several reports of pharmacological screening of the kawa constituents have appeared (40, 55, 85, 86).

KLOHS and his colleagues (55) studied the pure compounds and a chloroform extract of the drug for effects on the central nervous system as determined by their ability to antagonize clonic strychnine convulsions and death, and potentiate the sodium pentobarbital-induced sleeping time in mice. Of all compounds tested, only methysticin and dihydro-methysticin approached the chloroform extract in efficiency of action.

On the other hand, by using "fall-out" from revolving cages as an index, none of the crystalline compounds had significant activity, in contrast to the ground root and its chloroform extract.

In view of these results, the authors suggest (55) that the activity of the root and of the extract is due either to a synergistic action of the known constituents or to the presence of a compound (or compounds) not yet isolated.

The observed effects on the central nervous system (55) can be associated with definite structural features (36): the fully unsaturated pyrones yangonin and 5,6-dehydrokawain showed no action at all. Of all the others, the most oxygenated ones, methysticin and dihydro-methysticin, are also the most active.

Table 3. Physical Properties of Aryl-α-pyrones.

Type of compound	Name	Color	M.p. (°)	[α]$_D$	λ$_{max}$ mμ (log ε) (Ethanol)	γ$_{max}$ cm^{-1} (Nujol)
Non-methoxylated α-pyrones	Phenylcoumalin (I)	white	68 (19)	—		1712 1618
	Paracotoin (II)	white	150—151 (45)	—		1727 1621
α-Pyrones methoxylated at C$_{(4)}$ 6-Aryl derivatives	4-Methoxy-phenyl-coumalin (III)	white	128—130 (37)	—	314 (4.13) (41)	1739 (66)
	4-Methoxy-para-cotoin (IV)	white	222—224 (66)	—	336 (3.98) (66)	1634
	Anibine (V)	white	178—180 (66)	—	228.5 (4.32) (66) sh. 254 (3.70) 315 (4.09)	1733 (66) 1661
6-Aryl-ethenyl derivatives	5,6-Dehydro-kawain (VI)	greenish-yellow	138—140 (34)	—	210 (4.32) (55) 225 (4.20) 232 (4.21) 255 (4.13) 343 (4.36)	1727 (55) 1639 1608 965 955
	Yangonin (VII)	greenish-yellow	153—154 (6) 155—156.5 (55)	—	217 (4.43) (55) sh. 260 (3.94) 357 (4.48)	1724 (17) 1650 1600 961
	11-Methoxy-yangonin (VIII)	yellow	160—161 (68)	—		1706 (68) 1639 1600 957

[sh. = shoulder]

Partially saturated (at 5,6) α-pyrones methoxylated at $C_{(4)}$

6-Aryl-ethenyl derivatives

6-Aryl-ethyl derivatives

Compound	Colour	m.p.	[rotation]	UV	IR
5,6-Dehydro-methysticin (IX)	yellow	233–234 (68)	—		1727 (68) 1645 1618 967 960
Kawain (X)	white	105–106 (11) 106.5–108 (55) rac. 142–144 (31)	+105° (11) (ethanol)	244 (4.44) (87) 281 (3.19) 291 (3.04)	1704 (55) 1629
Methysticin (XI)	white	145 (57) 139–140.5 (55) 136–137 (9, 71) rac. 132–134 (54)	+94.3° (71) (acetone)	226 (4.39) (87) 264 (4.13) 305 (3.92)	1704 (55) 1626 1608
Dihydrokawain (XII)	white	56–58 (11) rac. 72–73 (87)	+30° (11) (ethanol)	205 (4.11) (55) 234 (4.08) 343 (2.92)	1704 (55) 1629
Dihydro-methysticin (XIII)	white	117–118 (87) rac. 110–111 (54)	+20.57° (9) (methanol)	233 (4.22) (87) 287 (3.63)	1706 (55) 1621

In spite of all the research undertaken, our knowledge on the pharmacology of kawa is still incomplete.

Of the constituents of the rosewoods only the nitrogen-containing anibine has been the subject of a pharmacological study (*13*). Its action has been found to be analeptic, similar to that of nikethamide but showing less toxicity.

VI. Taxonomic Significance of the Distribution of α-Pyrones in Lauraceae.

With thirty-six species of *Aniba* described so far but only eight investigated chemically, it may seem premature to draw definite conclusions concerning systematic regularities of chemical characteristics. A few pertinent facts, however, can be reported. Thus an open question in plant taxonomy could already be solved by chemical means.

Ducke (*27*) described a small tree which occurs in a restricted area around the city of Santarém, on the Lower Amazon, as *Aniba fragrans* Ducke. Kostermans (*56*), in his authoritative revision of the Lauraceae, considered this species to be identical with *A. firmula* and accordingly listed *A. fragrans* among the synonyms of the latter. Nonetheless, Ducke (*29*) continued to consider *A. fragrans* as a species in its own right. An important difference between the two woods which becomes apparent on first inspection, is the pronounced terpene odor of *A. fragrans* clearly reminiscent of that of true rosewood (i. e. linalool) and quite different from the less intense and rather sweetish smell of *A. firmula*.

A chemical comparison of the two plants (*69*) has shown that their composition differs in that in *A. firmula* 4-methoxyparacotoin (IV, p. 135) is accompanied by 5,6-dehydrokawain (VI), whereas in *A. fragrans* the companion substances are 4-methoxyphenylcoumalin (III) and anibine (V). Despite such differentiation, one must be careful when conferring a specific rank to a botanical entity on the basis of chemical evidence alone. Physiological variation, even among higher plants, is being discovered more and more frequently, and it seems to be more common than formerly suspected. However, current investigations which include the morphologic examination of the leaves and floral verticils of the two plants, do justify the reestablishment of *A. fragrans* as a species (*84*).

VII. Reflections on Biosyntheses and Phylogenesis.

As to the biosynthetic origin of the pyrones, in the absence of any experimental work, one can only speculate. Originally, Birch and Donovan (*3*) had included phenylcoumalin among the compounds originating through the linkage of acetate units. According to our present knowledge of biosynthetic pathways, it is highly probable that it is the shikimic acid—prephenic acid route which provides the C_6–C_1 or C_6–C_3 moieties. Two acetate units linked to these will complete the carbon skeleton. The oxygenation pattern of all compounds discussed confirms this view. Thus, the disposition of the oxygen functions in the aromatic ring equals that in ring B of the flavonoids, whereas the presence of oxygen at alternate carbon atoms of the heterocyclic ring denotes its origin from acetate.

This reasoning suggests that in phenylcoumalin (I) and paracotoin (II, p. 135) (the only known natural members of the series that lack oxygen at $C_{(4)}$) the methoxyl group has been lost. This would assign to those botanical species which produce these substances a more recent origin in the evolutionary history of the genus.

In order to verify the validity of this assumption on conventional morphological grounds, a comparative analysis of the floral verticils of the known species of *Aniba* was undertaken, based on the classical phylogenetic concept of gradual reduction and suppression of whorls in the evolution from primitive to the more recent forms (*67, 83*). Since in the genus *Aniba* perigonium and gynaecium show practically no variability, the observations were concentrated on the androecium.

Chart 21 shows how in *Aniba* the androecium, starting from a primitive Type 1 with three fertile and one sterile verticils, has developed through two parallel suppressive and reductive routes (Types 2 a and 2 b) to Type 3, with only two fertile and one sterile verticils.

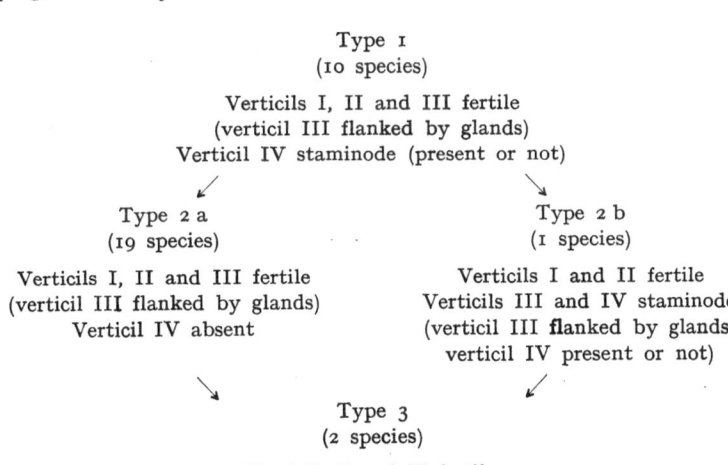

Type 1
(10 species)

Verticils I, II and III fertile
(verticil III flanked by glands)
Verticil IV staminode (present or not)

Type 2 a
(19 species)

Verticils I, II and III fertile
(verticil III flanked by glands)
Verticil IV absent

Type 2 b
(1 species)

Verticils I and II fertile
Verticils III and IV staminode
(verticil III flanked by glands,
verticil IV present or not)

Type 3
(2 species)

Verticils I and II fertile
Verticil III staminode (flanked by glands)
Verticil IV absent

Chart 21. Phylogenetic Development in the Genus *Aniba* AUBL. Based on the Gradual Reduction and Suppression of Verticils in the Androecium.

Aniba rosaeodora, A. Duckei, A. firmula, A. fragrans and *A. Heringerii* (the species known to contain 4-methoxylated pyrones) are of Type 1; *A. coto* and *A. pseudocoto* belong to Type 2a, the last one representing already a transition form to Type 3, since the minute lateral locules of the anthers of the inner whorl in fertile stamens indicate a tendency toward the staminode condition (as is also found in Type 2 b).

Thus, it appears that the morphological and chemical evidences support each other. Not only is the chemical reasoning in accordance with structural criteria, but it even provides them with a new and significant basis, because the biosynthetic pathway clearly shows the only possible direction in which evolution could have taken place (*67*).

Addendum.

Two papers by Edwards et al. (*29a, 29b*) came to our attention only after the manuscript had been submitted. These authors describe a substance, hispidin, isolated from the fungus *Polyporus hispidus* (Bull.) Fr. Hispidin is 6-(3,4-dihydroxy-styryl)-2,4-pyronone (XXXVII) and may be regarded as the mother substance of 11-methoxy-yangonin (VIII).

(XXXVII.) Hispidin.

As has been observed with other 2,4-pyronones (*41*), hispidin exists in the solid state preferentially as the 2-hydroxy-γ-pyrone but in alcoholic solution it exists as the 4-hydroxy-α-pyrone. Complete methylation of hispidin yielded tri-O-methylhispidin (identical with 11-methoxy-yangonin, VIII) and a small amount of an isomer (m. p. 197°, λ_{max} 266 mμ, log ε 4.21), presumably the corresponding γ-pyrone.

Compound (VIII, p. 134) was synthesized by Edwards et al. in the same manner as by our group (Chart 14, p. 147).

References.

1. Arndt, F., B. Eistert, H. Scholz und E. Aron: Zur Synthese der Dehydracetsäure aus Acetessigester. Ber. dtsch. chem. Ges. **69**, 2373 (1936).
2. Balenović, K. und D. Sunko: Über γ-Benzoyl-acetessigsäure. Monatsh. Chem. **79**, 1 (1948).
3. Birch, A. J. and F. W. Donovan: Studies in Relation to Biosynthesis. I. Some Possible Routes to Derivatives of Orcinol and Phloroglucinol. Austral. J. Chem. **6**, 360 (1953).
4. Borsche, W. und B. R. Blount: Untersuchungen über die Bestandteile der Kawawurzel. XI. Synthese der Methysticinsäure und der Kawasäure. Ber. dtsch. chem. Ges. **63**, 2418 (1930).
5. — — Untersuchungen über die Bestandteile der Kawawurzel. XIII. (vorläuf.) Mitt. Über einige neue Stoffe aus technischem Kawaharz. Ber. dtsch. chem. Ges. **66**, 803 (1933).

6. BORSCHE, W. und C. K. BODENSTEIN: Untersuchungen über die Bestandteile der Kawawurzel. IX. Die Synthese des Yangonins. Ber. dtsch. chem. Ges. 62, 2515 (1929).

7. BORSCHE, W. und M. GERHARDT: Untersuchungen über die Bestandteile der Kawawurzel. I. Über Yangonin. Ber. dtsch. chem. Ges. 47, 2902 (1914).

8. BORSCHE, W., C. H. MEYER und W. PEITZSCH: Untersuchungen über die Bestandteile der Kawawurzel. VI. Die Konstitution des Methysticins. Ber. dtsch. chem. Ges. 60, 2113 (1927).

9. BORSCHE, W. und W. PEITZSCH: Untersuchungen über die Bestandteile der Kawawurzel. VII. Über Pseudo-methysticin. Ber. dtsch. chem. Ges. 62, 360 (1929).

10. — — Untersuchungen über die Bestandteile der Kawawurzel. VIII. Über Kawasäure. Ber. dtsch. chem. Ges. 62, 368 (1929).

11. — — Untersuchungen über die Bestandteile der Kawawurzel. X. Über Kawain und Dihydro-kawain. Ber. dtsch. chem. Ges. 63, 2414 (1930).

12. BORSCHE, W. und C. WALTER: Untersuchungen über die Bestandteile der Kawawurzel. V. Synthese des Yangonols. Ber. dtsch. chem. Ges. 60, 2112 (1927).

13. BOTAFOGO GONÇALVES, N., J. CANALI CORRÊA Fᵒ. and O. R. GOTTLIEB: Analeptic Action of Anibine. Nature (London) 182, 938 (1958).

14. BU'LOCK, J. D. and H. G. SMITH: Pyrones. Part I. Methyl Ethers of Tautomeric Hydroxypyrones and the Structure of Yangonin. J. Chem. Soc. (London) 1960, 502.

15. CHMIELEWSKA, I. and J. CIEŚLAK: K Vitamins and Antivitamins. IV. Isomerism of 3,5-Diketohexane Enol Ethers: 6-Methyl-2-methoxy-γ-pyrone and 6-Methyl-4-methoxy-α-pyrone. Przemysl Chem. 8, 196 (1952) (in Polish).

16. — — Yangonin and Pseudoyangonin. Two Isomeric Ethers of Yangonalactone. Roczniki Chem. 28, 38 (1954) (in Polish).

17. CHMIELEWSKA, I., J. CIEŚLAK, K. GORZCYŃSKA, B. KONTNIK et K. PITAKOWSKA: Structure de la yangonine. Étude spectrographique dans l'ultraviolet et l'infrarouge. Tetrahedron 4, 36 (1958).

18. CIAMICIAN, G. und P. SILBER: Über das Paracotoïn. Ber. dtsch. chem. Ges. 26, 2340 (1893).

19. — — Über einen neuen Bestandtheil der wahren Cotorinde. Ber. dtsch. chem. Ges. 27, 841 (1894).

20. — — Über das Phenylcumalin und das sogenannte Dicotoïn. Ber. dtsch. chem. Ges. 28, 1549 (1895).

21. CIEŚLAK, J.: Separation of two Isomeric Ethers of 4-Hydroxycoumarin, 4-Methoxycoumarin and 2-Methoxychromone. Roczniki Chem. 26, 483 (1952) [Chem. Abstr. 48, 9276 (1954)].

22. COLLIE, J. N. and T. TICKLE: The Salts of Dimethylpyrone, and the Quadrivalence of Oxygen. J. Chem. Soc. (London) 75, 710 (1899).

23. CUZENT, G.: C. R. hebd. Séances Acad. Sci. 50, 436 (1860).

24. — Composition chimique de la kavahine. C. R. hebd. Séances Acad. Sci. 52, 205 (1861).

25. DALLACKER, F., P. KRATZER und M. LIPP: Derivate des 2,4-Pyronons und 4-Hydroxy-cumarins. Liebigs Ann. Chem. 643, 97 (1961).

26. DEAN, F. M.: Naturally Occurring Coumarins. Fortschr. Chem. organ. Naturstoffe 9, 225 (1952).

27. DUCKE, A.: Plantes nouvelles ou peu connues de la région amazonienne. IIIᵉ Partie. Arch. Jard. Bot. Rio de Janeiro 4, 1 (1925).

28. — Plantes nouvelles ou peu connues de la région amazonienne. IVᵉ Partie Arch. Jard. Bot. Rio de Janeiro 5, 101 (1930).

29. Ducke, A.: Lauraceas Aromáticas da Amazônia Brasileira. Anais da Primeira Reunião Sul-Americana de Botânica 3, 55 (1938).

29a. Edwards, R. L., D. G. Lewis and D. V. Wilson: Constituents of the Higher Fungi. Part I. Hispidin, a new 4-Hydroxy-6-styryl-2-pyrone from Polyporus hispidus (Bull.) Fr. J. Chem. Soc. (London) 1961, 4995.

29b. Edwards, R. L. and D. V. Wilson: Constituents of the Higher Fungi. Part II. The Synthesis of Hispidin. J. Chem. Soc. (London) 1961, 5003.

30. Fieser, L. F. and M. Fieser: Cardiac-Active Principles. In: Steroids, p. 727. New York: Reinhold Publ. Corp. 1959.

31. Fowler, E. M. F. and H. B. Henbest: Researches on Acetylenic Compounds. Part XXV. Synthesis of ($\pm$)-Kawain. J. Chem. Soc. (London) 1950, 3642.

32. Gobley: Recherches chimiques sur la racine de kawa. J. Pharmac. Chim. 37, 19 (1860).

33. Gottlieb, O. R. e W. B. Mors: Isolamento de 4-Metoxi-paracotoina e 5,6-Dehidrocavaina da Aniba firmula. Anais Acad. Brasil. Ci. 30, 527 (1958).

34. — — The Chemistry of Rosewood. III. Isolation of 5,6-Dehydrokavain and 4-Methoxyparacotoin from Aniba firmula Mez. J. Organ. Chem. (USA) 24, 17 (1959).

35. — — Sôbre a Ocorrência da 5,6-Dehidrocavaina na Raiz de Cava. Anais Acad. Brasil. Ci. 31, 407 (1959).

36. — — Identity of Compound A from Kava Root with 5,6-Dehydrokavain. J. Organ. Chem. (USA) 24, 1614 (1959).

37. Gottlieb, O. R., M. Taveira Magalhães and W. B. Mors: The Chemistry of Rosewood. V. 4-Methoxyphenylcoumalin. Anais Assoc. Brasil. Quím. 18, 37 (1959).

38. Gstirner, F.: Kotorinde und Parakotorinde. Heil- und Gewürzpflanzen 15, 42 (1933).

39. Guenther, E.: Essential Oils of the Plant Family Lauraceae. In: The Essential Oils, Vol. 4, p. 181. New York: D. Van Nostrand Co. 1950.

40. Hänsel, R. und H. U. Beiersdorff: Dihydro-methysticin, ein sedatives Prinzip der Kawawurzel. Naturwiss. 45, 573 (1958).

41. Herbst, D., W. B. Mors, O. R. Gottlieb and C. Djerassi: Naturally Occurring Oxygen Heterocyclics. IV. The Methylation of Pyronones. J. Amer. Chem. Soc. 81, 2427 (1959).

42. Jacobs, T. L., D. Dankner and A. R. Dankner: 5-Phenyl-2-penten-4-yn-1-ol and Related Compounds. J. Amer. Chem. Soc. 80, 864 (1958).

43. Janiszewska-Drabarek, S.: Tautomerism of Substituted 2,4-Pyronones. Roczniki Chem. 27, 456 (1953) (in Polish).

44. Jobst, J.: Über Coto-Rinden und deren krystallisierbare Bestandtheile. Ber. dtsch. chem. Ges. 9, 1633 (1876).

45. Jobst, J. und O. Hesse: Über die Cotorinden und ihre charakteristischen Bestandtheile. Liebigs Ann. Chem. 199, 17 (1879).

46. Jodlbauer, A. und S. Kurz: Über die Giftigkeit, Resorption und Ausscheidung von Cotoin, dem Cotoin ähnlichen Stoffen und Paracotoin. Biochem. Z. 74, 340 (1916).

47. Julia, M. et C. Binet du Jassonneix: Synthèse de la méthoxy-4-paracotoïne et de quelques composés apparentés. C. R. hebd. Séances Acad. Sci. 253, 872 (1961).

48. Julia, M. et J. Bullot: Sur la transformation des alcools secondaires β,β-dichlorovinyliques en acides éthyléniques. C. R. hebd. Séances Acad. Sci. 246, 3648 (1958).

49. — — Comportement des carbinols acétyléniques secondaires β,β-dichloro-vinyliques en milieu acétique-chlorhydrique. C. R. hebd. Séances Acad. Sci. 247, 474 (1958).

50. JULIA, M. et J. BULLOT: Synthèses de la paracotoïne et de quelques α-pyrones apparentées. Bull. soc. chim. France **1959**, 1689.

51. — — Sur quelques cétones dichlorobutadiéniques et leur transformation en α-pyrones. Bull. soc. chim. France **1960**, 23.

52. KALFF, J.: A Synthesis of Phenylcoumalin and a new Synthesis of a Quinoline Derivative. Rec. trav. chim. Pays-Bas **46**, 594 (1927).

53. KARRER, W.: γ-Pyronderivate. In: Konstitution und Vorkommen der organischen Pflanzenstoffe (exclusive Alkaloide), S. 565. Basel und Stuttgart: Birkhäuser Verlag. 1958.

54. KLOHS, M. W., F. KELLER and R. E. WILLIAMS: *Piper Methysticum* FORST. II. The Synthesis of *d,l*-Methysticin and *d,l*-Dihydromethysticin. J. Organ. Chem. (USA) **24**, 1829 (1959).

55. KLOHS, M. W., F. KELLER, R. E. WILLIAMS, M. I. TOEKES and G. E. CRONHEIM: A Chemical and Pharmacological Investigation of *Piper Methysticum* FORST. J. Med. Pharm. Chem. **1**, 95 (1959).

56. KOSTERMANS, A. J. G. H.: Revision of the Lauraceae. V. A Monograph of the Genera: *Anaueria, Beilschmiedia* (American Species) and *Aniba*. Rec. trav. bot. néerl. **35**, 866 (1938).

57. KOSTERMANS, D.: Synthesis of Kawain. Nature (London) **166**, 788 (1950).

58. — Synthesis of Kawain. Rev. trav. chim. Pays-Bas **70**, 79 (1951).

59. LEBEN, J. A.: Zur Kenntnis des Phenylcumalins. Ber. dtsch. chem. Ges. **29**, 1673 (1896).

60. LEWIN, L.: *Piper methysticum.* Berlin. 1866.

61. MACIEREWICZ, Z.: Sprawozdania Posiedzén Towarz, Nauk. Warszaw. Wydziat III. Nauk. Mat. Fiz. **32**, 37 (1939).

62. — Synthesis of the Lactone of the Mother-substance of Yangonin. Roczniki Chem. **24**, 144 (1950) (in Polish).

63. MACIEREWICZ, Z. and S. JANISZEWSKA-BROZEK: Structure of α'-substituted α,γ-Pyronones. II. Alcoxylation of Pyronones. Roczniki Chem. **25**, 132 (1951) (in Polish).

64. MESSNER, J.: Cotoin und Paracotoin. Pharmaz. Zentralh. **67**, 625, 680, 696 (1926).

65. MEZ, C.: Lauraceae Americanae. In: Jahrbuch des Koeniglichen Botanischen Gartens und des botanischen Museums zu Berlin, Bd. 5, S. 250. Berlin: Gebr. Bornträger und Eggers. 1889.

66. MORS, W. B., O. R. GOTTLIEB and C. DJERASSI: The Chemistry of Rosewood. Isolation and Structure of Anibine and 4-Methoxyparacotoin. J. Amer. Chem. Soc. **79**, 4507 (1957).

67. MORS, W. B., O. R. GOTTLIEB and I. DE VATTIMO: Phylogeny of the Genus *Aniba* AUBL. — A Comparative Morphological and Chemical Observation. Nature (London) **184**, 1589 (1959).

68. MORS, W. B., M. TAVEIRA MAGALHÃES, O. ARAUJO LIMA, A. M. BITTENCOURT e O. R. GOTTLIEB: A química do gênero *Aniba*. XI. Isolamento e síntese de 11-metoxi-iangonina e de 5,6-dehidrometisticina. Anais Assoc. Brasil. Quím. (in preparation).

69. MORS, W. B., M. TAVEIRA MAGALHÃES and O. R. GOTTLIEB: The Chemistry of the Genus *Aniba*. X. *Aniba fragrans* DUCKE, a Valid Species. Anais Assoc. Brasil. Quím. **19**, 193 (1960).

70. — — — A elucidação das estruturas das alfa-pironas aromáticas não condensadas de origem natural. Anais 3a Reunião Anual Div. Quím. Orgân. Bioquím. Seção Regional da Guanabara, Assoc. Brasil. Quím. (1961) (in press).

71. MURAYAMA, Y. und K. SHINOZAKI: Über die Bestandteile der Kawa-Kawa. II. Über die Konstitution des Methysticins. J. pharmac. Soc. Japan **1925**, Nr. 520, 3 [Chem. Zbl. **1925** II, 2062].

72. Nölting und Kopp: Jahrb. Chem. Min. **1874,** 912.

73. O'Rorke: C. R. hebd. Séances Acad. Sci. **50,** 598 (1860).

74. Pomeranz, C.: Methysticin. Monatsh. Chem. **10,** 783 (1889).

75. Rauen, H. M.: Biochemisches Taschenbuch, S. 362. Berlin: Springer-Verlag. 1956.

76. Reppel, L.: Über natürliche Cumarine. Pharmazie **9,** 278 (1954).

77. Resplandy, A.: Synthèse de la méthoxy-4-paracotoïne, pyrone isolée du bois de rose. C. R. hebd. Séances Acad. Sci. **253,** 1064 (1961).

78. Schübel, K.: Zur Chemie und Pharmakologie der Kawa-Kawa (*Piper methysticum,* Rauschpfeffer). Arch. exp. Pathol. Pharmakol. **102,** 250 (1924).

79. Schulte, K. E. and K. Baranowsky: Acetylene Carboxylic Acids. XII. A New Synthesis of Protoanemonin and Phenylcoumalin. Pharmaz. Zentralh. **98,** 403 (1959) [Chem. Abstr. **54,** 7673 (1960)].

80. Severini, F.: Sulla fenilcumalina. Gazz. chim. ital. **26,** II, 326 (1896).

81. Soler y Battle, E. S. y F. J. Cortada: Medicamenta, vol. II, p. 357. Buenos Aires: Editorial Labor S. A. 1947.

82. Tamm, Ch.: Neuere Ergebnisse auf dem Gebiete der glykosidischen Herzgifte: Grundlagen und die Aglykone. Fortschr. Chem. organ. Naturstoffe **13,** 137 (1956).

83. Vattimo, I. de: Notas sôbre o androceu de *Aniba* Aubl. *(Lauraceae).* Rodriguésia (Rio de Janeiro) **21/22,** 339 (1959).

84. — Private communication (to be published).

85. Veen, A. G. van: The Isolation of the Soporific Substance from Kawa-Kawa or Wati. Proc. Kong. Akad. Wetensch. Amsterdam **41,** 855 (1938); Geneeskundig Tijdschr. Nederland. Indie **78,** 1941 (1938) [Chem. Abstr. **33,** 1445 (1939)].

86. — Isolation and Constitution of the Narcotic Substance from Kawa-Kawa *(Piper methysticum).* Rec. trav. chim. Pays-Bas **58,** 521 (1939).

87. Viswanathan, K. and S. Swaminathan: *dl*-Marindinin (Dihydrokawain) and some Related 6-Aryl-5,6-dihydro-4-methoxy-2-pyrones. Proc. Indian Acad. Sci. **52,** 63 (1960).

88. Wiley, R. H. and C. H. Jarboe: 2-Pyrones. XVII. Aryl Hydrazones of Triacetic Lactone and Their Rearrangement to 1-Aryl-3-carboxy-6-methyl-4-pyridazones. The Methyl Ether of Triacetic Lactone. J. Amer. Chem. Soc. **78,** 624 (1956).

89. Winzheimer, E.: Beiträge zur Kenntnis der Kawawurzel. Arch. Pharmaz. **246,** 338 (1908).

90. — Über die Identität von Methysticol und Piperonylen-aceton. Ber. dtsch. chem. Ges. **41,** 2377 (1908).

91. Wren, R. C.: Potter's New Cyclopedia of Botanical Drugs and Preparations, 7th ed., p. 98. London: Sir Isaac Pitman & Sons. 1956.

92. (Yu.) Lur'e, M., I. S. Trubnikov, N. P. Shusherina and R. Ya. Levina: δ-Lactones. XII. Synthesis and Properties of 6-Phenyl-3,4-dihydro-α-pyrone. Zhurn. Obschei Khim. **28,** 1351 (1958) [Chem. Abstr. **52,** 20138 (1958)].

93. Zakharkin, L. I. and L. P. Sorokina: Condensation of β,β-Dichloroacrolein with Carbonyl Compounds and Transformation of the Condensation Products into α-Pyrone Derivatives. Izvest. Akad. Nauk. SSSR, Otdel Khim. Nauk. **1958,** 1445 [Chem. Abstr. **53,** 8130 (1959)].

94. Ziegler, E. und H. Junek: Synthesen von Heterocyclen. XI. Mitt. 4-Hydroxy-2-pyrone. Monatsh. Chem. **89,** 323 (1958).

95. Ziegler, E. und E. Nölken: Synthesen von Heterocyclen. XII. Mitt. Über das Anibin. Monatsh. Chem. **89,** 391 (1958).

96. Ziegler, E., E. Nölken und H. Bayzer: Synthesen von Heterocyclen. 16. Mitt. Über das Anibin. Monatsh. Chem. **89,** 716 (1958).

(Received, December 19, 1961.)

Anthocyanins and their Sugar Components.

By J. B. HARBORNE, Hertford, England.

With 5 Figures.

I. Introduction.

Anthocyanins are water soluble pigments which are responsible for most of the pink, red, mauve and blue colours of plants. They are all based on a single aromatic structure—that of the 3,5,7,3′,4′-pentahydroxy-flavylium cation, cyanidin (I). The colour of this substance is altered by the addition or removal of a hydroxyl group or by methylation or glycosylation. Such modifications in structure are known to be controlled in the flowers of many higher plants by single gene substitutions. The anthocyanins present in series of colour mutants of garden flowers are thus suitable material for studying the biochemical effects of gene action.

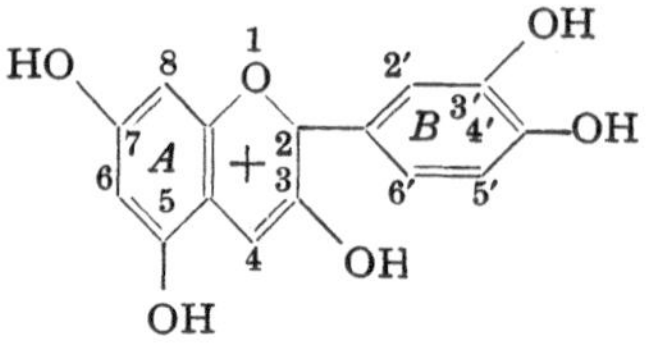

(I.) Cyanidin.

Such studies have in fact provided most of the present knowledge of the biochemical genetics of higher plants (34). Flower and fruit colours are undoubtedly of adaptive value in relation to animal pollen vectors, and the primary function of the anthocyanins is to attract insects and birds to plants. The suggestion of Moewus (68) that anthocyanins play an active part in the sexuality of plants by acting as hormones has not been substantiated by later workers (81).

Besides providing much permanent pigmentation in plants, anthocyanins sometimes appear transiently in young leaves and other organs in response to environmental changes. Production in this instance seems to be directly related to the accumulation of excess carbohydrate in the plant. Since up to 67% of their weight is sugar in bound form, it is not surprising that anthocyanins should play a (minor) rôle in carbohydrate metabolism.

It has long been known that the sap solubility and stability of anthocyanins depend on the presence of the sugar residues attached to them. The aglycones (anthocyanidins) produced on hydrolysis of anthocyanins are both unstable to light and insoluble in water. The classical studies of Willstätter and Everest (100), of Karrer and Widmer (54—56) and of Robinson and his colleagues (59, 79, 80) were at first concerned with establishing the chemical structure of the six anthocyanidins commonly found in garden flowers. The 3-glucosides, 3 : 5-diglucosides and 3-biosides of most of these anthocyanidins were then synthesized by Robinson's team and it was established that these glycosides were widespread in nature. Surveys (24, 59) showed that most of the structural variation in anthocyanins resided not in the nature of the aglycones but in the nature, number, and position of attachment of sugar and other residues. In consequence of the lack of suitable methods

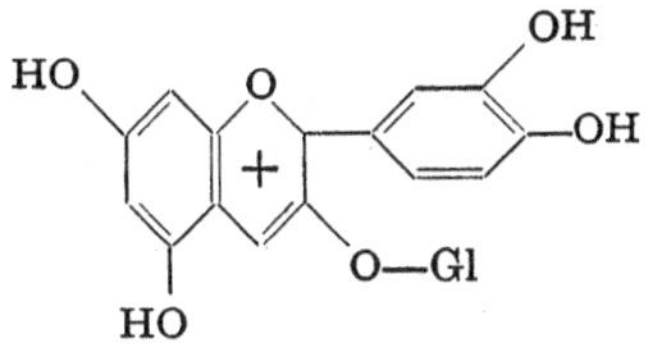

(II.) Cyanidin 3-glucoside.

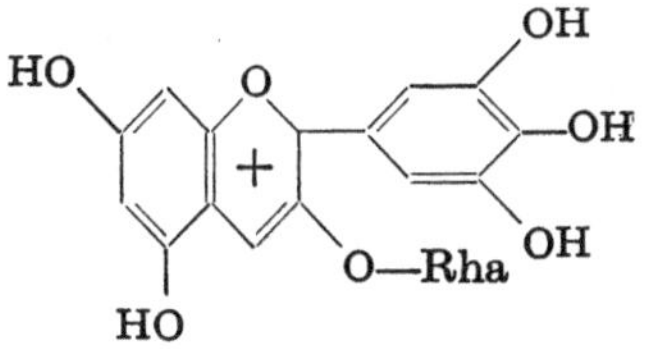

(III.) Delphinidin 3-rhamnoside.

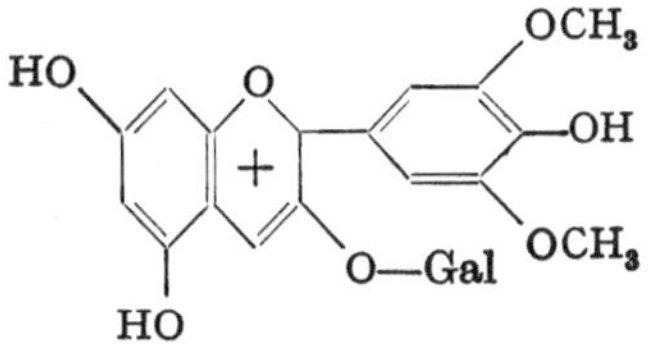

(IV.) Malvidin 3-galactoside.

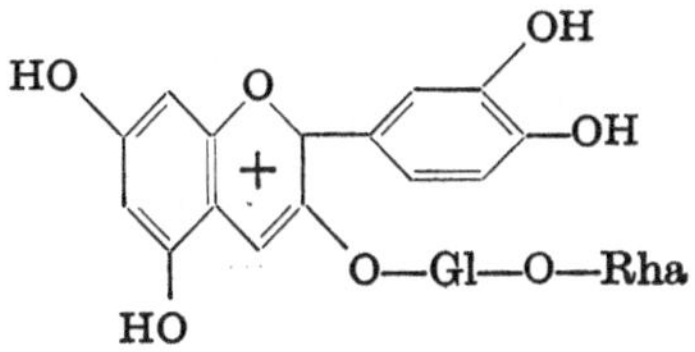

(V.) Cyanidin 3-rhamnosylglucoside.

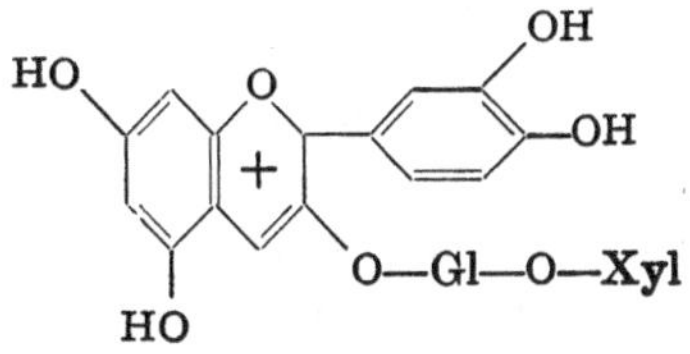

(VI.) Cyanidin 3-xylosylglucoside.

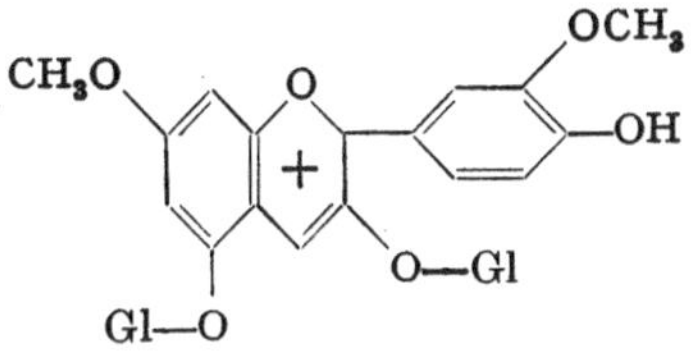

(VII.) Rosinidin 3 : 5-diglucoside.

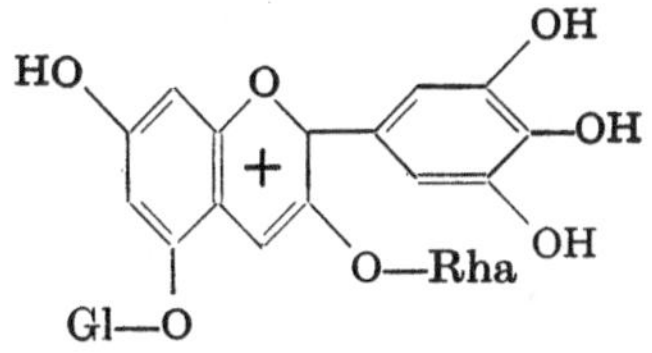

(VIII.) Delphinidin 3-rhamnoside 5-glucoside.

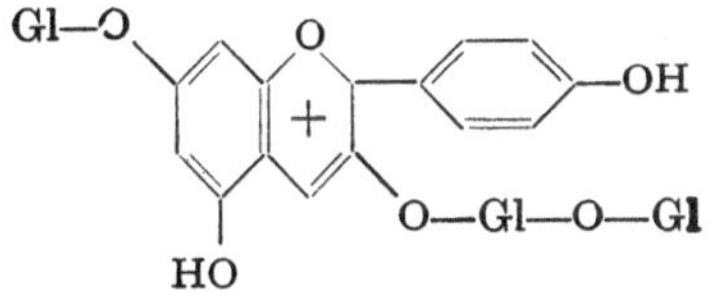

(IX.) Pelargonidin 3-diglucoside 7-glucoside.

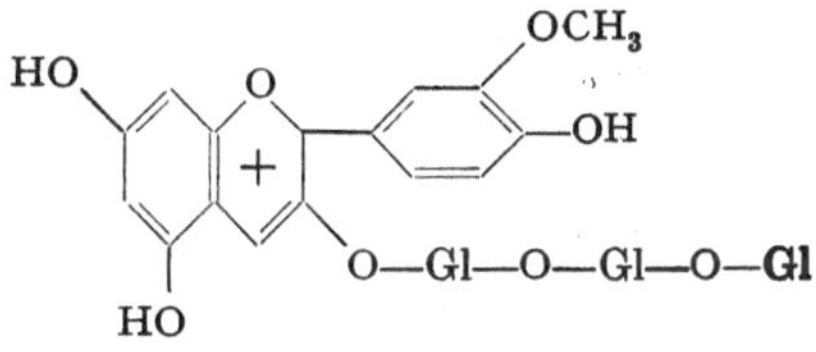

(X.) Peonidin 3-triglucoside.

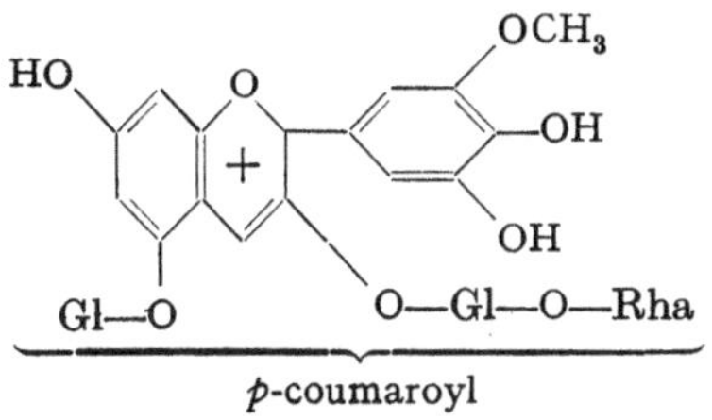

p-coumaroyl

(XI.) Petanin.

Chart 1. Structures of the Most Important Anthocyanins.

of identifying the sugar components of anthocyanins on a small scale—
the well-known Robinson tests (*78*) being of limited value here—the
range of glycosidic variation could not be studied.

   In the last ten years, improved methods of isolating and identifying
small amounts of pigment have become available (*36, 37*). Methods of
resolving the complex mixtures of anthocyanins present in some plants
have also been developed. As a result, a large number of new glycosides
of known anthocyanidins have been found. In the same period, only
three new anthocyanidins have been discovered (*40, 42*). Acylated
anthocyanins have also been examined in more detail and earlier structures
have had to be revised. Many studies of the anthocyanins and related
compounds in plants of known genetic constitution have also been
carried out, using the new methods (see *41*).

   This review is a summary of the achievements of the last ten years.
For earlier publications see (*65, 70, 98*). Emphasis will be given here
to the sugar residues of anthocyanins and the identification of their
nature and mode of attachment. Other aspects of the subject will be
considered more briefly. Since, however, there is considerable current
interest in the biosynthesis of these pigments, the present status of
our knowledge in this field will be discussed.

   Chart 1 contains the structures of the most important anthocyanins
and *Chart 2* those of their sugar components.

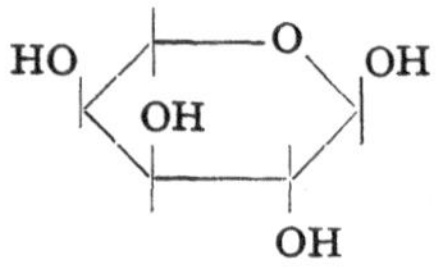

(XII.) α-L-Arabinose. 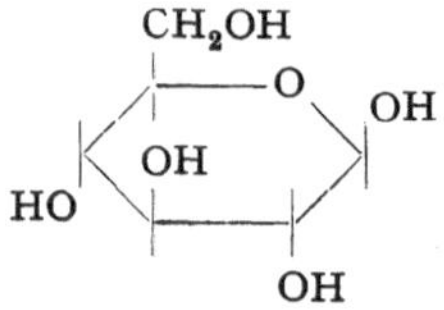   (XIII.) β-D-Glucose. 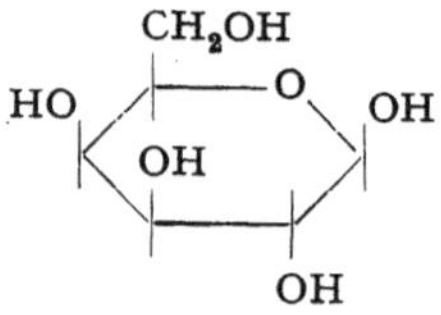   (XIV.) β-D-Galactose.

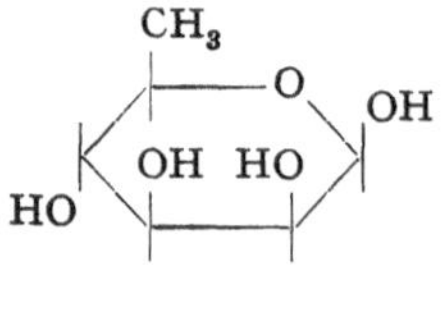

(XV.) β-L-Rhamnose. 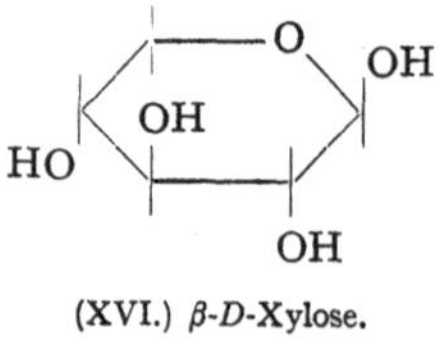   (XVI.) β-D-Xylose.

Chart 2. Structures of the Sugar Components of Anthocyanins.

II. Isolation.

   Serious attempts to isolate anthocyanins were made as long ago
as 1849 but success was not achieved until 1913 when Willstätter
and Everest extracted dry cornflower petals with alcoholic hydrochloric
acid and precipitated the pigment with large volumes of ether; further

precipitations and crystallizations gave pure cyanidin 3 : 5-diglucoside. This method (and variants employing, for example, lead salts or picrates) was rapidly applied to the isolation of anthocyanins from many plant sources. The procedure works well when relatively large quantities of a single anthocyanin are present in a flower and was used in most laboratories up to 1940.

This method of isolation has however a number of drawbacks. Besides being laborious and wasteful, it fails to separate mixtures of anthocyanins. For example, the crystalline "primulin" isolated by SCOTT-MONCRIEFF (85) from *Primula sinensis* and incorrectly identified by BELL and ROBINSON (14) as malvidin 3-galactoside was later separated by chromatography into two pigments, malvidin and petunidin 3-glucosides (47). Losses of labile acyl and sugar residues in anthocyanins also occur during recrystallization. Thus, the petunidin 3 : 5-diglucoside isolated by WILLSTÄTTER and BURDICK (99) from *Petunia* was subsequently found to occur with rhamnose and a *p*-coumaric acid group also attached (38). Finally, pigments obtained by precipitation persistently tend to retain flavones and free sugars as impurities.

Chromatographic methods were first used in 1948 (6) and quickly replaced the older methods of isolation. Paper chromatography is particularly successful in separating anthocyanin mixtures and has now been used for isolating over a hundred anthocyanins in the pure state.

Since the chromatography of anthocyanins has recently been reviewed (36), only a brief outline need be given here. Separations are carried out on Whatman No. 3 paper with acidic solvent systems, such as butanol-acetic acid-water. After elution from the paper, the pigment is purified by further chromatography or by recrystallization. An advantage of the method is that hydrolysis products can be eliminated at each stage of purification. It is important that solvents containing mineral acid should not be used during the final stages of purification, since the acid reacts with substances in the filter paper to produce arabinose, which may then cause erroneous results when the sugars of the anthocyanin are analysed. Solvent mixtures containing acetic acid can safely be used and it is advisable to wash papers before use with dilute acetic acid.

Attempts to separate anthocyanins on a larger scale by column chromatography have not been completely successful. The results are rather erratic and do not produce separations as good as those given by filter paper. Column chromatography is best used for separating mixtures of two or three anthocyanins, for separating anthocyanidin mixtures (25) or for preliminary separation of crude plant extracts. Materials that have been used for packing columns are cellulose, silicic acid, magnesol, and polyamide. The same eluting solvents are used as for paper chromatography; separations must be carried out at acid pHs. Filter paper packed as rolls in a pressurized column promises to be a useful adsorbent for large scale work (4). Zone electrophoresis has also been suggested for pigment separations (63).

III. Properties of Anthocyanins.

General Remarks.

Anthocyanins, when isolated as their chlorides, are intensely coloured crystalline compounds, which do not usually melt sharply. Some anthocyanins readily crystallize from aqueous hydrochloric acid; others, especially those containing two or more sugar residues, are rather water-soluble and are only crystallized with difficulty. Anthocyanins are very unstable in alkaline solution, much more stable in acid, even in daylight. Since solutions of the aglycones, the anthocyanidins, fade much more rapidly, even in acid solution, it is evident that a sugar group on the 3-hydroxyl stabilizes the pigment molecule. The same sugar also protects the anthocyanins from rapid oxidation by aqueous ferric chloride, since flavylium salts with a free 3-hydroxyl group lose their colour within a few minutes in the presence of this reagent. The 5- and 3 : 5-glycosides of pelargonidin, peonidin, rosinidin, malvidin and hirsutidin fluoresce in solution and appear as ultraviolet-fluorescent spots on chromatograms. Since the other anthocyanins give dull colours, fluorescence is a characteristic feature of anthocyanidins which have both a 5-substituent and only one free hydroxyl group in the B ring.

Spectral Characteristics.

Anthocyanins show pronounced adsorption maxima in the visible region in the range 465–550 mμ and have less pronounced maxima in the ultraviolet at about 275 mμ (Fig. 1).

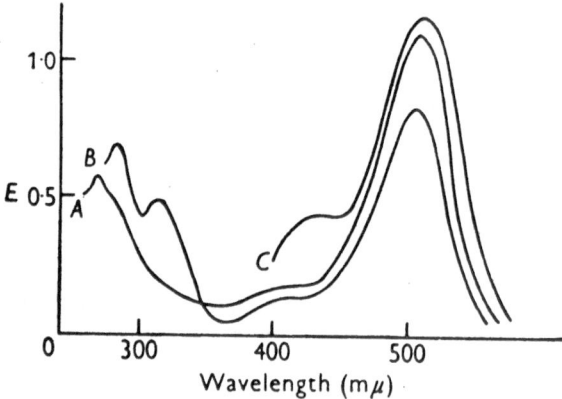

Fig. 1. Absorption spectra: curve A, pelargonidin 3 : 5-diglucoside; curve B, pelargonidin 3 : 5 diglucoside acylated with p-coumaric acid (monardein); curve C, pelargonidin 3-monoglucoside. The concentrations of the pigments were about 50 μM, in methanolic 0.01% (w/v) conc. HCl. [From: Biochem. J. 70, 22 (1958).]

Measurement of absorption spectra is one of the most valuable criteria of purity; the presence of flavones, with maximal absorption at 340 to 370 mμ, in anthocyanin specimens is easily detected, since pure anthocyanins have minimal absorption in this region. The position of the visible maximum varies slightly according to the solvent used.

References, pp. 195—199.

Measurements have been standardized by using methanol containing 0.01% of conc. HCl (*37*).

The spectral characteristics of all the known anthocyanidins and most of the simple anthocyanins are given in *Tables 1* and *2* (p. 172). It will be seen that the introduction of a sugar residue into the 3-position causes a hypsochromic shift. Allowing for this fact, the position of the visible maximum is a clear indication of the hydroxylation pattern of the anthocyanidin from which the anthocyanin is derived. Thus, most

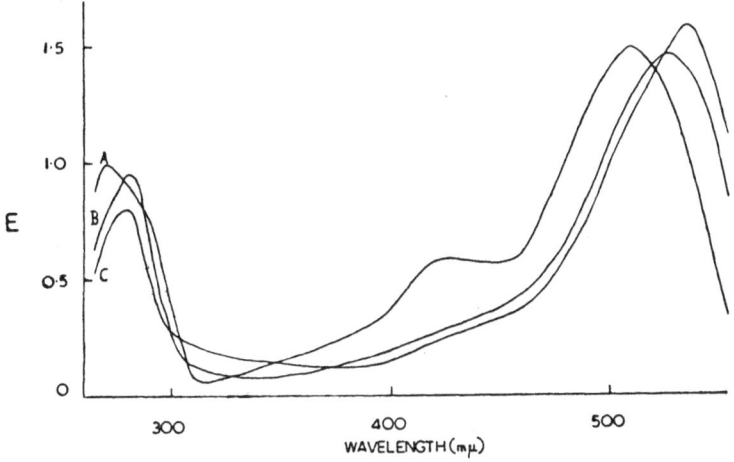

Fig. 2. Absorption spectra: curve A, pelargonidin 3-rhamnoside; curve B, cyanidin 3-rhamnoside; curve C delphinidin 3-rhamnoside. Solvent, cf. Fig. 1.

pelargonidin glycosides have a λ_{max} at about 505 mμ; all known cyanidin and peonidin glycosides at about 520–526 mμ; and delphinidin derivatives at 532–537 mμ *(Fig. 2)*.

It should be noted (Table 2, p. 172) that the hypsochromic shift produced by introducing sugar residues into anthocyanidins already having a methyl (or acyl) substituent in the *A* ring is only half that shown when sugars are added to 5 : 7-dihydroxyanthocyanidins. This is because other substituents themselves bring about hypsochromic shifts; the magnitude of the shift caused by sugar is therefore lessened.

The addition of aluminium ions at pHs between 2 and 4 to anthocyanins containing free *o*-dihydroxylic groupings causes bathochromic shifts of 25–35 mμ; the metal chelates with the 3' : 4'-dihydroxylic grouping of the anthocyanin. This is a useful diagnostic test for distinguishing luteolinidin, cyanidin, petunidin and delphinidin and their respective glycosides from other pigments. In the case of glycosides of the first three of these aglycones, a positive aluminium shift also shows that sugar residues cannot be present in the *B* ring.

Table 1. The Known Anthocyanidins and their Properties (36, 37, 42).

Name and Abbreviation	Substitution	λ_{max} in methanolic HCl (mμ)	R_F value in Forestal solvent***	Colour on paper
Apigeninidin (Ap)	5,7,4'-triOH	476*	0.75	yellow
Luteolinidin (Lt)	5,7,3',4'-tetraOH	493*+	0.61	orange
Pelargonidin (Pg)	3,5,7,4'-tetraOH...........	520	0.68	red
Cyanidin (Cy)	3,5,7,3',4'-pentaOH	535+	0.49	magenta
Peonidin (Pn)	Cy-3'-methyl ether	532	0.63	,,
Rosinidin (Rs)	Cy-7,3'-dimethyl ether	524	0.76	,,
Delphinidin (Dp)	3,5,7,3',4',5'-hexaOH	546+	0.32	purple
Petunidin (Pt)	Dp-3'-methyl ether........	546+	0.46	,,
Malvidin (Mv)	Dp-3',5'-dimethyl ether	542	0.60	,,
Hirsutidin (Hs)	Dp-7,3',5'-trimethyl ether ..	536	0.78	,,
Capensinidin (Cp)	Dp-5,3',5'-trimethyl ether (?)	538	0.88	,, **

* Only these pigments give stable spectral shifts in alkaline solution.
** This pigment alone fluoresces in ultraviolet light.
*** Acetic acid-conc. HCl-Water (30 : 3 : 10, v/v).
+ The spectra of these pigments alone give bathochromic shifts in the presence of aluminium ions.

Table 2. Spectral Properties of Simple Anthocyanins.
(Abbreviations, see Table 1.)

Glycoside	λ_{max} in methanolic HCl (mμ)	Spectral difference between aglycone and glycoside (mμ)	$E_{440\ m\mu}/E_{visible\ max.} \times 100$
Ap 5-glucoside	273, 477	1	18
Lt 5-glucoside	277, 495	2	6
Pg 5-glucoside	—, 513	7	15
Pg 7-glucoside	—, 508	12	42
Pg 3-glucoside	—, 506	14	38
Pg 3 : 5-diglucoside	269, 504	16	21
Pg 3 : 7-diglucoside	279, 498	22	42
Cy and Pn 3-glucoside	274, 523	12	24
Cy and Pn 3 : 5-diglucoside	273, 524	11	13
Rs 3 : 5-diglucoside	278, 519	5	12
Dp, Pt and Mv 3-glucoside	276, 534	11	18
Dp, Pt and Mv 3 : 5-diglucoside	273, 533	12	11
Hs 3 : 5-diglucoside...........	273, 532	4	9
Cp 3-rhamnoside..............	278, 533	5	12

The two most common classes of anthocyanin, the 3- and 3 : 5-glycosides, have similar spectral maxima but show pronounced differences in the 400–460 mμ region (Fig. 1) (37). These differences can be measured by comparing the optical density at 440 mμ with that at the colour maximum. Typical values are recorded in Table 2 (p. 172) and show that 3 : 5- and 5-glycosides have only 50% of the absorption at 440 mμ shown by 3-glycosides and the free anthocyanidins. Although the intensity of absorption at 440 mμ falls on passing from pelargonidin to cyanidin to delphinidin, the ratio remains constant.

Pigments containing sugars in the 5-, 7- and 3 : 7-positions have different absorption maxima from each other and from the 3- and 3 : 5-glycosides. Values for three of the four pelargonidin monoglucosides and for pelargonidin 3 : 7-diglucoside, produced by partial hydrolysis of the 3 : 7-triglucoside (43), are given in Table 2.

The 4'-glucoside is the one pigment in this series which has not been available for examination. The colour tests carried out by LEÓN, ROBERTSON, ROBINSON and SESHADRI (61) on the four monoglucosides indicate that this substance would have different absorption characteristics from the other three glucosides.

The spectra of acylated anthocyanins (*Table 3*) show two peaks in the ultraviolet region at 289 and 310 or 328 mμ due to the superimposition of the absorption of the acyl group, usually a cinnamic acid, upon the pigment absorption. The position of the second peak indicates the nature of the cinnamic acid present *(Fig. 3)*, and the ratio of the intensity of this peak to that at the colour maximum is a measure of the number of cinnamic acid units that are present in the pigment complex (37) *(Fig. 4, p. 174)*.

The *infrared spectra* of only a few anthocyanins have been determined. The results obtained so far indicate that different glycosides of cyanidin may be distinguished from each other by this means (23, 62).

Table 3. Spectral Properties of Acylated Pelargonidin Glycosides.

Pigment	Acyl Group(s)	Sugars*	λ_{max} in methanolic HCl (mμ)	E_{max} acid/E_{max} pigment × 100	
				experimental value	theoretical value
Monardein	p-coumaric acid ..	3G5G	289, 313, 507	60	57
Pelanin	p-coumaric acid ..	3RG5G	289, 313, 505	67	57
Salvianin	caffeic acid	3G5G	285, 329, 507	48	47
Raphanin A	p-coumaric acid ..	3GG5G	286, 313, 507	60	57
Raphanin B	ferulic acid	3GG5G	282, 328, 505	52	49
Matthiolanin	ferulic and sinapic acid	3XG5G	289, 328, 509	92	91

* Abbreviations: 3G5G = 3 : 5-diglucoside; 3RG5G = 3-rhamnoglucoside-5-glucoside; 3GG5G = 3-diglucoside-5-glucoside; 3XG5G = 3-xyloglucoside-5-glucoside.

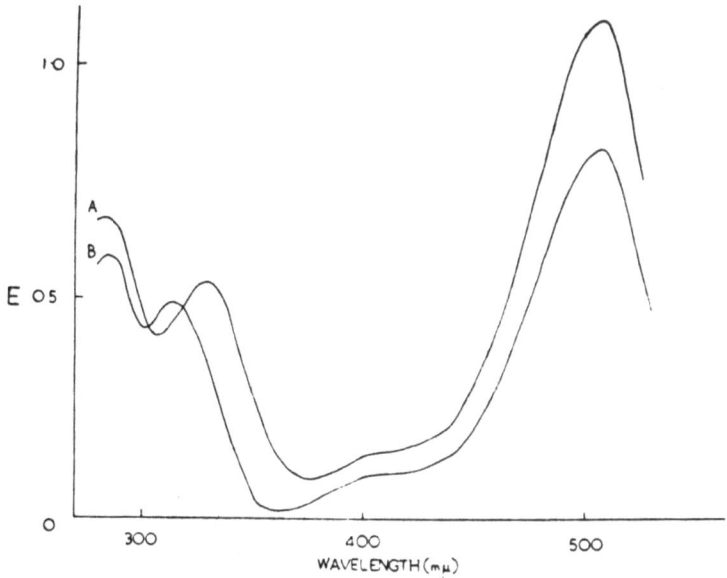

Fig. 3. Absorption spectra: curve B, monardein (acyl group: *p*-coumaric acid); curve A, salvianin (acyl group: caffeic acid). Solvent, cf. Fig. 1.

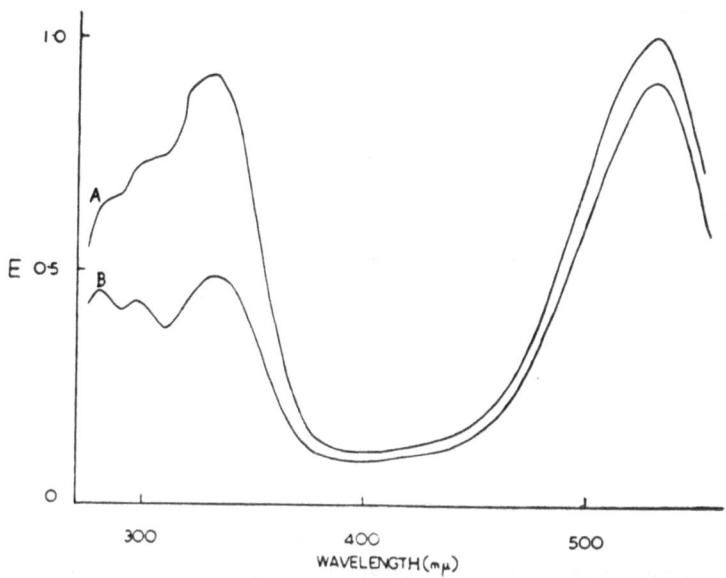

Fig. 4. Absorption spectra: curves A and B; cyanidin 3-diglucoside 5-glucoside acylated with 2 and 1 molecular proportions of sinapic acid, respectively. Solvent, cf. Fig. 1.

References, pp. 195—199.

Chromatographic Properties.

In the last few years, the R_F values of a large number of pigments have been measured in a variety of solvents (36). The main conclusions to be drawn from this work are as follows.

(a) The R_F value is the most valuable single characteristic for identifying anthocyanins on the basis of their sugar components. All simple anthocyanins have slightly different R_F values from each other. None of the fifteen pelargonidin glycosides listed in *Table 4* has exactly the same R_F in the four usual solvents (only two are given in the Table). It will be noted that 3-glucosides and 3-galactosides can be separated and that 3-diglucosides with different glucose-glucose links have quite distinct R_F values.

Table 4. Glycosylation and Chromatographic Behaviour: Pelargonidin Glycosides.

Pelargonidin glycosides	Number of sugar residues	R_F values in	
		butanol-acetic acid-water	1% aqu. HCl
Aglycone	0	0.80	0.00
3-rhamnoside	1	0.71	0.22
5-glucoside	1	0.51	0.18
3-rhamnoside-5-glucoside	2	0.46	0.39
3-glucoside	1	0.44	0.14
3-galactoside......................	1	0.39	0.13
3-rhamnoglucoside..................	2	0.37	0.22
3-xyloglucoside....................	2	0.37	0.31
3-cellobioside*	2	0.36	0.50
3 : 5-diglucoside	2	0.31	0.23
3-gentiobioside*	2	0.30	0.21
3 : 7-diglucoside	2	0.30	0.38
3-rhamnoglucoside-5-glucoside........	3	0.29	0.40
3-cellobioside*-5-glucoside	3	0.25	0.60
3-triglucoside	3	0.25	0.35
3-cellobioside*-7-glucoside	3	0.18	0.73

* The identification of the disaccharide units is provisional.

(b) As the number of their sugar residues increase, anthocyanins have decreasing R_F values in butanol-acetic acid-water and increasing values in aqueous acid. This rule is not always obeyed if the nature of the sugar added varies, since rhamnose-containing glycosides always travel well ahead of the related glucosides. The relationship between number of sugars and R_F is however independent of the nature of the anthocyanidin. The R_F values of the glycosides of the other five anthocyanidins (see *Table 5*, p. 176 for some typical data) in relation to those of pelargonidin are modified slightly when there is an increase in the degree of hydroxylation (which generally lowers R_F values) or methylation (which usually raises them). This regular behaviour is most useful when identifying new pigments.

Table 5. R_F Values of Anthocyanins containing Rhamnose and Glucose. (Abbreviations, see Table 1, p. 172.)

Glycoside	R_F value in butanol-acetic acid-water					
	Pg	Pn	Cy	Mv	Pt	Dp
3-rhamnoside......................	0.71	0.67	0.60	0.39	0.40	0.38
3-glucoside	0.44	0.41	0.38	0.38	0.35	0.26
3-rhamnosylglucoside..............	0.37	0.38	0.37	0.35	0.35	0.30
3 : 5-diglucoside..................	0.31	0.31	0.28	0.31	0.24	0.15
3-rhamnoside-5-glucoside...........	0.46	0.44	0.34	0.31	0.28	0.21
3-rhamnosylglucoside-5-glucoside.....	0.29	0.29	0.25	0.30	0.23	0.20

(c) Acylated anthocyanins have lower R_F values in aqueous solvents but higher ones in butanol-acetic acid-water than the corresponding unacylated pigments. The addition of an acyl group thus has an effect on R_F value opposite to that caused by the addition of a sugar.

Hydrolysis Products.

Eleven anthocyanidins have so far been obtained by the acid hydrolysis of plant anthocyanins and these are readily characterized by means of their spectral and chromatographic properties (Table 1, p. 172). The sugars produced on hydrolysis are usually monosaccharides, the most common being glucose and rhamnose; galactose, xylose and arabinose are less frequently detected. Disaccharides are obtained in small amounts relative to monosaccharides when anthocyanins containing two or more sugar residues attached to the 3-hydroxyl group (e. g. 3-di- and triglucosides) are hydrolysed. That these disaccharides are not artifacts produced by the action of acid on monosaccharides (89) follows from the facts that (a) they are not produced during acid hydrolysis of 3-monosides; (b) only short periods of heating with 1 N hydrochloric acid are used and (c) they are formed under very mild (10% acetic acid) hydrolysis conditions.

A satisfactory procedure for the identification of small amounts of sugars is as follows (38):

(1) Acid is first removed from the aqueous hydrolysate by washing with a solution of di-n-octylmethylamine in chloroform and the solution is concentrated. (2) Co-chromatography in three solvent systems with authentic material follows; glucose and galactose are best separated in butanol-benzene-pyridine-water; disaccharides are allowed to separate for 48 hr. and are also compared electrophoretically. (3) The spectral maxima of the coloured products given by the sugars after reaction with resorcinol-sulphuric acid and aniline hydrogen phthalate are

measured. (4) The sugar is treated with glucose oxidase; this is a specific test for D-glucose (oxidized) and is particularly useful for distinguishing it from galactose (not oxidized).

3-Glucosides can be obtained as intermediates in the hydrolysis of 3-diglucosides; both the 3- and 5-glucosides are formed from 3 : 5-diglucosides. Triglycosides similarly yield either two or four simpler glycosides during hydrolysis. Examination of these simpler glycosides provides an important method of determining the positions of the sugars in anthocyanins (2, 46).

On mild alkaline hydrolysis, acylated anthocyanins lose their acyl groups, and the parent anthocyanin is liberated. More drastic hydrolysis (10% alkali at 100° for 2 hr.) yields mixtures of phenols and phenolic acids. Since sugars are not split off under these conditions, the identification of the fragments provides a method of locating the sugars in the original pigment. Yields are rather low and the method does not work well on the micro-scale (69).

Enzymic Degradation.

Anthocyanins are not hydrolysed by β-glucosidase, an enzyme which will remove the sugars from practically all other known phenolic glycosides (43, 51, 52). They thus require a specific anthocyanase for their hydrolysis; one such enzyme has been obtained from a fungal source (Aspergillus niger) by HUANG (51) and another from fresh cocoa beans by FORSYTH and QUESNEL (23). Anthocyanase almost certainly occurs widely in plants, but this has yet to be demonstrated. The enzymes from the two known sources have slightly different specificities: The higher plant enzyme hydrolyses galactosides and arabinosides more rapidly than glucosides and xylosides, whereas the fungal enzyme does not appear to differentiate between these four kinds of substrate. Both enzymes decolorize anthocyanins, because of the instability of the anthocyanidin formed at the optimum pH of the reaction (3.95). The overall process involves (a) enzymatic hydrolysis of the anthocyanin to sugar and aglycone, (b) spontaneous transformation of the aglycone to a colourless pseudo-base and (c) destruction of the pseudo-base by molecular oxygen.

Because of its ready availability, the properties of the fungal anthocyanase have been most thoroughly studied (43, 45). In its presence, anthocyanins are hydrolysed at different rates according to the nature and number of sugar or acyl groups. In general, the simpler anthocyanins (e. g. 3-glucosides) are hydrolysed most quickly (1–2 hr.) but acylated anthocyanins are hardly attacked at all (unchanged after 2 days). Anthocyanins containing rhamnose are remarkably resistant and take 12–14 hours to be decolorized. This is of preparative value, since acid hydrolysis tends to remove rhamnose more quickly than glucose. 3-Rhamnosides can be prepared from 3-rhamnoside-5-glucosides, and 3-rhamnoglucosides from 3-rhamnoglucoside-5-glucosides, by a 6-hr. treatment with excess enzyme (*38*, *39*).

Enzymes of the phenolase group are also known to decolorize anthocyanins and have been isolated from leaves of copper beech (*72*) and *Coleus hybridus* (*12*), from sour cherries (*97*), and from begonia tubers (*53*). The enzyme preparations, active at pH 5.76, oxidize only cyanidin and delphinidin glycosides; malvidin derivatives are not touched. Because the purified enzyme is almost inactive unless catechol is present and because *p*-benzoquinone will decolorize anthocyanins non-enzymatically, SCHEINER (*83*) has proposed that decolorization involves a reaction between anthocyanins and the quinone produced by oxidation of catechol or a similar natural substrate.

In food processing, these enzymes may serve a useful function in removing unwanted pigments. It has been suggested that anthocyanase might be used to produce white wines from red or for removing excessive pigment deposits in blackberry preserves (*51*, *104*). Protection from the action of cyanidin oxidase may also be important in the food industry. For example, raspberry pigments are protected from oxidation during jam making by the addition of colloids (*97*).

IV. Identification of Anthocyanins.

By comparison with most other plant products, anthocyanins are not readily characterized by means of the usual techniques of organic chemistry. They are unstable to light and are difficult to isolate in pure state. When obtained pure, their hydrochlorides are often hydrated and do not give meaningful results on elementary analysis; attempts to remove the water of crystallization usually leads to partial loss of hydrogen chloride. Since anthocyanins are readily broken down by chemical reagents, no suitable derivatives are known for characterizing them. The procedure of methylation and hydrolysis, commonly used with flavones to determine the positions of sugar substituents, is here of little value (*43*, *69*).

To overcome these difficulties, ROBINSON and his coworkers (*78*) devised a series of colour and distribution tests for identification purposes. These tests depend on the facts that the distribution coefficient of an anthocyanin between amyl alcohol and aqueous acid is related to the nature and number of its sugars, and that anthocyanins alter their colour with changing pH. Valuable as these tests are, more recent work has shown (see p. 182) that they are liable to error, probably because of their sensitivity to impurities. Use is now made of the more accurate and refined techniques of paper chromatography and spectrophotometry to measure these characteristic properties.

Thus anthocyanins are now identified by their R_F values and spectral maxima and also on the basis of their behaviour towards enzymes and of quantitative and qualitative studies of their hydrolysis products. If a known glycoside is present, then direct comparison with authentic material is possible. If the glycoside is a new one, then the fact that its R_F values are different from those of the known glycosides is usually sufficient to confirm its novelty. Synthesis, though desirable, is not usually possible because of the scarcity of the starting materials. However, some 3-glycosides can be prepared from the easily available flavonol 3-glycosides (e. g. rutin, quercitrin) by reducing them or their acetates with lithium aluminium hydride (8). In some instances a 7-glucoside can be prepared by reductive acetylation of the corresponding flavonol (71).

V. Natural Occurrence.

Probably several hundred different anthocyanins exist: there are eleven known anthocyanidins and each may theoretically occur in fifteen glycosidic combinations; furthermore, several acylated combinations of each one are possible, with one or more of four different cinnamic acids. However relatively few anthocyanins have been fully clarified, for the various surveys which have been carried out (e. g. 24, 59) have generally identified the aglycone and indicated only the general nature of the substituents. In the present list (*Tables 6* and *7*, p. 180, 181) the emphasis is on pigments which have been subjected to detailed analysis in recent years. It is not comprehensive; limitations of space forbid the listing, for example, of every source of the most common pigment, cyanidin 3-glucoside. If doubt exists about the position or nature of the sugar residues in an anthocyanin, the compound is generally not included in the Tables. For details of other sources of well-known compounds, reference may be made to several earlier lists, particularly those given by MAYER and COOK (65) and by KARRER (57).

The use of trivial names for simple glycosides has been avoided, since these are no longer necessary and only cause confusion. The name, fragarin, for pelargonidin 3-galactoside is, for example, hardly an appropriate one since this pigment does not occur in *Fragaria* species, as was once thought (79). SCHOFIELD and SWAIN (84) have recently commented on the unfortunate habit of some authors who coin new names for the glycosides of well-known flavonids.

Trivial names are retained here for anthocyanidins, since these are well established, and for acylated anthocyanins, since unambiguous structures cannot yet be written for these pigments.

Monosides.

The four classes of the 3-monosides known are listed in Table 6 (p. 180). Of these, the 3-glucosides are by far the most common. A xyloside (of petunidin) has also been reported, in flowers of *Lavandula pedunculata*,

Table 6. Natural Occurrence of Anthocyanins.
(Abbreviations, see Table 1, p. 172.)

Glycosyl residue	Sources and known aglycones*	References
3-Monosides:		
3-glucoside	very common, e. g. *Primula sinensis* flowers (Pg, Cy, Pn, Dp, Pt, Mv)	*(47, 65, 90)*
3-galactoside	copper beech leaves (Pg, Cy), *Theobroma cacao* leaves (Cy), apple skins (Cy), *Vaccinium uliginosum* and *V. macrocarpum* berries (Cy, Pn, Mv), *Empetrum nigrum* berries (Dp)	*(23, 46, 48, 50, 82)*
3-rhamnoside	*Lathyrus odoratus* flowers (Pg, Cy, Pn, Dp, Pt), *Plumbago rosea* flowers (Pg, Cy, Dp), *P. capensis* flowers (Cp)	*(39, 42)*
3-arabinoside	*Theobroma cacao* leaves (Cy), barley husks (Cy), *Rhododendron thomsonii* flowers (Cy)	*(23, 42, 66)*
3-Biosides:		
3-rhamnosylglucoside	*Antirrhinum majus* flowers (Pg, Cy), cultivated potato (Pg, Cy, Dp, Pt), tulip flowers (Cy, Dp), *Solanum melongena* fruits (Dp)	*(1, 35, 38, 46)*
3-xylosylglucoside	*Streptocarpus* cultivar flowers (Pg, Cy), *Begonia* leaves (Cy), elderberries (Cy)...................	*(39, 74, 75)*
3-xylosylgalactoside	*Lathyrus odoratus* (Pg, Cy, Pn)...	*(43)*
3-gentiobioside	*Primula sinensis* flowers and leaves (Pg, Cy, Pn, Pt, Mv), *Tritonia*, Cv. 'Prince of Orange' flowers (Pg) .	*(47)*
3-cellobioside**	*Papaver rhoeas* flowers (Pg, Cy), *Phaseolus multiflorus* flowers (Pg), *Tropaeolum majus* flowers (Pg)	*(43, 47)*
3 : 5-diglucoside	very common; e. g. *Dahlia variabilis* flowers (Pg, Cy), peony flowers (Pn), *Primula rosea* flowers (Rs), *P. obconica* (Dp, Pt, Mv) and *P. hirsuta* (Hs)	*(43, 65)*
3-rhamnoside-5-glucoside	*Lathyrus odoratus* flowers (Pg, Cy, Pn, Mv), wild *Lathyrus* spp. flowers (Dp, Pt, Mv)	*(39)*
3-Triosides:		
3-triglucoside	*Primula sinensis* flowers and leaves (Pg, Pn, Pt, Mv)	*(47)*

(*Table 6, continued.*)

Glycosyl residue	Sources and known aglycones*	References
3-Triosides:		
3-rhamnoglucoside-5-glucoside	cultivated potato (Pg, Mv), *Strepto-carpus* cultivar flowers (Pg, Cy, Pn, Dp, Pt, Mv), *Viola* × *wittrockiana* flowers (Cy, Dp), *Lycopersicum esculentum* leaves (Pt), *Petunia hybrida* flowers (Pt, Mv)	(*21, 38*)
3-xylosylglucoside-5-glucoside	elderberries (Cy), *Matthiola incana* flowers (Pg, Cy)	(*43*)
3-cellobioside-5-glucoside**	radish roots (Pg, Cy), *Brassica oleracea* leaves (Cy)............	(*41, 46, 92*)
3-cellobioside-7-glucoside**	*Papaver orientale* flowers (Pg), *P. nudicaule* (Pg), *Watsonia* spp. (Pg)	(*37, 43*)

* Some pigments are present in acylated form.

** Further work (*43*) suggests that the disaccharide present in these pigments is not cellobiose but is sophorose.

but the position of the sugar is not known with certainty (*64*). All the monosides listed have the sugar attached in the 3-position and this is apparently related to the need for pigment stability (*61*). The recent report (*105*) that delphinidin occurs as the 7-galactoside in the leaves

Table 7. Natural Occurrence of some Acylated Anthocyanins.
(Abbreviations, see Table 1, p. 172.)

Name	Acyl Group and number (1 or 2)	Sugar residues**	Sources and aglycones
Monardein*	*p*-coumaric (1)	3G5G	*Monarda didyma* flowers (Pg), hyacinth blooms (Pg, Cy, Dp), *Vitis vinifera* (Dp, Pt, Mv)
—	*p*-coumaric (2)	3G5G	*Tibouchina semidecandra* (Mv)
Pelanin*	*p*-coumaric (1)	3RG5G	cultivated potato (Pg, Cy, Pn, Dp, Pt, Mv), and other Solanaceae
Salvianin	caffeic (1)	3G5G	*Salvia splendens* flowers (Pg)
Raphanins B and D	ferulic (1)	3GG5G	radish roots (Pg, Cy)
Matthiolanin*	ferulic (1) and sinapic (1)	3XG5G	*Matthiola incana* flowers (Pg, Cy)
Rubrobrassicin	sinapic (2)	3GG5G	red cabbage leaves (Cy)

* This name refers to the Pg derivative.

** For these abbreviations, see footnote to Table 3 (p. 173).

of *Bladhia sieboldii* is not completely convincing and requires confirmation by some other means.

The only monoside known which does not have the β-configuration is the cyanidin 3-α-arabinoside found in cacao cotyledons. It occurs with the 3-β-galactoside (*23*). It is remarkable that the same two pigments are also present together in *Rhododendron* flowers (*42*) and, probably, in *Vaccinium myrtillus* berries (*93*). There is a close stereochemical relationship between *D*-galactose (XIV, p. 168) and *L*-arabinose (XII) which may account for their cyanidin derivatives being synthesized together in three botanically unrelated plants.

Considerable care must be taken in distinguishing 3-galactosides from 3-glucosides; in three instances mistakes have arisen over these monosides.

(a) The first was made with the pigment of *Fragaria vesca*, which was considered by Robinson (*79*) to be pelargonidin 3-galactoside. Sondheimer and Karash (*90*) have recently shown that wild strawberries have the same pigments as the cultivated forms, namely pelargonidin and cyanidin 3-glucosides. The fact that the proportions of these pigments in the cultivated berries and wild berries are 1 : 0.05 and 1 : 1, respectively, may account for the earlier error. (b) The second example has already been mentioned (p. 169) and refers to the so-called galactoside 'primulin', which is now known to be a mixture of 3-glucosides of malvidin and petunidin. (c) The third is the pigment of the American cranberry, which had been considered by Grove and Robinson (*33*) to be peonidin 3-glucoside. Sakamura and Francis (*82*) have recently shown, however, that the 3-galactosides of cyanidin and peonidin are present.

Biosides.

Five 3-biosides are known; the only obviously missing type is a 3-arabinosylglucoside. This type may be expected to occur in nature, since an arabinosylglucoside of methyl salicylate has been isolated from *Viola cornuta* (*57*). A fair amount of information about the linkages between the sugar residues in the known 3-biosides is available. The 3-rhamnoglucosides probably contain rutinose (6-β-*L*-rhamnosido-*D*-glucose). The evidence rests on a chromatographic comparison of the cyanidin derivative of magenta *Antirrhinum majus* with a pigment obtained by reducing rutin (quercetin 3-rutinoside) with lithium aluminium hydride (*8*).

The disaccharide present in the main pigment of elderberries *(Sambucus nigra)* was first thought to be primeverose (6-β-*D*-xylosido-*D*-glucose) (*75*) but is now considered to be 2-xylosido-β-*D*-glucose (sambubiose) (*74*). The 3-xylosylglucosides isolated from *Begonia* and *Streptocarpus* are chromatographically identical with the elderberry pigment, so that they presumably also contain sambubiose. The two diglucosides shown in Table 6 (p. 180) are considered to be gentiobiose (β 1 $\rightarrow$ 6 link) and cellobiose (β 1 $\rightarrow$ 4 link) derivatives since these two sugars have been identified in hydrolysates of the respective glycosides. This identification of the 3-diglucoside of poppies *(Papaver rhoeas)* as a cellobioside is at variance with ROBINSON's earlier identification *(32)* of it as a 3-gentio-bioside, which was based on distribution tests. Several other 3-diglucosides have been reported [e. g. in sour cherries *(62)*] but the nature of the glucose links is not known in any of them.

The cyanidin 3-xylorhamnoside isolated by SHIBATA *(87)* from *Fritillaria kamchatkensis* is remarkable in two respects. It is the only known bioside which does not contain any glucose. Other species of *Fritillaria* (notably *F. meleagris*) contain a different pigment probably cyanidin 3-rhamnoglucoside *(43)*.

3 : 5-Diglucosides and 3-rhamnoside-5-glucosides are the only two kinds of 3 : 5-di-monoside known.

The 3-glucoside-5-arabinoside reported by NORDSTRÖM *(69)* in *Dahlia variabilis* is, in fact, cyanidin 3 : 5-diglucoside. A careful examination of the pigment in this laboratory *(43, 46)* showed that arabinose was not present in the plant but had arisen as an artifact.

Most 3 : 5-diglucosides occur very widely in nature.

The pelargonidin 3 : 5-diglucoside, for example, has been isolated from at least a dozen sources. These include *Pelargonium, Rosa, Salvia, Monarda, Lathyrus, Streptocarpus* and most recently, blossoms of *Impatiens (58, 49)*. Its presence in *Punica granatum*, about which there was doubt due to a discrepancy in the melting point, has now been confirmed in this laboratory. By contrast, the 3 : 5-diglucoside of petunidin is relatively rare. It is only known to occur in *Vitis vinifera* and *Primula obconica*. It could not be found where it was originally supposed to occur, *Petunia hybrida*; the only petunidin glycoside present is an acylated 3-rhamnoglucoside 5-glucoside (see p. 169).

Triosides.

The first triosides to be found were the 3-rhamnoglucoside-5-glucosides, which are present in acylated form in the potato and some other solanaceous plants *(38)*. When first studied, these pigments appeared to give some arabinose on hydrolysis, but this was found to arise from a reaction between the filter paper and the mineral acid present in the chromatographic solvent used during pigment purification (p. 169). In fact, no triosides containing arabinose have yet been reported. One 3-xyloglucoside-5-glucoside is known; it occurs in elderberries as a very minor pigment together with cyanidin 3-xyloglucoside and 3-glucoside. Since it is difficult to isolate in quantity, its structure must at present be considered provisional.

The other three classes of trioside given in Table 6 (p. 180) all contain three glucose residues. The pelargonidin 3-diglucoside, 7-glucoside of *Papaver orientale* is the only one of its kind known, and an examination of a number of other *Papaver* species has failed to reveal the corresponding cyanidin derivative *(43)*. The nature of one of the glucose-glucose links in the 3-triglucosides present in *Primula sinensis* is known, since gentiobiose is produced by hydrolysis. STROH *(92)* has recently reported that red cabbage also contains a 3-triglucoside of cyanidin in acylated form. Reinvestigation of the deacylated pigment showed that it has the spectral properties of a 3 : 5-glycoside (*43*). The evidence is therefore at the moment in favour of it being a 3-cellobioside-5-glucoside; some other plants belonging to the same family (Cruciferae) are known to contain pigments with this glycosidic pattern*.

Acylated Anthocyanins.

There are now so many acylated anthocyanins known that only a selection of these has been listed in *Table 7* (p. 181). The structures of most of the pigments described in the earlier literature require revision. This has been done for a few of them. Thus, monardein and salvianin were thought by Karrer and Widmer (*56*) to be identical, but a reinvestigation (*37*) has shown that they contain different acyl residues. There is also considerable doubt as to whether either pigment contains malonic acid, as was originally reported. Negretein and tuberin, the pigments of the deeply coloured potato variety 'Negresse' which were first described by Chmielewska (*18*) in 1937, are now known (*38*) to have structures similar to pelanin (Table 7). Rubrobrassicin, the pigment of red cabbage leaves has been the subject of a number of investigations. Only recently has the structure of the aglycone been established as cyanidin (*92*); Chmielewska (*19*) originally considered it to be a 3-methyl ether. The structure shown in the Table represents the probable nature of one of the main pigments, but there are several similar acylated derivatives present. Indeed, plants of the Cruciferae contain an unexpectedly wide array of acylated anthocyanins. The cyanidin pigments of *Matthiola incana* flowers have recently been described by Seyffert (*86*) and the pelargonidin derivatives are being studied in this laboratory. The matthiolanin shown in Table 7 is only one representative of the range of similar pigments in this plant.

Although the structural variety encountered in this group seems to be considerable, some common features are emerging. The following four points may be noted.

(a) The acyl group is nearly always a hydroxycinnamic acid, and *p*-coumaric acid is by far the most common.

Other aromatic groups (e. g. *p*-hydroxybenzoic and protocatechuic acids) reported to be present in acylated pigments may, in fact, have been mistakenly identified. For example, the pigment of *Delphinium ajacis*, supposed by Will-

---

* The proposed structures for these pigments have since been confirmed (*43*). The elderberry pigment is identical with the 3-xyloglucoside 5-glucoside of cyanidin, which occurs in greater quantity in *Matthiola incana* flowers. The deacylated pigment of cabbage is identical with the 3-diglucoside 5-glucoside of cyanidin isolated from the purple radish.

STÄTTER and MIEG (*101*) to contain two *p*-hydroxybenzoic units, does not appear, on spectral examination, to have any aromatic acyl substituents (*43*). Aliphatic organic acids, such as malic and tartaric acid, have also been reported but unequivocal proof of their function as acyl groups has yet to be presented; they may be contaminants of crude anthocyanin preparations.

(b) The number of acyl groups is usually one per anthocyanin molecule. Two acyl groups per molecule are relatively rare and three have only been reported in *Matthiola incana* (*86*).

(c) Acylated anthocyanins are most frequently 3 : 5-glycosides. Although acylated 3-glycosides are mentioned in the earlier literature, none has been found recently.

(d) The acyl groups are probably attached to the anthocyanins through the sugar residues.

The evidence for this is largely circumstantial. If they were attached to phenolic groups, spectral shifts would be expected on deacylation but such shifts have not been observed. Genetic evidence is in favour of the idea that acylated sugars are added to anthocyanins as a one-step process. It is also significant that simple glucose esters of cinnamic acids occur widely in plants containing acylated anthocyanins (*44*, *86*).

Anthocyanin-like Compounds.

Surveys have indicated that much of the pink, red, mauve and blue pigmentation in higher plants is caused by anthocyanins. It is clear, though, that there are present in some plants water-soluble pigments which show many of the colour properties of anthocyanins, but are not necessarily related in structure to the flavylium salts. Foremost among these are the so-called "nitrogenous anthocyanins" such as betanin*, the root pigment of *Beta vulgaris*, and bougainvillaeidin, a bract pigment of *Bougainvillaea glabra*. Representatives of a second group are the yellow pigments of *Papaver nudicaule* (nudicaulin) and *Celosia cristata* which apparently contain nitrogen but which are not as unstable as pigments of the betanidin type. A third group of stable pigments which are not necessarily nitrogeneous includes the orange red colouring matter of *Columnea banksii* flowers and the red pigment in the leaves of an *Isoloma* hybrid (*43*). A detailed discussion of the structure of these pigments is outside the scope of this review.

Fortunately, it is now possible to distinguish anthocyanin-like pigments from true anthocyanins by a careful study of their spectral and other properties. Those belonging to the betanidin group, for example, give pyrrole derivatives on degradation, are very unstable to acid hydrolysis and have slightly different spectral properties from anthocyanins (*73*). Nudicaulin shows a general similarity to apigeninidin but its spectrum

---

* According to DREIDING et al. (*62 a*) betanidin is not a "nitrogenous anthocyanin" but has a structure more akin to the alkaloids. [*Added in Proof.*]

(λ_{max} 257, 332, 466 mμ) *(Fig. 5)*, unlike those of anthocyanins, remains unchanged when alkali is added.

Leuco-anthocyanins are a class of compounds which at one time were considered to be closely related to anthocyanins and as their immediate precursors in biosynthesis. They are colourless compounds which yield small amounts of anthocyanidins on treatment with acid. Since they do not generally yield sugars on hydrolysis and are probably polymeric substances containing several flavan units in their molecules, they cannot be closely related to plant anthocyanins *(84)*.

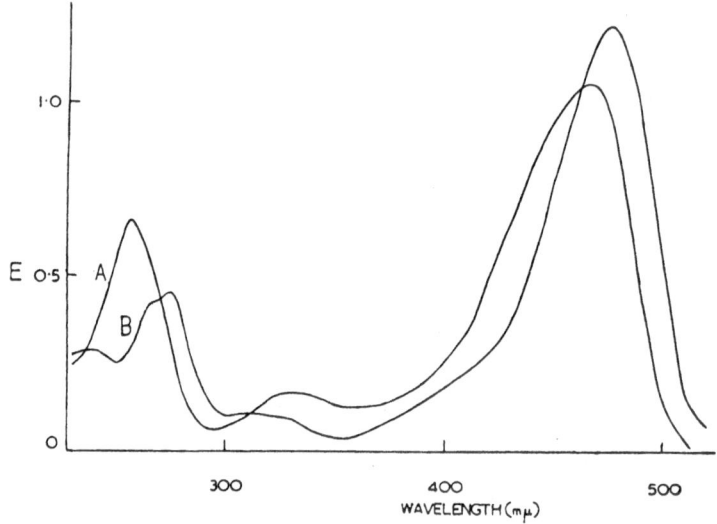

Fig. 5. Absorption spectra: curve A, nudicaulin; curve B, apigeninidin 5-glucoside. Solvent, cf. Fig. 1.

VI. Distribution of Anthocyanins.

Systematic Relations.

No account of the distribution of the anthocyanidins, except as they occur in glycosidic combination, will be given in this Section. The results of the earlier surveys by Lawrence and co-workers *(59)* are well known and later surveys (e. g. *24, 76*) have not altered the earlier findings except in one important respect. This concerns the hypothesis of Lawrence et al. that the frequency of occurrence of anthocyanidins in flowers is related to climate. Forsyth and Simmonds *(24)*, who examined the anthocyanidins of 246 tropical plants, found, however, that the frequency of distribution was the same as that in temperate plants.

Anthocyanins are restricted to higher plants and to ferns and mosses. There is no record of their being present in fungi or bacteria, and Alston *(3)* has indicated that they do not occur in algae. They are absent only from one group of higher plants, namely the eight related

Table 8. Generic Distribution of Anthocyanins according to their Sugar Components.

(Abbreviations, see Table 1, p. 172.)

Family and genus	No. of species examined	Glycosidic types	Aglycones detected
Ericaceae:			
Rhododendron ...	46	3-galactoside 3-arabinoside 3 : 5-diglucoside	Cy, Mv
Vaccinium	4	3-galactoside	Cy, Pn, Mv
Gesneriaceae:			
Streptocarpus....	22	3-rhamnoglucoside-5-glucoside 3-xyloglucoside	Dp, Pt, Mv Cy
Iridaceae:			
Watsonia	3	3-glucoside 3-cellobioside 3-cellobioside-7-glucoside	Pg
Leguminosae:			
Lathyrus	19	3-rhamnoside 3-rhamnoside-5-glucoside	Dp, Pt, Mv
Papaveraceae:			
Papaver	6	3-glucoside 3-cellobioside 3-cellobioside-7-glucoside	Pg, Cy
Plumbaginaceae:			
Plumbago.......	2	3-rhamnoside	Pg, Cy, Dp, Cp
Primulaceae:			
Primula	12	3-glucoside 3 : 5-diglucoside	Rs, Dp Pt, Mv, Hs
Rosaceae:			
Rosa	15	3 : 5-diglucoside	Pg, Cy, Pn
Scrophulariaceae:			
Antirrhinum	8	3-rhamnoglucoside	Cg, Pg
Solanaceae:			
Cestrum	3	3-rhamnoglucoside	Pg, Cy
Nicotiana.......	3	3-rhamnoglucoside	Cy
Solanum........	55	3-rhamnoglucoside-5-glucoside	Dp, Pt, Mv

families of the order Centrospermae. Instead, these plants contain pigments related to betanidin (102). Because of their wide occurrence, anthocyanins do not often provide useful taxonomic markers for delineating generic or familial boundaries. Nevertheless, some anthocyanidins (e. g. hirsutidin) and certain glycosidic combinations (e. g. 3 : 7-glucosides) are restricted in their distribution to one or two plant families. It is also becoming apparent, as more anthocyanins are analysed for their sugar components, that pigments with a characteristic glycosyl pattern occur typically within particular genera. This was first noted for *Primula* (*47*); now we know that the same pigments, delphanin and petanin, are present in over fifty species of tuber-bearing *Solanums* (*38*). *Table 8* (p. 187) indicates some of the more striking data that are available on this subject. In some cases, identification of the sugars is not quite complete but the trend mentioned is nevertheless obvious.

Acylation is another structural feature of taxonomic interest. Relatively few plant families have acylated pigments; those families that do (e. g. Solanaceae, Labiatae, Iridaceae, Cruciferae) have them fairly consistently.

Tissue Variation.

Although few attempts have been made to compare the anthocyanins present in different parts of the same plant, some pertinent information is available (*59, 76*). The indications are that the biosynthesis of some anthocyanins is restricted to a single organ, while others occur throughout the plant.

Leaf pigments are nearly always simpler than floral pigments. Thus, leaves and stems of *Streptocarpus* cultivars contain cyanidin 3-xyloglucoside, whereas the flowers variously contain mixtures of up to four glycosides of all six common anthocyanidins. *Primula sinensis* is rather exceptional in that complex mixtures occur in both flowers and leaves; the leaf contains more of the di- and triglucosides than the flower. In potatoes, flowers and tubers have slightly different sets of pigments, while stems and leaves contain anthocyanins typical of flowers and tubers.

Pollen anthocyanins have not been much studied, but it is known that in anemones, the pollen contains a different pigment from the flowers. By contrast, fruit pigmentation is usually the same as, or similar to, that in the vegetative organs.

Intraspecific Variation.

Anthocyanins present in the various colour forms of any one cultivated species usually contain the same sugars attached at the same positions.

Thus, magenta and pink varieties of *Antirrhinum majus* contain cyanidin and pelargonidin 3-rhamnoglucoside, respectively (*85*). Various cyanic (i. e. colored) forms of *Lathyrus odoratus* contain mainly mixtures of 3-rhamnosides and 3-rhamnoside-5-glucosides (*39*). The pigments of over forty mutants of *Primula sinensis* have been examined; they are mixtures of 3-glucosides, 3-diglucosides and 3-triglucosides in each instance (*47*).

Few examples of genetic control of glycosidic variation are known—a reflection of the fact that intraspecific variability is uncommon in this respect. The conclusion from studies made with the older distribution tests was that genes determining the 3 : 5-dimonoside linkage are dominant to those that produce the 3-monosides (*85*). An exception is claimed in the case of *Verbena hybrida* (*13*), but this plant is unusual in some other respects.

A most interesting situation exists in *Streptocarpus* cultivars*: there are five genes controlling glycoside synthesis. The pigments were first analysed using distribution tests by LAWRENCE and STURGESS (*60*), who found it necessary to distinguish between 'primary' and 'secondary' 3 : 5-dimonoside. LAWRENCE's stocks of *Streptocarpus* became available to the author in 1956, when the sugars of the various anthocyanins were analysed. Two classes of dimonoside were, indeed, found; they are 3 : 5-diglucoside and 3-rhamnoglucoside 5-glucoside. Apart from X and Z, which are a pair of complementary genes controlling the same process, each of the other genes, D, P and Q, can be allotted a particular step in biosynthesis. The process is as follows: precursor $\xrightarrow{Q}$ 3-glucoside ($\xrightarrow{P}$ 3-xyloglucoside) $\xrightarrow{X, Z}$ 3 : 5-diglucoside $\xrightarrow{D}$ 3-rhamnoglucoside, 5-glucoside. These genes are part of an epistatic series, which explains why intermediate glycosidic types (i. e. 3-rhamnoglucosides or 3-xyloglucoside-5-glucoside) do not appear.

Analysis of the biochemical effects of the gene Ac in the potato has revealed that it controls three processes, viz. acylation, methylation and addition of glucose to the 5-hydroxyl group of the anthocyanins (*38*). A similar association between 5-glucosylation and acylation also exists in the eggplant, *Solanum melongena* (*1*) and in *Matthiola incana* (*56*). The association of two or three different biochemical activities in a single gene would, perhaps, suggest that the locus is a compound one, as certain loci controlling anthocyanin distribution are known to be in these and other plants.

VII. Anthocyanins and Plant Colour.

There are still considerable gaps in our knowledge of the contribution of anthocyanins to plant colour. Relatively little is known, for example, about the anions with which anthocyanins are associated in the cell vacuole or about how anthocyanin colour is modified to produce the varying shades observed. Some progress has been made in recent years and is summarized below.

* "Cultivar" is a recently accepted term for describing a cultivated variety of a plant species. The term "hybrid" would be here less precise, since it can also be applied to hybrids between wild species.

Colour and Structure.

The main sources of colour variation in anthocyanins are alterations in the pattern of hydroxylation (Table 1, p. 172). It is usually a simple matter to decide visually what anthocyanidins are present in each of a range of colour varieties. Scarlet forms usually contain pelargonidin, magenta forms cyanidin and mauve or blue forms delphinidin. It is much more difficult to observe other structural trends. Methylation has a slight reddening effect on flower colour. Changes in the glycosylation pattern rarely bring about a corresponding alteration in colour. The only known exception is the 3:7-triglucoside of pelargonidin. It provides a distinct orange-yellow shade in petals of Iceland and oriental poppies; the usual pelargonidin 3-diglucoside in the corn poppy is markedly redder in tone.

Although structural changes are a major source of flower colour variation, other factors are sometimes even more important. The effects of metal complexing and copigmentation are discussed below.

Metal Complexes.

It has long been suspected that many of the blue colorations in nature are due to the complexing of those anthocyanins which have free vicinal hydroxyl groups with metals. Such complexes have recently been isolated and characterized in three plant species. By expressing the sap and precipitating the pigment with alcohol Bayer (9) was able to isolate the undissociated complex of blue cornflowers. His "protocyanin" contains cyanidin 3:5-diglucoside, one equivalent each of ferric iron and of aluminium and a considerable quantity of bound polysaccharide. Synthetic studies (11) have shown that the metal:anthocyanin ratio in protocyanin is 1:2. Bayer also studied lupin pigments and found that while the delphinidin glycoside of blue forms is a metal complex, the pelargonidin 3:5-diglucoside of red forms is unable to complex with metals at the pH of the cell sap (10)*.

The other blue pigment studied is that of *Commelina communis* (67). The complexing metal is magnesium and the pigment is delphinidin 3:5-diglucoside associated with one *p*-coumaric acid residue.

This and other metal complexes are not attacked by oxidizing enzymes, so that the presence of suitable metals may have a considerable protective action on pigmentation in plants.

The well-known colour change from pink to blue in *Hydrangea* petals is commonly believed to be stimulated by treating the soil around the plant with metal salts. A careful examination of the chelating metal content (mainly aluminium and

---

* Hayashi and co-workers (*81a*) claim that the metal accompanying iron in protocyanin is magnesium and not aluminium. Potassium is also present, but this can be removed by dialysis.

molybdenum) of petals with different colours failed to show any significant variation, and all coloured forms contain the same pigment, delphinidin 3-glucoside (4, 5). Cultural factors (e. g. mineral status) and not the metal content as such appear to control colour in this plant.

Malvidin derivatives because they lack vicinal hydroxyl groups, are not subjected to metal complexing. For this reason, a colour change from violet to red which occurs during development in flowers of some *Streptocarpus* hybrids is thought by Bopp (17) to be due to the adsorption of the pigment onto polysaccharides.

Copigmentation.

Copigmentation, the blueing effect of flavones on the colour of anthocyanin-containing petals, is still largely an unexplained phenomenon. It is believed to be due to the formation of a loose complex between the two kinds of molecules, but the structure of both pigment and copigment can vary within wide limits. Since flavones occur in both copigmented and uncopigmented flowers, their precise rôle is difficult to understand. Quantitative studies of the pigments of *Primula sinensis* (47) and of blue and mauve-flowered wild potato species (43) have shown that copigmented types contain from three to sixteen times more flavone than is present in uncopigmented forms. Copigmentation therefore appears to depend not just on the presence of a suitable flavone but rather on its sufficient quantity in comparison with the amount of anthocyanin.

The spectral shift produced in anthocyanins by copigmentation is usually about 5 mμ (this can be measured only in aqueous solution, since the pigment-copigment complex is unstable in the presence of alcohol). For example, malvidin 3-glucoside in uncopigmented (mauve) flowers of *Primula sinensis* has λ_{max} 516 mμ but in copigmented (blue) flowers 521 mμ. The cyanin present in red roses has λ_{max} 507 mμ and in mauve roses 512 mμ. Much larger shifts (25–30 mμ) have been reported by Endo (22) for copigment effects in *Viola × wittrockiana* and may be due to a combination of copigmentation and metal complexing. A large spectral shift is also shown by the anthocyanin of *Spirodela oligorrhiza* in the presence of flavone. The spectral maximum for this pigment is given as 550 mμ by Geissman and Jurd (26); material purified in our laboratory has λ_{max} 523 mμ, and pure petunidin 3-glucoside shows 519 mμ. This pigment was originally thought to be a cyanidin derivative by Thimann and Edmondson (95) and a pelargonidin derivative by Geissman and Jurd (26) but is now known to be petunidin 3-glucoside (43, 94), as indicated above.

Concentration.

Changes in anthocyanin concentration may have marked effects on the coloration of flowers and fruits. This fact has long been apparent, but has only recently been confirmed by quantitative studies. It is of considerable interest that genes controlling the anthocyanin concentration exert their effects factorially, i. e. by doubling or trebling the amount of pigment produced.

Different genotypes of red carnation contain pelargonidin glycoside in the ratio $1:2:4$ (27). The orange "Dazzler" mutant of *Primula sinensis* contains three times the amount of pigment present in the pale coral form, from which it is derived (47). The anthocyanin concentration in deep and pale mauve forms of *Solanum brachycarpum* and in dark and light red strawberries differs by a factor of two (43).

VIII. Biosynthesis of Anthocyanins.

Our knowledge of the mode of formation of anthocyanin in plant tissues has increased rapidly in the last few years. The early precursors of the anthocyanins and of related flavonoids, have been identified by means of C^{14}-tracer studies. Feeding $2\text{-}C^{14}$ acetate to red cabbage leaves produces cyanidin labelled in ring A at the 1-, 3- and 5-positions, whereas feeding with uniformly labelled phenylalanine produces cyanidin labelled in the central and B rings (28, 29). The A ring of anthocyanidins thus originates from three acetate units, while the B ring and the central three-carbon moiety are derived from a phenylpropanoid unit. This unit may be phenylalanine, phenylpyruvic acid or cinnamic acid, which are formed by the shikimic acid pathway from sedoheptulose (20).

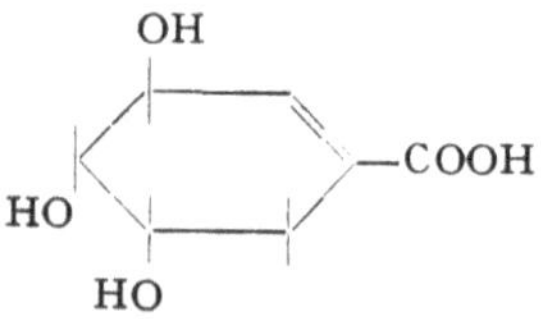

(XVII.) Shikimic acid.

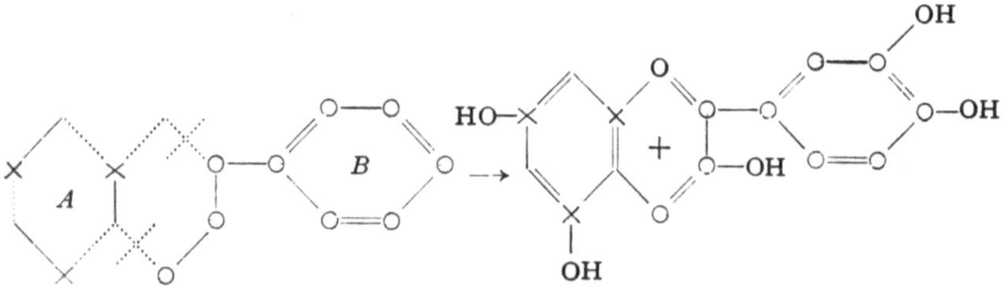

X = labelled acetate, O = labelled phenylalanine.

The nature of the intermediates between these precursors and the intact pigments are still largely unknown. The structure of the first C_{15}-precursor can only be guessed at; chalcone structures have been suggested by some authors (15, 31). The idea that flavonols or their glycosides are the immediate precursors of anthocyanins has caused considerable controversy. This hypothesis has recently been made more attractive by the discovery that flavonol glycosides can be reduced directly to anthocyanins in overall yields of 27% (8). There is however considerable evidence for rejecting this proposal; thus, genetic evidence [summarized by HARBORNE (41)] is against it. Furthermore, tracer studies have shown that such interconversions do not occur in buckwheat or red cabbage. Labelled phenylalanine, when fed to buckwheat, was incorporated at similar rates into both rutin and the cyanidin glycoside. More important, feeding labelled rutin, a flavonol (XVIII) did not produce

(XVIII.) Rutin (quercetin 3-rhamnosylglucoside).

(XIX.) Coniferin.

any radioactive anthocyanin (30). Coniferin (XIX) a C_6–C_3 compound, when supplied to red cabbage, was incorporated into an unidentified flavone but not into cyanidin (29); this indicates that the biosynthesis of flavonols and anthocyanins may differ at the C_9 level.

Our knowledge of later steps in biosynthesis rests mainly on more circumstantial evidence. Glycosylation appears to occur nearly at the end of the synthesis and may be associated with methylation and acylation. That the sugars are joined to the anthocyanidin precursor one at a time rather as preformed di- and trisaccharides is clear from the following considerations.

(a) Mono-, di- and triglycosides are frequently found together in plants; usually one glycosidic form predominates and the other two forms are only present in traces.

Flowers of different *Watsonia* spp., for example, contain pelargonidin 3-glucoside, 3-diglucoside, and 3-diglucoside 7-glucoside. In *Lathyrus odoratus*, the main pigments are 3-rhamnoside-5-glucosides. The intermediate 3-rhamnosides are, significantly, only present in varieties having a high concentration of anthocyanin, i. e. in those forms where the amount of enzyme for 5-glucosylation is most likely to be limited.

(b) Genes which control the addition of single sugar residues are known in at least four plants (p. 188). The best example is *Streptocarpus*.

(c) From wheat germ there have been isolated two separate enzymes which control the stepwise glucosidation of hydroquinone (103).

(d) KLEIN's feeding studies with excised flower buds of *Impatiens balsamina* indicate that pelargonidin 3-monoglucoside is first formed and then converted to the 3 : 5-diglucoside (58).

There exist probably a series of enzymes that are specifically concerned with transferring sugar residues (in the form of the uridine diphospho-

sugar) to anthocyanidins. That some of these act specifically on anthocyanidins and not on flavonols is apparent from a consideration of the
different glycosylation patterns of the two kinds of pigment. Anthocyanins never carry sugar residues in the 4'-position, whereas several
flavonol 4'-glucosides are known. No anthocyanins corresponding to
the recently discovered group of flavone and flavonol C-glucosides (7)
have yet been found. It was remarked above (p. 177) that different
enzymes split the glycosidic bonds of anthocyanins and of flavonols;
by analogy, the corresponding synthesizing enzymes may be expected
to exhibit similar specificities.

Lack of space forbids a general treatment of the physiology of anthocyanin production. Recent progress has been considerable and was
reviewed by Bogorad (16). Studies of the photocontrol of pigment
production in apple skin, turnip and red cabbage indicate the requirement
for a photoreceptor, which is probably a flavoprotein containing copper (88).
The effect of various fed compounds on anthocyanin formation has also
been measured. In the corn endosperm, riboflavine and methionine
inhibit and aspartic acid and cystine promote pigmentation. Nucleotides
do not participate in synthesis (91) except in catalytic amounts. These
results conflict with those of Thimann (96), who used *Spirodela oligorrhiza*
in his work.

IX. Conclusion.

Most of the problems involved in identifying anthocyanins and their
sugars on a microscale have now been solved. Considerable care is required,
because of their relative lability and of the difficulty of obtaining completely
pure preparations. Accurate studies depend largely on having a supply
of authentic pigments for comparative purposes. The nature and position
of the sugars in a considerable number of anthocyanins have been examined
in the last few years. One result of this work has been the revision of the
structures of some well-known pigments. More information has also
become available about the glycosylation pattern of anthocyanins. Sugars
are nearly always attached only in two positions (the 3- and 5-); and
for most of the known 3-glycosides a corresponding series of 5-glycoside
derivatives have been found. Glucose is the most frequent sugar component.
It is often attached to the 3-hydroxyl group; and if a sugar is attached
to the 5-hydroxyl group, it is always glucose. The only known 3 : 7-
substituted anthocyanin is a triglucoside. Of the other common monosaccharides only rhamnose, galactose, xylose and arabinose have been
found in association with anthocyanins.

The widespread occurrence of anthocyanins containing three sugar
residues is noteworthy. It indicates the importance of sugar residues in
stabilizing anthocyanidins at pH values encountered in the living cell,

in increasing their sap solubility and in protecting them from enzymic destruction. The range of glycosidic variation is also remarkable. Except for the related flavones (57), no other class of plant products is known to occur in as many as fifteen glycosidic combinations. Acylation, a feature rarely encountered in other flavonoids, is a fairly common feature of anthocyanins and provides another source of variation. By contrast, structural changes at the aglycone level are limited, and very few plant genera (i. e. *Gesneria, Lochnera, Plumbago, Primula*) contain unusual anthocyanidins. The capacity of higher plants for producing diverse glycosides of anthocyanidins is very considerable but much remains to be done before the complete range of variability will be known.

References.

1. ABE, Y. and K. GOTOH: Biochemical and Genetical Studies on Anthocyanins in Egg Plant. Bot. Mag. (Tokyo) **72**, 432 (1959).

2. ABE, Y. and K. HAYASHI: Studies on Anthocyanins. XXIX. Further Studies on Paper Chromatography of Anthocyanins involving an Examination of Glycoside Types by Partial Hydrolysis. Bot. Mag. (Tokyo) **69**, 577 (1956).

3. ALSTON, R. E.: An Investigation of the Purple Vacuolar Pigment of *Zygogonium ericetorum* and the Status of "Algal Anthocyanins" and "Phycoporphyrins". Amer. J. Bot. **45**, 689 (1958).

4. ASEN, S., H. W. SIEGELMAN and N. W. STUART: Anthocyanin and other Phenolic Compounds in Red and Blue Sepals of *Hydrangea macrophylla* var. Merveille. Proc. Amer. Soc. hort. Sci. **69**, 561 (1957).

5. ASEN, S., N. W. STUART and H. W. SIEGELMAN: Effect of various Concentrations of Nitrogen, Phosphorus and Potassium on Sepal Colour of *Hydrangea macrophylla*. Proc. Amer. Soc. hort. Sci. **73**, 495 (1959).

6. BATE-SMITH, E. C.: Paper Chromatography of Anthocyanins and Related Substances in Petal Extracts. Nature (London) **161**, 835 (1948).

7. BATE-SMITH, E. C. and T. SWAIN: Glycoflavonols. Chem. and Ind. **1960**, 1132.

8. BAUER, L., A. J. BIRCH and W. E. HILLIS: Some Synthetic Leucoanthocyanidins. Chem. and Ind. **1954**, 433.

9. BAYER, E.: Über den blauen Farbstoff der Kornblume. I. Natürliche und synthetische Anthocyan-Metallkomplexe. Chem. Ber. **91**, 1115 (1958).

10. — Über Anthocyankomplexe. II. Farbstoffe der roten, violetten und blauen Lupinenblüten. Chem. Ber. **92**, 1062 (1959).

11. BAYER, E., K. NETHER und H. EGETER: Natürliche und synthetische Anthocyankomplexe. III. Synthese der blauen, im Kornblumenfarbstoff enthaltenen Chelate. Chem. Ber. **93**, 2871 (1960).

12. BAYER, E. und K. WEGMANN: Enzymatischer Abbau von Anthocyanen. Z. Naturforsch. **12** b, 37 (1957).

13. BEALE, G. H., J. R. PRICE and R. SCOTT-MONCRIEFF: The Genetics of *Verbena*. II. Chemistry of the Flower Colour Variations. J. Genetics **41**, 65 (1940).

14. BELL, J. C. and R. ROBINSON: Experiments on the Synthesis of Anthocyanins. XX. Synthesis of Malvidin 3-Galactoside and its Probable Occurrence as a Natural Anthocyanin. J. Chem. Soc. (London) **1934**, 813.

15. BIRCH, A. J.: Biosynthetic Relations of Some Natural Phenolic and Enolic Compounds. Fortschr. Chem. organ. Naturstoffe **14**, 186 (1957).

16. Bogorad, L.: The Biogenesis of Flavonoids. Annu. Rev. Plant Physiology **9**, 417 (1958).

17. Bopp, M.: Über den Farbwechsel von *Streptocarpus*-Blüten. Z. Naturforsch. **13** b, 669 (1958).

18. Chmielewska, I.: Sur les colorants des pommes de terre violettes «Negresse». Roczniki Chem. (Poland) **16**, 384 (1936).

19. Chmielewska, I., I. Kakowska and B. Lipinski: The Pigment of Red Cabbage. Bull. acad. polon. sci., cl. III, **3**, 527 (1955).

20. Davis, B. D.: Biosynthesis of the Aromatic Amino Acids. In: W. D. McElroy and B. Glass, Amino Acid Metabolism, p. 797. Baltimore: Johns Hopkins Press. 1955.

21. Endo, T.: Biochemical and Genetical Investigations of Flower Colour in Swiss Giant Pansy. II. Chromatographic Studies on Anthocyanin Components. Bot. Mag. (Tokyo) **72**, 10 (1959).

22. — Anthocyanin of Purplish-blue and Deep Purple Flowers of Pansies. Annu. Rep. Nat. Inst. Genetics (Japan) **10**, 107 (1960).

23. Forsyth, F. G. C. and V. C. Quesnel: Cacao Polyphenolic Substances. 4. The Anthocyanin Pigments. Biochemic. J. **65**, 177 (1957).

24. Forsyth, F. G. C. and N. W. Simmonds: A Survey of the Anthocyanins of some Tropical Plants. Proc. Roy. Soc. (London) **142** B, 549 (1954).

25. — — Anthocyanidins of *Lochnera rosea*. Nature (London) **180**, 247 (1957).

26. Geissman, T. A. and L. Jurd: The Anthocyanin of *Spirodela oligorrhiza*. Arch. Biochem. Biophys. **56**, 259 (1955).

27. Geissman, T. A. and G. A. L. Mehlquist: Inheritance in the Carnation. IV. The Chemistry of Flower Color Variation. Genetics **32**, 410 (1947).

28. Grisebach, H.: Zur Biogenese des Cyanidins. I. Mitt.: Versuche mit Acetat-(1-^{14}C) und Acetat-(2-^{14}C). Z. Naturforsch. **12** b, 227 (1957).

29. — Zur Biogenese des Cyanidins. III. Mitt.: Über die Herkunft des Ringes B. Z. Naturforsch. **13** b, 335 (1958).

30. Grisebach, H. und M. Bopp: Untersuchungen über den biogenetischen Zusammenhang zwischen Quercetin und Cyanidin beim Buchweizen mit Hilfe ^{14}C-markierter Verbindungen. Z. Naturforsch. **14** b, 485 (1959).

31. Grisebach, H. and W. D. Ollis: Biogenetic Relationships between Coumarins, Flavonoids, Isoflavonoids, and Rotenoids. Experientia **17**, 4 (1961).

32. Grove, K. E., M. Inubuse and R. Robinson: Experiments on the Synthesis of Anthocyanins. XXIV. Cyanidin 3-Biosides and a Synthesis of Mecocyanin. J. Chem. Soc. (London) **1934**, 1608.

33. Grove, K. E. and R. Robinson: An Anthocyanin of *Oxycoccus macrocarpus*. Biochemic. J. **25**, 1706 (1931).

34. Haldane, J. B. S.: The Biochemistry of Genetics, p. 53. London: George Allen & Unwin. 1954.

35. Halevy, A. H. and S. Asen: Identification of the Anthocyanins in Petals of Tulip Varieties "Smiling Queen" and "Pride of Haarlem". Plant Physiol. **34**, 494 (1959).

36. Harborne, J. B.: The Chromatographic Identification of Anthocyanin Pigments. J. Chromatogr. **1**, 473 (1958).

37. — Spectral Methods of Characterizing Anthocyanins. Biochemic. J. **70**, 22 (1958).

38. — Plant Polyphenols. I. Anthocyanin Production in the Cultivated Potato. Biochemic. J. **74**, 262 (1960).

39. — Flavonoid Pigments of *Lathyrus odoratus*. Nature (London) **187**, 240 (1960).

40. HARBORNE, J. B.: Two New Naturally Occurring Anthocyanidins. Chem. and Ind. **1960**, 229.

41. — Chemicogenetical Studies of Flavonoid Pigments. In T. A. GEISSMAN: The Chemistry of the Flavonoids, p. 598. Oxford: Pergamon Press. 1962.

42. — Plant Polyphenols. 5. Occurrence of Azalein and Related Pigments in *Plumbago* and *Rhododendron* Species. Arch. Biochem. Biophys. **96,** 171 (1962).

43. — Unpublished observations.

44. HARBORNE, J. B. and J. J. CORNER: Plant Polyphenols. 4. Hydroxycinnamic Acid-Sugar Derivatives. Biochem. J. **81,** 242 (1961).

45. HARBORNE, J. B. and H. S. A. SHERRATT: The Specificity of Fungal Anthocyanase. Biochemic. J. **65,** 24 P (1957).

46. — — Variations in the Glycosidic Pattern of Anthocyanins. Part II. Experientia **13,** 486 (1957).

47. — — Plant Polyphenols. 3. Flavonoids in Genotypes of *Primula sinensis*. Biochemic. J. **78,** 298 (1961).

48. HAYASHI, K.: Uliginosin, a New Dye from the Berries of *Vaccinium uliginosum*. Acta Phytochim. (Tokyo) **15,** 35 (1949).

49. HAYASHI, K., Y. ABE, T. NOGUCHI und K. SUZUSHINO: Studien über Anthocyane. XXII. Untersuchung von Farbstoffen in den roten *Impatiens*-Blüten und den blutroten Pfirsich-Früchten. Pharmac. Bull. (Tokyo) **1,** 130 (1953).

50. HAYASHI, K., K. G. SUZUSHINO and K. OUCHI: Anthocyanins. XX. Empetrin, a New Pigment from the Japanese Crowberry. Proc. Japan Acad. **27,** 430 (1951).

51. HUANG, H. T.: Decolorization of Anthocyanins by Fungal Enzymes. J. Agric. Food Chem. **3,** 141 (1955).

52. — Enzymatic Identification of the Anthocyanin Pigment of Blackberry. Nature (London) **177,** 39 (1956).

53. JÜRGENSMEIER, H. L. und M. BOPP: Enzymatischer Anthocyanabbau bei Begonien. Naturwiss. **48,** 80 (1961).

54. KARRER, P. und R. WIDMER: Über Pflanzenfarbstoffe. II. Helv. Chim. Acta **10,** 67 (1927).

55. — — Pflanzenfarbstoffe. VIII. Über die Konstitution des Monardaeins. Helv. Chim. Acta **11,** 837 (1928).

56. — — Zur Konstitution des Monardaeins und Salvianins. XII. Mitt. über Pflanzenfarbstoffe. Helv. Chim. Acta **12,** 292 (1929).

57. KARRER, W.: Konstitution und Vorkommen der organischen Pflanzenstoffe, S. 673. Basel: Birkhäuser Verlag. 1958.

58. KLEIN, A. O. and C. W. HAGEN: Anthocyanin Production in Detached Petals of *Impatiens Balsamina*. Plant Physiol. **36,** 1 (1961).

59. LAWRENCE, W. J. C., J. R. PRICE, G. M. ROBINSON and R. ROBINSON: The Distribution of Anthocyanins in Flowers, Fruits and Leaves. Philos. Trans. Roy. Soc. (London) **230** B, 149 (1939).

60. LAWRENCE, W. J. C. and V. C. STURGESS: Studies on *Streptocarpus*. III. Genetics and Chemistry of Flower Colour in the Garden Forms, Species and Hybrids. Heredity **11,** 303 (1957).

61. LEÓN, A., A. ROBERTSON, R. ROBINSON and T. R. SESHADRI: Experiments on the Synthesis of Anthocyanins. VII. The Four Isomeric β-Glucosides of Pelargonidin Chloride. J. Chem. Soc. (London) **1931,** 2672.

62. LI, K. C. and A. C. WAGENKNECHT: The Anthocyanin Pigments of Sour Cherries. J. Amer. Chem. Soc. **78,** 979 (1956).

62 a. MABRY, T. J., H. WYLER, G. SASSU, M. MERCIER, J. PARIKH und A. S. DREIDING: Die Struktur des Neobetanidins. 5. Mitt. Über die Konstitution des Randenfarbstoffes Betanin. Helv. Chim. Acta **45,** 640 (1962).

63. Markakis, P.: Zone Electrophoresis of Anthocyanins. Nature (London) **187**, 1092 (1960).
64. Maroto, A. L.: Natural Anthocyanin Pigments. Rev. acad. cienc. exact, fis. y nat. Madrid **44**, 79 (1950).
65. Mayer, F. and A. H. Cook: The Chemistry of Natural Coloring Matters, p. 212. New York: Reinhold Publ. Corp. 1943.
66. Metche, M. et E. Urion: Isolement et identification d'anthocyanosides des enveloppes d'orge. C. R. hebd. Séances Acad. Sci. **252**, 356 (1961).
67. Mitsui, S., K. Hayashi and S. Hattori: Anthocyanins. XXXI. Commelinin, a Crystalline Blue Metalloanthocyanin from the Flowers of *Commelina*. Proc. Japan Acad. **35**, 169 (1959).
68. Moewus, F.: Die Bedeutung von Farbstoffen bei den Sexualprozessen der Algen und Blütenpflanzen. Angew. Chem. **62**, 496 (1950).
69. Nordström, C. G.: The Flavonoid Glycosides of *Dahlia variabilis*. IV. 3-Glucosido-5-arabinosidocyanidin from the Variety "Dandy". Acta Chem. Scand. **10**, 1491 (1956).
70. Onslow, M. W.: The Anthocyanin Pigments of Plants. Cambridge: Univ. Press. 1925.
71. Pachéco, H.: Recherches sur la biochimie comparée des flavanonols dans les végétaux supérieurs. Bull. soc. chim. biol. (Paris) **39**, 971 (1957).
72. Paech, K. und F. Eberhardt: Untersuchungen zur Biosynthese der Anthocyane. Z. Naturforsch. **7** b, 664 (1952).
73. Peterson, R. G. and M. A. Joslyn: The Red Pigment of the Root of the Beet *(Beta vulgaris)* as a Pyrrole Compound. Food Research **25**, 429 (1960).
74. Reichel, L. und W. Reichwald: Über die Farbstoffe der schwarzen Holunderbeere. Naturwiss. **47**, 40 (1960).
75. Reichel, L., H.-H. Stroh und W. Reichwald: Über die Farbstoffe der schwarzen Holunderbeere. Naturwiss. **44**, 468 (1957).
76. Reznik, H.: Untersuchungen über die physiologische Bedeutung der Chymochromen Farbstoffe. Sitzber. heidelberg. Akad. Wiss., math.-naturwiss. Kl., Abhandl. **1956**, 125.
77. Robertson, A. and R. B. Waters: Syntheses of Glucosides. IX. Methyl Salicylate Vicianoside (? Violutoside). J. Chem. Soc. (London) **1932**, 2770.
78. Robinson, G. M. and R. Robinson: A Survey of Anthocyanins. I. Biochemic. J. **25**, 1687 (1931).
79. Robinson, R.: Über die Synthese von Anthocyaninen. Ber. dtsch. chem. Ges. **67** A, 85 (1934); insbes. S. 98.
80. — Chemistry of the Anthocyanins. Nature (London) **135**, 732 (1935).
81. Ryan, F. J.: Attempt to Reproduce some of Moewus' Experiments on *Chlamydomonas* and *Polytoma*. Science (Washington) **122**, 470 (1955).
81a. Saito, N., S. Mitsui and K. Hayashi: Further Analysis of Organic and Inorganic Components in Crystalline Protocyanin. Studies on Anthocyanins XXXV. Proc. Japan Acad. **37**, 484 (1961).
82. Sakamura, S. and F. J. Francis: The Anthocyanins of the American Cranberry. J. Food Sci. **26**, 318 (1961).
83. Scheiner, D. M.: The Enzymatic Decolorization of Anthocyanin Pigments. Ph. D. Thesis. Cornell Univ. 1960. (L. C. Card No. Mic 61-548.)
84. Schofield, K. and T. Swain: Heterocyclic Compounds. Annu. Rep. Chem. Soc. (London) **55**, 285 (1959).
85. Scott-Moncrieff, R.: A Biochemical Survey of some Mendelian Factors for Flower Colour. J. Genetics **32**, 117 (1936).

86. SEYFFERT, W.: Über die Wirkung von Blütenfarbgenen bei der Levkoje, *Matthiola incana* R. BR. Z. Pflanzenzücht. **44**, 4 (1960).

87. SHIBATA, M.: Über Fritillaricyanin, ein neues Anthocyanin aus den Blüten von japanischen Schachblumen. Sci. Rep. Tohoku Univ. **24**, 89 (1958).

88. SIEGELMAN, H. W. and S. B. HENDRICKS: Photocontrol of Anthocyanin Formation in Turnip and Red Cabbage Seedlings. Plant Physiol. **32**, 393 (1957).

89. SILBERMAN, H. C.: Reactions of Sugars in the Presence of Acids—a Paper Chromatographic Study. J. Organ. Chem. (USA) **26**, 1967 (1961).

90. SONDHEIMER, E. and C. B. KARASH: The Major Anthocyanin Pigments of the Wild Strawberry *(Fragaria vesca)*. Nature (London) **178**, 648 (1956).

91. STRAUS, J.: Anthocyanin Synthesis in Corn Endosperm Tissue Cultures. 2. Effect of certain Inhibitory and Stimulatory Agents. Plant Physiol. **35**, 645 (1960).

92. STROH, H.-H.: Über die Anthocyane des Rotkohls. I. Mitt.: Zur Konstitution des Rubrobrassinchlorids. Z. Naturforsch. **14** b, 699 (1959).

93. SUOMALAINEN, H. and A. J. A. KERÄNEN: The First Anthocyanins appearing during the Ripening of Blueberries. Nature (London) **191**, 498 (1961).

94. THIMANN, K. V. and Y. L. NG: Private communication.

95. THIMANN, K. V. and Y. H. EDMONDSON: The Biogenesis of the Anthocyanins. I. General Nutritional Conditions Leading to Anthocyanin Formation. Arch. Biochemistry **22**, 33 (1949).

96. THIMANN, K. V. and B. S. RADNER: The Biogenesis of Anthocyanin. VI. The Rôle of Riboflavine. Arch. Biochem. Biophys. **74**, 209 (1958).

97. VAN BUREN, J. P., D. M. SCHEINER and A. C. WAGENKNECHT: An Anthocyanin-decolorizing System in Sour Cherries. Nature (London) **185**, 165 (1960).

98. WAWZONEK, S.: Chromenols, Chromenes, and Benzopyrylium Salts: The Anthocyanins. In: R. C. ELDERFIELD, Heterocyclic Compounds, Vol. II, p. 277. New York: John Wiley. 1951.

99. WILLSTÄTTER, R. und C. L. BURDICK: Über den Farbstoff der Petunie. Liebigs Ann. Chem. **412**, 217 (1917).

100. WILLSTÄTTER, R. und A. E. EVEREST: Über den Farbstoff der Kornblume. Liebigs Ann. Chem. **401**, 189 (1913).

101. WILLSTÄTTER, R. und W. MIEG: Über ein Anthocyan des Rittersporns. Liebigs Ann. Chem. **408**, 61 (1915).

102. WYLER, H. und A. S. DREIDING: Über Betacyane, die stickstoffhaltigen Farbstoffe der Centrospermen. Vorl. Mitt. Experientia **17**, 23 (1961).

103. YAMAHA, T. and C. E. CARDINI: The Biosynthesis of Plant Glycosides. II. Gentiobiosides. Arch. Biochem. Biophys. **86**, 133 (1960).

104. YANG, H. Y. and W. F. STEELE: Removal of Excessive Anthocyanin Pigment by Enzyme. Food Tech. (London) **12**, 517 (1958).

105. YEH, P.-Y. and P.-K. HUANG: Malvidin 3-Galactoside and Delphinidin 7-Galactoside from *Bladhia sieboldii*. Tetrahedron **12**, 181 (1961).

(Received, September 29, 1961.)

Aminozucker,
Synthesen und Vorkommen in Naturstoffen.

Von GERHARD BASCHANG, Heidelberg.

Inhaltsübersicht.

Herrn Professor Dr. Richard Kuhn *danke ich herzlich für freundliche Hilfe und Beratung.*

I. Einleitung. Nomenklatur.

Die weite Verbreitung von Aminozuckern als Bausteine biologisch wichtiger Materialien (Hormone, Fermente, Zellmembranen, Antibiotica u. a.) hat das Interesse an dieser Körperklasse derart belebt, daß hier nur eine Auswahl der neueren Literatur berücksichtigt werden kann. Da die Chemie der Aminozucker bereits mehrfach beschrieben worden ist (*13*, *93*, *183*), soll über die entwickelten Synthesen nur ein Überblick gegeben werden, der es gestattet, jeweils die bequemste Methode für einen bestimmten Zweck ausfindig zu machen. Bei den Aminozucker enthaltenden hochmolekularen Substanzen schien es wünschenswert, nicht nur diejenigen anzuführen, deren Struktur geklärt ist, sondern auch solche, die erst einigermaßen chemisch charakterisiert sind, weil hier biologisch besonders wichtige Vertreter zu finden sind.

Die beiden häufigsten Aminozucker sind 2-Amino-2-desoxy-*D*-glucose* (I a) (Glucosamin) und 2-Amino-2-desoxy-*D*-galaktose (II a) (Galaktosamin). Die kürzere Bezeichnung 2-Amino-glucose bzw. 2-Amino-galaktose soll hier ebenfalls verwendet werden; so z. B. auch 3-Amino-mannose für 3-Amino-3-desoxy-mannose. 1-Alkyl(Aryl)amino-1-desoxy-aldosen (V) sind N-Glykoside und werden meist Glykosylamine genannt. Die aus Glykosylaminen durch Umlagerung entstehenden 1-Alkyl(Aryl)amino-1-desoxy-ketosen heißen Amadori-Verbindungen; die 1-Amino-1-desoxy-fructose wird Isoglucosamin (VI) genannt. 1-Amino-1-desoxy-zucker-alkohole bezeichnet man als Glucamin (VII), Mannamin, Ribamin usw.

Bei den hochmolekularen Substanzen wollen wir nach Kent und Whitehouse (*183*) aminozuckerhaltige Polysaccharide, die frei von Aminosäurebausteinen sind, Aminopolysaccharide nennen. Innerhalb dieser Gruppe folgen wir bei den Muco(Schleim)-Polysacchariden einem Vorschlag von Jeanloz (*171*) (Chondroitinsulfat A, B und C; s. S. 232). Polysaccharide mit homöopolarer Bindung an einen Proteinteil werden

---

* Editorial Report on Nomenclature, J. Chem. Soc. (London) **1952**, 5110.

Literaturverzeichnis: SS. 250—270.

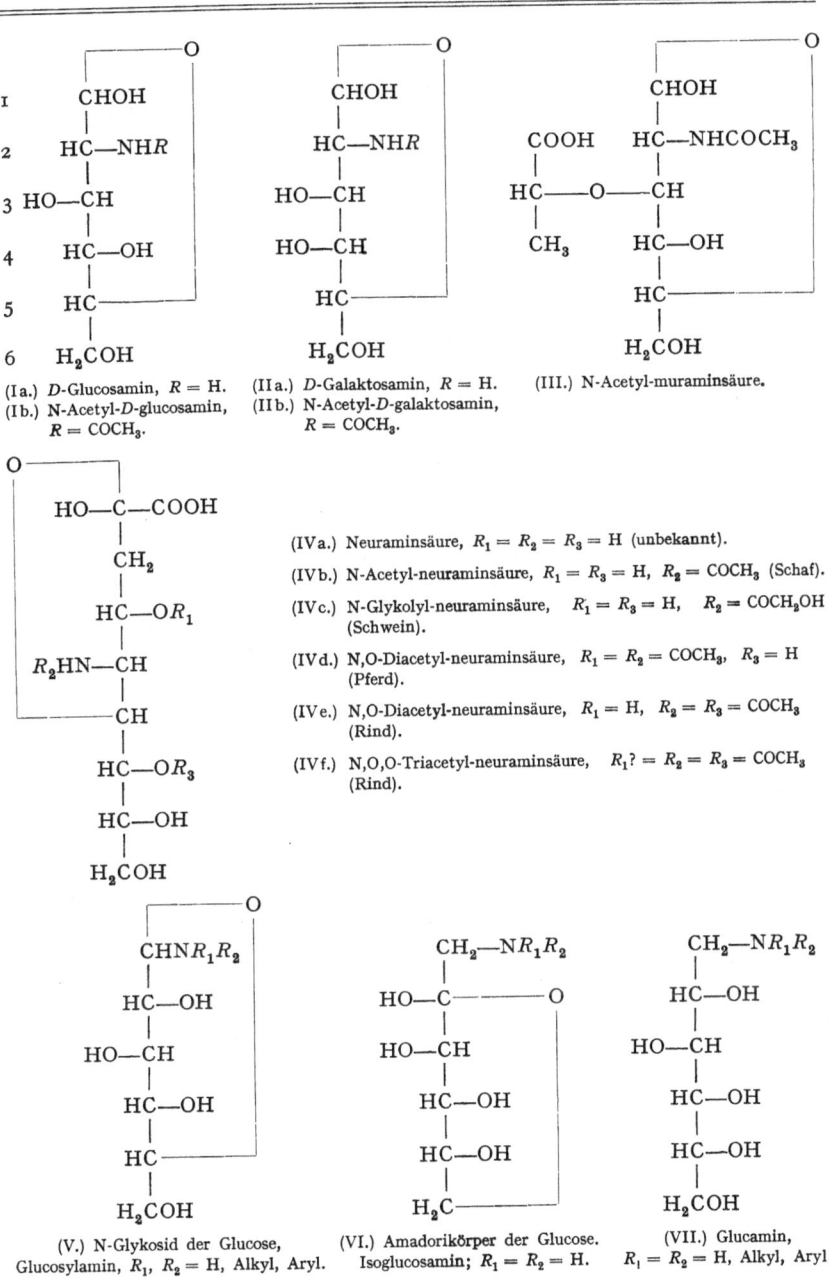

(Ia.) *D*-Glucosamin, R = H.
(Ib.) N-Acetyl-*D*-glucosamin, R = COCH₃.

(IIa.) *D*-Galaktosamin, R = H.
(IIb.) N-Acetyl-*D*-galaktosamin, R = COCH₃.

(III.) N-Acetyl-muraminsäure.

(IVa.) Neuraminsäure, $R_1 = R_2 = R_3 = H$ (unbekannt).

(IVb.) N-Acetyl-neuraminsäure, $R_1 = R_3 = H$, $R_2 = COCH_3$ (Schaf).

(IVc.) N-Glykolyl-neuraminsäure, $R_1 = R_3 = H$, $R_2 = COCH_2OH$ (Schwein).

(IVd.) N,O-Diacetyl-neuraminsäure, $R_1 = R_2 = COCH_3$, $R_3 = H$ (Pferd).

(IVe.) N,O-Diacetyl-neuraminsäure, $R_1 = H$, $R_2 = R_3 = COCH_3$ (Rind).

(IVf.) N,O,O-Triacetyl-neuraminsäure, $R_1? = R_2 = R_3 = COCH_3$ (Rind).

(V.) N-Glykosid der Glucose, Glucosylamin, R_1, R_2 = H, Alkyl, Aryl.

(VI.) Amadorikörper der Glucose. Isoglucosamin; $R_1 = R_2 = H$.

(VII.) Glucamin, $R_1 = R_2 = H$, Alkyl, Aryl.

je nach dessen Größe als Glykoproteine oder Glykopeptide bezeichnet. Aminopolysaccharid-Protein-Komplexe sind zum Teil salzartiger Natur und noch ungenügend geklärt.

Wegen ihrer Verwandtschaft zu den Aminozuckern werden hier auch die Sialinsäuren bzw. deren Grundkörper, die N-Acetyl-neuraminsäure (IVb) (Lactaminsäure, Gynaminsäure) behandelt. Nach einer Übereinkunft (35) heißt die unsubstituierte Aminosäure Neuraminsäure, während die in der Natur aufgefundenen acylierten Derivate als Sialinsäuren bezeichnet werden.

Überblicke über die Chemie dieser Substanzen findet man bei Gottschalk (116), Blix und Mitarbeiter (36), Zilliken und Whitehouse (429).

II. Allgemeine Reaktionen von Aminozuckern.

1. Acylierung.

Mit Acetanhydrid und Pyridin, Natriumacetat oder Zinkchlorid werden alle Hydroxylgruppen und die Aminogruppe acetyliert. Die selektive Acylierung der Aminogruppe gelingt mit Keten (299), allgemein durch Reaktion des Aminozucker-hydrochlorids mit einem Säureanhydrid in Gegenwart von Silberacetat (409) oder in wäßrigem Methanol unter Zusatz von Triäthylamin (214), Natriumacetat (239) oder basischem Ionenaustauscher (334). Zum gleichen Ziel führt die selektive O-Ent-acylierung eines peracylierten Produktes, z. B. mit Methanol/Ammoniak. Will man nur die OH-Gruppen acylieren, so blockiert man die Amino-gruppe durch Bildung einer Schiffschen Base oder man acyliert ein Salz des Aminozuckers mit Säureanhydrid/$HClO_4$.

Abspaltung der N-Acetylgruppe gelingt außer mit verdünnten Säuren und Laugen auch mit Hydrazin (278).

2. Glykosidierung.

2-Amino-zucker lassen sich mit Alkohol/HCl nicht glykosidieren; die Reaktion wird durch die elektrostatische Wirkung der NH_3^+-Gruppe gehemmt (291). Es müssen daher Umwege beschritten werden, wie Substitution an der Aminogruppe mit sauer relativ schwer abspaltbaren Resten, z. B. Acetyl (291), Carboalkoxyl (391) oder 2,4-Dinitrophenyl (266); der Dinitrophenylrest wird glatt mit basischem Ionenaustauscher wieder abgespalten. Wie HCl kann auch saurer Ionenaustauscher die Glykosidie-rung katalysieren (249, 428).

In manchen Fällen lassen sich peracetylierte Aminozucker mit Phenolen und Zinkchlorid zu den entsprechenden Arylglykosiden ver-schmelzen (99).

Vom Mercaptal der 2-Acetamino-glucose gelangt man mit Brom in Alkoholen zu den entsprechenden Glykosiden (212), mit $HgCl_2$ in Methanol erhält man das β-Methylfuranosid (182).

Allgemeiner Anwendung fähig sind Glykosylhalogenide, so das α-1-Brom-tri-O-acetyl-glucosamin-hydrobromid (163, 418) und das analoge

Benzoylderivat (*401*), ebenso das α-1-Chlor-tetraacetyl-glucosamin (*290*), das sich im Gegensatz zum α-1-Bromderivat nicht spontan umlagert. Letzteres geht in 1,3,4,6-Tetraacetyl-glucosamin-hydrobromid über. Das

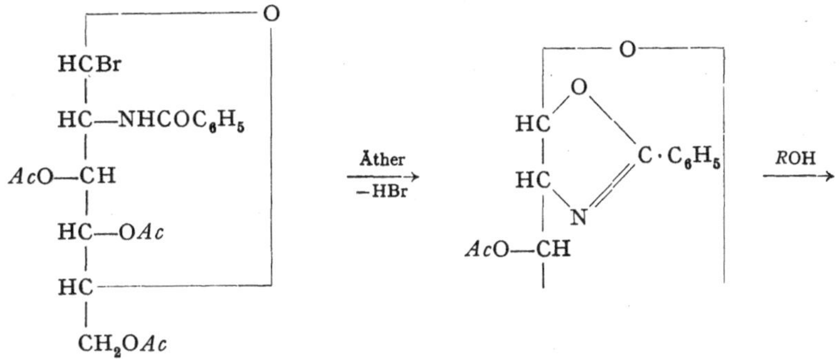

(VIII.) α-1-Brom-N-benzoyl-triacetyl-glucosamin.   (IX.)

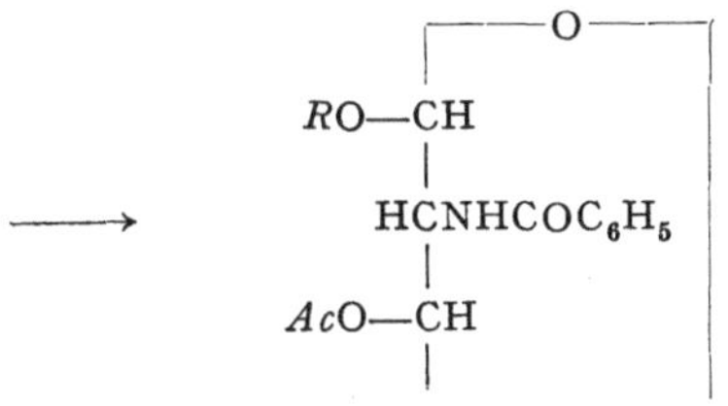

(X.)

α-1-Brom-N-benzoyl-triacetyl-glucosamin (VIII) läßt sich zum Oxazolin-derivat (IX) umlagern, aus dem β-Glykoside (X) bereitet werden können (*288, 289*).

Geeignet ist auch das α-1-Brom-derivat des Glucosamins, wenn die Aminogruppe durch den Diphenylphosphoryl-, den Anisal- (*427*) oder den Dinitrophenyl-Rest (*265, 266*) geschützt ist. Die Umsetzung von Tetraacetyl-glucosaminylbromid mit Alkoholen kann außer mit Pyridin und Silberoxyd auch mit Quecksilber(II)-cyanid durchgeführt werden und liefert vorwiegend β-Glykoside (*234*).

Glykosidierung mit Diazomethan führt bei N-Acetyl-glucosamin zum β-Glykosid (*201*). 2-Acetamino-4,6-benzyliden-glucose liefert mit 1 Mol Dimethylsulfat in Dimethylsulfoxyd vorwiegend α-, in Wasser dagegen β-Glykosid (*337*).

3. Hydrolyse der Glykosidbindung.

Die α-ständige Aminogruppe der 2-Aminozucker hemmt aus den im vorigen Abschnitt angeführten Gründen auch die hydrolytische Spaltung der Glykosidbindung durch H⁺. Saure Hydrolyse von aminozucker-haltigen Oligo- und Polysacchariden führt daher bei vorzeitiger Ent-acylierung der Acylamino-Gruppen zu Disacchariden, die den Aminozucker in glykosidischer Bindung enthalten. Die Acetolyse (*223, 276*) ist besonders geeignet zur Isolierung von Oligosacchariden. Sie läßt sich jedoch auch bis zu den Monosacchariden führen. Manchmal wird allerdings bei der Entacetylierung Zersetzung beobachtet (*26*) (s. unten). Einen wesentlichen Fortschritt bedeutet die Methode, unter gleichzeitiger Dialyse mit einer wasserlöslichen Polystyrolsulfonsäure zu hydrolysieren (*306*). So konnten z. B. etwa 90% der Zucker ohne Verseifung der N-Acetyl-Gruppen im Dialysat erhalten werden.

Manche Aminopolysaccharide (Blutgruppensubstanzen, Submaxillarismucine) und Oligosaccharide können durch Alkali gespalten werden, nämlich solche, in denen z. B. Esterglykoside vorliegen oder 3-substituierte Zucker mit freiem reduzierendem Ende. Substituenten in 4-Stellung können auch abgespalten werden, nachdem sich der Zucker nach Lobry de Bruyn zur Ketose umgelagert hat. Die Substituenten treten jeweils durch β-Eliminierung aus, die bei 2-Acetamino-zuckern noch erleichtert ist [s. auch Baer (*13*) sowie Whistler und BeMiller (*408*)].

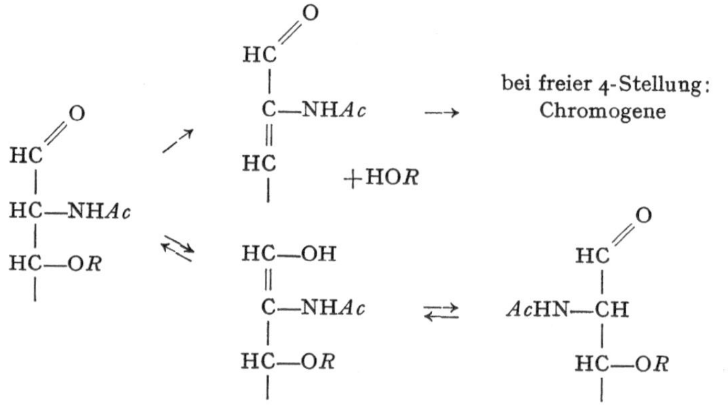

$$
\begin{array}{ccc}
 & & \underset{\text{HC}}{\overset{\text{O}}{\diagdown\!\!\diagup}} \\[4pt]
 & & | \\
 & & \text{C—NH}Ac \quad \longrightarrow \quad \begin{array}{l}\text{bei freier 4-Stellung:}\\ \text{Chromogene}\end{array}\\
 & & \| \\
\underset{\text{HC}}{\overset{\text{O}}{\diagdown\!\!\diagup}} \quad \nearrow & & \text{HC} \quad +\text{HO}R \\
| & & | \\
\text{HC—NH}Ac & & \\
| & & \\
\text{HC—O}R \quad \rightleftharpoons & & \text{HC—OH} \qquad\qquad \underset{\text{HC}}{\overset{\text{O}}{\diagdown\!\!\diagup}}\\
| & & \| \qquad\qquad\qquad\qquad | \\
 & & \text{C—NH}Ac \quad \rightleftharpoons \quad Ac\text{HN—CH}\\
 & & | \qquad\qquad\qquad\qquad | \\
 & & \text{HC—O}R \qquad\qquad \text{HC—O}R \\
 & & | \qquad\qquad\qquad\qquad | \\
\end{array}
$$

4. Epimerisierung.

Die Lobry de Bruyn-Umlagerung verläuft bei 2-Acetamino-zuckern besonders glatt, da die Acetaminogruppe durch ihre induktive Wirkung die Enolisierung der Aldehydgruppe fördert. Die Gleichgewichtslage hängt von der Stabilität der Halbacetalformen der beteiligten Zucker ab. Bei 2-Acetamino-mannose z. B. genügt Behandlung mit methanolischem Ammoniak zur teilweisen Umwandlung in 2-Acetamino-glucose. Operationen in alkalischem Medium können also bei der Isolierung von 2-Acetamino-zuckern zu Trugschlüssen führen.

5. Perjodatoxydation.

Aminozucker verhalten sich gegen Perjodat und Bleitetraacetat normal (*183, 315*), d. h. die Aminogruppe wird wie eine OH-Gruppe oxydiert. Die Acylaminogruppe blockiert wie eine substituierte OH-Gruppe die Oxydation, wenn sie nicht im Laufe der Reaktion von zwei Carbonylgruppen flankiert wird (298). So werden z. B. N-Acetyl-glucosaminsäure und N-Acetyl-glucosamin vollständig abgebaut, während die Oxydation von 2-Acetamino-sorbit bei 2-Acetamino-glycerinaldehyd stehen bleibt (414).

Etwas ungewöhnlich ist die Oxydation von N-Carboäthoxy-4,6-benzyliden-glucosaminsäureester mit Bleitetraacetat zur Verbindung (XI) (180).

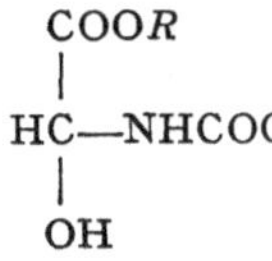

$$\begin{array}{c} \text{COO}R \\ | \\ \text{HC}-\text{NHCOOC}_2\text{H}_5 \\ | \\ \text{OH} \end{array}$$

(XI.)

6. Desaminierung.

Bei Umsetzung mit salpetriger Säure erhält man im allgemeinen aus 2-Amino-zuckern mit äquatorialer Aminogruppe 2,5-Anhydride (30, 312), aus solchen mit axialer Aminogruppe die epimeren N-freien Zucker, z. B. Glucose aus 2-Amino-mannose bei 20°; bei Erhitzen mit Quecksilberoxyd entsteht 2,5-Anhydro-mannose (257). 3-Amino-1,2,4,6-tetraacetyl-glucose-hydrochlorid behält bei Desaminierung die Konfiguration bei (73). Es kann einfache und zweifache Waldensche Umkehr eintreten.

Die Desaminierung von entacetyliertem Chitin führt zu einem Abbau unter Spaltung der Glykosidbindungen (350). Eine ausführliche Darstellung findet sich bei SHAFIZADEH (350).

7. Methylierung.

Zur Identifizierung der Spaltstücke, die man nach Permethylierung und Hydrolyse von Oligo- und Polysacchariden erhält, ist es von großem Wert, daß jetzt sämtliche Methyläther der Pyranoseformen des Glucosamin- und des Galaktosamin-hydrochlorids sowie deren N-Acetyl-Derivate bekannt sind (13, 169).

Die Methylierung von aminozucker-haltigen Oligosacchariden gelingt sowohl mit Silberoxyd in Dimethylformamid (245) als auch mit Bariumoxyd (203); es müssen jedoch Spuren von Wasser anwesend sein (223). Nur bei längerer Behandlung in der Wärme tritt in geringem Maße Methylierung der N-Acetyl-Gruppe ein. Das stark alkalische Medium bringt die Gefahr einer Spaltung von Glykosidbindungen mit sich, und es gilt das in Abschnitt II, 3 Gesagte (S. 206). Die Alkalilabilität läßt sich vielfach durch Reduktion des reduzierenden Endes einer Oligosaccharidkette zum Alkohol, z. B. mit NaBH₄, beseitigen.

8. Bestimmungsmethoden.

Aminozucker.

Die auf 2-Acetamino-zucker anwendbare Reaktion nach MORGAN-ELSON, deren Mechanismus von KUHN und KRÜGER (240, 241) geklärt wurde, ist bereits ausführlich behandelt (13, 93); ebenso die für 2-Amino-zucker brauchbare Elson-

Morgan-Reaktion (*93*). Über weitere Farbreaktionen und Bestimmungsmethoden, auch von 3-Amino-zuckern, Muraminsäure usw., unterrichte man sich bei BAER (*13*) und GARDELL (*100*).

Sialinsäuren.

Die Bestimmung dieser Substanzen in biologischen Materialien ist wichtig geworden, weil viele pathologische Veränderungen der Gewebe und des Serums mit ihrer Hilfe erkannt werden können. Für glykosidisch gebundene Sialinsäuren wurden mehrere Methoden entwickelt (*34, 36, 40, 116, 382, 383, 406*). Neu hinzu kamen eine Methode für freie Sialinsäuren nach WARREN (*395*) mit Thiobarbitursäure und eine Ultramikrobestimmung (*136*).

III. Synthesen von Aminozuckern.

Seit der ersten Synthese eines Aminozuckers, des *D*-Glucosamins [FISCHER und LEUCHS (*91*)] (1903) wurden Methoden entwickelt, die es gestatten, die Aminogruppe in fast jede Stellung einer Zuckerkette einzuführen. Wegen ihres verbreiteten Vorkommens in Naturstoffen waren die 2- und 3-Amino-zucker das Hauptziel dieser Synthesen.

Zur Übersicht sei nochmals auf den Artikel von FOSTER und HORTON (*93*) verwiesen.

1. Aminoaldosen.

a) Cyanhydrinsynthese.

Eine Aldose wird mit Ammoniak und wäßriger Blausäure umgesetzt und das entstehende Aminonitril sofort zur Aminosäure verseift. Nach Lactonisierung reduziert man mit Natriumamalgam. Die Methode hat kein präparatives Interesse mehr, erst ihre Verbesserung (b) führte zu einem allgemein anwendbaren Verfahren.

b) Halbhydrierung von Aminonitrilen.

Da diese von KUHN und KIRSCHENLOHR (*236*) entdeckte Methode bereits ausführlich besprochen wurde (*13, 93*), soll nur ihre Weiterentwicklung hier betrachtet werden.

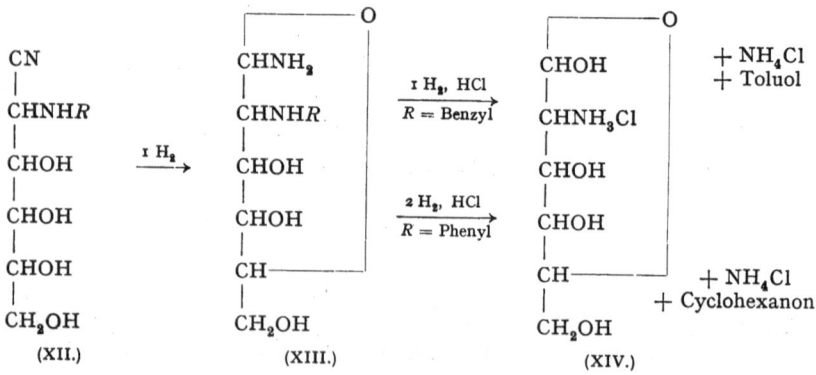

Die Aminkomponente kann sein: primäres oder sekundäres aliphatisches Amin oder primäres aromatisches Amin.

Es kann, was sich allerdings unterdrücken läßt, eine Weiterhydrierung des Glykosylamins (XIII) eintreten; man erhält dann einen 1,2-Diamino-1,2-bis-desoxy-zuckeralkohol. Einige Aminonitrile (XV), die eine aliphatische Aminkomponente enthalten, lagern sich bereits bei der Darstellung zu einem Iminolacton (XVI) um, das nicht mehr zum Zucker hydrierbar ist, sondern zum entsprechenden Lacton (XVII) verseift wird (*238, 246*):

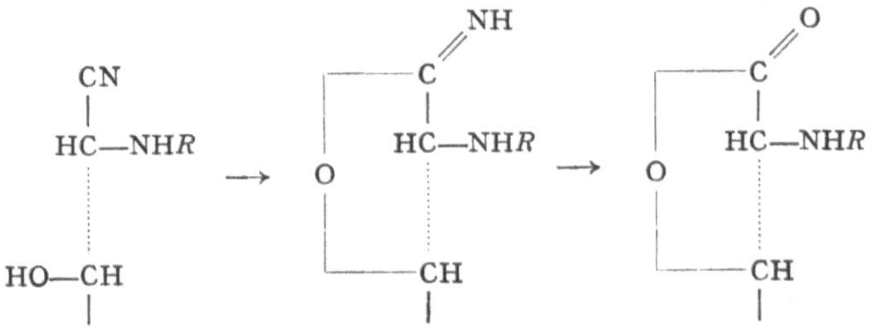

$$
\begin{array}{ccc}
\text{CN} & \overset{\text{NH}}{\overset{\|}{\text{C}}} & \overset{\text{O}}{\overset{\|}{\text{C}}} \\
| & | & | \\
\text{HC—NH}R & \text{HC—NH}R & \text{HC—NH}R \\
& \xrightarrow{\quad} \; \text{O} & \xrightarrow{\quad} \; \text{O} \\
\text{HO—CH} & \text{CH} & \text{CH} \\
| & | & | \\
(\text{XV.}) & (\text{XVI.}) & (\text{XVII.})
\end{array}
$$

Aromatische α-Amino-nitrile zeigen unter den angewandten Bedingungen diese Umlagerung nicht und sind außerdem recht kristallisationsfreudig.

Der präparative Wert der Methode hängt von der Zugänglichkeit sterisch einheitlicher Aminonitrile ab. Von den aus einer Aldose zu erwartenden epimeren Nitrilen entsteht bei Verwendung von Arylaminen dasjenige Epimere in großem Überschuß, das an $C_{(2)}$ und $C_{(3)}$ threo(*trans*)-Konfiguration besitzt. Aus den vier Pentosen der *D*-Reihe z. B. erhält man so überwiegend Aminonitrile mit den Konfigurationen: *D*-altro, *D*-gluco, *D*-ido, *D*-galacto. Die Nitrile mit entsprechender erythro-Konfiguration (*D*-allo, *D*-manno, *D*-talo) lassen sich in guter Ausbeute aus N-Benzyl- und N-Fluorenyl-(9)-amino-nitrilen durch Epimerisierung herstellen, so daß praktisch für alle 2-Amino-hexosen eine gezielte Synthese möglich ist (*232, 233*).

Nach der Methode der Halbhydrierung wurden außer *D*-Lyxosamin sämtliche 2-Amino-tetrosen, -pentosen und -hexosen der *D*-Reihe dargestellt (*Tabelle 1*, S. 216), außerdem ein Disaccharid, 2-Amino-lactose (*235*), und eine 2-Amino-heptose.

c) Epoxyde und Ammoniak (Amine).

Die Reaktion von Epoxyden mit Ammoniak oder Aminen führt im allgemeinen zu zwei isomeren Produkten. Welches davon überwiegt, hängt von der Konfiguration des Epoxyds ab; die neu auftretenden Substituenten stehen nach der Fürst-Plattner-Regel axial. Eine ausführliche Diskussion dieser Verhältnisse findet sich bei HUBER (*153*) und bei SHAFIZADEH (*350*).

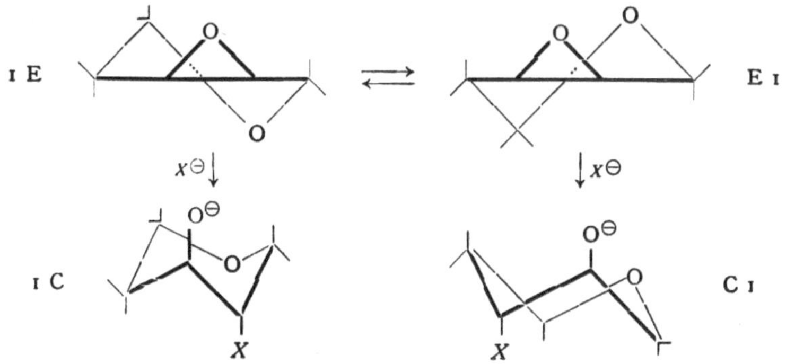

Die Stabilität einer der Epoxydformen (E 1 oder 1 E in Analogie zu C 1 und 1 C) und damit die Ausbeute an einem der Reaktionsprodukte kann durch Verknüpfung mit einem zweiten Ringsystem, z. B. einer 4,6-O-Benzyliden-Gruppierung oder durch einen 1,6-Anhydroring, erhöht werden.

Über die Reaktionsprodukte aus 2,3- und 3,4-Epoxyden mit NH_3 unterrichtet die Zusammenstellung bei Huber; s. außerdem Tabellen 1 und 2 (SS. 216, 217).

d) Episulfide und Ammoniak.

Analog der Öffnung von Epoxydringen verläuft die Reaktion von Episulfiden mit Ammoniak. Die nachfolgende Behandlung mit Raney-Nickel führt zu einem Desoxy-aminozucker. Dies wurde am Beispiel der Synthese von 3-Amino-2,3-bis-desoxy-D-ribose gezeigt (7):

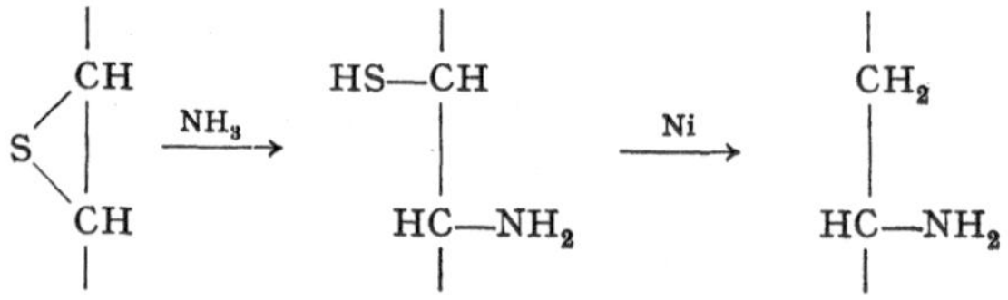

e) Konfigurationsumkehr.

Nach dem Vorbild von Winstein und Boschan (411) konnten Baker und Mitarb. (20) Amino-alkohole mit threo-Konfiguration in solche mit erythro-Konfiguration umwandeln:

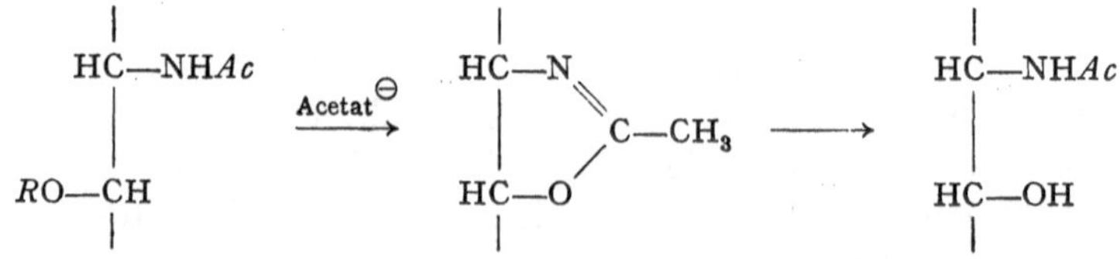

(R = Tosyl, Mesyl.)

Literaturverzeichnis: SS. 250—270.

Die Ausbeuten sind nur dann gut, wenn die beiden Gruppen *trans*-oder annähernd *trans*-Stellung haben, d. h. in der Newman-Projektion (*300*) möglichst einen Winkel von 180° einschließen. Nach diesem Verfahren wurde 3-Amino-*D*-ribose erstmals dargestellt. Später erhielten JEANLOZ und Mitarbb. (*168, 173, 174, 386*) eine Reihe von 2- und 3-Aminohexosen (s. Tabb. 1 und 2, SS. 216, 217).

f) Phenylthiourethan-Methode.

Dieses von BAKER und Mitarbb. (*19*) entwickelte Verfahren erlaubt, 1,2-Glykole mit threo-Konfiguration in 1,2-Amino-alkohole mit erythro-Konfiguration zu verwandeln, z. B.:

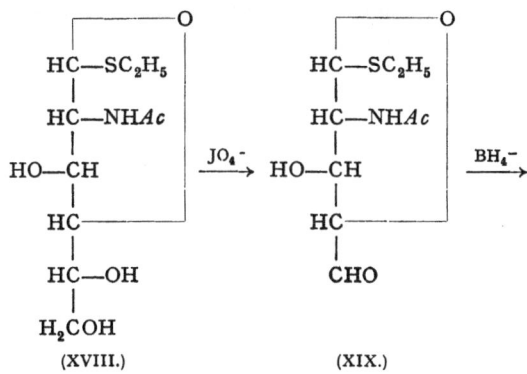

(R = Mesyl.)

Ausgehend von α-Methyl-4,6-benzyliden-*D*-glucosid wurde so α-Methyl-2-anilino-*D*-mannosid bzw. α-Methyl-3-anilino-*D*-allosid erhalten.

g) Verkürzung der Zuckerkette.

Durch Abbau eines 2- oder 3-Acylamino-zuckers mit Bleitetra-acetat oder Perjodat vom nicht reduzierenden Ende her erhält man neue

(XVIII.)   (XIX.)

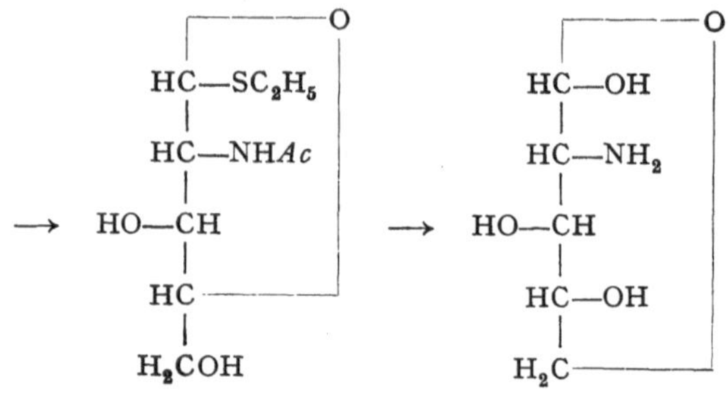

$$
\begin{array}{c}
\underset{\big|}{\overset{\displaystyle\ulcorner\!\!-\!\!-\!\!-\!\!\text{O}}{\text{HC}-\text{SC}_2\text{H}_5}} \\
\underset{\big|}{\text{HC}-\text{NH}Ac} \\
\rightarrow\quad \underset{\big|}{\text{HO}-\text{CH}} \\
\underset{\big|}{\text{HC}\!-\!-\!-\!\!\rfloor} \\
\text{H}_2\text{COH}
\end{array}
\qquad
\begin{array}{c}
\underset{\big|}{\overset{\displaystyle\ulcorner\!\!-\!\!-\!\!-\!\!\text{O}}{\text{HC}-\text{OH}}} \\
\underset{\big|}{\text{HC}-\text{NH}_2} \\
\rightarrow\quad \underset{\big|}{\text{HO}-\text{CH}} \\
\underset{\big|}{\text{HC}-\text{OH}} \\
\text{H}_2\text{C}\!-\!-\!-\!\!\rfloor
\end{array}
$$

(XX.)   (XXI.) 2-Amino-D-xylose.

Aminozucker. Das reduzierende Ende wird dabei vorher durch Glykosid-
oder Thioglykosid(furanosid)-Bildung geschützt. Auf diese Weise wurde
zuerst 2-Amino-D-xylose (XXI) von WOLFROM und ANNO (413) gewonnen.

Für weitere Beispiele s. Tabellen 1 und 2 (SS. 216, 217).

h) Hydrazinolyse von Sulfonsäureestern.

Der Tosyl- oder Mesylester eines an den übrigen OH-Gruppen alkali-
stabil substituierten Glykosids liefert beim Erhitzen mit Hydrazin unter
Konfigurationsumkehr ein Hydrazino-glykosid, das zum Amino-glykosid
hydriert werden kann. Das erste Beispiel war die Umsetzung von 1.2,5.6-
Di-isopropyliden-3-tosyl-D-glucofuranose zum 3-Hydrazino-allose-Deri-
vat (98); die Stereochemie der Reaktion wurde erst später von
LEMIEUX und CHU (255) geklärt. Inzwischen stellte man eine Reihe
von Aminozuckern nach dieser Methode dar (Tabellen 1 und 2).

i) Epimerisierung von 2-Acetamino-zuckern.

Die Reaktion (S. 206) wurde von ROSEMAN und COMB (62) und
unabhängig von KUHN und BROSSMER (220) bei 2-Acetamino-D-glucose
entdeckt und ist auf 2-Acetamino-zucker allgemein anwendbar, wie
chromatographisch (29) und präparativ (70) bei den 2-Acetamino-pentosen
gezeigt wurde. Als Nebenreaktion tritt die Bildung von Morgan-Elson-
Chromogenen auf.

k) Nitroolefine und Ammoniak.

Aus Aldosen und Nitromethan erhält man 1-Nitro-zuckeralkohole,
die leicht die entsprechenden 1-Nitro-olefine liefern. Diese lagern
Ammoniak an zu 1-Nitro-2-amino-alkoholen, die sich durch eine Nef-
Reaktion in 2-Amino-zucker umwandeln lassen. Die Anlagerung verläuft
nach der Cramschen Regel (71) und führt z. B. bei 1-Nitro-3,4,5,6-tetra-
hydroxy-D-arabo-hexose-en(1) (XXII) fast ausschließlich zum Mannit-
Derivat (XXIII) und von da zu 2-Amino-D-mannose (305, 355). Ebenso

gelangt man ausgehend von *D*-Xylose zu 2-Amino-*D*-gulose (*356*). In der Newman-Projektion (*300*) dargestellt, ergibt sich folgendes Bild für die Synthese von 2-Amino-mannose:

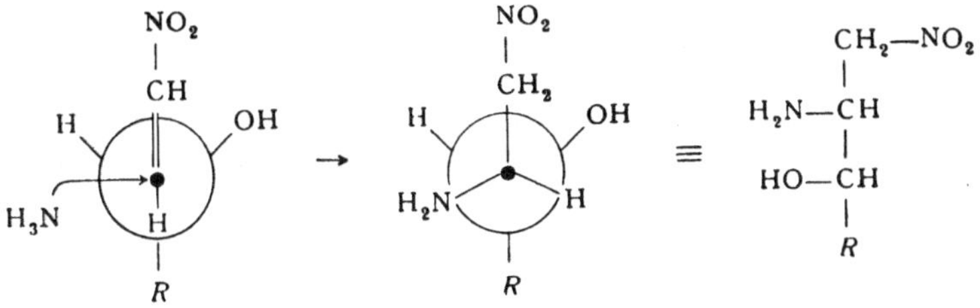

$$
\text{(XXII.)} \quad \rightarrow \quad \text{(XXIII.)}
$$

$$
\begin{array}{l}
CH_2{-}NO_2 \\
|\ \\
H_2N{-}CH \\
|\ \\
HO{-}CH \\
|\ \\
R
\end{array}
\qquad \text{(XXIII.)}
$$

l) Dialdehyde und Nitromethan.

Dieses von BAER und FISCHER (*16*) gefundene Verfahren erlaubt, bequem zu 3-Amino-zuckern zu gelangen. Ein durch Perjodatoxydation eines Pyranosids oder Furanosids (XXIV) zugänglicher Dialdehyd (XXV) wird mit Nitromethan kondensiert:

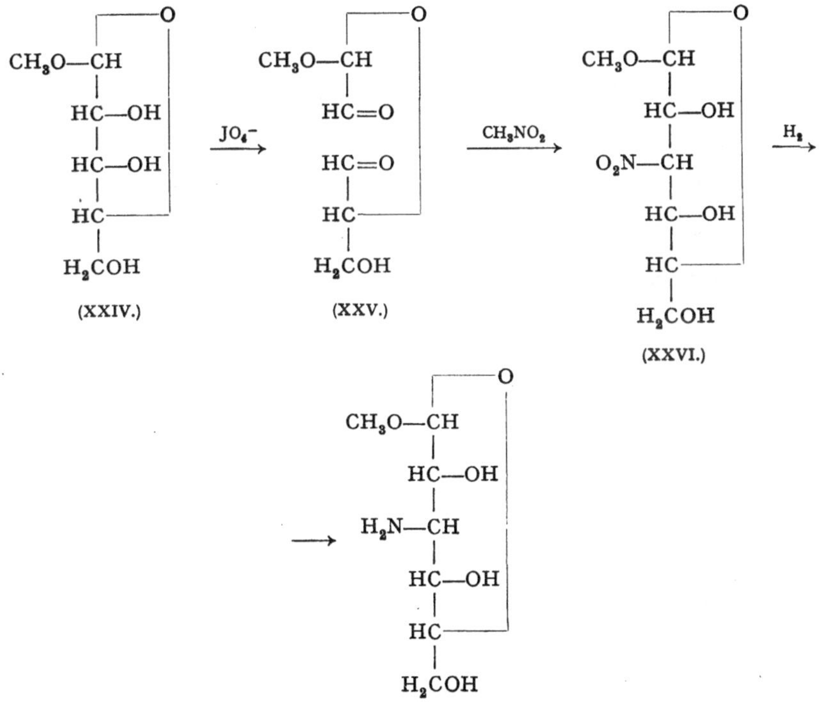

$$
\begin{array}{l}
CH_3O{-}CH{-}O \\
|\ \\
HC{-}OH \\
|\ \\
HC{-}OH \\
|\ \\
HC{-} \\
|\ \\
H_2COH
\end{array}
\xrightarrow{JO_4^-}
\begin{array}{l}
CH_3O{-}CH{-}O \\
|\ \\
HC{=}O \\
|\ \\
HC{=}O \\
|\ \\
HC{-} \\
|\ \\
H_2COH
\end{array}
\xrightarrow{CH_3NO_2}
\begin{array}{l}
CH_3O{-}CH{-}O \\
|\ \\
HC{-}OH \\
|\ \\
O_2N{-}CH \\
|\ \\
HC{-}OH \\
|\ \\
HC{-} \\
|\ \\
H_2COH
\end{array}
\xrightarrow{H_2}
$$

(XXIV.)   (XXV.)   (XXVI.)

$$
\rightarrow
\begin{array}{l}
CH_3O{-}CH{-}O \\
|\ \\
HC{-}OH \\
|\ \\
H_2N{-}CH \\
|\ \\
HC{-}OH \\
|\ \\
HC{-} \\
|\ \\
H_2COH
\end{array}
$$

(XXVII.)

Die Reaktion verläuft ebenfalls nach der Cramschen Regel und führt zu 3-Amino-zuckern, deren Konfiguration jeweils aus der des eingesetzten Glykosids abgeleitet werden kann. Die so gewonnenen Zucker sind in Tab. 2 aufgeführt (S. 217).

m) Dialdehyde und Phenylhydrazin.

Ähnlich wie bei Abschnitt l (s. oben) verläuft die Reaktion des aus α-Methyl-4,6-benzyliden-D-glucosid mit Perjodat erhältlichen Dialdehyds (XXVIII) mit Phenylhydrazin:

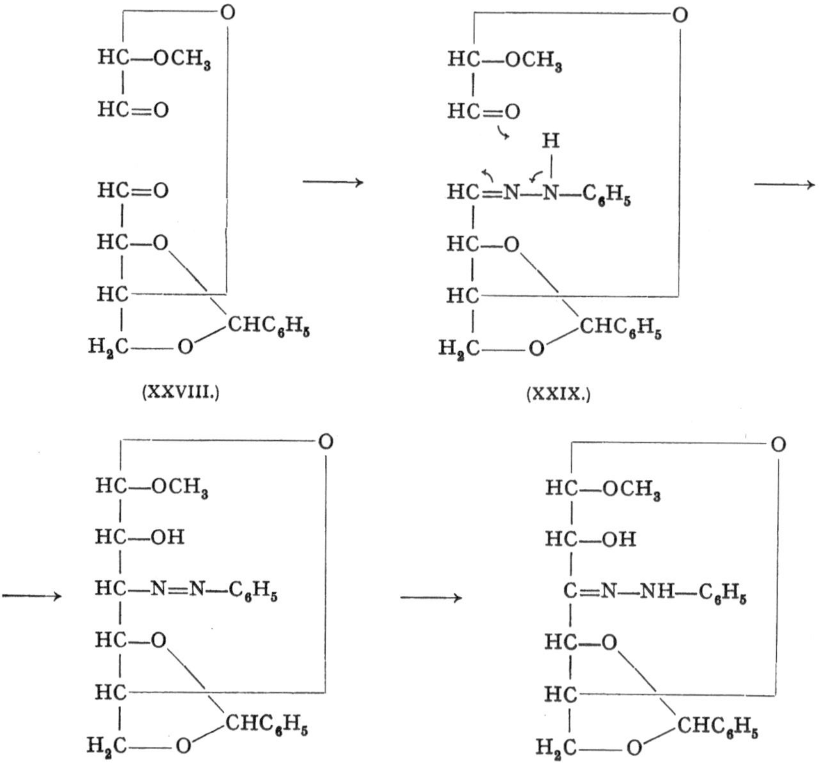

$$
\begin{array}{ccc}
\text{(XXVIII.)} & \longrightarrow & \text{(XXIX.)}
\end{array}
$$

(XXVIII.)

```
   ┌────────O
HC—OCH₃
 |
HC=O

HC=O
 |
HC—O
 |
HC──────
 |       \CHC₆H₅
H₂C────O
```

(XXIX.)

```
   ┌────────O
HC—OCH₃
 |
HC=O
        ↘  H
            |
HC=N—N—C₆H₅
 |
HC—O
 |
HC──────
 |       \CHC₆H₅
H₂C────O
```

$$\longrightarrow$$

(XXX.)

```
   ┌────────O
HC—OCH₃

HC—OH
 |
HC—N=N—C₆H₅
 |
HC—O
 |
HC──────
 |       \CHC₆H₅
H₂C────O
```

$$\longrightarrow$$

(XXXI.)

```
   ┌────────O
HC—OCH₃

HC—OH
 |
C=N—NH—C₆H₅
 |
HC—O
 |
HC──────
 |       \CHC₆H₅
H₂C────O
```

Es entsteht das Phenylhydrazon eines 3-Keto-glykosids (XXXI), das bei katalytischer Reduktion 70% des 3-Amino-glucosid-Derivates liefert (126).

n) Heyns-Carson-Umlagerung.

2-Keto-hexosen und -pentosen (145) reagieren leicht mit NH₃ bzw. aliphatischen Aminen. Die Reaktionsprodukte lassen sich in Analogie zu den Glykosylaminen der Aldohexosen (s. unten) mit Säuren, in diesem Falle mit schwachen Säuren, zu freien bzw. N-substituierten 2-Amino-hexosen umlagern. Die Reaktion verläuft besonders glatt mit D-Tagatose, wurde jedoch auch mit D-Fructose, L-Sorbose und D-Psicose ausgeführt. Sie lieferte sämtliche acht 2-Amino-hexosen. Eine Darstellung von D-Glucosamin aus D-Isoglucosamin und Ammoniak beruht auf diesem Verfahren (85).

Heyns-Carson-Umlagerung:

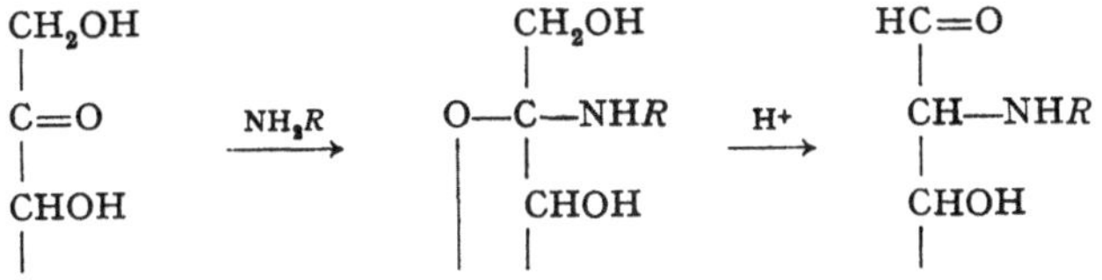

$$
\begin{array}{ccccc}
CH_2OH & & CH_2OH & & HC=O \\
| & & | & & | \\
C=O & \xrightarrow{\ NH_2R\ } & O{-}C{-}NHR & \xrightarrow{\ H^+\ } & CH{-}NHR \\
| & & | & & | \\
CHOH & & CHOH & & CHOH \\
| & & | & & |
\end{array}
$$

Amadori-Umlagerung:

$$
\begin{array}{ccccc}
HC=O & & CH{-}NHR & & CH_2{-}NHR \\
| & & | & & | \\
CHOH & \xrightarrow{\ NH_2R\ } & CHOH & \xrightarrow{\ H^+\ } & C=O \\
| & & | & & | \\
CHOH & & CHOH & & CHOH \\
| & & | & & |
\end{array}
$$

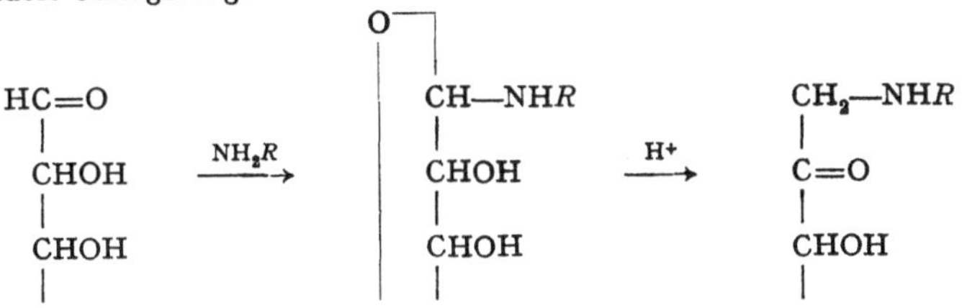

o) Oxoglykoside und Phenylhydrazin.

LINDBERG und THEANDER (43, 261) oxydierten α-Methyl-D-glucosid mit CrO_3 zu α-Methyl-3-keto-glucosid, dessen Oxim bei Hydrierung mit Natriumamalgam 45% 3-Amino-D-glucosid und mit Adams Katalysator 85% 3-Amino-D-allosid lieferte. Oxoglykoside wurden in 30- bis 40%iger Ausbeute mit Chromtrioxyd von OVEREND und Mitarbb. (51) dargestellt. Wie HEYNS und Mitarb. (143) zeigten, werden bei Inositen mit Platin und Sauerstoff in Wasser nur axiale OH-Gruppen oxydiert; dasselbe trifft für Pyranoside zu (140). So erhielten sie aus β-Benzyl-arabopyranosid das 4-Oxo-Derivat. Die katalytische Reduktion der Phenylhydrazone und ähnlicher Derivate dieser Oxoglykoside sollte ebenfalls zu Aminozuckern führen.

2. 1-Amino-2-keto-zucker.

Amadori-Verbindungen sind bei geeigneter Wahl der N-Substituenten leicht in die unsubstituierten 1-Amino-2-ketosen überführbar (149). So liefert die Hydrierung des N-Tolyl-isoglucosamins mit PdO/BaSO$_4$ nach KUHN und HAAS (231) in guter Ausbeute Isoglucosamin. HUBER und Mitarbb. reduzieren N-Alkyl-N-benzyl-isoglucosamine (155). Diese Reaktionen lassen sich auch auf Amadori-Verbindungen aus Pentosen

Tabelle 1. Synthetische 2-Amino-hexosen, -pentosen und -tetrosen.

2-Amino-2-desoxy-	Methode (SS. 208—215)	N-Acetyl-verbindung		Literatur[1]
		Schmp. (°)	$[\alpha]_D$ in H_2O	
D-allose........	b, e	197	$-74° \rightarrow -53°$	(*168*, **217**)
D-altrose.......	b, c	95—97	$-4° \rightarrow +5°$	(*96*, **217**)
D-glucose	a, b, c, n	205	$+64° \rightarrow +41°$	(*91, 161, 162, 141,* **217**)
L-glucose	b	—	$-94° \rightarrow -70°^3$	(**237**)
D-mannose.....	a, b, f, i, k	105—108²	$-21° \rightarrow +10°^2$	(*19, 210,* **217**, *305, 355, 359*)
3-desoxy-D-mannose.........	a	Sirup	$+14°$	(**247**)
L-mannose	b	175—177³	$+4,7°^3$	(*213, 305*)
D-gulose	b, e, k	165—170³	$+40° \rightarrow -19°$	(**217**, *356, 386*)
L-gulose	n	153—164³	$-8,5° \rightarrow +17,8°^3$	(**144**)
D-idose	b, c	amorph	$-45°$	(*47, 174,* **217**)
L-idose	n	amorph	$-4,8°^3$	(**144**)
D-galaktose	a, b, c, n	172—173	$+115° \rightarrow +86°$	(*144, 166,* **217**, *258*)
3-desoxy-D-galaktose.......	a	146³	$+60° \rightarrow +24°^3$	(**247**)
D-talose	b, n	151—153³	$+3° \rightarrow -6,0°^3$	(*144, 174,* **217**)
6-desoxy-L-galaktose ..	b	197—198	$-119° \rightarrow -82°$	(**216**)
6-desoxy-D-glucose[4] ...		209—211	$+63° \rightarrow +15°$	(**215**, *293*)
6-desoxy-L-glucose	b	201—204	$-54° \rightarrow -17°$	(**215**)
D-ribose	b, h	141—143	$-82° \rightarrow -39°$	(*69*, **208**, *417*)
L-ribose	h	115—123 142—148³	$-15,6° \rightarrow +6,7°^3$	(**416**)
D-arabinose	b, i	160—163	$-162° \rightarrow -97°$	(*70,* **208**)
L-arabinose	g	154—156	$+147° \rightarrow +94°$	(**419**)
D-xylose	b, g	187—190	$+55° \rightarrow +7,8°$	(**208**, *413*)
D-lyxose	h	Sirup 165—167³	$+19°$ $+19° \rightarrow -4,6°^3$	(**208**, *417*)
D-erythrose	b	Sirup 127—128³	$-7,6°$ $+5,4°^3$	(**225**)
D-threose	b	Sirup	$-66,2°^5$	(**225**)

[1] Die physikalischen Konstanten wurden den fett gedruckten Zitaten entnommen.

[2] Monohydrat.

[3] Hydrochlorid.

[4] Aus Glucosamin dargestellt.

[5] In Methanol.

übertragen. Eine Verbesserung bedeutet hier die Reindarstellung von Amadori-Verbindungen durch Kupplung mit Diazokörpern zu Triazenen (*242*), die gut kristallisierend und hydrierbar sind.

Literaturverzeichnis: SS. 250—270.

Tabelle 2. Synthetische 3-Amino-heptosen, -hexosen und -pentosen.

3-Amino-3-desoxy-	Methode (SS. 208—215)	N-Acetyl-verbindung		Literatur[1]
		Schmp. (?)	$[x]_D$ in H_2O	
D-gluco-D-gulo-heptose	b	204	$-20° \rightarrow -5°$	(210)
D-gluco-D-ido-heptose	b	186—189	$-144° \rightarrow -87°$	(210)
D-manno-D-gala-heptose	b	223—225	$+149° \rightarrow +110°$	(210)
D-allose........	e, f, h	128—129[4]	$+85,3°$ (CHCl$_3$)[4]	(19, **21**, 255)
D-altrose.......	c, l	177[4]	$+34,1°$ (CHCl$_3$)[4]	(21, 297, 328)
6-desoxy-D-alt-rose[3]........		215—220[2]	$-142°$[2]	(154)
D-glucose	b, c, l, m, o	204—205	$+17° \rightarrow +53°$	(**15**, 126, 209, 261, 313)
D-mannose.....	b, l	195—197	$-52° \rightarrow -24°$	(18, **209**)
D-gulose	e, g, l	169—170[5]	$+91,6°$[5]	(173, **210**, 328)
D-idose	c, e, l	157—158[5]	$+66°$ (CH$_3$OH)[5]	(47, **173**, 328)
D-galaktose	g	170—172	$+99° \rightarrow +119°$	(210)
D-talose	l	160—161[2]	$+29,5° \rightarrow +23,7°$[2]	(**14**)
D-ribose	e, g, l	159—160[2]	$-37,6° \rightarrow -24°$[2]	(17, 21, 23, 255)
L-ribose	l	165[2]	$+31° \rightarrow +21°$[2]	(17)
2-desoxy-D-ribose........	d	115—129	$-77°$	(7)
D-arabinose	c	159[2]	$-112°$[2]	(23)
L-arabinose	g	175—177	$+137° \rightarrow +124°$	(210)
D-xylose.......	b, c, l	163[2]	$+1,6° \rightarrow +32°$[2]	(17, **225**, 342)
L-xylose	c, l	194—195[6]	$+64,4°$[6]	(17, **21**)
		Sirup	0,0°	
L-lyxose	e	—	—	(21)

[1] Die physikalischen Konstanten wurden den fett gedruckten Zitaten entnommen.

[2] Hydrochlorid.

[3] Aus 3-Amino-D-altrose dargestellt.

[4] Tetraacetat des α-Methyl-glykosids.

[5] α-Methyl-glykosid.

[6] β-Methyl-glykosid.

3. Von Aminozuckern sich ableitende Verbindungen.

Muraminsäure (3-O-D-Lactyl-D-glucosamin) (III, S. 203).

STRANGE und KENT (370) synthetisierten diese Substanz (neben einem Isomeren) aus α-Methyl-2-acetamino-2-desoxy-4,6-benzyliden-D-glucosid mit Natriumhydrid und D,L-α-Jod-propionsäureester. Aus der Drehung schlossen sie auf D-Konfiguration des Milchsäurerestes, was durch eine stereospezifische Synthese mit L-α-Chlorpropionsäureester bewiesen wurde (279).

D-Glucosamin- und D-Galaktosamin-uronsäure.

Oxydation von α-Benzyl-N-carbobenzoxy-D-glucosaminid mit Platin und Sauerstoff führt in 40% Ausbeute (*142*), unter etwas abgewandelten Bedingungen (*402*) in 70—80% Ausbeute zum Uronsäurederivat, aus dem nach üblichen Methoden die Glucosaminuronsäure gewonnen wird. Analog gewann man die Galaktosaminuronsäure (*138*), die sich als Baustein des Vi-Antigens aus *Salmonella typhosa* erwies (*139*).

N-Acetyl-neuraminsäure.

Die erste Synthese gelang Gottschalk (*67*) durch Kondensation des Natriumsalzes der Oxalessigsäure mit N-Acetyl-glucosamin bei pH 11 in wäßrigem Medium in einer Ausbeute von 2%. Nach Roseman und Mitarb. (*61*) besitzt die N-Acetyl-neuraminsäure jedoch *L*-Konfiguration am C-Atom 5 und leitet sich von N-Acetyl-mannosamin ab. Der alkalischen Kondensation mit Oxalessigsäure mußte also eine Epimerisierung des N-Acetyl-glucosamins zu N-Acetyl-mannosamin vorgelagert sein. Daraufhin haben Cornforth und Mitarb. (*54*), ausgehend von N-Acetyl-mannosamin, tatsächlich eine Ausbeute von 11% erhalten.

Noch unveröffentlicht ist folgende Synthese (*211*): Das Kaliumsalz des Di-tert.-butyl-oxalessigesters (XXXII) reagiert in Dimethylformamid mit N-Acetyl-mannosamin, N-Acetyl-glucosamin oder 4,6-Benzyliden-N-acetyl-glucosamin bei 20—25° zu einem Lacton (XXXIIIa), das nach Verseifung und Decarboxylierung der tert.-Butyl-carboxygruppe das Lacton (XXXIV) der N-Acetyl-neuraminsäure liefert. Die Gesamtausbeute beträgt, ausgehend von N-Acetyl-glucosamin, 35% an N-Acetyl-neuraminsäure.

(XXXII.)   (XXXIIIa.)

(IVb.) N-Acetyl-neuraminsäure (Salz). (S. 203.)   (XXXIV.)   (XXXIIIb.)

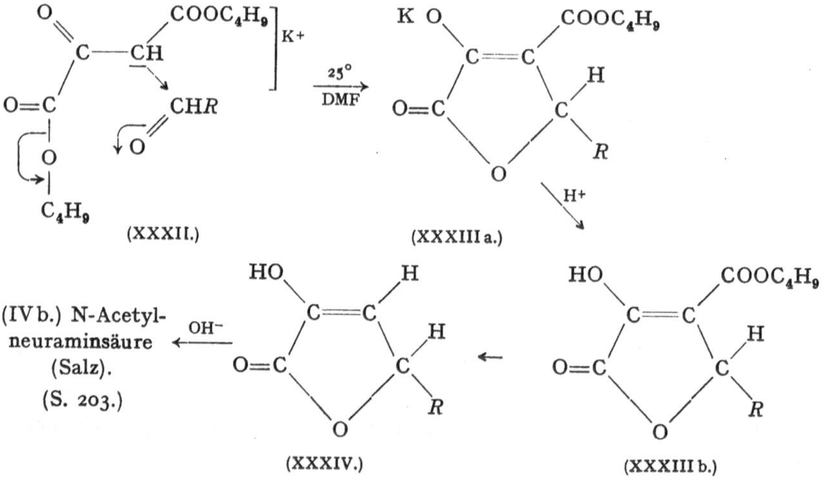

Tabelle 3. Kohlehydrate in aminozucker-haltigen Antibiotica.

Antibioticum	Aminozucker bzw. Amino-inosite	Sonstige Zucker	Literatur
Trehalosamin*	2-Amino-D-glucose	D-Glucose	(8)
Streptomycin*	2-Methylamino-L-glucose, Streptamin	Streptose	(256)
Kanamycin*	3-Amino-D-glucose, 6-Amino-D-glucose, 2-Desoxy-streptamin	—	(72)
Streptothricin, Streptolin B*, Roseothricin A	2-Amino-D-gulose	—	(115, 384)
Hygromycin*	2-Amino-neoinosit	—	(269, 310)
Neomycin B	2-Desoxy-streptamin, 2,6-Diamino-aldohexose	D-Ribose	(87, 198, 330)
Neomycin C*	2-Desoxy-streptamin, 2,6-Diamino-D-glucose	D-Ribose	(403)
Paromomycin*	2-Desoxy-streptamin, 2-Amino-D-glucose, 2,6-Diamino-aldohexose	D-Ribose	(132)
Erythromycin*	3-Dimethylamino-4,6-bis-desoxy-aldohexose (Desosamin)	Cladinose	(352)
Methymycin*	3-Dimethylamino-4,6-bis-desoxy-aldohexose (Desosamin)	—	(83)
Narbomycin	3-Dimethylamino-4,6-bis-desoxy-aldohexose (Desosamin)	—	(65)
Picromycin	3-Dimethylamino-4,6-bis-desoxy-aldohexose (Desosamin)	—	(44)
Magnamycin*	3-Dimethylamino-6-desoxy-D-glucose (Mycaminose)	Mycarose	(147, 327 a, 422)
Spiramycine	4-Dimethylamino-2,3,6-tri-desoxy-aldohexose, Mycaminose	Mycarose	(311)
Foromacidine	4-Dimethylamino-2,3,6-tri-desoxy-aldohexose, Mycaminose	Mycarose	(66)
Rhodomycine A, B	3-Dimethylamino-2,6-bis-desoxy-aldohexose (Rhodosamin)	—	(45)
Puromycin*	3-Amino-D-ribose	—	(22, 394)
Amicetin*	3-Dimethylamino-4-desoxy-aldohexose (Amosamin)	1,3,6-Tri-desoxy-2-keto-hexose	(369)
Nystatin u. a.	3-Amino-3,6-bis-desoxy-D-mannose (Mycosamin)	—	(341)

* Struktur geklärt.

IV. Aminozucker-haltige Naturstoffe.

1. Mono-, Di- und Trisaccharide.

a) Antibiotica.

Viele Antibiotica enthalten Zucker als Bausteine. Diese sind, z. B. in den Makroliden, glykosidisch mit einem fettlöslichen Lacton verknüpft oder, z. B. im Puromycin, Bestandteil eines „abnormen" Nucleosids.

Auch „reine" Kohlehydrate kommen vor (Trehalosamin, Streptomycin). Nach Hydrolyse sind die Antibiotica nicht mehr aktiv, die glykosidische Verknüpfung ist also wesentlich. Neben Aldosen und Ketosen finden sich auch Aminoderivate der Inosite (Streptamin, Desoxystreptamin u. a.). Die *Tabelle 3* gibt einen Überblick über Kohlehydrate aminozucker-haltiger Antibiotica (S. 219).

b) Nucleotide.

Es häufen sich Beispiele dafür, daß Umwandlungen von Zuckern im Stoffwechsel über Nucleotide führen (*373*). Das gilt auch für 2-Aminohexosen, für N-Acetyl-neuraminsäure und Muraminsäure. Ebenso wie die Synthese von Glycogen aus Glucose verläuft der Aufbau von Aminopolysacchariden über entsprechende Nucleotide. Auch Umwandlungen am einzelnen Zuckermolekül können mit Hilfe der energiereicheren Nucleotide zustande kommen (Epimerisierungen, Oxydationen, Reduktionen usw.). Die bis jetzt isolierten Nucleotide von Aminozuckern und verwandten Verbindungen zeigt *Tabelle 4*. Über die Bedeutung im Stoffwechsel der Aminozucker wird in Kap. V berichtet (S. 244).

Tabelle 4. Aminozucker-haltige Nucleotide.
(Abkürzungen: S. 202.)

Nucleotid	Vorkommen	Literatur
UDP-NAcGA	Schilddrüse von Stier und Schaf, Leber, Eileiter des Huhns, Hefe	(*376*)
UDP-NAcGaA	Schilddrüse von Stier und Schaf, Leber, Eileiter des Huhns	(*377*)
UDP-NAcMur	*St. aureus*, Zellwand	(*307*)
UDP-NAcGA-3-EP	*St. aureus*, Zellwand	(*372*)
UDP-NAcMur-L-Ala-D-Glu	*St. aureus*, Zellwand	(*378*)
UDP-NAcMur-L-Ala-D-Glu-L-Lys-D-Ala-D-Ala	*St. aureus*, Zellwand	(*378*)
UDP-(NAcN)$_n$-peptid?	*E. coli* K 235 L + O	(*304*)
CP-NAcN	*E. coli* K 235	(*64*)
UDP-NAcGA(4←1)Ga,NAcN	Ziegenkolostrum	(*177*)
UDP-NAcGA(6←1)Ga,NAcN	Ziegenkolostrum	(*177*)
UDP-NAcGA(4←1)Ga,NGN	Ziegenkolostrum	(*177*)
UDP-NAcGA(6←1)Ga,NGN	Ziegenkolostrum	(*177*)
UDP-NAcGA-6-P-1βGa	Eileiter des Huhns	(*379*)
UDP-NAcMur-L-Ala-D-Glu-meso-DAP-D-Ala-D-Ala	*E. coli*, Zellwand	(*375*)
UDP-NAcGaA-4-sulfat	Eileiter des Huhns	(*371*)
UDP-NAcGA-6-P	Eileiter des Huhns	(*371*)

Park (*308*) gelang es erstmals, bei *St. aureus* mit Penicillin die Zellwandsynthese zu hemmen und größere Bruchstücke anzuhäufen. Auf diese Weise wurden die Zellwand-nucleotide entdeckt.

Die Synthese der Nucleotide verläuft allgemein analog folgendem Beispiel: N-Acetyl-glucosamin-1-phosphat und ein Enzym aus *St. aureus* oder aus Kalbsleber (*373*) reagieren mit Uridintriphosphat zu Nucleotid und Pyrophosphat:

$$\text{UTP} + \text{N}A c\text{GA-1-P} \rightleftarrows \text{UDP-N}A c\text{GA} + \text{PP}.$$

Die Esterbindung des N-Acetyl-glucosamin-1-phosphats wird im Nucleotid noch labiler.

2. Höhere Oligosaccharide.

a) Oligosaccharide aus Milch.

Im Zusammenhang mit Untersuchungen über Wuchsstoffe für den *Lactobacillus bifidus* (*199*) isolierten KUHN, BAER und GAUHE aus Frauenmilch mehrere stickstoffhaltige, neutrale Oligosaccharide (XXXV bis XL) (s. auch *Tabelle 5*).

Die gesamte neutrale Oligosaccharidfraktion macht etwa 0,3% der Milch aus.

Die gleichen Oligosaccharide finden sich auch im Urin von Schwangeren vom siebenten Monat an.

L. bifidus produziert aus Lactose Milchsäure und Essigsäure (*244*). GYÖRGY (*127*) gelang es, einen Stamm zu züchten (*L. bifidus*, var. Penn.), der nur mit Frauenmilch wächst. Hiermit ließ sich zeigen, daß allgemein β-glykosidisch verknüpftes N-Acetylglucosamin als Wuchsstoff wirkt. Die stärkste Wirkung zeigt β-Äthyl-N-acetyl-D-glucosaminid. Daraufhin fanden ZILLIKEN und Mitarbb., daß *L. bifidus*, var. Penn. radioaktives N-Acetyl-glucosaminid in Muraminsäure umwandelt und zur Zellwandsynthese verwendet (*303*). Entzieht man den Aminozucker der Nahrung, so verlieren die Bazillen ihre typische Gestalt und nehmen regellose Formen an.

Außer Frauenmilch zeigen Wuchsstoffwirkung: Rattenkolostrum, Kuhkolostrum (Kuhmilch sehr gering!), Blutgruppensubstanzen, Mucine, mit Lysozym aus Zellwänden grampositiver Bakterien hergestellte Fraktionen u. a. (*128*).

Die Konstitutionsaufklärung der Oligosaccharide erbrachte Beziehungen zu den Blutgruppensubstanzen. Wie in Abschnitt IV. 3 d aus-

Tabelle 5. Neutrale Oligosaccharide aus Frauenmilch.
(Strukturformeln: SS. 222—223.)

Verbindung	R_{Lactose}*	Aktivität**		Literatur
		Le^a	Le^b	
2′-Fucosido-lactose	0,73	1000	—	(*204*)
3,2′-Difucosido-lactose	0,43	1000	125	(*226*)
Lacto-N-tetraose....................	0,36	1000	—	(*202*)
Lacto-N-neotetraose.................	0,34	—	—	(*228*)
Lacto-N-fucopentaose I	0,27	1000	—	(*205*)
Lacto-N-fucopentaose II	0,19	1,0	—	(*207*)
Lacto-N-difucohexaose I	0,12	+ ?	> 125	(*206*)
Lacto-N-difucohexaose II	0,14	1,0	—	(*227*)
Le^a- bzw. Le^b-Substanz	—	0,04	0,02	(*294*)

* Essigester-Pyridin-Wasser = 2 : 1 : 2, obere Schicht.
** Mindestmenge Hemmsubstanz in γ/0,1 ccm (*294*).

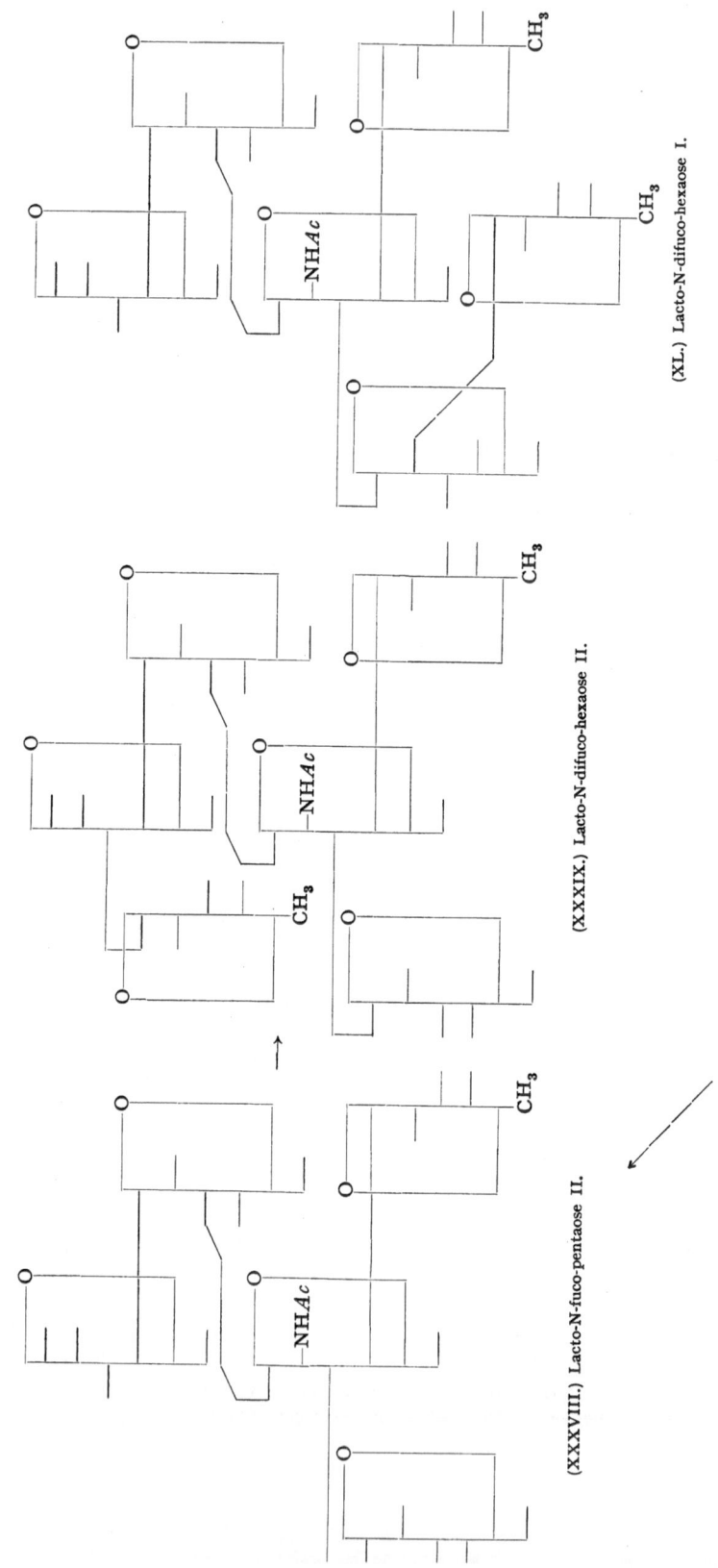

(XXXVIII.) Lacto-N-fuco-pentaose II.

(XXXIX.) Lacto-N-difuco-hexaose II.

(XL.) Lacto-N-difuco-hexaose I.

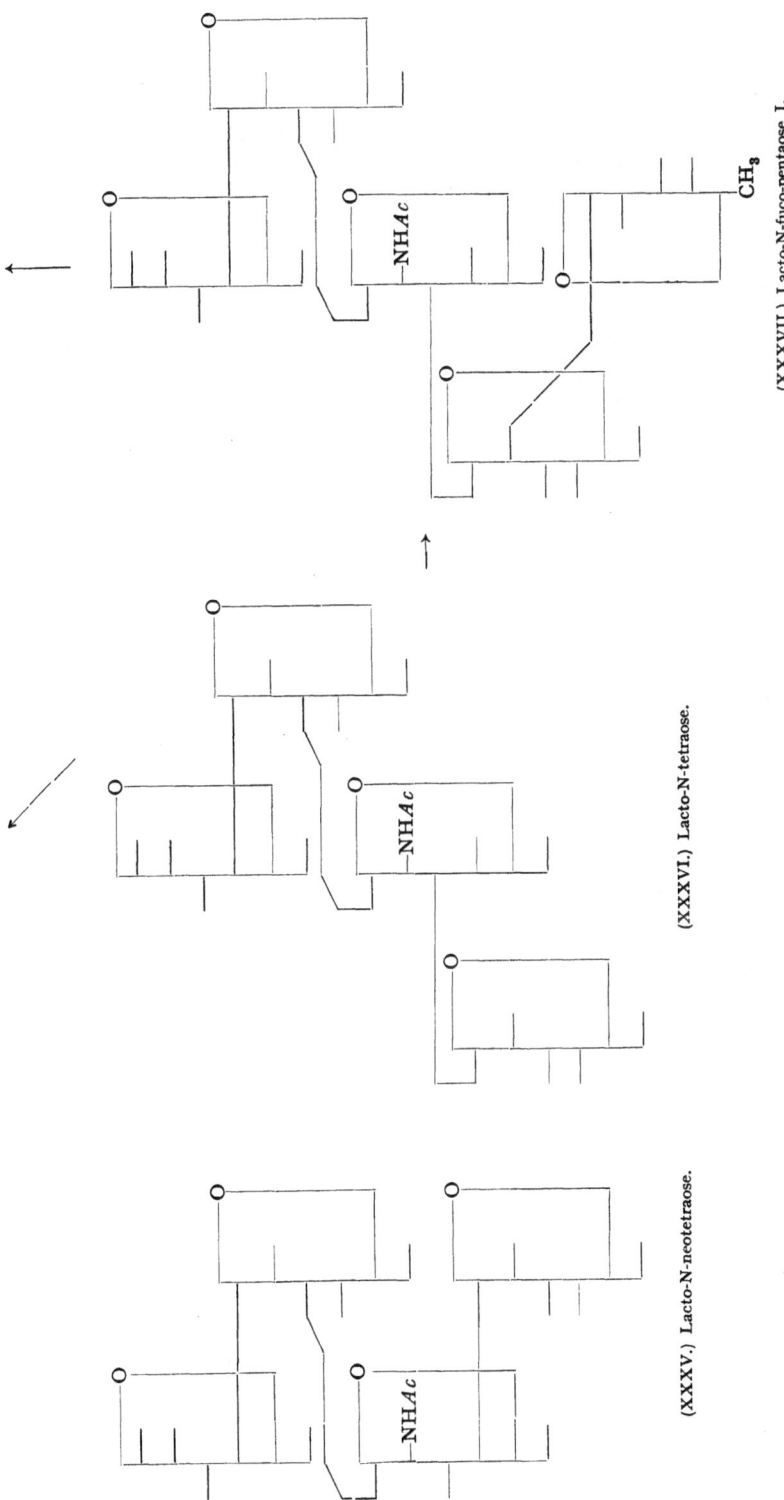

(XXXV.) Lacto-N-neotetraose.

(XXXVI.) Lacto-N-tetraose.

(XXXVII.) Lacto-N-fuco-pentaose I.

geführt wird, bestimmen endständige Mono- bis Oligosaccharide die Blutgruppeneigenschaften im Präzipitations- bzw. Haemagglutinationstest (s. S. 235 ff.). Es zeigte sich nun, daß einige der Oligosaccharide aus Frauenmilch hohe Lewis-Aktivität aufweisen (Tab. 5, S. 221). Damit ist eine wertvolle Hilfe gegeben, sich an die Struktur der Blutgruppensubstanzen heranzutasten.

Aus Milch wurden auch lactaminsäure(N-acetyl-neuraminsäure)-haltige Oligosaccharide isoliert, die Substrate für Neuraminidase aus Influenzaviren und Choleravibrionen sind. Die Lactaminsäure wird mit verschiedener Geschwindigkeit abgespalten, am schnellsten offenbar aus der 3-Stellung der Galaktose in der 3'-Lactaminyl-lactose. Die Spaltungsgeschwindigkeit (nicht quantitativ untersucht) ist in *Tabelle 6* durch Kreuze angedeutet.

Montreuil (*292*) gab kürzlich einen Überblick über die aus Milch isolierten Substanzen.

Tabelle 6. Lactaminsäure-haltige Oligosaccharide aus Milch.

Verbindung	Vorkommen	Spaltbarkeit durch		Literatur
		RDE*	Virus	
3'-Lactaminyl-lactose..........	Kuhkolostrum, Frauenmilch	++	+++	(*222*)
3'-Lactaminyl-lactose-6'-sulfat ...	Rattenmilch	?	?	(*55a*)
6'-Lactaminyl-lactose..........	Frauenmilch	+	+	(*200*)
Di-lactaminyl-lactose	Frauenmilch	+	+	(*230*)
x-Lactaminyl-lacto-N-tetraose ...	Frauenmilch	++	++	(*229*)
y-Lactaminyl-lacto-N-tetraose ...	Frauenmilch	+	(—)	(*229*)
x-Lactaminyl-lacto-N-neotetraose	Frauenmilch	+	+	(*229*)

* RDE = receptor destroying enzyme.

b) Ganglioside.

Diese Verbindungen sind aufgebaut aus Sphingosin (C_{18}-Aminoalkohol), Fettsäure (Stearinsäure), Glucose, Galaktose, N-Acetylneuraminsäure und N-Acetyl-galaktosamin. Bei gewissen Speicherkrankheiten, z. B. Morbus Tay-Sachs und Niemann-Pick, häufen sich Ganglioside im menschlichen Hirn an und wurden so von Klenk entdeckt. Man isolierte sie jedoch auch aus normalem Hirn von Mensch (*187*) und Rind (*188*), aus Milz vom Rind (*192*) sowie aus Erythrocytenstroma vom Pferd (*191*), Rind und Kaninchen (*425*).

Die früher isolierten Präparate erwiesen sich als Gemische mehrerer Ganglioside (*283*), die außerdem zum Teil mit anderen Lipoiden und Protein verunreinigt waren. Chargaff und Mitarb. (*335*) isolierten aus Rinderhirn ein hochmolekulares ,,Mucolipid", das offenbar einen Peptidteil fest gebunden enthält. Svennerholm (*381*) konnte durch Chromatographie an Cellulose Ganglioside aus Menschenhirn in zwei Fraktionen zerlegen, von denen eine kristallisiert erhalten wurde. Während früher die Ganglioside als Polymere formuliert wurden (*38*), sprach das chromatographische Verhalten für eine niedermolekulare Struktur (*381*). Chromatographie eines Gangliosidgemisches an Ammoniumsilikat (*388*) führte zur Auftrennung in drei Komponenten, von denen eine kristallisiert erhalten wurde.

KUHN und EGGE (*223, 88*) trennten das Gangliosidgemisch aus Rinderhirn nach Extraktion mit Chloroform/Methanol in zwei Komponenten, von denen die schneller wandernde als einheitlich erschien. Permethylierung und Acetolyse führten zu folgender Struktur (XLI):

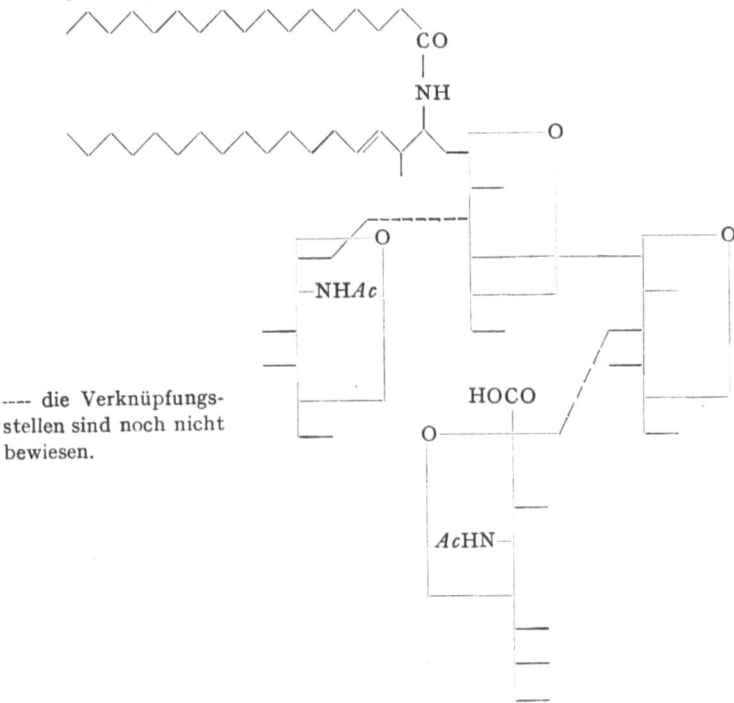

---- die Verknüpfungs-
stellen sind noch nicht
bewiesen.

(XLI.) Gangliosid G$_I$; siehe jedoch Tabelle 7, S. 226 (*248*).

Für Gangliosid aus Menschenhirn gibt KLENK (*189, 189 a*) eine lineare Verknüpfung an.

Die Auftrennung der langsamer wandernden Komponente an Silikagel führte KUHN und WIEGANDT (*248*) zu drei weiteren kristallisierten Substanzen (G$_{II}$, G$_{III}$, G$_{IV}$). Sie liefern bei Behandlung mit Neuraminidase (RDE) und 0,01 n H$_2$SO$_4$ (bei 85°, 30 Min.) G$_I$ und zeigen, abgesehen von verschiedenem Gehalt an N-Acetyl-neuraminsäure, die gleiche Zusammensetzung an Glucose (1), Galaktose (2) und N-Acetyl-galaktosamin (1); die gleiche Analyse wurde jetzt (*248*) auch für G$_I$ erhalten. Nach Isolierung des Gangliosidgemisches mit 90%igem Phenol bei

Zimmertemperatur statt Extraktion mit kochendem Chloroform/Methanol ist G_I nur in Spuren vorhanden; es stellt offenbar ein Abbauprodukt der höheren Ganglioside dar. *Tabelle 7* gibt einen Überblick über die bis jetzt bekannten Beziehungen.

Tabelle 7. Ganglioside aus Rinderhirn (*248*).

Gangliosid	R_F in Dünn-schichtchromato-gramm auf Kieselgel, Propa-nol/H₂O = 7 : 3	Sphin-gosin	Fett-säure	Glucose	Galak-tose	N-Acetyl-galak-tosamin	N-Acetyl-neur-amin-säure	Spaltbarkeit mit RDE, 4 Stunden*
G_I	0,55	1	1	1	2	1	1	—
G_{II}	0,35	1	1	1	2	1	2	→ G_I
G_{III}.....	0,23	1	1	1	2	1	2	→ G_I
G_{IV}	0,18	1	1	1	2	1	3	→ G_{III} + G_I

* Chromatographisch geprüft.

Van Heyningen (*137*) konnte zeigen, daß Ganglioside Tetanustoxin spezifisch binden. *d*-Tubocurarin wird von Gangliosid aus Kalbshirn spezifisch gebunden, während freie N-Acetyl-neuraminsäure und Cerebroside unwirksam sind (*164*). Durch Aufbewahren von corticocerebralem Gewebe bei tiefer Temperatur kann man seine Fähigkeit, die Zellatmung und Glykolyse durch elektrische Reizung zu erhöhen, weitgehend zum Erliegen bringen. McIlwain (*281*) fand, daß sich dieser Effekt durch Gangliosid (0,1 mg/ml) wieder aufheben läßt. Ähnlich wie die Endotoxine gramnegativer Bakterien (Coli, Salmonellen), die Lipoidcharakter haben, wirken die Ganglioside fiebererzeugend (schwach). Bei Kaninchen be-obachtete man mit 150—200 γ/kg Körpergewicht eine Steigerung der Körper-temperatur um 0,6° (*223*). An Mäusen zeigte sich eine Erhöhung der Infektions-resistenz gegenüber *E. coli* 145 nach Gangliosidgaben von 1—50 γ/Maus (*223*). Da die Ganglioside auch Substrate für Neuraminidase sind, vermögen sie dieses Enzym (auch Influenzaviren), ebenso den neurotoxischen Effekt, den Influenza-virus an Mäusehirn ausübt (*39*), kompetitiv zu hemmen.

Nach Klenk kommen Aminozucker auch an Inositphosphate gebunden in Menschenhirn vor (*190*). Die Struktur eines pflanzlichen Glykolipids teilten Carter und Mitarbb. mit (*55*).

3. Polysaccharide.

Aminozucker-haltige Polysaccharide kommen im Säugetier und beim Menschen in Bindung an Peptide und Proteine vor. Die uronsäure- und schwefelsäure-haltigen Aminopolysaccharide kann man gut protein-frei darstellen, wenn auch in vielen Fällen nur mit Hilfe von Proteasen oder Alkali. Recht stabile, anscheinend einheitliche Komplexe aus nicht kollagenartigen Proteinen und diesen sauren Aminopolysacchariden wurden isoliert und als Mucoproteine bezeichnet. Andererseits nennt man aber auch Mucine so, für die eine kovalente Bindung zwischen Zucker- und Proteinteil erwiesen ist (Plasmaproteine, manche Hormone

Literaturverzeichnis: SS. 250—270.

und Fermente und viele Schleimstoffe). Letztere teilt man oft nach ihren charakteristischen Zuckerkomponenten in sialinsäure-haltige Glykoproteine und Fucomucine ein. Es ist nicht leicht, genaue Grenzen zu ziehen.

Wir wollen von den Polysaccharid-Proteinen nur die kovalent gebundenen (Glykoproteine) betrachten und diese nach ihren physiologischen Eigenschaften einteilen. Von den Mucinen werden nur die blutgruppenaktiven und die sialinsäure-reichen erwähnt, die physiologisch besonders interessant geworden sind. Die Plasmaproteine wollen wir zusammenfassen und nur einige mit Ferment- oder Hormoncharakter davon abtrennen.

Über die neueren Entwicklungen auf diesem Gebiet unterrichte man sich ferner bei BLIX und GARDELL (*34*) sowie bei WOLSTENHOLME (*421*).

Zunächst folgen einige reine Polysaccharide.

a) Polysaccharide von Invertebraten und Pilzen.

Chitin. Dieses Polysaccharid (XLII), aus dem Glucosamin erstmals dargestellt wurde, ist kürzlich besprochen worden (*97*). Es besteht aus

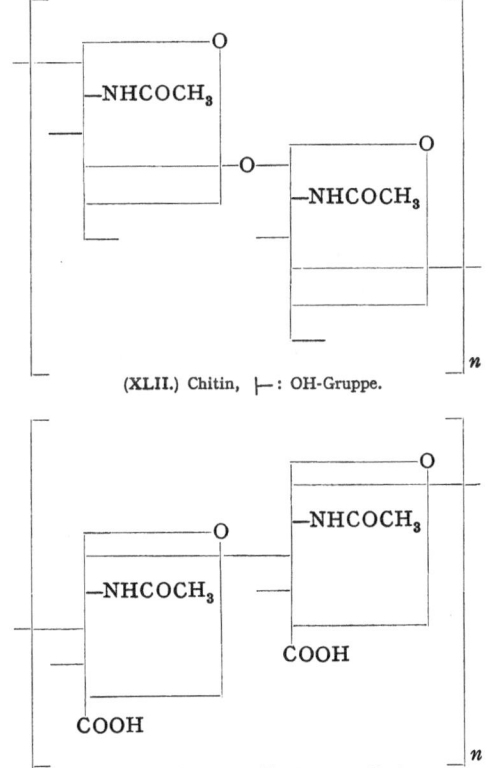

(XLII.) Chitin, ⊢: OH-Gruppe.

(XLIII.) Vi-Antigen (Strukturvorschlag).

β-($1 \rightarrow 4$)-verknüpften N-Acetyl-D-glucosamin-Resten. Anscheinend kann es nicht nur die Rolle einer Gerüstsubstanz spielen, sondern auch als Kohlehydratspeicher fungieren. Die Wände von Hefezellen enthalten Glucosamin zum großen Teil in Form von Glykoproteinen und nur sehr wenig Chitin (*195*).

Galaktosaminoglycan. Im Mycel von sechs Pilzen fanden ROSEMAN und DISTLER (*82*) ein säureunlösliches, partiell N-acetyliertes, polymeres Galaktosamin. *Aspergillus parasiticus* enthält pro 100 g trockenem Mycel 4 g N-Acetyl-galaktosamin. Aus dem Kulturmedium dieses Pilzes ließ sich das Polymere, zu einem Drittel N-acetyliert, isolieren.

b) Bakterienpolysaccharide.

Bakterienpolysaccharide kann man in drei Gruppen einteilen: (i) Zellwandpolysaccharide, (ii) somatische Polysaccharide und (iii) Kapselpolysaccharide. Polysaccharide der Gruppen (ii) und (iii) können auch außerhalb der Zelle im Kulturmedium synthetisiert werden (K-Antigen von Aerobacter). Einen Überblick gaben STACEY und BARKER (*366*) sowie DAVIES (*79*).

Außer Kapselmaterial, das meist sauer ist, werden manchmal andere saure Polysaccharide abgeschieden:

Vi-Antigen. Ein antigenes Polysaccharid (XLIII), das in *Salmonella typhosa*, *E. coli*, *Paracolobactrum ballerup* und anderen gramnegativen Bakterien vorkommt, ergab bei Hydrolyse mit konz. Salzsäure 35% an kristallisiertem Hydrochlorid der 2-Amino-2-desoxy-D-galakturonsäure (*139*).

Neuraminsäure-haltige Polysaccharide. Auf der Suche nach einem Bactericin (Colicin) aus *E. coli* K 235 fand BARRY (*27*) in der Kulturflüssigkeit ein Polysaccharid („colominic acid"), das praktisch nur aus N-Acetyl-neuraminsäure aufgebaut ist. Seine genaue Struktur ist noch nicht bekannt, es wirkt als Anti-„O"-Agglutinationsfaktor wie das Vi-Antigen, d. h. es verhindert die Präzipitation von „O"-Antigen durch Antiserum.

Aus der Colominsäurefraktion isolierten ZILLIKEN und Mitarb. (*304*) durch Dialyse — an Stelle von Präzipitierung — eine Reihe von neuraminsäure- und aminosäure-haltigen Nucleotiden.

Bei Mikroorganismen fand sich Neuraminsäure bisher nur in gramnegativen Bakterien und Protozoen (*1*). Ein Polysaccharid aus *Neisseria meningitidis* C enthält 85% N-Acetyl-neuraminsäure, ein solches aus einem *Citrobacter freundii* 36% neben 21% Hexosamin. Diese Polysaccharide sind untereinander und von Colominsäure serologisch unterscheidbar (*28*).

1. Zellwandpolysaccharide. Die Zellwände grampositiver Bakterien haben eine weniger komplizierte Zusammensetzung als die gramnegativer Bakterien. 20—30% des Trockengewichtes bestehen aus Zellwandmaterial. Man findet darin nur spezielle Aminosäuren, vor allem D- und L-Alanin,

Literaturverzeichnis: SS. 250—270.

L-Lysin und *D*-Glutaminsäure; manchmal Glycin, Asparaginsäure und Serin. An Zuckern finden sich Glucosamin und Muraminsäure, manchmal auch Galaktosamin, Galaktose, Glucose, Mannose, Rhamnose und Arabinose (*75, 339*).

Ein wesentlicher Bestandteil dieser aus Peptiden und Zuckern bestehenden Komplexe ist N-Acetyl-muraminsäure, die, z. B. in *Micrococcus lysodeikticus*, mit N-Acetyl-glucosamin zu Ketten (—NAcGA-β-(1 → 6)-NAcMur-β-(1 → 4)-NAcGA-β-(1 → 6)—) verknüpft ist, die durch Lysozym zu Di- und Tetrasacchariden mit Muraminsäure als reduzierendem Ende gespalten werden (*103, 105, 340*). Über Verzweigungen ist noch nichts bekannt. Ein gewisser Gehalt an O-Acetyl-Gruppen hemmt das Lysozym; diese Hemmung läßt sich durch milde Entacetylierung aufheben. Wie Lysozym wirkt ein Ferment aus T$_2$-Phagen, mit dem man aus der Zellwand von *E. coli* B (gramnegativ) mehrere Glykopeptide erhielt, zwei davon kristallisiert (*323*). Die eine Substanz enthält je 1 Mol N-Acetyl-glucosamin, N-Acetyl-muraminsäure, Alanin, Glutaminsäure und Diaminopimelinsäure, die zweite Substanz zusätzlich 1 Mol Alanin. Die Verknüpfung von N-Acetyl-glucosamin mit Muraminsäure ist β-glykosidisch. In *St. aureus* (grampositiv) ist die Diaminopimelinsäure durch Lysin ersetzt, sonst ist die Aminosäuresequenz die gleiche (s. Tab. 4, S. 220). Die Uridinnucleotide dieser Zellwandbruchstücke wurden ebenfalls isoliert (*378, 373*).

Außerdem fand man Glucosamin-6-phosphat (*3*) und Muraminsäure-6-phosphat (*4*) in den sauren Hydrolysaten von Zellwänden.

Nach Arbeiten von LEDERER, ASSELINEAU und JOLLÈS (*252*) besteht das Wachs D eines Tuberkelstammes (Brévanne) des Menschen aus einem Lipid-Polysaccharid-Peptid-Komplex, dessen Peptidteil aus den gleichen Aminosäuren aufgebaut ist wie der Peptidteil in *E. coli* B (2 *L*-Ala, 1 *D*-Ala, 2 *D*-Glu, 2 *meso*-DAP).

Ein weiterer Bestandteil der Zellwand von *St. aureus* und anderer Bakterien *(L. arabinosus, B. subtilis)* sind die „teichoic acids" (XLIV). Diese sind Phosphorsäurepolyester, die aus Phosphorsäure, *D*-Ribit *(B. subtilis, St. aureus)*, *D*-Glucose *(B. subtilis, L. arabinosus)* oder N-Acetyl-glucosamin *(St. aureus)* (*12*) und *D*-Alanin aufgebaut sind. Die Struktur wurde für die Säure aus *B. subtilis* aufgeklärt (*9, 10*):

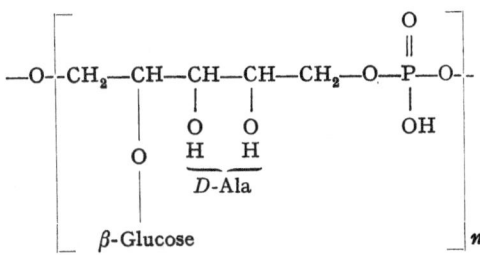

(XLIV.) Strukturelement der teichoic acid aus *B. subtilis*.

Ein polymerer Glycerinphosphorsäureester stammt wahrscheinlich aus der Protoplasmamembran (*11*).

In vegetativen Zellen von *B. subtilis* kommt außerdem „teichuronic acid" vor, die aus N-Acetyl-galaktosamin und Glucuronsäure besteht, aber von Chondroitin (β-Bindungen) verschieden ist. Es werden α-glykosidische Bindungen und zum Teil eine 1 → 3-Verknüpfung der Uronsäure mit dem Aminozucker vorgeschlagen. Testes-Hyaluronidase greift die Substanz nicht an (*167*).

Ghuysen beschreibt einen Komplex aus „teichoic acid" (Polyol-phosphat, Glucose, N-Acetyl-glucosamin), Muraminsäurepeptid und einem Di- oder Oligosaccharid NAcGA → NAcMur. Diese drei Komponenten machen 40% des Trockengewichtes der Zellwände von *B. megaterium* KM aus (*104*); ähnliche Verhältnisse findet man bei *Staphylococcus aureus* (*268a, 341a*).

2. Somatische Polysaccharide. Die Zellwand der gramnegativen Bakterien enthält offenbar ähnliche muraminsäure-haltige Strukturen wie die grampositiver Bakterien. Zusätzlich sind fast sämtliche Aminosäuren vorhanden und Lipopolysaccharide, die als Komplexe folgender Art vorliegen: Polysaccharid-Lipid A-Protein-Lipid B. Sie stellen somatische Antigene dar, die in ihre Komponenten zerlegt werden können. Das Polysaccharid bestimmt die serologischen, das Lipid A die toxischen und antigenen Eigenschaften (*79, 282, 407*).

Kapselfreie sogenannte Rauhformen von gramnegativen Bakterien dagegen können ein antigenes Polysaccharid enthalten. Aus *Shigella dysenteriae* (R-Form) gewann man mit Phenol ein Polysaccharid-Antigen, das in der Glattform nicht nachgewiesen werden konnte (*78*). Es enthält im Vergleich zum Polysaccharid aus der Glattform zusätzlich Rhamnose. Somatische Polysaccharide aus Glattformen verhalten sich serologisch anders als Polysaccharide aus Rauhformen.

Im Lipid A ist Glucosamin enthalten. Die Bausteinanalyse der Polysaccharide, die als serologisch determinierende Gruppen eine Reihe von 3,6-Bis-desoxy-hexosen enthalten, findet man bei Davies (*79*).

Manche aus intakten Zellen gewonnenen Glykolipoproteine haben Rezeptoreigenschaften für Phagen. Sie stammen aus der Zellwand, können also mit darin eingelagerten somatischen Antigenen identisch sein. Aus *E. coli* B erhielt man mit n/30 NaOH einen für T_5-Phagen spezifischen Komplex (*400*). Die Rezeptoreigenschaften für T_2-, T_4- und T_6- sowie für T_1-Phagen sind an der Zellmembran lokalisiert und nach dieser Behandlung noch vorhanden. Aus *Shigella flexneri* extrahierte man mit 5%iger Trichloressigsäure einen hochmolekularen, gegen den Phagen H-F 6 S hochaktiven Komplex, der zu zwei Drittel aus Polysaccharid und zu einem Drittel aus Lipid besteht. Die Zuckerbestandteile sind Glucosamin, Rhamnose und Glucose (*80*).

Manche aus Bakterien isolierte Lipopolysaccharid-Protein-Komplexe (somatische Antigene) haben eine einschmelzende Wirkung auf gewisse Tumoren; so bei

Serratia marcescens (284) und *E. coli (156)*. Methanolextrakte aus Tuberkelbazillen sowie die ganzen Bazillen zeigen ähnliche Effekte *(405)*.

Ein Lipopolysaccharid von *Chromobacterium violaceum* enthält 2-Amino-2,6-bis-desoxy-*D*-galaktose (*D*-Fucosamin) *(74)*. Aus einem Polysaccharid aus *B. subtilis* isolierte man neben Galaktosamin und Glucosamin eine 2-Amino-4-acetamino-2,4,6-tridesoxy-hexose *(351)*.

3. Kapselpolysaccharide. Die Kapseln, die die virulenten (glatten) Bakterien umgeben, schützen diese vor Phagocytose und vor Angriff durch Bakteriophagen. Die Kapseln bestehen oft aus hochhydratisierten sauren Polysacchariden, z. B. Hyaluronsäure bei Streptokokken A, und können eine zu schnelle Aufnahme oder Abgabe von Wasser verhindern.

Die Kapseln der Pneumokokken *(135)* sind besonders mannigfaltig. Am besten untersucht ist *Pneumococcus* Typ III, IV, VIII und XIV. Die aminozucker-haltigen Kapselpolysaccharide sind bei STACEY *(366)* aufgeführt. Die Struktur des Polysaccharids vom Typ XIV sei wegen ihrer Beziehung zu den Blutgruppensubstanzen A, B und H (O) angeführt:

$$—G\text{-}\beta\text{-}(1 \to 4)\text{-}NAcGA\text{-}\beta\text{-}(1 \to 4)\text{-}G\text{-}\beta\text{-}(1 \to 4)\text{-}NAcGA\text{-}\beta\text{-}(1 \to 4)—$$

$$\begin{array}{ccc} & | & & | \\ & 6 & & 6 \\ & \uparrow & & \uparrow \\ & R & & R \end{array}$$

$$R = Ga\text{-}\beta\text{-}(1 \to 4)\text{-}NAcGA\text{-}\beta\text{-}(1 \to 3)\text{-}Ga\text{-}\beta\text{-}1 \to$$

$$\begin{array}{c} | \\ 6 \\ \uparrow \\ Ga\text{-}\beta\text{-}1 \end{array}$$

(Sämtliche Zucker gehören zur *D*-Reihe.)

Aus Kapseln von Pneumokokken Typ V wurden 2-Amino-2,6-bis-desoxy-*L*-galaktose (*L*-Fucosamin) und 2-Amino-2,6-bis-desoxy-*L*-talose isoliert *(24)*.

Hyaluronsäure als Kapselmaterial findet sich außer bei Streptokokken der Gruppe A auch bei anderen grampositiven und einigen gramnegativen Bakterien *(79)*.

Als serologisch determinierende Zucker bei Streptokokken der Gruppe A fand sich N-Acetyl-glucosamin, bei Gruppe C N-Acetyl-galaktosamin, das sich mit Formamid aus der Zellwand extrahieren ließ *(197)*.

c) *Uronsäure- und schwefelsäure-haltige Polysaccharide (Mucopolysaccharide).*

Für ein genaueres Studium sei auf GIBIAN *(106)* verwiesen. Die Nomenklatur *(145)* hat sich vereinfacht *(Tabelle 8,* S. 232).

Tabelle 8. Nomenklatur von
Mucopolysacchariden.

Früherer Name	Neuer Name
Chondroitinsulfat A	Chondroitin-4-sulfat
Chondroitinsulfat C	Chondroitin-6-sulfat
Chondroitinsulfat B	Dermansulfat
Dermotoidinsulfat	Dermansulfat
Heparitinsulfat	Heparansulfat
β-Heparin	Dermansulfat
Keratosulfat	Keratansulfat

In *Tabelle 9* sind die bis jetzt gesicherten Strukturelemente von sauren Mucopolysacchariden aufgeführt; nicht aufgenommen sind die schwefelsäure-armen Heparine (Heparinmonosulfat, Heparansulfate).

Hyaluronsäure, die weit verbreitet im Tierreich und in Bakterien gefunden wird, ist bereits ausführlich besprochen (*286, 287*). Sie war die erste Verbindung dieser Klasse, deren Struktur geklärt wurde. Unbekannt ist der Grad der Verzweigung des Moleküls.

Tabelle 9. Struktur von Mucopolysacchariden.

Mucopolysaccharid	Aminozucker	Verknüpfung	Uronsäure oder Hexose	—SO_3H
Hyaluronsäure	2-Acetamino-D-glucose	$\beta\ 1 \rightarrow 4$ $3 \leftarrow 1\ \beta$	D-Glucuronsäure	—
Chondroitin-4-sulfat	2-Acetamino-D-galaktose	$\beta\ 1 \rightarrow 4$ $3 \leftarrow 1\ \beta$	D-Glucuronsäure	NAcGaA-4-
Chondroitin-6-sulfat	2-Acetamino-D-galaktose	$\beta\ 1 \rightarrow 4$ $3 \leftarrow 1\ \beta$	D-Glucuronsäure	NAcGaA-6-
Dermansulfat	2-Acetamino-D-galaktose	$\beta\ 1 \rightarrow 4$ $3 \leftarrow 1\ \beta$	L-Iduronsäure	NAcGaA-4-
Heparin	· 2-Sulfonamino-D-glucose	$\alpha\ 1 \rightarrow 4$ $3 \leftarrow 1\ \alpha$?	D-Glucuronsäure	Ester*
Keratansulfat (*146*)	2-Acetamino-D-glucose	$1 \rightarrow 4$ $3 \leftarrow 1\ \beta$	D-Galaktose	NAcGA-6-

* D-Glucosamin-2,4-disulfat und 50% der Glucuronsäure als 2-Sulfat (*92, 415*).

Chondroitin-4-sulfat, Chondroitin-6-sulfat und Dermansulfat. Die auch als Chondroitinsulfat A, B und C bezeichneten Substanzen, die wesentliche Bestandteile des Knorpels und der Bindegewebe sind, wurden in ihrer Struktur ebenfalls geklärt (*172, 151, 380*), und ihre physikalischen Konstanten sind zusammengestellt (*277*).

Aus Knorpel von Hai und aus Dermansulfat aus Rinderlunge wurden neuerdings in kleinen Mengen zwei isomere Chondroitinsulfate isoliert, in denen zusätzlich zu den Sulfatresten an $C_{(6)}$ bzw. $C_{(4)}$ des Galaktosamins noch ein Sulfatrest an $C_{(2)}$ oder $C_{(3)}$ der Uronsäure sitzt (*374*).

Unklar ist noch der genaue Mechanismus der Sulfatierung. Man hat Hinweise, wonach die Zuckerreste sofort nach ihrem Einbau in die Polymerenkette von Adenosinphosphosulfat mit Schwefelsäure verestert werden (*374*).

Zur Untersuchung von Veränderungen des Bindegewebes ist die Auftrennung der Mucopolysaccharide in die Komponenten nötig; für kleine Mengen wurde dies über die Cetylpyridinium-Komplexe erreicht (343, 349).

Viele Untersuchungen betreffen Veränderungen der Mucopolysaccharide mit dem Alter. Im *Nucleus pulposus* des Menschen nimmt das Verhältnis Keratansulfat : Chondroitinsulfat ab (130), ebenso im Knorpel von Huhn, Hai und Cephalopoden (250). Im Knorpel vom Menschen sinkt das Verhältnis Galaktosamin : Glucosamin mit dem Alter ab (243). In menschlichen Aorten nehmen Chondroitin-6-sulfat und Hyaluronsäure ab, Dermansulfat und Heparansulfat zu (179).

Bei Atherosklerose fand man eine Vermehrung der Chondroitinsulfate in der menschlichen Aorta und eine Abnahme an Hyaluronsäure und Chondroitin (48). Ein Teil der in sklerotischen Aorten abgelagerten Lipide ist β-Lipoprotein des Plasmas; aus solchen Geweben ließen sich zwei Mucopolysaccharid-fraktionen isolieren, von denen die eine — arm an Schwefelsäure und positiv mit Perjodat-Schiffs Reagenz — β-Lipoprotein band (101). In ähnlicher Weise tritt Hyaluronsäure mit Serumalbumin und Globulinen in Wechselwirkung (319).

Die Bindung von Kationen an Knorpel (86) zeigt zunehmende Affinität in der Reihe K^+, Na^+, Mg^{2+}, Ca^{2+}, Sr^{2+}, Ba^{2+}, Be^{2+}, Cu^{2+}. Chondroitinsulfate binden 1 Äquivalent Ca^{2+}, Y^{3+} und La^{3+} an die Carboxylgruppen (107).

Die sauren Mucopolysaccharide sind wichtig für die Struktur des Bindegewebes und des Knorpels (90), jedoch ist die Art ihrer Bindung an Protein noch nicht geklärt. Da zur Isolierung von peptidfreien Präparaten Alkali (K_2CO_3) angewandt wird, sind Esterbindungen nicht ausgeschlossen. Komplexe aus Mucopolysaccharid und nicht kollagenartigem Protein wurden mehrfach isoliert (309).

Heparin. Eine eingehende Besprechung der Chemie des Heparins findet sich bei FOSTER und HUGGARD (94) und eine kritische Betrachtung der Literatur bei JEANLOZ (170). Die Stellung der Schwefelsäure-Reste und die Art der glykosidischen Bindung der Glucuronsäure sind noch nicht genau bekannt. Die reduzierende Endgruppe des Heparins aus Rinderlunge gehört einem Glucosaminrest an ($H^{14}CN$-Addition und Hydrolyse zur 3-Amino-heptonsäure) (95).

d) Glykoproteine.

1. Submaxillaris-mucine. Wegen ihrer Hemmwirkung gegen Viren der Influenzagruppe haben Submaxillaris- und Sublingualmucine besondere Aufmerksamkeit auf sich gezogen. Sie sind sehr reich an Sialinsäure; Submaxillarismucin vom Rind enthält mehr als 30%, und daraus hat BLIX (33) erstmals N,O-Diacetyl-neuraminsäure dargestellt. Die Substanz wurde allerdings erst sehr viel später in ihrer Struktur aufgeklärt (62, 63, 218—221). Man hatte inzwischen gefunden (50), daß Influenzaviren von Erythrocyten eine Säure freisetzen und sich danach nicht mehr mit den roten Zellen verbinden können. Dieses Spaltprodukt, das sich als N-Acetyl-neuraminsäure erwies, gilt seither als Rezeptorsubstanz für Influenzaviren.

Die Hemmung der Haemagglutination durch diese Viren, die besonders gut gelingt mit Submaxillarismucin vom Schaf, ist eine Funktion des Molgewichtes des Mucins. Behandelt man dieses mit Trypsin, so fällt das Molgewicht von 10^5 auf 10^4, und die Hemmwirkung erlischt, obwohl keine Sialinsäure abgespalten wurde (118). GOTTSCHALK und Mitarbb. (117—121, 123) haben die Kenntnis vom Bau dieser Mucine wesentlich erweitert. Sie fanden an Submaxillarismucin vom Schaf etwa 80% der N-Acetyl-neuraminsäure über N-Acetyl-galaktosamin an die Proteinkette gebunden. Die Verknüpfung erfolgt über die β- und γ-Carboxylgruppen von Asparaginsäure und Glutaminsäure:

$$NAcN-\alpha-(2 \to 6)-NAcGaA-1-O-Glu, Asp.$$

Man hat sich das Mucinmolekül im wesentlichen als eine von einem Sialinsäuremantel umgebene Proteinspirale vorzustellen (117). Das prosthetische Disaccharid läßt sich mit verdünntem Alkali und mit $LiBH_4$ abspalten (119). Etwa 18% der Sialinsäure bleiben danach noch haften und sind wahrscheinlich O-glykosidisch gebunden. Etwa gleiche Verhältnisse liegen bei Submaxillarismucin vom Rind vor. Außer Galaktosamin und Sialinsäure finden sich noch wenig Fucose, Galaktose und Glucosamin, wie neuere Untersuchungen zur Reindarstellung von Rinder-Submaxillarismucin durch PIGMAN und Mitarbb. (390) bestätigt haben. Die Spaltbarkeit durch Trypsin läßt sich durch vorhergehende enzymatische Entfernung der Sialinsäure um 45% steigern (118). An Schafmucin zeigte sich weiter ein starker Abfall der Viskosität mit fallendem pH-Wert im Bereich von pH = 7,8 bis 1,7. Diese Abnahme ist reversibel und wird durch die auftretenden und verschwindenden Ladungen der endständigen Sialinsäure gedeutet. Denselben Viskositätsabfall erhält man irreversibel mit Neuraminidase. Die Proteinkette soll sich nach Entfernung der negativen Ladungen falten (117, 121).

Mit diesen Vorstellungen ließe sich zwanglos erklären, daß aus fast sämtlichen bisher untersuchten sialinsäure-haltigen Glykoproteinen die Sialinsäure mit verdünnten Mineralsäuren quantitativ, mit Neuraminidasen jedoch nur zu 70—90% abgespalten wird. Auch die vollständige Inaktivierung von sialinsäure-haltigen Hormonen (S. 243) durch Neuraminidasen gewinnt an Anschaulichkeit, wenn man die Sialinsäure zum Teil als einen formgebenden Faktor betrachtet. Ebenso kann man den Aktivitätsabfall der Blutgruppensubstanzen M, N und Lu bei Behandlung mit Sialidasen unter diesem Gesichtspunkt betrachten.

2. Blutgruppensubstanzen (Fucomucine). Von den etwa zehn bekannten Blutgruppensystemen sind bis jetzt das A-, B-, O-, Lewis-, M-, N- und Lutheran-System chemisch untersucht worden. Das verbreitetste System A, B, O ist am intensivsten bearbeitet worden (178, 295).

Blutgruppenaktive Substanzen kommen an der Erythrocytenoberfläche und in Gewebszellen als Komplexe mit Lipid und Protein vor und sind in dieser Form nicht wasserlöslich. Die Isolierung solcher

Komplexe wird später noch erwähnt. Bei etwa 75% aller Menschen (Sekretoren) werden jedoch A-, B- und O-spezifische Substanzen in wasserlöslicher Form in Speichel, Magensaft, Urin, Gewebsflüssigkeiten usw. ausgeschieden und daraus für die chemische Bearbeitung gewonnen (*325*). Die restlichen etwa 25% der Menschen scheiden eine für das Lewis-System charakteristische Substanz aus. Die Substanzen des Systems A, B, O und Lewis enthalten alle *L*-Fucose, N-Acetyl-*D*-galaktosamin, N-Acetyl-*D*-glucosamin und *D*-Galaktose — 80% des Moleküls neben 20% Aminosäuren. Es werden nur etwa elf verschiedene Aminosäuren gefunden: Threonin, Prolin und Serin machen davon die Hälfte aus, die aromatischen und schwefelhaltigen Aminosäuren fehlen. Die Molekulargewichte liegen bei 2 bis 3 $\times$ 10^5, die Moleküle sind sehr asymmetrisch (Achsenverhältnis > 100).

Es gilt als gesichert, daß die Synthese der Blutgruppensubstanzen durch bestimmte Gene A, B, O, Le usw. kontrolliert wird und daß die Spezifität in der Art und Anordnung der endständigen Zuckerreste begründet ist.

Um die Natur dieser Gruppen und die Art ihrer Verknüpfung zu bestimmen, hat man folgende Wege eingeschlagen:

1. Durch Behandlung mit Fermenten aus *Cl. tertium* und *Trichomonas foetus* gelang es, unter Abspaltung von N-Acetyl-galaktosamin, aus A-Substanz eine H(O)-Substanz zu erzeugen. Dasselbe erreichte man an B-Substanz mit Fermenten aus *Bacillus cereus*, *Cl. maebashi* und *T. foetus* unter Abspaltung von Galaktose. Aus *T. foetus* kann man außerdem ein Enzympräparat gewinnen, das H(O)-Aktivität zerstört. Es produziert aus H-Substanz von Individuen des Phänotyps OLe(a—b +) eine Le^a-aktive Substanz. Das Enzym wird durch *L*-Fucose spezifisch gehemmt. H-Substanz liefert weiterhin unter Abspaltung von *L*-Fucose ein Polysaccharid, das mit Pneumokokken-Typ-XIV-Antiserum kreuzreagiert* (*398*). Die geschilderten Beziehungen sind im folgenden Schema zusammengestellt:

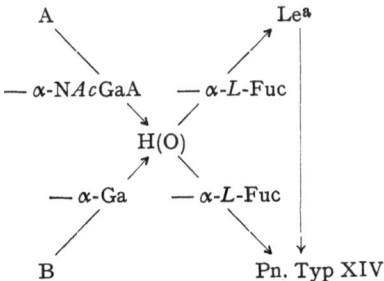

---

* Kreuzreaktion: Der gegen ein spezifisches Antigen gerichtete Antikörper bildet auch mit anderen Antigenen Niederschläge, d. h., diese Antigene haben bestimmte Endgruppen gemeinsam.

Die Hemmung dieser Enzyme durch bestimmte Zucker ist ein weiterer
Hinweis auf die Natur der Endgruppen.

2. Die Präzipitation der Blutgruppensubstanzen durch ihre Antiseren
läßt sich mit bestimmten Zuckern und Oligosacchariden (Tab. 5, S. 221)
spezifisch hemmen. Die quantitative Auswertung erlaubt, auf die endständigen Gruppierungen zu schließen.

3. Durch Perjodat werden endständige, nicht an Verzweigungen
beteiligte Zucker bevorzugt abgebaut.

4. Milde Säurehydrolyse erlaubte in manchen Fällen, Di- und Trisaccharide zu isolieren (68, 264), deren nicht reduzierende Enden mit
Zuckern übereinstimmen, die auch in der nativen Blutgruppensubstanz
als endständig erkannt wurden.

$$\text{Ga-}\beta\text{-}(1 \to 3)\text{-N}A c\text{GA} \qquad\qquad \text{N}A c\text{GA-}\beta\text{-}(1 \to 3)\text{-Ga}$$
$$\text{Ga-}\beta\text{-}(1 \to 4)\text{-N}A c\text{GA } (275) \qquad \text{N}A c\text{GaA-}\alpha\text{-}(1 \to 3)\text{-Ga}$$
$$\text{Ga-}\alpha\text{-}(1 \to 3)\text{-N}A c\text{GaA} \qquad\qquad L\text{-Fuc-}\alpha\text{-}(1 \to 6)\text{-N}A c\text{GA}$$

$$\text{N}A c\text{GaA-}\alpha\text{-}(1 \to 3)\text{-Ga-}\beta\text{-}(1 \to 4)\text{-N}A c\text{GA}$$
$$\text{N}A c\text{GaA-}\alpha\text{-}(1 \to 3)\text{-Ga-}\beta\text{-}(1 \to 3)\text{-N}A c\text{GA}$$
$$\text{N}A c\text{GaA-}\alpha\text{-}(1 \to 4)\text{-Ga-}\beta\text{-}(1 \to 4)\text{-N}A c\text{GA } (275)$$

Aus Blutgruppensubstanz A isolierte Di- und Trisaccharide.

Aus den vorliegenden Ergebnissen schließt man auf folgende spezifische
Endgruppierungen:

Gruppe A: $\text{N}A c\text{GaA-}\alpha\text{-}(1 \to 3)\text{-Ga-}\beta\text{-}(1 \to$

B: $\text{Ga-}\alpha\text{-}(1 \to 3)\text{-}$

H: $L\text{-Fuc-}\alpha\text{-}(1 \to 3)\text{-}$

Le^a: $\text{Ga-}\beta\text{-}(1 \to 3)\text{-N}A c\text{GA-}$
$$|$$
$$L\text{-Fuc-}\alpha\text{-}(1 \to 4)$$

Le^b: $L\text{-Fuc-}\alpha \to \text{Ga} \to \text{G-}$
$$\uparrow$$
$$\alpha\text{-}L\text{-Fuc}$$

Pneu. Typ XIV: $\text{Ga-}\beta\text{-}(1 \to 4)\text{-N}A c\text{GA-}$
$\text{Ga-}\beta\text{-}(1 \to 3)\text{-N}A c\text{GA-}$ (s. S. 231).

Mit Ficin oder Papain kann man die Blutgruppensubstanzen in
wenige, nicht dialysierbare Bruchstücke spalten, die im Präzipitations-
hemmtest jedoch nur noch einige Prozent der Aktivität der Ausgangs-
substanz zeigen, obwohl die spezifischen Endgruppen noch nachzuweisen
sind. Hieraus ist wohl zu schließen, daß die sekundäre (tertiäre) Struktur
dieser Makromoleküle von erheblicher Bedeutung für ihre Aktivität ist.

Wirken die Gene A und B zusammen (Blutgruppe AB), so kommen A- und
B-spezifische Gruppierungen in demselben Polysaccharidmolekül vor. Ferner
lassen sich die Blutgruppeneigenschaften der Erythrocyten durch andere blutgruppenaktive Substanzen maskieren. Mit einem B-aktiven Lipid-Polysaccharid-

Protein-Komplex (*410*) aus *E. coli* O 86 fand man eine Änderung des Blutgruppen-charakters menschlicher Erythrocyten von A und O nach B (*6, 362*). Da die end-ständige Anordnung von vier Zuckern (NAcGA, NAcGaA, Ga und Fuc), die außer-ordentlich weit verbreitet sind, die serologischen Eigenschaften der Blutgruppen A, B und O bestimmt, nimmt es nicht wunder, daß auch blutgruppenaktive Substanzen sehr verbreitet, vor allem bei Bakterien, gefunden werden. An Hühnern ließ sich zeigen, daß die Agglutinine, die Antikörper gegen Blutgruppensubstanzen, erst im Kontakt mit der Umwelt (durch Infektion) entstehen und bei keimfrei auf-gezogenen Küken praktisch nicht nachzuweisen sind. A-, B- und O-aktive Substanzen finden sich außerdem in Pflanzen (*360*). Aus einem H(O)-aktiven Polysaccharid aus *Taxus cuspidata* und Sassafras isolierte man 2-O-Methyl-*L*-fucose (statt *L*-Fucose) (*361*).

Aus menschlichen Erythrocyten wurden sialinsäure-haltige Glyko-lipide mit M- und N-Spezifität isoliert (*193, 331, 368*). Mit Neuraminidase wird die Sialinsäure — im allgemeinen N-Acetyl-neuraminsäure — ab-gespalten, und die biologische Aktivität geht verloren. Das trifft auch für die dem Lutheran-System (Lu) angehörenden gruppenspezifischen Substanzen zu (*363*). Ein Sialoglykoprotein aus Ovarcysten zeigt sowohl M- und N-Aktivität, die nach Abspaltung der Sialinsäure erlischt, als auch Le^a-Aktivität (*324*). Es wirkt außerdem als Hemmsubstanz im Virus-Haemagglutinationstest.

Neuerdings extrahierte man auch A-, B- und H(O)-aktive Substanzen aus Erythrocyten (*196, 424*). Es handelt sich um Polysaccharid(Oligo-saccharid)-Lipid-Komplexe, die sich offenbar von den Blutgruppen-substanzen aus Körperflüssigkeiten in der Zusammensetzung und An-ordnung ihrer Zucker etwas unterscheiden. Es ist nicht ausgeschlossen, daß eine Verwandtschaft besteht mit Gangliosiden und Cerebrosiden (*128 a*).

3. Glykoproteine des Magens. Glykoproteine aus Magenschleimhaut, aus Magenkrebsgewebe, Ascitesflüssigkeiten und aus Harn können folgende physiologische Eigenschaften besitzen: hemmende Wirkung auf die Leberkatalase der Maus, anaemie-induzierende Wirkung beim Kaninchen, Blutgruppenaktivität und in einigen Fällen Hemmung der Haem-agglutination durch Myxoviren. Gewisse Komponenten der Magen-schleimhaut ermöglichen die Resorption von Vitamin B$_{12}$ (intrinsic factor).

Intrinsic Factor. Die Reindarstellung des von CASTLE entdeckten Faktors ist noch nicht gelungen und seine Glykoproteinnatur ist noch nicht gesichert. Hochaktive Fraktionen zeigen schwache Blutgruppen-aktivität und sind Wuchsstoffe für *L. bifidus.* Die reinsten bisher dar-gestellten Präparate (*89, 113, 133, 152, 251*), die bei einer oralen Dosis von 1 bis 0,4 mg pro Tag aktiv waren, bestanden immer noch aus mehreren Komponenten (S = 1 bis 11). Die Molekulargewichte liegen etwa bei 5000, 15000 und 79000 (*251*). Daraus schätzte man, daß „reiner intrinsic factor" in Mengen von 20 bis 50 γ pro Tag wirksam sein sollte.

Eine andere Erklärung wären prosthetische Gruppen, die an verschiedenen
Glykoproteinen haften (*113*). Wichtig ist die Beobachtung (*133, 251*),
daß ein aktiver, elektrophoretisch einheitlicher Komplex mit
Amberlite IRC-50 in eine B_{12}-bindende und eine die Bindung hemmende
Komponente zerlegt werden kann. Aus Mitochondrien menschlicher
Magenschleimhautzellen isolierten TAYLOR und Mitarbb. (*387*) eine
einheitliche Substanz, die in Kaninchen nur einen Antikörper erzeugte.
Bei pH = 5 und darunter dissoziiert sie ebenfalls in eine B_{12}-bindende
und eine die Bindung hemmende Komponente. Neuerdings gelang
ELLENBOGEN und Mitarbb. (*430*) die Darstellung von Präparaten mit
einer Aktivität von < 50 γ, die kaum noch Kohlehydrat enthielten!

Anaemiefaktoren, Katalase-inhibitoren. KAWASAKI (*181*) trennte
Magenkrebsgewebe und normale Magenschleimhaut von Patienten der
Blutgruppen A, B, AB und O systematisch in vier Fraktionen auf und
erhielt mehrere sialinsäure-haltige Glykoproteine. Die Substanzen aus
Krebsgewebe enthalten alle mehr Sialinsäure. Die blutgruppenaktiven
Fraktionen (A, B oder AB) sind weniger aktiv als die Parallelfraktionen
aus gesunder Magenschleimhaut, und ihr Quotient Glucosamin : Galaktosamin ist von der Blutgruppe unabhängig. Die O-aktiven Substanzen
aus Krebs- und Normalgewebe zeigen dagegen gleiche Aktivität. Drei
der vier Fraktionen aus pathologischem und gesundem Gewebe hemmen
speziell die Leberkatalase der Maus in vivo und nicht in vitro. Sämtliche
isolierten Glykoproteine induzieren keine Anaemie beim Kaninchen.
    Dagegen isolierte man als „Anaemiefaktor" aus gesundem und
cancerösem Magen Myoinosit. Manche Sialoglykoproteine aus Magenkrebsgewebe und aus cancerösem Magensaft zeigen gleiche Wirkung (*274*).
Eine besonders sialinsäurereiche Substanz — 18,3% gegenüber 1,4%
der Parallelfraktion aus gesundem Gewebe — fand man bei Magen-
krebs (*273*). Sie besitzt keine Blutgruppenaktivität, induziert keine
Anaemie und hemmt Katalase nur schwach.

Glykoproteine aus Ascites-flüssigkeiten. Neben hochaktiven Blutgruppensubstanzen (S. 234) lassen sich aus ein und demselben Sekret
mehrere katalasehemmende Glykoproteine isolieren (*272*). Soweit sie
aus cancerösen Ascites stammen (Leber-, Magen-, Eierstockkrebs), sind
sie zum Teil auch anaemie-induzierend.

Glykoproteine aus Harn. Auch hier trifft man „Anaemiefaktoren"
bei Krebskranken. Katalasehemmende Substanzen kommen im Harn
von Gesunden und von Kranken vor, ebenso blutgruppenaktive Substanzen.
    MASAMUNE und Mitarbb. (*271*) wiesen im Harn neben etwa zehn
Glykoproteinen ein krebs-spezifisches nach, das stark sauer ist. Ratten
mit Ascites-Hepatom 136 scheiden im Urin ein Glykoprotein aus, das

ein höheres Molekulargewicht hat und stärker verzweigt ist als die entsprechenden normalen Glykoproteine (*129*).

Die meiste Bedeutung gewann bis jetzt eine von TAMM und HORSFALL (*385*) isolierte Substanz, die Myxoviren spezifisch hemmt. Nach MAXFIELD (*280*) handelt es sich um ein aggregiertes Molekül, das $12 \cdot 10^3$ Å lang und 80 Å breit ist. Es kann in vier gleiche Teile vom Molgewicht $7 \cdot 10^6$ dissoziieren, die ihrerseits aus zwei verschiedenen Teilen (A und B) von annähernd gleichem Molgewicht $1{,}6 \cdot 10^6$ bestehen:

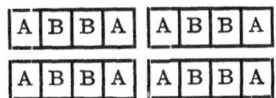

Das Tamm-Horsfall-Protein hemmt Influenzaviren stärker als Submaxillarismucin, obwohl es weniger Sialinsäure besitzt.

Glykoproteine aus Milch. Behandlung von Kasein mit Lab führte zu neun Glykopeptiden, deren Aminosäureanalyse ziemlich übereinstimmte (*301*). Man fand etwa elf Aminosäuren neben sehr wenig Histidin, Arginin, Tyrosin und Phenylalanin. Eines dieser Glykopeptide vom Molekulargewicht etwa 8000 wird aus Kasein auch mit Rennin erhalten. Der Kohlehydratteil besteht aus N-Acetyl- und N-Glykolylneuraminsäure (*5*), Galaktose und Glucosamin.

Ein Glykopeptid, aus Kuhmilchkasein mit Rennin hergestellt, enthält besonders viel Kohlehydrat (28,2%) und 14,3% Sialinsäure, das sind 87% des ursprünglichen Kohlehydrats. Dagegen enthalten auf gleiche Weise gewonnene Glykopeptide aus Ziegen- und Schafmilchkasein nur 20—40% der ursprünglichen Kohlehydrate. WAKE und BALDWIN (*392*) trennten Kasein durch Elektrophorese in konzentrierter Harnstofflösung in viele Fraktionen auf.

Aus Kuhmilch lassen sich durch Ammonsulfat-Fraktionierung zwei Glykopeptide isolieren, die frei sind von Phosphorsäure und 18% Sialinsäure enthalten neben Galaktosamin, Glucosamin, Galaktose, Mannose und Fucose (*224*).

Auffallend ist, daß nur etwa elf Aminosäuren den Peptidteil aufbauen, wie man sie auch in den Blutgruppensubstanzen aus Ovarcysten, den Submaxillarismucinen und anderen typischen Glykoproteinen findet. In der Frauenmilch kommen viele Glykoproteine des Plasmas vor (*131*).

Glykoproteine aus Eiklar. Ovomucoid. Im Eiklar der Eier vieler Vogelarten findet sich ein Glykoprotein mit 22—26% Kohlehydrat, das aus Mannose, Galaktose und N-Acetyl-glucosamin besteht (*42*). Die Substanz ist beständig gegen Chymotrypsin und Papain und zeigt starke antitryptische Wirkung (*327*); s. auch S. 243. Auf Grund von Methylierungsstudien wurde ein Strukturvorschlag gemacht (*367*), doch ist die Substanz vermutlich noch gar nicht rein erhalten worden (*34*).

Ovomucin. Der Polysaccharidteil (22%) besteht aus Glucosamin, Galaktosamin, Galaktose, Mannose und 7% Sialinsäure; daher hemmt Ovomucin die Haemagglutination durch Influenzaviren (*34*).

Ovalbumin. Nur Mannose und Glucosamin wurden als Zuckerkomponenten nachgewiesen (*42*). Mit Pepsin, Trypsin, Chymotrypsin und einer Protease aus Schimmelpilzen (*76, 175*) erhielt man Glykopeptide. Einige davon sind neutral und haben folgende Struktur: (Val, Leu, Ser, Thr)Tyr · Asp-Glucosamin-Kohlehydrat.

4. Plasmaproteine. Die kohlehydratreichsten Plasmaproteine sind die α-Globuline. Die Lipoproteine, β- und γ-Globuline enthalten weniger Zucker, haben aber ein größeres Molekulargewicht.

Eine Zusammenstellung der analytischen Daten findet man bei Schultze (*347, 348*), eine allgemeine Zusammenfassung bei Bettelheim-Jevons (*31*); s. auch Pendl und Felix (*314*).

Viele Krankheiten rufen eine charakteristische Konzentrationsverschiebung der Plasmaproteine hervor. Bei Infektionen, Allergosen, Kollagenkrankheiten, Entzündungen, Verbrennungen, Atherosklerose, Karzinomen, malignen Granulomen usw. sind die α-Globuline vermehrt (*347*). Johnson (*176*) hat gezeigt, daß die Pyrogenität von 400 γ Endotoxin aus *Shigella typhosa* nach mehrstündiger Inkubation mit 20 mg eines α-Globulins (Fraktion IV, 1 nach Cohn) vollkommen erlischt.

Über pathologische Verschiebungen von Haptoglobin, Coeruloplasmin und Seromucoid (Orosomucoid) s. (*347*). Es gibt mehrere Transferrine, Haptoglobine und Coeruloplasmine; die Unterschiede sind genetisch bedingt und sollen nur im Proteinteil liegen (*134*). Viele Plasmaproteine des Menschen finden sich auch in Praekolostrum, Kolostrum und Milch, wie durch Agardiffusionstechnik nachgewiesen wurde (*131*).

α_1-*Glykoprotein (Seromucoid).* Die am besten charakterisierte Komponente der Plasmaproteine, von denen sie etwa 10% ausmacht, ist das Orosomucoid (Winzler) oder saure α_1-Glykoprotein (*412*). Es kristallisiert als Bleisalz (*344*). Proteasen spalten es in mehrere Glykopeptide auf, die den größten Teil des Kohlehydrats enthalten (*165, 404*).

Eine Substanz mit geringfügig abweichenden Konstanten wurde aus Pleuraflüssigkeit isoliert und die physikalischen Konstanten mit den Präparaten von Schmid (*344*), Schultze (*348*) und Winzler und Mitarbb. (*354*) verglichen (*41*). Ein Flavobakterium mit Seromucoid als einziger Nahrungsquelle baut den Proteinteil des Moleküls zu 90% ab, und man gewann so eine Fraktion, bestehend aus N-Acetyl-neuraminsäure (1), Hexose (2), Hexosamin (2) (ursprüngliches Verhältnis) mit einem Molekulargewicht größer als 1014 (Pentasaccharid). Dies zeigt, daß die Kohlehydrate nicht wie in Submaxillarismucin von Rind und Schaf in kleinen Gruppen über das Protein verteilt sind (*322*).

SCHMID (*345*) beobachtete neuerdings bei Stärkegel-Elektrophorese eines einheitlichen Präparats am isoelektrischen Punkt eine Aufspaltung in 4, 5, 6, 7 oder 9 Zonen. Die Substanzen waren nicht aus Mischblut isoliert. Die Natur dieser Erscheinung ist noch ungeklärt.

α_2-*Glykoproteine.* Zwei der drei bisher festgestellten α_2-Glykoproteine, Sedimentationskonstante S ∼ 3, wurden als Bariumsalze isoliert und ihre physikalischen Daten bestimmt (*346*); das dritte läßt sich als Zinksalz abtrennen (*49*).

Sie enthalten etwa 80% Protein mit auffallend viel (4,7%) Tryptophan und Tyrosin (5,9%), ferner 5—7% Sialinsäure, 6—7% Galaktose und Mannose, 4% Glucosamin und 0,2% Fucose.

Perjodatoxydation nach enzymatischer Entfernung der Sialinsäure zeigt, daß diese hauptsächlich an Galaktose gebunden ist (C-Atom 3).

Haptoglobine. Sie gehören zu den α_2-Globulinen und machen etwa 1,3% der Plasmaproteine aus (*134*). Haptoglobin gibt mit Haemoglobin einen katalaseaktiven Komplex und kann auf diese Weise isoliert werden (*194*). Es verhindert das Auftreten von freiem Haemoglobin im Blutstrom und schützt den Körper vor Haemoglobinverlust. Die Haptoglobine enthalten etwa 15 Moleküle N-Acetyl-neuraminsäure (*347*) an Galaktose gebunden (*57*), von denen etwa 70% enzymatisch entfernt werden können; die Peroxydaseaktivität wird dadurch nicht beeinflußt (*37, 326*).

Transferrine (Siderophilin). Mittels Stärkegel-Elektrophorese wurden beim Menschen bisher acht verschiedene Vertreter dieses eisenbindenden β_1-Globulins nachgewiesen. 4—6% der Plasmaproteine sind Transferrin, das den Eisentransport im Körper besorgt und als Resistenzfaktor wirken soll (*134*). Es ist kristallisiert worden (*184*). Das Bindungsvermögen für Eisen wird durch Entfernung der vier Moleküle Sialinsäure kaum beeinflußt (*37*).

Ein zwei Atome Eisen bindendes Glykoprotein aus Kuhmilch ist dem Serumtransferrin sehr ähnlich (*125*). Nach MONTREUIL (*292*) ist ein Lactosiderophilin aus Frauenmilch von Serumtransferrin verschieden; vgl. hierzu (*131*). Für ein Transferrin aus Cerebrospinalflüssigkeit wurde das immun-elektrophoretisch nachgewiesen (*58*).

Coeruloplasmine. 96% des Serumkupfers sind an Coeruloplasmin gebunden (*32*). Es gehört zu den α-Globulinen und enthält neben anderen Kohlehydraten etwa 10 Moleküle N-Acetyl-neuraminsäure pro Mol (*347*). Coeruloplasmin allein und in Kombination mit Fe^{2+} und Fe^{3+} zeigt ausgeprägte Oxydaseaktivität (*77*), z. B. gegen Adrenalin und 5-Hydroxytryptamin (ohne Fe). Das gebundene Kupfer oxydiert dabei Fe^{2+} zu Fe^{3+}.

Fetuin. In der α_1-Globulinfraktion von neugeborenen Huftieren kommt ein Glykoprotein vor, das zu 26% aus Galaktosamin, Glucosamin, Galaktose, Mannose und Sialinsäure besteht (*357*). In Gegenwart von Barium- oder Zinkionen wird es in hoher Reinheit erhalten. Mit Papain oder einer Protease aus *B. subtilis* wird der Proteinteil zu 90—94% abgebaut und dialysierbar. Die zurückbleibenden Kohlehydrate trennte man über DEAE-Säulen in mehrere Glykopeptide etwa gleicher Größe (MG. $\sim$ 4300) und der gleichen molaren Zusammensetzung der Zuckerkomponenten wie in Fetuin. Die Glykopeptide, 4 bis 10 Aminosäuren lang, besitzen C- und N-terminale Aminosäuren (*358*).

Thyreoglobulin. Reines Thyreoglobulin enthält etwa 1,2% N-Acetylneuraminsäure, das entspricht etwa 26 Resten pro Molekül. Thyreotropes Hormon bewirkt an der Rattenschilddrüse eine Abnahme gebundener Sialinsäure (Kolloidresorption). Thiouracil läßt die gebundene Sialinsäure ebenfalls abnehmen, die freie Sialinsäure jedoch zunehmen (*420*). Ob eine Sialidase im Gewebe vorkommt, ist noch unklar. Nur bei der Allantoismembran von Küken ist das sicher bewiesen (*2*).

γ-Globuline. Die meisten Antikörper kommen in der γ-Globulinfraktion vor. Diese Proteine sind stabiler gegen Denaturierung als andere Eiweiße.

Abbau von menschlichem γ-Globulin mit Papain führte Rosevear und Smith (*336*) zu den drei verwandten Glykopeptiden (XLV) bis (XLVII), in denen Kohlehydrat jeweils an Asparaginsäure gebunden ist. Andere Versuche weisen ebenfalls auf eine Verknüpfung der Aminogruppe des Glucosamins mit der β-Carboxylgruppe von Asparaginsäure hin (z. B. *76, 175, 338*):

(XLV.)   GluNH$_2$ · Glu · AspNH$_2$ · Tyr · Glu · Asp-(Glucosamin 8, Galaktose 3, Mannose 5, Fucose 2, Sialinsäure 1).

(XLVI.)   GluNH$_2$ · Asp · Tyr · Glu · Asp-(Glucosamin 8, Galaktose 3, Mannose 5, Fucose 2, Sialinsäure 1).

(XLVII.)   AspNH$_2$ · Tyr · Glu · Asp-(Glucosamin 4, Galaktose 3, Mannose 5, Fucose 2).

Aus γ-Globulin von Kaninchen (Pneumokokken Typ VIII-Antiserum) erhielt man mit Papain fünf Glykopeptide, wovon eines nur aus Asparaginsäure und Kohlehydrat bestand (*302*). In sämtlichen Verbindungen sind die Zucker an Asparaginsäure gebunden:

(XLVIII.)   GluNH$_2$ · GluNH$_2$ · Phe · Asp-(Glucosamin 4, Mannose 2, Galaktose 1, Fucose 1).

(IL.)   GluNH$_2$ · Phe · Asp-(Glucosamin 4, Mannose 2, Galaktose 1, Fucose 1).

(L.)   Glu · GluNH$_2$ · GluNH$_2$ · Phe · Asp-(Glucosamin 4, Hexose 4, Fucose 1, Sialinsäure 0,2—0,3).

Das dritte Glykopeptid (L) war noch nicht ganz rein; es wird angenommen, daß die Kohlehydratzusammensetzung bei allen drei Verbindungen gleich sein sollte.

Weitere zu den Glykoproteinen gehörige Plasmaproteine sind das Prothrombin, das beim Übergang zu Thrombin den größten Teil seines Kohlehydrats verliert; das α_2- und β_2M-Makroglobulin, α_1-, α_2- und β-Lipoprotein und Fibrinogen, über deren Kohlehydratanalysen und sonstige Eigenschaften der Aufsatz von SCHULTZE (347) unterrichtet. In einem Bence-Jones-Protein (314) wurde neben Sialinsäure und Hexosamin auch Ribose (!) gefunden (399).

Aus Blutplasma vom Rind gelang die Darstellung eines kristallisierten Inhibitors, der stöchiometrisch mit Trypsin reagiert (423).

5. Hormone und Fermente.

Follikelstimulierendes Hormon (FSH) und Luteinisierungshormon (LH oder ICSH). Untersucht wurden die Hormone von Mensch und Schaf (124). FSH vom Schaf und ICSH von Mensch und Schaf enthalten Glucosamin, Galaktosamin, Galaktose, Mannose, Fucose und Sialinsäure. Im menschlichen FSH fehlt Galaktosamin. Receptor destroying enzyme (RDE) inaktiviert FSH des Schafes vollkommen (122).

Choriongonadotropin und Serumgonadotropin. Serumgonadotropin trächtiger Stuten (PMSG), MG. = 30000, enthält mehr Hexose (14—18% Galaktose) und mehr Hexosamin (8,4%) als Choriongonadotropin, MG. = 100000 (260). Beide Hormone sind nach Abspaltung der Sialinsäure inaktiv (46).

Thyreotropin. Thyreotropine von Rind, Schaf und Wal haben sehr ähnliche Kohlehydratzusammensetzung: Galaktosamin, Glucosamin, Mannose und Fucose, jedoch keine Sialinsäure (317). Die hochgereinigten Hormone bestehen immer noch aus mehreren Komponenten, die alle aktiv sind. Der Proteinteil ist durch Disulfidbrücken stark vernetzt.

Erythropoietin. Mit Phenylhydrazin anaemisch gemachte Kaninchen weisen im Blut einen Faktor auf, der die Bildung von roten Zellen anregt (114). Der Einbau von C^{14}-Formiat in DNS wird katalysiert (316). Der Faktor ist hitzelabil und wird auch durch Proteasen zerstört. Ebenso inaktiviert ihn Neuraminidase vollkommen (267). Es handelt sich um ein Glykoprotein mit etwa 14% Sialinsäure, 9% Hexose und 9,4% Hexosamin, das sich elektrophoretisch wie saures α_1-Glykoprotein verhält. Sein isoelektrischer Punkt liegt bei pH = 2,75. Die Reindarstellung ist noch nicht gelungen (52).

Kallikrein. Dieses Ferment kann man aus Pankreas gewinnen. Es bildet aus einem α_2-Globulin Kallidine (Bradykinin) (318), die gefäßerweiternd wirken. Kallikrein enthält 9,2% Galaktose und 2,9% Glucosamin (296).

Enterokinase. Dieses Ferment wird besonders im Duodenum gebildet und wandelt Trypsinogen in Trypsin um; auf Chymotrypsinogen ist es ohne Einfluß. Es enthält Mannose, Galaktose, Fucose, Glucosamin und Galaktosamin (*426*).

Takaamylase A. Aus Takaamylase, die auch Hexosamin enthält, erhielt man mit einer Protease aus *Streptomyces griseus* ein Glykopeptid: (Xylose 1, Mannose 8)-O-Ser · Glu · Asp · Gly · Ala (*389*).

V. Enzymatischer Aufbau und Abbau von Aminozuckern.

1. Monosaccharide.

a) Glucosamin und Galaktosamin.

Die enzymatische Synthese von Hexosaminen ist eng verknüpft mit dem Stoffwechsel des Bindegewebes; Roseman (*332*) behandelt dieses Gebiet ausführlich. Am besten bekannt sind die Reaktionen des Glucosamins bzw. seiner Phosphorsäureester. *Schema 1* (S. 245) gibt die gesicherten Zusammenhänge wieder.

Leloir und Cardini (*253*) entdeckten die Bildung von Glucosamin-6-phosphat aus Hexose-6-phosphat und Glutamin (Reaktion 1) mit einem Extrakt aus *Neurospora crassa*. Die Hexose wurde später als Fructose erkannt. Aus Schweinenieren und Leber gewannen die genannten Autoren Enzyme, die N-Acetyl-glucosamin-6-phosphat in Fructose-6-phosphat, Acetat und Ammoniak umwandelten (*254*) (Reaktionen 4 und 2). Später wurden die beteiligten Fermente zum Teil auch aus anderen Quellen *(E. coli)* rein isoliert und die Reaktionen entsprechend Schema 1 analysiert (*59, 81, 102*). Das Gleichgewicht der Reaktion liegt auf Seite des Fructose-6-phosphats, kann jedoch durch eine Acetylase ganz nach rechts verschoben werden (Reaktionen 2 und 3).

Fermente, die Reaktion 1 katalysieren, wurden auch in Rattenleber (*320*), Epiphysenknorpel von Kaninchen (*56*) und weiteren Säugetiergeweben nachgewiesen. Versuche mit radioaktiv markierter Glucose zeigten, daß das intakte Kohlenstoffgerüst im Glucosamin wieder auftaucht (z. B. *329*).

Die Glucosaminsynthese (Reaktion 1) ist in neoplastischem Gewebe gegenüber normalem Gewebe gesteigert. Nach Fütterung von Azofarbstoff zeigten Schnitte von Lebertumoren bei Ratten eine 3- bis 5fach gesteigerte Hexosaminbildung im Vergleich zu Kontrollgewebe und praecancerösem Gewebe (*185, 186*).

Die Untersuchung der Biosynthese des N-Methyl-*L*-glucosamins aus radioaktiv markierter *D*-Glucose in *Streptomyces griseus* zeigte, daß die C-Atome 1 und 6 der Glucose jeweils wieder als $C_{(1)}$ und $C_{(6)}$ des *L*-Glucosamins auftreten (*353*).

Mit einer Epimerase aus Rattenleber, die Uridindiphosphoglucose in Uridindiphosphogalaktose umwandelt, gelang es auch, die Uridin-

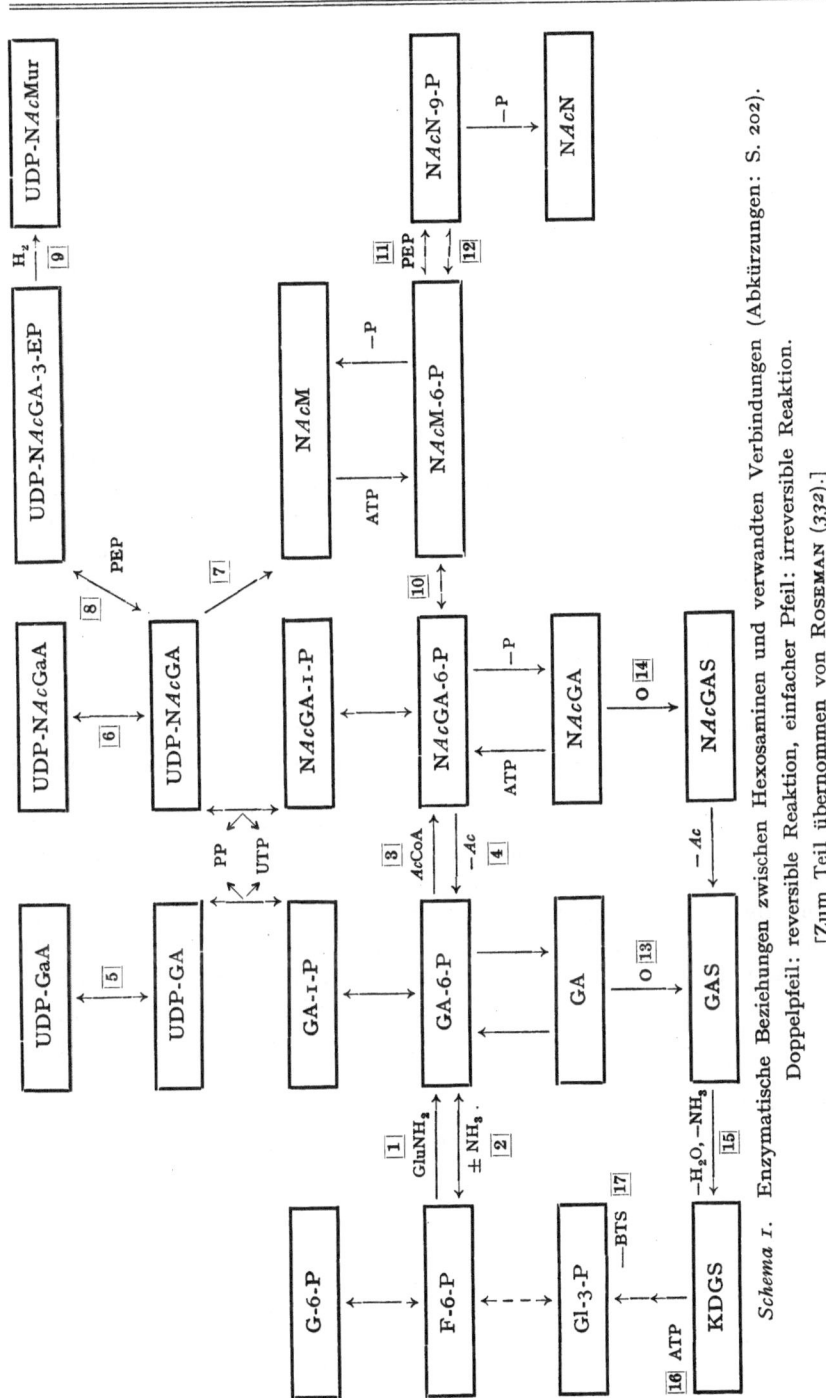

Schema 1. Enzymatische Beziehungen zwischen Hexosaminen und verwandten Verbindungen (Abkürzungen: S. 202). Doppelpfeil: reversible Reaktion, einfacher Pfeil: irreversible Reaktion. [Zum Teil übernommen von ROSEMAN (332).]

nucleotide von Glucosamin und N-Acetyl-glucosamin in die entsprechenden Galaktosaminderivate überzuführen (*268*). Uridindiphospho-N-acetyl-galaktosamin war vorher schon in Rattenleber gefunden (*321*) und rein dargestellt worden (*377*). Dieselbe Epimerisierung erreicht man auch mit einem Enzym aus B. *subtilis* (*108*), das von dem Enzym aus Rattenleber verschieden ist (*109*).

Der Abbau von Galaktosamin und Glucosamin kann auf zwei Wegen erfolgen. Einmal wird Galaktosamin über Reaktion 5 oder 6 zu Glucosamin epimerisiert, und dieses geht über Reaktion 4 und 2 in Fructose über. Dies ist der Ablauf in Säugetieren. Auch in manchen Bakterien finden diese Reaktionen statt. Aus *Aerobacter cloacae* isolierte man ein SH-Enzym, das Reaktion 2 katalysiert, ebenso aus E. *coli* (*160*).

Daneben können Mikroorganismen noch einen zweiten Weg einschlagen. Adaptierte Bodenbakterien enthalten ein Enzym, das mehrere Eigenschaften mit Glucoseoxydase aus *Penicillium notatum* gemeinsam hat und Glucosamin und Galaktosamin aerob und anaerob zu den entsprechenden Aldonsäuren oxydiert (*159*). Extrakte aus *Pseudomonas fluorescens* dagegen oxydieren nur aerob D-Glucosamin zur Aldonsäure; da eine Zellsuspension starke Katalasewirkung zeigt, wird folgende Reaktion vorgeschlagen (*157*):

$$GA + O_2 + H_2O \rightarrow GAS + H_2O_2; \ H_2O_2 \rightarrow \frac{1}{2} O_2 + H_2O.$$

Rohextrakte aus *Proteus vulgaris* können ebenfalls an der Luft und ohne Kofaktoren N-Acetyl-glucosamin und -galaktosamin zu den Aldonsäuren oxydieren (*148*).

Bodenbakterien, die mit D-Glucosaminsäure als einziger Stickstoff- und Kohlenstoffquelle gewachsen sind, wandeln diese um in Ammoniak und eine 2-Keto-3-desoxy-säure (*158*, *159*), die als Calciumsalz isoliert und mit 2-Keto-3-desoxy-gluconsäure identifiziert wurde (*285*) (Reaktion 15, S. 245). Weiter wandeln solche Bakterien diese Säure in das 6-Phosphat um (Reaktion 16), das in Brenztraubensäure und 3-Phosphoglycerinaldehyd gespalten wird (*158*) (Reaktion 17). Diese Spaltungsreaktion in Brenztraubensäure und das ω-Phosphat einer Aldose ist reversibel und war früher schon bei einer 2-Keto-3-desoxy-hepton- und -octonsäure (*259*, *365*) gefunden worden. Sie wird uns bei der Biosynthese der N-Acetyl-neuraminsäure nochmals begegnen.

b) Mannosamin.

Wie Roseman (*60*) zeigte, wandelt ein Extrakt aus Rattenleber Uridindiphospho-N-acetyl-glucosamin nicht in das entsprechende Galaktosaminderivat (*53*), sondern in N-Acetyl-mannosamin um. Das entsprechende Nucleotid wurde nicht isoliert (Reaktion 7). Der Mechanismus dieser Reaktion ist nicht bekannt; eine einfache Epimerisierung nach Art einer Lobry de Bruyn-Umlagerung (s. S. 206) ist am Nucleotid nicht denkbar; man hat wohl zuvor eine Spaltung des Nucleotids und die Bildung eines Zucker-Enzym-Komplexes anzunehmen. Denn Versuche in tritiumhaltigem Wasser zeigen, daß wohl das entstandene N-Acetyl-mannosamin an C-Atom 2 zu 100% markiert ist, nicht aber N-Acetyl-glucosamin im Nucleotid, das man nach unvollständiger Reaktion zurück-gewonnen hat (*110*). In *E. coli* K 235, *Aerobacter cloacae* und *Cl. perfringens* findet wahrscheinlich Reaktion 10 statt (*333*).

c) N-Acetyl-neuraminsäure.

Nach dem gleichen Schema wie bei der Synthese von stickstoff-freien 2-Keto-3-desoxy-aldonsäuren (*259, 365*) entsteht N-Acetyl-neuraminsäure im Säugetier. WARREN und FELSENFELD (*396, 397*) fanden in Rinder-Submaxillarisdrüsen und Rattenleber ein Ferment, das Reaktion (a) katalysiert:

(a) $\text{N}A c\text{M} + \text{ATP} \xrightarrow[\text{K}^+]{\text{Mg}^{2+}} \text{N}A c\text{M-6-P} + \text{ADP}.$

Dieses Enzym wurde aus Rattenleber isoliert. Mit einer zweiten Fraktion aus Submaxillarisdrüsen läuft Reaktion (b) ab:

(b) $\text{N}A c\text{M-6-P} + \text{PEP} \rightleftharpoons \text{N}A c\text{N-9-P} + \text{P},$

(c) $\text{N}A c\text{N-9-P} \rightarrow \text{N}A c\text{N} + \text{P}.$

Die Reaktionen (a), (b) und (c) können auch mit zwei Fraktionen aus Rattenleber ausgeführt werden (*396*). Das Gleichgewicht (b) liegt ganz auf Seite der N-Acetyl-neuraminsäure; es handelt sich um eine Synthese (Reaktion 11, S. 245). Dagegen ist das von COMB und ROSEMAN (*63*) aus *Clostridium perfringens* und *E. coli* K 235 angereicherte Enzym eine Aldolase, die die Spaltung in Brenztraubensäure und N-Acetyl-mannosamin katalysiert (Reaktion 12). Auf diese Weise wurde N-Acetyl-mannosamin zum erstenmal in der Natur entdeckt. Die Reaktion ist reversibel, und N-Acetyl-neuraminsäure ist so synthetisiert worden. Die Aldolase benötigt jedoch kein ATP. Die relative Spaltungsgeschwindigkeit für verschiedene Neuraminsäurederivate ist: N-Acetyl- = 100, N-Glykolyl- = 65, O,N-Diacetyl- = 14, Methoxy- = 0.

Beide Fermente reagieren spezifisch mit N-Acetyl-mannosamin; andere 2-Acetamino-hexosen oder stickstoff-freie Zucker sind inaktiv.

d) N-Acetyl-muraminsäure.

Nach Penicillingaben häufen sich in *St. aureus* Nucleotide an, von denen eines als Uridindiphospho-N-acetyl-muraminsäure erkannt wurde (*308*). Daraufhin reicherte STROMINGER (*372*) aus diesen Bakterien ein Enzym an, das folgende Reaktion bewirkte:

$$\text{UDP-N}A c\text{GA} + \text{PEP} \rightleftharpoons \text{UDP-N}A c\text{GA-3-EP} + \text{P}.$$

Ähnliche oder gleiche Fermente sind in *E. coli* und *Aerobacter aerogenes* enthalten. Es entstand das Uridinnucleotid der 2-Acetamino-3-O-enol-pyruvyl-*D*-glucose, denn milde Hydrolyse lieferte Brenztraubensäure und N-Acetyl-glucosamin zurück. Die Substanz stellt somit die unmittel-bare Vorstufe der Muraminsäure dar.

2. Polysaccharide.

a) Chitin.

Die zentrale Funktion der Nucleotide bei der Synthese von Amino-polysacchariden wurde zum erstenmal bei der Synthese von Chitin demonstriert. Zellfreie Extrakte aus *Neurospora crassa* lieferten aus Uridindiphospho-N-acetyl-glucosamin mit Chitodextrinen als Starter Chitin (*112*). Die Reaktion ist reversibel.

Mit Extrakten aus *Aerobacter aerogenes* gelang die Synthese von Oligosacchariden, die N-Acetyl-glucosamin enthalten (*364*). Mit ver-schiedenen Schimmelpilzen wurden Umglykosidierungen an Chitobiose als Substrat beobachtet (*25*):

2 Di-N-*Ac*-Chitobiose → N*Ac*GA-β-(1 → 6)-N*Ac*GA-β-(1 → 4)-N*Ac*GA + N*Ac*GA.

Ebenso entsteht aus Chitobiose mit Glucuronsäure eine N-Acetyl-glucosaminyl-glucuronsäure.

b) Uronsäure- und schwefelsäure-haltige Polysaccharide.

In Extrakten von Rous-Sarkom wurde der Einbau von radioaktiv markierten Uridinnucleotiden von N-Acetyl-glucosamin und Glucuron-säure in Hyaluronsäure beobachtet (*111*); die Einbaurate war jedoch sehr gering. Bessere Resultate wurden mit Extrakten aus Streptokokken, Gruppe A, erhalten (*84, 270*), in denen sich die Uridinnucleotide von Glucuronsäure und N-Acetyl-glucosamin reichlich vorfinden.

Es gibt mehrere Arten von Hyaluronidasen (*106*): (i) Testesfermente, die eine einfache Hydrolyse der Hexosaminbindung bewirken; auch sulfathaltige Mucopolysaccharide werden von ihnen angegriffen; sie kommen in einigen Säugetierarten vor, in Schlangen, Insekten (Bienen, Spinnen) und einigen Bakterien. (ii) Ein Ferment aus Blutegel, das die Glucuronidbindung hydrolysiert. (iii) Fermente aus Bakterien, die eine β-Eliminierung des Hexosamins von der Glucuronsäure unter Bildung ungesättigter Hexuronsäuren bewirken. Diese Spaltung ist besonders interessant, weil die entstehenden ungesättigten Uronsäuren Ausgangs-produkte für eine Reihe anderer Uronsäuren sein können. Mit solchen Hyaluronidasen aus Streptokokken, Pneumokokken, Staphylokokken und *Clostridium welchii* erhielten Meyer und Mitarbb. (*263*) aus Hyaluronsäure ein ungesättigtes Disaccharid (LII) als Endprodukt:

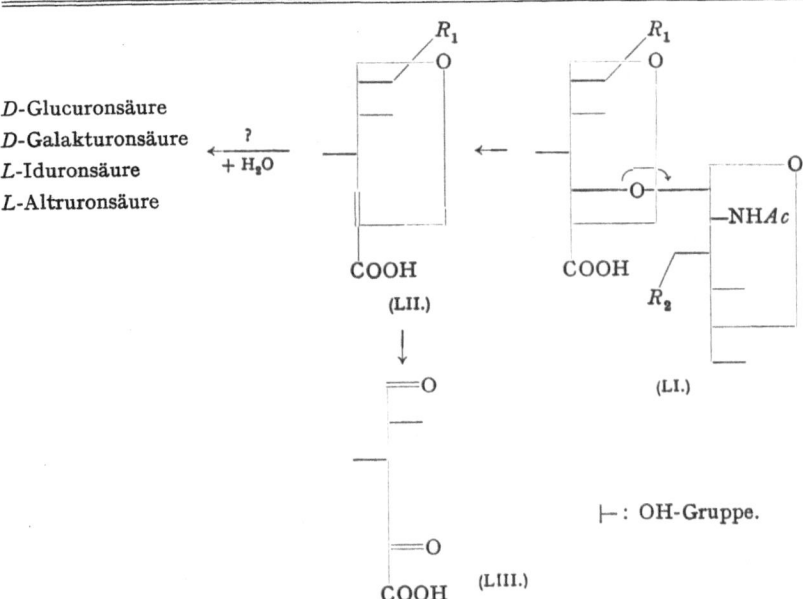

D-Glucuronsäure
D-Galakturonsäure
L-Iduronsäure
L-Altruronsäure

$\xleftarrow{\quad ? \quad}$
$+ H_2O$

(LII.)

(LI.)

(LIII.)

├─ : OH-Gruppe.

Schema 2. Hydrolyse von Hyaluronsäure, Dermansulfat und Chondroitin-4- und
-6-sulfat durch bakterielle Enzyme.

Diese Fermente reagieren nur mit sulfatfreien Mucopolysaccharidsäuren. Dagegen gelang es mit einem Flavobakterium, neben Hyaluronsäure auch Chondroitin-4-sulfat und -6-sulfat in die entsprechenden ungesättigten Disaccharide zu spalten (*262*). Ebenso wurde Dermansulfat in ein identisches ungesättigtes Disaccharid übergeführt (*150*). Ein an Chondroitinsulfat adaptiertes Flavobakterium vermag dieses Disaccharid zur 4-Desoxy-5-keto-uronsäure (LIII) weiter zu hydrolysieren.

Weitere Literatur über dieses Gebiet findet man bei GIBIAN (*106*) und WALKER (*393*).

c) Zellwand-polysaccharide.

Über die Synthese von Zellwandsubstanzen ist wenig bekannt. Es ist jedoch gelungen, die Biosynthese von Bruchstücken — N-Acetyl-muraminyl-peptiden — zu klären (s. S. 220). Vorerst konzentriert sich das Interesse auf den Abbau der Zellwände und im Zusammenhang damit auf den Wirkungsmechanismus verschiedener Antibiotica, wie Penicillin, Novobiocin usw.

In letzter Zeit hat man Fermente gefunden, die Bakterienzellwände auflösen. An *Micrococcus lysodeikticus* wurde die Wirkung von Lysozym (aus Hühnereiweiß) und zwei Fermenten aus einer bakteriolytischen Streptomyceskultur studiert (*105*). Lysozym wirkt als Muraminidase, d. h. es hydrolysiert die α-($1 \to 4$)-Bindung der N-Acetyl-muraminsäure an N-Acetyl-glucosamin. Ähnlich wirkt ein Ferment F_1 aus Streptomyces (*103*). Beide Enzyme legen Di- und Tetrasaccharide frei, doch F_1 nur aus höhermolekularen Substraten, während Lysozym auch das Tetrasaccharid noch in zwei Disaccharide spaltet. Die Primärprodukte der Hydrolyse durch beide Enzyme sind höhermolekular, keine Di- und Tetrasaccharide.

Ein zweites Enzym aus Streptomyces (F_2B) spaltet die Amidbindung zwischen Muraminsäure und Peptidkette.

Andere Lysozyme erhielt man aus *Sarcina* sp., *Bacillus* sp. und T_2-Phagen, ein weiteres bakteriolytisches Ferment, das auf Streptokokken wirkt und nicht auf *Micrococcus lysodeikticus*, aus Streptomyces. Ferner fand man Enzyme, die Pneumokokkenwände angreifen.

Literatur s. bei GHUYSEN und SALTON (*103—105*).

Literaturverzeichnis.

1. AARONSON, S. and T. LESSIE: Nonulosaminic Acid in Protists. Nature (London) **186**, 719 (1960).

2. ADA, G. L. and P. E. LIND: Neuraminidase in the Chorioallantois of the Chick Embryo. Nature (London) **190**, 1169 (1961).

3. ÅGREN, G.: The Isolation of Phosphorylhexosamine from the Rest Protein Fraction of *E. coli* B. Acta Chem. Scand. **12**, 1352 (1958).

4. ÅGREN, G. and C. H. DE VERDIER: The Isolation of Protein-Bound Phosphorylmuramic Acid from *Lactobacillus casei*. Acta Chem. Scand. **12**, 1927 (1958).

5. ALAIS, C. et P. JOLLÈS: Étude comparée des caséinoglycopeptides formés par action de la présure sur les caséines de vache, de brebis et de chèvre. II. Étude de la partie non-peptidique. Biochim. Biophys. Acta **51**, 315 (1961).

6. ANDERSEN, J.: Production of B Character on Human Erythrocytes by Haemosensitization with Purified *Escherichia coli* O 86 Substance. Nature (London) **190**, 730 (1961).

7. ANDERSON, C. D., W. W. LEE, L. GOODMAN and B. R. BAKER: Potential Anticancer Agents. LIV. Synthesis of 3-Amino-2,3-dideoxy-β-D-ribofuranosides via the 2,3-Episulfonium Ion Approach. J. Amer. Chem. Soc. **83**, 1900 (1961).

8. ARCAMONE, F. e F. BIZIOLI: Isolamento e costituzione chimica della trealosamina, nuovo ammino-zucchero prodotto da uno streptomicete. Gazz. chim. ital. **87**, 896 (1957).

9. ARMSTRONG, J. J., J. BADDILEY and J. G. BUCHANAN: Structure of the Ribitol Teichoic Acid from the Walls of *Bacillus subtilis*. Biochemic. J. **76**, 610 (1960).

10. — — — Further Studies on the Teichoic Acid from *Bacillus subtilis* Walls. Biochemic. J. **80**, 254 (1961).

11. ARMSTRONG, J. J., J. BADDILEY, J. G. BUCHANAN and B. CARSS: Nucleotides and the Bacterial Cell Wall. Nature (London) **181**, 1692 (1958).

12. ARMSTRONG, J. J., J. BADDILEY, J. G. BUCHANAN, A. L. DAVISON, M. V. KALEMEN and F. C. NEUHAUS: Composition of Teichoic Acids from a Number of Bacterial Walls. Nature (London) **184**, 247 (1959).

13. BAER, H. H.: Chemie der Aminozucker. Fortschr. chem. Forsch. **3**, 822 (1958).

14. — 3-Amino-3-desoxy-D-talose. Angew. Chem. **73**, 532 (1961).

15. — Synthetic Kanosamine. J. Amer. Chem. Soc. **83**, 1882 (1961).

16. BAER, H. H. and H. O. L. FISCHER: A new Way for the Synthesis of 3-Amino-sugars. Proc. Nat. Acad. Sci. (USA) **44**, 991 (1958).

17. — — Cyclizations of Dialdehydes with Nitromethane. II. Preparation of 3-Amino-3-deoxy-*D*-ribose and 3-Amino-3-deoxy-*L*-ribose. J. Amer. Chem. Soc. **81**, 5184 (1959).

18. — — Cyclizations of Dialdehydes with Nitromethane. III. Preparation of 3-Amino-3-deoxy-*D*-mannose. J. Amer. Chem. Soc. **82**, 3709 (1960).

19. BAKER, B. R., K. HEWSON, L. GOODMAN and A. BENITEZ: Potential Anti-cancer Agents. XIII. The Thiourethan Neighboring Group. I. A New Synthesis of Amino Sugars. J. Amer. Chem. Soc. **80**, 6577 (1958).

20. BAKER, B. R. and R. E. SCHAUB: Achromycin. Synthetic Studies. III. Synthesis of 3-Amino-*D*-ribose, a Hydrolytic Product. J. Amer. Chem. Soc. **75**, 3864 (1953).

21. — — Puromycin. Synthetic Studies. III. Synthesis of 3-Amino-*D*-ribose, a Hydrolytic Fragment. J. Organ. Chem. (USA) **19**, 646 (1954).

22. BAKER, B. R., R. E. SCHAUB, J. P. JOSEPH and J. H. WILLIAMS: Puromycin. Synthetic Studies. IX. Total Synthesis. J. Amer. Chem. Soc. **77**, 12 (1955).

23. BAKER, B. R., R. E. SCHAUB and J. H. WILLIAMS: Puromycin. Synthetic Studies. VIII. Synthesis of 3-Amino-3-deoxy-*D*-ribofuranoside Derivatives. A Second Synthesis of 3-Amino-3-deoxy-*D*-ribose. J. Amer. Chem. Soc. **77**, 7 (1955).

24. BARKER, S. A., J. S. BRIMACOMBE, M. J. How, M. STACEY and J. M. WILLIAMS: Two new Aminosugars from an Antigenic Polysaccharide of Pneumococcus. Nature (London) **189**, 303 (1961).

25. BARKER, S. A., A. B. FOSTER, L. I. KHMELNITSKI and J. M. WEBBER: Some Enzyme Transfer Reactions Involving 2-Acetamido-2-deoxy-*D*-glucose. Bull. soc. chim. biol. (Paris) **42**, 1799 (1960).

26. BARKER, S. A., A. B. FOSTER, M. STACEY and J. M. WEBBER: Amino-sugars and Related Compounds. Part IV. Isolation and Properties of Oligosaccharides obtained by Controlled Fragmentation of Chitin. J. Chem. Soc. (London) **1958**, 2218.

27. BARRY, G. T.: Colominic Acid, a Polymer of N-Acetyl-neuraminic Acid. J. exp. Medicine **107**, 507 (1958).

28. BARRY, G. T., T. H. TSAI and F. P. CHEN: Chemical and Serological Relationships of certain Bacterial Polysaccharides Containing Sialic Acid. Nature (London) **185**, 597 (1960).

29. BASCHANG, G.: Darstellung von Aminozuckern und Derivaten mit 2-, 3- und 4-ständiger Aminogruppe. Dissertation, Univ. Heidelberg, 1960.

30. BERA, B. C., A. B. FOSTER and M. STACEY: Amino-sugars and Related Compounds. Part I. The Deamination of *D*-Glucosamine Hydrochloride. J. Chem. Soc. (London) **1956**, 4531.

31. BETTELHEIM-JEVONS, F. R.: Protein-Carbohydrate Complexes. Adv. Protein Chem. **13**, 35 (1958).

32. BIELIG, H.-J. und E. BAYER: Metallproteide und verwandte Systeme. In: Hoppe-Seyler/Thierfelder, Handbuch der physiologisch- und pathologisch-chemischen Analyse. 10. Aufl., Band 4, S. 714. Berlin-Göttingen-Heidelberg: Springer. 1960.

33. BLIX, G.: Über die Kohlenhydratgruppen des Submaxillarismucins. Z. physiol. Chem. (Hoppe-Seyler) **240**, 43 (1936).

34. BLIX, G. und S. GARDELL: Mucopolysaccharide und Glykoproteide. In: Hoppe-Seyler/Thierfelder, Handbuch der physiologisch- und pathologisch-chemischen Analyse. 10. Aufl., Band 4, S. 662. Berlin-Göttingen-Heidelberg: Springer. 1960.

35. Blix, F. G., A. Gottschalk and E. Klenk: Proposed Nomenclature in the Field of Neuraminic and Sialic Acids. Nature (London) **179**, 1088 (1957).
36. Blix, G., E. Lindberg, L. Odin and I. Werner: Studies on Sialic Acids. Acta Soc. Med. Upsal. **61**, 1 (1956).
37. Blumberg, B. S. and L. Warren: The Effect of Sialidase on Transferrins and other Serum Proteins. Biochim. Biophys. Acta **50**, 90 (1961).
38. Bogoch, S.: Studies on the Structure of Brain Ganglioside. Biochemic. J. **68**, 319 (1958).
39. Bogoch, S., P. Lynch and A. S. Levine: Influence of Brain Ganglioside upon the Neurotoxic Effect of Influenza Virus in Mouse Brain. Virology **7**, 161 (1959).
40. Böhm, P., St. Dauber und L. Baumeister: Über Neuraminsäure, ihr Vorkommen und ihre Bestimmung im Serum. Klin. Wschr. **32**, 289 (1954).
41. Bourrillon, R., J. Michon et R. Got: Une α_1-glycoprotéine acide du liquide pleural. II. Étude physique. Biochim. Biophys. Acta **47**, 243 (1961).
42. Bragg, P. D. and L. Hough: An Investigation of the Egg-White Mucoproteins, Ovomucoid and Ovalbumin. Biochemic. J. **78**, 11 (1961).
43. Brimacombe, E., J. S. Brimacombe and B. Lindberg: The Oxidation of Glycosides. XI. Oxidation of Methyl β-D-xylopyranoside and Methyl β-D-ribopyranoside. Acta Chem. Scand. **14**, 2236 (1960).
44. Brockmann, H., H. B. König und R. Oster: Die Konstitution des Pikrocins, eines stickstoffhaltigen Abbauproduktes des Pikromycins. Chem. Ber. **87**, 856 (1954).
45. Brockmann, H. und E. Spohler: Rhodosamin, eine neue Dimethylamino-desoxy-aldohexose. Naturwiss. **42**, 154 (1955).
46. Brossmer, R. und K. Walter: Enzymatische Abspaltung von Lactaminsäure und Inaktivierung von Choriongonadotropinpräparaten. Klin. Wschr. **36**, 925 (1958).
47. Buchanan, J. G. and K. J. Miller: The Action of Ammonia on Methyl 2,3-Anhydro-4,6-O-Benzylidene-α-D-Guloside and -Taloside. J. Chem. Soc. (London) **1960**, 3392.
48. Buddecke, E.: Untersuchungen zur Chemie der Arterienwand. V. Darstellung und chemische Zusammensetzung von Mucopolysacchariden der Aorta des Menschen. Z. physiol. Chem. (Hoppe-Seyler) **318**, 33 (1960).
49. Bürgi, W. and K. Schmid: Preparation and Properties of Zn-α_2-Glycoprotein of Normal Human Plasma. J. Biol. Chem. **236**, 1066 (1961).
50. Burnet, F. M.: Mucoproteins in Relation to Virus Action. Physiol. Rev. **31**, 131 (1951).
51. Burton, J. S., W. G. Overend and N. R. Williams: Synthesis of Branched-chain Sugars. Chem. and Ind. **1961**, 175.
52. Campbell, B. J., R. J. Schlueter, G. F. Weber and F. W. White: Erythropoietin. III. Chemical Characterization of Highly Purified Fractions from Sheep Erythropoietin Concentrates. Biochim. Biophys. Acta **46**, 279 (1961).
53. Cardini, C. E. and L. F. Leloir: Enzymatic Formation of Acetylgalactosamine. J. Biol. Chem. **225**, 317 (1957).
54. Carroll, P. M. and J. W. Cornforth: Preparation of N-Acetylneuraminic Acid from N-Acetyl-D-mannosamine. Biochim. Biophys. Acta **39**, 161 (1960).
55. Carter, H. E., R. H. Gigg, J. H. Law, T. Nakayama and E. Weber: Biochemistry of the Sphingolipides. XI. Structure of Phytoglycolipide. J. Biol. Chem. **233**, 1309 (1958).
55a. Carubelli, R., L. C. Ryan, R. E. Trucco and R. Caputto: Neuramin-Lactose Sulfate, a new Compound Isolated from Mammary Gland of Rats. J. Biol. Chem. **236**, 2381 (1961).

56. CASTELLANI, A. A. and V. ZAMBOTTI: Enzymatic Formation of Hexosamine in Epiphyseal Cartilage Homogenate. Nature (London) **178**, 313 (1956).

57. CHEFTEL, R. I., L. CLOAREC, J. MORETTI, M. RAFELSON et M.-F. JAYLE: Étude de l'haptoglobine. III. Composition chimique de la partie glucidique. Bull. soc. chim. biol. (Paris) **42**, 993 (1960).

58. CLAUSEN, J. and T. MUNKNER: Transferrin in Normal Cerebrospinal Fluid. Nature (London) **189**, 60 (1961).

59. COMB, D. G. and S. ROSEMAN: Glucosamine Metabolism. IV. Glucosamine-6-phosphate Deaminase. J. Biol. Chem. **232**, 807 (1958).

60. — — Enzymic Synthesis of N-Acetyl-*D*-mannosamine. Biochim. Biophys. Acta **29**, 653 (1958).

61. — — Composition and Enzymatic Synthesis of N-Acetylneuraminic Acid (Sialic Acid). J. Amer. Chem. Soc. **80**, 497 (1958).

62. — — The Hexosamine Moiety of N-Acetylneuraminic Acid (Sialic Acid). J. Amer. Chem. Soc. **80**, 3166 (1958).

63. — — The Sialic Acids. I. The Structure and Enzymatic Synthesis of N-Acetylneuraminic Acid. J. Biol. Chem. **235**, 2529 (1960).

64. COMB, D. G., F. SHIMIZU and S. ROSEMAN: Isolation of Cytidine-5'-monophospho-N-acetylneuraminic Acid. J. Amer. Chem. Soc. **81**, 5513 (1959).

65. CORBAZ, R., L. ETTLINGER, E. GÄUMANN, W. KELLER, F. KRADOLFER, E. KYBURZ, L. NEIPP, V. PRELOG, R. REUSSER und H. ZÄHNER: Stoffwechselprodukte von Actinomyceten. 1. Mitt. Narbomycin. Helv. Chim. Acta **38**, 935 (1955).

66. CORBAZ, R., L. ETTLINGER, E. GÄUMANN, W. KELLER-SCHIERLEIN, F. KRADOLFER, E. KYBURZ, L. NEIPP, V. PRELOG, A. WETTSTEIN und H. ZÄHNER: Stoffwechselprodukte von Actinomyceten. 4. Mitt. Die Foromacidine A, B, C und D. Helv. Chim. Acta **39**, 304 (1956).

67. CORNFORTH, J. W., M. E. FIRTH and A. GOTTSCHALK: The Synthesis of N-Acetylneuraminic Acid. Biochemic. J. **68**, 57 (1958).

68. CÔTÉ, R. H. and W. T. J. MORGAN: Some Nitrogen-containing Disaccharides Isolated from Human Blood-Group A Substance. Nature (London) **178**, 1171 (1956).

69. COXON, B. and L. HOUGH: The Conversion of the *D*-gluco to the *D*-allo Configuration and the Preparation of 2-Acetamido-2-deoxy-*D*-ribose. Chem. and Ind. **1959**, 1249.

70. — — The Epimerization of 2-Acetamido-2-deoxy-*D*-pentoses. J. Chem. Soc. (London) **1961**, 1577.

71. CRAM, D. J. and F. A. A. ELHAFEZ: Studies in Stereochemistry. X. The Rule of "Steric Control of Asymmetric Induction" in the Synthesis of Acyclic Systems. J. Amer. Chem. Soc. **74**, 5828 (1952).

72. CRON, M. J., D. L. EVANS, F. M. PALERMITI, D. F. WHITEHEAD, I. R. HOOPER, P. CHU and R. U. LEMIEUX: Kanamycin. V. The Structure of Kanosamine. J. Amer. Chem. Soc. **80**, 4741 (1958), dort weitere Literatur.

73. CRON, M. J., O. B. FARDIG, D. L. JOHNSON, D. F. WHITEHEAD, I. R. HOOPER and R. U. LEMIEUX: Kanamycin. IV. The Structure of Kanamycin. J. Amer. Chem. Soc. **80**, 4115 (1958).

74. CRUMPTON, M. J. and D. A. L. DAVIES: A new Amino Sugar Present in the Specific Polysaccharides of some Strains of *Chromobacterium violaceum*. Biochemic. J. **64**, 22 P (1956).

75. CUMMINS, C. S. and C. M. GLENDENNING: Composition of the Cell Wall of *Lactobacillus bifidus*. Nature (London) **180**, 337 (1957).

76. CUNNINGHAM, L. W., B. J. NUENKE and R. B. NUENKE: Preparation of Glyco-
    peptides from Ovalbumin. Biochim. Biophys. Acta **26**, 660 (1957).
77. CURZON, G.: Some Properties of Coupled Iron-Ceruloplasmin Oxidation
    Systems. Biochemic. J. **79**, 656 (1961).
78. DAVIES, D. A. L.: Isolation of a "Rough" Somatic Antigen from *Shigella
    dysenteriae*. Biochim. Biophys. Acta **26**, 151 (1957).
79. — Polysaccharides of Gram-negative Bacteria. Adv. Carbohydrate Chem. **15**,
    271 (1960).
80. DIRKX, J. and J. BEUMER: Studies on a Macromolecule Isolated from *Shigella
    flexneri* and Acting as Phage Receptor. Biochemic. J. **79**, 37 P (1961).
81. DISTLER, J. J., J. M. MERRICK and S. ROSEMAN: Glucosamine Metabolism.
    III. Preparation and N-Acetylation of Crystalline *D*-Glucosamine- and
    D-Galactosamine-6-phosphoric Acids. J. Biol. Chem. **230**, 497 (1958).
82. DISTLER, J. J. and S. ROSEMAN: Galactosaminic Polymers Produced by
    Aspergillus parasiticus. J. Biol. Chem. **235**, 2538 (1960).
83. DJERASSI, C. and J. A. ZDERIC: The Structure of the Antibiotic Methymycin.
    J. Amer. Chem. Soc. **78**, 6390 (1956), dort weitere Literatur.
84. DORFMAN, A. and J. A. CIFONELLI: Biosynthesis of Mucopolysaccharides:
    The Uridine Nucleotides of Group A Streptococci. Ciba Found. Sympos.,
    Chemistry and Biology of Mucopolysaccharides. London, 1958, p. 64.
85. DRUEY, J. and G. HUBER: 2-Amino-2-deoxy-aldohexoses. German Pat. 1 024 948
    (1958). [Chem. Abstr. **54**, 22 396 (1960).]
86. DUNSTONE, J. R.: Ion-exchange Reactions between Cartilage and Various
    Cations. Biochemic. J. **77**, 164 (1960).
87. DUTCHER, J. D. and M. N. DONIN: The Identity of Neomycin A, Neamine
    and the Methanolysis Product of Neomycin B and C. J. Amer. Chem. Soc. **74**,
    3420 (1952).
88. EGGE, H.: Über die Struktur des Gangliosids G_2 aus Rinderhirn. Dissertation,
    Univ. Heidelberg, 1960.
89. ELLENBOGEN, L., S. L. BURSON and W. L. WILLIAMS: Purification of Intrinsic
    Factor. Proc. Soc. exp. Biol. Med. **97**, 760 (1958).
90. FESSLER, J. H.: A Structural Function of Mucopolysaccharide in Connective
    Tissue. Biochemic. J. **76**, 124 (1960).
91. FISCHER, E. und H. LEUCHS: Synthese des *D*-Glucosamins. Ber. dtsch. chem.
    Ges. **36**, 24 (1903).
92. FOSTER, A. B., R. HARRISON, T. D. DUCK, M. STACEY and J. M. WEBBER:
    Periodate Oxidation of Heparin and related Compounds. Biochemic. J. **80**,
    12 P (1961).
93. FOSTER, A. B. and D. HORTON: Aspects of the Chemistry of the Aminosugars.
    Adv. Carbohydrate Chem. **14**, 213 (1959); **15**, 159 (1960).
94. FOSTER, A. B. and A. J. HUGGARD: The Chemistry of Heparin. Adv. Carbo-
    hydrate Chem. **10**, 335 (1955).
95. FOSTER, A. B., M. STACEY, P. J. M. TAYLOR, J. M. WEBBER and M. L. WOLFROM:
    Reaction of Heparin with $H^{14}CN$. Biochemic. J. **80**, 13 P (1961).
96. FOSTER, A. B., M. STACEY and S. V. VARDHEIM: Aminosugars and Related
    Compounds. Part V. 2-Amino-1,6-anhydro-2-deoxy-altropyranose Hydro-
    chloride. Acta Chem. Scand. **12**, 1605 (1958).
97. FOSTER, A. B. and J. M. WEBBER: Chitin. Adv. Carbohydrate Chem. **15**,
    371 (1960).
98. FREUDENBERG, K., O. BURKHART und E. BRAUN: Zur Kenntnis der Aceton-
    zucker. VIII. Eine neue Amino-glucose. Ber. dtsch. chem. Ges. **59**, 714
    (1926).

99. FUJISE, S. and K. YOKOYAMA: Glucosaminides. J. Chem. Soc. Japan **72**, 728 (1951) [Chem. Abstr. **46**, 11116 (1952)].

100. GARDELL, S.: Determination of Hexosamines. In: D. Glick, Methods of Biochemical Analysis, Vol. 6, p. 289. New York: Interscience Publ. 1958.

101. GERÖ, S., J. GERGELY, T. DÉVÉNYI, L. JAKAB, J. SZÉKELY and S. VIRÁG: Role of Mucoid Substances of the Aorta in the Deposition of Lipids. Nature (London) **187**, 152 (1960).

102. GHOSH, S., H. J. BLUMENTHAL, E. DAVIDSON and S. ROSEMAN: Glucosamine Metabolism. V. Enzymatic Synthesis of Glucosamine-6-phosphate. J. Biol. Chem. **235**, 1265 (1960).

103. GHUYSEN, J. M.: Acetylhexosamine Compounds Enzymically Released from *Micrococcus lysodeikticus* Cell Walls. II. Enzymic Sensitivity of Purified Acetylhexosamine and Acetylhexosamine-Peptide Complexes. Biochim. Biophys. Acta **40**, 473 (1960).

104. — Complexe acide téichoïque-mucopeptide des parois cellulaires de *Bacillus megaterium* KM. Biochim. Biophys. Acta **50**, 413 (1961).

105. GHUYSEN, J. M. and M. R. J. SALTON: Acetylhexosamine Compounds Enzymically Released from *Micrococcus lysodeikticus* Cell Walls. I. Isolation and Composition of Acetylhexosamine and Acetylhexosamine-Peptide Complexes. Biochim. Biophys. Acta **40**, 462 (1960).

106. GIBIAN, H.: Mucopolysaccharide und Mucopolysaccharidasen. In: O. Hoffmann-Ostenhof, Einzeldarstellungen aus dem Gesamtgebiet der Biochemie, Band 4. Wien: F. Deuticke. 1959.

107. GILBERT, J. G. F. and N. A. MYERS: Metal Binding Properties of Chondroitin Sulphate. Biochim. Biophys. Acta **42**, 469 (1960).

108. GLASER, L.: Uridinediphosphate-N-acetylglucosamine-4-epimerase from *Bacillus subtilis*. Biochim. Biophys. Acta **31**, 575 (1959).

109. — The Biosynthesis of N-Acetylgalactosamine. J. Biol. Chem. **234**, 2801 (1959).

110. — On the Mechanism of N-Acetyl-mannosamine Formation. Biochim. Biophys. Acta **41**, 534 (1960).

111. GLASER, L. and D. H. BROWN: The Enzymatic Synthesis in vitro of Hyaluronic Acid Chains. Proc. Nat. Acad. Sci. (USA) **41**, 253 (1955).

112. — — The Synthesis of Chitin in Cell-free Extracts of *Neurospora crassa*. J. Biol. Chem. **228**, 729 (1957).

113. GLASS, G. B. J., T. A. JACOB, D. E. WILLIAMS and E. E. HOWE: Correlation of Intrinsic Factor Activity of Hog Stomach Preparations with their Paperelectrophoretic Patterns, Sedimentation Constants and B_{12}-binding Capacity. Tohoku J. exp. Med. **71**, 1 (1959).

114. GORDON, A. S.: Hemopoietine. Physiol. Rev. **39**, 1 (1959).

115. GOTO, T., Y. HIRATA, S. HOSOYA and N. KOMATSU: Structure of Roseothricin A. Bull. Chem. Soc. Japan **30**, 729 (1957).

116. GOTTSCHALK, A.: The Chemistry and Biology of Sialic Acids and Related Substances. Cambridge University Press. 1960.

117. — Correlation between Composition, Structure, Shape and Function of Salivary Mucoprotein. Nature (London) **186**, 949 (1960).

118. GOTTSCHALK, A. and S. FAZEKAS DE ST. GROTH: Studies on Mucoproteins. III. The Accessibility to Trypsin of the Susceptible Bonds in Ovine Submaxillary Gland Mucoprotein. Biochim. Biophys. Acta **43**, 513 (1960).

119. GOTTSCHALK, A. and W. H. MURPHY: Studies on Mucoproteins. IV. The Linkage of the Prosthetic Group to the Protein Core in Ovine Submaxillary Gland Mucoprotein. Biochim. Biophys. Acta **46**, 81 (1961).

120. Gottschalk, A. and D. H. Simmonds: Studies on Mucoproteins. II. Analysis of the Protein Moiety of Ovine Submaxillary Gland Mucoprotein. Biochim. Biophys. Acta **42**, 141 (1960).

121. Gottschalk, A. and M. A. W. Thomas: Studies on Mucoproteins. V. The Significance of N-Acetylneuraminic Acid for the Viscosity of Ovine Submaxillary Gland Mucoprotein. Biochim. Biophys. Acta **46**, 91 (1961).

122. Gottschalk, A., W. K. Whitten and E. R. B. Graham: Inactivation of Follicle-stimulating Hormone by Enzymic Release of Sialic Acid. Biochim. Biophys. Acta **38**, 183 (1960).

123. Graham, E. R. B. and A. Gottschalk: Studies on Mucoproteins. I. Structure of the Prosthetic Group of Ovine Submaxillary Gland Mucoprotein. Biochim. Biophys. Acta **38**, 513 (1960).

124. Gröschel, U. and C. H. Li: On the Carbohydrate Moiety of Ovine and Human Pituitary Gonadotropins. Biochim. Biophys. Acta **37**, 375 (1960).

125. Groves, M. L.: The Isolation of a Red Protein from Milk. J. Amer. Chem. Soc. **82**, 3345 (1960).

126. Guthrie, R. D.: The Reaction of Periodate-oxidised Methyl 4,6-O-Benzylidene-α-D-glucoside with Phenylhydrazine: A new Synthesis of Methyl 3-Amino-3-deoxy-α-D-glucoside Derivatives. Proc. Chem. Soc. (London) **1960**, 387.

127. György, P.: N-Containing Saccharides in Human Milk. Ciba Found. Sympos., Chemistry and Biology of Mucopolysaccharides. London, 1958, p. 140.

128. György, P., R. Kuhn, C. S. Rose and F. Zilliken: Bifidus Factor. II. Its Occurrence in Milk from Different Species and in Other Natural Products. Arch. Biochem. Biophys. **48**, 202 (1954).

128 a. Hakomori, S.-I. and R. W. Jeanloz: Isolation and Characterization of Glycolipids from Erythrocytes of Human Blood A (Plus) and B (Plus). J. Biol. Chem. **236**, 2827 (1961).

129. Hakomori, S.-I., H. Kawauchi and T. Ishimoda: Changes of Hexose/Hexosamine Ratio and Degree of Branching in Glycoprotein from Rat Urine during the Development of Cancer. Nature (London) **190**, 265 (1961).

130. Hallén, A.: Hexosamine and Ester Sulphate Content of the Human Nucleus Pulposus at Different Ages. Acta Chem. Scand. **12**, 1869 (1958).

131. Hanson, L. A.: Comparative Analysis of Human Milk and Human Blood Plasma by Means of Diffusion-in-Gel Methods. Experientia **15**, 473 (1959).

132. Haskell, T. H., J. C. French and Q. R. Bartz: Paromomycin. IV. Structural Studies. J. Amer. Chem. Soc. **81**, 3482 (1959).

133. Heatley, N. G., M. A. Sheikh and K. B. Taylor: Some Experiments on Intrinsic Factor. Biochemic J. **76**, 342 (1960).

134. Heide, K.: Gruppenspezifische Blutproteine. Behringwerk-Mitt. (Marburg/Lahn) **38**, 164 (1960).

135. Heidelberger, M.: Structure and Immunological Specificity of Polysaccharides. Fortschr. Chem. organ. Naturstoffe **18**, 503 (1960).

136. Hess, H. H.: Fluorometric Assay of Sialic Acid. Federat. Proc. (Amer. Soc. exp. Biol.) **20**, 342 (1961).

137. Heyningen, W. E. van: Tentative Identification of the Tetanus Toxin Receptor in Nervous Tissue. J. Gen. Microbiol. **20**, 310 (1959).

138. Heyns, K. und M. Beck: XII. Mitt. über katalytische Oxydationen. Die Synthese der D-Galaktosaminuronsäure (2-Amino-2-desoxy-D-galakturonsäure). Chem. Ber. **90**, 2443 (1957).

139. Heyns, K., G. Kiessling, W. Lindenberg, H. Paulsen und M. E. Webster: D-Galaktosaminuronsäure (2-Amino-2-desoxy-D-galakturonsäure) als Baustein des Vi-Antigens. Chem. Ber. **92**, 2435 (1959).

140. HEYNS, K. und J. LENZ: Über katalytische Oxydationen, XVII. Mitt. Darstellung von Oxoglykosiden. Angew. Chem. **73**, 299 (1961).

141. HEYNS, K. und K. H. MEINECKE: Über Bildung und Darstellung von *d*-Glucosamin aus Fructose und Ammoniak. Chem. Ber. **86**, 1453 (1953).

142. HEYNS, K. und H. PAULSEN: Synthese der Glucosaminuronsäure (2-Amino-2-desoxy-*D*-glucuronsäure) und einige ihrer Derivate. Chem. Ber. **88**, 188 (1955).

143. — — Neuere Methoden der präparativen organischen Chemie II. 8. Selektive katalytische Oxydationen mit Edelmetall-Katalysatoren. Angew. Chem. **69**, 600 (1957).

144. HEYNS, K., H. PAULSEN, R. EICHSTEDT und M. ROLLE: Über die Gewinnung von 2-Amino-aldosen durch Umlagerung von Ketosylaminen. Chem. Ber. **90**, 2039 (1957).

145. HEYNS, K. und W. STUMME: Die Reaktionen von α-Hydroxycarbonylverbindungen mit aliphatischen Aminen. (Modellreaktionen für die Bildung von Aminozuckern, II.) Chem. Ber. **89**, 2844 (1956), dort weitere Literatur.

146. HIRANO, S., P. HOFFMAN and K. MEYER: Structure of Keratosulfate. Federat. Proc. (Amer. Soc. exp. Biol.) **19**, 146 (1960).

147. HOCHSTEIN, F. A. and P. P. REGNA: Magnamycin. IV. Mycaminose, an Aminosugar from Magnamycin. J. Amer. Chem. Soc. **77**, 3353 (1955).

148. HOCHSTEIN, L. I., J. B. WOLFE and H. I. NAKADA: Enzymatic Oxidation of N-Acetylhexosamines to N-Acetylhexosaminic Acids. J. Amer. Chem. Soc. **81**, 4111 (1959).

149. HODGE, J. E.: The Amadori Rearrangement. Adv. Carbohydrate Chem. **10**, 169 (1955).

150. HOFFMAN, P., A. LINKER, V. LIPPMAN and K. MEYER: The Structure of Chondroitin Sulfate B from Studies with Flavobacterium Enzymes. J. Biol. Chem. **235**, 3066 (1960).

151. HOFFMAN, P., A. LINKER and K. MEYER: Chondroitin Sulfates. Federat. Proc. (Amer. Soc. exp. Biol.) **17**, 1078 (1958).

152. HOLDSWORTH, E. S.: The Isolation and Properties of Intrinsic Factor and Vitamin B_{12} Binding Substances from Pig Pylorus. Biochim. Biophys. Acta **51**, 295 (1961).

153. HUBER, G. und O. SCHIER: Zum Verständnis der Epoxydöffnung an Pyranose-Ringen. Helv. Chim. Acta **43**, 129 (1960).

154. HUBER, G., O. SCHIER und J. DRUEY: Über die Synthese einer 3,6-Didesoxy-3-amino-hexose. 2. Mitt. über Aminozucker. Helv. Chim. Acta **42**, 2447 (1959).

155. — — — Zur Synthese von 1-Alkylamino-1-desoxy-*D*-fructosen. 3. Mitt. über Aminozucker. Helv. Chim. Acta **43**, 713 (1960).

156. IKAWA, M., J. B. KOEPFLI, S. G. MUDD and C. NIEMANN: An Agent from *E. coli* causing Hemorrhage and Regression of an Experimental Mouse Tumor. II. The Component Monosaccharides. J. Amer. Chem. Soc. **74**, 5219 (1952).

157. IMANAGA, Y.: Metabolism of *D*-Glucosamine. II. The Formation of Glucosaminic Acid. J. Biochemistry (Tokyo) **44**, 819 (1957) [Chem. Abstr. **52**, 5494 (1958)].

158. — Metabolism of *D*-Glucosamine. III. Enzymic Degradation of *D*-Glucosaminic Acid. J. Biochemistry (Tokyo) **45**, 647 (1958) [Chem. Abstr. **53**, 1422 (1959)].

159. IMANAGA, Y., K. MORI, T. SATO, Y. SHINDO and Y. MATSUSHIMA: Metabolism of *D*-Glucosamine. Kôso Kagaku Shinpojiumu **13**, 266 (1958) [Chem. Abstr. **55**, 1733 (1961)].

160. Imanaga, Y., Y.Yamada, M. Anpo, Y. Kusanagi, K. Maeda and Y. Matsu-shima: Metabolism of *D*-Glucosamine. The Existence of Phosphoglucosamine Isomerase. Kôso Kagaku Shinpojiumu **12**, 195 (1957) [Chem. Abstr. **52**, 4710 (1958)].

161. Irvine, J. C. and J. C. Earl: Mutarotation and Pseudo-Mutarotation of Glucosamine and its Derivatives. J. Chem. Soc. (London) **121**, 2370 (1922).

162. — — Salicylidene Derivatives of Glucosamine. J. Chem. Soc. (London) **121**, 2376 (1922).

163. Irvine, J. C., D. M. McNicoll and A. Hynd: New Derivatives of *D*-Glucos-amine. J. Chem. Soc. (London) **99**, 250 (1911).

164. Irwin, R. L. and E. G. Trams: The Sequestration of *d*-Tubocurarine by Ganglioside. Federat. Proc. (Amer. Soc. exp. Biol.) **20**, 174 (1961).

165. Izumi, K., M. Makino and I. Yamashina: Isolation and Analysis of a Carbo-hydrate-Amino Acid Complex from an Enzymic Digest of α_1-Acid Glycoprotein of Human Plasma. Biochim. Biophys. Acta **50**, 196 (1961).

166. James, S. P., F. Smith, M. Stacey and L. F. Wiggins: The Action of Alkaline Reagents on 2 : 3–1 : 6- and 3 : 4–1 : 6-Dianhydro-β-talose. A Constitutional Synthesis of Chondrosamine and other Amino-sugar Derivatives. J. Chem. Soc. (London) **1946**, 625.

167. Janczura, E., H. R. Perkins and H. J. Rogers: Teichuronic Acid: a Muco-polysaccharide Present in Wall Preparations from Vegetative Cells of *Bacillus subtilis*. Biochemic. J. **80**, 82 (1961).

168. Jeanloz, R. W.: The Synthesis of *D*-Allosamine Hydrochloride. J. Amer. Chem. Soc. **79**, 2591 (1957).

169. — The Methyl Ethers of 2-Amino-2-deoxy-sugars. Adv. Carbohydrate Chem. **13**, 189 (1958).

170. — Structure of Heparin. Federat. Proc. (Amer. Soc. exp. Biol.) **17**, 1082 (1958).

171. — The Nomenclature of Mucopolysaccharides. Arthritis and Rheumatism **3**, 233 (1960).

172. — Recherches récentes sur la chimie des polyosides complexes contenant des sucres aminés. Bull. soc. chim. biol. (Paris) **42**, 303 (1960).

173. Jeanloz, R. W. and D. A. Jeanloz: 3-Amino-3-deoxy-*D*-idose and 3-Amino-3-deoxy-*D*-gulose. J. Organ. Chem. (USA) **26**, 537 (1961).

174. Jeanloz, R. W., Z. Tarasiejska-Glazer and D. A. Jeanloz: 2-Amino-2-deoxy-*D*-idose (*D*-Idosamine) and 2-Amino-2-deoxy-*D*-talose (*D*-Talosamine). J. Organ. Chem. (USA) **26**, 532 (1961).

175. Johansen, P. G., R. D. Marshall and A. Neuberger: Carbohydrates in Protein. 3. The Preparation and some of the Properties of a Glycopeptide from Hen's Egg Albumin. Biochemic. J. **78**, 518 (1961).

176. Johnson, A. G.: Alteration of Bacterial Endotoxins by Human α-Globulin. Bacteriol. Proc. **1960**, 116.

177. Jourdian, G. W., F. Shimizu and S. Roseman: Isolation of Nucleotide-Oligosaccharides Containing Sialic Acid. Federat. Proc. (Amer. Soc. exp. Biol.) **20**, 161 (1961); und persönl. Mitteilung.

178. Kabat, E. A.: Blood Group Substances. New York: Academic Press. 1956.

179. Kaplan, D. and K. Meyer: Mucopolysaccharides of Aorta at Various Ages. Proc. Soc. exp. Biol. Med. **105**, 78 (1960).

180. Karrer, P. und J. Meyer: Ein neuer Abbau der Glucosaminsäure. Die Konfiguration der Glucosamin- und Chondrosaminsäure. Helv. Chim. Acta **20**, 407 (1937).

181. KAWASAKI, H.: Molisch-positive Mucopolysaccharides of Gastric Cancers as Compared with the Corresponding Components of Gastric Mucosae. Fourth Report: On MPSs (Mucopolysaccharides) IV. Tohoku J. exp. Med. **69**, 153 (1959).

182. KENT, P. W.: Characterization of *D*-Glucosamine. Research (London) **3**, 427 (1950).

183. KENT, P. W. and M. W. WHITEHOUSE: Biochemistry of the Aminosugars. London: Butterworth. 1955.

184. KISTLER, P., H. NITSCHMANN, A. WYTTENBACH, M. STUDER, CH. NIEDERÖST and M. MAUERHOFER: Human Siderophilin, Isolation by Means of Rivanol from Blood Plasma Fractions, Analytic Determination and Crystallization. Vox Sanguinis **5**, 403 (1960).

185. KIZER, D. E. and T. A. McCOY: The Synthesis of Hexosamine in Tumor Homogenates. Cancer Res. **19**, 307 (1959).

186. — — Effect of Azo-Dye Carcinogenesis on Hexosamine Synthesis in Rat Liver. Proc. Soc. exp. Biol. Med. **102**, 136 (1959).

187. KLENK, E.: Über die Natur der Phosphatide und anderer Lipoide des Gehirns und der Leber bei der Niemann-Pick'schen Krankheit. Z. physiol. Chem. (Hoppe-Seyler) **235**, 24 (1935).

188. — Die Lipoide im chemischen Aufbau des Nervensystems. Naturwiss. **40**, 449 (1953).

189. KLENK, E. und W. GIELEN: Zur Kenntnis der Ganglioside des Gehirns. Z. physiol. Chem. (Hoppe-Seyler) **319**, 283 (1960).

189 a. — — Über ein chromatographisch einheitliches hexosaminhaltiges Gangliosid aus Menschengehirn. Z. physiol. Chem. (Hoppe-Seyler) **326**, 158 (1961).

190. KLENK, E. and U. W. HENDRICKS: An Inositol Phosphatide Containing Carbohydrate, Isolated from Human Brain. Biochim. Biophys. Acta **50**, 602 (1961).

191. KLENK, E. und K. LAUENSTEIN: Über die Glykolipoide und Sphingomyeline des Stromas der Pferdeerythrocyten. Z. physiol. Chem. (Hoppe-Seyler) **295**, 164 (1953).

192. KLENK, E. und F. RENNKAMP: Über die Ganglioside und Cerebroside der Rindermilz. Z. physiol. Chem. (Hoppe-Seyler) **273**, 253 (1942).

193. KLENK, E. und G. UHLENBRUCK: Über neuraminsäurehaltige Mucoide aus Menschenerythrocytenstroma, ein Beitrag zur Chemie der Agglutinine. Z. physiol. Chem. (Hoppe-Seyler) **319**, 151 (1960).

194. KLUTHE, R., R. BÜTLER und H. ISLIKER: Reindarstellung und Charakterisierung von Serumhaptoglobinen. Helv. Physiol. Acta **18**, C 35 (1960).

195. KORN, E. D. and D. H. NORTHCOTE: Physical and Chemical Properties of Polysaccharides and Glycoproteins of the Yeast-Cell Wall. Biochemic. J. **75**, 12 (1960).

196. KOSCIELAK, J. and K. ZAKRZEWSKI: Substance from Erythrocytes of Blood Group A. Nature (London) **187**, 516 (1960).

197. KRAUSE, R. M. and M. McCARTY: Studies on the Chemical Basis for the Serological Specificity of Group C Hemolytic Streptococci. Federat. Proc. (Amer. Soc. exp. Biol.) **20**, 30 (1961).

198. KUEHL, F. A., M. N. BISHOP and K. FOLKERS: Streptomyces Antibiotics. XXIII. 1,3-Diamino-4,5,6-trihydroxy-cyclohexane from Neomycin A. J. Amer. Chem. Soc. **73**, 881 (1951).

199. KUHN, R.: Vitamine der Milch. Angew. Chem. **64**, 493 (1952).

200. — Biochemie der Rezeptoren und Resistenzfaktoren. Naturwiss. **46**, 43 (1959).

201. Kuhn, R. und H. H. Baer: Methylglucosid-Bildung von N-Acetylglucosaminen mit Diazomethan. Chem. Ber. **86**, 724 (1953).

202. — — Die Konstitution der Lacto-N-tetraose. Chem. Ber. **89**, 504 (1956).

203. — — Zur Methylierung von N-Acetylglucosamin-Derivaten. Liebigs Ann. Chem. **611**, 236 (1957).

204. Kuhn, R., H. H. Baer und A. Gauhe: Kristallisierte Fucosidolactose. Chem. Ber. **89**, 2513 (1956).

205. — — — Kristallisation und Konstitutionsermittlung der Lacto-N-fucopentaose I. Chem. Ber. **89**, 2514 (1956).

206. — — — 2-α-L-Fucopyranosyl-D-talose. Zur Einwirkung von Alkali auf Oligosaccharide. Liebigs Ann. Chem. **611**, 242 (1958).

207. — — — Die Konstitution der Lacto-N-fucopentaose II. Chem. Ber. **91**, 364 (1958).

208. Kuhn, R. und G. Baschang: Aminozucker-Synthesen. XVII. Die vier Pentosamine (2-Amino-2-desoxy-pentosen) der D-Reihe. Liebigs Ann. Chem. **628**, 193 (1959).

209. — — Aminozucker-Synthesen. XVIII. 3-Acetamino-3-desoxy-D-mannose. Liebigs Ann. Chem. **628**, 206 (1959).

210. — — Aminozucker-Synthesen. XX. Überführung von 2-Amino-2-desoxy-hexosen in 3-Amino-3-desoxy-hexosen und -pentosen. Liebigs Ann. Chem. **636**, 164 (1960).

211. — — unveröffentlicht.

212. Kuhn, R. und W. Baschang-Bister: Über S-Oxyde der Zuckermercaptale und eine neue Glykosidsynthese. Liebigs Ann. Chem. **641**, 160 (1961).

213. Kuhn, R. und W. Bister: Aminozucker-Synthesen. VIII. Synthese von N-Alkylglucosaminen. Liebigs Ann. Chem. **602**, 217 (1957).

214. — — Aminozucker-Synthesen. XII. D-Idosamin und D-Gulosamin. Liebigs Ann. Chem. **617**, 92 (1958), und zwar S. 108.

215. Kuhn, R., W. Bister und W. Dafeldecker: Aminozucker-Synthesen. XIV. D- und L-Chinovosamin. Liebigs Ann. Chem. **617**, 115 (1958).

216. — — — Aminozucker-Synthesen. XVI. L-Fucosamin. Liebigs Ann. Chem. **628**, 186 (1959).

217. Kuhn, R., W. Bister und H. Fischer: Aminozucker-Synthesen. XIII. Die acht Hexosamine (2-Amino-2-desoxy-hexosen) der D-Reihe. Liebigs Ann. Chem. **617**, 109 (1958).

218. Kuhn, R. und R. Brossmer: Abbau der Lactaminsäure zu N-Acetyl-D-glucosamin. Chem. Ber. **89**, 2471 (1956).

219. — — Über O-Acetyl-lactaminsäure-lactose aus Kuh-Colostrum und ihre Spaltbarkeit durch Influenza-Virus. Chem. Ber. **89**, 2013 (1956).

220. — — Zur Konfiguration der Lactaminsäure. Epimerisierung von N-Acetyl-D-glucosamin und N-Acetyl-D-mannosamin. Liebigs Ann. Chem. **616**, 221 (1958).

221. — — Abbau der Lactaminsäure zu Bernsteinsäure. Liebigs Ann. Chem. **624**, 137 (1959).

222. — — Über das durch Viren der Influenza-Gruppe spaltbare Trisaccharid der Milch. Chem. Ber. **92**, 1667 (1959).

223. Kuhn, R., H. Egge, R. Brossmer, A. Gauhe, P. Klesse, W. Lochinger, E. Röhm, H. Trischmann und D. Tschampel: Über die Ganglioside des Gehirns. Angew. Chem. **72**, 805 (1960).

224. Kuhn, R. und D. Ekong: unveröffentlicht.

225. Kuhn, R. und H. Fischer: Aminozucker-Synthesen. XXII. Über D-Threosamin und D-Erythrosamin. Liebigs Ann. Chem. **641**, 152 (1961).

226. KUHN, R. und A. GAUHE: Über die Lacto-difuco-tetraose der Frauenmilch. Ein Beitrag zur Strukturspezifität der Blutgruppensubstanz Le^b. Liebigs Ann. Chem. 611, 249 (1958).

227. — — Über ein kristallisiertes Le^a-aktives Hexasaccharid aus Frauenmilch. Chem. Ber. 93, 647 (1960).

228. — — Die Konstitution der Lacto-N-neotetraose. Chem. Ber. 95, 518 (1962).

229. — — Über drei saure Pentasaccharide aus Frauenmilch. Chem. Ber. 95, 513 (1962).

230. — — unveröffentlicht.

231. KUHN, R. und H. J. HAAS: Darstellung von D-Isoglucosamin durch katalytische Hydrierung von Amadori-Verbindungen. Aminozucker-Synthesen. VI. Liebigs Ann. Chem. 600, 148 (1956).

232. KUHN, R. und J. C. JOCHIMS: Aminozucker-Synthesen. XV. Epimerisierung von N-Benzyl-glucosaminsäurenitril; Darstellung von Mannosamin aus Arabinose. Liebigs Ann. Chem. 628, 172 (1959).

233. — — Aminozucker-Synthesen. XXI. N-[Fluorenyl-(9)]- und N-Diphenyl-methyl-hexosaminsäurenitrile. Eine neue Synthese von Allosamin und Talosamin. Liebigs Ann. Chem. 641, 143 (1961).

234. KUHN, R. und W. KIRSCHENLOHR: β-Glucoside des N-Acetyl-D-glucosamins. Chem. Ber. 86, 1331 (1953).

235. — — Synthese der 2-Acetamino-lactose. Chem. Ber. 87, 1547 (1954).

236. — — Synthese von Aminozuckern durch Halbhydrierung von Aminonitrilen. Angew. Chem. 67, 786 (1955).

237. — — 2-Amino-2-desoxy-zucker durch katalytische Halbhydrierung von Amino-, Arylamino- und Benzylaminonitrilen; D- und L-Glucosamin. Aminozucker-Synthesen. II. Liebigs Ann. Chem. 600, 115 (1956).

238. — — D-Galaktosamin aus D-Lyxose. Aminozucker-Synthesen. III. Liebigs Ann. Chem. 600, 126 (1956).

239. — — Darstellung von N-Acetyl-lactosamin (4-β-D-Galaktopyranosyl-2-des-oxy-2-acetamino-D-glucopyranose) aus Lactose. Aminozucker-Synthesen. IV. Liebigs Ann. Chem. 600, 135 (1956).

240. KUHN, R. und G. KRÜGER: 3-Acetamino-furan aus N-Acetyl-D-glucosamin; ein Beitrag zur Theorie der Morgan-Elson-Reaktion. Chem. Ber. 89, 1473 (1956).

241. — — Das Chromogen III der Morgan-Elson-Reaktion. Chem. Ber. 90, 264 (1957).

242. KUHN, R., G. KRÜGER und A. SEELIGER: Kupplung von Amadori-Verbindungen mit Diazoniumsalzen. Darstellung von Lactulose aus Lactose. Liebigs Ann. Chem. 628, 240 (1959).

243. KUHN, R. und H. J. LEPPELMANN: Galaktosamin und Glucosamin im Knorpel in Abhängigkeit vom Lebensalter. Liebigs Ann. Chem. 611, 254 (1958).

244. KUHN, R. und H. TIEDEMANN: Zum Stoffwechsel des Lactobacillus bifidus, die Umsetzung von radioaktiver ^14C-1-Glucose. Z. Naturforsch. 8 b, 428 (1953).

245. KUHN, R., H. TRISCHMANN und I. LÖW: Zur Permethylierung von Zuckern und Glykosiden. Angew. Chem. 67, 32 (1955).

246. KUHN, R., D. WEISER und H. FISCHER: Aminozucker-Synthesen. XIX. Basen-katalysierte Umwandlungen der N-Phenyl-D-Hexosaminsäurenitrile. Liebigs Ann. Chem. 628, 207 (1959).

247. — — — Aminozucker-Synthesen. XXIII. 3-Desoxy-D-galaktosamin und -D-mannosamin. Liebigs Ann. Chem. 644, 117 (1961).

248. Kuhn, R., H. Wiegandt und H. Egge: Zum Bauplan der Ganglioside. Angew. Chem. **73**, 580 (1961).

249. Kuhn, R., F. Zilliken und A. Gauhe: Reindarstellung von α-Methyl-N-acetyl-D-glucosaminid. Chem. Ber. **86**, 466 (1953).

250. Lash, J. W. and M. W. Whitehouse: Variation in the Polysaccharide Composition of Cartilage with Age. Arch. Biochem. Biophys. **90**, 159 (1960).

251. Latner, A. L., R. J. Merrills and L. Raine: Preparation of Highly Potent Intrinsic Factor Mucoprotein. Biochemic. J. **63**, 501 (1956).

252. Lederer, E.: Diskussionsbemerkung zum Bericht von J. L. Strominger (374). Bull. soc. chim. biol. (Paris) **42**, 1836 (1960).

253. Leloir, L. F. and C. E. Cardini: The Biosynthesis of Glucosamine. Biochim. Biophys. Acta **12**, 15 (1953).

254. — — Enzymes Acting on Glucosamine Phosphates. Biochim. Biophys. Acta **20**, 33 (1956).

255. Lemieux, R. U. and P. Chu: 1,2;5,6-Di-O-isopropylidene-3-deoxy-3-amino-α-D-allose. J. Amer. Chem. Soc. **80**, 4745 (1958).

256. Lemieux, R. U. and M. L. Wolfrom: The Chemistry of Streptomycin. Adv. Carbohydrate Chem. **3**, 337 (1948).

257. Levene, P. A.: Epichitosamine and Epichitose. J. Biol. Chem. **39**, 69 (1919).

258. Levene, P. A. and F. B. La Forge: On Chondroitinsulphuric Acid. J. Biol. Chem. **18**, 123 (1914).

259. Levin, D. H. and E. Racker: Condensation of Arabinose 5-Phosphate and Phosphorylenolpyruvate by 2-Keto-3-deoxy-8-phospho-octonic Acid Synthetase. J. Biol. Chem. **234**, 2532 (1959).

260. Li, C. H.: The Chemistry of Gonadotropic Hormones. Vitamins and Horm. **7**, 223 (1949).

261. Lindberg, B. and O. Theander: Amino-deoxy- and Deoxy-sugars from Methyl-3-oxo-β-D-glucopyranoside. Acta Chem. Scand. **13**, 1226 (1959).

262. Linker, A., P. Hoffman, K. Meyer, P. Sampson and E. D. Korn: The Formation of Unsaturated Disaccharides from Mucopolysaccharides and their Cleavage to α-Keto Acid by Bacterial Enzymes. J. Biol. Chem. **235**, 3061 (1960).

263. Linker, A., K. Meyer and P. Hoffman: The Production of Unsaturated Uronides by Bacterial Hyaluronidases. J. Biol. Chem. **219**, 13 (1956).

264. Lister-Cheese, I. A. F. and W. T. J. Morgan: Two Serologically Active Trisaccharides Isolated from Human Blood-Group A Substance. Nature (London) **191**, 149 (1961).

265. Lloyd, P. F. and G. P. Roberts: Synthesis of Disaccharides with α-Bioside Linkages. Proc. Chem. Soc. (London) **1960**, 250.

266. Lloyd, P. F. and M. Stacey: Reactions of 2-(2',4'-Dinitrophenyl)-amino-2-deoxy-D-glucose (DNP-D-Glucosamine), and Derivatives. Tetrahedron **9**, 116 (1960).

267. Lowy, P. H., G. Keighley and H. Borsook: Inactivation of Erythropoietin by Neuraminidase and by Mild Substitution Reactions. Nature (London) **185**, 102 (1960).

268. Maley, F. and G. F. Maley: The Enzymic Conversion of Glucosamine to Galactosamine. Biochim. Biophys. Acta **31**, 577 (1959).

268a. Mandelstam, M. H. and J. L. Strominger: On the Structure of the Cell Wall of *Staphylococcus aureus* (Copenhagen). Biochem. Biophys. Res. Comm. **5**, 466 (1961).

269. Mann, R. L. and D. O. Woolf: Hygromycin. III. Structure Studies. J. Amer. Chem. Soc. **79**, 120 (1957).

270. MARKOVITZ, A., J. A. CIFONELLI and A. DORFMAN: Biosynthesis of Hyaluronic Acid by Cell-free Extracts of Group A Streptococci. Biochim. Biophys. Acta 28, 453 (1958).

271. MASAMUNE, H., S. HAKOMORI and T. SUGO: Urinary Mucopolypeptides and Mucoproteins in Cancer. II. An Acid Mucopolypeptide Characteristic of Cancer. Tohoku J. exp. Med. 69, 383 (1959).

272. MASAMUNE, H., S. KAMIYAMA, S. ABE and SH. ABE: Chemical Nature of Toxohormone (Nakahara). Ninth Report: Toxohormones AP II_2, II_3, III_3 and IV_3 from Cancerous Ascitic Fluids. Tohoku J. exp. Med. 69, 257 (1959).

273. MASAMUNE, H., H. KAWASAKI, H. SINOHARA, SH. ABE and S. ABE: Molischpositive Mucopolysaccharides of Gastric Cancers as Compared with the Corresponding Components of Gastric Mucosae. Fifth Report: On MPSs (Mucopolysaccharides) III. Tohoku J. exp. Med. 72, 328 (1960).

274. MASAMUNE, H., H. KAWASAKI, H. SINOHARA, SH. ABE and E. ITO: Anemia-inducing Substances from Stomach Cancer Tissue. II. A KIK Factor in Stomach Cancer Tissue. Tohoku J. exp. Med. 72, 356 (1960).

275. MASAMUNE, H. and H. SINOHARA: Biochemical Studies on Carbohydrates. CCXXV. Oligosaccharides Separated after Acetolysis of the Group Mucopolysaccharide from Pig Stomach Mucus. V. On Gastro-N-trisaccharide. Tohoku J. exp. Med. 69, 65 (1958).

276. MASAMUNE, H., H. SINOHARA and T. OKUYAMA: Biochemical Studies on Carbohydrates. CCXVI. On Conditions of Acetolyzing Molisch-positive Mucopolysaccharides. Tohoku J. exp. Med. 68, 165 (1958).

277. MATHEWS, M. B.: Macromolecular Properties of Isomeric Chondroitin Sulfates. Biochim. Biophys. Acta 35, 9 (1959).

278. MATSUSHIMA, Y. and N. FUJII: Studies on Aminohexoses. IV. N-Deacylation with Hydrazine and Deamination with Nitrous Acid, a Clue to the Structure of Aminopolysaccharides. Bull. Chem. Soc. Japan 30, 48 (1957) [Chem. Abstr. 52, 8973 (1958)].

279. MATSUSHIMA, Y. and J. T. PARK: Stereospecific Synthesis of Muramic Acid and Related Compounds. Federat. Proc. (Amer. Soc. exp. Biol.) 20, 78 (1961).

280. MAXFIELD, M.: Molecular Forms of Human Urinary Mucoprotein Present under Physiological Conditions. Biochim. Biophys. Acta 49, 548 (1961).

281. McILWAIN, H.: Characterization of Constituents of Blood Plasma and of the Brain which Restore Excitability to Isolated Cerebral Tissues. Biochemic. J. 76, 16 P (1960).

282. McLENNAN, A. P.: Specific Lipopolysaccharides of Bordetella. Biochemic. J. 74, 398 (1960).

283. MELTZER, H. L.: Three-Phase Counter-Current Distribution: Theory and Application to the Study of Strandin. J. Biol. Chem. 233, 1317 (1958).

284. MERLER, E., A. PERAULT and P. T. MORA: Chemical Properties of the Tumor-damaging Complex Separated from Serratia marcescens. Federat. Proc. (Amer. Soc. exp. Biol.) 19, 397 (1960).

285. MERRICK, J. M. and S. ROSEMAN: Glucosamine Metabolism. VI. Glucosaminic Acid Dehydrogenase. J. Biol. Chem. 235, 1274 (1960).

286. MEYER, K.: Chemical Structure of Hyaluronic Acid. Federat. Proc. (Amer. Soc. exp. Biol.) 17, 1075 (1958).

287. MEYER, K., A. LINKER, E. DAVIDSON and B. WEISSMANN: The Mucopolysaccharides of Bovine Cornea. J. Biol. Chem. 205, 611 (1953).

288. MICHEEL, F. und H. KÖCHLING: Über die Reaktionen des D-Glucosamins, V. Die Bildung von Glykosiden des D-Glucosamins aus einem Oxazolin-Derivat. Chem. Ber. 90, 1597 (1957).

289. Micheel, F. und H. Köchling: Über die Reaktionen des *D*-Glucosamins, X. Darstellung von Glykosiden des *D*-Glucosamins mit aliphatischen und aromatischen Alkoholen und mit Serin nach der Oxazolin-Methode. Chem. Ber. **91**, 673 (1958).

290. — — Über die Reaktionen des *D*-Glucosamins, XIV. Darstellung von Glykosiden des *D*-Glucosamins. Chem. Ber. **93**, 2372 (1960).

291. Moggridge, R. C. G. and A. Neuberger: Methylglucosaminide: Its Structure and the Kinetics of its Hydrolysis by Acids. J. Chem. Soc. (London) **1938**, 745.

292. Montreuil, J.: Les glucides du lait. Bull. soc. chim. biol. (Paris) **42**, 1399 (1960).

293. Morel, Ch. J.: Über die Darstellung und Eigenschaften von 2,6-Didesoxy-2-amino-*D*-glucose (6-Desoxy-*D*-glucosamin). Helv. Chim. Acta **41**, 1501 (1958).

294. Morgan, W. T. J.: Chemische Grundlagen der menschlichen Blutgruppenspezifität. Naturwiss. **46**, 181 (1959).

295. — A Contribution to Human Biochemical Genetics: the Chemical Basis of Blood Group Specificity. Proc. Roy. Soc. (London) B **151**, 308 (1959/60).

296. Moriya, H.: Kallikrein. VII. Structural Sugar of Kallikrein. Yakugaku Zasshi **79**, 1394 (1959) [Chem. Abstr. **54**, 6568 (1960)].

297. Myers, W. H. and G. J. Robertson: The Synthesis of Amino Sugars. I. J. Amer. Chem. Soc. **65**, 8 (1943).

298. Neuberger, A.: The Action of Periodic Acid on Glucosamine Derivatives. J. Chem. Soc. (London) **1941**, 47.

299. Neuberger, A. and R. Pitt-Rivers: Preparation and Configurative Relationships of Methylglucosaminides. J. Chem. Soc. (London) **1939**, 122.

300. Newman, M. S.: A Notation for the Study of Certain Stereochemical Problems. J. Chem. Education **32**, 344 (1955).

301. Nitschmann, H. und R. Henzi: Das Lab und seine Wirkung auf das Casein der Milch. XIII. Untersuchung der bei der Labung in Freiheit gesetzten Peptide. Helv. Chim. Acta **42**, 1985 (1959).

302. Nolan, C. and E. L. Smith: Glycopeptides from Rabbit γ-Globulin. Federat. Proc. (Amer. Soc. exp. Biol.) **20**, 383 (1961).

303. O'Brien, P. J., M. C. Glick and F. Zilliken: Acidic Sugars from Bacteria. Incorporation of $1\text{-}^{14}C\text{-}\alpha,\beta$-Methyl-N-acetyl-glucosaminide into Muramic Acid. Biochim. Biophys. Acta **37**, 357 (1960).

304. O'Brien, P. J. and F. Zilliken: Nucleotide-linked Polyneuraminic Acid Peptides from *Escherichia coli*. Biochim. Biophys. Acta **31**, 543 (1959).

305. O'Neill, A. N.: Asymmetric Synthesis of *D*- and *L*-Mannosamine. Canad. J. Chem. **37**, 1747 (1959).

306. Painter, T. J. and W. T. J. Morgan: Partial Acid Hydrolysis of a Mucopolysaccharide without Appreciable N-Deacetylation of Hexosamine. Nature (London) **191**, 39 (1961).

307. Park, J. T.: Uridine-5'-pyrophosphate Derivatives. II. A Structure Common to three Derivatives. J. Biol. Chem. **194**, 885 (1952), s. auch SS. 877, 897.

308. Park, J. T. and M. J. Johnson: Accumulation of Labile Phosphate in *Staphylococcus aureus* Grown in the Presence of Penicillin. J. Biol. Chem. **179**, 585 (1949).

309. Partridge, S. M. and H. F. Davis: The Presence in Cartilage of a Complex Containing Chondroitin Sulphate Combined with a Non-collagenous Protein. Ciba Found. Sympos., Chemistry and Biology of Mucopolysaccharides. London, 1958, p. 93.

310. Patrick, J. B., R. P. Williams, C. W. Waller and B. L. Hutchings: A New Inosamine from an Antibiotic. J. Amer. Chem. Soc. **78**, 2652 (1956).

311. PAUL, R. et S. TCHELITCHEFF: Structure de la spiramycine. II. Étude des produits de dégradation: caractérisation du diméthylamino-5-méthyl-6-hydroxy-2-tétrahydropyranne. Bull. soc. chim. France **1957**, 734; s. auch S. 1059.

312. PEAT, S.: The Chemistry of Anhydro Sugars. Adv. Carbohydrate Chem. **2**, 37 (1946).

313. PEAT, S. and L. F. WIGGINS: The Behaviour of Anhydromethylhexosides towards Alkaline Reagents. Preparation of Derivatives of 3-Amino-glucose and 2-Amino-allose. J. Chem. Soc. (London) **1938**, 1810.

314. PENDL, I. und K. FELIX: Eiweiß, deskriptiver Teil. In: Hoppe-Seyler/Thierfelder, Handbuch der physiologisch- und pathologisch-chemischen Analyse, 10. Aufl., Band IV, S. 212. Berlin-Göttingen-Heidelberg: Springer. 1960.

315. PERLIN, A. S.: Action of Lead Tetraacetate on the Sugars. Adv. Carbohydrate Chem. **14**, 53 (1959).

316. PERRETTA, M. A. and R. Y. THOMSON: Effect of Erythropoietine on Incorporation of Formate Labelled with Carbon-14 into the Nucleic Acids of Normal Rabbit Tissues in vitro. Nature (London) **190**, 912 (1961).

317. PIERCE, J. G. and L. K. WYNSTON: On the Composition of Sheep Thyrotropic Hormone. Biochim. Biophys. Acta **43**, 538 (1960), dort weitere Literatur.

318. PIERCE, J. V. and M. E. WEBSTER: Human Plasma Kallidins: Isolation and Chemical Studies. Biochem. Biophys. Res. Comm. **5**, 353 (1961).

319. PIGMAN, W., E. GRAMLING and H. L. HOLLEY: Interactions of Hyaluronic Acid with Serum Albumin. Biochim. Biophys. Acta **46**, 100 (1961).

320. POGELL, B. M. and R. M. GRYDER: Enzymatic Synthesis of Glucosamine-6-phosphate in Rat Liver. J. Biol. Chem. **228**, 701 (1957).

321. PONTIS, H. G.: Uridine Diphosphate Acetylgalactosamine in Liver. J. Biol. Chem. **216**, 195 (1955).

322. POPENOE, E. A., F. L. KEE and R. M. DREW: The Carbohydrate of the α_1-Glycoprotein. Federat. Proc. (Amer. Soc. exp. Biol.) **20**, 386 (1961).

323. PRIMOSIGH, J., H. PELZER, D. MAASS and W. WEIDEL: Chemical Characterization of Mucopeptide Released from the *E. coli* B Cell Wall by Enzymic Action. Biochim. Biophys. Acta **46**, 68 (1961).

324. PUSZTAI, A. and W. T. J. MORGAN: A Blood-group-specific Sialomucopolysaccharide Possessing Virus-receptor Activity. Biochemic. J. **74**, 31 P (1960).

325. — — Studies in Immunochemistry. 19. Further Observations on the Preparation and Properties of Human Blood-group-Specific Mucopolysaccharides. Biochemic. J. **80**, 107 (1961).

326. RAFELSON, M. E., Jr., L. CLOAREC, J. MORETTI and M. F. JAYLE: Action of Neuraminidase on Haptoglobin. Nature (London) **191**, 279 (1961).

327. RHODES, M. B., N. BENNETT and R. E. FEENEY: The Trypsin and Chymotrypsin Inhibitors from Avian Egg Whites. J. Biol. Chem. **235**, 1686 (1960).

327 a. RICHARDSON, A. C.: Synthesis and Stereochemistry of Mycaminose. Proc. Chem. Soc. (London) **1961**, 430.

328. RICHARDSON, A. C. and H. O. L. FISCHER: Cyclization of Dialdehydes with Nitromethane. VI. Preparation of 3-Amino-1,6-anhydro-3-deoxy-β-D-gulose, -β-D-altrose and -β-D-idose Derivatives and their Characterization by Means of Inversion of Mesyloxy Groups. J. Amer. Chem. Soc. **83**, 1132 (1961).

329. RIEDER, S. V. and J. M. BUCHANAN: Studies on the Biological Formation of Glucosamine in vivo. I. Origin of the Carbon Chain. J. Biol. Chem. **232**, 951 (1958).

330. Rinehart, K. L., Jr., A. D. Argoudelis, W. A. Goss, A. Sohler and C. P. Schaffner: Chemistry of the Neomycins. V. Differentiation of the Neomycin Complex. Identity of Framycetin and Neomycin B. Compounds Obtained from Methyl Neobiosaminide B. J. Amer. Chem. Soc. **82**, 3938 (1960).

331. Romanowska, E.: Zur Chemie der Blutgruppensubstanzen M und N sowie deren Beziehung zum Influenzavirus. Naturwiss. **47**, 66 (1960).

332. Roseman, S.: Metabolism of Connective Tissue. Annu. Rev. Biochem. **28**, 545 (1959).

333. Roseman, S., F. Hayes and S. Ghosh: Enzymatic Synthesis of N-Acetyl-mannosamine 6-Phosphate. Federat. Proc. (Amer. Soc. exp. Biol.) **19**, 85 (1960).

334. Roseman, S. and J. Ludowieg: N-Acetylation of the Hexosamines. J. Amer. Chem. Soc. **76**, 301 (1954).

335. Rosenberg, A. and E. Chargaff: A Study of a Mucolipoide from Ox Brain. J. Biol. Chem. **232**, 1031 (1958).

336. Rosevear, J. W. and E. L. Smith: Glycopeptides. I. Isolation and Properties of Glycopeptides from a Fraction of Human γ-Globulin. J. Biol. Chem. **236**, 425 (1961).

337. Roth, W. and W. Pigman: Glycosides of 2-Acetamido-2-deoxy-D-glucosamine and Benzylidene Derivatives. J. Amer. Chem. Soc. **82**, 4608 (1960).

338. Rothfus, J. A.: Attachment of Carbohydrate to Protein in Human γ-Globulin. Federat. Proc. (Amer. Soc. exp. Biol.) **20**, 383 (1961).

339. Salton, M. R. J.: Cell-Wall Amino-Acids and Amino-Sugars. Nature (London) **180**, 338 (1957).

340. Salton, M. R. J. and J. M. Ghuysen: The Structure of Di- and Tetrasaccharides Released from Cell Walls by Lysozyme and Streptomyces F_1 Enzyme and the $\beta(1 \rightarrow 4)$-N-Acetyl-hexosaminidase Activity of these Enzymes. Biochim. Biophys. Acta **36**, 552 (1959).

341. Saltza, M. H. v., J. Reid, J. D. Dutcher and O. Wintersteiner: Nystatin. II. The Stereochemistry of Mycosamine. J. Amer. Chem. Soc. **83**, 2785 (1961).

341a. Sanderson, A. R., W. G. Juergens and J. L. Strominger: Chemical and Immunochemical Structure of Teichoic Acid from *Staphylococcus aureus* (Copenhagen). Biochem. Biophys. Res. Comm. **5**, 472 (1961).

342. Schaub, R. E. and M. J. Weiss: The Synthesis of the four Possible Methyl-3-amino-3-deoxy-D-xylosides. A Novel Ring Expansion of a Furanoside to a Pyranoside. J. Amer. Chem. Soc. **80**, 4683 (1958).

343. Schiller, S., G. A. Slover and A. Dorfman: A Method of the Separation of Acid Mucopolysaccharides: its Application to the Isolation of Heparin from the Skin of Rats. J. Biol. Chem. **236**, 983 (1961).

344. Schmid, K.: Preparation and Properties of Serum and Plasma Proteins. XXIX. Separation from Human Plasma of Polysaccharides, Peptides and Proteins of Low Molecular Weight. Crystallization of an Acid Glycoprotein. J. Amer. Chem. Soc. **75**, 60 (1953).

345. Schmid, K. and J. P. Binette: Polymorphism of α_1-Acid Glycoprotein. Federat. Proc. (Amer. Soc. exp. Biol.) **20**, 383 (1961).

346. Schmid, K. and W. Bürgi: Preparation and Properties of the Human Plasma Ba-α_2-Glycoproteins. Biochim. Biophys. Acta **47**, 440 (1961).

347. Schultze, H. E.: Über Glykoproteine. Dtsch. med. Wschr. **83**, 1742 (1958).

348. Schultze, H. E., R. Schmidtberger und H. Haupt: Untersuchungen über die gebundenen Kohlehydrate in isolierten Plasmaproteiden. Biochem. Z. **329**, 490 (1958).

349. Scott, J. E.: In: D. Glick, Methods of Biochemical Analysis, Vol. 8, p. 145. New York: Interscience Publ. 1960.

350. Shafizadeh, F.: Formation and Cleavage of Oxygen Rings in Sugars. Adv. Carbohydrate Chem. **13**, 43 (1958).

351. Sharon, N. and R. W. Jeanloz: The Isolation of a Diaminohexose from *Bacillus subtilis*. Biochim. Biophys. Acta **31**, 277 (1959).

352. Sigal, M. V., P. F. Wiley, K. Garzon, E. H. Flynn, U. C. Quarck and O. Weaver: Erythromycin. VI. Degradation Studies. J. Amer. Chem. Soc. **78**, 388 (1956); dort weitere Literatur.

353. Silverman, M. and S. V. Rieder: The Formation of N-Methyl-*L*-glucosamine from *D*-Glucose by *Streptomyces griseus*. J. Biol. Chem. **235**, 1251 (1960).

354. Smith, E. L., D. M. Brown, H. E. Weimer and R. J. Winzler: Sedimentation, Diffusion and Molecular Weight of a Mucoprotein from Human Plasma. J. Biol. Chem. **185**, 569 (1950).

355. Sowden, J. C. and M. L. Oftedahl: Concerning the Synthesis of *D*-Mannosamine and *D*-Glucosamine from *D*-arabo-3,4,5,6-Tetraacetoxy-1-nitro-1-hexene. J. Amer. Chem. Soc. **82**, 2303 (1960).

356. — — *D*-Gulosamine from *D*-Xylose. J. Organ. Chem. (USA) **26**, 2153 (1961).

357. Spiro, R. G.: Studies on Fetuin, a Glycoprotein of Fetal Serum. I. Isolation, Chemical Composition and Physicochemical Properties. J. Biol. Chem. **235**, 2860 (1960).

358. — Isolation and Characterization of Glycopeptides from Fetuin. Federat. Proc. (Amer. Soc. exp. Biol.) **20**, 383 (1961).

359. Spivak, C. T. and S. Roseman: Preparation of N-Acetyl-*D*-mannosamine (2-Acetamido-2-deoxy-*D*-mannose) and *D*-Mannosamine Hydrochloride (2-Amino-2-deoxy-*D*-mannose). J. Amer. Chem. Soc. **81**, 2403 (1959).

360. Springer, G. F.: Erzeugung blutgruppenspezifischer Agglutinine und Beobachtung verwandter immunologischer Phänomene mit Substanzen aus Pflanzen. Naturwiss. **43**, 93 (1956).

361. — Blood Group Active Substances of Plant Origin. Ciba Found. Sympos., Chemistry and Biology of Mucopolysaccharides. London, 1958, p. 216.

362. Springer, G. F. and N. J. Ansell: Acquisition of Blood Group B Like Bacterial Antigenes by Human A and O Erythrocytes. Federat. Proc. (Amer. Soc. exp. Biol.) **19**, 70 (1960).

363. Springer, G. F. and K. Stalder: Action of Influenza Viruses, Receptor-destroying Enzyme and Proteases on Blood Group Agglutinogen M^g. Nature (London) **191**, 187 (1961).

364. Srinivasan, P. R. and J. H. Quastel: Enzymatic Synthesis of Oligo- and Polysaccharides Containing *D*-Glucosamine. Science (Washington) **127**, 143 (1958).

365. Srinivasan, P. R. and D. B. Sprinson: 2-Keto-3-deoxy-*D*-araboheptonic Acid 7-Phosphate Synthetase. J. Biol. Chem. **234**, 716 (1959).

366. Stacey, M. and S. A. Barker: Polysaccharides of Micro-Organisms. Oxford University Press. 1960.

367. Stacey, M. and J. M. Woolley: The Nature of the Carbohydrate Residue in Ovomucoid. Part II. J. Chem. Soc. (London) **1942**, 550.

368. Stalder, K. and G. F. Springer: M and N Agglutinin Inhibition by Human Kidney and Erythrocyte Extracts. Federat. Proc. (Amer. Soc. exp. Biol.) **19**, 70 (1960).

369. Stevens, C. L., R. J. Gasser, T. K. Mukherjee and T. H. Haskell: The Structure of Amicetin. A new Dimethylamino Sugar. J. Amer. Chem. Soc. **78**, 6212 (1956); dort weitere Literatur.

370. Strange, R. E. and L. H. Kent: The Isolation, Characterization and Chemical Synthesis of Muramic Acid. Biochemic. J. **71**, 333 (1959).

371. Strominger, J. L.: Uridine Diphosphate Acetylglucosamine Phosphate and Uridine Diphosphate Acetylgalactosamine Sulfate. Biochim. Biophys. Acta **17**, 283 (1955).

372. — Enzymic Transfer of Pyruvate to Uridine Diphosphoacetylglucosamine. Biochim. Biophys. Acta **30**, 645 (1958).

373. — Mononucleotide Acid Anhydrides and Related Compounds as Intermediates in Metabolic Reactions. Physiol. Rev. **40**, 55 (1960).

374. — Nucleotide Intermediates in the Biosynthesis of Heteropolymers. Bull. soc. chim. biol. (Paris) **42**, 1815 (1960).

375. Strominger, J. L., S. S. Scott and R. H. Threnn: Isolation from *E. coli* of an Uridine Nucleotide Containing Diaminopimelic Acid. Federat. Proc. (Amer. Soc. exp. Biol.) **18**, 334 (1959).

376. Strominger, J. L. and M. S. Smith: Uridine Diphosphoacetylglucosamine Pyrophosphorylase. J. Biol. Chem. **234**, 1822 (1959).

377. — — The Preparation of Uridine Diphosphoacetylgalactosamine. J. Biol. Chem. **234**, 1828 (1959).

378. Strominger, J. L. and R. H. Threnn: Accumulation of an Uridine Nucleotide in *Staphylococcus aureus* as the Consequence of Lysine Deprivation. Biochim. Biophys. Acta **36**, 83 (1959).

379. Suzuki, S.: An Uridine Nucleotide Containing Acetylglucosamine and Galactose. Biochim. Biophys. Acta **50**, 395 (1961).

380. Suzuki, S. and J. L. Strominger: Isolation and Identification of Acetylgalactosamine Monosulfates. J. Biol. Chem. **235**, 2768 (1960).

381. Svennerholm, L.: Composition of Gangliosides from Human Brain. Nature (London) **177**, 524 (1956).

382. — Quantitative Estimation of Sialic Acids. II. A Colorimetric Resorcinol-Hydrochloric Acid Method. Biochim. Biophys. Acta **24**, 604 (1957).

383. — Quantitative Estimation of Sialic Acids. III. An Ion Exchange Resin Method. Acta Chem. Scand. **12**, 547 (1958).

384. Tamelen, E. E. van, J. R. Dyer, H. E. Carter, J. V. Pierce and E. E. Daniels: Structure of the Aminosugar Derived from Streptothricin and Streptolin B. J. Amer. Chem. Soc. **78**, 4817 (1956); dort weitere Literatur.

385. Tamm, I. and F. L. Horsfall, Jr.: Characterization and Separation of an Inhibitor of Viral Hemagglutination Present in Urine. Proc. Soc. exp. Biol. Med. **74**, 108 (1950).

386. Tarasiejska, Z. and R. W. Jeanloz: The Synthesis of *D*-Gulosamine Hydrochloride. J. Amer. Chem. Soc. **79**, 4215 (1957).

387. Taylor, W. H., B. J. Mallett and K. B. Taylor: Intrinsic Factor: Active and Inhibitory Components from the Mitochondria of Human Gastric Mucosal Cells. Biochemic. J. **80**, 342 (1961).

388. Thannhauser, S. J., H. Weicker, J. A. Dain and G. Schmidt: Separation of Different Gangliosidic Components of Beef Brain Ganglioside. Federat. Proc. (Amer. Soc. exp. Biol.) **19**, 219 (1960).

389. Tsugita, A. and S. Akabori: The Structure of Glycopeptides Obtained from Takaamylase. J. Biochemistry (Tokyo) **46**, 695 (1959) [Chem. Abstr. **54**, 3533 (1960)].

390. Tsuiki, S., Y. Hashimoto and W. Pigman: Comparison of Procedures for the Isolation of Bovine Submaxillary Mucin. J. Biol. Chem. **236**, 2172 (1961).

391. Viscontini, M. et J. Meier: Contribution à l'étude des glucosaminides. Helv. Chim. Acta **35**, 807 (1953).

392. WAKE, R. G. and R. L. BALDWIN: Analysis of Casein Fractions by Zone Electrophoresis in Concentrated Urea. Biochim. Biophys. Acta **47**, 225 (1961).

393. WALKER, P. G.: The Enzymic Degradation of Mucopolysaccharides. Biochem. Soc. Sympos. **20**, 109 (1960).

394. WALLER, C. W., P. W. FRYTH, B. L. HUTCHINGS and J. H. WILLIAMS: The Structure of the Antibiotic Puromycin. I. J. Amer. Chem. Soc. **75**, 2025 (1953).

395. WARREN, L.: Thiobarbituric Acid Spray Reagent for Deoxy Sugars and Sialic Acids. Nature (London) **186**, 237 (1960).

396. WARREN, L. and H. FELSENFELD: The Biosynthesis of N-Acetylneuraminic Acid. Biochem. Biophys. Res. Comm. **4**, 231 (1961).

397. — — N-Acetyl-mannosamine-6-phosphate and N-Acetyl-neuraminic-acid-9-phosphate as Intermediates in Sialic Acid Biosynthesis. Biochem. Biophys. Res. Comm. **5**, 185 (1961).

398. WATKINS, W. M.: Changes in Blood Group Specificity Induced by Enzymes. Bull. soc. chim. biol. (Paris) **42**, 1599 (1960).

399. WEICKER, H.: persönliche Mitteilung.

400. WEIDEL, W., G. KOCH und K. BOBOSCH: Über die Rezeptorsubstanz für den Phagen T 5. I. Extraktion und Reindarstellung aus *E. coli* B, physikalische, chemische und funktionelle Charakterisierung. Z. Naturforsch. **9** b, 572 (1954).

401. WEIDMANN, H. und H. K. ZIMMERMAN, Jr.: Derivate des *D*-Glucosamins. I. Über das 1-α-Brom-3,4,6-tribenzoyl-*D*-glucosamin-hydrobromid. Chem. Ber. **92**, 1523 (1959).

402. — — Aminozucker-Synthesen, I. Reaktionen der *D*-Glucosaminsäure. Liebigs Ann. Chem. **639**, 198 (1961).

403. — — Die Konfiguration der 2,6-Didesoxy-2,6-diamino-hexopyranose aus Neomycin C. Liebigs Ann. Chem. **644**, 127 (1961).

404. WEINFELD, H. and M. TUNIS: The Preparation of a Hexose-rich Fraction from Human Serum α_1-Acid Glycoprotein (Orosomucoid). Biochim. Biophys. Acta **50**, 590 (1961).

405. WEISS, D. W., R. S. BONHAG and K. B. DE OME: Protective Activity of Fractions of Tubercle Bacilli Against Isologous Tumors in Mice. Nature (London) **190**, 889 (1961).

406. WERNER, I. and L. ODIN: On the Presence of Sialic Acid in certain Glycoproteins and in Gangliosides. Acta Soc. Med. Upsal. **57**, 230 (1952).

407. WESTPHAL, O.: Die Struktur der Antigene und das Wesen der immunologischen Spezifität. Naturwiss. **46**, 50 (1959).

408. WHISTLER, R. L. and J. N. BeMILLER: Alkaline Degradation of Polysaccharides. Adv. Carbohydrate Chem. **13**, 289 (1958).

409. WHITE, T.: Studies in the Amino-Sugars. Part II. The Action of Dilute Alkali Solution on N-Acylglucosamines. J. Chem. Soc. (London) **1940**, 428.

410. WILLIAMSON, P. and G. F. SPRINGER: Blood Group-B Active Somatic Antigen of *E. coli* O 86. Federat. Proc. (Amer. Soc. exp. Biol.) **18**, 604 (1959).

411. WINSTEIN, S. and R. BOSCHAN: The Role of Neighboring Groups in Replacement Reactions. XVII. Complex Neighboring Groups. The Benzamido Group. J. Amer. Chem. Soc. **72**, 4669 (1950).

412. WINZLER, R. J.: Glycoproteins of Plasma. Ciba Found. Sympos., Chemistry and Biology of Mucopolysaccharides. London, 1958, p. 245.

413. WOLFROM, M. L. and K. ANNO: *D*-Xylosamine. J. Amer. Chem. Soc. **75**, 1038 (1953).

414. WOLFROM, M. L., R. U. LEMIEUX and S. M. OLIN: Configurational Correlation of *L-(levo)*-Glyceraldehyde with Natural *(dextro)*-Alanine by a Direct Chemical Method. J. Amer. Chem. Soc. **71**, 2870 (1949).

415. Wolfrom, M. L., R. Montgomery, J. V. Karabinos and P. Rathgeb: Structure of Heparin. J. Amer. Chem. Soc. **72**, 5796 (1950).
416. Wolfrom, M. L., F. Shafizadeh and R. K. Armstrong: Synthesis of Amino Sugars by Reduction of Hydrazine Derivatives. J. Amer. Chem. Soc. **80**, 4885 (1958).
417. Wolfrom, M. L., F. Shafizadeh, R. K. Armstrong and T. M. Shen Han: Synthesis of Amino Sugars by Reduction of Hydrazine Derivatives, *D*- and *L*-Ribosamine, *D*-Lyxosamine. J. Amer. Chem. Soc. **81**, 3716 (1959).
418. Wolfrom, M. L. and T. M. Shen Han: Methyl-2-deoxy-2-sulfoamino-β-*D*-glucopyranoside Trisulfate and the Preparation of Tri-O-acetyl-2-amino-2-deoxy-α-*D*-glucopyranosyl Bromide. J. Organ. Chem. (USA) **26**, 2145 (1961).
419. Wolfrom, M. L. and Z. Yosizawa: Synthesis of 2-Amino-2-deoxy-*L*-arabinose (*L*-Arabinosamine). J. Amer. Chem. Soc. **81**, 3477 (1959).
420. Wollman, S. H. and L. Warren: Effects of Thyrotropin and Thiouracil on the Sialic Acid Concentration in the Thyroid Gland. Biochim. Biophys. Acta **47**, 251 (1961).
421. Wolstenholme, G. E. W. and M. O'Connor (Editors): Ciba Foundation. Symposium on the Chemistry and Biology of Mucopolysaccharides. London: Churchill. 1958.
422. Woodward, R. B.: Struktur und Biogenese der Makrolide. Angew. Chem. **69**, 50 (1957).
423. Wu, F. C. and M. Laskowski: Crystalline Acid-labile Trypsin Inhibitor from Bovine Blood Plasma. J. Biol. Chem. **235**, 1680 (1960).
424. Yamakawa, T. and R. Irie: Mucolipide Nature of A B O-Group Substance of Erythrocytes. J. Biochemistry (Tokyo) **48**, 919 (1960) [Chem. Abstr. **55**, 9482 (1961)].
425. Yamakawa, T. and S. Suzuki: Lipides of Posthemolytic Residue or Stroma of Erythrocytes. III. Globoside, the Sugar Containing Lipide of Human Blood Stroma. J. Biochemistry (Tokyo) **40**, 7 (1953) [Chem. Abstr. **47**, 2223 (1953)].
426. Yamashina, I.: Enterokinase, a Mucoprotein. Congr. intern. biochim., Résumés communs., Brussels **1955**, 2 [Chem. Abstr. **50**, 15663 (1956)].
427. Zervas, L. und S. Konstas: Über Glucosaminide. Chem. Ber. **93**, 435 (1960).
428. Zilliken, F., C. S. Rose, G. A. Brown and P. György: Preparation of Alkyl-N-acetyl-α- and -β-*D*-glucosaminides and their Microbiological Activity for *Lactobacillus bifidus* var. Penn. Arch. Biochem. Biophys. **54**, 392 (1955).
429. Zilliken, F. and M. W. Whitehouse: The Nonulosaminic Acids. Adv. Carbohydrate Chem. **13**, 237 (1958).
430. Bericht vom 2. europäischen Symposium über Vitamin B_{12} und Intrinsic Factor. Hamburg, 1961. Nature (London) **191**, 1154 (1961).

(Eingelaufen am 19. Oktober 1961.)

Structure and Stereochemistry of the Lycopodium Alkaloids.

By **Karel Wiesner**, Fredericton, New Brunswick, Canada.

Contents.

I. Introduction.

The investigation of *Lycopodium* alkaloids has a very long history (20). In spite of the fact that the first *Lycopodium* alkaloid was isolated in the year 1881, and that the number of compounds shown to be present in various *Lycopodium* spp. has increased steadily since, no progress in the structure elucidation of this interesting class was achieved until the structure of annotinine was deduced in the years 1956–1957 at the University of New Brunswick. A second period of progress came in 1960 when a number of further representatives of the *Lycopodium* group were clarified. Also, this development was accomplished in several Canadian academic laboratories (McMaster, New Brunswick, Alberta and Ottawa). The structural relationships of the new compounds to each other and to annotinine have lent credence to the theory that the *Lycopodium* alkaloids are biogenetically derived by cyclization of two straight polyacetate chains (*12*).

The present review will make no attempt of an exhaustive treatment of the *Lycopodium* group. It will describe only degradative studies directly instrumental in the deduction of those structures which can be regarded as secured. Finally, it will deal with the biogenetic acetate hypothesis and with a possible modification of it on the basis of recent investigations.

II. The Structure of Annotinine.

Annotinine, $C_{16}H_{21}O_3N$, is the major alkaloid of *Lycopodium annotinum* (*21*). Its correct structure (I) was proposed for the first time in 1956 as one of three possibilities by Wiesner, Valenta, Ayer and Bankiewicz (*33*). In the Spring of 1957 structure (I) was rigorously proved by Wiesner, Ayer, Fowler and Valenta (*31*) to be the correct representation of the alkaloid.

In a paper which appeared almost simultaneously, Martin-Smith, Greenhalgh and Marion (*23*) still rejected the proposal of the New Brunswick group on the basis of their own interpretation of the chemical evidence. Later Przybylska and Marion (*27*) published, however, a paper in which the formula (I)* was corroborated by X-ray crystallography. This X-ray analysis by the brilliant Ottawa crystallographer Maria Przybylska (*27*, *26*) has revealed also the relative configuration of annotinine, which was shown to be represented by the formula (II)*. The same stereochemistry for all asymmetric centers, except the C-methyl group, also followed from a detailed discussion of the chemical evidence by the New Brunswick workers (*34*).

The Relationship of Functional Groups.

Annotinine was shown to contain a tertiary nitrogen, a γ-lactone, and a cyclic ether group. Treatment of the alkaloid with alkali, followed by acidification, led to annotinine hydrate in which the cyclic ether was thought to be replaced by two hydroxyls (*21*). The nature of the immediate vicinity of the nitrogen was clarified in an interesting study by MacLean and Prime (*19*). Annotinine was oxidized by permanganate

---

* We wish to point out two small formal changes in the writing of annotinine structures: (a) The numbering of the annotinine carbons has been changed in conformity with the acetate hypothesis. (b) Structures enantiomeric with those of all previous publications are used in view of the established absolute configuration (p. 281).

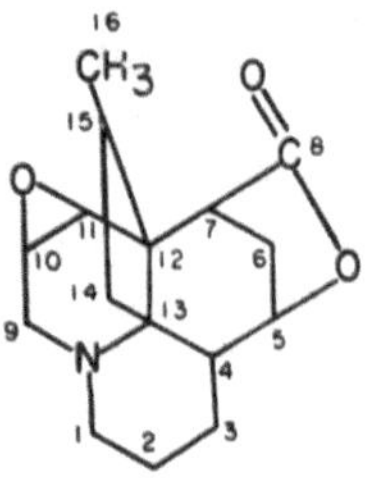

(I.) Annotinine. 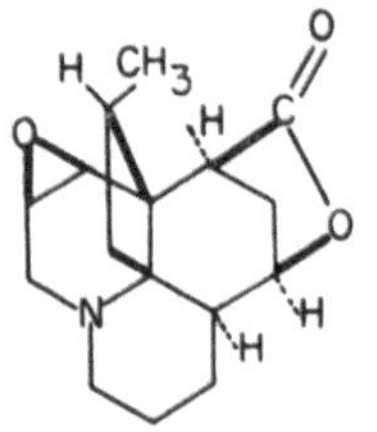 (II.) 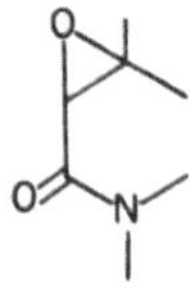 (III.) $C_{16}H_{19}O_4N$.

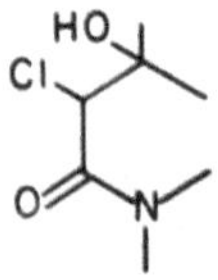

(IV.) $C_{16}H_{20}O_4NCl$. 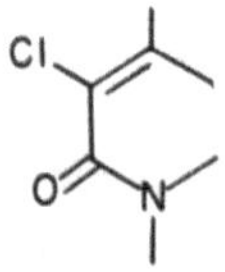 (V.) $C_{16}H_{18}O_3NCl$. 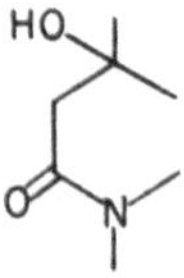 (VI.) $C_{16}H_{21}O_4N$. 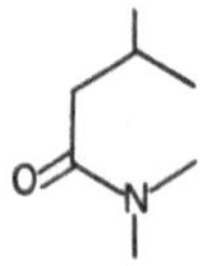 (VII.) $C_{16}H_{21}O_3N$.

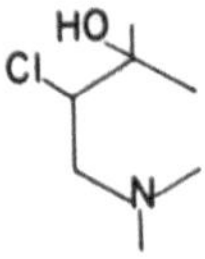

(VIII.) $C_{16}H_{22}O_3NCl$. 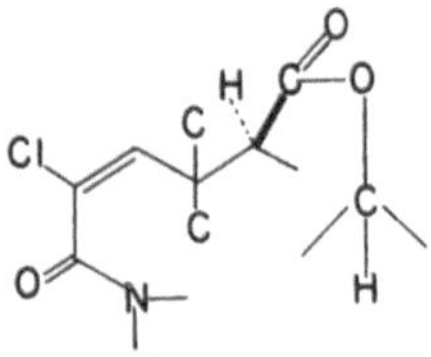 (IX.) $C_{16}H_{18}O_3NCl$. 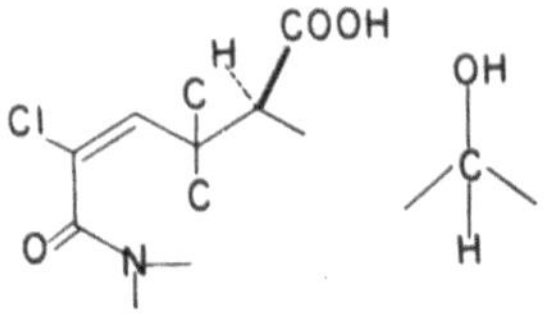 (X.) $C_{16}H_{20}O_4NCl$.

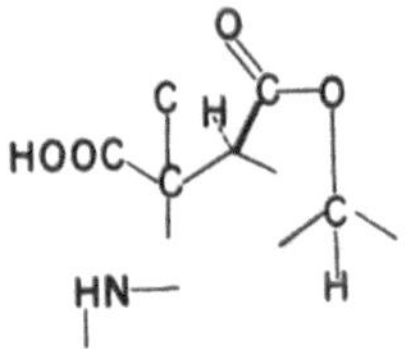

(XIII.) $C_{14}H_{19}O_4N$. 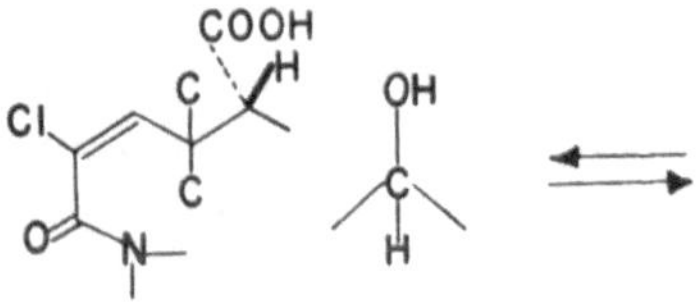 (XII.) $C_{16}H_{20}O_4NCl$. 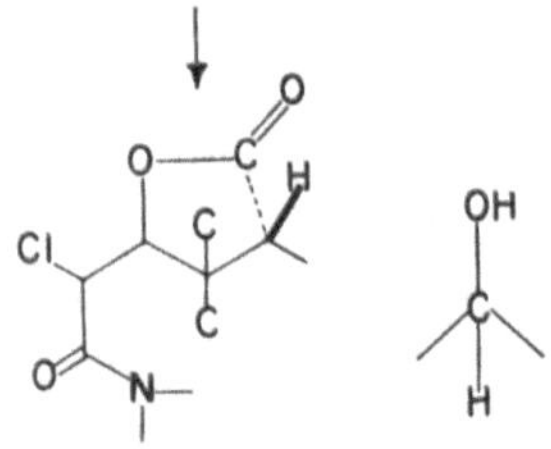 (XI.) $C_{16}H_{20}O_4NCl$.

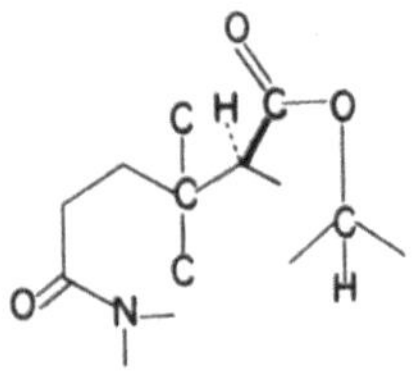

(XIV.) $C_{16}H_{21}O_3N$. 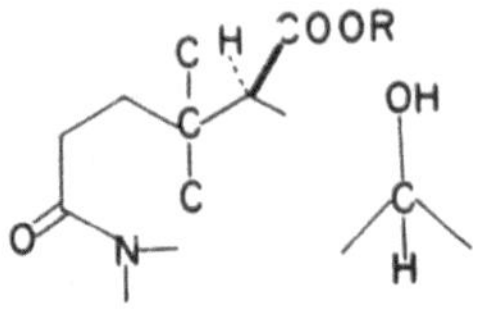 (XV.) R = H; $C_{16}H_{23}O_4N$. (XVII.) R = H; $C_{16}H_{23}O_4N$.
  (XVI.) R = CH_3; $C_{17}H_{25}O_4N$. (XVIII.) R = CH_3; $C_{17}H_{25}O_4N$.

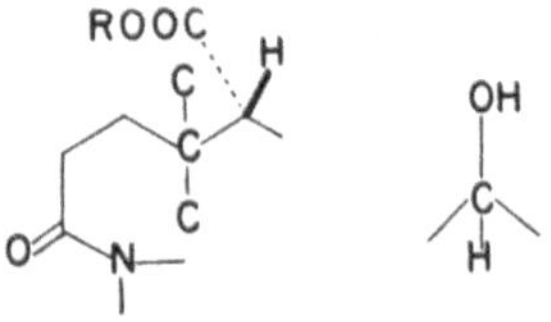

Chart 1. The Relationships of Functional Groups in Annotinine.

to a lactam, $C_{16}H_{19}O_4N$, which was shown to be represented by the partial formula (III) *(Chart 1)*.

By treatment with hydrochloric acid, the lactam was converted into a chlorohydrin formulated as (IV), which on dehydration yielded the anhydro compound (V). Hydrogenation of (IV) gave a mixture of (VI) and (VII). Compound (VII) was also obtainable by hydrogenation of the anhydrochlorohydrin (V). The facile hydrogenolysis of (IV) and its reconversion into the lactam (III) by sodium carbonate, as compared with the failure of these reactions with annotinine chlorohydrin (VIII) (obtainable by the action of hydrochloric acid on annotinine), were given as arguments (*19*) for the partial structures assigned to the compounds (III)–(VIII).

This was the state of annotinine chemistry when the New Brunswick group entered the field in 1954. It was then possible to corroborate the partial structure (V) for the anhydrochlorohydrin and to extend it to (IX) (*28*). The anhydrochlorohydrin (V≡IX) showed in the infrared spectrum an α,β-unsaturated lactam (1616, 1662 cm^{-1}) in addition to a γ-lactone group (1782 cm^{-1}). The relationship of these two groups was clarified in the following series of reactions.

Mild reflux of (IX) with alcoholic alkali gave the hydroxy acid (X) which still possessed the α,β-unsaturated lactam group. When (X) was heated with a trace of *p*-toluene-sulphonic acid in dry benzene, the lactone (XI) was formed by epimerization of the carboxyl and addition of this group across the conjugated double bond. Compound (XI) showed in the infrared spectrum a γ-lactone at 1760 cm^{-1} and a saturated lactam group at 1660 cm^{-1}. Treatment of the lactone (XI) with alkali gave, in a base-catalysed β-elimination reaction, the epimeric hydroxy acid (XII), which again showed in the infrared spectrum the presence of the conjugated lactam grouping. Finally, heating of (XII) with *p*-toluene-sulphonic acid in benzene regenerated the lactone (XI). Further conclusive evidence demonstrating that compounds (IX), (X), (XI), and (XII) have been correctly interpreted by the partial structures given, was obtained and may be found in the original paper (*28*).

Permanganate oxidation of the anhydrochlorohydrin (IX) gave a good yield of an amino acid, $C_{14}H_{19}O_4N$ (XIII). Its methyl ester proved resistant to saponification and, consequently, the carboxyl was assumed to be tertiary.

Some properties of the lactone ring were elucidated by the study of the lactam (VII≡XIV). Saponification of (XIV) with *ethanolic* potassium hydroxide gave the corresponding acid (XV) which could be converted by diazomethane into the methyl ester (XVI). Treatment of (XIV) with *methanolic* potassium hydroxide yielded quantitatively the ester (XVIII) which could be saponified by *ethanolic* potassium hydroxide to the corresponding acid (XVII). Finally, it was possible to epimerize the ester (XVI) to the ester (XVIII) by the action of *methanolic* potassium hydroxide.

The rationalization of these transformations was very simple: in methanolic potassium hydroxide, there is a considerable concentration of methoxide ions. By an attack of a methoxide ion on the lactone carbonyl of (XIV) the methyl ester (XVI) is obtained but immediately isomerized to the more stable ester (XVIII) which is resistant to saponification under the conditions of the experiment.

In contrast, in ethanolic potassium hydroxide the lactone carbonyl of (XIV) is attacked by a hydroxide rather than ethoxide ion. This yields the acid (XV) which is present in the reaction mixture as a carboxylate ion and is resistant to epimerization. This reaction sequence corroborates not only the secondary character of the lactone carboxyl, but also the fact that the original configuration of the carboxyl group in annotinine is less stable than the epimeric one. Oxidation of both esters, (XVI) and (XVIII), with chromium trioxide in pyridine gave the corresponding keto esters. The keto ester (XXIII), derived from the more stable hydroxy ester (XVIII), has been shown to possess not only the carbomethoxy group, but also the asymmetric carbon $C_{(4)}$ adjacent to the ketone in a configuration epimeric to the natural configuration of these centers in annotinine (see p. 276). This keto ester has been of great value in the final structural proof of the alkaloid.

Derivation of the Complete Annotinine Structure.

The first indication that the partial structures of annotinine derivatives could be expanded in such a manner as to include a perhydrojulolidine system originated from dehydrogenation reactions. It was thus shown (8) that 8-*n*-propylquinoline is formed in a good yield (in addition to other products) in a selenium dehydrogenation of annotinine. This quinoline derivative may be formed in two different ways from the perhydro-julolidine skeleton. Even more striking evidence of this kind was obtained as follows (33, 34). The hydroxy acid (XII) was converted into the methyl ester by the action of diazomethane and the ester was subjected to dehydration with phosphorus pentoxide in boiling xylene. The reaction product, the anhydroester (XIX), gave by a mild palladium dehydro-genation a good yield of the quinolone acid (XX), which was decarboxylated to the known 1,8-trimethylenequinolone *(Chart 2)*.

It was shown that no skeletal rearrangement accompanied the formation of compound (XIX). The 10,11-double bond and the chlorine atom in the anhydro ester (XIX) were reduced by sodium amalgam and the resulting dihydro-deschloro compound was converted (in several steps) to the α,β-unsaturated keto ester (XXI). The double bond in (XXI) was removed by hydrogenation and the saturated keto

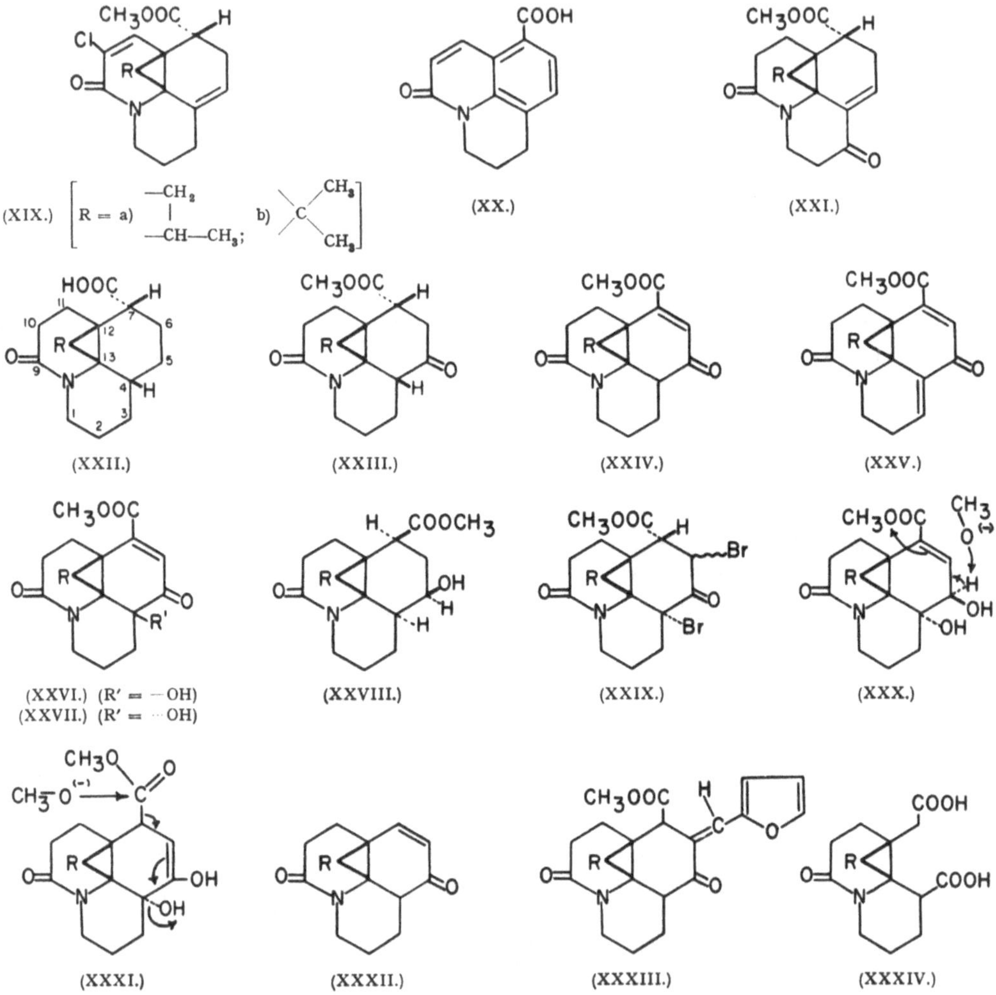

(XIX.) $\left[R = a) \begin{array}{c} -CH_2 \\ | \\ -CH-CH_3; \end{array} \quad b) \begin{array}{c} CH_3 \\ C \\ CH_3 \end{array} \right]$

(XX.)

(XXI.)

(XXII.)

(XXIII.)

(XXIV.)

(XXV.)

(XXVI.) (R′ = —OH)
(XXVII.) (R′ = ⋯OH)

(XXVIII.)

(XXIX.)

(XXX.)

(XXXI.)

(XXXII.)

(XXXIII.)

(XXXIV.)

Chart 2. Definition of the Periphery of the Annotinine Molecule.

ester was converted into the acid (XXII) by the Wolff-Kishner method. The same acid (XXII) was also formed by the Wolff-Kishner reduction of the keto ester (XXIII) which was obtained by a chromium trioxide oxidation in pyridine of the hydroxy ester (XVIII) (see p. 273). Hydrolysis and direct hydrogenation of (XIX) yielded a $C_{(4)}$-epimer of (XXII). Since the hydrogen is added to the 4,5-double bond *trans* to the bridge R, the acid (XXII) must be assigned the epimeric configuration with the $C_{(4)}$-hydrogen *cis* to the bridge R as indicated in the formula.

The compound (XXII) is formed under strongly basic conditions from the keto ester (XXIII) which is stable to alkali and carries a keto group adjacent to the asymmetric center at $C_{(4)}$. Consequently, (XXIII) must have the same configuration at $C_{(4)}$ as (XXII) and must represent the more stable one of the

References, pp. 296—297.

two epimers. It will be shown that the "natural" configuration at $C_{(4)}$ in annotinine is epimeric to the configuration of (XXII) and (XXIII) at this carbon. Consequently, the ester (XXIII) must have been formed by epimerization at $C_{(4)}$ of the original (not isolated) keto ester produced by the oxidation of the hydroxy ester (XVIII). For further details of these correlations see (34).

If we assume that no rearrangement has taken place in the palladium dehydrogenation of (XIX), three out of four rings of annotinine are defined in the quinolone acid formula (XX). The fourth ring must be added by attaching a bridge at two points to the skeleton of (XX). Since annotinine is known to have one C-methyl group, the bridge must have either the structure R_a or R_b (in XIX). One point at which the bridge must be attached is $C_{(12)}$, since as already stated, this carbon has been shown to be quaternary. The experiments described in the sequel show rigorously that the second point of attachment is $C_{(13)}$ (31, 34). They also confirm the skeletal structure suggested by the dehydrogenation results and used in representing the various annotinine derivatives, starting with compound (XIX).

The key compound in the series of experiments to be discussed is the keto ester (XXIII). Its oxidation with selenium dioxide gave a mixture of four products to which the structures (XXIV)–(XXVII) were assigned. The ultraviolet ($\lambda_{max} = 242$ mμ, log $\varepsilon = 3.9$) and infrared [1725 cm^{-1} (ester), 1698 cm^{-1} (ketone), 1640 cm^{-1} (lactam)] spectra of (XXIV) were in agreement with the conjugated keto ester structure. However, on the basis of the spectra alone, it was not possible to exclude the presence of an α,β-unsaturated ketone with an unconjugated ester group. The following conversions proved rigorously the presence of a conjugated keto ester chromophore. The keto group in (XXIV) was reduced with sodium borohydride and the resulting alcohol was isomerized with sodium methoxide in refluxing methanol to the original keto ester (XXIII). Such a base-catalyzed ketonization of an allylic alcohol is conceivable only if the double bond is conjugated to a carbonyl.

The structure (XXV) was assigned to the second oxidation product on the basis of the analysis and ultraviolet and infrared spectra [U. V. $\lambda_{max} = 251$ mμ, log $\varepsilon = 4.0$; I. R. 1731 cm^{-1} (ester), 1672 cm^{-1} (ketone), 1625 cm^{-1} (lactam)]. A striking confirmation of this structure, which at the same time has clarified the configuration of three asymmetric centers in annotinine, was achieved by the hydrogenation of (XXV) in glacial acetic acid over platinum oxide. This reaction gave in an excellent yield the hydroxy ester (XVI) (see p. 273) which is known to possess the original stereochemistry of annotinine. Since in the hydrogenation reaction compound (XXV) is clearly adsorbed to the catalyst from the flat, unhindered side of the molecule, we may assume that the hydrogens at the newly created asymmetric centers are *trans* to the $C_{(12)}$–$C_{(13)}$

bridge, and we may assign to the hydroxy ester (XVI) the partial stereo formula (XXVIII).

The last two products of the selenium dioxide oxidation were formulated as the epimeric hydroxy esters (XXVI) and (XXVII) on the basis of the analysis, the presence of hydroxyl bands in the infrared spectra, and the agreement of their spectroscopic properties with compound (XXIV).

A much more convenient preparation of (XXVI) was found in the alkaline hydrolysis of the dibromide (XXIX), which had been prepared by bromination of (XXIII) in glacial acetic acid. Since it may be assumed that the bromine approaches $C_{(4)}$ of the enolized compound (XXIII) quasi-axially and at the same time from the less hindered side (i. e. *trans* to the $C_{(12)}$–$C_{(13)}$ bridge), it is possible to assign to the dibromide (XXIX) the stereochemistry shown in the formula. The conversion of (XXIX) to (XXVI) by alkali may be assumed to be accompanied by inversion at $C_{(4)}$. Consequently, the compound (XXVI) and its $C_{(4)}$-epimer (XXVII) must possess the configurations indicated in the formulae. While the structure of (XXVI) followed clearly from its formation via the dibromide (XXIX), there was no direct evidence that compound (XXVII) was indeed a $C_{(4)}$-epimer of (XXVI).

Unexpectedly, the structure assigned to this product was corroborated by the following unusual yet fully rational sequence of reactions. The compound (XXVII) was reduced by sodium borohydride to the corresponding alcohol formulated as (XXX). The two hydroxy groups in (XXX) are *trans* oriented as indicated by the slow uptake of periodic acid. The diol (XXX) was next treated with sodium methoxide in refluxing methanol with the expectation that a vinylogous β-elimination would convert it to (XXIV). However, this reaction did not take place, probably because it was not favoured by the *cis* arrangement of the hydrogen at $C_{(5)}$ and the hydroxyl at $C_{(4)}$. Instead, the α,β-unsaturated ketone (XXXII) was formed by the mechanism indicated in the sequence (XXX) → (XXXI) → (XXXII). The first step (XXX → XXXI) is identical with the previously encountered ketonization of a conjugated allylic alcohol. The product of this reaction, the enol (XXXI), may suffer an attack by a methoxide ion at the ester carbonyl and, after ejection of the $C_{(4)}$ hydroxyl, yield dimethylcarbonate and the ketone (XXXII).

The clarification of the entire $C_{(1)}$–$C_{(8)}$ chain of annotinine was completed by a permanganate-periodate oxidation of compound (XXVI). This degradation gave in good yield succinic acid, which must have originated from the carbons $C_{(1)}$–$C_{(4)}$ and formic acid from carbon $C_{(6)}$. The structure of the area $C_{(5)}$–$C_{(8)}$ was further corroborated by the preparation of the furfurylidene derivative (XXXIII) from the keto ester (XXIII). Compound (XXXIII) was ozonized and the ozonide decomposed oxidatively with hydrogen peroxide. The resulting amorphous acid was decarboxylated and the crystalline dicarboxylic acid (XXXIV) obtained in a good yield.

These studies, in conjunction with the already discussed definition of ring A and the established relationship of the carboxyl to the

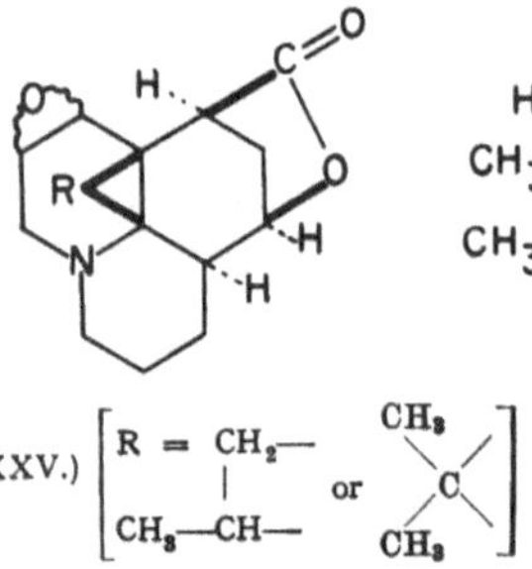

(XXXV.) $\left[R = CH_2- \atop CH_3-CH- \right.$ or $\left. C \atop CH_3 \right]$ (XXXVI.) 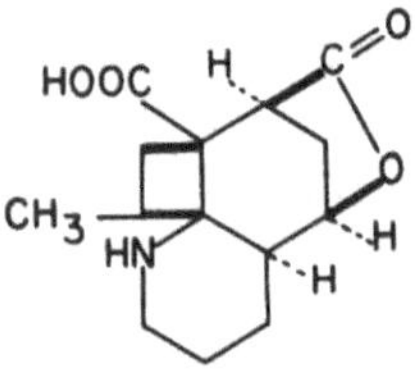   (XXXVII.) 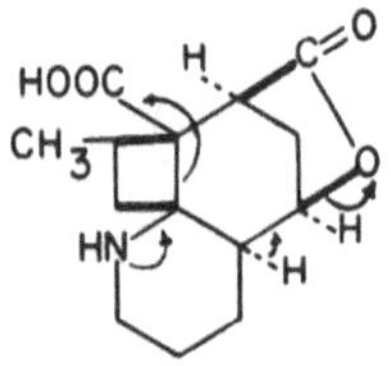   (XXXVIII.)

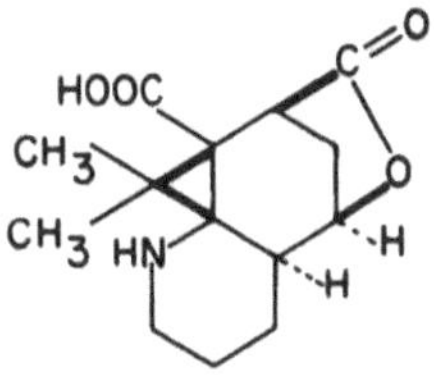

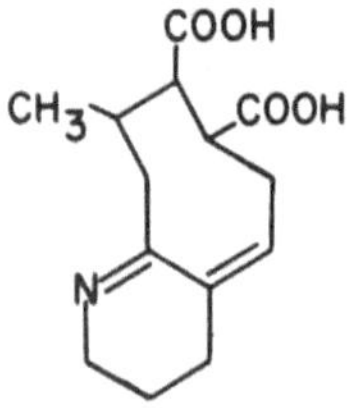

(XXXIX.) 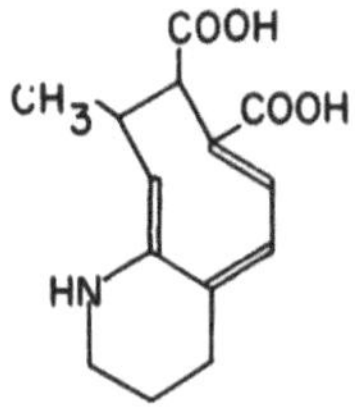   (XL.) 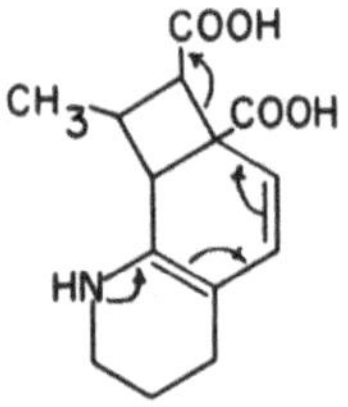   (XLI.) 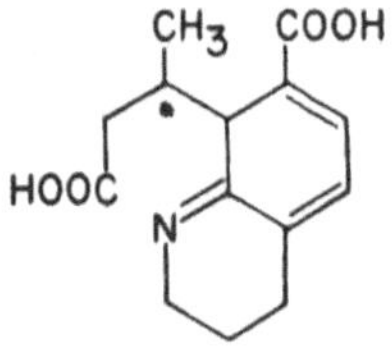   (XLII.)

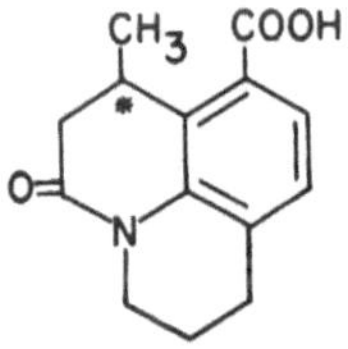

(XLIII.) 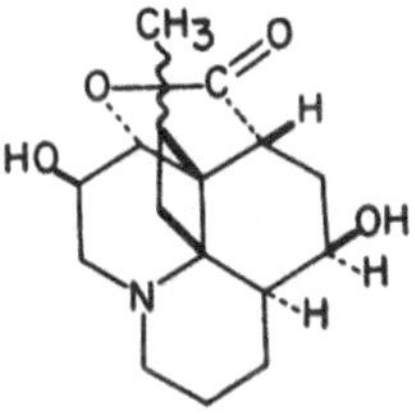   (XLIV.) 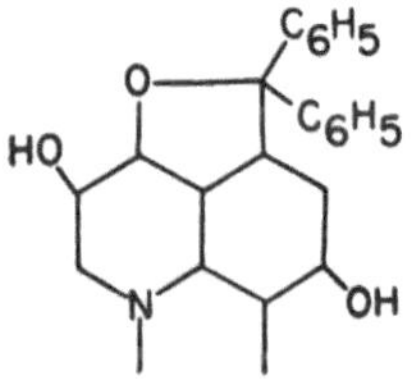   (XLV.) 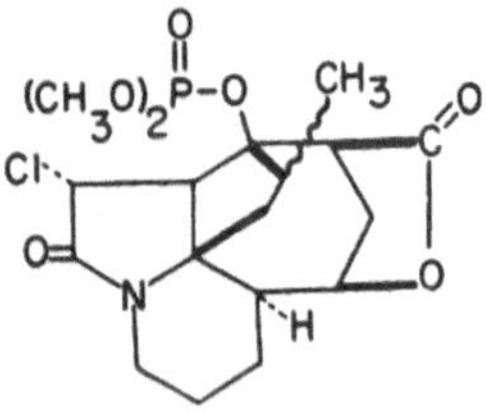   (XLVI.)

Chart 3. Definition of the Structure of the $C_{(12)}$–$C_{(13)}$ Bridge and the Configuration of the Oxide Group in Annotinine.

carbon $C_{(11)}$, define the entire periphery of the annotinine molecule in agreement with the views deduced from the dehydrogenation reactions. Further corroborative work by a series of degradations performed on the anhydroester (XIX) may be found in the original paper (34).

We have shown that annotinine must be represented by (XXXV) in which the configuration of the oxide ring as well as the structure and configuration of the bridge R remain to be determined. First, we shall deal with the problem of the structure of the bridge R. The amino acid represented previously by the partial structure (XIII) (*16*) (see above) must now be assigned one of the three structures (XXXVI), (XXXVII), or (XXXVIII). Its mild dehydrogenation with palladium yielded the optically active lactam acid (XLIII), the structure of which has been rigorously proved by synthesis (*29*). It is clear that of the three possible structures just mentioned, only (XXXVIII) can explain the formation of compound (XLIII) in a fully rational manner. From the several possible representations of this transformation, the one given in the original paper (*34*) is portrayed by the sequence (XXXVIII) → (XXXIX) → (XL) → (XLI) → (XLII) → (XLIII) *(Chart 3)*.

The Configuration of the Remaining Asymmetric Centers and Some Rearrangements.

With the above considerations, the structural argument (in an abbreviated form) for annotinine (I) is completed, and at the same time the configurations of the asymmetric centers at $C_{(4)}$, $C_{(5)}$, $C_{(7)}$, $C_{(12)}$ and $C_{(13)}$ are assigned as represented in (II, p. 273). The two remaining problems are, the configurations of the oxide ring and of the C-methyl group.

A compound of considerable importance for the first problem is annotinine hydrate, obtainable by alkaline hydrolysis of annotinine, followed by acidification. Since annotinine hydrate can be oxidized to a ketone which is not an α-ketol, it must contain a new lactone ring and be represented by the structure (XLIV) (*28*, *34*). Rather convincing, but not rigorous, arguments have been advanced by the New Brunswick workers (*34*) that the formation of annotinine hydrate proceeds via the opening of the lactone and attack of the epimerized carboxylate group on the oxide ring. This mechanism is only possible if the oxide ring has the configuration shown in (II).

Finally, the confirmation of the annotinine structure by X-ray crystallography has revealed its entire stereochemistry, which also includes the configuration of the C-methyl group (*27*, *26*).

Since our original publication (*34*), which has left the configuration of the oxide ring only probable and the configuration of the C-methyl undetermined, additional chemical evidence on both these points has become available. Perry, MacLean and Manske (*24*) have described the reaction of annotinine with phenyl lithium and assigned structure (XLV) to the product in analogy to the formulation of annotinine hydrate. The authors did not draw any stereochemical conclusions from this result. According to the evidence presented, there seems to be no alternative to structure (XLV); and the mechanism by which it is formed may be divided into the following four steps:

a) Reaction of annotinine with one mole of phenyl lithium to yield a ketone.

b) Epimerization of this ketone at $C_{(7)}$.

c) Reaction of the epimerized ketone with a second mole of phenyl lithium to yield a tertiary alcoholate.

d) Opening of the oxide ring at $C_{(11)}$ by an intramolecular attack of the tertiary alkoxide ion.

While this mechanism is analogous to the proposed formation of annotinine hydrate (34), there is an important difference. This mechanism is the only one capable of accounting for the formation of structure (XLV), and it can operate only if the 10,11-oxide has the configuration indicated in (II).

Chemical work on both configurational uncertainties of the annotinine structure has also been pursued by our group (32). First of all, it has been shown that compound (XLVI) may be isolated as a by-product when oxoannotinine chlorohydrin (IV) is dehydrated with phosphorus oxychloride and the main product (V) recrystallized from methanol. Clearly, the formation of (XLVI) proceeds via the transformation of the hydroxyl in the chlorohydrin (IV) into a —O—$POCl_2$ group, followed by cyclic rearrangement and reaction with methanol. An examination of the model shows that the rearrangement is most plausible if the hydroxyl of oxoannotinine chlorohydrin is cis to the $C_{(12)}$–$C_{(13)}$ bridge. Consequently, the oxide group in annotinine itself must have the configuration indicated in (II).

The last point of annotinine stereochemistry, namely the configuration of the C-methyl group, was a problem not easily solvable on the basis of the experimental data available from degradative studies. However, one method which did not require too much additional degradation work presented itself (32). It required first the knowledge of the absolute configuration of annotinine. This information was obtained by the application of the Hudson rule to annotinine hydrate (XLIV), the application of the octant rule (13) to the keto ester (XXIII), and the application of PRELOG's method (25) to the phenylglyoxylic ester of the hydroxy lactam (VI).

The last method was applicable, since the relative configuration of the hydroxyl group in (VI) was known. It must be the same as the configuration of the hydroxyl in oxoannotinine chlorohydrin (see above). All three methods have shown in agreement that the absolute configuration of annotinine is antipodal to the structural formulae used in previous publications, and is the same as the structures in this review. In the rearrangement of the amino acid (XXXVIII) to the lactam acid (XLIII), all asymmetric centers except the one which carries the C-methyl disappear. The absolute configuration of (XLIII) must be (LI), since the compound yields on ozonolysis D-($+$)-methylsuccinic acid (LII) *(Chart 4)*.

This information seemed sufficient for the deduction of the relative configuration of the C-methyl in annotinine. The amino acid (XXXVIII) must have the absolute and relative stereochemistry (XLVIII) in order to yield the lactam acid (LI) via an intermediate with the gross stereo

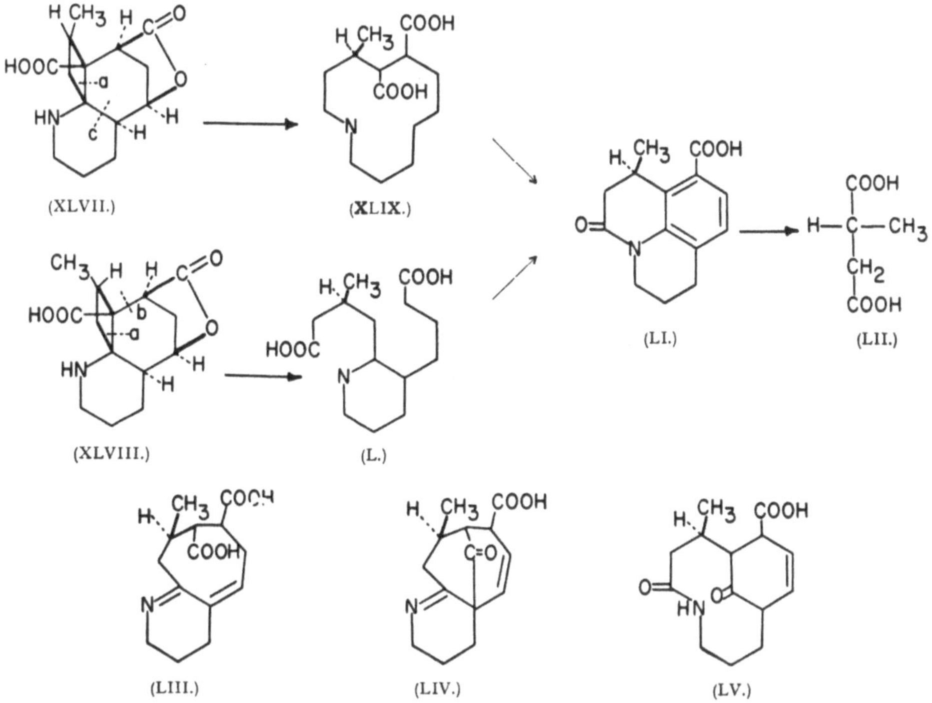

Chart 4. Stereochemistry and Mechanism of the Rearrangement of the Amino Acid (XLVII) into the Lactam Acid (LI).

structure (L) postulated in all mechanisms considered up to this point. (One variant of such a mechanism is that given on p. 279, XXXVIII to XLIII.) Conversely, the amino acid with the absolute stereo structure (XLVII) should yield the optical antipode of (LI) by the same pathway.

This outcome is in clear disagreement with the configuration of the C-methyl as determined by PRZYBYLSKA's X-ray analysis (*26, 27*). According to her results, the correct stereo structure of the amino acid is not (XLVIII) but (XLVII). Since all chemical results were clean-cut, the possibility was considered that the X-ray analysis might have been faulty. Luckily, an explanation was found which created compatibility between all chemical and crystallographic data. It involved the assumption that not only the detailed but even the gross mechanism of the rearrangement via the intermediate (L) was incorrect.

If the rearrangement of the amino acid (XLVII or XLVIII) (cf. p. 282) proceeds by the breaks *a* and *c* (instead of *a* and *b* as assumed previously) via the intermediate with the gross stereo structure (XLIX), then it is the amino acid epimer (XLVII) which yields the correct enantiomer (LI) of the lactam acid. There are several more or less plausible ways in which such a mechanism may be elaborated in detail; one of them is represented by the sequence (XLVII) → (LIII) → (LIV) → → (LV) → (LI).

III. The Structure of Lycopodine.

Lycopodine, $C_{16}H_{25}ON$, is the second tetracyclic alkaloid on which much attention was centered for many years. It is the major alkaloid of several *Lycopodium* species and occurs together with annotinine in *Lycopodium annotinum*. Lycopodine contains a tertiary nitrogen belonging to two rings and a keto group (*18*). The structure of lycopodine was deduced in 1960 by HARRISON and MACLEAN (*15*), who have shown that all known reactions of the alkaloid may be accommodated by the formula (LVI). The skeleton of (LVI) differs from the annotinine skeleton only by one carbon-carbon bond, and this is very important for the development of biogenetic theories in the class of *Lycopodium* alkaloids.

MACLEAN and HARRISON (*17*) first proposed that lycopodine, like annotinine, contains a hexahydro-julolidine system and that many reactions of the compound may be explained by the partial structure (LVII).

The interaction of lycopodine with cyanogen bromide gave rise to two isomeric cyanobromo-lycopodines, α and β, portrayed by (LVIII) and (LIX). In compound (LVIII), the bromine may be exchanged for an acetoxy group, the latter saponified to a primary alcohol, and the alcohol oxidized to a carboxylic acid without loss of carbon. The reduction of the keto group in this keto acid with sodium borohydride yielded a hydroxy acid which failed to lactonize. Hydrolysis of the cyano group in the keto acid and esterification of the resulting amino acid with diazomethane gave the compound (LX) by spontaneous closure of a lactam ring. According to the infrared amide carbonyl frequency of (LX) ($1635 cm^{-1}$), this lactam ring was at least six-membered. The compound (LX) was reduced by lithium aluminum hydride to dihydrolycopodine, also obtainable by the action of the same reagent on lycopodine (LVI).

An attempt to displace the bromine in (LIX) by potassium acetate yielded the very unreactive enol ether (LXI) (*18*). However, the use of silver acetate (*17*) has made possible a displacement of the bromine by an acetoxy group in (LIX). Hydrolysis of the resulting acetate yielded a primary alcohol which was oxidized to a keto acid without loss of carbon. Reduction of the keto group in the latter compound by sodium borohydride yielded the lactone (LXII) which, according to its infrared carbonyl band (1743 cm^{-1}), was probably six-membered.

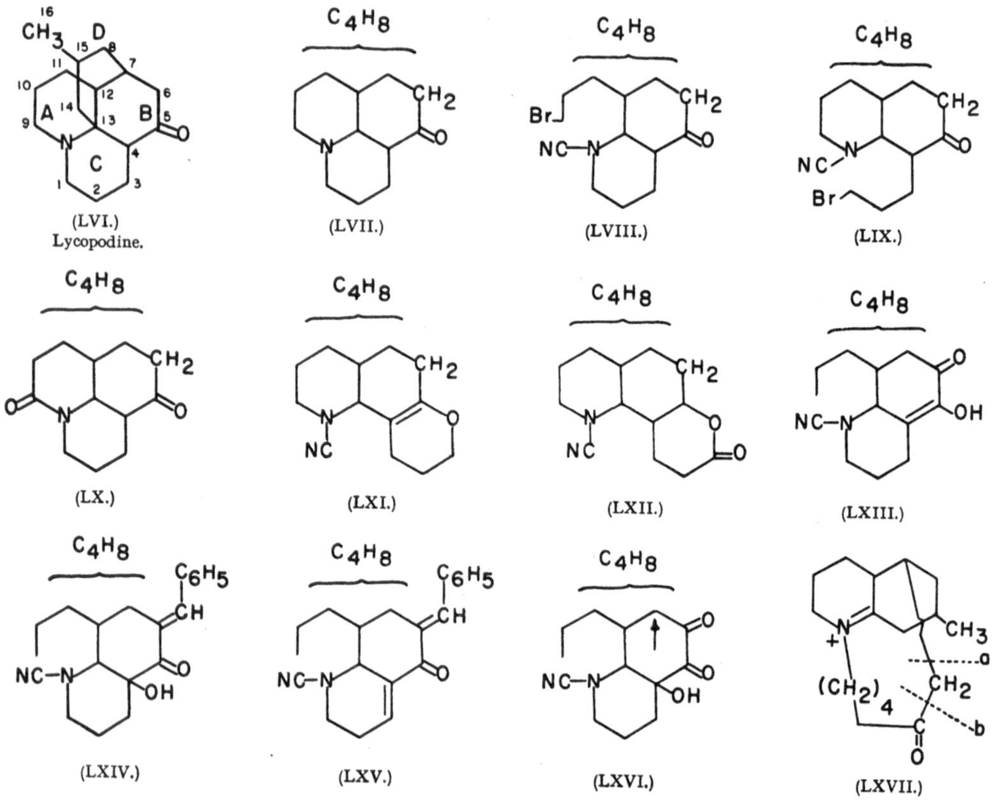

Chart 5. Structural Elucidation of Lycopodine.

Since the carbonyl frequency of lycopodine itself (1700 cm^{-1}) corresponds to a ketone in a six-membered ring, it is clear that all data discussed up to this point are compatible with the partial formula (LVII) for lycopodine (*Chart 5*).

The bromine in α-cyanobromo-lycopodine (LVIII) may be removed by hydrogenolysis with a palladium-calcium carbonate catalyst (*18*). The resulting α-cyanolycopodine was used as the most suitable compound for the definition of the environment of the keto group. Bromination of α-cyanolycopodine gave an uncharacterized dibromide which was hydrolysed by alkali to (LXIII) (9). The ultraviolet ($\lambda_{max} = 280$ mμ, log $\varepsilon = 4$) and infrared (strong bands at 1660 and 1640 cm^{-1}) spectra of this compound supported its formulation as an enolized α-diketone. α-Cyanolycopodine also yielded a benzylidene derivative which by treatment with selenium dioxide gave a mixture of two products, viz. the hydroxy compound (LXIV) and the unsaturated compound (LXV) (15). This behaviour is analogous to the selenium dioxide oxidation of the keto ester (XXIII) from annotinine (see p. 276) and supports the assumption that the keto groups in this annotinine derivative and in lycopodine are in analogous positions. Ozonolysis of benzylidene α-cyano-lycopodine yielded the enolic diketone (LXIII). On the other hand, ozonolysis of the hydroxybenzylidene compound (LXIV) gave the hydroxydiketone (LXVI). The compound (LXVI) had ultraviolet ($\lambda_{max} = 420$ mμ, log $\varepsilon = 2.5$) and infrared (strong band at 1724 cm^{-1}) spectra fundamentally different from those of compound (LXIII) and it showed no enolic properties. Hydrogenolysis with a platinum oxide catalyst readily converted the non-enolic compound (LXVI) into the fully enolized compound (LXIII).

These studies indicate that the only hydrogen available for enolization in the diketone (LXIII) is replaced by the hydroxyl in the diketone (LXVI). Consequently, the carbon atom marked by an arrow in (LXVI) must be quaternary, or it must represent a bridgehead, towards which enolization is impossible. This conclusion, coupled with the fact that lycopodine analysed for one C-methyl group in the Kuhn-Roth determination, was the basis for the extension of the partial structure (LVII) into the complete structure (LVI).

Formula (LVI) explains very well the formation of 7-methyl- and 5,7-dimethylquinoline on dehydrogenation (20). It is clear that these products must originate from the rings A and D of lycopodine. The reason why no quinoline dehydrogenation product corresponding to the rings A and B has been isolated (as in the case of annotinine) must be due to the fact that the ABC perhydro-julolidine system is destroyed by a reverse Mannich reaction with the formation of the intermediate (LXVII). This compound may cleave according to a--- by a reverse Michael reaction and yield, after dehydrogenation, 7-methylquinoline; or it may cleave pyrolytically according to b--- with the ultimate formation of 5,7-dimethylquinoline.

A further, important corroboration of structure (LVI) was the finding that both α- and β-cyanodihydro-lycopodines (LVIII and LIX with bromine replaced by hydrogen and ketone reduced to an alcohol) possess the n-propyl chain (15). Both compounds yielded a mixture of acetic, propionic and butyric acid in a modified Kuhn-Roth oxidation, while lycopodine itself yielded only acetic acid.

Since there does not appear to be an alternative structure for lycopodine which could explain all the discussed chemical information and at the same time be reasonably related to annotinine, it seems that the formula (LVI) has been conclusively established by the work discussed above.

IV. The Structures of Some Related Alkaloids.

Acrifoline.

Acrifoline, $C_{16}H_{23}O_2N$, is a minor alkaloid of *Lycopodium annotinum* (22). Its structure (LXVIII) was proposed by FRENCH and MACLEAN (14).

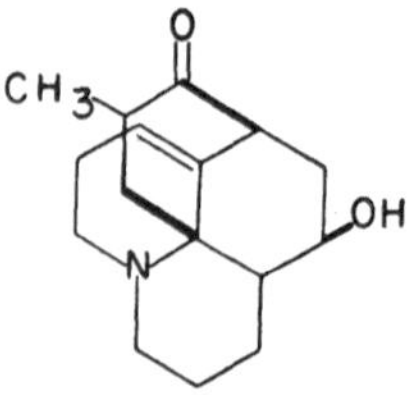

(LXVIII.)
Acrifoline.

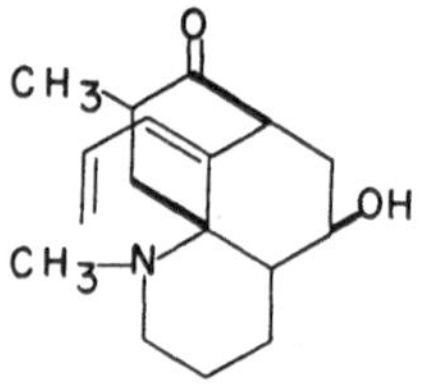

(LXIX.)

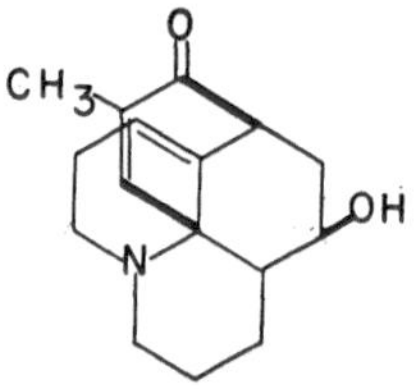

(LXX.)

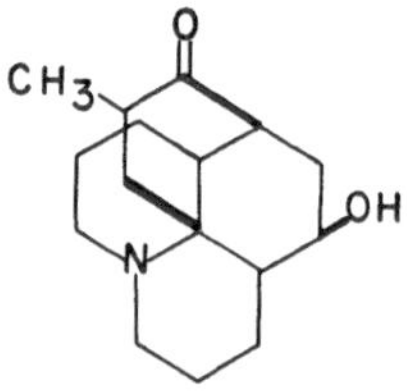

(LXXI.)
Annofoline.

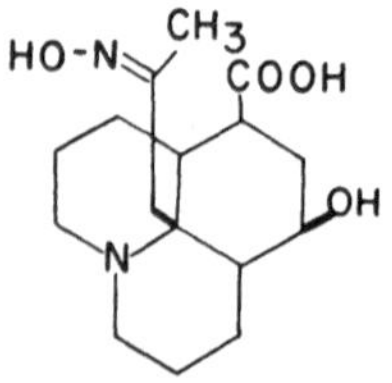

(LXXII.)

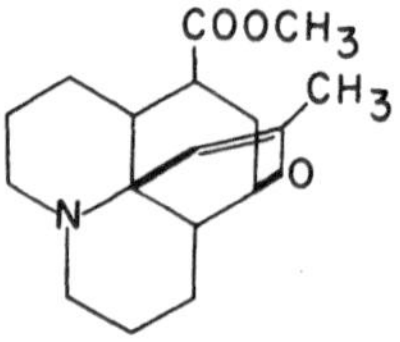

(LXXIII.)

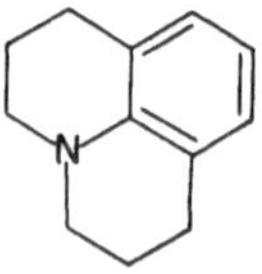

(LXXIV.)

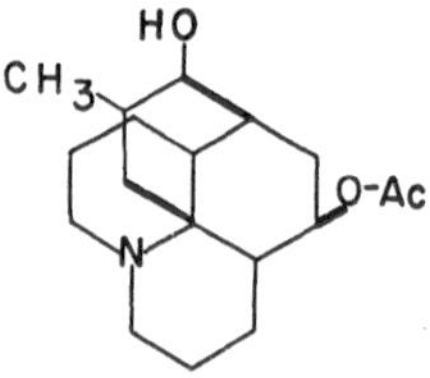

(LXXV.)
Fawcettiine.

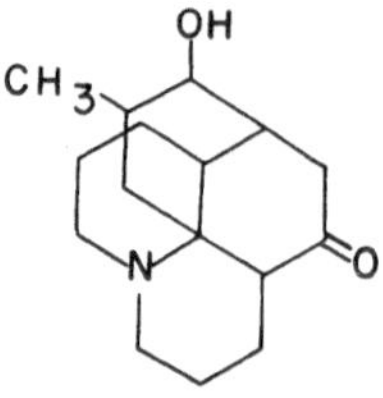

(LXXVI.)
Clavolonine.

Chart 6. Structural Elucidation of Acrifoline, Fawcettiine and Clavolonine.

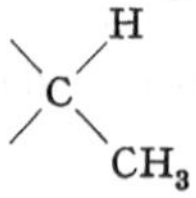

Acrifoline contains a keto group, a hydroxyl and a double bond. The nuclear magnetic resonance (N. M. R.) spectrum shows the presence of one $\overset{\displaystyle H}{\underset{\displaystyle CH_3}{\diagdown C \diagup}}$ group (C-methyl peak split into a doublet). The hydroxy group of acrifoline is located in such a manner that it can form a hemiketal with the carbonyl. This is demonstrated by the absence of carbonyl absorption in the infrared spectrum of crystalline acrifoline. Hofmann degradation of acrifoline methiodide gave the conjugated diene (LXIX) ($\lambda_{max} = 240$ mμ), which produced formaldehyde on ozonolysis. Hydrogenation of compound (LXIX) yielded a mixture of hydrogenation products. A modified Kuhn-Roth oxidation performed on this mixture gave acetic, propionic and butyric acid, showing the presence of a n-propyl chain in at least one component of the hydrogenation mixture.

Selenium dioxide oxidation of acrifoline yielded the α,β-unsaturated ketone (LXX). Its N. M. R. spectrum has established the presence of a methyl group in the α-position and of a hydrogen in the β-position of the conjugated double bond, in agreement with (LXX). Treatment of (LXX) with alkali caused an intramolecular addition of the hydroxyl to the β-position of the double bond.

The acrifoline structure was finally corroborated by direct correlation with lycopodine (I).

Catalytic hydrogenation of acrifoline saturated the double bond and yielded two dihydro derivatives, stereoisomeric at $C_{(12)}$. One of them proved to be identical with annofoline (LXXI), which in turn has been directly correlated with lycopodine (see below).

Annofoline.

This alkaloid, $C_{16}H_{25}O_2N$, was isolated also from *Lycopodium annotinum* (3). The constitution (LXXI) of a dihydroacrifoline was proposed by ANET and KHAN (4).

Much of the degradation work on annofoline resembles the studies already discussed in connection with acrifoline, and they will be omitted here in view of the direct correlation of the two compounds (1) (see above). Additional evidence for the presence of a hexahydro-julolidine system in annofoline has been obtained as follows (4).

Treatment of annofoline with t-butyl nitrite gave the oximino acid (LXXII). This compound yielded, by the action of dicyclohexyl-carbodi-imide, a small amount of an uncharacterized γ-lactone (infrared carbonyl maximum 1780 cm^{-1}). Acid hydrolysis of (LXXII) followed by treatment with diazomethane gave the crystalline enol ether (LXXIII). These results with the oximino acid (LXXII), which except for the missing $C_{(12)}$–$C_{(15)}$ bond contains the system of annotinine, are in full agreement with the observed reluctance of corresponding annotinine derivatives to reform the original lactone ring.

Compound (LXXII) undergoes smooth dehydrogenation to yield julolidine (LXXIV). This result, which is not found with other annofoline derivatives, can be understood (4), on the basis of structure (LXXII), as an extrusion of the $C_{(14)}-C_{(15)}-C_{(16)}$ side-chain by a reverse Mannich reaction, followed by a β-elimination of the hydroxyl, and, finally, introduction of the last double bond by dehydrogenation and decarboxylation.

Fawcettiine and Clavolonine.

These two alkaloids have been isolated (*10*) from the Jamaican *Lycopodium fawcettii* and the structures (LXXV) and (LXXVI) have been assigned to them, simply by correlations with annofoline (*11*).

Fawcettiine, $C_{18}H_{29}O_3N$, must be represented by the formula (LXXV); it was oxidized to a ketone which by alkaline hydrolysis gave annofoline. Acetylation of fawcettiine yields acetylfawcettiine, which is also a natural constituent of *Lycopodium fawcettii* (*11*) (Base "K", $C_{20}H_{31}O_4N$).

Clavolonine, $C_{16}H_{25}O_2N$, is an annofoline isomer and yields, upon chromium trioxide oxidation, a diketone which is also obtainable by oxidation of deacetylfawcettiine. Thus, clavolonine is either an epimer of annofoline, or it must be represented by structure (LXXVI). The latter formula was proved by the following correlation: acetylation of deacetylfawcettiine at low temperature gave an isomer of fawcettiine (isofawcettiine), which on further acetylation yielded acetylfawcettiine (Base "K"). Oxidation of isofawcettiine to the corresponding ketone, followed by alkaline hydrolysis of the acetyl group, gave clavolonine.

V. Stereochemistry and Interrelation of Alkaloids with the Lycopodine Skeleton.

The stereochemistry of all lycopodine-type alkaloids was elucidated by Anet (*1*) in an elegant conformational study.

The reduction of annofoline with sodium borohydride gave a mixture of two isomeric diols (α- and β-dihydroannofolines). The β-dihydro compound was found to be identical with deacetylfawcettiine. It has been shown that these two isomers are not merely epimeric alcohols (as might be assumed), but that they are different in the configuration of the C-methyl group. Reduction of annofoline with borohydride under neutral conditions yielded only the α-isomer. However, in the presence of alkali up to 50% of the β-isomer was obtained. A rigorous proof that β-dihydroannofoline (deacetylfawcettiine) is not a reduction product of annofoline but of its $C_{(15)}$-epimer was provided as follows.

It has been shown that 8-ketofawcettiine and O-acetylannofoline are not identical in spite of the fact that both yield annofoline on alkaline hydrolysis (see above). Consequently, they must be different in the configuration at $C_{(15)}$ which is adjacent to a keto group and may epimerize in the course of the treatment with alkali. From the same experiment it also follows that annofoline is the more stable one of the two possible $C_{(15)}$-epimers.

The surprising finding that deacetylfawcettiine, a reduction product of the less stable $C_{(15)}$-epimer of annofoline, may be obtained by borohydride reduction of annofoline in the presence of alkali in a yield of 50% may be explained as follows: A base-catalysed equilibrium is very rapidly established between annofoline and its $C_{(15)}$-epimer, and the hydride reduction of the latter must proceed at a much faster rate than the reduction of annofoline. Annofoline and acrifoline (see p. 286) exist partly as hemi-ketals, partly as internally hydrogen-bonded hydroxy

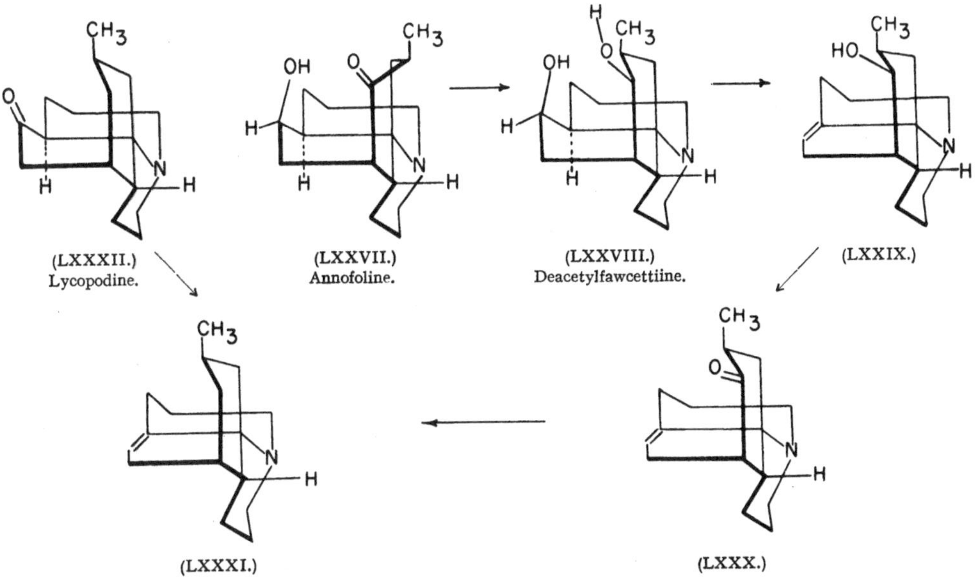

(LXXXII.)   (LXXVII.)   (LXXVIII.)   (LXXIX.)
Lycopodine.   Annofoline.   Deacetylfawcettiine.

(LXXXI.)   (LXXX.)

Chart 7. Interrelations and Configurations in the Lycopodine Family.

ketones. This is only possible if in these compounds ring D assumes predominantly the boat conformation. There is, in fact, a very strong repulsion between the $C_{(5)}$-hydroxyl and $C_{(15)}$ if ring D is in a chair form. Since annofoline is the more stable one of the two $C_{(15)}$-epimers, it must possess the methyl group equatorial to the D ring in boat form and (if some further stereochemical arguments are anticipated) be represented by the stereo formula (LXXVII) *(Chart 7)*.

It is clear that in derivatives which do not possess a $C_{(5)}$ axial substituent, ring D will be more stable in the chair form. Consequently, dehydro-deacetylfawcettiine, which may be prepared from deacetyl-fawcettiine (LXXVIII) by dehydration (*10*), may be represented by the stereo structure (LXXIX)*. Compound (LXXIX) was oxidized to the ketone (LXXX), which was then reduced by the Wolff-Kishner

---

* It will be remembered that the respective configurations at $C_{(15)}$ in deacetyl-fawcettiine and annofoline are epimeric. The preferred conformation of (LXXVIII) will be discussed later.

method to (LXXXI). This last product was identified as dihydro-anhydrolycopodine prepared from lycopodine (LXXXII) by reduction with lithium aluminum hydride and subsequent dehydration.

The *trans*-fusion of rings B and C in lycopodine (LXXXII) follows from the stability to alkali. Rings A and B must be *cis* fused to explain the finding that α-cyanobromolycopodine (LVIII) undergoes, in the presence of alkali, an intramolecular alkylation in a position α to the keto group (i. e., $C_{(4)}$ or $C_{(6)}$). The *trans* configuration of the rings B and C in annofoline and deacetylfawcettiine, which are correlated to lycopodine only via the $\Delta^{4,5}$-unsaturated compound (LXXXI), follows from the ready dehydration of the axial hydroxyl at $C_{(5)}$ in deacetyl-fawcettiine (LXXVIII).

Ring D in (LXXVIII) is represented by Anet (*1*) in the chair form because the methyl group would be in the extremely unfavourable flagpole position if the D ring existed as a boat. The $C_{(8)}$-hydroxyl of deacetylfawcettiine is represented as equatorial *trans* to the methyl group. This is consistent with the stability of the $C_{(8)}$-hydroxyl to dehydration and with the formation of (LXXVIII) from the corresponding ketone by hydride reduction. In this process both kinetic and thermodynamic control would result in the same configuration, since an approach of a hydride from the exo side of the bridged system results in the equatorial alcohol. The absolute configurations of lycopodine and its related alkaloids follow from the application of the octant rule (*32, 13*) to compound (LXXXII). These absolute configurations are in agreement with that of annotinine (see p. 281).

VI. The Pyridone and Pyridine Alkaloids of Lycopodium.

Selagine.

The structure (LXXXIII) of selagine, $C_{15}H_{18}ON_2$, an alkaloid isolated from *Lycopodium selago* at the Merck Company, was deduced by Valenta, Yoshimura, Rogers, Ternbah and Wiesner (*30*) in a cooperative project of the Merck laboratories and the University of New Brunswick*.

Selagine contains an α-pyridone ring, a primary amino group, two double bonds which can be hydrogenated, and two C-methyl groups. The double bonds must be isolated from each other and from the pyridone ring as demonstrated by the identity of ultraviolet spectra of selagine, dihydroselagine and tetrahydroselagine ($\lambda_{max} = 231$ and $313\ m\mu$). N. M. R. spectroscopy has shown that the pyridone ring is disubstituted

---

* It may be interesting to point out that the structure of selagine, which is biogenetically but not chemically closely related to lycopodine, was derived almost exclusively by N. M. R. spectroscopy in January 1960. However, the simple relationship of selagine to annotinine, the only previously clarified *Lycopodium* alkaloid, was not fully appreciated until the structure of lycopodine proposed by Harrison and MacLean (*15*) became known to the New Brunswick group by a private communication.

References, pp. 296—297.

and attached to the rest of the molecule by the 5- and 6-positions. Thus, tetrahydroselagine has in the low field portion of the N. M. R. spectrum* two doublets, at 946 and 999 cycles/sec ($I_{H-H} = 8.5$ cycles/sec), which were assigned to the α- and β-hydrogens of the α-pyridone ring. It was also demonstrated by N. M. R. spectra that each of the double bonds in selagine is substituted by one hydrogen and one C-methyl group.

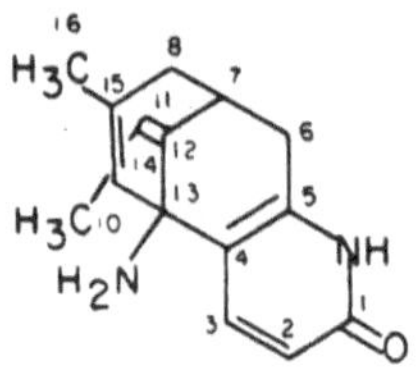

(LXXXIII.)
Selagine.

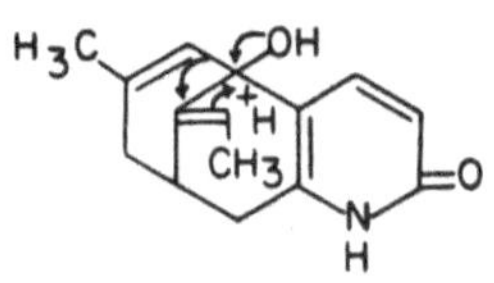

(LXXXIV.)

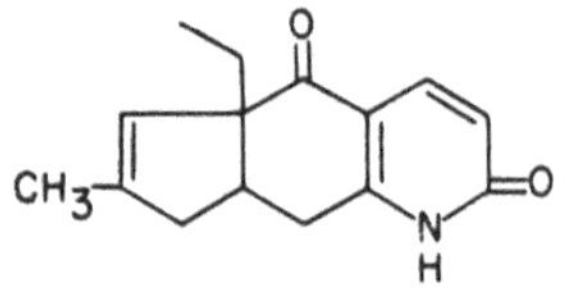

(LXXXV.)

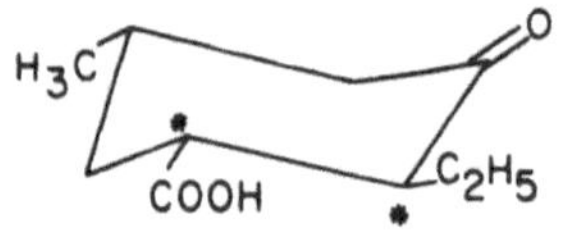

(LXXXVI.)

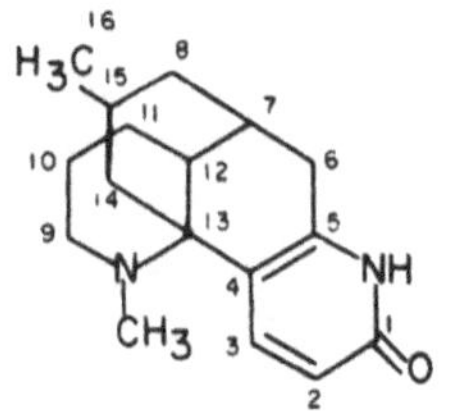

(LXXXVII.)
β-Obscurine.

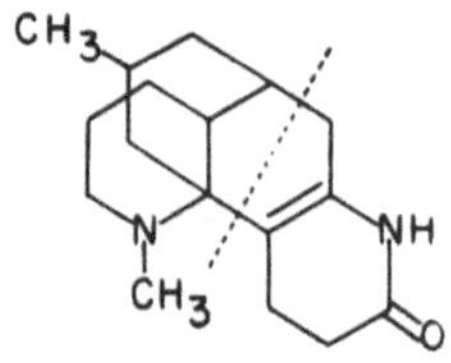

(LXXXVIII.)
α-Obscurine.

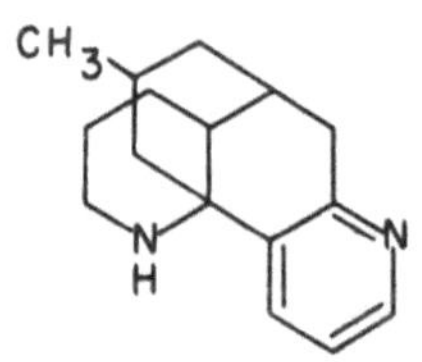

(LXXXIX.)
Lycodine.

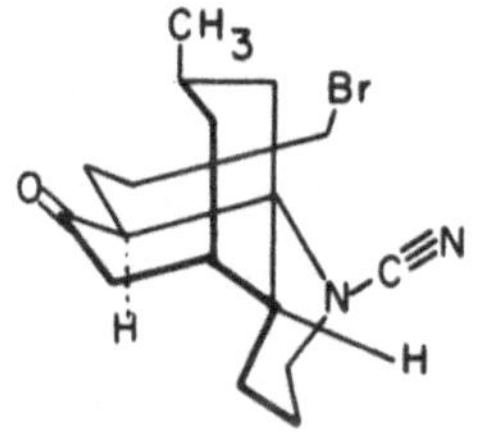

(XC.)
β-Cyanobromolycopodine.

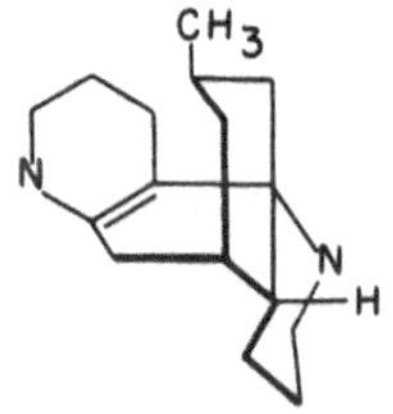

(XCI.)

Chart 8. Some Structures and Interrelations in the Class of Pyridone and Pyridine Alkaloids.

The N. M. R. spectrum of selagine showed, in addition to the pyridone peaks, a multiplet at 1039 cycles/sec, which was assigned to vinylic protons and had an area of two hydrogens. Dihydroselagine, on the other hand, showed in the same region only a singlet at 1045 cycles/sec with an area of one hydrogen. The attachment of one C-methyl group

---

* The chemical shifts are given for a 40 MC instrument with toluene as standard, and the aromatic proton of toluene is set arbitrarily at 1000 cycles/sec.

to each double bond followed from the shift of one or both C-methyl peaks of dihydro- and tetrahydroselagine to higher field, in relation to the position which these peaks occupy in the N. M. R. spectrum of selagine.

The nature of the double bonds was further clarified as follows. It was found that selagine gave only acetic acid, while dihydro- and tetra-hydroselagine gave a mixture of acetic and propionic acids in a Kuhn-Roth oxidation. This meant that one or both double bonds in selagine were ethylidene groups. The second possibility was, however, ruled out by the N. M. R. spectrum of dihydroselagine. The absence of spin-spin coupling of the vinylic proton (singlet at 1045 cycles/sec) with a neighboring hydrogen has proved that the nearest neighboring hydrogen was separated from the vinylic proton by more than two carbon atoms and that, consequently, the double bond in dihydroselagine was endocyclic (*Chart 8*, p. 291).

Selagine was deaminated by the action of nitrous acid to selaginol (LXXXIV). The similarity of optical rotation, infrared, ultraviolet and N. M. R. spectra of selagine and selaginol have indicated that no re-arrangement has occurred during the deamination process. The resistance of the hydroxyl in selaginol (LXXXIV) to oxidation and acetylation revealed the tertiary character of this group. While selagine was completely inert to acid, a treatment of selaginol with concentrated hydrochloric acid gave the ketone (LXXXV) by a rearrangement shown in (LXXXIV) by arrows. The ultraviolet spectrum of (LXXXV) ($\lambda_{max} = 284$ mμ) indicated the presence of a new chromophore and was in agreement with model compounds. The rearrangement, (LXXXIV) $\rightarrow$ $\rightarrow$ (LXXXV), has proved rigorously the relative position of the pyridone ring to the hydroxyl and one of the double bonds in selaginol.

Dehydrogenation of selagine with palladium on charcoal yielded 6-methyl-α-pyridone. Since neither of the two C-methyls in the alkaloid is directly attached to the α-pyridone system, it was necessary to conclude that the C-methyl in the dehydrogenation product had been formed by rupture of a ring. This in turn has shown that in selagine there must be a methylene group attached to the 6-position of the α-pyridone system. (This is the $C_{(6)}$-methylene group attached to $C_{(5)}$, according to the numbering in the selagine formula LXXXIII, p. 291.)

All the data presented so far could be readily explained by the structure (LXXXIII) for selagine, and no other satisfactory alternative could be found. Consequently, it was assumed that formula (LXXXIII) was proved. This conclusion was corroborated by YOSHIMURA, VALENTA and WIESNER (35) as follows. The two double bonds in selaginol (LXXXIV) were hydrogenated and the tetrahydro derivative was subjected to a permanganate-catalysed oxidation by periodate. From the oxidation mixture, the keto acid (LXXXVI) was isolated in a 10% yield. The stereochemistry of this compound must be as given in (LXXXVI), since both asymmetric centers marked by asterisks are epimerizable; and the acid has opportunity to be transformed into the most stable all-equatorial diastereoisomer in the course of the acidic workup. The correctness of structure (LXXXVI) was proved by synthesis.

If the structure of selagine is oriented as in (LXXXIII), its relationship to lycopodine (LVI) becomes obvious. It is clear that ring A of lycopodine is opened and the $C_{(9)}$-carbon is missing. The $C_{(5)}$-carbon carries a nitrogen instead of an oxygen atom, and $C_{(1)}$ in selagine is linked to this nitrogen (at $C_{(5)}$) and not to the $C_{(13)}$-nitrogen.

The Obscurines and Lycodine.

The two obscurines, α- and β-, are minor alkaloids which occur in several *Lycopodium* species, including *L. obscurum* L., var. *dendroideum*. The structures (LXXXVII) and (LXXXVIII) were assigned to β- and α-obscurine, respectively, by AYER and IVERACH (7) on the basis of the biogenetic relationship to lycopodine. Both obscurines contain a tertiary nitrogen carrying a N-methyl group and one C-methyl group of the type $>CH-CH_3$ as revealed by the N. M. R. spectrum. While β-obscurine, $C_{17}H_{24}ON_2$, (LXXXVII) contains an α-pyridone chromophore, α-obscurine, $C_{17}H_{26}ON_2$, (LXXXVIII) contains a dihydro-α-pyridone. α-Obscurine can be converted into β-obscurine by treatment with N-bromo-succinimide followed by chromatography on basic alumina. The double bond in (LXXXVIII) is located in the 4,5- rather than the 2,3-position, since the N. M. R. spectrum does not show the presence of a vinylic hydrogen. Dehydrogenation of (LXXXVIII) yields 6-methylpyridone and 7-methylquinoline. The origin of these fragments (7) is indicated in (LXXXVIII) by a dotted line.

AYER and IVERACH (7) have also proposed the structure (LXXXIX) for lycodine, $C_{16}H_{22}N_2$, isolated from *Lycopodium annotinum* by ANET and EVES (2). Later, AYER and IVERACH (6) have, in fact, succeeded in proving the correctness of their earlier proposal by a direct conversion of β-obscurine (LXXXVII) into lycodine (LXXXIX).

Finally, a direct correlation of lycodine (LXXXIX) with lycopodine (LVI≡LXXXII) was achieved by ANET and RAO (5). β-Cyanobromo-lycopodine (LIX≡XC) was treated with sodium azide and the reaction product was hydrogenated with a palladium charcoal catalyst in the presence of acidic ethanol. The resulting base, which was partly cyclized, was smoothly dehydrogenated to lycodine (LXXXIX) with palladium charcoal in boiling p-cymene. In view of previous direct correlation of the obscurines and of lycodine, and of the known stereochemistry of lycopodine (LXXXII), the three compounds (LXXXVII), (LXXXVIII) and (LXXXIX) possess the same stereochemistry and may be represented by the generalized stereo formula (XCI).

If we compare the β-obscurine skeleton (LXXXVII) with the skeleton of selagine (LXXXIII), it becomes clear that the only difference is the opening of ring A and the absence of $C_{(9)}$ in selagine. Thus, β-obscurine seems to be a biogenetic intermediate between lycopodine and selagine.

VII. The Biogenesis of the Lycopodium Alkaloids.

At the time when annotinine was the only structurally clarified *Lycopodium* base, Conroy made (by a private communication to the author) the fruitful suggestion that the biogenesis of this alkaloid may be explained by cyclization of two straight eight-carbon chains, each formed by a condensation of four molecules of acetate. This mode of biogenesis is portrayed in formula (XCII) in which all the carbon atoms originating from the carboxyls of acetate are marked with circles. It is clear from structure (XCII) that all ring junctions are correctly formed by a condensation between "acetate methyl" and "acetate carboxyl" and most of the substituents are located on carbons originating from "acetate carboxyl". A necessary exception to this is, of course, one terminus of the oxide ring; and a second exception is the lactone carboxyl, which must be assumed to have originated from oxidation of the terminal methyl group in the $C_{(1)}-C_{(8)}$ chain.

When the structures of lycopodine, selagine and the obscurines were clarified, it became evident that they all conform to the same biogenetic theory; and in all these cases it was unnecessary to assume any secondary oxidation process. Thus, we see that in lycopodine (XCIII) all carbon-carbon bonds link "methyl" and "carboxyl" carbons of the two poly-acetate chains; and both the nitrogen and oxygen atoms are located on "carboxyl" carbons. The obscurines, being derivatives of the lycopodine skeleton, conform equally well. In selagine (XCIV), the missing carbon $C_{(9)}$ is a "carboxyl" carbon and its loss may be interpreted as a decarboxylation of a β-keto acid in the $C_{(9)}-C_{(16)}$ polyacetate chain*.

These views were summarized by Conroy (*12*) in a recent article which had been published before the structures of annofoline and related compounds became known.

There is one interesting feature in this general biogenetic scheme. While in annotinine (XCII) there is no a priori preference for the order in which the individual carbon-carbon bonds are closed by aldol condensations of the two polyketone chains, in lycopodine some sequences are clearly prohibited. Thus, a tricyclic intermediate with the

---

* The reason for the revision of the numbering system of the lycopodium alkaloids is now obvious (cf. p. 272).

skeleton (XCV) could easily form the skeleton (XCII) by an aldol condensation of a $C_{(15)}$-carbonyl with the carbon $C_{(12)}$ activated by a $C_{(11)}$-carbonyl. However, there is no way in which such an intermediate may cyclise to form the skeleton (XCIII). Consequently, if one makes the plausible assumption that a common cyclization path exists for all *Lycopodium* alkaloids, then this path cannot involve a tricyclic compound of the type (XCV). Indeed, the most advanced common skeleton in the formation of (XCII) and (XCIII) may be only bicyclic.

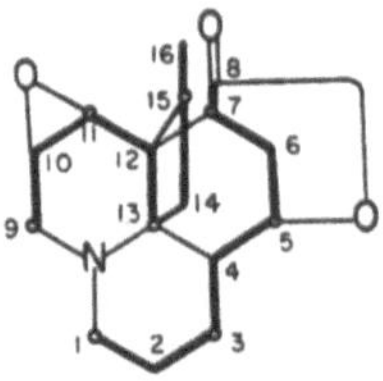

(XCII.) 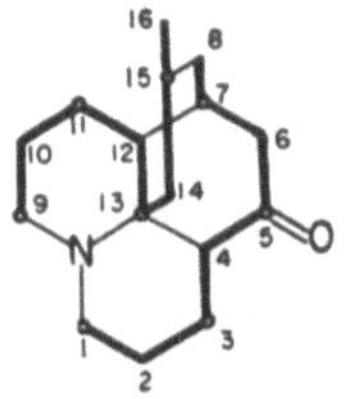 (XCIII.) 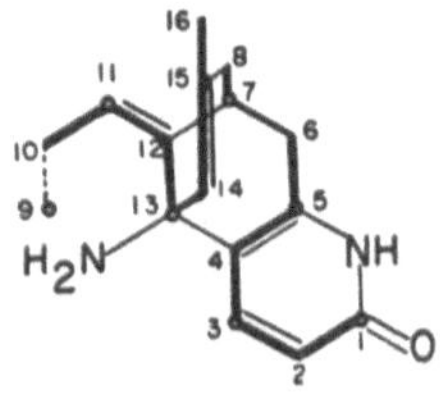 (XCIV.)

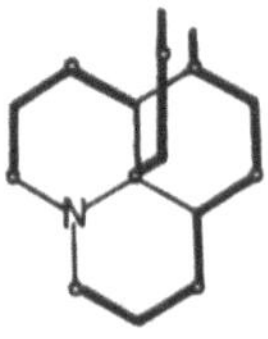

(XCV.) 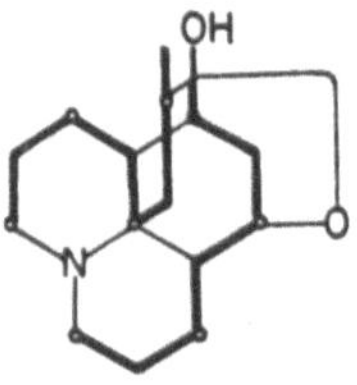 (XCVI.)

Chart 9. Biogenesis of Lycopodium Alkaloids.

A second point of special interest is the similarity of annotinine (XCII) and of annofoline written in the hemiketal form (XCVI). It seems plausible to assume that the oxidation of $C_{(8)}$ in both compounds is not a coincidence.

Possibly, the lycopodine carbon skeleton is the central intermediate in the biosynthesis of all *Lycopodium* alkaloids. It may be oxygenated at $C_{(8)}$ to yield alkaloids of the annofoline type (XCVI).

The $C_{(15)}$–$C_{(8)}$ bond in an intermediate of the general type (XCVI) may be cleaved to yield a tricyclic intermediate of the type (XCV) in which $C_{(8)}$ is transformed into a carboxyl group. (For a chemical realization of a similar cleavage, see the reaction LXXI → LXXII on p. 286.) Such a compound may then cyclize to (XCII). Some support for this biogenetic pathway is the observation that the lycopodine carbon skeleton by far predominates among the bases known. Some indications have also been obtained that tricyclic alkaloids of the type (XCV) ($C_{(8)}$ converted to a carboxyl) do occur in *Lycopodium annotinum* (*Chart 9*).

If we admit as a possibility that all alkaloids described in this review are transformation products of a single skeletal type, it becomes necessary to ask how certain is the biogenesis of this original skeleton. No matter how plausible, any hypothesis would be in this case actually supported only by one single structure. Alternate possibilities for the biosynthesis of the lycopodine skeleton even though less plausible are not excluded. For instance a biogenetic route might be based on lysine since the structure of lycopodine contains the lupinine skeleton. Another point of possible significance is the occurrence of nicotine in several lycopodium species. It is interesting that lycopodine also contains the nicotine skeleton with the pyrrolidine nitrogen removed. It is clear that only direct biochemical experiments can bring complete certainty about the correctness of the acetate hypothesis.

References.

1. Anet, F. A. L.: Structure, Stereochemistry and Interrelation of some Lycopodium Alkaloids. Tetrahedron Letters **1960**, No. 20, 13.

2. Anet, F. A. L. and C. R. Eves: Lycodine, a New Alkaloid of *Lycopodium annotinum*. Canad. J. Chem. **36**, 902 (1958).

3. Anet, F. A. L. and N. H. Khan: Alkaloids of *Lycopodium annotinum*. Part II. Isolation of Four New Alkaloids. Canad. J. Chem. **37**, 1589 (1959).

4. — — The Structure of Annofoline, an Alkaloid of *Lycopodium annotinum*. Chem. and Ind. **1960**, 1238.

5. Anet, F. A. L. and M. V. Rao: The Structure of Lycodine. Tetrahedron Letters **1960**, No. 20, 9.

6. Ayer, W. A. and G. G. Iverach: The Structure of Lycodine. Canad. J. Chem. **38**, 1823 (1960).

7. — — The Structure of α- and β-Obscurine. Tetrahedron Letters **1960**, No. 10, 19.

8. Bankiewicz, C., D. R. Henderson, F. W. Stonner, Z. Valenta and K. Wiesner: Dehydrogenation of Annotinine. Chem. and Ind. **1954**, 1068.

9. Barclay, L. R. C. and D. B. MacLean: Lycopodium Alkaloids. IV. Reactions of α-Cyanobromolycopodine and its Derivatives. Canad. J. Chem. **34**, 1519 (1956).

10. Burnell, R. H.: Lycopodium Alkaloids. Part I. Extraction of Alkaloids from *Lycopodium fawcettii*, Lloyd and Underwood. J. Chem. Soc. (London) **1959**, 3091.

11. Burnell, R. H. and D. R. Taylor: Fawcettiine and Clavolonine. Chem. and Ind. **1960**, 1239.

12. Conroy, H.: Biogenesis of Lycopodium Alkaloids. Tetrahedron Letters **1960**, No. 10, 34.

13. Djerassi, C.: Optical Rotatory Dispersion. New York: McGraw-Hill. 1960.

14. French, W. N. and D. B. MacLean: Structure of Acrifoline. Chem. and Ind. **1960**, 658.

15. Harrison, W. A. and D. B. MacLean: Structure of Lycopodine. Chem. and Ind. **1960**, 261.

16. Henderson, D. R., F. W. Stonner, Z. Valenta and K. Wiesner: Degradation of Annotinine. Chem. and Ind. **1954**, 544.

17. MacLean, D. B. and W. A. Harrison: Lycopodium Alkaloids. VIII. Lycopodine. Canad. J. Chem. **37**, 1757 (1959).

18. MacLean, D. B., R. H. F. Manske and L. Marion: Alkaloids of Lycopodium Species. XI. Nature of the Oxygen Atom in Lycopodine; Some Reactions of the Base. Canad. J. Res. **28 B**, 460 (1950).

19. MacLean, D. B. and H. C. Prime: Lycopodium Alkaloids. II. Some Reactions of the Permanganate Oxidation Product of Annotinine. Canad. J. Chem. 31, 543 (1953).
20. Manske, R. H. F.: The Lycopodium Alkaloids. In: R. H. F. Manske and H. L. Holmes, The Alkaloids, Vol. V, p. 295. New York: Academic Press Inc. 1955.
21. Manske, R. H. F. and L. Marion: The Alkaloids of Lycopodium Species. III. *Lycopodium annotinum* L. Canad. J. Res. 21 B, 92 (1943).
22. — — The Alkaloids of Lycopodium Species. IX. *Lycopodium annotinum* var. *acrifolium*, Fern. and the Structure of Annotinine. J. Amer. Chem. Soc. 69, 2126 (1947).
23. Martin-Smith, M., R. Greenhalgh and L. Marion: The Structure of Annotinine. Canad. J. Chem. 35, 409 (1957).
24. Perry, G. S., D. B. MacLean and R. H. F. Manske: Lycopodium Alkaloids. VII. The Reaction of Annotinine with Phenyl Lithium. Canad. J. Chem. 36, 1146 (1958).
25. Prelog, V.: Untersuchungen über asymmetrische Synthesen. I. Über den sterischen Verlauf der Reaktion von α-Ketosäureestern optisch aktiver Alkohole mit Grignard'schen Verbindungen. Helv. Chim. Acta 36, 308 (1953), and later references.
26. Przybylska, M. and F. R. Ahmed: The Structure of Annotinine Bromo-hydrin. Acta Crystallogr. 11, 718 (1958).
27. Przybylska, M. and L. Marion: The Crystal and Molecular Structure of Annotinine Bromohydrin. Canad. J. Chem. 35, 1075 (1957).
28. Valenta, Z., F. W. Stonner, C. Bankiewicz and K. Wiesner: Annotinine. I. The Relationship of Functional Groups. J. Amer. Chem. Soc. 78, 2867 (1956).
29. Valenta, Z., K. Wiesner, C. Bankiewicz, D. R. Henderson and J. S. Little: The Structure of the Lactam Carboxylic Acid from Annotinine. Chem. and Ind. (B. I. F. Review) 1956, R 40.
30. Valenta, Z., H. Yoshimura, E. F. Rogers, M. Ternbah and K. Wiesner: The Structure of Selagine. Tetrahedron Letters 1960, No. 10, 26.
31. Wiesner, K., W. A. Ayer, L. R. Fowler and Z. Valenta: Definition of the Periphery of Annotinine. Chem. and Ind. 1957, 564.
32. Wiesner, K., J. E. Francis, J. A. Findlay and Z. Valenta: The Configuration of Annotinine and Some Rearrangements. Tetrahedron Letters 1961, No. 5, 187.
33. Wiesner, K., Z. Valenta, W. A. Ayer and C. Bankiewicz: The Structure of Annotinine. Chem. and Ind. 1956, 1019.
34. Wiesner, K., Z. Valenta, W. A. Ayer, L. R. Fowler and J. E. Francis: Annotinine. II. The Complete Structure. Tetrahedron 4, 87 (1958).
35. Yoshimura, H., Z. Valenta and K. Wiesner: A Rigorous Proof of the Selagine Structure. Tetrahedron Letters 1960, No. 12, 14.

(Received, October 10, 1961.)

Newer Developments
in the Field of Veratrum Alkaloids.

By C. R. NARAYANAN, Poona, India.

Contents.

Acknowledgement. I am indebted to Professors D. H. R. BARTON and K. VENKATARAMAN and Dr. SUKH DEV for encouragement and for going through parts of the manuscript and giving helpful comments. I would like to express my gratitude to Mrs. MARY FIESER and Drs. J. K. SUTHERLAND and P. M. NAIR for critically reading the manuscript and for suggesting various corrections and changes.

I. Introduction.

Veratrum alkaloids, like solanum and kurchi alkaloids, form a group of steroid alkaloids. The veratrum group, unlike the other two, have largely a modified steroid skeleton and exist as glyco and ester alkaloids in liliaceous plants belonging to the sub-order Melanthaceae. Although investigations on these compounds are recorded since the early nineteenth century (*153*), their complex structures were elucidated only during the last two decades by the independent and collaborative work of some of the world's leading organic chemists. An added reason for recent interest in these alkaloids is the high hypotensive activity of some of their natural esters. Although this interest has waned since the discovery of the superior hypotensive ester alkaloid reserpine, extensive work on veratrum alkaloids has revealed a wealth of interesting, and at times intriguing, chemistry.

Classification.

Following FIESER and FIESER (*54*), these alkaloids may be divided into two groups for convenience of discussing their chemistry: (i) the jerveratrum alkaloids comprising rubijervine, isorubijervine, jervine, and veratramine, which have only 2 or 3 oxygen atoms in the molecule and have a penta- or hexacyclic skeleton; and (ii) the ceveratrum alkaloids which are highly oxygenated (containing 7 to 9 oxygen atoms) and have a heptacyclic skeleton. The alkamines belonging to the latter group are veracevine, germine, protoverine, and zygadenine. The jerveratrum alkaloids are found either as the free alkamines or in combination with *D*-glucose as glyco-alkaloids, whereas the ceveratrum alkaloids have never been found as glycosides but exist as esters of substituted benzoic, acetic and other short-chain aliphatic acids. Ceveratrum ester alkaloids possess very high hypotensive activity, whereas those of the jerveratrum group show very little effect.

Besides surveys of the earlier literature (*99, 139, 161, 170, 199*) the chemistry of these alkaloids has been recently reviewed by MORGAN and BARLTROP (*146*), FIESER and FIESER (*54*), as well as by JEGER and PRELOG (*96*).

Since many more publications appeared on the ceveratrum alkaloids subsequent to the reviews cited, and as this group is relatively more complex, it is reviewed more comprehensively in the present article, giving only the salient points in the other group.

Occurrence.

Many species of *Veratrum* and the related *Zygadenus* genus are the sources of these alkaloids. Although alkaloids are probably present in all parts of the plants (*158, 159*), the roots and rhizomes of *V. album* and *V. viride* and the seeds of *V. sabadilla* (or *Schoenocaulon officinale*) are the more common sources. The same plant may contain more than one alkaloid; thus, germine, jervine, veratramine, rubijervine, and isorubijervine have been extracted from *V. viride* (*61*). The same alkaloid can be present in more than one species; germine occurs in most *Veratrum* and two *Zygadenus* species, i. e. *Z. venenosus* and *Z. paniculatus*. However, jerveratrum types have not been found in *Zygadenus* spp. and veracevine has been isolated only from *V. sabadilla*.

Extraction.

The alkaloids are extracted from the powdered material by the usual techniques; extraction with alcoholic acid, organic solvent with and without ammonia (*8, 61, 81, 85, 208*). The individual alkaloids have been separated by using all available techniques, fractional crystallization (*81, 87*), chromatographic separation on alumina (*61, 87, 118*), on silica gel (*68*), on kieselguhr, on ion exchange resin, and by liquid-liquid countercurrent separation (*60, 61, 117, 119*). For establishing the homogeneity and identity of individual alkaloids, paper chromatography has also been used (*6, 116, 149*).

Part A. The Jerveratrum Alkaloids.

Rubijervine, isorubijervine, jervine, and veratramine are the four well-characterized alkamines of this group. The first two are tertiary amines and have the normal steroid skeleton, whereas the others are secondary amines of the *C-nor-D*-homosteroid type. Some of the important characteristics of these alkamines appear in *Table 1*.

Table 1. Some Characteristics of Jerveratrum Alkamines.

Alkamine	Mol. formula	m. p. (°)	$[\alpha]_D$ (°)	Sources
Rubijervine	$C_{27}H_{43}O_2N$	242	$+ 19$ Al	Va, Vv, Ve, Vn
Isorubijervine	$C_{27}H_{43}O_2N$	237	$+ 9$ Al	Va, Ve
Jervine	$C_{27}H_{39}O_3N$	238	$- 147$ Al	Va, Vv, Vf, Ve, Vl, Vg, Vs, Vn
Veratramine.......	$C_{27}H_{39}O_2N$	207	$- 68$ Al	Vv, Ve, Vg, Vst

Abbreviations. Al = alcohol; Va = *Veratrum album*; Vv = *V. viride*; Ve = *V. escholtzii* GRAY; Vn = *V. nigrum*; Vf = *V. fimbriatum* GRAY; Vl = *V. lobelianum*; Vg = *V. grandiflorum*; Vst = *V. stamineum*.

II. Rubijervine and Isorubijervine.

1. Structure and Configuration.

These two alkamines, unlike other veratrum alkamines, have the normal steroid skeleton and hence relatively simple structures; they are precipitated by digitonin (*47*). They have been identified as hydroxy-solanidines of structures and configurations as represented in (I) and (II). Selective oxidation of the additional hydroxyl to a carbonyl group and Wolff-Kishner reduction gave solanidine (*166*) or dihydrosolanidine (*29, 196*), depending on the starting material in each case. The additional hydroxyl group in rubijervine has been assigned the 12α-position from molecular rotation studies and from the optical rotatory dispersion data of the 12-ketone. Reduction of the 12-ketone with sodium and alcohol gave 12-epirubijervine (12β-equatorial); reduction with sodium boro-

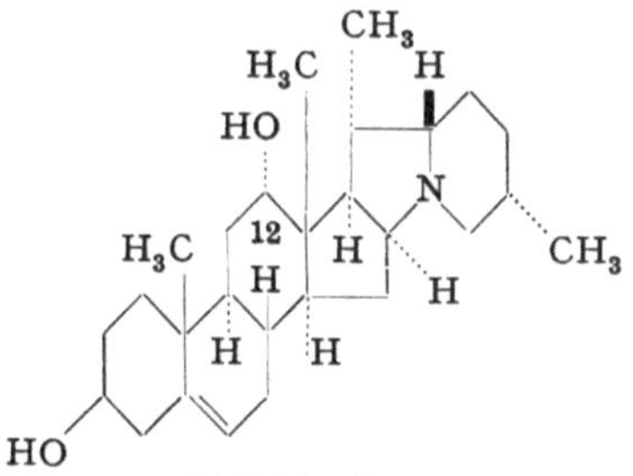

(I.) Rubijervine.

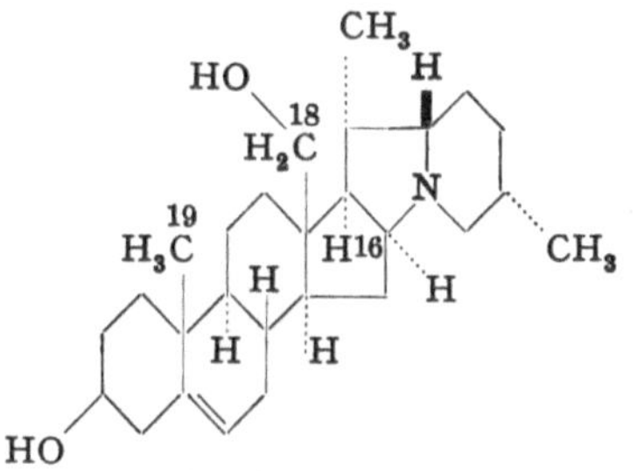

(II.) Isorubijervine.

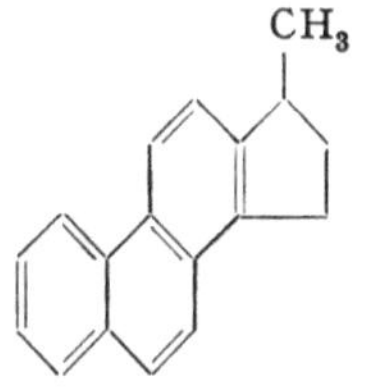

(III.) Diels hydrocarbon.

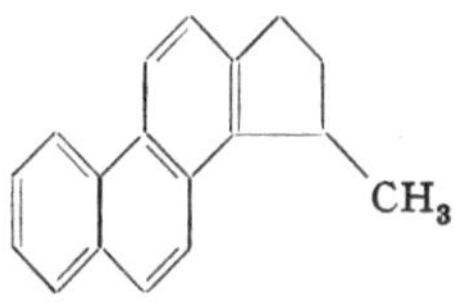

(IV.) 1'-Methyl-1,2-cyclopenteno-phenanthrene.

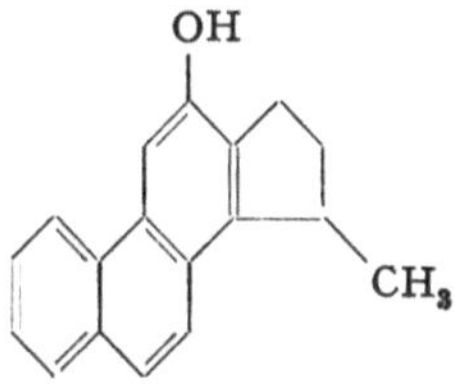

(V.) 1'-Methyl-1,2-cyclopenteno-phenanthrol-3.

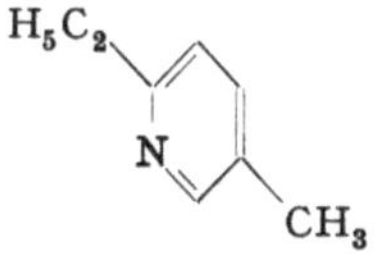

(VI.) 2-Ethyl-5-methylpyridine.

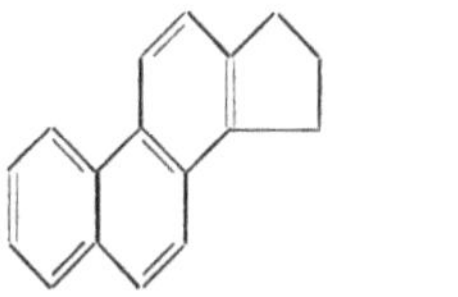

(VII.) Cyclopentenophenanthrene.

hydride gave a mixture of rubijervine and epirubijervine — both consistent with the assignment made (*157*, *166*). Dihydro-isorubijervine on controlled oxidation yielded an aldehyde, whose Wolff-Kishner reduction gave solanidane. As the aldehyde is not enolisable, the primary hydroxyl group from which it is derived should be located at $C_{(18)}$ or $C_{(19)}$. It was shown to be within bonding range of the nitrogen and hence at $C_{(18)}$ by treating isorubijervine with pyridine and tosyl chloride when a quaternary salt like monotosylate was formed (*29*, *196*). On reduction with sodium and alcohol this monotosylate gave solanidine (and an isomer to be dealt with in the Chapter on biogenesis, p. 360) (*155*).

2. Some Abnormal Dehydrogenation Products.

JACOBS and coworkers (*86*) had observed that, unlike solanidine, both rubijervine and isorubijervine did not give the Diels hydrocarbon (III) when dehydrogenated with selenium. Isorubijervine (II) gave cyclopentenophenanthrene (VII). The absence of the methyl group in this case is probably due to the hydroxylation of the migrating $C_{(18)}$-methyl group. Rubijervine (I) on the other hand yielded 1'-methyl-1,2-cyclopentenophenanthrene (IV) and 1'-methyl-1,2-cyclopentenophenanthrol-3 (V), besides 2-ethyl-5-methylpyridine (VI) obtained from most veratrum alkaloids (*81, 86*). PELLETIER and LOCKE (*157*) have confirmed structure (IV) of this unusual dehydrogenation product by synthesis and also verified the structure of the phenol (V). The same authors discussed the nature of these products and noted that the unique feature of the dehydrogenation of rubijervine is the apparent methyl migration to an unsubstituted methylene group in the non-aromatic portion of the molecule, two carbon atoms removed from its original site. The methyl group is also able to migrate without loss of the hydroxyl. However, the hydroxyl group appears to be involved in this process since solanidine does give the Diels hydrocarbon (III). Therefore, PELLETIER and LOCKE conclude that it is difficult to rationalize the formation of these products from rubijervine.

In the three reviews published subsequently, the genesis of these products is either specially noted (*54, 96*) or omitted for want of an explanation (*146*).

A plausible pathway for the formation of the products mentioned is indicated in *Chart 1*.

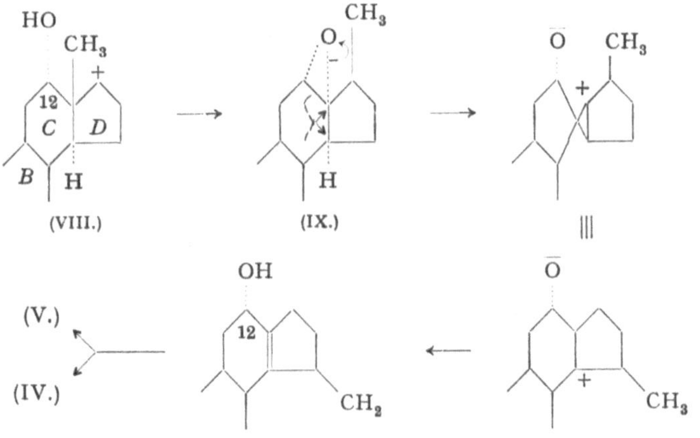

HO
CH₃
12 C D
B H
(VIII.)

CH₃
O
H
(IX.)

O CH₃
|||

(V.)
(IV.)

OH
12
CH₂
(XI.)

O
CH₃
(X.)

Chart 1. Formation of Abnormal Dehydrogenation Products from Rubijervine.

It is conceivable that in the early stages of the heating with selenium the portion which ultimately gives 2-ethyl-5-methylpyridine (VI) is removed and a species like (VIII) or its equivalent is formed.

In order to produce the Diels hydrocarbon from normal steroids including solanidine, which also gives 2-ethyl-5-methylpyridine, presumably the $C_{(17)}$-side-chain has to be knocked off first to allow the $C_{(18)}$-methyl to migrate to the $C_{(17)}$-carbon.

A species such as (VIII) would readily rearrange to (IX), and the *cis C,D*-rings with the transient epoxide of (IX) could easily undergo further rearrangement under heat as indicated in the formulas. The species (XI) or equivalent would give (IV) or (V) on further dehydrogenation depending on whether the $C_{(12)}$-OH is dehydrated or not.

III. Jervine and Veratramine.

1. Dehydrogenation Products.

Jervine, $C_{27}H_{39}O_3N$, and veratramine, $C_{27}H_{39}O_2N$, have been interrelated and are assigned structures (XII) and (XIII) respectively *(Chart 2)*. Though they had been isolated earlier, JACOBS and CRAIG (*82, 85*) assigned them the correct molecular formulas and studied several of their derivatives in detail. On selenium dehydrogenation of jervine (XII) they obtained

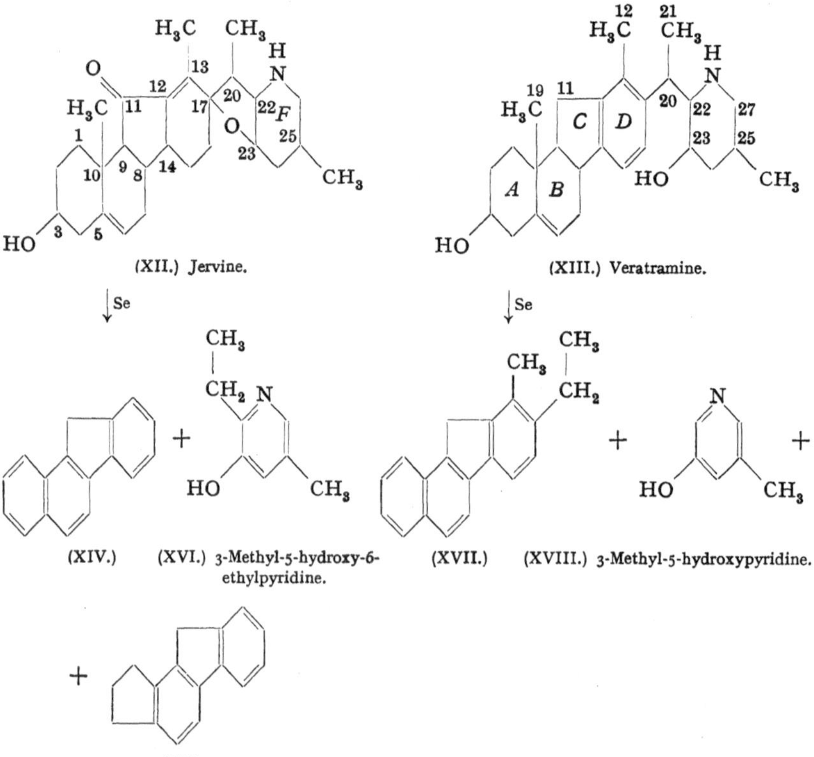

(XII.) Jervine.

(XIII.) Veratramine.

(XIV.)   (XVI.) 3-Methyl-5-hydroxy-6-ethylpyridine.   (XVII.)   (XVIII.) 3-Methyl-5-hydroxypyridine.

(XV.)

Chart 2. Jervine and Veratramine and their Dehydrogenation Products.

benzofluorene and cyclopentenofluorene derivatives of type (**XIV**) and (**XV**) respectively and a pyridine base, probably 3-methyl-5-hydroxy-6-ethylpyridine (**XVI**) (*88, 90, 93*). Upon similar dehydrogenation veratramine (**XIII**) gave the hydrocarbon (**XVII**) [also originating from jervine and recently identified by synthesis (*98*)] and 3-methyl-5-hydroxy-pyridine (**XVIII**) (*92, 93*). Although the nature of these hydrocarbons and pyridine bases would reveal the gross skeleton of the alkaloids, their full importance was realized only after subsequent structural proposals had been made by WINTERSTEINER, FRIED and coworkers (*59, 185*).

2. Structure of Jervine.

Jervine (**XII**) is a secondary base, has an unreactive carbonyl group, two double bonds (one of which is conjugated to the carbonyl) a secondary hydroxyl group, and an additional oxygen atom bound as a cyclic ether. These features would require the $C_{27}H_{39}O_3N$ molecule to be hexacyclic. When hydrogenated, jervine (**XII**) (λ_{max} 252, 360 mμ; ε 14000, 70) gave first dihydrojervine (**XIX**) (λ_{max} 305 mμ, ε 90) wherein the conjugated double bond is saturated. The infrared absorption of its carbonyl group at 1730 cm.$^{-1}$ would show that it is in a five-membered ring (*2*). When further hydrogenated it gave tetrahydrojervine (**XX**) *(Chart 3)*. The keto-group is unreactive to carbonyl reagents in all these compounds and is not reduced catalytically (*59, 87, 89, 91, 92*). Tetrahydrojervine on reduction with sodium and butanol gave the alcohol (**XXI**) containing

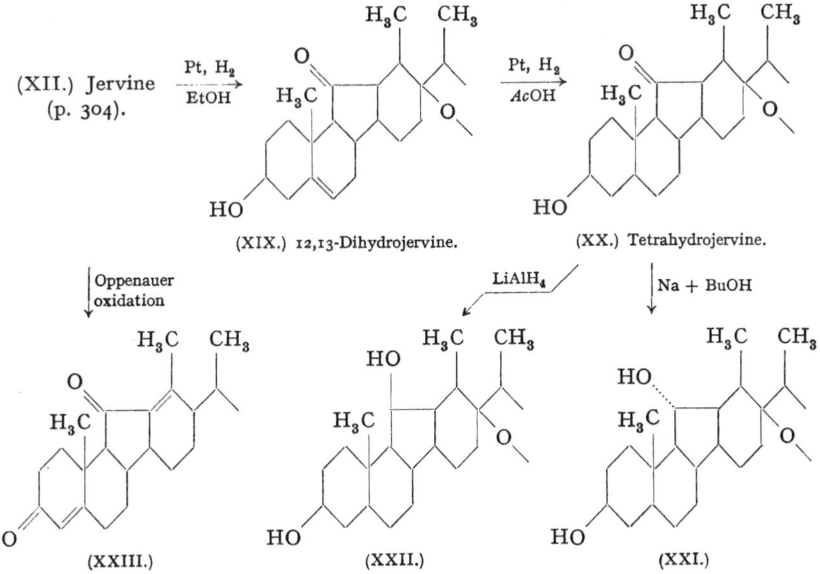

(XII.) Jervine (p. 304).

(XIX.) 12,13-Dihydrojervine.

(XX.) Tetrahydrojervine.

(XXIII.)

(XXII.)

(XXI.)

Chart 3. Oxidation and Reduction of Jervine.

a reactive α-hydroxyl group; and with lithium aluminium hydride, the alcohol (XXII) with an unreactive β-hydroxyl (77), thus indicating that the ketone is located at the hindered position $C_{(11)}$. The high λ_{max} (252 mμ) in the jervine spectrum would show that the conjugated double bond is tetrasubstituted and probably exocyclic (calculated, 254 mμ) (59, 89); and the high intensity of the infrared band shows that it is *cisoid* (20, 53a) and hence located at $C_{(12)}$–$C_{(13)}$. The presence of the usual steroidal $Δ^5$-3β-ol system is shown by molecular rotation data, by the Oppenauer oxidation of the 3β-ol to $Δ^4$-3-ketone (XXIII) (91) and by the conversion of certain degradation products of jervine to 3,5-cyclo-derivatives (69). One end of the ether bridge is located at the allylic position $C_{(17)}$, since the ether is readily cleaved with or without fragmentation only in jervine and in such derivatives which possess the 12,13-double bond (59, 92). The dehydrogenation product (XVI) indicates that the position of a) the other terminus of the ether bridge is at $C_{(23)}$, b) the methyl group at $C_{(25)}$), and c) the side-chain at $C_{(22)}$ in the piperidine ring. Further reactions and degradations of the molecule have confirmed these assignments.

3. Structure of Veratramine.

Veratramine (XIII) is a secondary base, has two acylable hydroxyl groups, a hydrogenable double bond, shows the ultraviolet absorption of a benzene ring (93), and readily forms a nitro-derivative (185) consistent

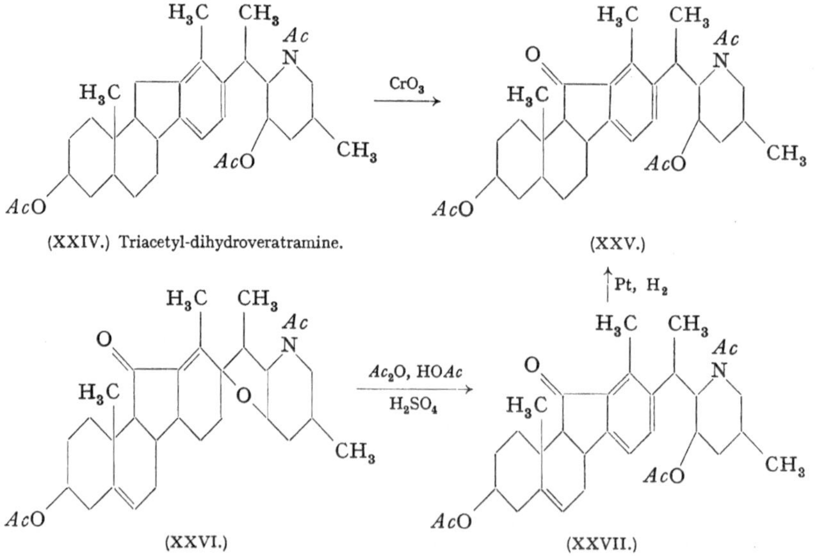

(XXIV.) Triacetyl-dihydroveratramine.   (XXV.)

(XXVI.)   (XXVII.)

Chart 4. Correlation of Jervine and Veratramine.

with the presence of the aromatic ring. The formula, $C_{27}H_{39}O_2N$, and the functional groups show that veratramine is pentacyclic. On Oppenauer oxidation it gave an ultraviolet spectrum attributable to a $\varDelta^4$-3-ketone, thus indicating the presence of the familiar steroidal $\varDelta^5$-3β-ol grouping in the molecule (185). The absence of the 2-ethyl group in the pyridine base (5-hydroxy-3-methylpyridine) (XVIII), obtained on dehydrogenation of veratramine (in contrast to the 2-ethyl-substituted pyridine bases obtained from other jerveratrum alkaloids, e. g. VI, XVI) and the attachment of the ethyl group to the hydrocarbon (XVII, p. 304) demonstrate that the cleavage has taken place in veratramine between $C_{(20)}$ and $C_{(22)}$; hence ring D is probably aromatic (93, 98). Formation of the 5-hydroxy-3-methylpyridine (XVIII) would also indicate that the oxygen function is located at $C_{(23)}$ and the methyl group at $C_{(25)}$ in the piperidine ring as in the case of jervine.

Finally, triacetyl-dihydroveratramine (XXIV) when oxidized with chromic acid gave an indanone (XXV), a minor product, which was found to be identical with the compound obtained by hydrogenating the acetolysis product (XXVII) of jervine diacetate (XXVI) (185, 200) (Chart 4). Proof for the presence of a tetrasubstituted benzene ring was obtained by oxidizing veratramine to benzene-1,2,3,4-tetracarboxylic acid (204). It is interesting to note that veratramine and dihydro-veratramine (but not their N-acetates) form voluminous crystalline precipitates with digitonin (185), in contrast to all other veratrum alkaloids with the C-nor-D-homosteroid skeleton (47).

4. Jervine. Further Transformations.

JACOBS and SATO (92, 93) had assigned to these alkaloids structures very similar to the ones now arrived at, but with the normal steroid skeleton. If that was correct, the presence of the 11-keto-group in jervine and the close relationship between jervine and veratramine would have made them valuable starting materials for the synthesis of cortisone. This possibility attracted WINTERSTEINER, FRIED and coworkers (203) of the Squibb Institute for Medical Research, and their extensive work on these alkaloids has revealed correct structures and a wealth of interesting chemistry. The main features of their study are summarized below.

Jervine undergoes a series of interesting reactions and far-reaching rearrangements when the ether bridge of the spirane ring is opened. The alkaloid, when refluxed with acetic anhydride and zinc chloride (0.5%) undergoes a remarkable scission giving rise to the crystalline nitrogen-free trienone (XXVIII), λ_{max} 300 mμ (ε 25 000). This was further characterized by oxidizing the unsaturated side-chain at $C_{(17)}$ to

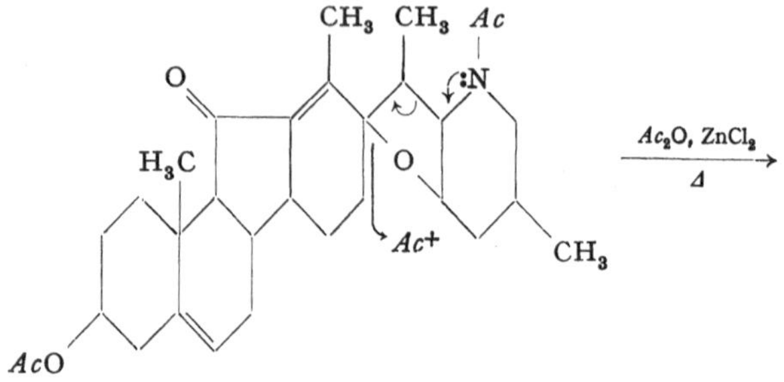

(XXVI.) Jervine diacetate.

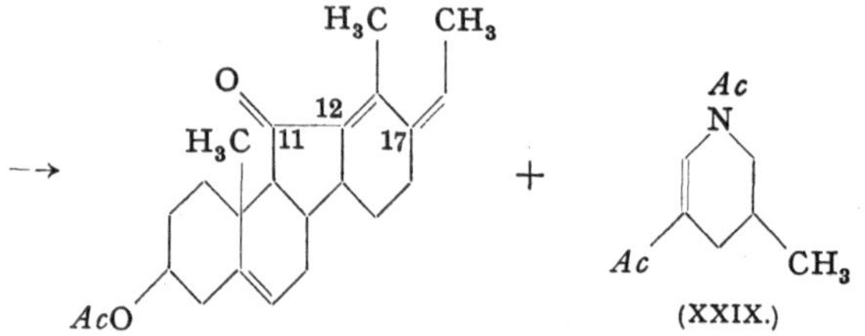

(XXVIII.) (XXIX.)

acetaldehyde and the conjugated Δ^{12}-11,17-dione. This yellow coloured enedione was readily reduced with zinc and acetic acid to a colourless dihydride as is characteristic of such systems (59).

When jervine is acetolyzed at room temperature with acetic anhydride, acetic acid and a little sulphuric acid, it gives the 3,23-N-triacetate (XXXI) (Chart 5), besides the indanone (XXVII) (201). The sulphate ester (XXX) also isolated from the reaction mixture (202) is likely to be an intermediate in the formation of (XXVII) and (XXXI). When the triacetate (XXXI) is hydrolyzed with methanolic potassium hydroxide at room temperature, not only are the O-acetyl groups hydrolyzed, but the alkaloid undergoes a more profound change called the "jervisine rearrangement" (as indicated in the formulas) to give the tertiary base (XXXII), formulated as jervisine-17-monoacetate (201). It is such a weak base that it does not even form stable salts with mineral acids. Its weak basicity is ascribed to steric shielding of the nitrogen atom (201).

When the sulphuric acid is replaced by perchloric acid in the acetolysis reaction, the conversion takes a different course (although with the same type of anionoid-cationoid attack on the $C_{(17)}$-O-bond) and produces the dihydro-1,3-oxazine ring (XXXIII). By internal displacement the same rearrangement takes place when N-acetyljervine is treated with methanolic hydrogen chloride to give the dihydro-oxazine chloride (XXXIV). Both compounds rearrange quantitatively to jervisine-17-monoacetate (XXXII) when brought in contact with a weak base such as sodium bicarbonate or pyridine (198, 202).

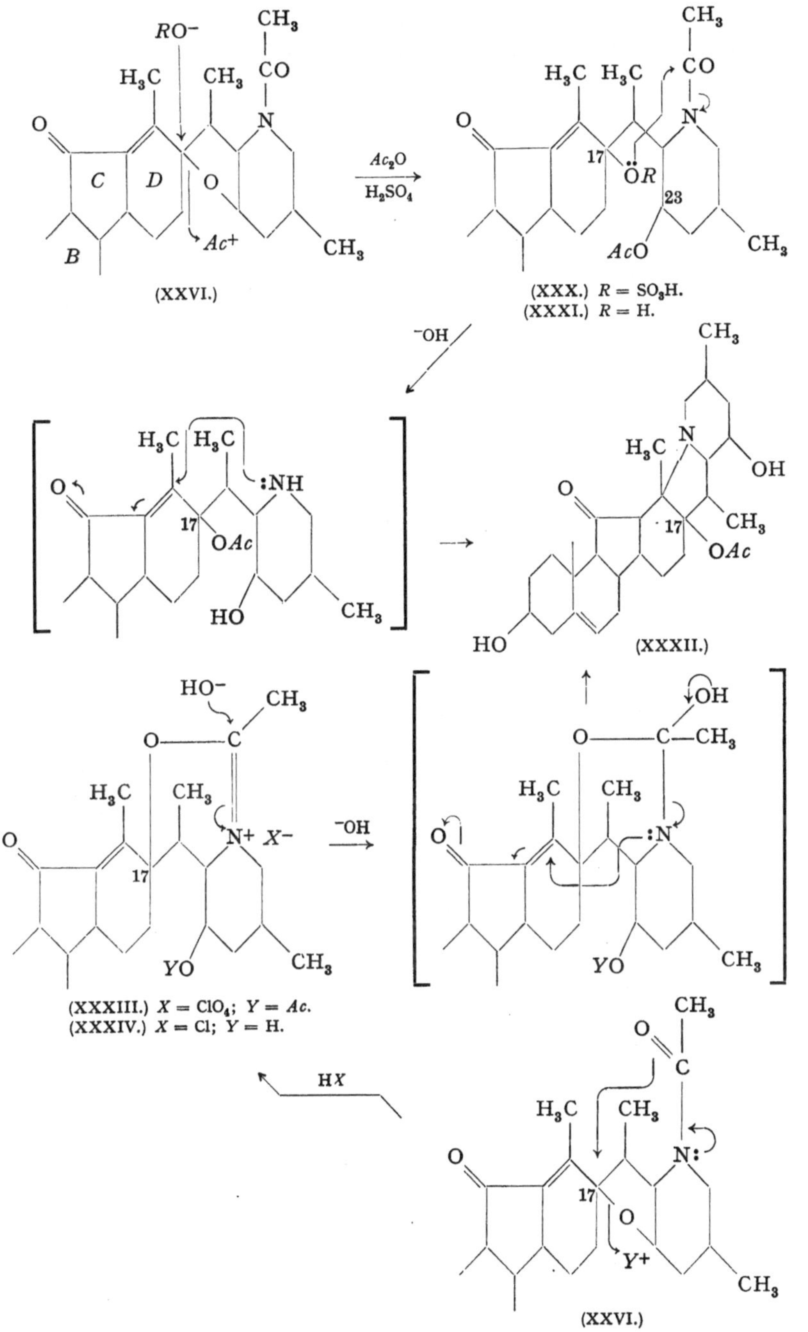

(XXVI.)

Ac_2O / H_2SO_4

(XXX.) $R = SO_3H.$
(XXXI.) $R = H.$

$^-$OH

(XXXII.)

(XXXIII.) $X = ClO_4;$ $Y = Ac.$
(XXXIV.) $X = Cl;$ $Y = H.$

$^-$OH

HX

(XXVI.)

Chart 5. Jervisine Rearrangement.

When O,N-diacetyl-tetrahydrojervine (XX, acetylated, p. 305) is
subjected to sulphuric acid-catalyzed acetolysis, it forms the triacetate

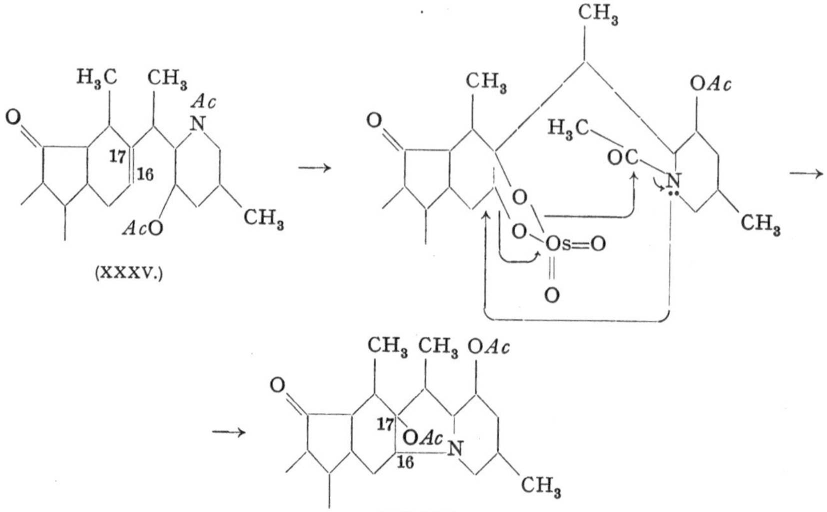

(XXXV.)

(XXXVI.)

(XXXV) containing the 16,17-double bond. Compound (XXXV) on
treatment with osmium tetroxide yields, besides the 16,17-diol, a rearranged tertiary base (XXXVI) visualized as arising from displacement
of the intermediate osmate ester as indicated in the formula (205).

On attempted hydrogenation in aqueous acetic acid with palladium
catalyst jervine forms in part a double-bond isomer (XXXVII)
(λ_{max} 245 mμ; ε 8300), which is further isomerized by treatment with hot

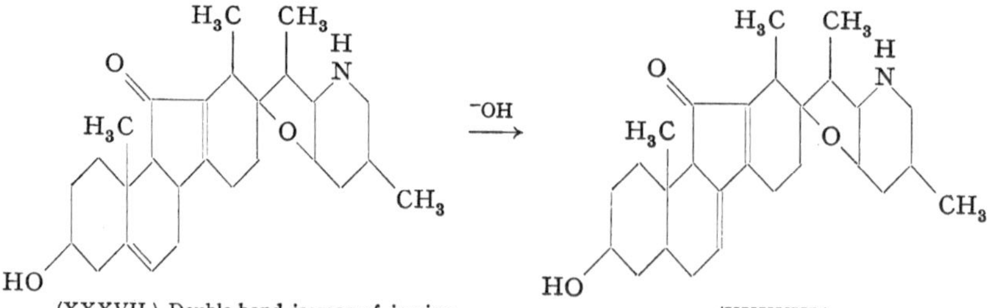

(XXXVII.) Double-bond isomer of jervine.   (XXXVIII.)

alkali to the conjugated dienone (XXXVIII) (λ_{max} 287 mμ; ε 10000) (79).
On treatment with methanolic HCl, besides forming the oxazine
salt (XXXIV), jervine also gives a third isomer (λ_{max} 245, 330 mμ;
ε 3200, 250) which yields an O,N-triacetate (λ_{max} 245, 330 mμ; ε 4400, 200)
(85, 89, 202). The latter is also obtained by heating jervine at 200°
with acetic anhydride (59).

5. Veratramine. Further Transformations.

The major product of the chromic acid oxidation of triacetyl-dihydro-veratramine is not the indanone (XXV), but an unreactive ketone (30% yield) with an uncharacteristic ultraviolet spectrum (plateau around 250 mμ, ε 3000, and end-absorption). It is considered to have the structure (XXXIX). With strong acid or cold alkali the ketoxide is readily converted to the α-naphthol derivative (XL). The ketoxide also undergoes a series of reduction, reoxidation and other trans-formations which are often unexpected and are attributed to the steric factors operating within the nine-membered ring (75).

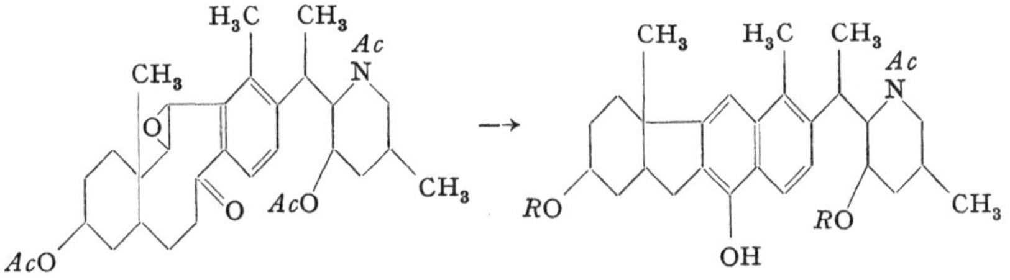

(XXXIX.)   (XL.) R = Ac or H.

IV. On the Configuration of Jervine and Veratramine.

By fragmentation of N-methyljervine OKUDA, TSUDA and KATAOKA (151) obtained an N-methylpiperidone corresponding to (XXIX, p. 308) which by Wolff-Kishner reduction was converted into 1,3-dimethylpiperidine. The enantiomer of the latter was synthesized from $D(+)$-citronellal. This would show that the absolute configuration of the C$_{(25)}$-methyl in jervine is β as in cevine (151). By comparing the infrared spectrum of

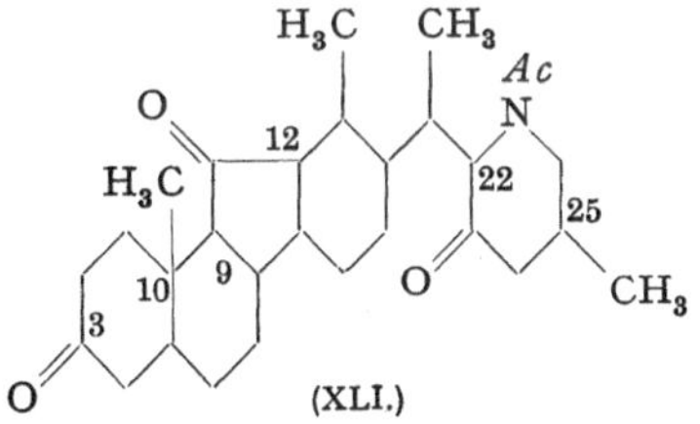

(XLI.)

veratramine with models of 3-hydroxypiperidines SICHER and TICHY (169) found that the 23-hydroxyl in veratramine is not hydrogen bonded to N and hence is equatorial and *trans* to the equatorial C$_{(22)}$-side-chain. When refluxing 22,27-iminojervane-3,11,23-trione-N-acetate (XLI) with sodium methoxide, AUGUSTINE (4) obtained an isomeric compound in 75% yield. This could be an epimer of the starting material at C$_{(9)}$, C$_{(12)}$, or C$_{(22)}$. Since N-acetyltetrahydrojervine (XX, N-acetyl, p. 305) which has the common enolisable centres at $C_{(9)}$ and $C_{(12)}$ is recovered unchanged under the same conditions, the epimerization has taken place at $C_{(22)}$. AUGUSTINE represents this change at $C_{(22)}$ as (XLII) →

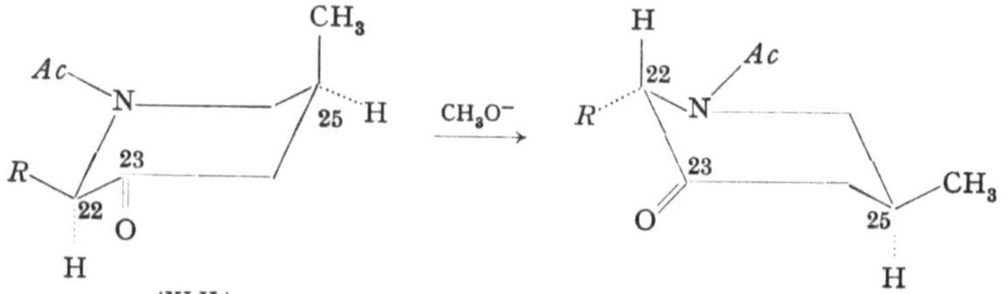

(XLII.)   (XLIII.)

→ (XLIII), which would make the $C_{(25)}$-methyl *trans* and equatorial with the side-chain at $C_{(22)}$; if that is so, it would mean that the side-chain at $C_{(22)}$ was originally β (4). The hydroxyl at $C_{(3)}$ and the methyl at $C_{(10)}$ are considered β, because the molecular rotation differences of cholesterol derivatives are applicable to the derivatives of the $C_{(3)}$-OH and Δ^5-ethylenic linkage in the alkaloid (69, 91). Largely on biogenetic grounds configurations at other asymmetric centres are considered to be the same as in normal steroids* (54).

Since jervine and veratramine have been interrelated, their common asymmetric centres should have the same configuration.

V. Glycosides of the Alkamines.

Isorubijervosine, pseudojervine and veratrosine, the *D*-glucosides of isorubijervine, jervine and veratramine respectively, are the three known glycosidic veratrum alkaloids (85, 104). The attachment of the *D*-glucose residue has been shown to be at the 3β-OH in isorubijervine (104); and pseudojervine being a free secondary amine (159), jervine also should have the *D*-glucose at $C_{(3)}$-OH. It is very likely that also in veratrosine the glucosidic linkage is at $C_{(3)}$ of the alkamine.

VI. Alkaloids of Unknown Structure.

1. Veratrobasine.

This strongly basic alkaloid, $C_{24}H_{37}O_3N$, was isolated by STOLL, STAUFFACHER and SEEBECK (179) from *V. album* in a yield of 0.022%. Unlike other veratrum alkamines, it contains an N-methyl group and only 24 carbon atoms. It has 3 hydroxyl groups, 2 of which can be acetylated, but only one is benzoylated. In

---

* Configurations at $C_{(3)}$, $C_{(9)}$ and $C_{(14)}$ have recently been shown to be those in normal steroids, by converting hecogenin (without disturbing these centres) in several steps to the hexahydro derivative of compound (XXVIII, p. 308) (142a). [*Added in Proof.*]

the infrared spectrum it shows absorption in the double bond region, but none in the carbonyl region, and on catalytic hydrogenation it takes up one mole of hydrogen. On Oppenauer oxidation it gives a conjugated ketone (λ_{max} 239 mμ, ε 16000). The ultraviolet absorption of the alkaloid (λ_{max} 252 mμ, ε 126) is shifted to 271 mμ (ε 560), when its diacetate is dehydrated with acetic anhydride and oxalic acid. The alkaloid also forms an acetonide with acetone and hydrochloric acid (177, 179).

2. Geralbine.

Geralbine, $C_{22}H_{33}O_2N$, another new alkaloid isolated by STOLL and SEEBECK (177) from *Veratrum album*, is weakly basic, has an N—CH_3 group, and shows carbonyl absorption in the infrared spectrum.

3. Amianthine.

From a plant closely related to the *Veratrum* species, *Amianthium muscae-toxicum* GRAY, also called "stagger grass" or "fly poison", NEUSS (150) isolated a new alkaloid, $C_{27}H_{41}O_2N$, which he termed amianthine. Amianthine appears to be a tertiary base, pK_a 9.7, has a readily acylable hydroxyl group and a conjugated ketone (IR, 1650, 1613 cm.$^{-1}$; UV, λ_{max} 250 mμ; ε 10000). With platinum catalyst it absorbs two moles of hydrogen and as the product does not show absorption characteristic for a carbonyl in the infrared and ultraviolet regions, the carbonyl group was reduced too.

VII. Pharmacological Activity.

Veratramine possesses powerful cardiodecelerator properties. The pharmacodynamic effect which appears to be mediated directly at the sino-arterial node of the mammalian heart is neither annulled by the presence of atropin nor accompanied by a negative inotropic action. UHLE and coworkers (188, cf. 100) prepared eight N-alkyl derivatives of veratramine and tested them for their activity. In the homologous series starting with the N-methyl compound, the activity reached a maximum in the N-butyl compound, approaching that of veratramine, and then gradually fell off. The authors state that the N-alkyl veratramine derivatives promise to become an excellent subject in the study of the perplexing phenomenon frequently found in pharmacology, viz. the activity reaching a maximum at a particular member of a homologous series.

Part B. The Ceveratrum Alkaloids.

VIII. Occurrence.

There are only four well-characterized natural alkamines in this series, veracevine and the three alkamines of the germine family, germine, zygadenine and protoverine. They exist in plants as esters by combination with one to four molecules from the nine acids listed in *Table 2*, p. 314.

Table 2. Acids Esterifying Ceveratrum Alkamines.

Name of acid	Structure
(a) Acetic	CH$_3$—COOH
(b) D-(—)-α-Methylbutyric	CH$_3$—CH$_2$—CH(CH$_3$)COOH
(c) (+)-α-Hydroxy-α-methylbutyric	CH$_3$—CH$_2$—C(OH)(CH$_3$)—COOH
(d) (—)-Erythro-α-methyl-α,β-dihydroxybutyric (e) (+)-Threo-α-methyl-α,β-dihydroxybutyric	CH$_3$—CH(OH)—C(OH)(CH$_3$)—COOH

(f) Angelic

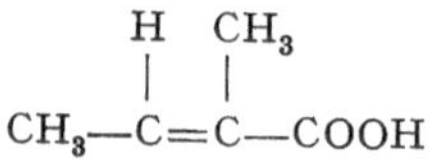

(g) Tiglic*

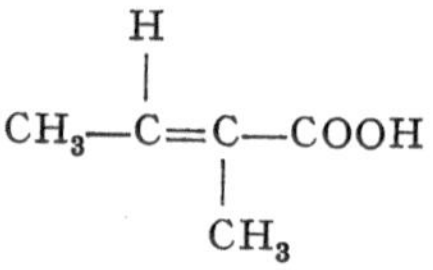

(h) Veratric

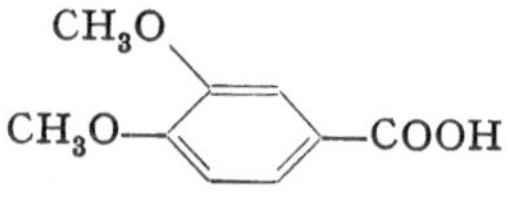

(i) Vanillic

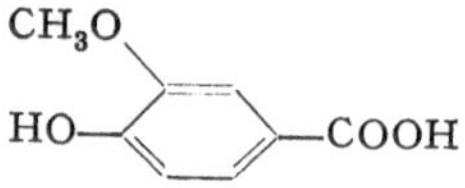

* In most instances when isolation of tiglic acid from ester alkaloids has been reported, it is now assumed that this acid was formed by isomerization of the angelic acid ester during hydrolysis.

It is interesting to note that the aliphatic acids (except acetic acid) possess the isoprene skeleton and the two aromatic acids differ only in the extent of methylation and are derivable from shikimic acid.

The plants in which the alkaloids are found are, *Veratrum album* (Va); *V. viride* (Vv); *V. sabadilla* (Vs) or *Schoenocaulon officinale* GRAY; *V. fimbriatum* GRAY (Vf); *V. escholtzii* GRAY (Ve); *V. nigrum* (Vn); *Zygadenus venenosus* (Zv); and *Zygadenus paniculatus* (Zp).

Table 3 gives some of the important characteristics of these alkamines.

Table 3. Some Characteristics of Ceveratrum Alkamines.

Alkamine	Mol. formula	m. p. (°)	[α]$_D$ (°)	Source
Veracevine	C$_{27}$H$_{43}$O$_8$N	183	— 24 (Alc.)	Vs
Germine	C$_{27}$H$_{43}$O$_8$N	220	+ 5 (Alc.)	Va, Vv, Ve, Vf, Zv, Zp
Zygadenine	C$_{27}$H$_{43}$O$_7$N	204	— 45 (Chlf.)	Va, Vf, Ve, Vn, Zv, Zp
Protoverine	C$_{27}$H$_{43}$O$_9$N	200	— 11 (Alc.)	Va, Vv, Ve, Zv (abbreviations see above)

It will be noted from Table 3 that veracevine is isolated from only one source, *V. sabadilla*, and no other fully characterized alkaloid has been extracted from that plant. The other alkaloids occur together and all three are isolable from *V. album*, *V. escholtzii* and *Zygadenus venenosus*. These plants are generally found in temperate climates but *V. sabadilla* is found in Mexico and the West Indies as well. The alkaloids probably occur in all parts of the plant, but the rich sources are the seeds of *V. sabadilla* and the roots and rhizomes of the other plants.

IX. Cevine.

Cevine, $C_{27}H_{43}O_8N$, is an alkaline isomerization product of the naturally occurring alkamine veracevine. But since cevine is the most stable isomer, and hence the product readily obtained in earlier times by strong alkaline hydrolysis of the natural ester alkaloids, cevadine (an angelate), veratridine (a veratrate), and vanilloyl-veracevine, much of the structural work has been done on cevine, and hence will be discussed as such.

1. Dehydrogenation Products and Skeletal Structure.

Cevine has now been established to have structure and configuration (XLIV); p. 316. It was first isolated by WRIGHT and LUFF (*208*) in 1878 as an amorphous product. Some preliminary studies were conducted by AHRENS (*1*), FREUND and SCHWARZ (*56–58*), HESS and MOHR (*70*), MACBETH and ROBINSON (*134*), and by BLOUNT (*24, 25*). But a concerted effort on the structural elucidation of this and other veratrum alkaloids was started by JACOBS and coworkers of the Rockefeller Institute for Medical Research in 1937, and an idea of the volume of work this group has done can be gained from the fact that they have published some 40 papers on veratrum alkaloids during 20 years. Their approaches were mainly degradative and in three directions: (i) soda lime and zinc-dust distillation, (ii) selenium dehydrogenation, and (iii) chromic acid oxidation. These methods brought forward important results which ultimately led to the structural elucidation of cevine.

The significant product isolated from zinc-dust distillation was optically active N-methyl-β-pipecoline, which was identified as the *d*-form by comparison with the *l*-enantiomer (*80*).

Selenium dehydrogenation gave 15 degradation products: 9 bases, 5 hydrocarbons and a tricyclic phenol, cevanthrol. Some of the more important products among these were characterized (*Chart 6*, p. 316) as veranthridine (XLV), cevanthridine (XLVI), cyclopentenofluorene hydrocarbons of type (XLVII), and 4,5-benzhydrindene (XLVIII), besides the 2-ethyl-5-methylpyridine obtained from most veratrum alkaloids. The simplest degradation product (XLVIII) was identified by comparison with an authentic sample (*48*).

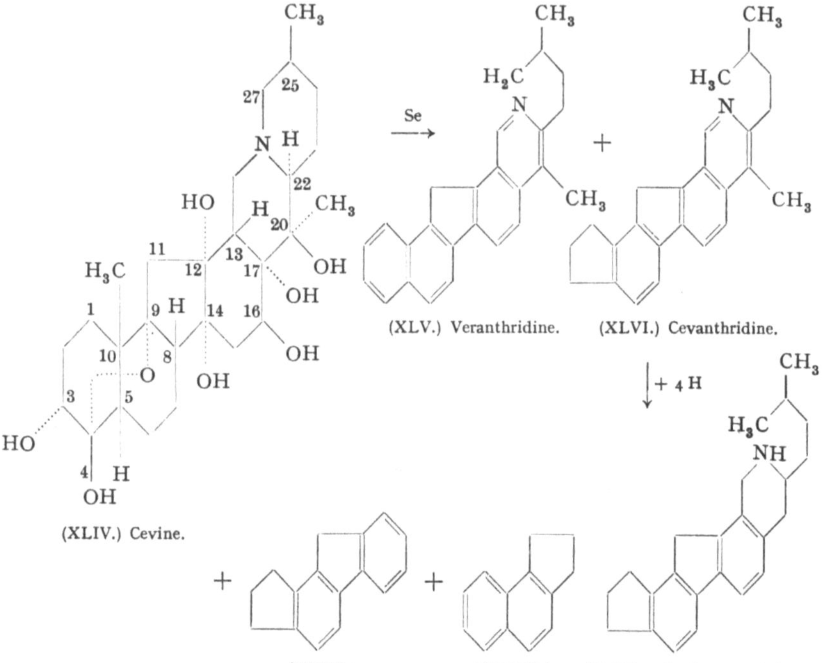

(XLIV.) Cevine. (XLV.) Veranthridine. (XLVI.) Cevanthridine. (XLVII.) (XLVIII.) (IL.) Tetrahydrocevanthridine.

Chart 6. Cevine and its Dehydrogenation Products.

The products of type (XLVII), on the basis of the UV-spectra and positive Vansheidt colour test (*189*), were considered to be tetracyclic cyclopentenofluorenes. This same series of hydrocarbons (type XLVII) was also obtained from jervine and it corresponded to the *A*, *B*, *C*, and *D* rings of jervine (p. 304) with a contraction of ring *A* from six- to fivemembered (*90*). The tertiary base cevanthridine (XLVI), $C_{25}H_{27}N$, could be catalytically hydrogenated to tetrahydrocevanthridine (IL), a secondary amine. This would indicate the presence of a quinoline or isoquinoline unit in (XLVI). But since the ultraviolet spectrum of tetrahydrocevanthridine (IL) resembles closely that of cyclopentenofluorene (XLVII), it is concluded that the nitrogen atom is not directly attached to the benzene ring, because this would cause a considerable spectral shift.

From these observations and from a spectrographic comparison with model compounds, cevanthridine is formulated by Jacobs and Pelletier (*90*) as a cyclopentenoindeno-isoquinoline (XLVI). The presence of the fluorene unit in the base was confirmed by its oxidation to a red fluorenone and reduction back to the original base.

Veranthridine, $C_{26}H_{25}N$, which also could be reversibly oxidized to a red fluorenone derivative and catalytically hydrogenated to an octahydro derivative showing a fluorene spectrum, was formulated by JACOBS and PELLETIER as the benzindeno-isoquinoline (XLV). Compound (XLVI) must then arise by degradative contraction of ring A as is the case in jervine (p. 304), where both cyclopenteno- and benzofluoreno-derivatives were obtained. Veranthridine (XLV) contains all the carbon atoms of cevine, except one, which was lost as a methyl group from an angular position. JACOBS and PELLETIER thus deduced the fundamental skeleton (L) for cevine, a C-nor-D-homosteroid type, which as they rightly concluded must also be the skeleton for germine and protoverine, since the latter bases also gave the characteristic cevanthridine and some other dehydrogenation products obtained from cevine (*40, 43–46, 48, 80, 88, 90, 156*).

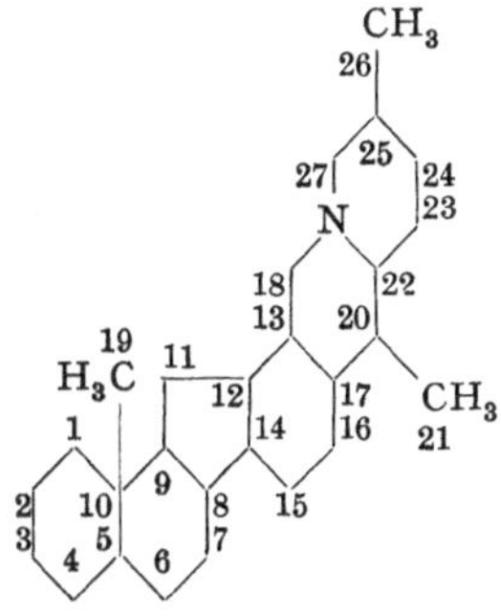

(L.) Cevine skeleton.

Corroborative evidence for the six-membered nature of rings A, B and D and the five-membered nature of ring C was obtained from an oxidation product (LXXIII) which is dealt with later (p. 324).

2. Oxidation Products.

a) Decevinic Acid. The third line of attack by JACOBS and coworkers, viz. chromic acid oxidation, yielded a mixture of acids and lactams. Of these, a lactone tricarboxylic acid (LIII), $C_{14}H_{18}O_8$, a hexanetetra-carboxylic acid (LVII), $C_{10}H_{14}O_8$, and a heptanetetracarboxylic acid (LX), $C_{11}H_{16}O_8$, are the most important ones (pp. 318 and 319); on these and their derivatives CRAIG and JACOBS have conducted extensive studies. The lactone tricarboxylic acid (LIII) on heating to 180° loses two molecules of water and is smoothly converted to an acid, $C_{14}H_{14}O_6$, which was designated as decevinic acid (LIV). Decevinic acid, unlike its precursor, titrates as a dibasic acid, forms a dimethyl derivative, gives a positive ferric chloride test and also forms derivatives of a ketone. It is sensitive to alkali, unlike its precursor. On dehydrogenation with sulphur decevinic acid gave 2-hydroxy-1,8-naphthoic anhydride (LI), which on heating with alkali was converted to 2-hydroxy-8-naphthoic acid (LII). Since the saturated precursor, the lactone tricarboxylic acid (LIII) by its molecular formula, $C_{14}H_{18}O_8$, is only monocarbocyclic ($-4\,CO_2 + 2\,H = C_{10}H_{20}$), the dicarbocyclic skeleton as seen in the anhydride (LI) is not originally present in the lactone tricarboxylic acid, and hence in cevine. It must therefore have been produced during the pyrolysis to decevinic acid. Decevinic acid on treatment with 32% sodium hydroxide at room

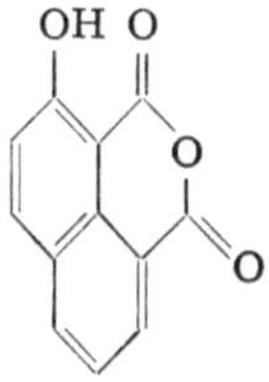

(LI.) 2-Hydroxy-1,8-naphthoic anhydride.

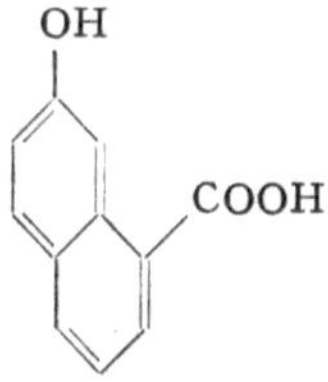

(LII.) 2-Hydroxy-8-naphthoic acid.

temperature adds the elements of water, loses a molecule of carbon dioxide, and forms a dicarboxylic acid (LV), $C_{13}H_{16}O_5$. This behaves as a β-keto-acid and is further decarboxylated on heating or on treatment with base to a neutral keto-lactone (LVI), $C_{12}H_{16}O_3$ (41, 42, 44).

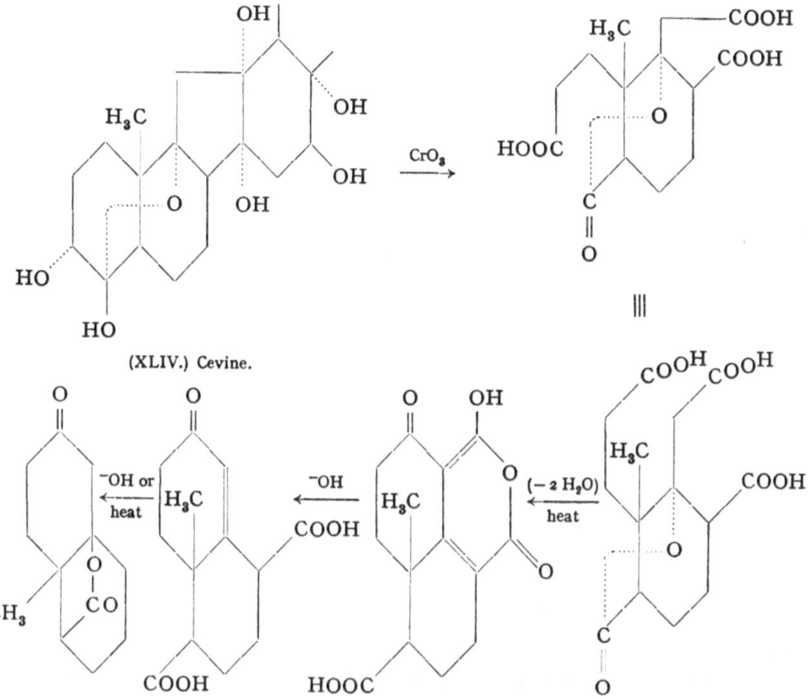

(XLIV.) Cevine.

(LVI.) (LV.) (LIV.) Decevinic acid. (LIII.) Lactone tricarboxylic acid.

Chart 7. Decevinic Acid, its Formation and Reactions.

GAUTSCHI, JEGER, PRELOG and WOODWARD (63) investigated this dicarbocyclic acid (LIV) further. Its ultraviolet spectrum is close to that calculated for a homoannular dienone (λ_{max} 325 mμ; ε 17800) and is shifted to longer wavelength with alkali. The pK_a values 4.81 and 7.55 in 80% aqueous methylcellosolve indicate that the latter value originates from a carboxyl group, and the former from a more strongly acidic function, comparable to the enolic function of glutaconic anhydride. On the basis of the cevane skeleton arrived at by JACOBS and PELLETIER and on the above properties, decevinic acid was deduced to have structure (LIV); and its reactions were formulated as in *Chart 7.* GAUTSCHI et al. had also noted from the infrared spectrum that the neutral keto-lactone (LVI) does have a γ-lactone ring and a ketone group in a six-membered ring. A structure for decevinic acid similar to (LIV) was independently arrived at by BARLTROP and MORGAN (*145, 146*) from data provided by JACOBS and CRAIG (*41, 42, 44*), and from a comparison of the ultraviolet and infrared spectra of decevinic acid with those of α-acetyl-α'-ethyl-β-methylglutaconic anhydride.

b) *Hexane- and Heptane-tetracarboxylic Acids.* By comparing the saponification rates of model compounds, HUEBNER and JACOBS (*76*)

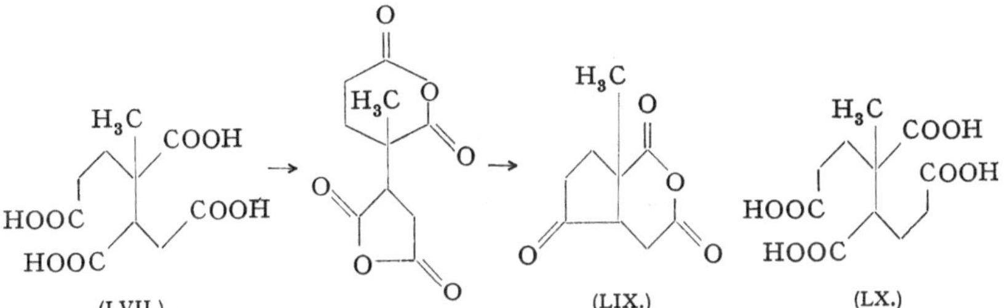

| (LVII.)
Hexane-tetracarboxylic acid. | (LVIII.) Dianhydride. | (LIX.)
Keto-anhydride. | (LX.)
Heptane-tetracarboxylic acid. |

concluded that the optically active hexane-tetracarboxylic acid (LVII) contains two primary, one secondary, and one tertiary carboxyl group. On heating to 230° in vacuo, this acid gave a dianhydride (LVIII) which on further pyrolysis gave the keto-anhydride (LIX). On the basis of the infrared spectra ELMING et al. (*53*) proposed that one of the rings of the dianhydride (LVIII) is five-membered and the other more than five-membered, and further that the ketone function in the keto-anhydride is located in a five-membered ring. This keto-anhydride (LIX) was synthesized by two different routes and hence the structures of the hexane- and heptane-tetracarboxylic acids were deduced as (LVII) and (LX) respectively (*95*).

The structures of decevinic acid and the hexane- and heptane-tetracarboxylic acids would show that they have arisen from the rings *A*, *B* and *C* of cevine. The pattern of oxidation leading to these products would also show that rings A and B are six-membered, that there is definitely one oxygen function, and probably two, in ring A located at $C_{(3)}$ and $C_{(4)}$, and only one more oxygen atom in rings A and B, which considering the structure of the lactone tricarboxylic acid (LIII) should be at $C_{(9)}$. Furthermore, the appearance of the chain —CH_2—$COOH$ in the lactone tricarboxylic acid strongly suggests that ring C is five-membered since a normal steroid would almost certainly be cleaved between $C_{(11)}$ and $C_{(12)}$ under the conditions applied.

Chemical and spectroscopic evidence has shown that cevine contains neither a carbonyl group nor ethylenic linkages; N-methyl or O-methyl groups are also absent. Cevine is a tertiary amine, hence the molecular formula, $C_{27}H_{43}O_8N$, would require it to be heptacyclic.

3. Alkaline Isomerization Products.

Cevine (XLIV) reduces ammoniacal silver nitrate and Fehling's solution (57); it is reduced catalytically or with sodium and alcohol to two isomeric dihydro-alcohols (80). STOLL and SEEBECK (171) have demonstrated that on mild alkaline hydrolysis the ester alkaloids give the ketonic alkamine cevagenine, which on further treatment with alkali is isomerized to the non-ketonic alkamine cevine. Hence cevagenine is the precursor of cevine. BARTON and coworkers (15–17) interpreted these facts to mean that cevine contains a masked secondary α-ketol, and they represented cevagenine and cevine by the partial formulas (LXI) and (LXII), respectively.

$-\overset{\textstyle |}{\underset{\textstyle |}{C}}-$ $\overset{^-OH}{\longrightarrow}$ OH	$-\overset{\textstyle |}{\underset{\textstyle |}{C}}-$ $\overset{HIO_4}{\underset{\text{1 mole}}{\longrightarrow}}$ O	$-C$, C O, C, O
—CO—CH—OH	—CH(OH)—C—OH	—CHO
(LXI.) Cevagenine.	(LXII.) Cevine.	(LXIII.) Aldehydo-γ-lactone.

The presence of the masked secondary-α-ketol structure (LXII) was confirmed by BARTON and coworkers (15) by oxidizing cevine ortho-acetate (LXVIII c, p. 323) (wherein only this glycol system is exposed) with one mole of periodic acid to give an aldehydo-γ-lactone (LXIII, LXX, p. 323). Additional experimental evidence in support of the secondary-α-ketol system was obtained by oxidizing cevagenine with bismuth oxide or triphenyl tetrazolium chloride to a diosphenol (178, 181). As the original hydroxyl released by opening the hemiketal ring was neither acylable nor oxidizable (with chromic acid), it was concluded that at the other end of the ether bridge a tertiary carbon is present (15).

PELLETIER and JACOBS (*154*) and independently KUPCHAN and coworkers (*126*) then observed that veracevine, a non-ketonic isomer obtained by very mild hydrolysis of the ester alkaloid cevadine, is the

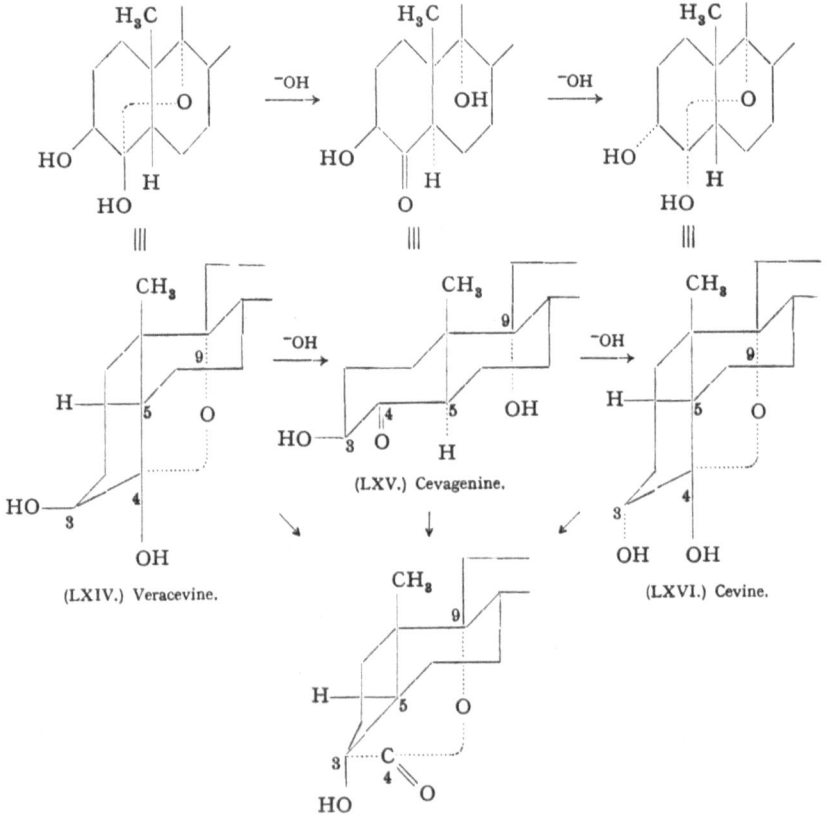

Chart 8. Precursors of Cevine and their Interrelation.

precursor of cevagenine and can be successively isomerized to cevagenine and cevine. WOODWARD* placed this α-ketol-5-membered hemiketal function in rings *A* and *B* of cevine and explained the changes as given in *Chart 8*.

Veracevine (LXIV) contains the 3β-hydroxyl group as do all natural steroids and has the masked ketone or a hemiketal at $C_{(4)}$, formed with

* Course of lectures at Harvard University in early 1953 on the structure of cevine and related alkaloids which was largely an amplification of the collaborative communication (*18*) much in advance of its publication. The planning and interpretation of the work on veratrum alkaloids by other groups at Harvard were considerably assisted by these lectures [see also (*120*)].

the cooperation of the 9α-hydroxyl group. The formation of this hemiketal requires rings A and B to be *cis* and therefore the 3β-hydroxyl group to be axial. Mild treatment with base opens the hemiketal ring to produce a ketone group at $C_{(4)}$, removes a proton from the axial β-hydrogen at $C_{(5)}$ and isomerizes it to a *trans* ring junction by re-addition of the proton from below, thus producing cevagenine (LXV). The 3β-hydroxyl group then assumes the equatorial conformation. On further treatment with base, re-inversion takes place at $C_{(5)}$ to the *cis* ring junction, the hydroxyl group at $C_{(3)}$ is inverted to the α-configuration, the 4,9-oxide bridge is reconstituted and the most stable isomer, cevine (LXVI), is formed.

The sum total of the changes from veracevine to cevine is only the isomerization of the $C_{(3)}$-hydroxyl from the less stable β-axial to the more stable α-equatorial orientation and that seems to be the driving force for these irreversible isomerizations (*18*). It may, however, be pointed out that cevagenine, which is considered to have the stable *trans* ring junction and an equatorial hydroxyl at $C_{(3)}$, readily and irreversibly isomerizes to form the *cis* ring systems only for the formation of the 4,9-hemiketal.

Experimental support for these formulations was soon provided by Kupchan and Lavie at Harvard who found that all the three isomers are oxidized by bismuth oxide to the same hydroxy-δ-lactone (LXVII), probably formed by benzilic acid rearrangement of the initially formed α-diketone [(*125*), see also (*120*)].

4. Assignment of Structure.

Cevine (LXVIII) with acetic anhydride alone forms a diacetate (LXVIII a) (*56*), and with acetic anhydride-pyridine at $90°$, a tri-acetate (LXVIII b) (*16*). Since there is a secondary hydroxyl at $C_{(3)}$, and the tertiary hemiketal hydroxyl (at $C_{(4)}$ here) is also generally acylable (*73*), there should be a secondary hydroxyl elsewhere in the molecule to form the triacetate. Since cevine triacetate is stable to chromic acid (*16*), there is no other secondary or primary hydroxyl group in the molecule. As cevine triacetate readily consumes one mole of periodate or lead tetraacetate (*16*), it must contain a ditertiary glycol system.

This glycol system is located at $C_{(12)}$, $C_{(14)}$ according to the following arguments. As cevine is not a carbinol amine, there are no hydroxyl groups at $C_{(18)}$, $C_{(22)}$ and $C_{(27)}$. Although β-dialkyl aminoalcohols are not readily attacked by lead tetraacetate (*133*), tertiary α-aminoketones consume one mole or more of this reagent at room temperature (*16*). Hence neither of the hydroxyls of the glycol can be situated β to the nitrogen atom, for that would lead to the formation of an α-dialkylaminoketone when the glycol is cleaved with one mole of lead tetraacetate; and hence it would lead to the further consumption of the oxidant, contrary to the observation. The only available site left for the ditertiary glycol system in the skeleton is the C/D ring junction at $C_{(12)}$ and $C_{(14)}$ (*18*).

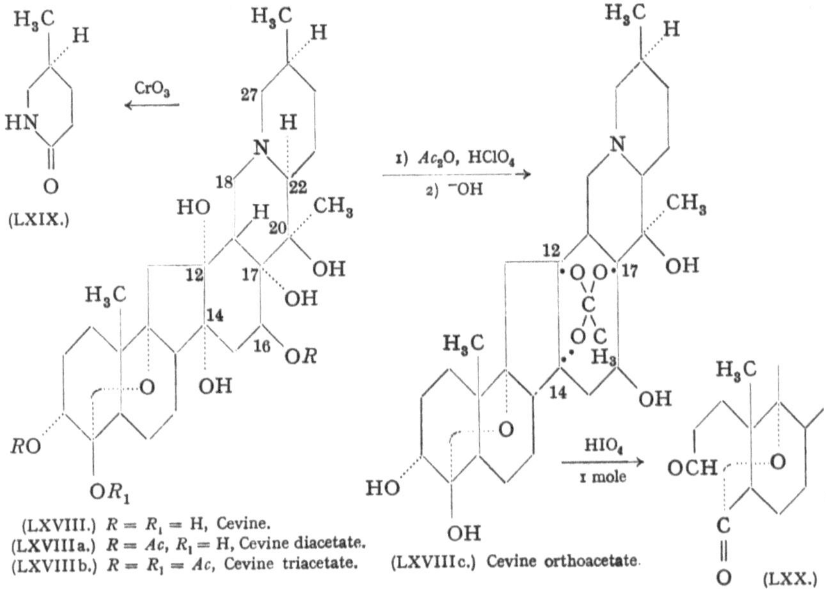

(LXVIII.) $R = R_1 = H$, Cevine.
(LXVIIIa.) $R = Ac$, $R_1 = H$, Cevine diacetate.
(LXVIIIb.) $R = R_1 = Ac$, Cevine triacetate.
(LXVIIIc.) Cevine orthoacetate.

Chart 9. Reactions of Cevine.

Five oxygen atoms have now been located at $C_{(3)}$, $C_{(4)}$, $C_{(9)}$, $C_{(12)}$, and $C_{(14)}$. As the molecule is heptacyclic and as there are no alkoxy groups present, the remaining three oxygen atoms must be in hydroxyl groups of which one OH, as we have seen, is secondary or primary. Since Kuhn-Roth oxidation of cevine indicates the presence of at least three C—CH$_3$ groups (*16*), none of the methyl groups can be hydroxylated. Formation of the lactone tricarboxylic acid (LIII, p. 318) on chromic acid oxidation of cevine excludes the presence of oxygen atoms in rings A, B and C, other than the five already located. Another product obtained from cevine by JEGER and coworkers (*97*) on chromic acid oxidation (identified by synthesis of the optical antipode with L-(—)-5-methyl-piperidone-2) (LXIX) *(Chart 9)*, excludes the presence of oxygen functions in ring F. Positions $C_{(11)}$ and $C_{(15)}$ are excluded since they are adjacent to the periodate-sensitive tertiary glycol system. The only available sites thus left for the three hydroxyl groups are $C_{(16)}$, $C_{(17)}$ and $C_{(20)}$, and, accordingly, structure (LXVIII) has been arrived at for cevine by BARTON, JEGER, PRELOG and WOODWARD (*18*). This structure, however, contains a *vic*-triol system which is not readily attacked by glycol splitting reagents, evidently for steric reasons.

Cevadine (LXXI) ($C_{(3)}$-angeloxy ester of veracevine) on oxidation with chromic acid-sulphuric acid gives a 7-hydroxyindanone system as in (LXXIII), which has been identified by physical data and chemical reactions (*140*). The reaction sequence through (LXXII) is formulated in *Chart 10*. These changes confirm the earlier evidence that ring *C* is five-membered and ring *D* six-membered, and that there is a hydroxyl group at $C_{(16)}$ and another at $C_{(17)}$, because in the absence of the latter β-elimination of the $C_{(20)}$-hydroxyl group would have followed the formation of the $C_{(16)}$-keto group.

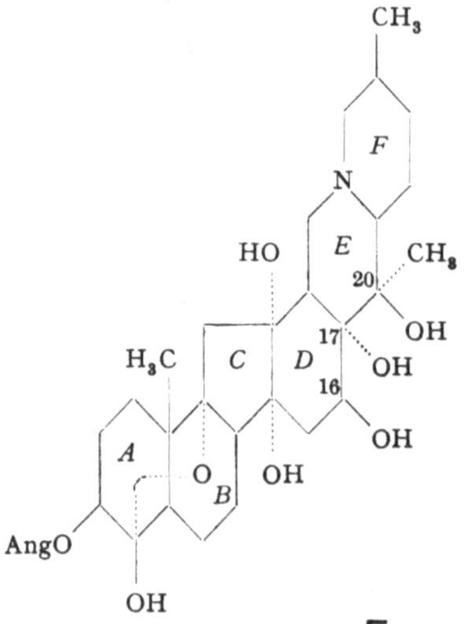

(LXXI.) Cevadine

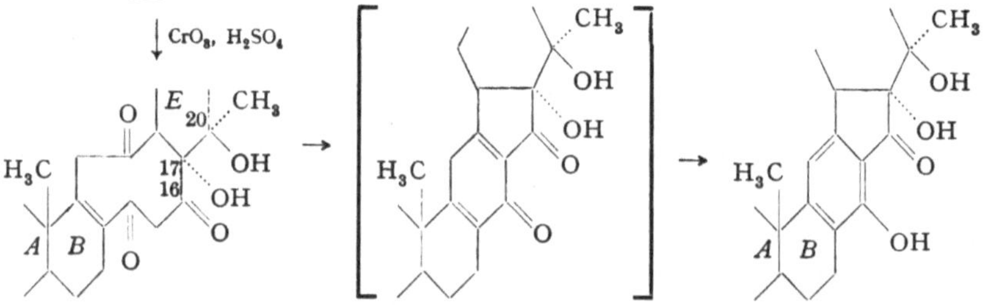

(LXXII.) (LXXIII.)

Chart 10. Oxidation of Cevine.

5. Configuration.

a) Rings A and B.

The neutral keto-lactone (LVI) obtained from decevinic acid has been converted by a series of steps to the known (+)-9-methyl-*cis*-decalone-1

(LXXIV) (63). Further degradation to the *cis* cyclohexane acid (LXXV) has been achieved by GAUTSCHI et al. (64), and consequently the absolute stereochemistry of the $C_{(10)}$-methyl group in cevine is firmly established as β as in steroids and triterpenes. The veracevine → cevagenine → cevine isomerizations and the peculiar cage-like structure of the A/B ring system would then show that cevine has 3α-, 4β-dihydroxy, $4,9$-α-epoxy, 5β-H, 10β-CH_3 configuration as shown in (LXVI, p. 316). X-ray study

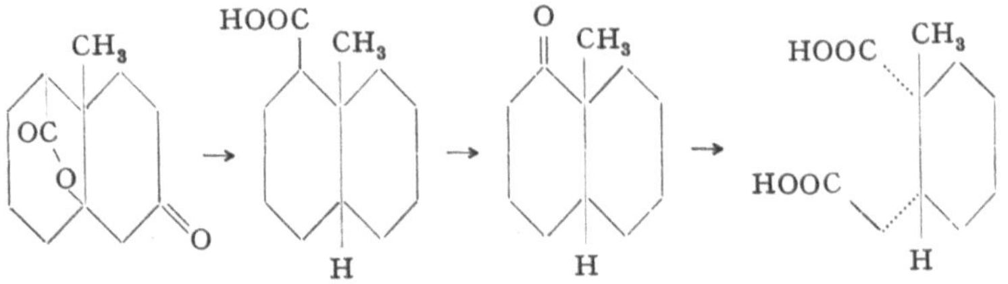

(LVI.)   (LXXIV.)   (LXXV.)

of the cevine configuration shows that the hydroxyl at $C_{(3)}$ is equatorial and therefore α (51). Ultraviolet absorption measurements of the α-ketol, cevagenine and its acetate [COOKSON and DANDEGAONKER (39)] indicate that the hydroxyl group of the α-ketol is equatorial, which at $C_{(3)}$ is β-oriented. Since the difference between veracevine and cevine is only at $C_{(3)}$, the hydroxyl at $C_{(3)}$ in veracevine should be β-axial. The changes postulated in the isomerizations are thus additionally supported. However, the evidence does not preclude a 3-keto-4-hydroxy structure for cevagenine.

b) Configuration at $C_{(25)}$.

The absolute configuration of the methyl group at $C_{(25)}$ has been shown to be β by the synthesis of D-$(+)$-5-methylpiperidone-2 from D-$(+)$-citronellal; the product was found to be the enantiomer of the piperidone (LXIX, p. 323) obtained by chromic acid oxidation of cevine (97).

c) Configuration at $C_{(12)}$, $C_{(14)}$ and $C_{(17)}$. (The Two Isomeric Orthoacetates.)

Although cevadine ($C_{(3)}$ angeloxy veracevine) (LXXI) forms only a diacetate (at $C_{(4)}$ and $C_{(16)}$) with acetic anhydride and pyridine at steambath temperature, STOLL and SEEBECK (172, 173) noticed that it forms 'anhydrocevadine triacetate' (LXXVI) when the acetylation is catalyzed with perchloric acid. And this compound could be hydrolyzed with mild base to 'anhydrocevadine di- and mono-acetates'. By mild alkaline isomerization of the 'anhydrocevadine acetates' they obtained the 'anhydrocevagenine monoacetate' (LXXVII) (Chart 11) as well (cf. 126).

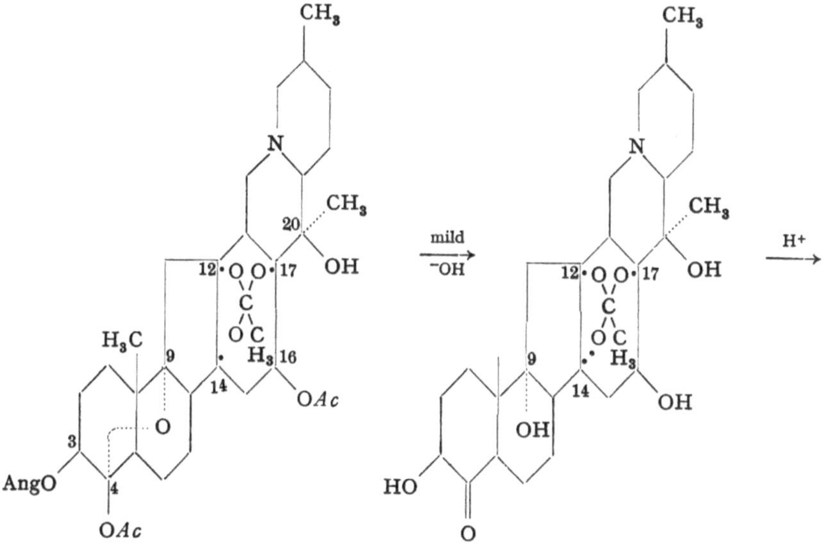

(LXXVI.) Cevadine orthoacetate-4,16-diacetate. (LXXVII.) Ring *D*-cevagenine orthoacetate.

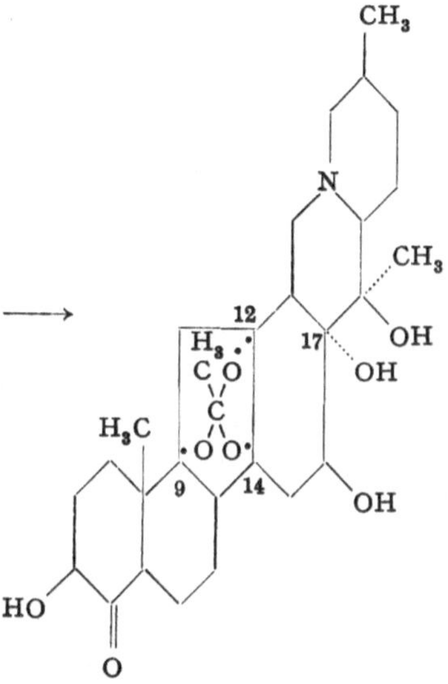

(LXXVIIa.) Ring *C*-cevagenine orthoacetate.

Chart 11. The Isomeric Cevagenine Orthoacetates.

They considered that in the formation of these compounds an α-glycol is dehydrated to an ethylene oxide in the alkaloid molecule. BARTON and coworkers (*15*, *16*) showed by spectroscopic and chemical evidence that these 'anhydroacetates' are orthoacetates formed with the tertiary

References, pp. 361—371.

hydroxyl groups at $C_{(12)}$, $C_{(14)}$ and $C_{(17)}$ (LXXVI), (LXXVII). Although these orthoacetates are dextrorotatory, STOLL and SEEBECK (*176*) later obtained a cevagenine orthoacetate, which was levorotatory, by mild alkaline hydrolysis of cevadine orthoacetate diacetate, followed by extraction with dilute sulphuric acid. KUPCHAN (*108*) found that this acid treatment isomerized the 12,14,17-orthoacetate (LXXVII) to the 12,14,9-orthoacetate (LXXVII a) of cevagenine, which is levorotatory. The two structures were differentiated by infrared spectra and $[M]_D$ data, which also show that the *D*-form (LXXVII) corresponds to cevine orthoacetate (LXVIII c, p. 323). Accordingly, of the two cevagenine orthoacetates, (LXXVII) is readily isomerized (in ring *A*) with 20% potassium hydroxide to cevine orthoacetate (LXVIII c); while (LXXVII a) could not be similarly isomerized, because the participating 9-hydroxyl group is not free. Since the 9-hydroxyl group is known to be α-oriented (to form the hemiketal), the formation and isomerization of these orthoacetates require that the 12-, 14-, and 17-hydroxyl groups be also α-oriented.

The Relative Strain on the Ring D-Orthoacetate. It has been observed that, whenever the 9α-hydroxyl group is initially available, a ring *C*-orthoacetate is readily formed with acetic anhydride and pyridine, whereas in the absence of the free 9α-hydroxyl group no orthoacetate is obtained under these mild conditions. However, a ring *D*-orthoacetate can be formed under stronger conditions—by treatment with perchloric acid. When the 9α-hydroxyl group is again made available, the ring *D*-orthoacetate easily isomerizes on treatment with dilute mineral acid to the ring *C*-orthoacetate (*15*, *108*, *126*, *172*, *173*, *176*). This would show that the ring *C*-orthoacetate is favoured structurally. The relative strain thus shown on the ring *D*-orthoacetate structure requires an explanation.

KUPCHAN (*108*) explains this as due to the presence of a seven-membered ring in the ring *D*-orthoacetate which is absent from the ring *C*-orthoacetate. The presence of a seven-membered ring in itself needs not cause any special strain on the molecule; there are several natural products (e. g. sesquiterpenes) with stable seven-membered rings. An alternative

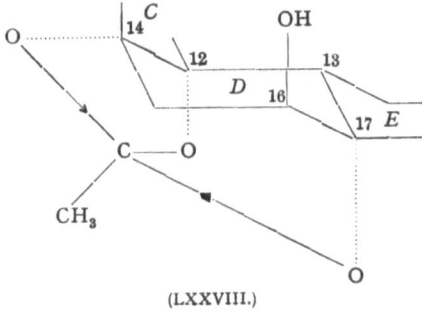

(LXXVIII.)

explanation would be that in the ring D-orthoacetate two *cis* 1,4-hydroxyls ($C_{(14)}$ and $C_{(17)}$) of a rigid cyclohexane ring system are pulled together to the common hinge of the orthoacetate carbon, which would tend to distort the D-ring from a normal chair conformation with attendant distortion on neighbouring rings (LXXVIII). This would also explain the observation by BARTON et al. (*15*, *16*) that the 17-hydroxyl group easily breaks away from the orthoacetate cage when the ring D-orthoacetate is either catalytically hydrogenated or treated with aqueous acetic acid. The three *cis*-hydroxyls, $C_{(12)}$, $C_{(14)}$ and $C_{(9)}$, on the five-membered ring which form the ring C-orthoacetate (LXXVII a) are much more favourably disposed in space (1,2 and 1,3) for the formation of the orthoacetate rings. The comparative ease of ring formation by *cis*-cyclopentane hydroxyls is spectacularly demonstrated by the fact that *cis*-cyclopentane-1,2-diol is cleaved by lead tetraacetate more than 6,000 times as fast as *cis*-cyclohexane-1,2-diol (*49*).

d) Configuration at $C_{(13)}$, $C_{(16)}$, $C_{(20)}$ and $C_{(22)}$. (The Labile $C_{(16)}$-Ester.)

It has been observed that an acetate group in the alkaloid is very labile. ROSENFELDER (*162*) conducted a detailed study and found that the acetate is easily removed by base-catalyzed methanolysis, the tertiary nitrogen of the alkaloid itself serving as the base. BARTON et al. (*15*) have shown that this acetate group is the one at $C_{(16)}$. For cevadine (3-angeloxy)-orthoacetate diacetate ($C_{(4)}$,$C_{(16)}$-diacetate) (LXXVI), when heated with aqueous methanol, loses one acetyl group and the resulting cevadine orthoacetate monoacetate alcohol can be oxidized to a ketone. $C_{(16)}$ is the only available secondary hydroxyl in the former product for this oxidation. The authors of the collaborative paper (*18*) interpreted this lability of the 16-acetate group as indicative of an equatorial or α-orientation. However, KUPCHAN, JOHNSON and RAJAGOPALAN (*124*), from a comparison of the rate of methanolysis of epiandrosterone-3-acetate (equatorial unhindered) in the presence of cevine as basic catalyst, with that of ring D-cevadine orthoacetate-4,16-diacetate (LXXVI), found that, when cevadine orthoacetate diacetate underwent 75% methanolysis, epiandrosterone-3-acetate was recovered mostly (75%) unchanged. Thus the susceptibility of the $C_{(16)}$-acetate to base-catalyzed methanolysis was found to be abnormally high for a simple equatorial ester. These authors therefore advanced the reasonable hypothesis that the methanolysis is assisted by a neighbouring group, as was once considered by ROSENFELDER (*162*). Analogy was drawn for such participation of neighbouring hydroxyl groups observed by HENBEST and LOVELL (*67*) with known *cis*-1,3-diaxial-diol-monoacetates; and they also found that methanolysis of strophanthidin-3β-acetate is assisted by the 5β-hydroxyl group. They therefore concluded that the assisting hydroxyl is at $C_{(20)}$, and hence $C_{(16)}$ and $C_{(20)}$ are *cis*-diaxial hydroxyls. Rate of lead tetraacetate oxidation of the 16,17,20-triol system with the normal and epihydroxyl at $C_{(16)}$ is adduced in support of this.

Reduction of 16-dehydrocevadine ring D-orthoacetate-4-acetate (LXXVI–16 ketone) with sodium borohydride gave largely the 16-epimer and a small quantity of the original 16-ol, both on oxidation regenerating the 16-ketone. In order to liberate the 17-hydroxyl group both epimeric ring D-orthoacetates were saponified to the corresponding ring D-cevagenine orthoacetates (9-free hydroxyl), which were then rearranged by treatment with mineral acid to the ring C-orthoacetates (see LXXVI to LXXVII a, p. 326). On lead tetraacetate oxidation it was found that the triol with the 16-epialcohol is cleaved at a distinctly faster rate than the one with the normal configuration at 16. This is taken as evidence that in the normal compound the hydroxyls at 16 and 17 are *trans* (LXXXIII) but *cis* in the epimeric 16,17-diol (LXXXIV, p. 331). Since the 17-hydroxyl is already shown to be α-, the 16-hydroxyl is taken as β-oriented in the normal compound. And for the *cis*-1,3-diaxial relationship of the 16- and 20-hydroxyls, the 20-hydroxyl has also to be β and axial. This in turn requires the D/E rings to be *trans*, and since the 17-hydroxyl group is α-, the hydrogen at $C_{(13)}$ must be β-oriented.

β-Orientation of the 16-hydroxyl group is further supported by the fact that 16-dehydrocevine-3,4-diacetate (LXVIII b-16-ketone, p. 323) on hydrogenation over platinum gives cevine-3,4-diacetate in about 68% yield. A molecular model of the ketone shows that the α-face is much less hindered than the β-face for approach to the catalyst, an indication that the reaction would proceed to give a β-oriented hydroxyl group.

By the oxidation of veracevine D-orthoacetate triacetate (wherein only the 20-hydroxyl group is free) (e. g. LXXVI) with N-bromosuccinimide, KUPCHAN, JOHNSON and RAJAGOPALAN (*124*) obtained a dehydro-compound which was found to have neither a hydroxyl nor a keto group. The 16-acetate group survived prolonged treatment with methanol and triethylamine, indicating the absence of the assisting 20-hydroxyl group. Hence the oxidation results in the formation of an ether bridge extending from $C_{(20)}$ to a position probably adjacent to the nitrogen atom, and it has been assigned structure (LXXIX), in which the oxide bridge extends on the β-side of $C_{(20)}$ to $C_{(27)}$.

Such a structure of the ether bridge would indeed require the $C_{(22)}$-hydrogen to point downwards, i. e. to have the α-configuration. On chromium trioxide-pyridine oxidation of the ether a formamido-ketone was obtained, which on hydrolysis gave one mole of formic acid.

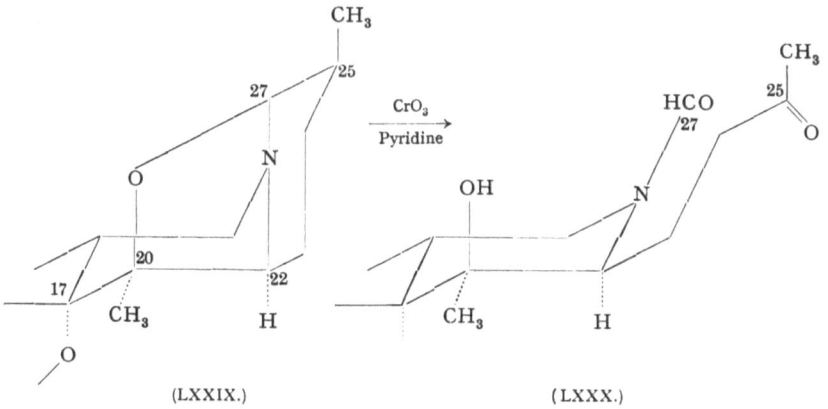

(LXXIX.)   (LXXX.)

A similar oxide was also obtained from ring *D*-cevine orthoacetate triacetate by N-bromosuccinimide oxidation which afforded the formamido-ketone on further oxidation with chromium trioxide-pyridine. Cevine triacetate behaved similarly.

The ketone formed a semicarbazone, showed an active methylene group in the Zimmermann test, and was characterized as a methyl ketone by its NMR spectrum; the chromium trioxide oxidation product was thus identified as (LXXX) and therefore its precursor probably is (LXXIX). However, to form this formamido-ketone on chromium trioxide-pyridine oxidation, the presence of a double bond between $C_{(25)}$ and $C_{(27)}$ is necessary.

Thus KUPCHAN et al. (*124*) conclude that the configurations of the hydroxyls at $C_{(16)}$ and $C_{(20)}$ are β-, the hydrogen at $C_{(22)}$, α- and at $C_{(13)}$, β-oriented. It is noteworthy that this would mean that the methyl group at $C_{(20)}$ is α-oriented and hence departs from the pattern of almost all natural sterols, sapogenins and all fully-characterized steroid alkaloids, including the veratrum alkaloids rubijervine and isorubijervine. As to the remaining asymmetric centre at $C_{(8)}$, it is suggested that it has a β-H in analogy with all other naturally occurring steroids (*124*).

FIESER and FIESER (*54*) when reviewing the field found that most of the above experimental results can also be interpreted to give the completely opposite assignment: 16α-OH, 20β-CH$_3$ and 22β-H to cevine. Thus if 16 and 20 are both α and equatorial (LXXXI), they are equally close to each other in the *trans-D/E* rings for offering assistance in hydrolysis as if they were both axial (LXXXII). The sodium borohydride reduction product giving the 16-normal and epialcohols of ring *C*-cevagenine orthoacetate would be (LXXXIII) and (LXXXIV) (epi), according to KUPCHAN et al., but (LXXXV) and (LXXXVI) (epi), according to FIESER and FIESER. In (LXXXV), although the hydroxyls are *cis*, 16 and 20 eclipse each other and hence the approach of the reagent to form a

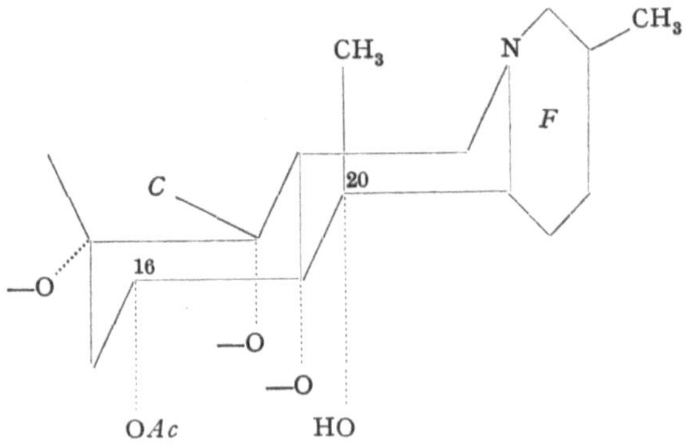

(LXXXI.)

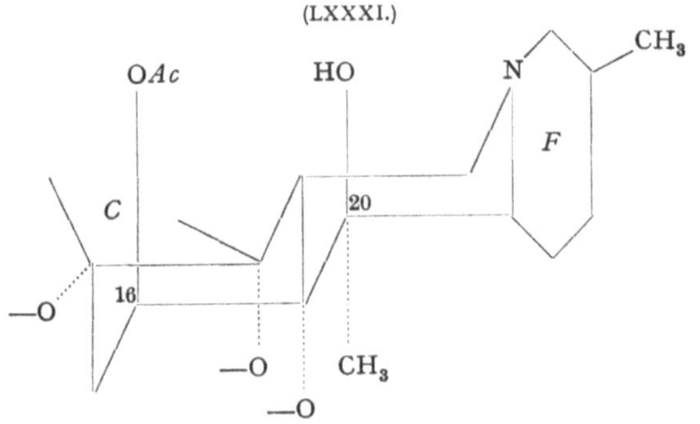

(LXXXII.)

complex between 16 and 17 or 20 and 17, is hindered by the other eclipsing hydroxyl, and thus slows down the reaction.

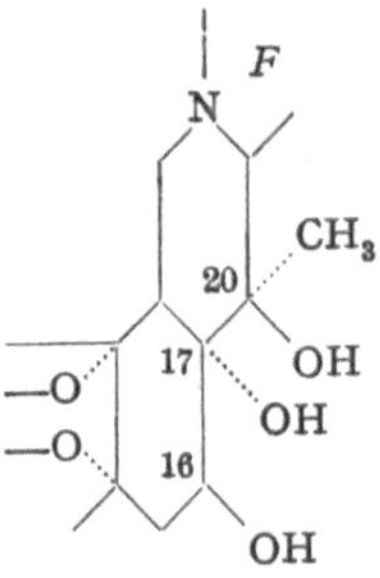

(LXXXIII.) 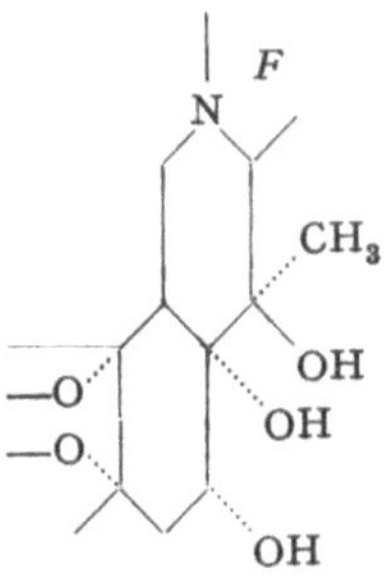   (LXXXIV.) (epi.) 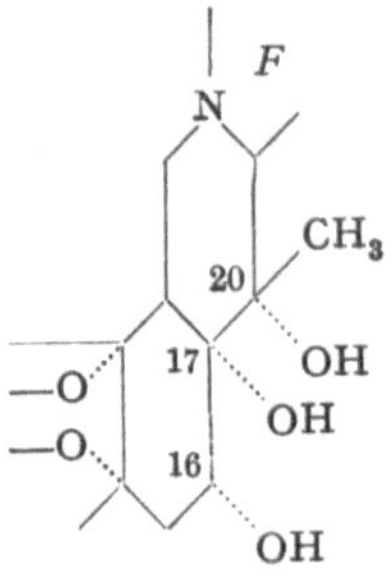   (LXXXV.) 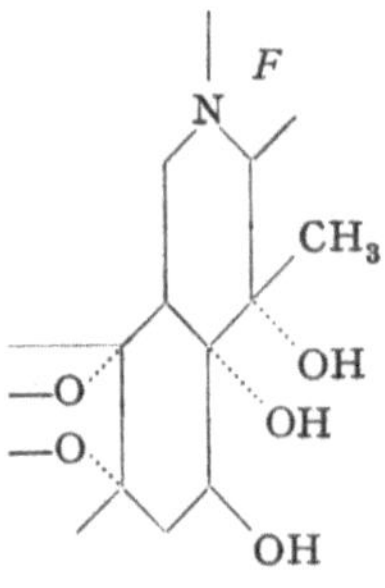   (LXXXVI.) (epi.)

As this situation is not present in the epi (LXXXVI), lead tetraacetate uptake is likely to be faster in that compound. Also in the bile acid series a *trans*-6,7-diol is found to cleave faster than both the *cis*-diols. If the 20-hydroxyl is α, then the structure of the compound with the 20,27-oxide bridge would be as in (LXXXVII), and on further oxidation it would give the formamido-ketone (LXXX). The α-orientation of the ether bridge as in (LXXXVII) would require the $C_{(22)}$-hydrogen to be β-oriented.

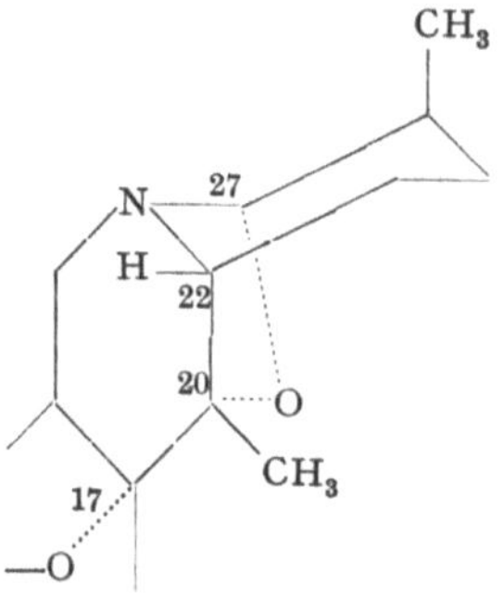

(LXXXVII.) 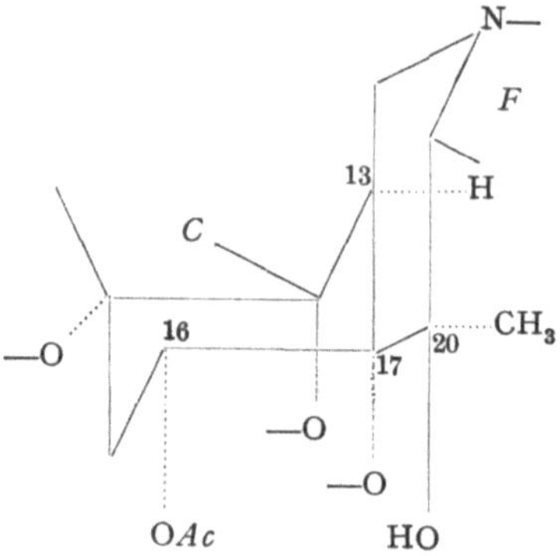　　　　　　　　　(LXXXVIII.)

Thus, these facts would equally well support the opposite configurations. However, FIESER and FIESER (54) favour the 16β-OH, 20β-OH, 22α-H orientation, because catalytic hydrogenation of the 16-ketone proceeded stereoselectively to give the normal alcohol, which would be β according to the model.

It was assumed during these discussions that the D/E rings are *trans*. There is no independent or unequivocal evidence to show that the 13-H is β. It could as well be α-oriented, making the D/E rings *cis*. In that case a 16α-OH and 20β-OH (LXXXVIII) can have the same steric relationship to each other as the 16,20-diaxial or 16,20-diequatorial hydroxyls in the D/E-*trans* system, for assistance in the hydrolysis of the 16-acetate. The methanolyses of 6α-acetates in the presence of the free 4β-hydroxyl group in protoveratrines A and B are instances of such assistance (*114*).

After sodium borohydride reduction, the triol system released with the normal 16-alcohol in this case will be 16α, 17α, 20β with a *cis*-diol, and the epi, 16β, 17α, 20β. The slower rate of reaction of lead tetra-acetate with the 16-normal alcohol in this case can be explained on the same grounds as advanced by FIESER and FIESER in the previous instance. The oxide produced in this case with N-bromosuccinimide would have the 20β,27β-orientation and that would require the 22-hydrogen to be α-oriented.

In this connection it is interesting to note the recent findings, that not only in 1,3-diol monoacetates (*67, 124*) but also in 1,2-diol mono-acetates in the *cis* position on cyclohexane- (*131*) and cyclopentane-rings, and even in the *trans* position on a cyclopentane ring (*28*), the acetate group receives assistance for hydrolysis from the neighbouring hydroxyl group.

Macek and coworkers (*137*) who studied the borax complexes infer that the 17- and 20-hydroxyls of cevine are *cis* or, in other words, the 20-OH is α-oriented.

The observation that the model of the 16-ketone favours the formation of the 16β-hydroxyl group on hydrogenation, still stands. The situation then will be that for the stereochemistry at $C_{(13)}$, $C_{(16)}$, $C_{(20)}$ and $C_{(22)}$ in this complex molecule one has to depend upon the yield of a product in a hydrogenation experiment. The products obtained on hydrogenation are not always the ones apparently expected on the basis of models.

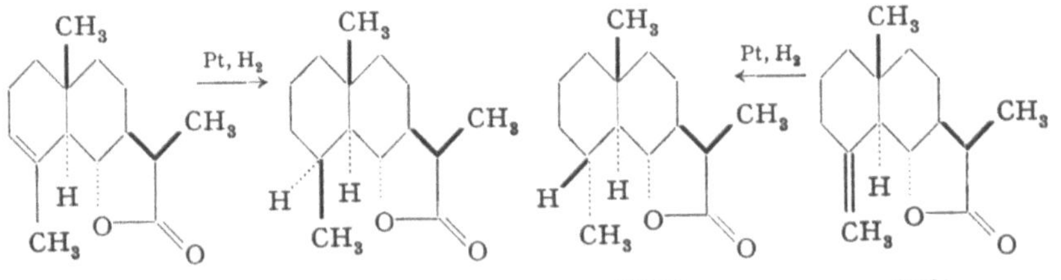

Chart 12. Hydrogenation of Isomeric Eudesmenolides.

To cite one example of less complex molecules, compound (LXXXIX) on hydrogenation over platinum in acetic acid gives (XC); and (XCI) under the same conditions gives (XCII) as the sole isolable product in each case (*168*) *(Chart 12)*. Hence procurement of unequivocal chemical evidence for the assignment of configuration at $C_{(13)}$, $C_{(16)}$, $C_{(20)}$ and $C_{(22)}$ is desirable. There is no evidence available for the configuration at $C_{(8)}$.

e) X-Ray Study of the Cevine Configuration.

A recent X-ray study of the cevine configuration by Eeles (*51*) has shown that it is a 4α-, 9α-epoxy, 10β-, 25β-methyl, 5β-, 8β-, 13β-, 22α-H, 3α-, 4β-, 12α-, 14α-, 16β-, 17α-, 20β-heptol (XLIV, p. 316).

At $C_{(20)}$, although the β-orientation of the hydroxyl is favoured, it is stated that the measurements are not sufficiently accurate to preclude the alternate arrangement. Rings *A, B* and *C* are somewhat distorted, *C* being non-planar, and rings *E, D* and *F* constitute a system of *trans*-fused 'chairs'.

6. Cevine Betaine.

Freund and Schwarz (*58*) while attempting a Hofmann degradation of cevine methiodide obtained a 'des-base', $C_{28}H_{45}O_8N$, which Jacobs and Craig (*80*) later characterized as a betaine and considered that the anion is derived from an enolic hydroxyl group. Before the correct structures of cevine and cevagenine were known, Barton and Eastham (*17*) in their first paper on the functional groups of cevine have used the formation of this betaine as an evidence for the existence of the masked secondary α-ketol system postulated by them in cevine. The betaine shows carbonyl absorption for a six-membered ring ketone in the infrared; and they assigned it the structure of a zwitterion from N-methylcevagenine, the negative charge residing on the hydroxylic oxygen next to the

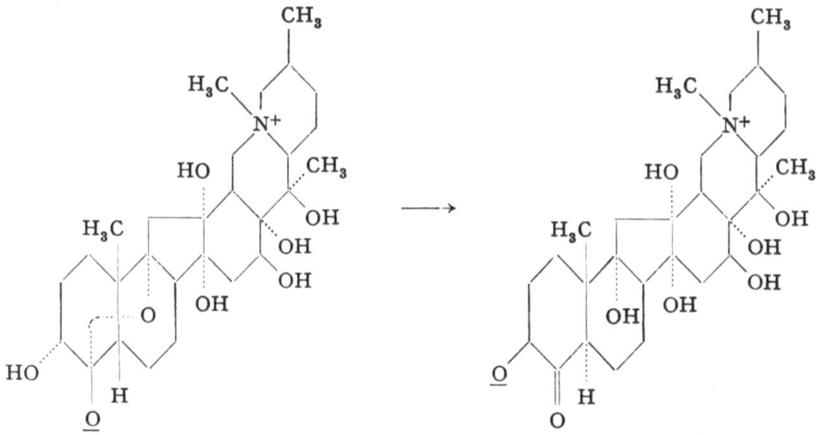

(XCIII.)   (XCIV.) Cevine betaine.

carbonyl. The hydriodide of the betaine was assigned by them the structure of cevagenine methiodide. KUPCHAN and MASAMUNE (128) have now found that, indeed, the above assignments are correct, and they have given the complete structures including the presently accepted constitution of cevagenine. The formation of this betaine or zwitterion (XCIV) is the only instance in this series where the isomerization takes place in the reverse direction, i. e. cevine reverting to cevagenine. Presumably in the formation of the zwitterion, the anion (XCIII) of the $C_{(4)}$-hemiketal-hydroxyl of cevine, which is first formed, must have been equilibrated under the strongly alkaline conditions of the Hofmann reaction to the more stable anion at the $C_{(3)}$-OH of cevagenine.

7. Natural Esters of Veracevine.

Cevadine, cevacine, veratridine and vanilloylveracevine (or vanilloyl-cevine) are respectively the angelic, acetic, veratric and vanillic esters of veracevine with the ester group probably at $C_{(3)}$ (126, 154, 171, 180).

That veracevine is indeed the true alkamine of these natural ester alkaloids, was established by the partial syntheses of cevacine, veratradine (190) and cevadine (112) starting from veracevine.

X. Germine.

1. Introduction. Alkaloids of the Germine Family.

Germine, zygadenine and protoverine, the three alkamines of this family have much in common between them. In *Veratrum album*, *V. escholtzii* and *Zygadenus venenosus*, esters of all three occur together and in the other plants in which they occur, esters of two of the alkamines have been found. Many of their natural and synthetic esters have high hypotensive activity. Their chemical properties are very similar, each of them gives the three sets of isomers, and all of them form acetonides. The difference between the molecular formulas of germine and the other two compounds is only plus or minus one oxygen atom; germine forms a pentaacetate, zygadenine a tetraacetate and protoverine a hexaacetate; zygadenine is deoxygermine, and protoverine is hydroxygermine.

Germine, $C_{27}H_{43}O_8N$, is the most important and central member of this family and it so happened that it was also the first one fully studied and structurally elucidated. Hence it became easy to remove an oxygen atom from germine at the appropriate location and prepare zygadenine and thus completely characterize zygadenine; and also to do the same with protoverine, produce germine, and thus completely characterize protoverine.

2. Skeletal Structure of Germine.

Germine was first obtained by POETHKE (*158*) in 1937 by the hydrolysis of a then new ester alkaloid, germerine, which he isolated from *Veratrum album*. CRAIG and JACOBS (*46*) in their extensive study on veratrum alkaloids gave the correct molecular formula, $C_{27}H_{43}O_8N$, to germine, mainly on the basis of the analyses of the acetonide hydrochloride and the acetonide free base they first made from the alkamine. On selenium dehydrogenation germine gave β-picoline, 2-ethyl-5-methylpyridine, cevanthrol and cevanthridine (XLVI, p. 316), as obtained from cevine. Chromic acid oxidation yielded the hexane-tetracarboxylic acid (LVII, p. 319) which CRAIG and JACOBS (*46, 47*) had also obtained from cevine. These results led JACOBS and PELLETIER (*90*) to propose the same skeletal structure (L, p. 317) for germine as for cevine.

3. Alkaline Isomerization.

CRAIG and JACOBS (*47*) had also found that germine, a non-ketonic compound, can be isomerized to the ketonic type, isogermine, and also to the non-ketonic isomer pseudogermine (*154*), as in the case of veracevine. In fact JACOBS and CRAIG (*83*) had found that germine and protoverine can be isomerized with base to the ketonic isomers isogermine and isoprotoverine, respectively, about a decade before the isomers of cevine were known *(Chart 13)*. Although they were aware of the close similarities between these alkaloids from the beginning, there was some delay in finding

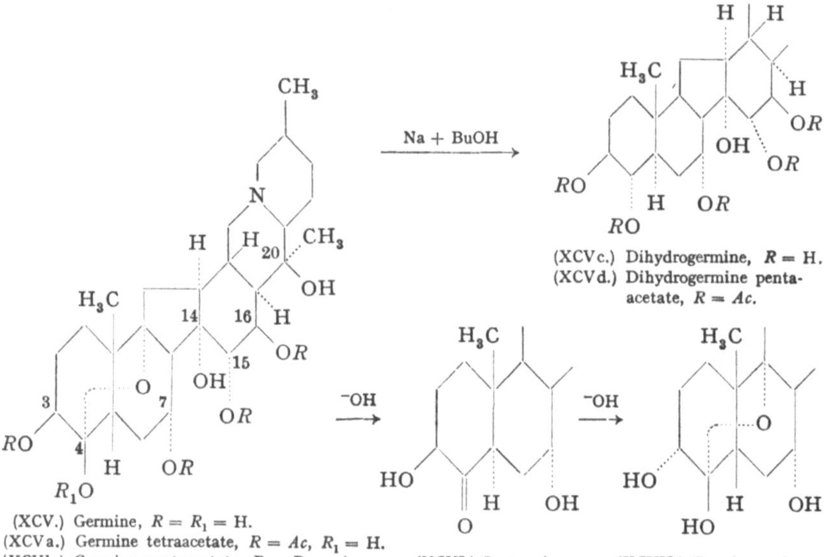

CH$_3$

Na + BuOH

H$_3$C

N

H H$_{20}$ CH$_3$

OH

H$_3$C

14 16 H

15 OR

O OH

3 7 OH

OR

RO

4

H OR

R$_1$O

(XCV.) Germine, $R = R_1 = H$.
(XCVa.) Germine tetraacetate, $R = Ac$, $R_1 = H$.
(XCVb.) Germine pentaacetate, $R = R_1 = Ac$.

H H

H$_3$C

H

OR

OH OR

OR

RO

H OR

RO

(XCVc.) Dihydrogermine, $R = H$.
(XCVd.) Dihydrogermine pentaacetate, $R = Ac$.

H$_3$C

$^-$OH

HO

H OH

O

(XCVI.) Isogermine.

H$_3$C

$^-$OH

O

HO

H OH

HO

(XCVII.) Pseudogermine.

Chart 13. Isomerization of Germine.

the isomers of cevine, because cevine happened to be the final isomerization product or the last member of the triads; and not realizing this fact, attempts were made to isomerize cevine further, like the first members of other triads, germine and protoverine. That it was veracevine and not cevine that corresponded to germine, was realized much later, when actually veracevine, the first of the cevine triad, was discovered. Only then was a search made for the isomer corresponding to cevine, and PELLETIER and JACOBS (*154*) found it in pseudogermine.

The similarity of the stepwise isomerizations of germine, viz. germine → isogermine → pseudogermine, to those of veracevine, and the production of the same hexane-tetracarboxylic acid (LVII) (*46*) on chromic acid oxidation of germine and cevine, strongly suggested that the same α-ketol-5-membered-hemiketal system is present in rings *A* and *B* of germine. Evidence for this was obtained by KUPCHAN, FIESER, NARAYANAN, FIESER and FRIED (*120*) by oxidizing germine acetonide, which gave an aldehydo-γ-lactone, following the procedure of BARTON et al. (*16*) for a similar oxidation of cevine orthoacetate. The former authors also obtained their aldehydo-γ-lactone (C) by similar oxidation of pseudogermine acetonide (p. 338); this proved that the difference between germine and pseudogermine is only in the conformation of the secondary hydroxyl of the masked α-ketol system (*120*). Amongst the four ceveratrum alkaloids, unequivocal evidence that the first and last of the isomeric triads have the same α-ketol-5-membered-hemiketal system, with difference only in the orientation of the secondary hydroxyl group in the system, was thus first obtained in the germine series.

Production of the hexane-tetracarboxylic acid (LVII) (*46*) on chromic acid oxidation of germine excludes the presence of oxygen function at $C_{(1)}$, $C_{(2)}$, $C_{(5)}$, $C_{(6)}$, $C_{(10)}$, and $C_{(19)}$.

4. Other Reactions.

With pyridine and acetic anhydride germine readily forms a tetraacetate (XCV a) stable to chromic acid (*120*), which would show that there are four and only four non-tertiary hydroxyl groups present in the molecule. Under more vigorous acetylating conditions, germine yields a pentaacetate (XCV b) and by analogy with the behaviour of cevine and veracevine it may be assumed that the less readily acylable hydroxyl is the hemiketal-hydroxyl at $C_{(4)}$. This is supported by the fact that dihydrogermine (XCV c) obtained by sodium and alcohol reduction (presumably of the masked ketone at $C_{(4)}$) readily forms a pentaacetate with acetic anhydride and pyridine (*120*). Further work by KUPCHAN and NARAYANAN (*130*) has led to the assignment of a complete structure (XCV, p. 336) for germine.

$$(XCV.)\ \text{Germine} \xrightarrow[\text{Pyridine}]{Ac_2O} \text{Germine tetraacetate (XCV a.)}$$

$$\downarrow \text{Na + alcohol} \searrow \xrightarrow[\text{HClO}_4]{Ac_2O} \text{Germine pentaacetate (XCV b.)}$$

$$(XCV\ c.)\ \text{Dihydrogermine} \xrightarrow[\text{Pyridine}]{Ac_2O} \text{Dihydrogermine pentaacetate (XCV d.)}$$

5. Periodate Oxidation and Structure.

Germine, unlike cevine, behaves as an ideal molecule in regard to the periodate uptake of its glycol systems. Hence periodate oxidation of germine *(Chart 14)*, its acetonide (XCVIII), and related derivatives gave valuable information on the disposition of its hydroxyl groups which virtually led to the deduction of the complete structure. Germine (XCV), isogermine (XCVI), pseudogermine (XCVII), and dihydrogermine (XCV c) consume three moles of periodic acid each, whereas germine acetonide (XCVIII) consumes only one mole. Hence the acetonide grouping blocks the uptake of two moles of periodic acid. This is due to the presence of a 1,2,3-triol system as illustrated by the isolation of one mole of formic acid from the periodate oxidation mixture of germine.

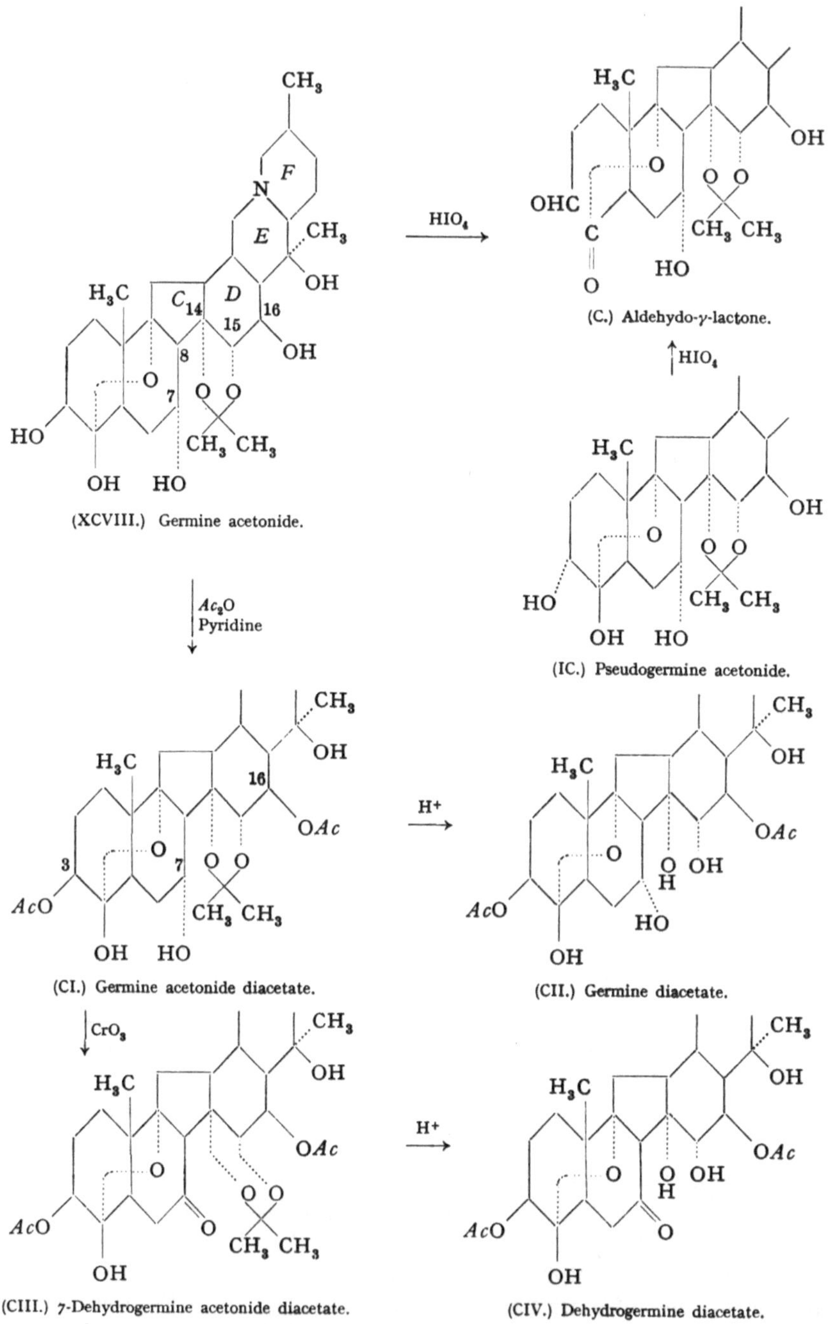
(XCVIII.) Germine acetonide.
HIO4
(C.) Aldehydo-γ-lactone.
HIO4
(IC.) Pseudogermine acetonide.
Ac2O
Pyridine
(CI.) Germine acetonide diacetate.
H+
(CII.) Germine diacetate.
CrO3
(CIII.) 7-Dehydrogermine acetonide diacetate.
H+
(CIV.) Dehydrogermine diacetate.

Chart 14. Reactions of Germine.

References, pp. 361—371.

The formation of formic acid also shows that the central hydroxyl of the triol system is secondary. From the production of the aldehydo-γ-lactone (C) by periodate oxidation of germine and pseudogermine acetonide, and the hexane-tetracarboxylic acid (LVII, p. 319) on chromic acid oxidation of germine, it has already been deduced that there is an isolated glycol system in ring A. Hence the triol system should be independent of that glycol and located elsewhere in the molecule. As will be evident later, germine does not contain a primary hydroxyl group and hence all four non-tertiary hydroxyls present must be secondary. On acetylation with acetic anhydride-pyridine germine acetonide forms an acetonide diacetate (CI); the latter consumes one oxygen equivalent of chromic acid to form the acetonide diacetate monoketone (CIII) which is stable to chromic acid. Since the diacetate and the ketone (dehydro-compound) account for only three secondary hydroxyls, the acetonide must be formed by the fourth secondary and a tertiary hydroxyl group of germine. Germine diacetate (CII), obtained by mineral acid hydrolysis of germine acetonide diacetate (CI), consumes only one mole of periodic acid. Since the hydrolysis of the acetonide has exposed only a vicinal glycol system, the acetonide is 1,2; at the other end of the triol system is an acetate group attached to a secondary hydroxyl. Since the central hydroxyl group is already known to be secondary, it follows that at one end of the triol system there is a tertiary hydroxyl group which forms the acetonide with the central secondary hydroxyl (XCVIII).

In order to locate this tertiary-secondary-secondary triol system in the germine molecule, we go through the same type of elimination process as in the case of cevine (pp. 322 and 323). The triol system cannot end at the carbon α to the nitrogen, since germine is not a carbinol amine, or at that β to the nitrogen, since that would lead to the consumption of more periodic acid than observed. Rings A and B are excluded because of the formation of the hexane-tetracarboxylic acid (LVII). Rings C and E cannot accommodate the triol either; ring F is excluded on the basis of the above arguments; and we are thus left with ring D only.

The triol must be located at $C_{(14)}$, $C_{(15)}$, $C_{(16)}$ instead of the alternative positions $C_{(15)}$, $C_{(16)}$, $C_{(17)}$ in ring D for the following reason. When the periodic acid oxidation product of germine diacetate (CII) was treated with dilute ammonia, an unsaturated ketone was obtained (CV) (λ_{max} 238 mμ; ε 10000; ν_{max} 1730, 1709, 1689, 1653 cm.$^{-1}$). These spectral properties show that a cyclopentenone was present (23, 65) which can arise only by the cleavage of the $C_{(14)}$,$C_{(15)}$-diol. Since the conjugated double bond peak at 1653 cm.$^{-1}$ does not show the exalted intensity of a *cisoid* type (20, 53a) but only the normal intensity of a *transoid* type, and also since there is no band in the infrared spectrum characteristic of a tri-substituted double bond (23), this enone chromophore is assigned the 14-oxo-

$\Delta^{8(9)}$-structure (CV) instead of the alternative 14-oxo-Δ^7-structure (CVI). The formation of this ethylenic linkage with base shows the presence of an oxygen function at $C_{(9)}$. Since isogermine has one less acylable hydroxyl (tetra) than germine (penta) as in veracevine and cevagenine, $C_{(9)}$ should be the tertiary carbon holding one end of the hemiketal ether bridge. The consumption of only three moles of periodic acid by iso-germine and dihydrogermine (like germine) shows that there is no hydroxyl group present at $C_{(11)}$. The dehydro- or keto-compound (CIII)

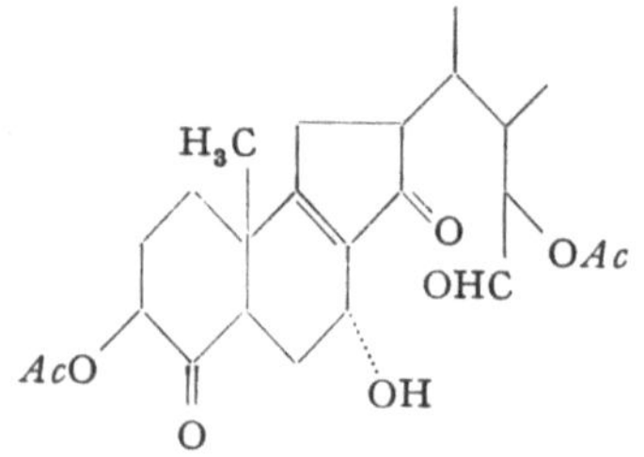

(CV.) 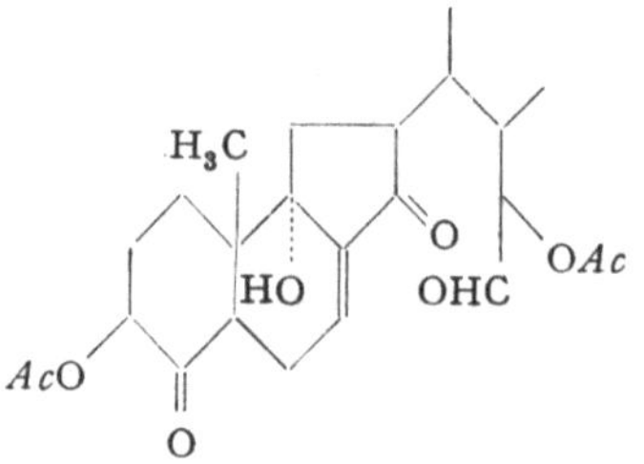   (CVI.)

obtained by chromic acid oxidation gives dehydro-germine diacetate (CIV) on acid hydrolysis of the acetonide. Compound (CIV) consumes five moles of sodium periodate in the course of twenty-four hours. Since the unoxidized compound, germine diacetate (CII), consumes only one mole of the reagent, the additional uptake has to be attributed to the presence of the keto-group. The only explanation for involving this keto-group would be that the initial cleavage of the $C_{(14)},C_{(15)}$-diol creates

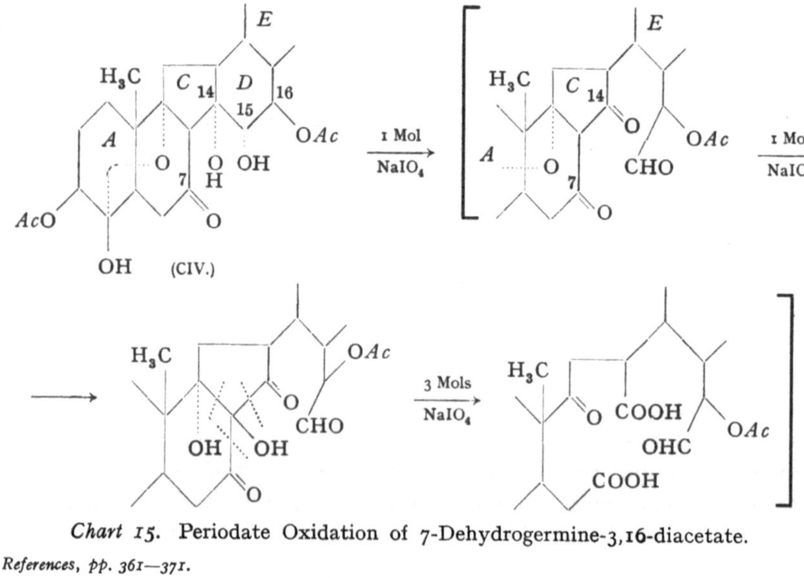

Chart 15. Periodate Oxidation of 7-Dehydrogermine-3,16-diacetate.

a keto-group at $C_{(14)}$ which, if β to the original ketone present, produces a cyclic β-diketone in the system. For hydroxylation at $C_{(8)}$ and for further cleavage, this consumes the additional four moles of periodate as shown in *Chart 15*. Since $C_{(11)}$ has been excluded as a hydroxylated position, the keto-group must be at $C_{(7)}$ and hence germine has a hydroxyl group at $C_{(7)}$. The failure to detect the lactone tricarboxylic acid (LIII, p. 318) (*18, 63*), for which CRAIG and JACOBS (*46*) conducted a special search among the oxidation products of germine, is readily explained by the presence of a hydroxyl group at $C_{(7)}$.

Seven out of the eight oxygen functions in the molecule have now been accounted for at $C_{(3)}$, $C_{(4)}$, $C_{(7)}$, $C_{(9)}$, $C_{(14)}$, $C_{(15)}$, and $C_{(16)}$. The remaining hydroxyl group is located at $C_{(20)}$ on the following evidence.

BARTON (*14*) had found that germine pentaacetate, which should now be formulated as $C_{(3)},C_{(4)},C_{(7)},C_{(15)},C_{(16)}$-pentaacetate (XCV b), gave on methanolysis a germine isotetraacetate, which by analogy to the similar methanolysis of cevine (*15*) and considering the molecular rotation data, has to be assigned the $C_{(3)},C_{(4)},C_{(7)},C_{(15)}$-tetraacetate structure. On oxidation with chromic acid it yields a $C_{(16)}$-ketone, which on alkaline treatment gives a diosphenol (*14*); UV λ_{max}^{Alc} 319 mμ (ε 12700), 285 mμ (ε 7800); $\lambda_{max}^{.01\,N\,KOH}$ 373 mμ (ε 9500), 343 mμ (ε 7800). The analysis corresponds to 16-dehydrogermine minus three molecules of water. This compound has been assigned structure (CVII). The formation of the

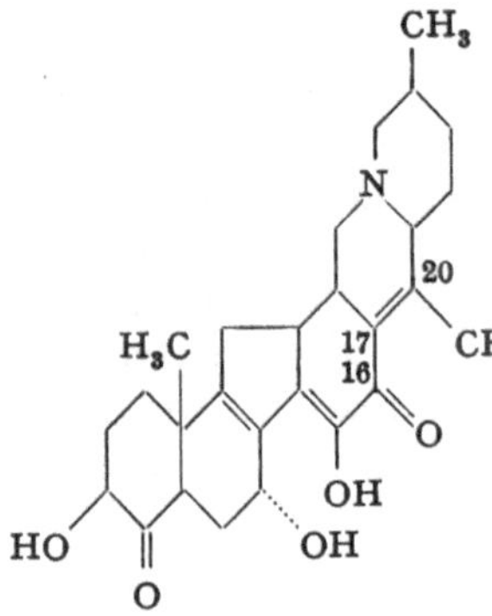

(CVII.)

17,20-double bond indicates the elimination of a hydroxyl group at $C_{(20)}$, β to the 16-keto group (*109, 130*). The same amorphous diosphenol has been prepared (*109, 129*) by alkaline treatment of neogermitrone; the latter in turn is obtained by chromic acid oxidation of a natural ester alkaloid neogermitrine, in which the free secondary hydroxyl group is deduced to be present at $C_{(16)}$. To explain the ready methanolysis of the $C_{(16)}$-acetate of germine, location of a hydroxyl group at $C_{(20)}$ for assistance, as in the case of cevine, would also be helpful (130).

6. Configuration.

The formation of the same hexane-tetracarboxylic acid from germine and cevine shows that the methyl group at $C_{(10)}$ has the same absolute β-configuration in germine as in steroids. The isomerization sequence, germine (XCV) → isogermine (XCVI) → pseudogermine (XCVII), requires β-hydroxyls at $C_{(3)}$ and $C_{(4)}$, an α-ether bridge at $C_{(4)}$–$C_{(9)}$ and a β-hydrogen at $C_{(5)}$ in germine. Acetylation of germine with acetic anhydride-pyridine at steam-bath temperature (conditions which lead to the acetylation of the $C_{(4)}$-hemiketal-hydroxyl in veracevine and cevine) (16, 126) affords the 3,7,15,16-tetraacetate of germine (XCV a) (130); only with acetic anhydride and sodium acetate or perchloric acid is a pentaacetate obtained. Sluggishness of acetylation of the $C_{(4)}$-hydroxyl group in this case can be explained as due to the prior formation of a 7α-acetoxy group which hinders the approach of the reagent to the $C_{(4)}$-hydroxyl group. Acetylation of the 14,15-acetonide (XCVIII) gives only a 3,16-diacetate (CI). Inertness of the $C_{(7)}$ α-hydroxyl to acetylation indicates the α-orientation of the 14,15-isopropylidene group, which sterically hinders the $C_{(7)}$ α-OH more when the $C_{(8)}$-H is β- rather than α-oriented.

The $C_{(7)}$-acetate of germine in its esters (e. g. in neogermitrine and germitrine) is easily methanolized (60, 61, 109, 194); and for assistance a hydroxyl bearing a 1,3-diaxial relationship to the $C_{(7)}$-ester group, viz. $C_{(14)}$-OH, is available (130). This would mean that the $C_{(14)}$- and $C_{(15)}$-hydroxyls (acetonide formation) are α-oriented. The cis-1,3-diaxial relationship of the $C_{(7)}$- and $C_{(14)}$-hydroxyls requires rings B and C to be trans-fused as in all well-characterized steroids, and hence the $C_{(8)}$-hydrogen must be β-oriented, since the $C_{(9)}$-hydroxyl is already α-. The failure of the di-secondary glycol system at $C_{(15)}$,$C_{(16)}$ to form an acetonide is taken to indicate that these groups are trans, which would mean that the hydroxyl at $C_{(16)}$ is β-oriented. And for the 1,3-diaxial facilitation of the methanolysis of the $C_{(16)}$-ester, the $C_{(20)}$-hydroxyl should also have the β-orientation. Furthermore, the cis-1,3-diaxial relationship of the $C_{(16)}$ and $C_{(20)}$ β-hydroxyl groups would require rings D and E to be trans-fused, with the $C_{(13)}$-H β- and the $C_{(17)}$-H α-oriented.

The molecular rotatory dispersion curves of 16-dehydrogermine-3,4,7,15-tetraacetate and 16-dehydrocevine-3,4-diacetate are strikingly similar, and this would indicate that the fusion of ring D with C and E in germine and cevine is probably identical. Hence the $C_{(13)}$-H in germine would be α-oriented. Oxidation of germine 3,7,15,16-tetraacetate with chromic anhydride-pyridine for twenty-four hours gave a neutral product, which on the basis of analysis and infrared spectra that parallel those of analogous oxidation products in the cevine series, is assigned structure (CVIII).

In the cevine series, since a similar product is formed by the oxidation of the compound possessing a $C_{(20)}, C_{(27)}$-ether bridge, and in analogy with cevine, the $C_{(22)}$-H is assigned the α-configuration and the $C_{(25)}$-methyl group the β-configuration. KUPCHAN and NARAYANAN (_130_) have thus assigned the configuration (XCV, p. 336) to germine.

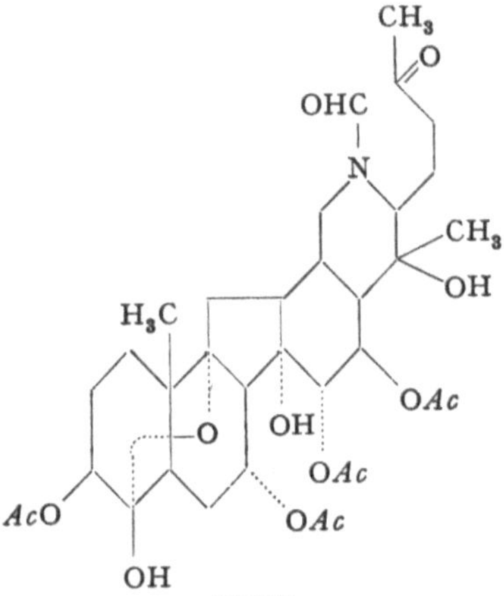

(CVIII.)

The above assignments may be subjected to a critical examination. The germine, isogermine, pseudogermine isomerizations postulate that the $C_{(3)}$-OH is β in germine and α in pseudogermine. That both of them have the secondary hydroxyl at $C_{(3)}$ has been proved by the formation of the same aldehydo-γ-lactone (C, p. 338) by periodate oxidation of their acetonides. It has been found that the molecular rotation values of the normal steroids for the $C_{(3)}$-hydroxyl and its derivatives can be applied to a C-_nor_-D-homosteroid type of compound like jervine (_91_). Accordingly, it is found that the β-orientation for germine, and the α-orientation for pseudogermine at the $C_{(3)}$-hydroxyl are supported by the difference in their molecular rotations (_54_, _154_).

Δ-Coprostane 3β-OH (+ 1°) minus Δ-coprostane 3α-OH (+ 30°) .... — 29°
[M]_D Germine (+ 26°) minus [M]_D pseudogermine (+ 56°)............. — 30°
[M]_D Veracevine (— 122°) minus [M]_D cevine (— 92°) .... — 30°

The order of stability, or rather the direction of isomerization in the germine series, germine $\rightleftarrows$ isogermine $\rightarrow$ pseudogermine (_130_), is different from that in the veracevine series, viz. veracevine $\rightarrow$ cevagenine $\rightarrow$ $\rightarrow$ cevine (_18_, _126_, _154_).

Isogermine, when treated with a mild base, gives besides a moderate quantity of pseudogermine roughly a 50 : 50 mixture of germine and isogermine. Germine yields the same type of mixture under identical conditions (*130*). On similar treatment, cevagenine or veracevine is not reported to give back veracevine. Hence in this series germine is relatively more stable than veracevine and therefore most of the structural work has been done with germine. The difference between the two series in the A,B ring system is only the presence of a $C_{(7)}$ α-hydroxyl group in germine and its isomers. The infrared spectrum of germine-14,15-acetonide-3,16-diacetate shows, besides the normal hydroxyl bands, a band at 3322 cm.$^{-1}$ which is attributed to a strong intramolecular

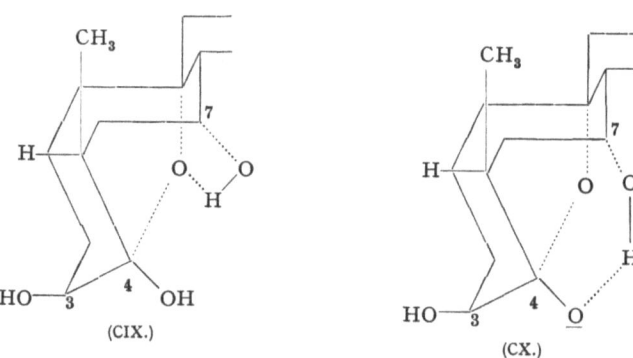

(CIX.)

(CX.)

hydrogen bond (CIX). This band is absent from germine derivatives which do not have either a 4,9-ether bridge or a 7α-hydroxyl group, as occurs in isogermine-14,15-acetonide and 7-dehydrogermine- or 7-deoxygermine-14,15-acetonide. Hence the hydrogen bond is located between the 7α-hydroxyl group and the 4,9-ether bridge of the hemiketal (CIX). This hydrogen bonding can stabilize the hemiketal form, since the H-bonding between the $C_{(9)}$-OH and $C_{(7)}$-OH in the open form will definitely be much weaker than that between the 4,9-ether oxygen and the $C_{(7)}$-OH. But when germine is treated with mild base, the anion that is formed at the $C_{(4)}$-hemiketal-hydroxyl will be strongly hydrogen bonded with the $C_{(7)}$ α-hydroxyl group (CX) so that the energy required to get it into the 4-keto form (which is the first step in the isomerization to isogermine) will be higher than that for veracevine under similar conditions. The hydrogen-bonded anion (CX) would also be of comparable energy to that of isogermine. This would offer a plausible explanation for the difference in the order of isomerizations and hence for the stability of the isomers in the two series.

For assistance in the methanolysis of the $C_{(7)}$ α-acetate, the small proportion of the $C_{(9)}$ α-OH present in the open form of the hemiketal (as in the case of periodate oxidation of 7-dehydrogermine-3,16-diacetate) or even the $C_{(4)}$-hydroxyl group is sufficient. Therefore the $C_{(14)}$-hydroxyl need not have to be *cis*-diaxial with the $C_{(7)}$ α-OH, and hence it need not indicate the orientation of the hydrogen at $C_{(8)}$. Since the di-secondary $C_{(15)},C_{(16)}$-hydroxyls did not form an acetonide and instead the tertiary-secondary $C_{(14)},C_{(15)}$-hydroxyls did form one, it was argued that the two secondaries may be *trans*, and because $C_{(15)}$ is α-, $C_{(16)}$ will be β-oriented. But since in the case of isoprotoverine, which is only a $C_{(6)}$-hydroxylated isogermine, under normal conditions the $C_{(14)},C_{(15)}$-tertiary-secondary group only forms an acetonide, and to form the di-secondary acetonide more vigorous conditions are required, the above argument may not be convincing. The $C_{(16)}$-hydroxyl may well be α-oriented, and for the assistance in the hydrolysis of a $C_{(16)}$-ester, the $C_{(20)}$-hydroxyl will also then be α and equatorial (cf. cevine).

For germine tetra- or pentaacetate to form the formamido-ketone, a $C_{(20)},C_{(27)}$-ether precursor may not be necessary. With oxidizing agents, alkaloids are known to be oxidized at carbon atoms on one particular side of the nitrogen atom, even though other sites are available (*13, 50*).

Since cevine does not occur in any of the plants in which alkaloids belonging to the germine family are present, it would not be safe to assume without further evidence that all common asymmetric centres in germine are identical with those in cevine. Therefore, the orientation of the hydrogen atoms at $C_{(22)}$ and $C_{(25)}$ is not finally established. As a $C_{(7)}$ α-hydroxyl can also form a five-membered hemiketal with a ketone at $C_{(4)}$, in all germine derivatives containing a free $C_{(7)}$ α-hydroxyl group, it is uncertain whether the hemiketal is $C_{(4)}$–$C_{(9)}$ or $C_{(4)}$–$C_{(7)}$.

Table 4. Composition of Some Ester Alkaloids.

(For structure of the acyl groups see Table 2, p. 314.)

Alkaloid	Formula	Position of acyl group			References
		$C_{(3)}$	$C_{(7)}$	$C_{(15)}$	
Germitrine	$C_{39}H_{61}O_{12}N$	b	a	c	(*109*)
Germerine......................	$C_{37}H_{59}O_{11}N$	b	—	c	(*109*)
Protoveratridine.................	$C_{32}H_{51}O_{9}N$	b	—	—	(*109*)
Neogermitrine...................	$C_{36}H_{55}O_{11}N$	a	a	b	(*109, 129*)
Germidine......................	$C_{34}H_{53}O_{10}N$	a	—	b	(*109, 129*)
Neogermidine or isogermidine	$C_{34}H_{53}O_{10}N$	—	a	b	(*109, 129*)
Germbudine	$C_{37}H_{59}O_{12}N$	e	—	b	(*122*)
Neogermbudine	$C_{37}H_{59}O_{12}N$	d	—	b	(*113*)
Germanitrine	$C_{39}H_{59}O_{11}N$	f	a	b	(*111*)
Germitetrine...................	$C_{41}H_{63}O_{14}N$	d*	a	b	(*113*)

* The secondary hydroxyl of this acid is also acetylated.

7. Natural Esters of Germine.

Eleven well-characterized natural ester alkaloids of germine are known. None of them is acylated at 4 or 16. Many of them are 3,7,15-triesters. Some of the di- and mono-esters are likely to be artefacts produced during isolation by the well-known methanolysis of the triesters. The composition of these alkaloids is given in *Table 4*, p. 345.

Germinitrine, $C_{39}H_{57}O_{11}N$, is another triester of germine which is reported to give on hydrolysis acetic, tiglic and angelic acids, whose positions in germine have not been determined (*102*).

WEISENBORN and coworkers (*194, 195*) first synthesized a natural ester of this class, viz. germidine and the acetate of neogermitrine, starting from germine, thereby showing that germine is the true natural alkamine. The recent synthesis of germanitrine from germine by KUPCHAN and AFONSO (*111*) has further confirmed this finding.

XI. Zygadenine.

1. Structure and Configuration.

The alkamine, $C_{27}H_{43}O_7N$, was first isolated by HEYL, HEPNER and LOY (*71*) in 1913 from *Zygadenus intermedius*. Later HEYL and HERR (*72*) assigned to it the present molecular formula, found it to be a tertiary base and identified it as a typical veratrum alkaloid. Subsequently, the isolation of zygadenine esters from several *Veratrum* species (*102, 175*), and of germine and protoverine esters from *Zygadenus* spp. (*117, 119*) confirmed the interrelation between the two species. KUPCHAN and DELIWALA (*117*) found that zygadenine can be isomerized successively to the ketone isozygadenine (amorphous) and the non-ketonic isomer pseudozygadenine. Hence zygadenine is likely to have the 3β-hydroxy-4,9-hemiketal structure. Further work by KUPCHAN (*110*) has shown that it is 7-deoxygermine (CXI). Zygadenine yields with acetic anhydride a triacetate (CXI a) and with acetic anhydride and pyridine a tetraacetate (CXI b); and by analogy with the other ceveratrum alkaloids, the less readily formed fourth acetate group is assigned to the hemiketal-hydroxyl. Zygadenine, like germine, forms an acetonide (CXI c), which on heating on a steam-bath with acetic anhydride forms an acetonide diacetate (CXI d); and the latter on mineral acid hydrolysis gives zygadenine-3,16-diacetate. Zygadenine consumes three moles of periodic acid, the acetonide consumes one mole, and the derived diacetate also one mole. On treatment with ammonia the crude periodate oxidation product of zygadenine diacetate yields another crude product whose infrared and ultraviolet spectra (λ_{max} 238 mμ) closely parallel those of the cyclopentenone derivative (CV, p. 340), obtained from germine diacetate by similar treatment. By applying to these observations the same reasoning as in the case of germine and by analogy to germine, a 14,15,16-tertiary, secondary, secondary-triol system is assigned to zygadenine. The seventh oxygen is assigned a hydroxyl function at $C_{(20)}$ by analogy with cevine and germine. 7-Dehydrogermine-3,16-diacetate (CIV, p. 388) was converted to the thioketal derivative with 1,3-propane-dithiol and hydrochloric acid and this on reduction with Raney nickel gave just enough product for a melting point and mixed melting point

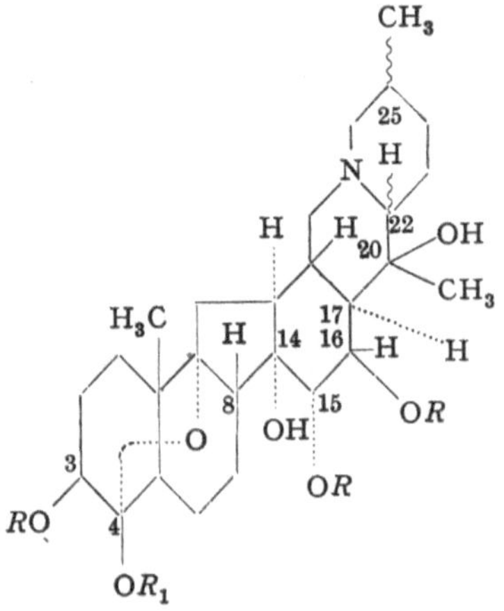

(CXI.) Zygadenine, $R = R_1 = H$.
(CXIa.) Zygadenine triacetate, $R = Ac$, $R_1 = H$.
(CXIb.) Zygadenine tetraacetate, $R = R_1 = Ac$.

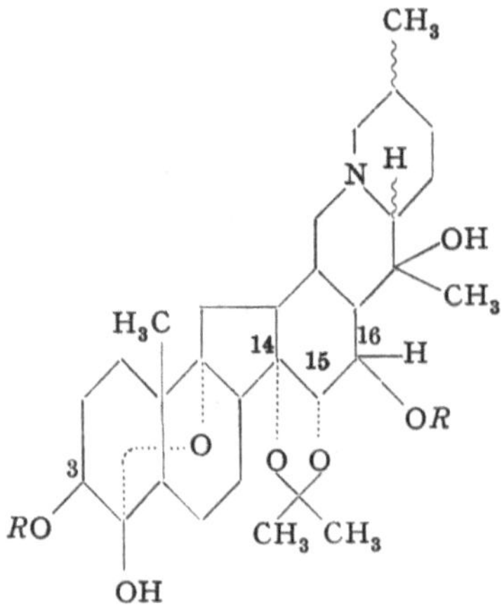

(CXIc.) Zygadenine acetonide, $R = H$.
(CXId.) Zygadenine acetonide diacetate, $R = Ac$.

determination [with zygadenine diacetate (CXI-3,16-diacetate), which was not depressed], and for taking the infrared spectrum which was identical with that of zygadenine diacetate. Hence zygadenine has been assigned the 7-deoxygermine structure (CXI).

It would be desirable to confirm the configuration at $C_{(8)}$. Independent evidence will have to be obtained for the β-orientation of hydroxyls at $C_{(16)}$ and $C_{(20)}$; the configurations at $C_{(22)}$ and $C_{(25)}$ are uncertain.

2. Natural Esters of Zygadenine.

Zygacine (a monoacetate), veratroylzygadenine (a monoveratrate), vanilloylzygadenine (a monovanillate) and angeloylzygadenine (a mono-angelate) are the four natural ester alkaloids of zygadenine. Zygacine consumes two moles of periodic acid, whereas zygacine acetonide consumes none. Hence the acetate group in zygacine should be at $C_{(3)}$ or $C_{(4)}$. Zygacine with acetic anhydride alone forms zygadenine triacetate and with acetic anhydride-pyridine, zygadenine tetraacetate. Consequently, the acetate group in zygacine should be located at $C_{(3)}$ (*110*). The other three acid residues have also been assigned to the $C_{(3)}$-hydroxyl on the basis of similar experiments (*107, 110, 117, 175, 182*).

XII. Protoverine.

1. Structure.

In 1890 Salzberger (*165*) isolated an alkaloid from *Veratrum album* and called it protoveratrine. By alkaline hydrolysis of protoveratrine Poethke (*158*) first prepared the alkamine protoverine in an amorphous form. Jacobs and Craig (*83*) in their extensive study of veratrum alkaloids obtained the alkaloid and several derivatives in crystalline form and assigned to it the correct molecular formula, $C_{27}H_{43}O_9N$; they also demonstrated its close similarity to cevine and germine. On selenium dehydrogenation of protoveratrine, they isolated 2-ethyl-5-methyl-pyridine, cevanthrol and cevanthridine (XLVI, p. 316) as in the case of other ceveratrum alkaloids (*45*); and on this basis Jacobs and Pelletier (*90*) proposed the same skeletal structure for protoverine.

Like other natural ceveratrum alkamines, protoverine, a non-ketonic alkamine, was isomerized with base to the ketonic isomer isoprotoverine and the non-ketonic isomer pseudoprotoverine (*8, 83*). Protoverine forms an acetonide as readily as does germine or zygadenine, and it occurs in the same plants together with these two alkaloids. Its molecular formula differs from that of germine only by an additional oxygen atom. Zygadenine situated similarly and containing one oxygen atom less was found to be deoxygermine (*110*). Protoverine and germine also have in common readily methanolizable acyl groups in their polyesters. These features induced Morgan and Barltrop (*146*) to predict that protoverine might prove to be a hydroxygermine, which has been confirmed subsequently by Kupchan and coworkers (*116*).

Acetylation of protoverine and isoprotoverine under the conditions used for germine showed that protoverine contained one more secondary hydroxyl group than germine. It was shown by repeating the periodate oxidation procedure for protoverine (CXII) *(Chart 16)*, protoverine acetonide (CXII c), protoverine acetonide triacetate (CXII d), and the derived protoverine triacetate (CXII e) that protoverine contains the same $C_{(14)}, C_{(15)}, C_{(16)}$-triol system as germine. A $C_{(20)}$-hydroxyl group was also proposed on the basis of parallel experiments. Finally, a 7-keto-protoverine derivative gave on deacetoxylation the corresponding germine derivative, thus confirming that protoverine is a hydroxygermine (CXII), the additional hydroxyl being located at $C_{(6)}$.

By analogy with other veratrum alkaloids, protoverine is considered to have no primary hydroxyl group. With acetic anhydride and pyridine

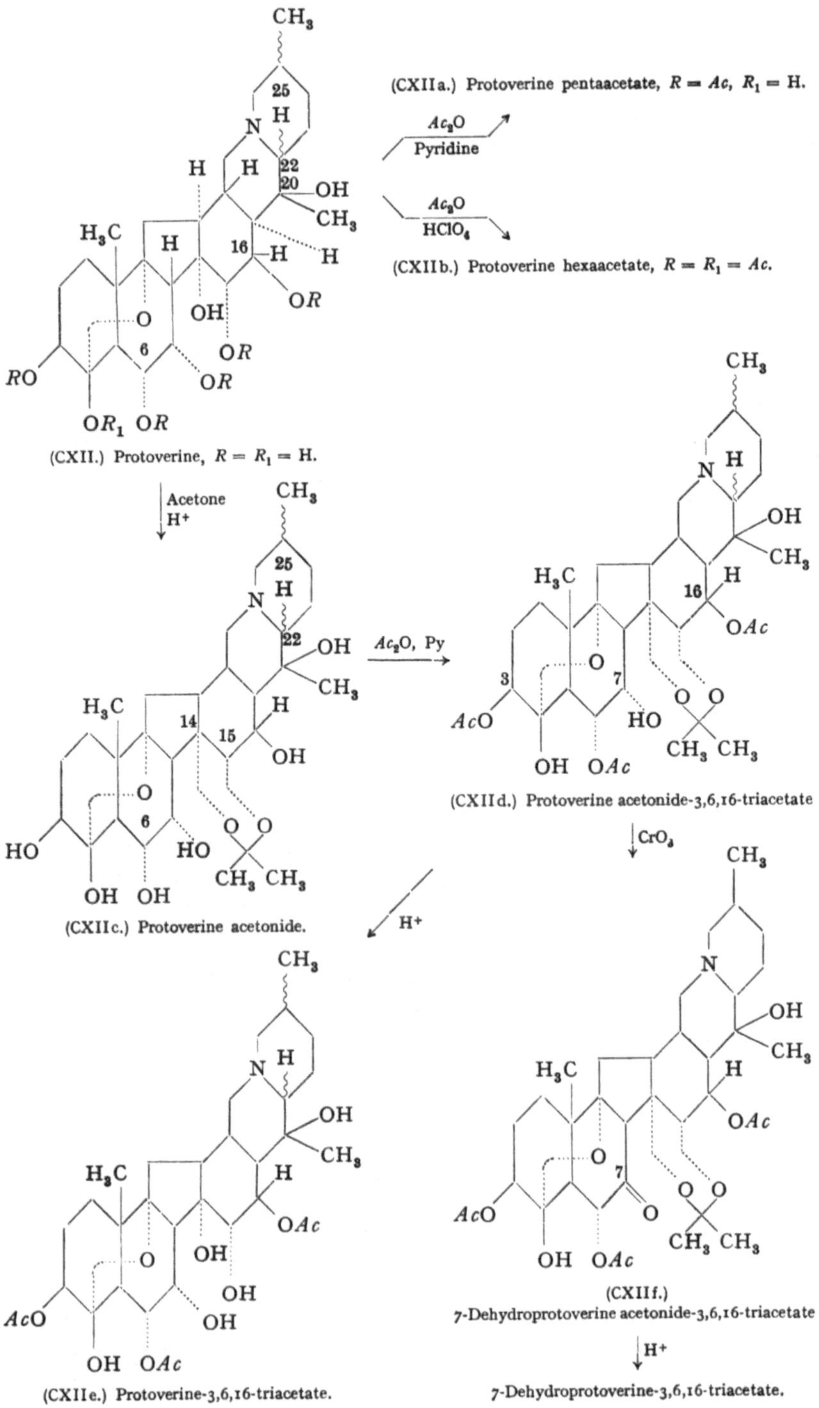

CH_3

25

N H

H   H

22
20 OH

H_3C CH₃

H   16 H   H

OH   OR

O   OR

RO OR

OR_1 OR

(CXII.) Protoverine, $R = R_1 = H$.

(CXIIa.) Protoverine pentaacetate, $R = Ac$, $R_1 = H$.

Ac_2O
Pyridine

Ac_2O
$HClO_4$

(CXIIb.) Protoverine hexaacetate, $R = R_1 = Ac$.

Acetone
H^+

CH_3

25

N H

22 OH

CH₃

H_3C

H

14 15

OH

O

6

HO HO

CH_3 CH_3

OH OH

(CXIIc.) Protoverine acetonide.

Ac_2O, Py

CH_3

N H

OH

CH₃

H_3C H

16

OAc

O

3   7

AcO HO

CH_3 CH_3

OH OAc

(CXIId.) Protoverine acetonide-3,6,16-triacetate

CrO_3

H^+

CH_3

N H

OH

CH₃

H_3C H

OAc

O

OH

OH

AcO OH

OH OAc

(CXIIe.) Protoverine-3,6,16-triacetate.

CH_3

N

OH

CH₃

H_3C H

OAc

O
7

AcO O

CH_3 CH_3

OH OAc

(CXIIf.)
7-Dehydroprotoverine acetonide-3,6,16-triacetate

H^+

7-Dehydroprotoverine-3,6,16-triacetate.

Chart 16. Reactions of Protoverine.

it forms a pentaacetate (CXII a), whereas with acetic anhydride and perchloric acid it yields a hexaacetate (CXII b) (*116*). As in the case of germine (*130*) the additional acetate formed by perchloric acid-catalyzed acetylation is considered to be located at the $C_{(4)}$-hemiketal-hydroxyl. Since under identical conditions germine forms only a tetra- and penta-acetate, respectively, protoverine must possess an additional secondary hydroxyl group. The formation of a pentaacetate by isoprotoverine with acetic anhydride and pyridine (isogermine tetraacetate), corroborates this conclusion. Protoverine acetonide (CXII c) and acetic anhydride-pyridine form the acetonide triacetate (CXII d) which consumes one oxygen equivalent of chromic acid and yields a ketone (CXII f). On acid hydrolysis the acetonide triacetate yields protoverine triacetate (CXII e). Protoverine and isoprotoverine consume four moles of periodic acid and give consequently one mole of formic acid; the acetonide consumes two moles and the derived triacetate one mole of periodic acid. On treatment with ammonia the crude oxidation product from the triacetate gives

CH₃

N H

20

C 17 CH₃

O

OH

(CXIII.)

an amorphous material, λ_{max} 234 mμ, ε 9200 (corresponding product of germine, λ_{max} 238 mμ, ε 10000). Repeating the same arguments as in the case of germine and excluding the carbon atoms α and β to the nitrogen for the terminus of a triol system on the same grounds, the facts mentioned indicate the presence of a $C_{(14)},C_{(15)},C_{(16)}$-triol system in protoverine.

To find evidence for the presence of the $C_{(20)}$-hydroxyl group BARTON's procedure was followed (*14*). Protoverine hexaacetate (CXII b) was methanolized to protoverine-3,4,6,7,15-isopentaacetate. The derived 16-ketone on treatment with alkali under similar conditions led to an amorphous diosphenol (λ_{max}^{Alc} 330 mμ, ε 17700; $\lambda_{max}^{\cdot\,0.1\,N\text{-}NaOH}$ 384 mμ, ε 11600). This compound was assigned the cross-conjugated diosphenol structure (CXIII) indicating the presence of an original $C_{(20)}$-hydroxyl group in the molecule (*116*).

However, in contrast to the diosphenol from germine obtained under similar conditions (*130*) and other cross-conjugated dienones of corresponding structure (*22*), which show multiple peaks in the ultraviolet region, this compound shows only a single peak. Hence its chromophore may be more consistent with the assumption of a double bond in continuous conjugation at $C_{(8)}$, $C_{(9)}$ rather than at $C_{(17)}$, $C_{(20)}$. This of course would give no information about the eighth hydroxyl group. Since there are no data available concerning this amorphous compound, except for the ultraviolet spectrum, further speculations would not be profitable.

The additional secondary hydroxyl group can be assigned to $C_{(6)}$ on the following grounds: with acetone and hydriodic acid isoprotoverine forms a diacetonide, which with acetic anhydride and pyridine gives isoprotoverine diacetonide-diacetate; the latter is stable to chromic acid. Since the 14,15-acetonide, which ought to be one of the two acetonides, involves one secondary hydroxyl group ($C_{(15)}$) and the diacetates, two such groups, the remaining two secondary hydroxyls of isoprotoverine must be involved in the formation of the second acetonide. When the $C_{(14)}$,$C_{(15)}$-acetonide is present, the $C_{(7)}$-OH is not acetylated, and since it is not available for chromic acid oxidation, it must be a part of the second acetonide. The only possible sec. hydroxyl vicinal to $C_{(7)}$ is at $C_{(6)}$. (A hydroxyl at $C_{(11)}$ cannot form a di-secondary acetonide; $C_{(2)}$ cannot be hydroxylated because the diacetonide consumes only one mole of periodic acid and no lead tetraacetate.)

Finally, the ketone derived from protoverine acetonide diacetate (presumably the $C_{(7)}$-ketone), when treated with calcium in liquid ammonia (30), gave a product just enough for a melting point and mixed melting point determination (no depression), and for recording the infrared spectrum which was found identical with that of 7-dehydro-germine acetonide-diacetate. Both samples also gave the same paper chromatogram (116).

2. Configuration.

The formation of the triads by alkaline isomerization would indicate, by analogy with the other ceveratrum alkaloids, the presence in proto-verine of a $C_{(3)}\beta$-OH, $C_{(4)}\beta$-OH, $C_{(4)}$,$C_{(9)}$-α-ether bridge, and a 5β-hydrogen atom. Formation of an aldehydo-γ-lactone (amorphous) on periodate oxidation of protoverine acetonide-6-isobutyrate would show that the hemiketal is located at $C_{(4)}$, and the secondary hydroxyl at $C_{(3)}$. The similarity of the rotatory dispersion curves of the 7-keto-derivatives of germine and protoverine would suggest that in protoverine also the $C_{(10)}$-methyl is β-oriented. The non-acetylation of the $C_{(4)}$-OH with acetic anhydride-pyridine is attributed to the presence of a $C_{(7)}\alpha$-OH as in the case of germine, and the non-acetylation of the $C_{(7)}\alpha$-OH is attributed in turn to the α-orientation of the $C_{(14)}$,$C_{(15)}$-acetonide, which hinders more effectively when the $C_{(8)}$-H is β- rather than α-oriented. The $C_{(16)}$-OH is considered *trans* to the $C_{(15)}$-OH since $C_{(14)}$,$C_{(15)}$-tertiary-secondary hydroxyls do form an acetonide but the di-secondary hydroxyls at $C_{(15)}$,$C_{(16)}$ fail to form one. As in the case of germine this may not be a very valid argument because, in isoprotoverine, the unhindered di-secondary $C_{(6)}$,$C_{(7)}$-acetonide is not formed instantaneously with dilute hydrochloric acid in the normal manner, but requires for its formation the more vigorous catalyst hydriodic acid and a treatment for several hours. Also this type of argument would lead to the absurd conclusion that the two acylable vicinal hydroxyls at $C_{(3)}$ and $C_{(4)}$ in all the ceveratrum alkamines are *trans*. The $C_{(12)}$- and $C_{(17)}$-hydrogens are assigned the α- and the $C_{(13)}$-hydrogen the β-orientation as in germine. The $C_{(16)}$- and $C_{(20)}$-hydroxyls are assigned β-axial configurations for the assistance in the methanolysis of $C_{(16)}$-esters. As was noted in the case of germine the $C_{(16)}$- and $C_{(20)}\alpha$-equatorial hydroxyls are equally effective for such assistance. The $C_{(22)}$- and $C_{(25)}$-hydrogens have been assigned the α- configuration by analogy with cevine. In the absence of further evidence, these assignments should be considered as uncertain.

In summary, it is desirable to obtain independent evidence for the β-orientation of the $C_{(8)}$-H; the orientation of the hydroxyls at $C_{(16)}$ and $C_{(20)}$ has to be shown as being β; and the configuration at $C_{(22)}$ and $C_{(25)}$ are still to be determined (CXIV). As in the case of germine, in all

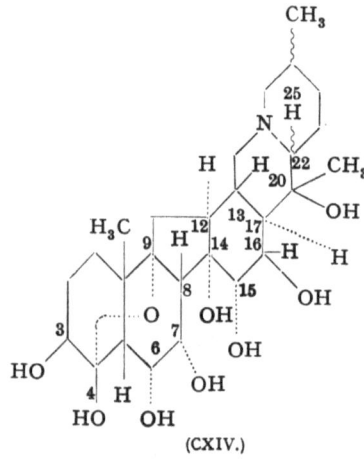

(CXIV.)

Table 5. Composition of the Protoverine Ester Alkaloids.
(For structure of the acyl groups see Table 2, p. 314.)

Alkaloid	Formula	Position of acyl group				References
		$C_{(3)}$	$C_{(6)}$	$C_{(7)}$	$C_{(15)}$	
Protoveratrine............ or Protoveratrine A	$C_{41}H_{63}O_{14}N$	c	a	a	b	(*114*)
Neoprotoveratrine........ or Veratetrine or Protoveratrine B	$C_{41}H_{63}O_{15}N$	e	a	a	b	(*114*)
Desacetylprotoveratrine A .	$C_{39}H_{61}O_{13}N$	c	a	—	b	(*115 a*)
Desacetylprotoveratrine B .	$C_{39}H_{61}O_{14}N$	e	a	—	b	(*115 a*)
Escholerine..............	$C_{41}H_{61}O_{13}N$	f	a	a	b	(*115*)

protoverine compounds containing a free $C_{(7)}\alpha$-hydroxyl group, we do not know whether the hemiketal is at $C_{(4)}-C_{(7)}$ or $C_{(4)}-C_{(9)}$.

3. Natural Esters of Protoverine.

The five natural esters of protoverine have been assigned the structures listed in *Table 5*. As in the case of germine esters, $C_{(4)}$- and $C_{(16)}$-hydroxyls are not esterified in these esters.

The synthesis of escholerine from protoverine would show that protoverine is the true natural alkamine present in the ester alkaloids (*115*).

XIII. Some General Remarks.

It is interesting to note that in the natural polyhydroxy alkamines of the ceveratrum group, all the hydroxyl groups, except the $C_{(4)}$-hemi-ketal-hydroxyl and the $C_{(6)}$-hydroxyl in protoverine, are axially oriented (assuming that the $C_{(16)}$- and $C_{(20)}$-hydroxyls in the germine family alkaloids are also β). In the natural esters of these alkamines and the polyesters obtained under mild esterification conditions, every ester group contains a neighbouring free hydroxyl group suitably located for assistance in base-catalyzed hydrolysis (*28, 67, 124, 131*) (CXIVa). Thus a

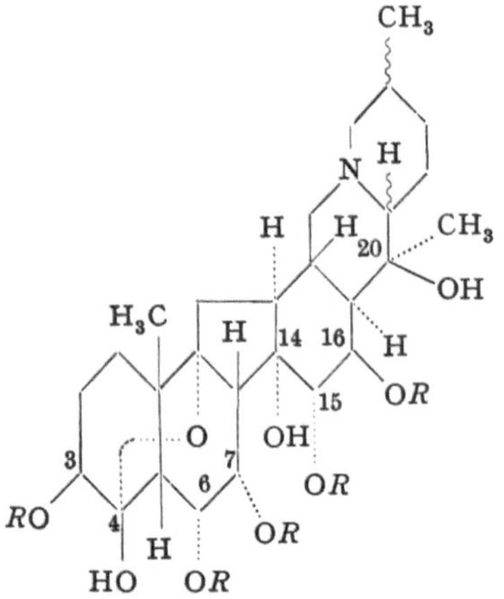

(CXIVa.)

$C_{(16)}$-ester has $C_{(20)}$-OH, while $C_{(15)}$- and $C_{(7)}$-esters have $C_{(14)}$-OH, and $C_{(6)}$- and $C_{(3)}$-esters have $C_{(4)}$-OH available for the assistance. Similarly, many ester alkaloids prepared under vigorous esterification conditions contain more than one ester group with a free neighbouring hydroxyl group for assistance. Thus in germine pentaacetate and protoverine hexaacetate, the $C_{(16)}$-acetate group has a $C_{(20)}$-hydroxyl group and the $C_{(7)}$-acetate group has a $C_{(14)}$-hydroxyl group situated in apparently identical steric positions for assistance in base-catalyzed hydrolysis. Yet the $C_{(16)}$-hydroxyl is hydrolyzed at a much higher rate than the others with the result that it can be obtained by selective methanolysis from the polyester. No explanation has been offered so far for this relatively higher rate of hydrolysis of the $C_{(16)}$-ester group.

One or both of the following features could contribute to the explanation of this phenomenon: (i) the neighbourhood of the $C_{(20)}$-ester group is much less crowded than those of other ester groups for the approach of the base during hydrolysis; (ii) the distortion of rings A, B and C as seen from X-ray data (51) may transmit a conformational effect (19) to bring the $C_{(16)}$-ester and the $C_{(20)}$-hydroxyl groups closer together for more effective participation during ester hydrolysis.

XIV. Alkaloids of Unknown Structure.

1. Neosabadine ($C_{27}H_{43}O_8N$?).

From the mother liquors left over after extracting veracevine and its isomers from sabadilla seeds AUTERHOFF (10, 143, 144) isolated an amorphous alkamine which he called neosabadine. It does not contain a carbonyl group or double bond and forms a crystalline nitrate, a triacetate, and an orthoacetate triacetate. On selenium dehydrogenation it gives cevanthridine. Upon hydrogenation over a platinum catalyst it gives a dihydro-derivative which is reported to be identical with a product obtained by a similar treatment of cevine. Sabadine, another alkaloid similarly isolated from the mother liquors, is found to be the monoacetate of neosabadine. Cevine, neosabadine and dihydroneosabadine consume about two moles of lead tetraacetate in one hour. With one mole of periodate, the nitrates of vera-cevine and cevine give an aldehydo-γ-lactone, but neosabadine nitrate yields a product which shows only aldehyde absorption in the infrared spectrum. AUTERHOFF assigned a modified cevine structure to this compound, containing a simple 4,9-ether group: without the $C_{(4)}$-hemiketal-hydroxyl, the hydroxyl group being present elsewhere in the molecule as a secondary OH. It is difficult to reconcile his periodate and lead tetraacetate oxidation and hydrogenation results with this structure, but because several of these compounds do not analyse for the required molecular formula and do not even melt sharply, it is not easy to make a structural guess.

PARKS and coworkers (142) have isolated from sabadilla seeds an alkaloid, sabatine, which is a monoacetate of the alkamine sabine, $C_{27}H_{45-47}O_7N$. Sabine consumes two moles of periodic acid and does not seem to contain an α-ketol. It is likely that neosabadine and sabine are identical. As the data provided by PARKS et al. are more accurate, sabine or neosabadine is likely to possess a dihydro-deoxy-cevine structure, the hydroxyl at $C_{(9)}$ or $C_{(16)}$ being substituted by hydrogen.

2. Veragenine.

VEJDĚLEK and coworkers (191) reported the isolation in very low yield of a new ester alkaloid, veragenine, $C_{31}H_{53-55}O_{13}N$, by fractionation of a veratrine mixture. In the ultraviolet it absorbs at 237 mμ ($\varepsilon \sim 3000$) and in the infrared at 1675 cm.$^{-1}$. On alkaline hydrolysis veragenine gives acetic acid and an alkamine which behaves differently from cevine in paper chromatograms.

3. Fritillaria Alkaloids.

a) *Imperialine*. From the corms of *Fritillaria imperialis* FRAGNER (*55*) first isolated the cardiac alkaloid imperialine in 1888. BOIT (*26, 27*) assigned it the correct molecular formula, $C_{27}H_{43}O_3N$, and found that it contains two hydroxyl groups and a ketone in a six-membered ring which forms an oxime. Imperialone obtained by the oxidation of the secondary hydroxyl is neither an α- nor a β-diketone. If it is assumed that the secondary hydroxyl is at $C_{(3)}$, the original ketone has to be in a different ring.

Sipeimine, an alkaloid isolated by Chinese investigators from a Chinese drug si-pei-mu (*Fritillaria* corms) (*35, 38*), which on selenium dehydrogenation gave veranthridine, is identical with imperialine (*26, 27, 38*). Hence imperialine appears to belong to the cevine group. PAUL and BOIT (*152*) have isolated in still poorer yield from the bulbs of *Fritillaria imperialis* two other minor alkaloids imperonine and imperoline, both $C_{27}H_{43}O_3N$. The former gives an acetyl and the latter a diacetyl derivative.

b) *Peimine, Peiminine and others*. Peimine, $C_{27}H_{45}O_3N$, and peiminine, $C_{27}H_{43}O_3N$, are isolated from the Chinese drug pei-mu (*F. roylei*). Peimine contains two hydroxyl groups, forms a diacetyl derivative, and on mild oxidation is converted to the monoketone derivative peiminine, which forms carbonyl derivatives and a monoacetate. Sodium and alcohol reduction of peiminine regenerates peimine. Dehydrogenation of the alkaloid gave 8-methyl-1,2-benzofluorene and 2,5-lutidine, both obtained from veratrum alkaloids. A few more alkaloids in minute quantities, chinpeimine, beilupeimine, both $C_{27}H_{43}O_3N$, and senpeimine, $C_{27}H_{43}O_4N$, are reported to be isolated from *F. usuriensis*, and minpeimine, $C_{27}H_{43}O_2N$, from another *Fritillaria* species (*31–38*).

c) *Raddeanine*, $C_{27}H_{43}O_2N$, $[\alpha]_D \pm 0$. This alkamine, isolated from *F. raddeana* (*3*), is a saturated tertiary base containing no N-methyl but at least two C-methyl groups. Of the two hydroxyls present, one is readily, the other less readily acetylated. The alkamine forms a cyclic sulphite with thionyl chloride. Selenium dehydrogenation gives a base, $C_{22}H_{17}N$, and phenanthrene, while permanganate oxidation produces a hexane-tetracarboxylic acid, as is obtained from cevine and germine (*3*).

XV. Pharmacological Activity of Veratrum Alkaloids.

For a long time veratrum and related plants have been used in their habitat for treatment of fever, disorders of peripheral circulation, tachycardia and at times as emetics. They have also been employed as crow poisons and insecticides. In recent times veratrum alkaloids have been used for a variety of hypertensive disorders, malignant hypertension, hypertensive crises, hypertension associated with cerebral vascular disease, preeclampsia, and eclampsia toxemia of pregnancy. The alkaloids act mainly on the cardiovascular system, respiration, nerve fibres and skeletal muscle. The effect on the cardiovascular system is complex and not fully understood. The major responses in man are a reflex fall in blood pressure and a reflex fall in heart rate. Several characteristic side-effects have been noted in the therapeutic use of these alkaloids. Severe hypotension occurs as a result of overdosage. Proto-veratrines A and B may produce transient irregularities of rate and rhythm of the heart. The range between therapeutic and emetic doses is narrow. Ester alkaloids are much more potent than the alkamines, e. g. protoveratrine is 6000 times more toxic to mice than protoverine on a molecular basis. The secondary amines, veratramine and jervine, show very much less activity than the tertiary amine esters. The esters of germine and protoverine are the most potent alkaloids of this class (66, 106). The relative hypotensive activities of the most important natural ester alkaloids are given in Table 6.

Table 6. Relative Hypotensive Activities of Veratrum Alkaloids.

Ester alkaloid	Hypotensive activity*	References
Veracevine esters:		
Cevadine..........................	0.18	(138)
Germine esters:		
Veratridine.......................	0.5	(138)
Germidine	2.4	(138)
Germerine	5.3	(138)
Germanitrine.....................	8.3	(102)
Neogermitrine	8.7	(138)
Germitrine	11.0	(138)
Germinitrine	2.5	(102)
Zygadenine esters:		
Veratroylzygadenine................	0.9	(102, 103)
Protoverine esters:		
Desacetylprotoveratrine B	1.0	(105)
Escholerine.......................	3.3	(103)
Protoveratrine B...................	4.0	(183)
Protoveratrine A...................	4.7	(138)

* Expressed as activity relative to veriloid (a mixed alkaloidal preparation from *V. viride*, activity = 1.0) which produced a 30% fall of mean arterial blood pressure when administered at a dose of 1 μg/kg/minute by intravenous infusion of 10-minute duration in anaesthetized normotensive dogs (102).

XVI. Synthetic Esters and their Pharmacological Effects.

White (197) prepared several germine esters by esterification of germine with excess acylating agents, but none had appreciable activity. Weisenborn and coworkers (194, 195), by selective and stepwise esterification of germine (and its acetonide) with chlorides of different types of acids, prepared some twenty-eight mono-, di-, tri- and tetra-esters, several of which were found to have high hypotensive effects. Although this work had been done several years before the complete structure of germine was known, WEISENBORN et al. concluded from molecular rotation data and hypotensive activities that direct esterification of germine introduced acid residues on the same hydroxyl groups which are esterified in the natural esters. Moreover, they had a correct notion of the individual hydroxyl groups esterified in each case, based on the relative ease of esterification and rotational contribution data. They assigned structures for six natural esters, individual acid residues being assigned to '(OH)A', '(OH)B', and '(OH)C' in the order of decreasing ease of esterification. These terms can now be translated into $C_{(15)}$, $C_{(3)}$, and $C_{(7)}$, respectively. The synthetic diesters would then be $C_{(15)}$,$C_{(3)}$-esters and the triesters, $C_{(15)}$,$C_{(3)}$,$C_{(7)}$-esters.

WEISENBORN et al. have made the following generalizations: mono-esters are of low hypotensive activity; diesters having an α-methyl (but not ethyl) group show a high order of activity; branching on the β-carbon, or no branching diminishes the activity; triesters, both natural and synthetic, are most active; esters with the enantiomer of the acid in a natural ester gave less potent compounds; four- or five-carbon acid residues are most effective in producing a stong hypotensive response; increasing size of a third acid residue (i. e. at $C_{(7)}$) progressively decreases the activity; all synthetic tetraesters (i. e. acylating $C_{(16)}$) were ineffective. None of the synthetic esters has shown a more favourable emetic ratio than the natural ones.

KUPCHAN and coworkers (*123*) have prepared over a hundred derivatives from protoverine; forty-one of them are $C_{(3)}$,$C_{(6)}$,$C_{(7)}$,$C_{(15)}$-tetraesters each containing one, two or three isobutyryl residues and acetyl groups; thirty-six of them are largely derivatives of acetonides or 7- or 16-keto-compounds and hexaesters (*132*); and twenty-five are substitution products of protoveratrine B at $C_{(3)}$ with various acid residues (*121*). Most of these compounds have been subjected to pharmacological testing for both blood pressure reduction and decrease of carotid occlusion response. Many compounds, especially protoveratrine analogs of the last category, showed a high average order of activity, comparable to that of natural esters. (Data on the emetic properties of these compounds are yet to be reported.)

The following generalizations have been made from the present data: (a) Esterification at $C_{(16)}$ produces a far-reaching loss of activity; (b) for powerful effect esterification at $C_{(3)}$ and $C_{(15)}$ is required; (c) a branched chain ester at $C_{(15)}$ is advantageous; (d) the acid residue at $C_{(3)}$ need not be branched; (e) $C_{(6)}$ and $C_{(7)}$ need not be esterified for good activity; (f) a branched chain ester at $C_{(7)}$ may be disadvantageous; (g) oxidation of a $C_{(16)}$-alcohol to a ketone causes loss of activity; (h) acetonide formation at $C_{(14)}$,$C_{(15)}$ causes a substantial loss of activity; and (i) esterification at $C_{(4)}$ may be disadvantageous.

Examination of the structure activity data provided earlier by
WEISENBORN et al. (*194, 195*) would lead to the same type of generali-
zation regarding germine esters. Similar relationships had been observed
earlier with natural esters of germine by WINTERSTEINER and his
group (*199*).

XVII. Biogenesis of Veratrum Alkaloids.

No pertinent feeding experiments on plants with labelled compounds
have yet been reported. However, the simultaneous presence in the same
plants of the simple alkaloids, rubijervine and isorubijervine and the
more complex jerveratrum and ceveratrum alkaloids, may indicate
different stages in the biogenetic development of these systems. Rubijervine (CXVI) can be derived from the steroid skeleton (CXV) by
substitution of the three hydrogen atoms marked by wavy lines with
a nitrogen atom from ammonia or equivalent, and hydroxylation at $C_{(12)}$.

(CXV.) Cholesterol.   (CXVI.) Rubijervine.

An equatorial leaving group or a carbonium ion at $C_{(12)}$ can rearrange
the steroid (CXVII) to a *C-nor-D*-homosteroid type (CXVIII) *(Chart 17)*
as has been shown by HIRSCHMANN, SNODDY, HISKEY and WENDLER (*74*)
and by UFFER (*186*).

Reductive cleavage of the $C_{(16)}$-N-bond could give (CXIX), the
skeleton of the jerveratrum alkaloids. On the other hand, removal of
a leaving group from $C_{(18)}$ (CXX) would introduce a $C_{(18)}$-N-bond
(CXXI) and reduction of the quaternary salt so formed, via cleavage
of the $C_{(16)}$-N-bond, would readily evolve the skeleton (CXXII) of the
ceveratrum alkaloids.

It is interesting to note that the stereochemistry of (CXXII) would
be the same as deduced for the natural alkamine veracevine from X-ray
studies of cevine (*51*), except at the positions $C_{(13)}$ and $C_{(20)}$. The methyl
group at $C_{(20)}$ could have been inverted during hydroxylation at $C_{(20)}$
through an olefinic precursor; but there is no such simple method available
to invert the $C_{(13)}$-H. Hence a more likely course for the biosynthesis

References, pp. 361—371.

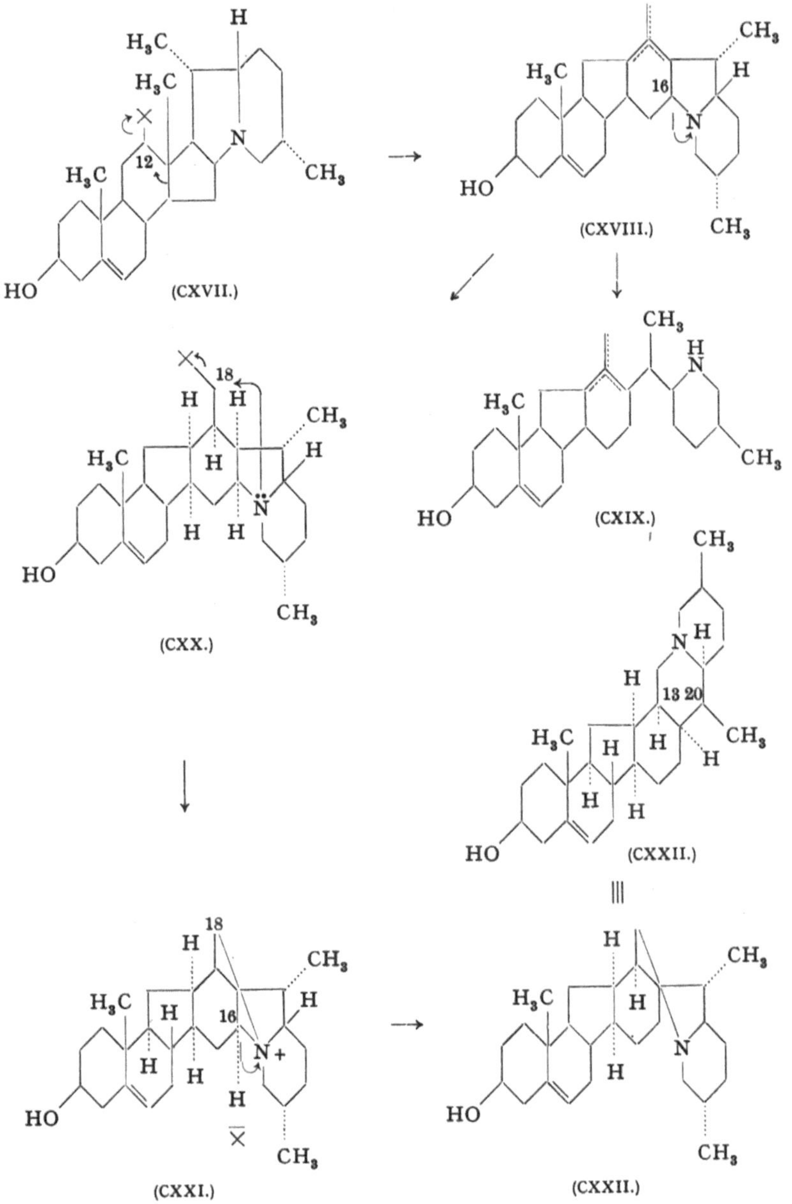

Chart 17. Biogenesis of Veratrum Alkaloids, Scheme 1.

of the ceveratrum alkaloid skeleton would include an initial formation of isorubijervine but would leave the rearrangement of the rings *C, D* to the end. PELLETIER and JACOBS (*155*) had observed that isorubi-

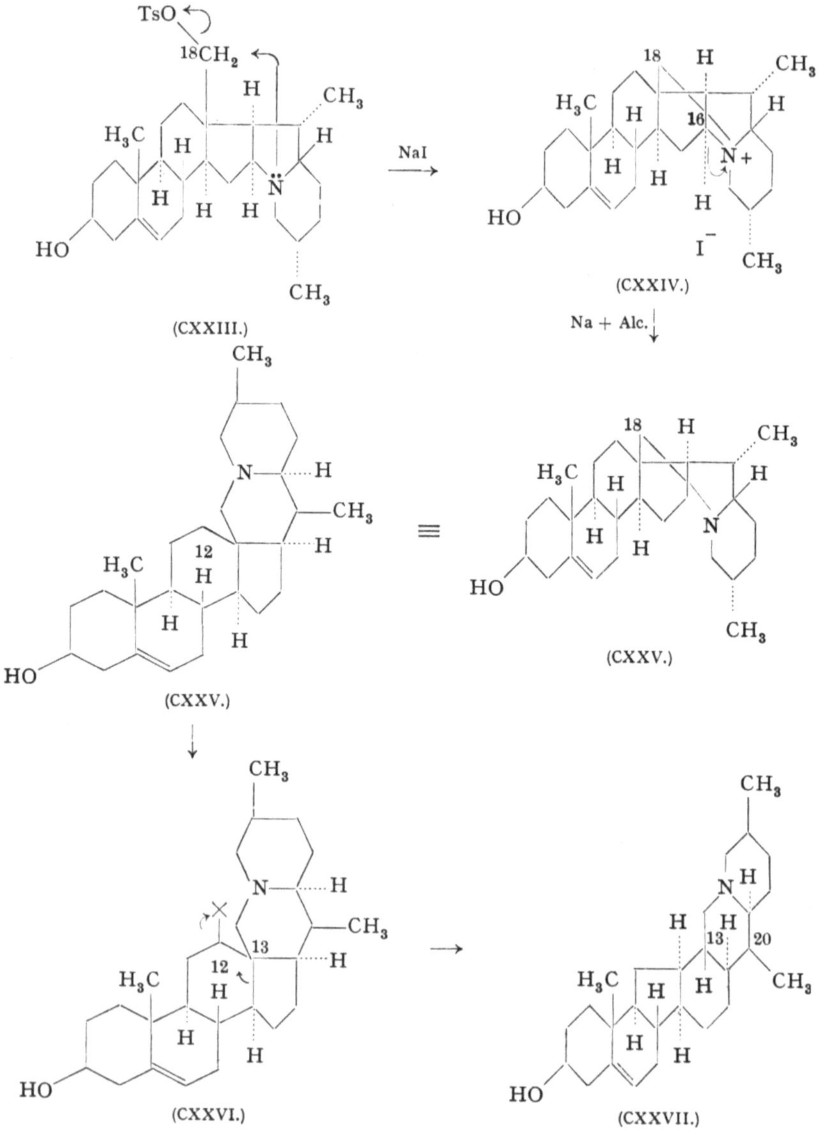

Chart 18. Biogenesis of Veratrum Alkaloids, Scheme 2.

jervine 18-tosylate (CXXIII), when converted into the iodide (CXXIV) and treated with sodium and alcohol, or even the tosylate when so treated, rearranges to 'pseudosolanidine' (CXXV) *(Chart 18)* by reductive cleavage of the $C_{(16)}$-N-bond (besides producing solanidine by similar cleavage of the $C_{(18)}$-N-bond). This has been confirmed

References, pp. 361—371.

recently by SHEEHAN and coworkers (*168 a*). Attachment of a β-equatorial leaving group at $C_{(12)}$ (CXXVI), rearrangement of rings C and D as mentioned, and introduction of a hydride ion or equivalent at $C_{(13)}$ would then directly give (CXXVII), the skeleton of the ceveratrum alkaloids, with the correct stereochemistry, as is fully known for veracevine, at all common asymmetric centres (subject to the proviso for $C_{(20)}$ as explained on p. 358). This would indicate that the germine family alkaloids are likely to have the same configuration at their centres of still uncertain stereochemistry, viz. at $C_{(22)}$ and $C_{(25)}$.

References.

1. AHRENS, F. B.: Über krystallisiertes Veratrin. Ber. dtsch. chem. Ges. **23**, 2700 (1890).

2. ANLIKER, R., H. HEUSSER und O. JEGER: Über Steroide und Sexualhormone. 179. Mitt. Notiz zur Herstellung von Dihydro-jervin. Helv. Chim. Acta **35**, 838 (1952).

3. ASLANOV, KH. A. and A. S. SADYKOV: Alkaloids of *Fritillaria*. I. Alkaloids of *Fritillaria raddeana*. II. Products of Chlorination of Raddeanine. III. Structure of Raddeanine. J. Gen. Chem. (USSR) **26**, 579, 1790, 1794 (1956) [Chem. Abstr. **50**, 13971 (1956); **51**, 1993 (1957)].

4. AUGUSTINE, R. L.: Stereochemistry of Ring F in Jervine. Chem. and Ind. **1961**, 1448.

5. AUTERHOFF, H.: Zur Kenntnis der isomeren Formen des Veratrin-Alkamins. 2. Mitt. Arch. Pharmaz. **286**, 319 (1953).

6. — Hydrierungsprodukte der Veratrin-Alkamine. 6. Mitt. Veratrin-Veratrum-Alkaloide. Arch. Pharmaz. **287**, 380 (1954).

7. — Sabadilla-Nebenalkaloide. 8. Mitt. Veratrin-Veratrum-Alkaloide. Arch. Pharmaz. **288**, 549 (1955).

8. AUTERHOFF, H. und F. GÜNTHER: Beiträge zur Kenntnis verschiedener Veratrum-Drogen und ihrer Alkaloide. 7. Mitt. Veratrin-Veratrum-Alkaloide. Arch. Pharmaz. **288**, 455 (1955).

9. AUTERHOFF, H. und H. P. KRAFT: Zur Kenntnis der isomeren Formen des Germins. 5. Mitt. Veratrin-Veratrum-Alkaloide. Arch. Pharmaz. **287**, 332 (1954).

10. AUTERHOFF, H. und H. MÖHRLE: Über Neosabadin — ein neues Sabadilla-Alkamin. 9. Mitt. Veratrin-Veratrum-Alkaloide. Arch. Pharmaz. **291**, 288 (1958).

11. AUTERHOFF, H. und H. STAUSBERG: Über einige Eigenschaften des handels-üblichen Veratrins. 3. Mitt. Arch. Pharmaz. **287**, 27 (1954).

12. AUTERHOFF, H. und G. ZEISNER: Über die Konstitution der Veratrin-Alkamine. 4. Mitt. Arch. Pharmaz. **286**, 525 (1953).

13. BARTLETT, M. F., D. F. DICKEL and W. I. TAYLOR: The Alkaloids of *Tabernanthe iboga*. IV. The Structures of Ibogamine, Ibogaine, Tabernanthine and Voacangine. J. Amer. Chem. Soc. **80**, 126 (1958).

14. BARTON, D. H. R.: unpublished.

15. BARTON, D. H. R., C. J. W. BROOKS and P. DE MAYO: Steroidal Alkaloids. Part III. The Constitution and Stereochemistry of Cevine. J. Chem. Soc. (London) **1954**, 3950.

16. BARTON, D. H. R., C. J. W. BROOKS and J. S. FAWCETT: Steroidal Alkaloids. Part II. Some Observations on the Constitution of Cevine. J. Chem. Soc. (London) **1954**, 2137.

17. BARTON, D. H. R. and J. F. EASTHAM: Steroidal Alkaloids. Part I. The Functional Groups of Cevine. J. Chem. Soc. (London) **1953**, 424.

18. BARTON, D. H. R., O. JEGER, V. PRELOG and R. B. WOODWARD: The Constitutions of Cevine and Some Related Alkaloids. Experientia **10**, 81 (1954).

19. BARTON, D. H. R., F. McCAPRA, P. J. MAY and F. THUDIUM: Long Range Effects in Alicyclic Systems. Part III. The Relative Rates of Condensation of Some Steroid and Triterpenoid Ketones with Benzaldehyde. J. Chem. Soc. (London) **1960**, 1297; and other papers in the series.

20. BARTON, D. H. R. and C. R. NARAYANAN: Sesquiterpenoids. Part X. The Constitution of Lactucin. J. Chem. Soc. (London) **1958**, 963 (there connected references).

21. BAUER, S., L. MASLER, S. ORSZAGH, J. MOKRY and J. TOMKO: Alkaloids from *Fritillaria meleagris*. Chem. zvesti **12**, 584 (1958) [Chem. Abstr. **53**, 5591 (1959)].

22. BEATON, J. M., J. I. SHAW, F. S. SPRING, R. STEVENSON, W. S. STRACHAN and J. L. STEWART: Triterpenoids. Part XXXVIII. Ursa-9(11) : 13(18)-dien-3β-yl Acetate. J. Chem. Soc. (London) **1955**, 2606.

23. BELLAMY, L. J.: The Infra-red Spectra of Complex Molecules. London: Methuen and Co. Ltd. 1958.

24. BLOUNT, B. K.: The Veratrine Alkaloids. Parts I and II. The Constitution of Veratridine and Cevine. J. Chem. Soc. (London) **1935**, 122.

25. BLOUNT, B. K. and D. CROWFOOT: The Veratrine Alkaloids. Part III. The Preparation of Cevanthrol and the X-Ray Crystallographic Examination of Cevanthrol and Cevanthridine. J. Chem. Soc. (London) **1936**, 414.

26. BOIT, H. G.: Über Imperialin. I. Mitt. Chem. Ber. **87**, 472 (1954).

27. BOIT, H. G. und L. PAUL: Über Imperialin. II. Mitt. Chem. Ber. **90**, 723 (1957).

28. BRUICE, T. C. and T. H. FIFE: The Nature of Neighbouring Hydroxyl Group Assistance in the Alkaline Hydrolysis of the Ester Bond. Tetrahedron Letters **1961**, No. 8, 263.

29. BURN, D. and W. RIGBY: The Skeleton of Isorubijervine. J. Chem. Soc. (London) **1953**, 963.

30. CHAPMAN, J. H., J. ELKS, G. H. PHILLIPPS and L. J. WYMAN: Studies in the Synthesis of Cortisone. Part XVI. A New Method of Preparing 11-Oxo-tigogenin. J. Chem. Soc. (London) **1956**, 4344.

31. CHI, Y., Y. S. KAO and K. J. CHANG: The Alkaloids of *Fritillaria roylei*. I. Isolation of Peimine. J. Amer. Chem. Soc. **58**, 1306 (1936).

32. CHOU, T. Q. and T. T. CHU: The Preparation and Properties of Peimine and Peiminine. J. Amer. Chem. Soc. **63**, 2936 (1941).

33. CHU, T. T. and T. Q. CHOU: Conversion of Peimine into Peiminine and *vice versa*. J. Amer. Chem. Soc. **69**, 1257 (1947).

34. CHU, T. T., W. K. HWANG and J. Y. LOH: Fritillaria Alkaloids. III. The Skeleton of Peimine and Peiminine by Zinc Dust Distillation and Selenium Dehydrogenation. Acta Chim. Sinicia **21**, 232 (1955) [Chem. Abstr. **51**, 444 (1957)].

35. CHU, T. T. and J. Y. LOH: Fritillaria Alkaloids. II. Peimine and Peiminine. IV. Isolation of a New Alkaloid from Si-pei-mu. Acta Chim. Sinicia **21**, 227, 241 (1955) [Chem. Abstr. **51**, 444 (1957)].

36. CHU, T. T., J. Y. LOH and W. K. HWANG: Fritillaria Alkaloids. V. De-hydrogenation of Sipeimine and the Relationship between Sipeimine, Peimine and Peiminine. VI. The Oxidation and Reduction of Sipeimine. VII. Selenium

Dehydrogenation of Sipeimine and the Relationship between Fritillaria and Veratrum Alkaloids. VIII. Alkali Fusion and Acid and Alkali Treatment of Sipeimine. IX. Isolation of Several New Alkaloids from Commercial *Fritillaria* Species "Szechuan pei-mu". Acta Chim. Sinicia **21**, 401 (1955); **22**, 205, 210, 356, 361 (1956) [Chem. Abstr. **51**, 445 (1957)].

37. CHU, T. T., J. Y. LOH and W. K. HWANG: A Study of Fritillaria Alkaloids. X. New Alkaloids from pei-mu, a *Fritillaria* Species from Min Hsien. K'O Hsueh T'ung Pao No. 1, 13 (1957) [Chem. Abstr. **53**, 647 (1959)].

38. — — — Fritillaria Alkaloids. XI. Proof of the Identity of Sipeimine with Imperialine. K'O Hsueh T'ung Pao 207 (1957) [Chem. Abstr. **53**, 7503 (1959)].

39. COOKSON, R. C. and S. H. DANDEGAONKER: Absorption Spectra of Ketones. Part II. The Configuration of Some Bromo-derivatives of 6-Oxocholestanyl Acetate. Absorption Spectra of α-Ketols. J. Chem. Soc. (London) **1955**, 352.

40. CRAIG, L. C. and W. A. JACOBS: The Veratrine Alkaloids. V. The Selenium Dehydrogenation of Cevine. J. Biol. Chem. **129**, 79 (1939).

41. — — The Veratrine Alkaloids. VI. The Oxidation of Cevine. J. Amer. Chem. Soc. **61**, 2252 (1939).

42. — — The Veratrine Alkaloids. VII. On Decevinic Acid. J. Biol. Chem. **134**, 123 (1940).

43. — — The Veratrine Alkaloids. VIII. Further Studies on the Selenium Dehydrogenation of Cevine. X. The Structure of Cevanthridine. J. Biol. Chem. **139**, 263, 293 (1941).

44. — — The Veratrine Alkaloids. XII. Further Studies on the Oxidation of Cevine. J. Biol. Chem. **141**, 253 (1941).

45. — — The Veratrine Alkaloids. XIII. The Dehydrogenation of Protoveratrine. J. Biol. Chem. **143**, 427 (1942).

46. — — The Veratrine Alkaloids. XVII. On Germine. Its Formulation and Degradation. J. Biol. Chem. **148**, 57 (1943).

47. — — The Veratrine Alkaloids. XX. Further Correlations in the Veratrine Group. The Relationship between the Veratrine Bases and Solanidine. J. Biol. Chem. **149**, 451 (1943).

48. CRAIG, L. C., W. A. JACOBS and G. I. LAVIN: The Veratrine Alkaloids. IX. The Nature of the Hydrocarbon from the Dehydrogenation of Cevine. J. Biol. Chem. **139**, 277 (1941).

49. CRIEGEE, R., E. BÜCHNER und W. WALTHER: Die Geschwindigkeit der Glykolspaltung mit Blei IV-acetat in Abhängigkeit von der Konstitution des Glykols. Ber. dtsch. chem. Ges. **73**, 571 (1940).

50. EDWARDS, O. E., F. H. CLARKE and B. DOUGLAS: 17-Hydroxylupanine and 17-Oxylupanine. Canad. J. Chem. **32**, 235 (1954).

51. EELES, W. T.: An X-ray Study of the Configuration of Cevine. Tetrahedron Letters **1960**, No. 7, 24.

52. ELMING, N., C. VOGEL, O. JEGER und V. PRELOG: Veratrum-Alkaloide. 2. Mitt. Über die Konstitution der Hexan-tetracarbonsäure aus Cevin und Germin. Helv. Chim. Acta **35**, 2541 (1952).

53. — — — — Veratrum-Alkaloide. 3. Mitt. Zur Konstitution der Hexan-tetracarbonsäure aus Cevin und Germin. II. Helv. Chim. Acta **36**, 2022 (1953).

53a. ERSKINE, R. L. and E. S. WAIGHT: Stereochemistry and Infrared Spectra of α,β-Unsaturated Ketones. J. Chem. Soc. (London) **1960**, 3425.

54. FIESER, L. F. and M. FIESER: Steroids. New York: Reinhold Publ. Corp. 1959.

55. FRAGNER, K.: Ein neues Alkaloid Imperialin. Ber. dtsch. chem. Ges. **21**, 3284 (1888).

56. FREUND, M.: Beitrag zur Kenntnis des Cevadins. Ber. dtsch. chem. Ges. 37, 1946 (1904).
57. FREUND, M. und H. P. SCHWARZ: Beitrag zur Kenntnis des Cevadins. Ber. dtsch. chem. Ges. 32, 800 (1899).
58. FREUND, M. und A. SCHWARZ: Cevadin. III. J. prakt. Chem. 96, 237 (1918).
59. FRIED, J. and A. KLINGSBERG: The Structure of Jervine. III. Degradation to Nitrogen Free Derivatives. J. Amer. Chem. Soc. 75, 4929 (1953).
60. FRIED, J., P. NUMEROF and N. H. COY: Neogermitrine, A New Ester Alkaloid from Veratrum viride. J. Amer. Chem. Soc. 74, 3041 (1952).
61. FRIED, J., H. L. WHITE and O. WINTERSTEINER: The Hypotensive Principles of Veratrum viride. J. Amer. Chem. Soc. 72, 4621 (1950).
62. FRIED, J., O. WINTERSTEINER, M. MOORE, B. M. ISELIN and A. KLINGSBERG: The Structure of Jervine. II. Degradation to Perhydrobenzfluorene Derivatives. J. Amer. Chem. Soc. 73, 2970 (1951).
63. GAUTSCHI, F., O. JEGER, V. PRELOG und R. B. WOODWARD: Veratrum-Alkaloide. 5. Mitt. Über die Konstitution der Decevinsäure. Helv. Chim. Acta 37, 2280 (1954).
64. — — — — Veratrum-Alkaloide. 9. Mitt. Absolute Konfiguration des Kohlenstoffatoms 10 in Cevin und verwandten Alkaloiden. Helv. Chim. Acta 38, 296 (1955).
65. GILLAM, A. E. and E. S. STERN: An Introduction to Electronic Absorption Spectroscopy in Organic Chemistry. London: E. Arnold, Ltd. 1957.
66. GOODMAN, L. S. and A. GILMAN: The Pharmacological Basis of Therapeutics, 2nd ed., pp. 747—754. New York: Macmillan Co. 1955.
67. HENBEST, H. B. and B. J. LOVELL: Aspects of Stereochemistry. Part II. Intramolecular Electrophilic Assistance in Displacement Reactions. J. Chem. Soc. (London) 1957, 1965.
68. HENNIG, A. J., T. HIGUCHI and L. M. PARKS: Sabadilla Alkaloids. III. Chromatographic Separation of the Water Soluble Fraction. Isolation of a New Crystalline Alkaloid Sabatine. J. Amer. Pharmaceut. Assoc. 40, 168 (1951).
69. HERZ, J. E. and J. FRIED: Jervine. VII. 3,5-Cyclo Derivatives of Jervine Degradation Products. J. Amer. Chem. Soc. 76, 5621 (1954).
70. HESS, K. und H. MOHR: Über das Cevin und Sabadinin. Ber. dtsch. chem. Ges. 52, 1984 (1919).
71. HEYL, F. W., F. E. HEPNER and S. K. LOY: Zygadenine. The Crystalline Alkaloid of Zygadenus intermedius. J. Amer. Chem. Soc. 35, 258 (1913).
72. HEYL, F. W. and M. E. HERR: The Formula of Zygadenine. J. Amer. Chem. Soc. 71, 1751 (1949).
73. HEYMANN, H. and L. F. FIESER: A New Route to 11-Ketosteroids by Fission of a $\Delta^{9(11)}$-Ethylene Oxide. J. Amer. Chem. Soc. 73, 5252 (1951).
74. HIRSCHMANN, R., C. S. SNODDY, Jr., C. F. HISKEY and N. L. WENDLER: The Rearrangement of the Steroid C/D Rings. J. Amer. Chem. Soc. 76, 4013 (1954).
75. HOSANSKY, N. L. and O. WINTERSTEINER: 8,9-Seco Derivatives of Triacetyl Dihydro Veratramine. J. Amer. Chem. Soc. 78, 3126 (1956).
76. HUEBNER, C. F. and W. A. JACOBS: The Veratrine Alkaloids. XXVI. On the Hexanetetracarboxylic Acid from Cevine and Germine. J. Biol. Chem. 170, 181 (1947).
77. ISELIN, B. M., M. MOORE and O. WINTERSTEINER: Jervine. IX. Miscellaneous New Derivatives. J. Amer. Chem. Soc. 78, 403 (1956).

78. ISELIN, B. M. and O. WINTERSTEINER: Jervine. VI. The Sulfuric Acid-catalyzed Acetolysis of N-Acetyl-3-desoxy-3(α)-chlorotetrahydrojervine. J. Amer. Chem. Soc. 76, 5616 (1954).

79. — — Jervine. VIII. Δ¹³-Jervine, a New Double Bond Isomer of Jervine. J. Amer. Chem. Soc. 77, 5318 (1955).

80. JACOBS, W. A. and L. C. CRAIG: The Veratrine Alkaloids. I. The Degradation of Cevine. II. Further Study of the Basic Degradation Products of Cevine. III. Further Studies on the Degradation of Cevine, the Question of Coniine. IV. The Degradation of Cevine Methiodide. J. Biol. Chem. 119, 141 (1937); 120, 447 (1937); 124, 659 (1938); 125, 625 (1938).

81. — — The Veratrine Alkaloids. XV. On Rubijervine and Isorubijervine. J. Biol. Chem. 148, 41 (1943).

82. — — The Veratrine Alkaloids. XVI. The Formulation of Jervine. J. Biol. Chem. 148, 51 (1943).

83. — — The Veratrine Alkaloids. XIX. On Protoveratrine and its Alkamine Protoverine. J. Biol. Chem. 149, 271 (1943).

84. — — The Veratrine Alkaloids. XXI. The Conversion of Rubijervine to Allorubijervine. The Sterol Ring System of Rubijervine. J. Biol. Chem. 152, 641 (1944).

85. — — The Veratrine Alkaloids. XXII. On Pseudojervine and Veratrosine, a Companion Glycoside in Veratrum viride. J. Biol. Chem. 155, 565 (1944).

86. — — The Veratrine Alkaloids. XXIII. The Ring System of Rubijervine and Isorubijervine. J. Biol. Chem. 159, 617 (1945).

87. — — The Veratrine Alkaloids. XXV. The Alkaloids of Veratrum viride. J. Biol. Chem. 160, 555 (1945).

88. JACOBS, W. A., L. C. CRAIG and G. I. LAVIN: The Veratrine Alkaloids. XI. The Dehydrogenation of Jervine. J. Biol. Chem. 141, 51 (1941).

89. JACOBS, W. A. and C. F. HUEBNER: The Veratrine Alkaloids. XXVII. Further Studies with Jervine. J. Biol. Chem. 170, 635 (1947).

90. JACOBS, W. A. and S. W. PELLETIER: The Veratrine Alkaloids. XXXVI. A Possible Skeletal Structure for Veracevine, Cevine, Germine and Protoverine. J. Organ. Chem. (USA) 18, 765 (1953).

91. JACOBS, W. A. and Y. SATO: The Veratrine Alkaloids. XXVIII. The Structure of Jervine. J. Biol. Chem. 175, 57 (1948).

92. — — The Veratrine Alkaloids. XXX. A Further Study of the Structure of Veratramine and Jervine. J. Biol. Chem. 181, 55 (1949).

93. — — The Veratrine Alkaloids. XXXII. The Structure of Veratramine. J. Biol. Chem. 191, 71 (1951).

94. JAFFE, H. and W. A. JACOBS: The Veratrine Alkaloids. XXXIII. The Isomeric Forms of Cevine, Germine and Protoverine. J. Biol. Chem. 193, 325 (1951).

95. JEGER, O., R. MIRZA, V. PRELOG, C. VOGEL und R. B. WOODWARD: Veratrum-Alkaloide. 6. Mitt. Die Konstitution der Hexan-tetracarbonsäure aus Cevin und Germin. Helv. Chim. Acta 37, 2295 (1954).

96. JEGER, O. and V. PRELOG: Steroid Alkaloids. Veratrum Group. In: R. H. F. MANSKE, The Alkaloids, Chemistry and Physiology, Vol. 7, p. 363. New York: Academic Press. 1960.

97. JEGER, O., V. PRELOG, E. SUNDT und R. B. WOODWARD: Veratrum-Alkaloide. 7. Mitt. Die Konstitution des Ringes F und die absolute Konfiguration des Kohlenstoffatoms 25 des Cevins. Helv. Chim. Acta 37, 2302 (1954).

98. KELLER, L., CH. TAMM und T. REICHSTEIN: Synthese des 7-Äthyl-1,2-benzo-fluorens und des 7-Äthyl-8-methyl-1,2-benzofluorens und Identifizierung des

letzteren mit dem Jacobs'schen Kohlenwasserstoff. Glykoside und Aglykone, 192. Mitt. Helv. Chim. Acta **41**, 1633 (1958).

99. Kerstan, W.: Veratrum Alkaloide. Pharm. Zentralhalle **96**, 251 (1957).
100. Kimishima, K. and T. Kanno: Certain Pharmacological Actions of Veratramine. Yonago Igku Zasshi **8**, 429 (1957) [Chem. Abstr. **53**, 573 (1959)].
101. Klohs, M. W., R. Arons, M. D. Draper, F. Keller, S. Koster, W. Malesh and F. J. Petracek: The Isolation of Neoprotoveratrine and Protoveratrine from *Veratrum viride* Ait. J. Amer. Chem. Soc. **74**, 5107 (1952).
102. Klohs, M. W., M. D. Draper, F. Keller, S. Koster, W. Malesh and F. J. Petracek: The Alkaloids of *Veratrum fimbriatum* Gray. J. Amer. Chem. Soc. **75**, 4925 (1953).
103. — — — — — — Alkaloids of *Veratrum eschscholtzii* Gray. II. The Ester Alkaloids. J. Amer. Chem. Soc. **76**, 1152 (1954).
104. Klohs, M. W., M. D. Draper, F. Keller, W. Malesh and F. J. Petracek: Alkaloids of *Veratrum eschscholtzii* Gray. I. The Glycosides. J. Amer. Chem. Soc. **75**, 2133 (1953).
105. — — — — — The Isolation of Desacetylneoprotoveratrine from *Veratrum viride* Ait. J. Amer. Chem. Soc. **75**, 3595 (1953).
106. Krayer, O.: Veratrum Alkaloids. In: V. A. Drill, Pharmacology in Medicine, 2nd ed., pp. 515—524. New York: McGraw Hill Book Co. 1958.
107. Kupchan, S. M.: Hypotensive Veratrum Ester Alkaloids. J. Pharmaceut. Sci. (USA) **50**, 273 (1961).
108. — Schoenocaulon Alkaloids. IV. The Isomeric Cevagenine Orthoacetates. J. Amer. Chem. Soc. **77**, 686 (1955).
109. — Veratrum Alkaloids. XXIX. The Structures of Germitrine, Neogermitrine and Several Related Hypotensive Ester Alkaloids. J. Amer. Chem. Soc. **81**, 1921 (1959).
110. — Veratrum Alkaloids. XXX. The Structure and Configuration of Zygadenine. J. Amer. Chem. Soc. **81**, 1935 (1959).
111. Kupchan, S. M. and A. Afonso: Veratrum Alkaloids. XXXVII. The Structure of Germanitrine, a Hypotensive Ester Alkaloid. J. Amer. Pharmaceut. Assoc. **48**, 731 (1959).
112. — — Veratrum Alkaloids. XLIII. The Structure of Cevadine. J. Amer. Pharmaceut. Assoc. **49**, 242 (1960).
113. Kupchan, S. M. and C. I. Ayres: Veratrum Alkaloids. XXXII. The Structures of Germitetrine and Some Related Hypotensive Ester Alkaloids. J. Amer. Pharmaceut. Assoc. **48**, 440 (1959).
114. — — Veratrum Alkaloids. XXXIX. The Structures of Protoveratrine A and Protoveratrine B. J. Amer. Chem. Soc. **82**, 2252 (1960).
115. — — Veratrum Alkaloids. XL. The Structure of Escholerine, a Hypotensive Ester Alkaloid. J. Amer. Pharmaceut. Assoc. **48**, 735 (1959).
115a. Kupchan, S. M., C. I. Ayres and R. H. Hensler: Veratrum Alkaloids. XLII. The Structures of Desacetylprotoveratrine A and Desacetylprotoveratrine B. J. Amer. Chem. Soc. **82**, 2616 (1960).
116. Kupchan, S. M., C. I. Ayres, M. Neeman, R. H. Hensler, T. Masamune and S. Rajagopalan: Veratrum Alkaloids. XXXVIII. The Structure and Configuration of Protoverine. J. Amer. Chem. Soc. **82**, 2242 (1960).
117. Kupchan, S. M. and C. V. Deliwala: Zygadenus Alkaloids. III. Active Principles of *Zygadenus venenosus*. Veratroylzygadenine and Vanilloylzygadenine. IV. Germine Esters. J. Amer. Chem. Soc. **75**, 1025 (1953); **76**, 5545 (1954).
118. — — The Isolation of Crystalline Hypotensive Veratrum Ester Alkaloids by Chromatography. J. Amer. Chem. Soc. **75**, 4671 (1953).

119. KUPCHAN, S. M., C. V. DELIWALA and R. D. ZONIS: Zygadenus Alkaloids. VI. Active Principles of *Zygadenus paniculatus.* J. Amer. Chem. Soc. **77,** 755 (1955).

120. KUPCHAN, S. M., M. FIESER, C. R. NARAYANAN, L. F. FIESER and J. FRIED: The Germine-Isogermine-Pseudogermine Isomerizations. J. Amer. Chem. Soc. **77,** 5896 (1955).

121. KUPCHAN, S. M., J. C. GRIVAS, C. I. AYRES, L. J. PANDYA and L. C. WEAVER: Veratrum Alkaloids. XLVI. Structure Activity Relationship in a Series of Analogs of the Protoveratrines. J. Pharmaceut. Sci. (USA) **50,** 396 (1961).

122. KUPCHAN, S. M. and N. GRUENFELD: Veratrum Alkaloids. XLI. The Structure of Germbudine, A Hypotensive Ester Alkaloid. J. Amer. Pharmaceut. Assoc. **48,** 737 (1959).

123. KUPCHAN, S. M., R. H. HENSLER and L. C. WEAVER: Veratrum Alkaloids. XLIV. Structure Activity Relationships in a Series of Synthetic Hypotensive Esters of Protoverine. J. Med. Pharmaceut. Chem. (USA) **3,** 129 (1961).

124. KUPCHAN, S. M., W. S. JOHNSON and S. RAJAGOPALAN: The Configuration of Cevine. Tetrahedron **7,** 47 (1959).

125. KUPCHAN, S. M. and D. LAVIE: Schoenocaulon Alkaloids. III. The Bismuth Oxide Oxidation of Veracevine, Cevagenine and Cevine. J. Amer. Chem. Soc. **77,** 683 (1955).

126. KUPCHAN, S. M., D. LAVIE, C. V. DELIWALA and B. Y. A. ANDOH: Schoenocaulon Alkaloids. I. Active Principles of *Schoenocaulon officinale.* Cevacine and Protocevine. J. Amer. Chem. Soc. **75,** 5519 (1953).

127. KUPCHAN, S. M., D. LAVIE and R. D. ZONIS: Zygadenus Alkaloids. V. Active Principles of *Zygadenus venenosus.* Zygacine. J. Amer. Chem. Soc. **77,** 689 (1955).

128. KUPCHAN, S. M. and T. MASAMUNE: Structure of the Presumed Hofmann Elimination Product of Cevine Methiodide. Chem. and Ind. **1959,** 632.

129. KUPCHAN, S. M. and C. R. NARAYANAN: The Structure of Germine and Some Related Hypotensive Ester Alkaloids. Chem. and Ind. **1956,** 1093.

130. — — Veratrum Alkaloids. XVIII. The Structure and Configuration of Germine. J. Amer. Chem. Soc. **81,** 1913 (1959).

131. KUPCHAN, S. M., P. SLADE and R. J. YOUNG: Intramolecular Catalysis. Facilitation of Alkaline Hydrolysis of Alicyclic 1,2-Diol Monoesters. Tetrahedron Letters **1960,** No. 24, 22.

132. KUPCHAN, S. M., L. C. WEAVER, C. I. AYRES and R. H. HENSLER: Veratrum Alkaloids. XLV. Structure Activity Relationship in a Series of Protoverine Derivatives. J. Pharmaceut. Sci. (USA) **50,** 52 (1961).

133. LEONARD, N. J. and M. A. REBENSTORF: Lead Tetraacetate Oxidation of Amino Alcohols. J. Amer. Chem. Soc. **67,** 49 (1945).

134. MACBETH, A. K. and R. ROBINSON: Cevadine. Part I. J. Chem. Soc. (London) **121,** 1571 (1922).

135. MACEK, K., S. VANĚČEK, V. PELCOVÁ und Z. J. VEJDĚLEK: Veratrum-Alkaloide. IV. Analyse des Veratrins mit Hilfe der Papierchromatographie. Collect. Czech. Chem. Commun. **21,** 1182 (1956).

136. MACEK, K., S. VANĚČEK und Z. J. VEJDĚLEK: Veratrum-Alkaloide. II. Über die Papierchromatographie der Alkaloide aus *Schoenocaulon officinale* und einiger Strukturanaloga. Collect. Czech. Chem. Commun. **21,** 987 (1956).

137. — — — Veratrum-Alkaloide. VI. Beitrag der Papierchromatographie zur Lösung von Strukturfragen. Collect. Czech. Chem. Commun. **22,** 253 (1957).

138. MAISON, G. L., E. GOTZ and J. W. STUTZMAN: Relative Hypotensive Activity of Certain Veratrum Alkaloids. J. Pharmacol. exp. Therapeut. **103,** 74 (1951).

139. McKENNA, J.: Steroidal Alkaloids. Quart. Rev. (Chem. Soc. London) **7**, 231 (1953).

140. MIJOVIĆ, M. V., E. SUNDT, E. KYBURZ, O. JEGER und V. PRELOG: Veratrum-Alkaloide. 8. Mitt. Über die Konstitution der Ringe *C* und *D* des Cevadins und verwandter Alkaloide. Helv. Chim. Acta **38**, 231 (1955).

141. MITCHNER, H. and L. M. PARKS: Sabadilla Alkaloids. VI. Separation of Veratridine and Cevadine by Countercurrent Distribution; pH vs. Partition Coefficients. J. Amer. Pharmaceut. Assoc., Sci. Ed. **45**, 549 (1956).

142. — — Sabadilla Alkaloids. VII. Sabatine and its Alkamine Sabine. J. Amer. Pharmaceut. Assoc. **48**, 303 (1959).

142a. MITSUHASHI, H. and Y. SHIMIZU: Synthesis of a Nitrogen-free Derivative of Jervine. Tetrahedron Letters **1961**, No. 21, 777.

143. MÖHRLE, H. und H. AUTERHOFF: Die Konstitution des Sabadins. 10. Mitt. Veratrin-Veratrum-Alkaloide. Arch. Pharmaz. **292**, 337 (1959).

144. — — Zur Kenntnis der Reaktion von Sabadilla-Alkaminen mit Perjodat. 11. Mitt. Sabadilla- und Veratrum-Alkaloide. Arch. Pharmaz. **293**, 813 (1960).

145. MORGAN, K. J.: Thesis, Oxford Univ. (1952) [cf. Ref. *146*].

146. MORGAN, K. J. and J. A. BARLTROP: Veratrum Alkaloids. Quart. Rev. (Chem. Soc. London) **12**, 34 (1958).

147. MYERS, G. S., W. L. GLEN, P. MOROZOVITCH, R. BARBER, G. PAPINEAU-COUTURE and G. A. GRANT: Some Hypotensive Alkaloids from *Veratrum album*. J. Amer. Chem. Soc. **78**, 1621 (1956).

148. MYERS, G. S., P. MOROZOVITCH, W. L. GLEN, R. BARBER, G. PAPINEAU-COUTURE and G. A. GRANT: Some New Hypotensive Ester Alkaloids from *Veratrum viride*. J. Amer. Chem. Soc. **77**, 3348 (1955).

149. NASH, H. A. and R. M. BROOKER: Hypotensive Alkaloids from *Veratrum album*. Protoveratrine A, Protoveratrine B and Germitetrine B. J. Amer. Chem. Soc. **75**, 1942 (1953).

150. NEUSS, N.: A New Alkaloid from *Amianthium Muscaetoxicum* GRAY. J. Amer. Chem. Soc. **75**, 2772 (1953).

151. OKUDA, S., K. TSUDA and H. KATAOKA: Absolute Configuration at $C_{(25)}$ in Jervine and Veratramine. Chem. and Ind. **1961**, 512.

152. PAUL, L. und H. G. BOIT: Nebenalkaloide von *Fritillaria imperialis*. III. Mitt. über Fritillaria-Alkaloide. Chem. Ber. **91**, 1968 (1958).

153. PELLETIER, P. J. et J. B. CAVENTOU: Examen chimique de plusieurs végétaux de la famille des colchicées, et du principe actif qu'ils renferment [Cévadille *(veratrum sabadilla)*; hellébore blanc *(veratrum album)*; colchique commun *(colchicum autumnale)*]. Ann. Chim. [2], **14**, 69 (1820).

154. PELLETIER, S. W. and W. A. JACOBS: The Veratrine Alkaloids. XXXV. Vera-cevine, the Alkanolamine of Cevadine and Veratridine. J. Amer. Chem. Soc. **75**, 3248 (1953).

155. — — The Veratrine Alkaloids. XXXVII. The Structure of Isorubijervine. Conversion to Solanidine. J. Amer. Chem. Soc. **75**, 4442 (1953).

156. — — The Veratrine Alkaloids. XXXIX. A Study of Certain Selenium Dehydrogenation Products of Cevine. J. Amer. Chem. Soc. **78**, 1914 (1956).

157. PELLETIER, S. W. and D. M. LOCKE: The Veratrum Alkaloids. XLI. The Position of the Second Hydroxyl in Rubijervine and the Identity of Certain Dehydrogenation Products. J. Amer. Chem. Soc. **79**, 4531 (1957).

158. POETHKE, W.: Die Alkaloide von *Veratrum album*. 1. Mitt.: Darstellung der Alkaloide und ihre Verteilung in Rhizomen, Wurzeln und Blattbasen. — Germerin, ein neues Alkaloid von *Veratrum album*. — 2. Mitt.: Die einzelnen

Alkaloide und ihre Beziehungen zueinander. Protoveratridin, Germerin, Protoveratrin. Arch. Pharmaz. **275**, 357, 571 (1937).

159. POETHKE, W.: Die Alkaloide von *Veratrum album.* 3. Mitt.: Jervin, Pseudo-jervin, Rubijervin. Einteilung der Alkaloide. Arch. Pharmaz. **276**, 170 (1938).

160. PREININGER, V. and F. ŠANTAVÝ: Polarography of Alkaloids. XXII. A Polarographic Study of *Veratrum* Alkaloids. Collect. Czech. Chem. Commun. **23**, 1153 (1958).

161. PRELOG, V. and O. JEGER: The Chemistry of Veratrum Alkaloids. In: R. H. F. MANSKE and H. L. HOLMES, The Alkaloids, Chemistry and Physiology, Vol. 3, p. 243. New York: Academic Press Inc. 1953.

162. ROSENFELDER, W. J.: The Methanolysis of Some Acetyl Derivatives of Cevine. J. Chem. Soc. (London) **1954**, 2638.

163. SAITO, K.: Veratramine, a New Alkaloid of White Hellebore (*Veratrum grandiflorum* LOES fil.). Bull. Chem. Soc. Japan **15**, 22 (1940).

164. SAITO, K., H. SUGINOME and M. TAKAOKA: The Alkaloids of White Hellebore. I. Isolation of Constituent Alkaloids. Bull. Chem. Soc. Japan **9**, 15 (1934).

165. SALZBERGER, G.: Über die Alkaloide der weißen Nieswurz *(Veratrum album).* Arch. Pharmaz. **228**, 462 (1890).

166. SATO, Y. and W. A. JACOBS: The Veratrine Alkaloids. XXIX. The Structure of Rubijervine. J. Biol. Chem. **179**, 623 (1949).

167. — — The Veratrine Alkaloids. XXXI. The Structure of Isorubijervine. J. Biol. Chem. **191**, 63 (1951).

168. SHALIGRAM, A. M.: Studies in Essential Oils. Ph. D. Thesis, Poona Univ., 1961. — A. M. SHALIGRAM, A. S. RAO and S. C. BHATTACHARYYA: Absolute Configuration of Junenol and Laevojunenol and Synthesis of Junenol from Costunolide. Tetrahedron (in press) (1962).

168 a. SHEEHAN, J. C., R. L. YOUNG and P. A. CRUICKSHANK: C_{16}–C_{18} Rearrangements of Steroid Alkaloids. J. Amer. Chem. Soc. **82**, 6147 (1960).

169. SICHER, J. and M. TICHY: The Relative Configuration at C_{22} and C_{23} in Veratramine and Jervine. Tetrahedron Letters **1959**, No. 12, 6.

170. STOLL, A.: Les alcaloïdes du Vératrum. Gazz. chim. ital. **84**, 1190 (1954).

171. STOLL, A. und E. SEEBECK: Die Spaltprodukte von Cevadin und Veratridin bei alkalischer Hydrolyse. 2. Mitt. über Veratrum-Alkaloide. Helv. Chim. Acta **35**, 1270 (1952).

172. — — Derivate des Cevadins und des Cevagenins und über die Eigenschaften und die vermutliche Lage der Sauerstoffatome im Cevagenin. 4. Mitt über Veratrum-Alkaloide. Helv. Chim. Acta **35**, 1942 (1952).

173. — — Über zwei Isomere des α-Cevins. 5. Mitt. über Veratrum-Alkaloide. Helv. Chim. Acta **36**, 189 (1953).

174. — — Über Protoveratrin A und Protoveratrin B. 6. Mitt. über Veratrum-Alkaloide. Helv. Chim. Acta **36**, 718 (1953).

175. — — Veratroyl-zygadenin aus *Veratrum album.* 7. Mitt. über Veratrum-Alkaloide. Helv. Chim. Acta **36**, 1570 (1953).

176. — — Über eine Orthoessigsäureester-Gruppierung in den Acetylierungs-produkten von Cevadin und Cevagenin. 9. Mitt. über Veratrum-Alkaloide. Helv. Chim. Acta **37**, 824 (1954).

177. — — Veratrobasine and Geralbine, two New Alkaloids Isolated from *Veratrum album.* J. Amer. Chem. Soc. **74**, 4728 (1952).

178. STOLL, A., D. STAUFFACHER und E. SEEBECK: Nachweis einer α-Ketol-Gruppie-rung im Cevagenin. 8. Mitt. über Veratrum-Alkaloide. Helv. Chim. Acta **36**, 2027 (1953).

179. Stoll, A., D. Stauffacher und E. Seebeck: Über Veratrobasin. 10. Mitt. über Veratrum-Alkaloide. Helv. Chim. Acta **38**, 1964 (1955).

180. Stuart, D. M. and L. M. Parks: Sabadilla Alkaloids. V. Vanilloylcevine. J. Amer. Pharmaceut. Assoc. **45**, 252 (1956).

181. Sundt, E., O. Jeger and V. Prelog: Conversion of Cevagenin into a Diosphenol. Chem. and Ind. **1953**, 1365.

182. Suzuki, M., Y. Murase, R. Hayashi and N. Sanpei: Constituent of *Veratrum album*. J. pharmac. Soc. Japan **79**, 619 (1959) [Chem. Abstr. **53**, 22050 (1959)].

183. Swiss, E. D.: Emetic Properties of Veratrum Derivatives. J. Pharmacol. exp. Therapeut. **104**, 76 (1952).

184. Swiss, E. D. and G. L. Maison: New Alkaloids of Veratrum. Federat. Proc. (Amer. Soc. exp. Biol.) **11**, 395 (1952).

185. Tamm, Ch. and O. Wintersteiner: The Structure of Veratramine. J. Amer. Chem. Soc. **74**, 3842 (1952).

186. Uffer, A.: Holarrhenin aus *Holarrhena congolensis* Stapf. Helv. Chim. Acta **39**, 1834 (1956).

187. Uhle, F. and W. A. Jacobs: The Veratrine Alkaloids. XXIV. The Octa-hydropyrrocoline Ring System of the Tertiary Bases. Conversion of Sara-sapogenin to a Solanidine Derivative. J. Biol. Chem. **160**, 243 (1945).

188. Uhle, F. C., J. E. Krueger and F. Sallmann: *N*-Alkyl Derivatives of Veratramine. J. Amer. Chem. Soc. **82**, 489 (1960).

189. Vansheidt, A. A.: Fluorene and Triphenylmethane Hydrocarbons. XIII. Alcoholic Alkali as a Reagent for Fluorene Hydrocarbons with a Mobile Hydrogen. J. Gen. Chem. (USSR) **4**, 875 (1934) [Chem. Abstr. **29**, 2160 (1935)].

190. Vejdělek, Z. J., K. Macek und B. Buděšínský: Veratrum-Alkaloide. V. Über Synthese und Struktur einiger neuer Ester des Veracevins, Cevagenins und Cevins. Partialsynthese des Cevacins und Veratridins. Collect. Czech. Chem. Commun. **22**, 98 (1957).

191. Vejdělek, Z. J., K. Macek und B. Kakáč: Veratrum-Alkaloide. III. Über die Inhaltsstoffe des Veratrins. Collect. Czech. Chem. Commun. **21**, 995 (1956).

192. Vejdělek, Z. J., K. Macek und V. Trčka: Veratrum-Alkaloide. VII. Gemischte Veracevinester. Collect. Czech. Chem. Commun. **22**, 816 (1957).

193. Vejdělek, Z. J. und V. Trčka: Veratrum-Alkaloide. I. Über einige Ester des Cevins und die Zusammensetzung des „Cevindikaliums". Collect. Czech. Chem. Commun. **21**, 743 (1956).

194. Weisenborn, F. L. and J. W. Bolger: The Synthesis of Monoacetylneo-germitrine and Germidine from Germine. J. Amer. Chem. Soc. **76**, 5543 (1954).

195. Weisenborn, F. L., J. W. Bolger, D. B. Rosen, L. T. Mann, Jr., L. Johnson and H. L. Holmes: Synthetic Hypotensive Esters from Germine. J. Amer. Chem. Soc. **76**, 1792 (1954).

196. Weisenborn, F. L. and D. Burn: The Structure of Isorubijervine. — Conversion to Solanidine and Solanidane-3β-ol. J. Amer. Chem. Soc. **75**, 259 (1953).

197. White, H. L.: Some Synthetic Esters of Germine. J. Amer. Chem. Soc. **73**, 492 (1951).

198. Wintersteiner, O.: Some Aspects of the Chemistry of Jervine and Veratramine. In: Festschrift Arthur Stoll, pp. 166–176. Basel: Birkhäuser. 1957.

199. — Chemistry of the Veratrum Alkaloids. Record Chem. Progr. **14**, 19 (1953).

200. Wintersteiner, O. and N. Hosansky: The Structural Correlation of Jervine and Veratramine. J. Amer. Chem. Soc. **74,** 4474 (1952).

201. Wintersteiner, O. and M. Moore: The Structure of Jervine. IV. The Sulfuric Acid-catalyzed Acetolysis of O,N-Diacetyljervine. J. Amer. Chem. Soc. **75,** 4938 (1953).

202. — — Jervine. X. Quaternary Dihydrometoxazine Salts as Intermediates in the Jervisine Rearrangement. J. Amer. Chem. Soc. **78,** 6193 (1956).

203. Wintersteiner, O., M. Moore, J. Fried and B. Iselin: On the Structure of Jervine. Diacetyl-7-keto-jervine. Proc. Nat. Acad. Sci. (USA) **37,** 333 (1951).

204. Wintersteiner, O., M. Moore and N. Hosansky: Degradation of Veratramine to Benzene-1,2,3,4-tetracarboxylic Acid. J. Amer. Chem. Soc. **75,** 2781 (1953).

205. Wintersteiner, O., M. Moore and B. M. Iselin: Jervine. V. Sulfuric Acid-catalyzed Acetolysis of Diacetyltetrahydrojervine. J. Amer. Chem. Soc. **76,** 5609 (1954).

206. Wolfrom, M. L. and J. M. Bobbitt: Periodate Oxidation of Cyclic 1,3-Diketones. J. Amer. Chem. Soc. **78,** 2489 (1956).

207. Woodward, R. B.: Lectures on the Chemistry of Natural Products — Veratrum Alkaloids. Harvard University, 1953 (see also Ref. *120*).

208. Wright, C. R. A. and A. P. Luff: The Veratrum Alkaloids. J. Chem. Soc. (London) **33,** 338 (1878).

(Received, January 26, 1962.)

Equilibrium Sedimentation of Macromolecules and Viruses in a Density Gradient.

By Jerome Vinograd and John E. Hearst, Pasadena, California.

With 23 Figures.

Contents.

Acknowledgement. The Authors acknowledge the support of the *United States Public Health Service* (Grant No. H-3394). They wish to thank Miss REBECCA KENT and Mrs. JANET MORRIS for their able assistance in the preparation of the manuscript.

I. Introduction.

Rotating a solution for a sufficient period of time in an ultracentrifuge gives rise to a sedimentation-diffusion equilibrium. The denser component in the solution sediments in the direction of the field, and back-diffusion occurs in response to the non-uniform concentration. At equilibrium the concentration of the solute increases with distance from the center of rotation and gives rise, along with the compression, to a density gradient. In conventional sedimentation equilibrium experiments described by SVEDBERG and PEDERSEN (68), and by SCHACHMAN (56), performed with low concentrations of solute, the density gradient is small. However, when a concentrated solution of an appropriate low-molecular weight solute is used, a large density gradient may be established. Because the system is at equilibrium, the density gradient at any position in the liquid is stable and reproducible, and depends only on the angular velocity, distance, temperature, and the molecular and solution parameters of the system.

If a small quantity of a virus or a macromolecule is present in the concentrated solution initially and the density of the solution is selected so as to correspond roughly with the *buoyant density** of the macro-molecule or virus, the latter will be driven upon application of the centrifugal field to a unique position in the liquid column. The solution density at this position is the same as the buoyant density of the macro-species**. Thermal motion spreads the macrospecies in both directions from this position. The thermal forces are in equilibrium with restoring centrifugal and centripetal forces. The resulting concentration distribution for the macrospecies has been shown to correspond with a Gaussian

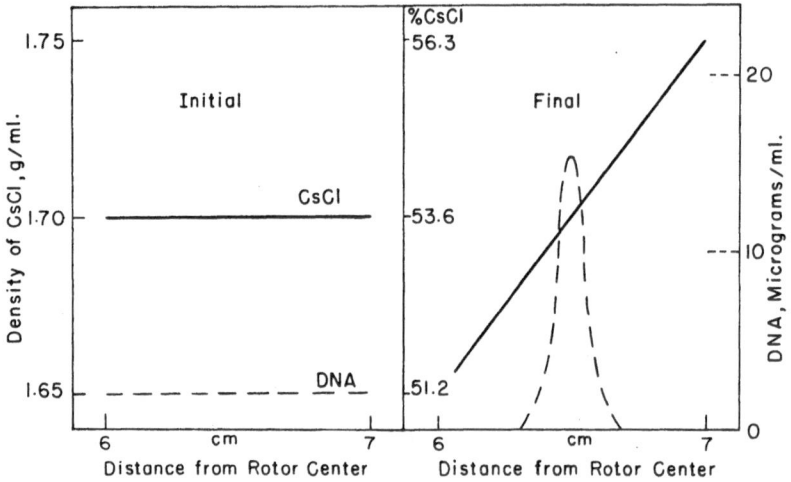

Fig. 1. Concentration distribution of CsCl and DNA at beginning and end of an experiment at approximately 45,000 rpm; the ordinates represent density of the solution and the compositions.

distribution (*49*). The variance of the distribution is inversely proportional to the molecular weight. Thus, the larger the macrospecies, the smaller is the band width.

Such an experiment is illustrated diagrammatically in *Fig. 1* for a relatively low molecular weight DNA in an aqueous CsCl solution.

In this experimental method macromolecules and viruses are segregated in accordance with a hitherto inaccessible equilibrium property of the dissolved macrospecies. This property, the buoyant density, is shown later to correspond closely to the solvated density, i. e. the reciprocal of the partial specific volume of the solvated species at atmospheric pressure. The buoyant density depends both upon composition of the

---

* The term *buoyant* is used throughout this article to mean *secured in a density gradient at a position in which effective centrifugal forces vanish*. This usage derives from the Latin boia, fetter.

** The term *macrospecies* is used to mean the *electrically neutral and solvated macromolecule or virus*.

anhydrous species and upon solvation. Solvation in turn depends upon the structure of the macrospecies and the composition of the banding medium. The buoyant density varies widely. For example, in CsCl

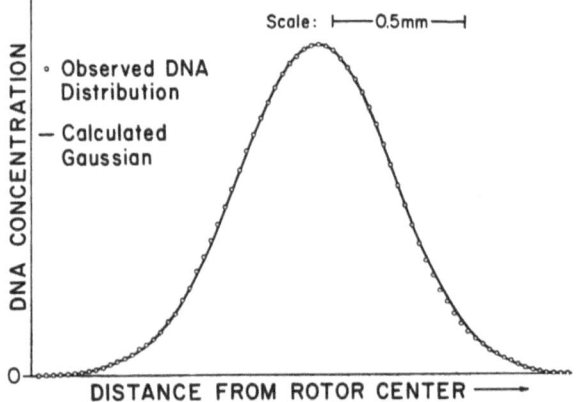

Fig. 2. The equilibrium distribution of DNA from bacteriophage T-4 at 27,690 rpm. The mean of the distribution is located in a CsCl solution of density 1.70 g/ml at atmospheric pressure. The DNA molecules were probably broken during filling the cell. The density gradient was 0.046 g/cm⁴. The concentration of DNA at the maximum was 20 μg/ml (49). [From: Proc. Nat. Acad. Sci. (USA) 43, 581 (1957).]

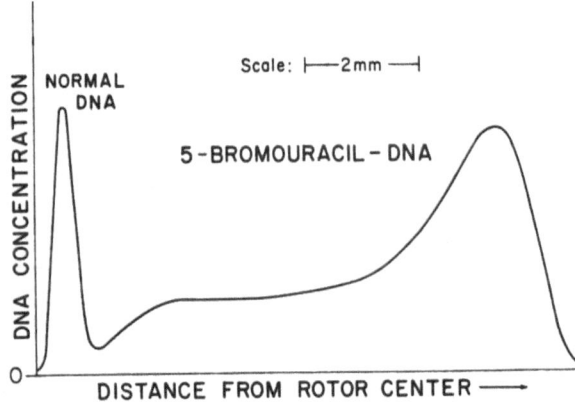

Fig. 3. The concentration distribution of a mixture of natural and 5-bromouracil containing DNA from bacteriophage T-4 at 44,770 rpm in 8.9 molal CsCl. The positions of the two maxima are at densities 1.70 and 1.80. The molecules of 5-bromouracil-DNA contain varying amounts of 5-bromouracil (49). [From: Proc. Nat. Acad. Sci. (USA) 43, 581 (1957).]

the buoyant densities are approximately 1.3 g/ml for proteins, and 1.70 for DNA. RNA still sediments in a saturated solution of density 1.90 g/ml. We are provided, therefore, with a new kind of spectrum for segregating and physically separating macromolecules and viruses, and in principle larger particulate, colloidal or macroscopic material.

As is shown later, a material homogeneous in buoyant density and in molecular weight gives rise to a *Gaussian concentration distribution*. *Fig. 2* from Meselson, Stahl and Vinograd (*49*) is an example of such a curve (p. 375). If buoyant macrospecies of sufficiently different buoyant densities are present, a *bimodal or polymodal distribution* will be observed. An example is the separation of natural DNA from DNA which contains, instead of thymine, 5-bromouracil (*Fig. 3*) (*49*).

Skewed unimodal bands indicate heterogeneity in buoyant density. Such bands are shown in *Figs. 3* and *4* for bacteriophage DNA containing

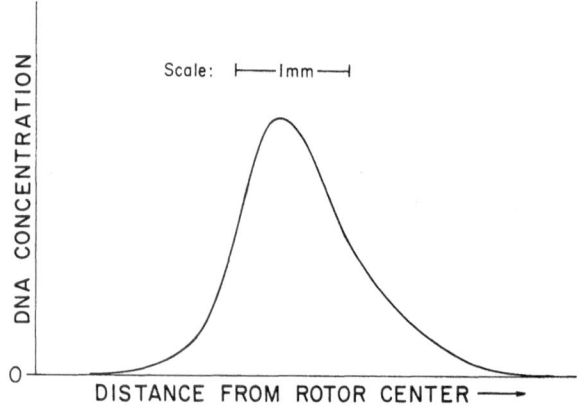

Fig. 4. The concentration distribution of calf thymus DNA at 44,770 rpm. The skewness in the band indicates buoyant density heterogeneity (*49*). [From: Proc. Nat. Acad. Sci. (USA) 43, 581 (1957).]

5-bromouracil and calf thymus DNA. The skewness in Fig. 3 is the result of compositional heterogeneity; some molecules contain more 5-bromo-uracil than others. A dense constituent has recently been isolated from calf thymus DNA by Rownd and Schildkraut (*55*) and was found to be native DNA. The skewing in Fig. 4 is therefore not entirely structural in origin.

Density gradient experiments can be performed both in analytical and in preparative ultracentrifuges. The concentration distributions at equilibrium are independent of the shape of the container, and similar results are obtained in both types of apparatus. The experiments in the analytical ultracentrifuge, although the apparatus is more complicated, are simpler to perform than in the preparative ultracentrifuge. In the latter, however, it is possible, at the end of the experiment, to isolate the separate layers of the solution and to examine the recovered materials for properties such as radioactivity and biological activity.

Density gradient sedimentation in mechanically preformed gradients in preparative ultracentrifuges is an older procedure and has recently been reviewed by De Duve, Berthet and Beaufay (20). In general, these experiments are not at equilibrium and are more difficult to reproduce. They are especially suitable for larger electrolyte-sensitive materials such as subcellular particulates.

Although the theory of density gradient sedimentation is complicated, owing to the three-component aspects of the system, its application, as will be seen below, is essentially simple. The concept of a buoyant density is intuitively understandable.

Molecular densities measured at the boiling points were of interest to physical chemists at about the turn of the century. A substantial literature on this subject has been collected by Partington (50). The partial specific volume of a solute can be rigorously derived from density measurements of solutions. This quantity is the volume of the solute plus any other volume change occurring as a result of dissolving one gram of solute.

The partial specific volume is not to be confused with the specific volume of the solvatized or unsolvated molecule.

The solvation of viruses and macromolecules has in the past been evaluated in three-component systems by measuring the sedimentation coefficient as a function of the density of a solution varied by the addition of a third component. In this procedure it is necessary to extrapolate or interpolate results to zero sedimentation velocity to obtain a quantity comparable with the buoyant density. The extrapolations are assumed to be linear, often in the critical region in which they cannot be tested. This type of experimentation has been reviewed by Lauffer and Bendet (41) and by Schachman (56).

The interest of the investigator, whether it be in the examination of the homogeneity of a material, the separation of banded materials, or the determination of the molecular weight or the buoyant density, determines the experimental procedures to be used in density gradient sedimentation.

In this article procedures are given for performing the experiments and for evaluating the results, together with the general theory and a review of some of the published results.

II. Experimental Procedures.

An approximate expression (49) for the concentration distribution of a single homogeneous macrospecies is

$$\sigma^2 = \frac{RT\,\varrho_0}{M\,(d\varrho/dr)_0\,\omega^2\,r_0},\tag{1}$$

where σ is the standard deviation of the Gaussian concentration distribution, RT the gas constant and the absolute temperature, ϱ_0 the buoyant density, M the molecular weight, $(d\varrho/dr)_0$ the density gradient, ω the angular velocity and r_0 the radial distance to the center of the band. Because the density gradient is proportional to the radial acceleration, $\omega^2 r_0$, σ is inversely proportional to the square of the velocity. An extraordinarily large range of molecular weights from approximately 15,000 to several hundred million may be studied at substantially constant σ because of the relation, $M \omega^4 = $ constant. Ultracentrifuges can be operated at the present time between 2000 and 60,000 rpm. A factor of almost a million in the ratio of molecular weights at constant σ is thus available.

There are two primary requirements for the solute-solvent combination. The macromolecule must be soluble in the solution (this requirement may be relaxed in some cases), and the solubility of the solute must be large enough so that densities exceeding the buoyant density of the macrospecies can be obtained.

There are a large number of mixtures which satisfy these conditions. For biological materials these are usually restricted to inorganic salts in water. In recent work (25, 27), the results with a series of salts and a given macrospecies have given quantitative data on the solvation properties of the macrospecies. The use of a variety of salts adds versatility to a system which would otherwise be restrictive from the physical-chemical point of view.

There is still another consideration in the choice of a salt for a given experiment. Resolving power is important in experiments with mixed materials of different buoyant densities. Ifft, Voet, and Vinograd (32) have defined a resolution parameter with the equation

$$\lambda = \frac{\Delta r}{\sigma_1 + \sigma_2}, \tag{2}$$

where Δr is the distance between modes, and σ_1 and σ_2 are the standard deviations of the bands resulting from two homogeneous macrospecies. They have shown that λ is related to the buoyant density difference between the two macromolecular species by the equation

$$\lambda = \Delta\varrho \, \frac{1}{(RT)^{1/2}} \cdot \left[\frac{(M_1 M_2)^{1/2}}{M_1^{1/2} + M_2^{1/2}}\right] \left(\frac{\beta}{\varrho}\right)^{1/2}_{r_0}. \tag{3}$$

The quantities M_1 and M_2 are the solvated molecular weights of the two species, and β is defined by the equation* $d\varrho/dr = \omega^2 r/\beta$. The quantity ϱ is the solution density and $\bar{r}_0$ is the mean banding position. It will become clear from a subsequent discussion that an effective β must be used for accurate results from equation (3), but β_{eff} is a parameter largely dependent on the properties of the salt in the solution. It is therefore possible to improve resolution by a correct choice of the

* This equation follows from equation (14, p. 388).

solute-solvent mixture. The angular velocity does not appear in equation (3) and has no effect on resolution. As the velocity is increased, the bands narrow but also approach each other. For two macrospecies of nearly the same molecular weight the equation (3) becomes, after the further simplification that $\beta' = \beta/RT$ [cf. equation (13), p. 387],

$$\lambda = \frac{\Delta\varrho}{2} \left(\frac{M\beta'}{\varrho} \right)^{1/2}. \tag{4}$$

Small changes in the resolution parameter may substantially influence the effectiveness of separation in the density gradient system. It has been calculated (32) that the ratio y, i. e. concentration midway between the modes to the concentration of each substance at its mode, for two homogeneous materials present in the same amounts but differing only in buoyant density is

$$y = 2\,e^{-\lambda^2/2}. \tag{5}$$

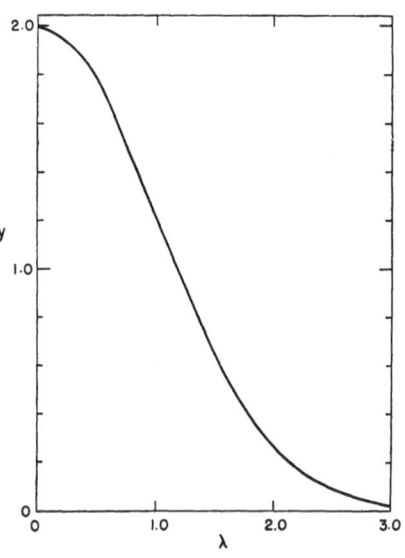

Fig. 5 shows the sensitivity of the separation to the magnitude of the resolution parameter. At a density of 1.3 g/ml, λ for KBr and RbCl is larger by a factor of 1.45 and 1.41 than for CsCl. At $\lambda = 1$, only one maximum is evident. At $\lambda = 2$, five per cent of the material will be mixed. At $\lambda = 3$, almost complete separation is achieved.

Fig. 5. The dependence of the resolution between two bands of approximately the same molecular weight and at the same concentration on the resolution parameter λ. The λ values depend on the properties of the buoyant species and the properties of the salt solution. The ordinate y is the ratio of the concentrations midway between the modes to the concentration of each material at its mode.

There is finally a necessary restriction on the solute-solvent mixture if the absorption optical system of the analytical ultracentrifuge is to be used. The mixture should not absorb light in the wavelength region of interest. This restriction eliminates a large number of salt solutions in studies of band shape of nucleic acids. They may still be used in buoyant density studies because the position of bands can be determined with the schlieren optical system; however, higher macromolecule concentrations are then needed.

The reader is referred to the papers of HEARST and VINOGRAD (25, 27), IFFT and VINOGRAD (31), and Cox and SCHUMAKER (12) for examples of salts which have been used to study the buoyant properties of various macromolecules.

1. Experiments in the Analytical Ultracentrifuge.

The procedures which coincide with those for a normal sedimentation velocity run will not be discussed. The assembly of the cell is the same as in a velocity run. It is frequently, however, necessary to use a — 1° wedge as the top window of the cell to compensate for the refractive index-gradient generated by the salt solution. The gradient, if sufficiently high, bends the light beam so far that partial obstruction at the camera lens occurs. This phenomenon takes place with both the schlieren and ultraviolet optical systems. The need for the optical wedge is best determined experimentally by observation of photographs taken of the salt solution at equilibrium. On occasion, a — 2° wedge is necessary. When very large refractive gradients are met, combinations of wedge windows giving a — 4° tilt to the light beam have been used.

It is advisable to avoid the use of metal centerpieces because of the corrosive effects of salt solutions. The most satisfactory centerpieces are those fabricated from plastics such as Kel-F or Epon. The Epon centerpieces reinforced with aluminum are subject to corrosion, but at a much slower rate. Corrosion can change the buoyant density because of the binding of the contaminating cations by the macrospecies. Corrosion may also cause convection because of the formation of hydrogen gas in the cell (60).

To avoid leaks, it is advisable to clean all cell parts before assembly and to lubricate the screw ring and upper bakelite gasket. The cell should be tightened with a torque of 115 to 125 inch pounds. About 30 seconds should be allowed for the flow of the centerpiece material during tightening. Scratched windows are to be avoided.

Analytical ultracentrifuges in good condition may be left unattended with the schlieren light source off for the prolonged periods of time necessary to achieve equilibrium in some systems. It is the experience of this laboratory that wear on the rotating parts is small at constant speed and that drives need replacement less frequently than when used for kinetic purposes.

Recently, multicell operation has come into practice, and equipment for conveniently performing two high-quality ultraviolet optical runs at once is available commercially (33). Four runs at once may be performed with special rotors and an oversize camera lens (70). In multicell absorption optical runs a side-wedge quartz window replaces the normally flat bottom window.

Knowledge of the density of the homogeneous solution is necessary. Densities are most conveniently determined by weighing a known volume of solution in a 0.3-ml calibrated micropipette. No attempt is made to control the temperature of the sample during the measurement, which is performed at room temperature. The resulting densities are accurate to ± 0.001 g/ml. Data for the refractive index vs. density of the salt solution greatly simplify the setting up of runs. The data for many salts can be obtained from the International Critical Tables (84), and when not available are readily measured. Certain of these data are given in the Tables (p. 417).

It is usually desirable to buffer the solution. The addition of buffer is readily accomplished during mixing of the concentrated salt solution with water and macrospecies. Changes in pH up to 0.5 pH units have been observed for buffers diluted into 7 molal CsCl solutions (75). Buffers in low concentration do not interfere with refractive index measurements. For Cs salts, additive volumes may be assumed in preparing solutions of desired density from concentrated stock solutions and water or buffer solutions. The additive mixing relation has the forms:

$$v_w = \frac{\varrho_c - \varrho^0}{\varrho_c - 0.997} \qquad \text{for } 1 = v_w + v_c, \tag{6}$$

$$v_w = v_c \frac{\varrho_c - \varrho^0}{\varrho^0 - 0.997} \qquad \text{for } v = v_w + v_c. \tag{7}$$

The subscripts w and c refer to water and the concentrated salt solution and the quantity ϱ_0^0, to the desired density. Serological and micropipettes are adequate for making up solutions.

Some useful relations between weight compositions and density for various salt solutions are given in the Tables (p. 417).

In setting up runs it is usually necessary to know the maximum concentrations or concentration gradients that will develop in the bands so as to be able to add the correct amount of macrospecies. Assuming that the walls are parallel, we integrate over the mass in the Gaussian distribution and obtain the relation between C_0, the concentration at band center, and C_u, the initial concentration of macrospecies in the cell.

$$C_0 = \frac{1}{\sqrt{2\pi}} \frac{L}{\sigma} C_u = 0.40 \frac{L}{\sigma} C_u. \tag{8}$$

The length of the liquid column is L and σ is the standard deviation. The value for L is usually about 1.2 cm. If σ is 0.02 cm, the ratio $C_u/C_0 = 24$. Therefore, if an optical density of 1.0 is desired at band center, an initial optical density of 0.04 should be used.

In schlieren optical experiments, the gradients in concentration at the inflection points are

$$\left(\frac{dc}{dr}\right)_\sigma = \frac{\pm C_\sigma}{\sigma}. \tag{9}$$

Combining the above result with equation (8) and the relation $C_\sigma = C_0 e^{-1/2}$, we find that the maximum and minimum concentration gradients are

$$\left(\frac{dc}{dr}\right)_\sigma = \frac{\pm 0.40 L C_u}{\sqrt{e}\,\sigma^2}. \tag{9a}$$

The quantity $(dc/dr)_\sigma$ depends on $1/\sigma^2$ and therefore is proportional to ω^4. It is proportional to the first power of the liquid column length and the initial concentration. In the case of mercaptalbumin IFFT and VINOGRAD (30) used 0.1% solutions of protein.

Density gradient runs in the analytical ultracentrifuge are usually performed at 25° because most of the thermodynamic data on salt solutions have been determined at this temperature. There is no other reason why measurements should not be made at other temperatures. The dependence of buoyant density of certain macromolecules on temperature should receive attention in the future.

The choice of how long to make the liquid column is also somewhat arbitrary. Generally the cells are filled to about 90% of capacity so that the liquid column is approximately 1.2 cm. The length of the liquid column affects the buoyant density because of pressure (24). The time needed to reach equilibrium increases with increased column length; in some situations a short column is advantageous. On the other hand, an accurate base line becomes more difficult to obtain when the column is short. In determining the buoyant density of a macromolecule in a nearly saturated salt solution, saturation at the bottom of the cell may be avoided with a short column. Hearst, Ifft and Vinograd (24) have also used short columns in determining the pressure dependence of buoyant densities.

The choice of angular velocity is governed largely by the standard deviation of the resulting band. For band profile measurements with schlieren optics, the standard deviations should be about 0.5 mm to 1 mm. With ultraviolet optics, standard deviations between 0.1 mm and 0.5 mm are convenient. Because the time needed to reach equilibrium is approximately inversely proportional to the fourth power of the angular velocity, it is advantageous to run at the maximum speed. Hearst and Vinograd (28) have considered the problem of errors resulting from the bending of light in the gradient when ultraviolet optics are used. They have defined a dimensionless quantity N which should not become larger than 0.5 for maximum concentration errors of 1% in the region $-2\sigma \leq x_0 \leq +2\sigma$.

This dimensionless quantity is defined by the equations $N = m\,a^2/\sigma,\ m = \left(\dfrac{1}{n}\right)\left(\dfrac{dn}{dr}\right)$, where σ is the standard deviation of the Gaussian band, a is the height of the liquid column in the centrifuge cell (1.2 cm for the standard centerpiece), n is the refractive index of the solution at the wavelength of light used with the absorption optics, and r is the distance from the center of rotation. As the angular velocity of the centrifuge is increased, m increases and σ decreases. The above restriction on N therefore determines a maximum speed that should be used.

2. Experiments in the Preparative Ultracentrifuge.

Density gradient experiments have so far been performed in swinging bucket type rotors with plastic tubes of five and thirty-five ml capacity. Samples are prepared in the same way as for analytical runs. Usually approximately 2 ml of solution is placed in the 5 ml tubes of the SW-39 rotor. To avoid tube collapse, an additional $2^1/_2$ ml of an immiscible and inert hydrocarbon oil (light mineral oil) is added to each tube. Such systems attain equilibrium in 24 to 48 hours, depending upon the sedimentation velocity of the banding macrospecies. The rotors may be rotated at their nominal speed reduced by a correction factor indicated by the increased load arising from the high density fluid. The experiments are carried out in either the preparative or the analytical machine. The latter is used when more precise temperature control is desired. At the conclusion of the run, the rotor is carefully removed and the plastic tubes withdrawn from the cups with long-nose pliers and mounted in one of several devices (20, 69). Usually a hole is pierced in the bottom of the plastic tube with a fine needle or pin and individual, or groups of, drops collected in separate containers. These drops may be assayed for refractive index, optical density, radioactivity, infectivity, or any other property of interest.

In experiments in which large density gradients, over 0.01 g/cm^4, are present, no special care is exercised in stopping the rotor.

3. The Time to Attain Equilibrium.

MESELSON (46) has shown that the time t^*, needed for a homogeneous polymer to be within 1 per cent of its equilibrium concentration between center and two standard deviations, may be estimated from the relation

$$t = \frac{\sigma^2}{D}\left(\ln \frac{L}{\sigma} + 1.26\right), \quad L \gg \sigma, \tag{10}$$

where σ is the standard deviation of the equilibrium distribution, D is the diffusion constant of the macrospecies, and L is the length of the liquid column in which the macrospecies was uniformly distributed at the beginning of the run. This treatment assumed that the equilibrium density gradient was fully established at zero time. Although the assumptions are not rigorously correct, equation (10) is a valuable method for estimating the time needed to achieve equilibrium in a density gradient. Under usual operating conditions for viruses, nucleic acids and proteins, this time amounts to between twelve hours and four days.

The time needed to establish the equilibrium density gradient may be estimated by the method of VAN HOLDE and BALDWIN (72). If the macrospecies has a large sedimentation coefficient, it will be advantageous to preform the gradient with a gradient forming device or by layering of solutions of different densities. This procedure should save substantial time if long liquid columns are used.

4. Recording of Results.

a) Absorption Optics.

The problem of recording results at present limits the accuracy of the density gradient method. Although ultraviolet photoelectric scanners are being developed for ultracentrifuge studies by SCHACHMAN (57) and ATEN and SCHOUTEN (1), most laboratories are still using photographic films to record the macrospecies distribution at equilibrium. For an accurate recording of the distribution, the optical density of the film must be a linear function of the concentration in the entire range of exposures within the band and must be traced with a linear densitometer.

Characteristic response of film is linear only within a certain range of exposure for a given set of developing conditions and this range must be used. ROBKIN, MESELSON and VINOGRAD (53) have described an exponential aperture which may be inserted into rotors so that film linearity may be verified. If such an aperture is not available, a series of exposures of increasing time may be taken on the same film sheet. Super-imposability of tracings from successive exposures is a test for linearity. Both of these methods are subject to a fundamental criticism (83), they test linearity with respect to different times of exposure at constant light intensity, the polymer affects exposure by decreasing light intensity, while the time of exposure remains constant throughout the cell. Film response is usually not a simple function of the product of light intensity and time, i. e. the reciprocity law may not be obeyed. The importance of this effect has not been evaluated.

A second cause of deviation from linear response is failure of the Beer-Lambert law. The nucleic acids show Beer-Lambert behavior when monochromatic light is used. The Spinco Model E analytical ultracentrifuge employs a system of filters and film such that only mercury radiation at 248, 254, and 265 mμ is recorded. Beer-Lambert response to the combination of these three wavelengths is generally assumed. Pedersen (51) has presented an extensive discussion of the ultraviolet optical system of the ultracentrifuge.

A photometer with linear response to film optical density is needed for the final step of recording. The Joyce-Loebl Microdensitometer is used in our laboratory for this purpose.

b) Schlieren Optics.

The use of an optical system based on refraction rather than absorption eliminates the problems of optical linearity. The schlieren techniques are useful for bands of larger standard deviation and generally require higher polymer concentrations. For accurate work, double sector synthetic boundary cells must be used. The second sector is filled with salt solution of the same density as the solution containing the polymer. The use of the synthetic boundary cell assures equal column lengths for the polymer and the reference solution. The reference side of the cell must be filled with slightly more solution than the polymer side at the beginning of the run. This solution provides a base line which is otherwise difficult to determine. The use of schlieren optics for density gradient studies has been discussed by Ifft and Vinograd (30).

c) Autoradiograms.

It has recently been shown that autoradiograms of banded ^{32}P labeled viruses and DNA may be made while the ultracentrifuge is spinning (73). For this purpose a disc of X-ray film is placed directly over the liquid column. The emulsion is protected by an interposed layer of 0.0005" Mylar. A partial assembly for such an experiment is shown in Fig. 6 together with some typical results.

These modified analytical cells are rotated in the analytical ultracentrifuge or, preferably, in a preparative ultracentrifuge. In the latter case, analytical rotors which may have been downgraded are modified so as to fit the preparative ultracentrifuge spindle. Some of the advantages of the autoradiographic procedures are that experiments can be performed with opaque or highly refracting density gradients, that 6 to 36 runs may be carried out at once depending on the rotor, and that band positions may be located even when they are on the top or bottom of the cell. The latter positions often cannot be found by refractometric or ultraviolet techniques. Perhaps the most important advantage is the ease with which band position may be located compared with the procedures in the preparative ultracentrifuge. While the bands are less well resolved than by optical means, the foregoing advantages will sometimes dictate the use of this procedure. The profile of the liquid column is outlined in these experiments with added ^{14}C amino acids which do not redistribute significantly during the experiment.

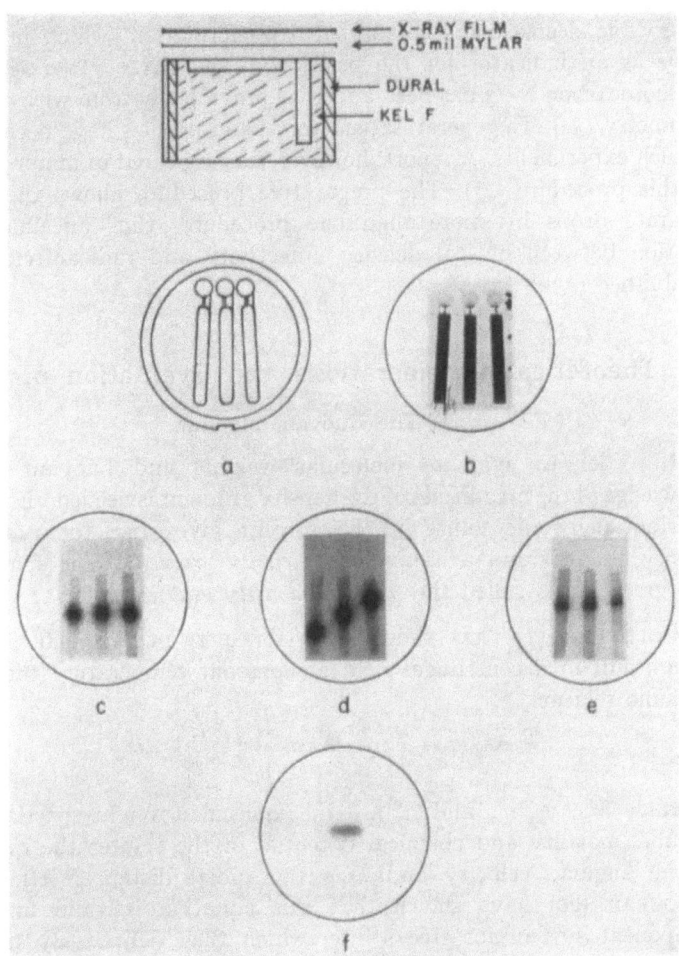

Fig. 6. Autoradiograms obtained in the analytical ultracentrifuge: a, top view of the centerpiece, made of Kel-F; b, 2 hr. exposure made with a CsCl solution containing 10^5 cpm ^{14}C-l-leucine in 0.025 ml 7 molal CsCl; c, 560 cpm, ^{32}P $E.$ $coli$ DNA in 0.025 ml CsCl density 1.700 g/ml, exposure, 40 hrs.; d, same as c, except that the densities were varied; e, 400 cpm, ^{32}P-T-4 bacteriophage in 0.025 ml density 1.5 g/ml CsCl and 0.01 M MgSO$_4$, exposure, 24 hrs.; f, this result was obtained in a standard 3 mm analytical cell fitted with Dural windows. The 0.18 ml solution contained 1500 cpm of ^{32}P-T-4 DNA. Single-sided X-ray film discs were placed between the centerpiece and the Dural windows. c, d, and e contain 25 λ's of solution per slot; c and d contain three to four times the optimal amount of radioactivity. In c and d the liquid columns are outlined with approximately 6,000 cpm ^{14}C-l-leucine. In e 15,000 cpm ^{14}C-l-leucine were used. [VINOGRAD and KENT, unpublished.]

d) Preparative Experiments.

Approximately 80 drops may be obtained from a 2-ml sample if a fine needle is used to perforate the bottom of the plastic tube from the SW-39 rotor. As little as 20 micrograms of DNA will cause an observable decrease in the rate of drop formation, which in turn can serve as an indicator for the position of the DNA. A 0.2-ml sample of fluorocarbon N-43 has been added to provide a bottom with cylindrical symmetry (*32*). In general, satisfactory band profiles have been obtained in such experiments. A report, however, has appeared of minor anomalies in this procedure (*47*). The preparative procedure allows the assay of separate drops by more than one procedure; thus an unambiguous relation between optical density, infectivity and radioactivity can be established (*43*).

III. Theoretical Considerations and Evaluation of Results.

1. The Buoyant Medium.

In order to evaluate molecular weights and buoyant densities, knowledge of the magnitude of the density gradient is needed. Equilibrium distribution of the solute in the solvent gives rise to a *composition density gradient* and a *compression density gradient*. The sum of these two gradients is called the *physical density gradient*.

Goldberg (*21*) has shown that for a two-component system at equilibrium in a centrifugal field at constant temperature the thermodynamic relation,

$$M_2 \left(1 - \bar{v}_2 \varrho\right) \omega^2 r \, dr = \left(\frac{\partial \mu_2}{\partial m_2}\right)_P dm_2, \tag{11}$$

is valid; M_2, $\bar{v}_2$, m_2 and μ_2 are the molecular weight, partial specific volume, molality and chemical potential of the solute; the quantity ω is the angular velocity and r is the radial distance. Hearst and Vinograd (*26*) have shown that this equation is valid in a three-component system for free solute, which they define. By first order Taylor expansion of the variables in this expression with respect to pressure, Hearst, Ifft and Vinograd (*24*) have shown that the gradient in the molality of the solute is given by the following equation.

$$\frac{dm_2}{dr} = \frac{M_2 \left[1 - \dfrac{(1 - \varkappa_2 \varrho)}{(1 - \varkappa \varrho)} \bar{v}_2^{\,0} \varrho^0\right] \omega^2 r}{\left(\dfrac{\partial \mu_2}{\partial m_2}\right)^0 + M_2 \left(\dfrac{\partial \bar{v}_2}{\partial m_2}\right)^0 P}. \tag{12}$$

The quantities $\varkappa_2$, $\varkappa$, and P refer to the partial specific isothermal compressibility of the solute, the compressibility of the solution and the pressure. Throughout this discussion, the superscript ^{0} will refer to quantities measured at atmospheric pressure, and the quantity P to pressure above atmospheric pressure. The pressure dependent terms of equation (12) are generally small and can be neglected. The product $\left(\dfrac{dm_2}{dr}\right)\left(\dfrac{d\varrho}{dm_2}\right)^0$ yields the composition density gradient:

$$\left(\frac{d\varrho}{dr}\right)^0 = \left(\frac{d\varrho}{d\ln a_2}\right)\frac{M_2\,(\mathrm{I} - \bar{v}_2{}^0\,\varrho^0)}{RT}\,\omega^2\,r \equiv \frac{\omega^2\,r}{\beta^0}. \tag{13}$$

The composition density gradient is defined in terms of molal concentrations, and all densities are at atmospheric pressure. IFFT, VOET and

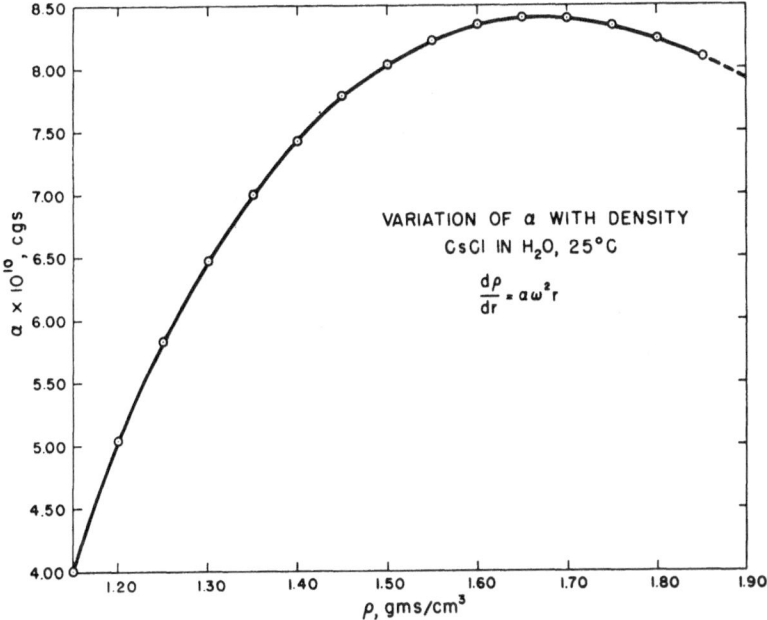

Fig. 7. Variation of $\alpha = \mathrm{I}/\beta^0$ with density.

VINOGRAD (32) neglected the pressure dependent terms of equation (12) and have evaluated $\left(\dfrac{d\varrho}{dr}\right)^0 = \dfrac{\omega^2\,r}{\beta^0}$ for a variety of salt solutions. Their values for β^0 are given in Table I (p. 417). With these data the composition density gradient can be readily calculated. TRAUTMAN (71) has also calculated a comparable quantity for CsCl.

A plot of $\dfrac{\mathrm{I}}{\beta^0} = \alpha$ as a function of density for CsCl is given in *Fig. 7*. The curve has a maximum at a density of 1.65 g/ml. This simplifies calculations for runs performed with DNA. The downward slope between the densities 1.65 and 1.75 will reduce the rate of change of the composition density gradient with the radial distance. The coefficient in brackets in the buoyancy density gradient equation (38) (p. 394), remains substantially constant in a cell set up with a density 1.70 g/ml solution at 44,770 rpm.

Hearst, Ifft and Vinograd (24) have shown that the physical density gradient is given by the expression

$$\frac{d\varrho}{dr} = \left[\frac{1}{\beta^0} + \varkappa \varrho^{0^2}\right] \omega^2 r. \tag{14}$$

Fortunately, application of pressure does not cause redistribution of salt (24). The physical density gradient is the actual density gradient in the solution in the ultracentrifuge. The compression density gradient is $\varkappa \varrho^{0^2} \omega^2 r$. For CsCl solutions, the compression density gradient is between 8 and 10 per cent as large as the composition density gradient (24). The size of the compression density gradient relative to the composition density gradient will increase with increasing β^0. For solutions of Cs formate or acetate the compression density gradient is therefore even more significant.

To determine density anywhere in the cell, one point of known density is needed. By applying a conservation condition to a salt solution, assuming it to be incompressible, Ifft, Voet and Vinograd (32) have determined the position in the centrifuge cell at which the salt concentration equals that of the original solution. They have called this position the isoconcentration distance. Considering only the case of sectorial cells and assuming β^0 to be constant everywhere in the cell, the limiting isoconcentration distance, r_e', is given by equation (15) where r_b is the cell bottom and r_a is the meniscus.

$$r_e' = \sqrt{\frac{r_b^2 + r_a^2}{2}}. \tag{15}$$

With the aid of a computer isoconcentration distances for several salt solutions at several densities and speeds were obtained.

The same authors have also proposed a method of obtaining r_e, using the slope, β_1^0, of the plot of β^0 against ϱ^0 at ϱ_e^0, and the value of β^0 at ϱ_e^0. The procedure appears to be more accurate than the computer method. The isoconcentration distance is calculated from the following equation,

$$(r_e')^2 - (r_e)^2 = \frac{\beta_1^0 \omega^2}{48 (\beta^0)^2} (r_b^2 - r_a^2). \tag{16}$$

Knowing r_e and ϱ_e^0, one may calculate the composition density everywhere in the cell:

$$\varrho^0 - \varrho_e^0 = \int_{r_e}^{r} \left(\frac{d\varrho}{dr}\right)^0 dr = \omega^2 \int_{r_e}^{r} \frac{r \, dr}{\beta^0}. \tag{17}$$

Hearst, Ifft and Vinograd (24) have presented a method of simplifying the integration by choosing a mean β_ν^0 so that

$$\varrho^0 - \varrho_e^0 = \frac{\omega^2}{\beta_\nu^0} \left(\frac{r^2 - r_e^2}{2}\right). \tag{18}$$

β_ν^0 is approximately the value of β^0 at the arithmetic mean of r and r_e. The quantity β_ν^0 can be estimated from the β^0 versus ϱ plot, if necessary by an iteration procedure. The integration can be performed even more accurately by a graphical technique, but such accuracy has not as yet been needed. These equations all involve the composition density and not the actual physical density.

References, pp. 418—422.

Fig. 8 presents normalized isoconcentration distances as taken from the paper of IFFT, VOET and VINOGRAD (*32*). Fig. 8 may be viewed as describing the fractional error in r_e if the root mean square value r_e' is used. Alternatively, the graphs may be used to evaluate r_e in an experiment. *Figs. 9* and *10* (p. 390) give some density distributions.

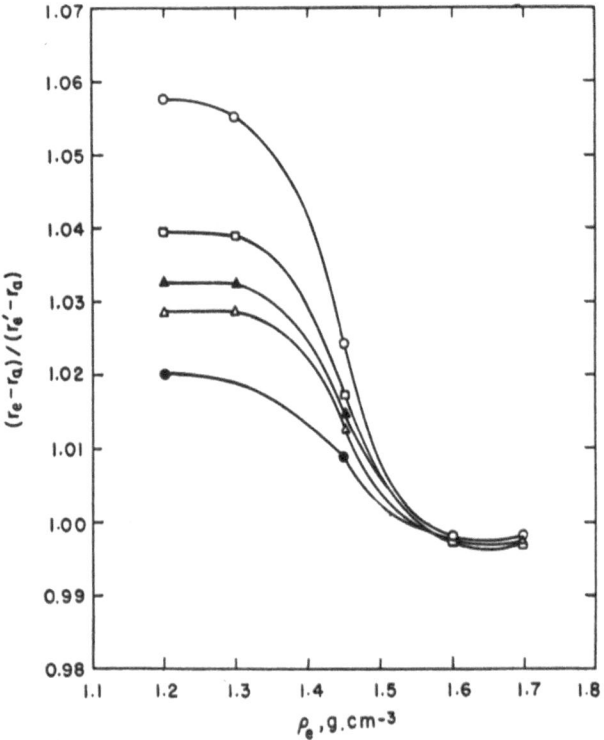

Fig. 8. Variation of normalized isoconcentration distances with original CsCl solution density. ○, 5-ml cylinder, 39,000 rpm; □, 3-ml cylinder, 39,000 rpm; △, 2-ml cylinder, 39,000 rpm; ▲, sector, 56,100 rpm; and ●, sector 44,770 rpm (*32*). [From: J. Phys. Chem. **65**, 1138 (1961).]

If the physical density of the solution is needed, two alternatives are available. The quantity ϱ^0 may be calculated as above and then, with an estimate of the pressure at the point of interest, ϱ may be calculated.

$$\varrho = \frac{\varrho^0}{1 - \varkappa P} \cong \varrho^0 (1 + \varkappa P). \tag{19}$$

A method for determining P is discussed by HEARST, IFFT and VINO-GRAD (*24*).

The other alternative is to calculate ϱ_e from ϱ_e^0 with equation (19). The physical density gradient, equation (17), is then used to calculate $\varrho - \varrho_c$.

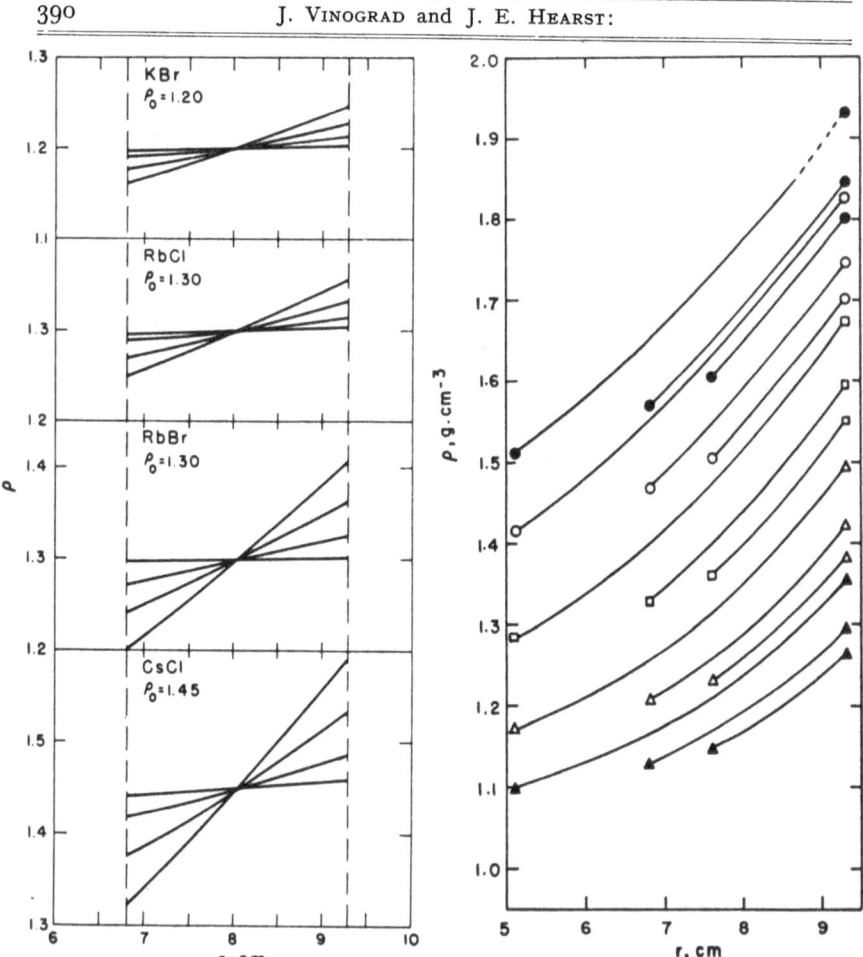

Fig. 9. Density distributions for four salts in 3-ml cylinders at varying speeds. In the order of increasing slope, the curves are for 10,000, 20,000, 30,000, and 39,000 rpm (32). [From: J. Phys. Chem. 65, 1138 (1961).]

Fig. 10. Density distributions in cylinders: CsCl, 39,000 rpm; ●, $\varrho_e = 1.7$; ○, $\varrho_e = 1.6$; □, $\varrho_e = 1.45$; △, $\varrho_e = 1.3$; ▲, $\varrho_e = 1.2$ (32) [From: J. Phys. Chem. 65, 1138 (1961).]

All buoyant densities in the literature at present are measured on the composition density scale. A method of extrapolation to $P = 0$ has been described (24).

2. The Distribution of the Macrospecies.

In the following first order theory of sedimentation equilibrium in a density gradient both solvation effects and pressure dependence are taken into account. It is shown below that a single buoyant macromolecular substance again gives rise to a Gaussian distribution of concentration. From the standard deviation of this distribution, the anhydrous and the solvated molecular weight may be obtained, provided that additional ultracentrifuge, partial specific volume and activity data are collected. These latter data are used to evaluate the effective density gradient.

The thermodynamic equations describing the equilibria in a three-component system in a centrifugal field are,

$$M_1 \left(1 - \bar{v}_1 \, \varrho\right) \omega^2 \, r \, dr = \left(\frac{\partial \mu_1}{\partial m_1}\right)_{m_3} dm_1 + \left(\frac{\partial \mu_1}{\partial m_3}\right)_{m_1} dm_3, \tag{20}$$

$$M_3 \left(1 - \bar{v}_3 \, \varrho\right) \omega^2 \, r \, dr = \left(\frac{\partial \mu_3}{\partial m_3}\right)_{m_1} dm_3 + \left(\frac{\partial \mu_3}{\partial m_1}\right)_{m_3} dm_1. \tag{21}$$

In these equations ϱ is the density of the solution. The subscripts 1 and 3 refer to one of the solutes and to the macromolecule, respectively. These differential equations are valid at constant temperature and pressure. The solvation parameter $\Gamma \equiv - \left(\frac{\partial \mu_1}{\partial m_3}\right)_{m_1} \Big/ \left(\frac{\partial \mu_1}{\partial m_1}\right)_{m_3}$ represents the net solvation of the polymer in moles solute per mole polymer and is equal to $\left(\frac{\partial m_1}{\partial m_3}\right)_{\mu_1}$ by the triple product rule. The quantity Γ is the number of moles of solute 1 which must accompany the addition of one mole of macromolecule to a very large volume of solution, if this addition is to be at constant chemical potential, μ_1. Equations (20) and (21) are transformed to the more useful equations (22) and (23) upon substitution of the defined quantity Γ and the further relation (82) $\left(\frac{\partial \mu_1}{\partial m_3}\right)_{m_1} = \left(\frac{\partial \mu_3}{\partial m_1}\right)_{m_3}$. The relation between the cross terms is valid if concentrations are expressed in molalities.

$$M_1 \left(1 - \bar{v}_1 \, \varrho\right) \omega^2 \, r \, dr = \left(\frac{\partial \mu_1}{\partial m_1}\right)_{m_3} dm_1 - \Gamma \left(\frac{\partial \mu_1}{\partial m_1}\right)_{m_3} dm_3, \tag{22}$$

$$M_3 \left(1 - \bar{v}_3 \, \varrho\right) \omega^2 \, r \, dr = \left(\frac{\partial \mu_3}{\partial m_3}\right)_{m_1} dm_3 - \Gamma \left(\frac{\partial \mu_1}{\partial m_1}\right)_{m_3} dm_1. \tag{23}$$

Focusing attention first on the polymer, we eliminate dm_1 from equations (22) and (23).

$$[(M_3 + \Gamma M_1) - (M_3 \bar{v}_3 + \Gamma M_1 \bar{v}_1)] \, \omega^2 \, r \, dr = \left[\left(\frac{\partial \mu_3}{\partial m_3}\right)_{m_1} - \Gamma^2 \left(\frac{\partial \mu_1}{\partial m_1}\right)\right] dm_3. \tag{24}$$

The solvation parameter may be defined on a weight basis, $\Gamma' = \Gamma \left(\frac{M_1}{M_3}\right)$. Rearranging equation (24) leads to:

$$M_3 \left(1 + \Gamma'\right) \left[1 - \left(\frac{\bar{v}_3 + \Gamma' \bar{v}_1}{1 + \Gamma'}\right) \varrho\right] \omega^2 \, r \, dr =$$

$$= \left(\frac{\partial \mu_3}{\partial m_3}\right)_{m_1} \left[1 - \frac{\left(\frac{\partial \mu_1}{\partial m_3}\right)_{m_1}^2}{\left(\frac{\partial \mu_1}{\partial m_1}\right)_{m_3} \left(\frac{\partial \mu_3}{\partial m_3}\right)_{m_1}}\right] dm_3. \tag{25}$$

At the position of the maximum polymer concentration $dm_3/dr = 0$. This position defines band center, and is specified with the subscript zero. The buoyancy condition derived from equation (25) at band center is

$$\frac{1}{\varrho_0} = \frac{\bar{v}_3 + \Gamma' \bar{v}_1}{1 + \Gamma'} \equiv \frac{v_3 + \Gamma' v_1}{1 + \Gamma'}. \tag{26}$$

Clearly, the experimentally determined buoyant density ϱ_0 is that of the solvated polymer. It should be emphasized that up to this point no assumptions have been made. The density gradient procedure provides a method for determining Γ' if $\bar{v}_1$ and $\bar{v}_3$ are known.

The ideality assumption usually made for polymers at low concentrations is not valid in a three-component system for the solvated polymer. The solvated-polymer concentration cannot vary independently at constant solute molality, because the solvation of the polymer depends on polymer concentration. However, the solvated polymer molecules are independent at constant solute chemical potential. The ideality assumption is stated by the equation,

$$\left(\frac{\partial \mu_3}{\partial m_3}\right)_{\mu_1} = \frac{RT}{m_3}. \tag{27}$$

The right-hand side of equation (25) may be shown to be equal to $\left(\frac{\partial \mu_3}{\partial m_3}\right)_{\mu_1} dm_3$. Combining equations (25) and (27), we obtain

$$M_s \left(1 - \bar{v}_s \varrho\right) \omega^2 r \, dr = \frac{RT}{m_3} dm_3, \tag{28}$$

where $M_s = M_3 \left(1 + \Gamma'\right)$ and $\bar{v}_s = \dfrac{\bar{v}_3 + \Gamma' \bar{v}_1}{1 + \Gamma'} = \dfrac{1}{\varrho_0}$.

The subscript s refers to the solvated species.

In order to obtain an expression for the polymer distribution at equilibrium, ϱ, $\bar{v}_s$, and M_s are expanded about band center; $\delta = r - r_0$.

$$\varrho = \varrho_0 + \left(\frac{d\varrho}{dr}\right)\delta, \quad \bar{v}_s = \bar{v}_{s,0} + \left(\frac{d\bar{v}_s}{dr}\right)\delta, \quad M_s = M_{s,0} + \left(\frac{dM_s}{dr}\right)\delta.$$

Substituting these equations into equation (28), using the buoyancy condition $(1 - \bar{v}_{s,0}\,\varrho_0) = 0$ and keeping only first order terms in δ, we obtain

$$-M_{s,0}\left[\bar{v}_{s,0}\left(\frac{d\varrho}{dr}\right) + \varrho_0\left(\frac{d\bar{v}_s}{dr}\right)\right]\delta\,\omega^2 r_0\,d\delta = RT\,d\ln M_3. \tag{29}$$

Integrating equation (29), we obtain a distribution of the form $m = m_0 \exp\left(-\dfrac{\delta^2}{2\,\sigma^2}\right)$, where σ^2 is given by equations (30) and (31).

$$\sigma^2 = \frac{RT}{M_{s,0}\,\bar{v}_{s,0}\left(\dfrac{d\varrho}{dr}\right)_{\text{eff}}\omega^2\,r_0}, \tag{30}$$

$$\left(\frac{d\varrho}{dr}\right)_{\text{eff}} = \left(\frac{d\varrho}{dr}\right) + \frac{\varrho_0}{\bar{v}_{s,0}}\left(\frac{d\bar{v}_s}{dr}\right). \tag{31}$$

The quantity $\bar{v}_s$ is a function of pressure and salt concentration. Hearst and Vinograd (26) have chosen the pressure, P, and the solute activity at atmospheric pressure, a_1^0, as independent variables. By partial differentiation, the effective density gradient may be written in a more convenient form. The apparent compressibility coefficient of the polymer is defined: $\varkappa_s = -\dfrac{1}{\bar{v}_s}\left(\dfrac{\partial \bar{v}_s}{\partial p}\right)_{a_1^0}$. With the aid of equation (14), the effective density gradient may be written

$$\left(\frac{d\varrho}{dr}\right)_{\text{eff}} = \left[\frac{1}{\beta^0} + \frac{(\varkappa - \varkappa_s)}{(1-\alpha)}\varrho^{0^2}\right](1-\alpha)\,\omega^2\,r, \tag{32}$$

where $\alpha = \left(\dfrac{\partial \varrho_s^0}{\partial a_1^0}\right)\cdot\left(\dfrac{\partial a_1^0}{\partial \varrho^0}\right)$ and $\varrho_s^0 = \dfrac{1}{\bar{v}_{s,0}}$.

For a physical interpretation of the effective density gradient the equation may be written,

$$\left(\frac{d\varrho}{dr}\right)_{\text{eff}} = \left(\frac{d\varrho^0}{dr}\right) - \left(\frac{d\varrho_s^0}{dr}\right)_P + (\varkappa - \varkappa_s)\,\varrho_0^2\,\omega^2\,r. \qquad (33)$$

The effective density gradient is now seen to be the composition density gradient decreased by the polymer density gradient associated with solvation changes, and increased by an effective compression density gradient. This latter density gradient is the result of the difference in compressibilities of the solvent and the solvated polymer. The effective density is thus in the appropriate form for the physical situation. The solvated macromolecules are everywhere in the band in equilibrium with the layer of solution perpendicular to the field. In each layer the hydrated macromolecules are differently solvated and in addition differently compressed.

In order to obtain a workable buoyancy condition, $\bar{v}_s$ is expanded about atmospheric pressure set equal to zero. The activity of the solute a_1^0, and the density of the 'solution ϱ^0 at atmospheric pressure are not independent. It is therefore possible to expand in terms of ϱ^0 instead of a_1^0. The expansion is given by equation,

$$\bar{v}_{s,\,0} = \bar{v}_{s,\,0}{}^0\left[1 - \varkappa_s\,\varrho_0 - \frac{1}{\varrho_0{}^0}\left(\frac{\partial\varrho_0{}^0}{\partial a_1{}^0}\right)_P \cdot \left(\frac{da_1{}^0}{d\varrho^0}\right)\left(\varrho_0{}^0 - \frac{1}{\bar{v}_{s,\,0}{}^0}\right)\right]. \qquad (34)$$

Incorporating the relation $\varrho_0 = \varrho_0{}^0/(1 - \varkappa\,P_0)$, the buoyancy condition, $\bar{v}_{s,\,0}\,\varrho_0 = 1$, can be written,

$$\varrho_0{}^0 = \frac{1}{\bar{v}_{s,\,0}{}^0}\left[1 - \frac{(\varkappa - \varkappa_s)\,P_0}{1 - \left(\frac{\partial\varrho_0{}^0}{\partial a_1}\right)_P\left(\frac{da_1{}^0}{d\varrho^0}\right)}\right], \qquad (35)$$

where $\bar{v}_{s,\,0}{}^0$ is the reciprocal of the buoyant density at atmospheric pressure. Higher-order corrections throughout this discussion have been neglected.

Letting $\Psi = (\varkappa - \varkappa_s)/(1 - \alpha)$, the expression for the effective density gradient becomes

$$\left(\frac{d\varrho}{dr}\right)_{\text{eff}} = \left[\frac{1}{\beta^0} + \psi\,\varrho^{0^2}\right](1 - \alpha)\,\omega^2\,r \qquad (36)$$

and the buoyancy condition becomes

$$\varrho_0{}^0 = \frac{1}{\bar{v}_{s,\,0}}\,[1 - \psi\,P_0]. \qquad (37)$$

3. Experimental Determination of Various Density Gradients.

a) Composition Density Gradient.

As shown previously, the composition density gradient and the values of β^0 for various salt solutions may be calculated from physical chemical data. TRAUTMAN's procedure (71) appears to be more accurate than that used by IFFT, VOET and VINOGRAD (32). The results from both methods agree however within one per cent. The latter authors discuss an experimental method which employs the schlieren optical system.

The experimental results agreed with the calculated results within one per cent. The optical method is based on measurements of the schlieren elevations at equilibrium. The base line at full speed before significant sedimentation occurs is subtracted. The result is therefore the composition density gradient and does not include the compression gradient.

b) Compression Density Gradient.

The compression density gradient is readily calculated (24) if solution compressibilities are known. Some pertinent compressibility data have been reported by POHL (52).

c) Physical Density Gradient.

The physical density gradient is the sum of the composition and compression density gradients, equation (14), p. 388.

d) The Buoyancy Density Gradient.

The buoyancy density gradient is defined as $[1/\beta^0 + \psi \varrho_0^2] \omega^2 r$. HEARST, IFFT and VINOGRAD have demonstrated a method of evaluating ψ by studying the pressure dependence of ϱ_0^0. The method is based on the buoyancy condition, equation (35). With β^0 and ψ, the buoyancy density gradient can be calculated. An independent method which does not require thermodynamic calculation has been presented by IFFT (29). If two solutions of equal column length and different densities are run to equilibrium, the buoyancy gradient may be estimated to a very good approximation from the difference of band position in the two solutions with the following equation.

$$\left(\frac{d\varrho}{dr}\right)_{b,0} = \frac{\varrho_{e,2}{}^0 - \varrho_{e,1}{}^0}{r_{0,2} - r_{0,1}} = \left[\frac{1}{\beta^0} + \psi \varrho_0^{0^2}\right] \omega^2 \bar{r}_0. \tag{38}$$

In this relation β^0 is evaluated at ϱ_0^0 and $\bar{r}_0 = (r_{0,1} + r_{0,2})/2$. The quantities $r_{0,1}$ and $r_{0,2}$ are the band positions in the two solutions. The initial solution densities at atmospheric pressure are $\varrho_{e,1}{}^0$ and $\varrho_{e,2}{}^0$.

e) The Effective Density Gradient.

Unfortunately, the effective density gradient is at present the most difficult to evaluate accurately. Knowledge of the parameter α is required. HEARST and VINOGRAD (27) have estimated the value of α for DNA by measuring the buoyant density in various salt solutions. They found the buoyant density to be a monotonic function of water activity and have assumed the slope of the plot of buoyant density against water activity $(d\varrho_0^0/da_1^0)$ to be equal to $(\partial\varrho_s^0/\partial a_1^0)_P$. They neglected pressure effects, which are small compared to activity effects.

The quantity $(da_1^0/d\varrho^0)$ was then determined from the slope of the plot of water activity against solution density at $P = 0$ for the various salt solutions.

This method of evaluating α is subject to the criticism that the buoyant density of the polymers might be a function of the charge of the anion and the molar volume of the salt as well as the activity of water in the buoyant solution. This possibility has not yet been thoroughly investigated.

There is another method of evaluating the effective density gradient. If the solvation parameter Γ' is known from the buoyant density of the polymer and the partial specific volumes $\bar{v}_1$ and $\bar{v}_3$, the shift in position upon an isotopic substitution can be used to estimate $(d\varrho/dr)_{\text{eff}}$:

$$\left(\frac{d\varrho}{dr}\right)_{\text{eff}} = \frac{\left(\dfrac{\Delta m}{m}\right)\varrho_0}{(1 + \Gamma')\,\Delta r}, \tag{39}$$

where $\Delta m/m$ is the fractional change in molecular weight of the polymer on isotope substitution, ϱ_0 is the buoyant density of unlabeled polymer, and Δr is the distance between the two bands in the same cell.

4. The Determination of Buoyant Density.

In view of the foregoing discussion, it is clear that the buoyant density, i. e. the density of the solution in which the macrospecies is at equilibrium, is not independent of pressure and therefore depends on the height of the liquid column over the band. It has become customary to express buoyant density as the initial density of the solution in which the macrospecies bands at the center of the liquid column. More appropriately, the reference position should be the root mean square, rms, position in the liquid column, for it is at this position that the initial composition is to be found. In CsCl, at an initial density, ϱ^0, of 1.700 g/ml, the density at r_e in a 1.2 cm liquid column at 44,770 rpm is actually 1.706 g/ml. At the center of the liquid column the density is 1.702 g/ml.

The buoyant densities are likely to continue to be expressed in terms of the initial density of the solution at atmospheric pressure. It can readily be seen that variable results will be obtained unless runs are performed at the same speed and with the same liquid column height. The buoyancy density gradient should be used to correct for departures of band position from the rms position. Because the quantity ψ has not yet been shown to be constant for each DNA, the best procedure is to band in two solutions of differing density and to interpolate with the aid of equation (38). The buoyancy density gradient is 6–8 per cent greater than the composition density gradient for T-4 bacteriophage DNA.

Several publications have already appeared in which the composition density gradient has been used to calculate buoyant density shifts from the distance between a marker DNA and a new DNA (54, 66, 67).

For these calculations equation (13) (p. 387) is integrated between the two band positions with the good assumption that β^0 is constant.

$$\varrho_{0,2}{}^0 - \varrho_{0,1}{}^0 = \frac{1}{\beta^0} \frac{\omega^2}{2} (r_{0,2}{}^2 - r_{0,1}{}^2). \tag{40}$$

A more suitable form of the above equation for numerical calculations is

$$\varrho_{0,2}{}^0 = \varrho_{0,1}{}^0 + \frac{1}{\beta^0} \omega^2 \bar{r}_0 \Delta r. \tag{40a}$$

The quantity $\bar{r}_0$ is mean of the two radial distances, and Δr is the difference between them. At 44,770 rpm, ω^2 is 22.02×10^6 sec^{-2}. At $\varrho^0 =$ $= 1.70$ g/ml, $1/\beta^0 = 8.4 \times 10^{-10}$ cgs. The quantity $1/\beta_b$, the buoyancy coefficient, is $(1/\beta^0 + \psi \varrho^{02})$, and should be used in equations (40) and (40a) instead of $1/\beta^0$. The coefficient ψ for T-4 DNA is 23.3×10^{-12} cgs, and the product $\psi \varrho^{02}$ is 0.66×10^{-10} cgs for $\varrho_0{}^0 = 1.70$ g/ml. The quantity β_b remains constant to within 1% for CsCl solutions at densities between 1.68 and 1.80 g/ml at 44,470 rpm. The $\omega \varrho^{02}$ term just cancels the downward curvature of the $1/\beta^0$ vs. ϱ^0 relation. Equation (40a) under these conditions takes the simple numerical form $\Delta \varrho^0 = 0.0199 \bar{r}_0 \Delta r$ or with only 0.5% error.

$$\Delta \varrho^0 = 0.020 \bar{r}_0 \Delta r. \tag{41}$$

It is difficult at the present time to compare absolute values of published buoyant densities because of uncertainties in the purity of the DNA and the CsCl. Lighter cations such as rubidium, potassium, and sodium ions, as well as protein impurities, can be expected to lower the buoyant density. Sueoka (66) has noted a discrepancy for E. coli DNA of 0.005 of a density unit as reported by three different research groups.

Implicit in the use of a marker DNA is the assumption that the pressure dependence of band position of the marker DNA and the unknown DNA is the same.

5. The Determination of the Solvated and the Anhydrous Molecular Weight.

The determination of the solvated or the anhydrous molecular weights in a buoyant density system requires the application of equations (30) and (32). As shown in Section III, 3 (p. 394) the effective density gradient must be independently measured. This involves the determination of the quantities ψ and α or the determination of Γ and the distance of separation caused by incorporation of a known amount of an isotope into the macrospecies.

As of the present time only T-4 DNA (*23, 27*) and bovine serum mercaptalbumin (*31*) have been investigated by these procedures. In the case of T-4 DNA, some evidence of density heterogeneity was observed, and correspondingly low values for the solvated molecular weight were obtained. For bovine serum mercaptalbumin the correct anhydrous molecular weight was derived from the solvated molecular weight data. It was necessary, however, to measure and subtract the salt specifically bound to the protein.

6. Effects of Macrospecies Concentration.

The assumption of independent solvated polymer molecules requires that there be no polymer-polymer interaction. This is usually the case for very dilute polymer solutions, but if necessary, an activity coefficient for the polymer can be introduced. Even here the concept of constant chemical potential of the solute should be used. For this case the more general solution would employ the equation

$$\left(\frac{\partial \mu_3}{\partial m_3}\right)_{\mu_1} = \frac{RT}{m_3} + RT\left(\frac{\partial \ln \gamma_3}{\partial m_3}\right)_{\mu_1}, \tag{42}$$

where γ_3 is the activity coefficient of the polymer.

7. Density Heterogeneity.

Density heterogeneity in the polymer sample is a potential source of very large error in molecular weight determination by the density gradient method. BALDWIN (*2*) showed that a sample of homogeneous molecular weight with a Gaussian distribution in densities could give a Gaussian distribution of concentration. SUEOKA (*64*) generalized this treatment and showed that the variance of the concentration distribution obtained in the centrifuge may be written as a sum of the variances from thermal spreading and from the density distribution assuming no such spreading. The treatment is valid if the walls in the centrifuge cell are assumed to be parallel. For narrow bands this is certainly a valid assumption. SUEOKA then showed that the amount of density heterogeneity could be determined with the aid of an independent relation between the sedimentation coefficient and the molecular weight of DNA. Applying this method, he demonstrated a substantial density heterogeneity in calf thymus DNA and pneumococcus DNA. This procedure is somewhat questionable, especially if applied to higher molecular weight DNA, because of the complications arising from the concentration and speed dependence of sedimentation. The results indicate that density gradient molecular weights are readily subject to error.

HEARST (23) has shown that the variance of the density distribution resulting from a heterogeneity in the unsolvated density of the polymer can be separated from the variance caused by diffusion by studying the polymer distributions in salt solutions having different values for β_{eff}. A test of this method must await a more accurate determination of β_{eff} for a variety of salt solutions.

8. An Alternative Method for Evaluating Molecular Weights.

CASASSA and EISENBERG (7) have presented a method of evaluating anhydrous molecular weights by the density gradient technique. It involves determination of an apparent specific volume of the polymer after equilibrium dialysis. If bands of the standard deviation commonly used are analyzed by this method, compressed solution densities and compressed apparent specific volumes accurate to four to five decimal places are needed. This appears to be a very serious limitation of the method.

IV. Applications to Some Physical and Biological Problems.

This Chapter presents some applications of the method of equilibrium sedimentation in a density gradient.

1. The Net Solvation of DNA.

From studies of the buoyant density of DNA in a variety of cesium salt solutions *(Fig. 11)* and the buoyant density in mixtures of lithium bromide and cesium bromide, HEARST and VINOGRAD (25, 27) were able

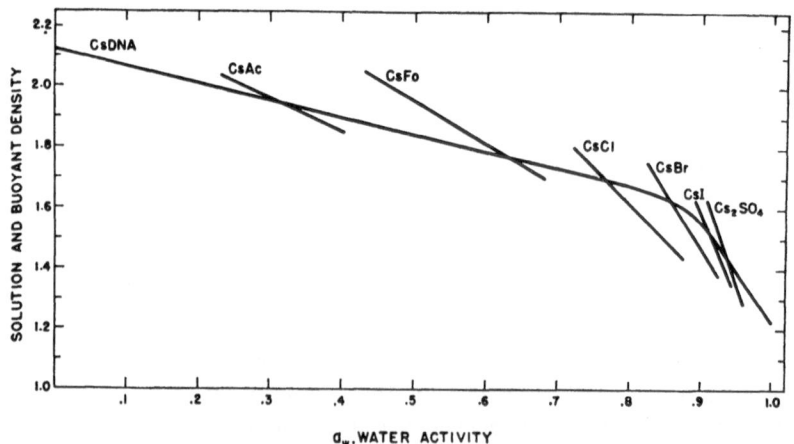

Fig. 11. Buoyant density of Cs DNA and solution density of various Cs salt solutions superimposed to illustrate points of equilibrium (27). [From: Proc. Nat. Acad. Sci. (USA) 47, 1005 (1961).]

References, pp. 418—422.

to determine the buoyant density of anhydrous cesium DNA. This value, the reciprocal of the specific volume of Cs DNA, was found to be 2.12 g/ml. With this value and equation (26) (p. 391) the net solvation of DNA in a variety of cesium salts was evaluated *(Fig. 12)*. The net hydrations are unambiguous thermodynamically and represent the amount of water of unit density attached in the solvate to the DNA. This does not

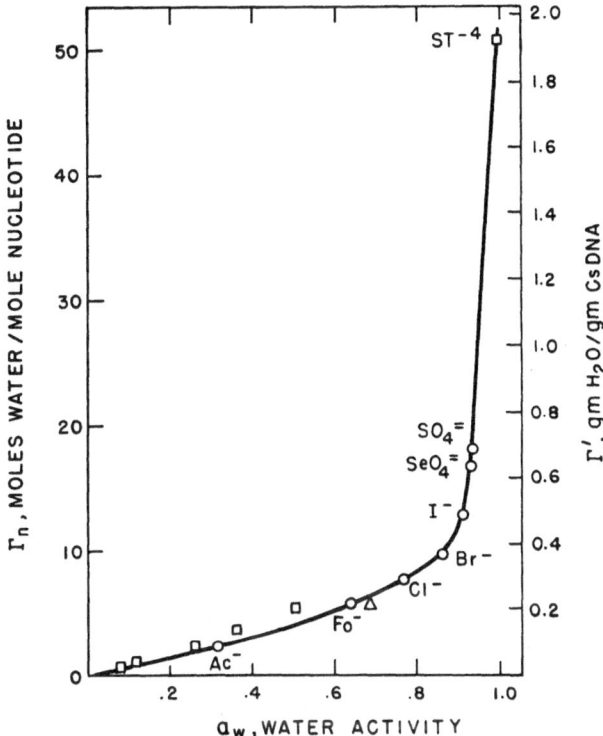

Fig. 12. The net hydration of T-4 bacteriophage DNA. The symbol ○ refers to Cs DNA, and □ to L^i DNA (27). [From: Proc. Nat. Acad. Sci. (USA) 47, 1005 (1961).]

necessarily mean that the DNA is surrounded by the indicated amount of pure water. It does not exclude the possibility that a larger amount of water containing diluted salt surrounds the DNA. The curve demonstrates a rapid change in the net solvation of Cs DNA between water activities of 0.9 to 1.0, which corresponds to physiological conditions. In CsCl the net hydration of CsDNA is 30% by weight.

Calculations based on the X-ray data of LANGRIDGE, WILSON, HOOPER, WILKINS and HAMILTON (40) indicate that the volume in the grooves of DNA corresponds to 0.17 ml/g Cs DNA. The maximum point for silicotungstate solutions corresponds to four layers of water molecules.

It is to be noted that the net hydration in Cs acetate solution is only half that in CsCl solution. The value for the net solvation in CsCl was corroborated in an analysis of the data of MESELSON and STAHL (48) for the separation observed between E. coli DNA and ^{15}N labeled E. coli DNA. This calculation, when performed with the composition density gradient, indicates that the molecule is unhydrated. Upon recalculating with the effective density gradient, the solvation Γ' was found to be 0.22 ± 0.05, a value in agreement with the 0.28 in Fig. 12. While the solvation for DNA at high water activities appears to be large, this may not be unusual for water-soluble polyelectrolytes. Results in our laboratory for Cs polyglutamate (76) indicate similar values of solvation in CsCl solutions of similar water activity. The temperature dependence of the solvation of DNA can be expected to aid considerably in determining the structure of the solvate layer. It has been observed, in some experiments, that DNA increases in buoyant density as the temperature rises.

2. Transfer Experiments with Stable Isotopes.

A general problem in molecular biology is the mode of transfer of parental material to progeny. Such experiments are called transfer experiments and may be performed with radioactive isotopes or with a combined use of high concentrations of stable isotopes and the density gradient system. After the development of density gradient sedimentation, several significant transfer experiments were performed.

a) Replication of DNA in E. coli.

Two important features of the method are illustrated in the elegant experiment of MESELSON and STAHL (48) on the replication of DNA in E. coli. These are the excellent resolution of the method and the ability to separate new from old biological macromolecules. A culture of E. coli was grown in the presence of $^{15}NH_4Cl$ as a sole source of nitrogen for fourteen generations. While the culture was still in log phase, the medium was abruptly changed by addition of $^{14}NH_4Cl$ and the bacteria were allowed to grow at a substantially constant titer by appropriate additions of medium. Samples containing about 4×10^9 bacteria were washed, and lysed in sodium dodecyl sulfate, and the equivalent of 1×10^8 bacteria were placed in an analytical cell and spun to equilibrium. The results of this experiment are given in Fig. 13. The authors were able to conclude that "the nitrogen of the DNA molecule is divided equally between two subunits which remain intact through many generations"; that "following replication, each daughter molecule has received one parental subunit"; and that "the replicative act results in a molecular doubling". These experiments are in accord with the Watson-Crick proposals for semi-

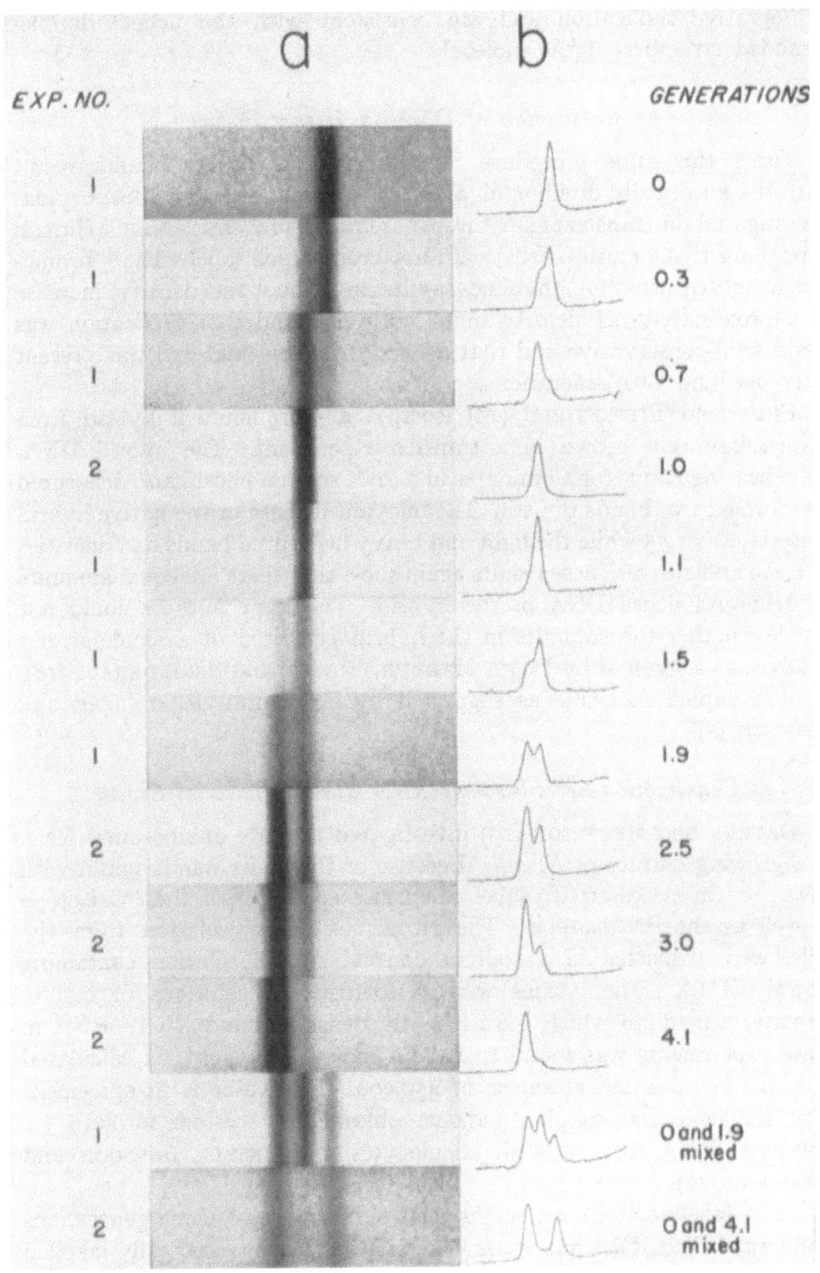

Fig. 13. Ultraviolet absorption photographs showing DNA bands from lysates of bacteria sampled after addition of excess ^{14}N substrates to a ^{15}N labelled culture. The middle band represents hybrid DNA with a buoyant density 50 ± 2% of the distance between the ^{14}N and ^{15}N peaks (48). [From: Proc. Nat. Acad. Sci. (USA) 44, 671 (1958).]

conservative replication and are consistent with the helical double-stranded structure of the molecule.

b) Replication of DNA in Higher Forms.

Using this same procedure Sueoka (65) obtained a similar result with the mitotically dividing alga, *Chlamydomonas reinhardi*. Simon (62) investigated the transfer of DNA from parental to progeny "HeLa" (Human carcinoma tissue culture cells) with a 5-bromouracil label. The 5-bromouracil substitution for thymine results in a buoyant density increase of approximately 0.1 density units. It was found that replication was again semi-conservative and that a band of hybrid material was present after one and two generations.

Chun and Littlefield (10) isolated a 5-bromouracil hybrid from mammalian cells grown in a transfer experiment. The hybrid DNA, upon heating to 77° for 10 minutes in 0.01 M sodium phosphate, denatured and formed two bands in CsCl. The buoyant density of the native hybrid material was 1.75 while the light and heavy denatured bands had densities of 1.719 and 1.825. These results again show that there are equal amounts of light and dense DNA in the hybrid. The same authors could not decide whether the subunits in the hybrid consisted of a single strand of DNA, as suggested by Doty, Marmur, Eigner and Schildkraut (18), or of a duplex molecule as suggested by Cavalieri, Rosenberg and Deutsch (8).

c) Conservation of Ribosomal RNA during Bacterial Growth.

Davern and Meselson (15) investigated the fate of ribosomal RNA in a growing culture of *E. coli*. Because of the wider bands found with RNA, it was necessary to label the dense species with the ^{13}C isotope as well as the ^{15}N isotope. The ribosomes, after isolation from the cells, were dispersed in a sodium dodecyl sulfate solution containing 0.01 M EDTA. The lysates were centrifuged in solutions of cesium formate, a medium which is sufficiently dense to band RNA. RNA in these experiments was found to have a molecular weight, as calculated with the composition gradient, of 450,000. This value is in agreement with the molecular weight, 500,000, obtained in cesium formate for ribosomal RNA from rabbit reticulocytes by Dintzis, Borsook and Vinograd (17).

Fully labelled RNA molecules persisted for at least three generations while unlabelled RNA molecules were synthesized. No partially labelled RNA was detected, indicating that ribosomal RNA does not derive from existing RNA strands and that ribosomal RNA maintains its integrity during at least three generations.

d) Transfer of Genetic Information to the Ribosome by Template RNA.

The appearance of a rapidly turning over RNA, having a base composition complementary to T-2 bacteriophage DNA upon infection of *E. coli* with T-2, was first reported by VOLKIN and ASTRACHAN (77) who suggested this RNA might code for the synthesis of the new proteins formed upon infection. HALL and SPIEGELMAN (22) were able to

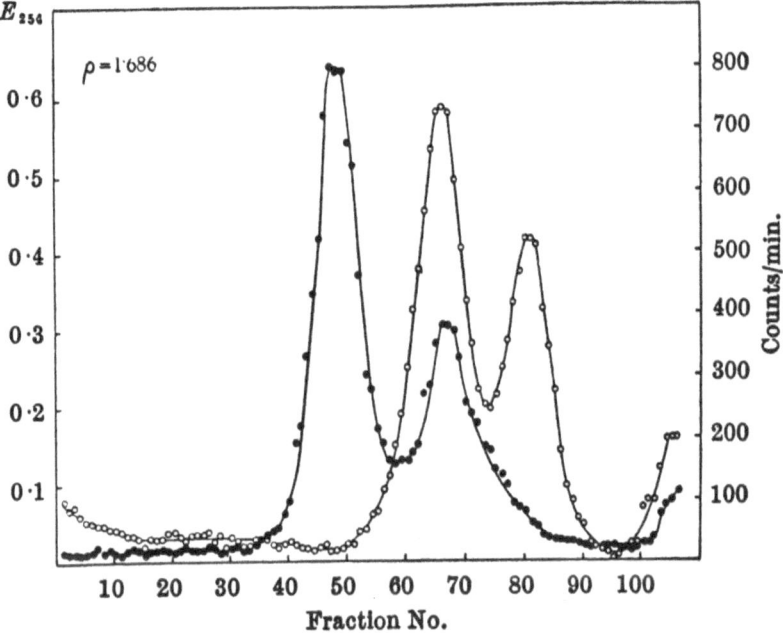

Fig. 14. Distribution of heavy and light ribosomes in a density gradient. The isotopically dense ribosomes, present in small amounts, are detected by ³²P counts (●). The density increases in this diagram from right to left (4). [From: Nature (London) 190, 576 (1961).]

demonstrate in buoyant density experiments that part of this complementary RNA is complexed with the phage DNA after heat treatment.

BRENNER, JACOB and MESELSON (4) in a transfer experiment were able to confirm JACOB and MONOD's proposal (34) that the synthesis of protein in *E. coli* occurs only in the presence of newly formed messenger or template RNA and ribosomes. In these experiments *E. coli* ribosomes were shown to form two bands in CsCl containing 0.01 M MgSO₄ *(Fig. 14)*. This was also reported by COHEN and NISMAN (11). Only the denser B band was labelled with ¹⁴C-uracil when the cells had been incubated with this compound. The transfer experiment performed with the ribosomes of a culture of *E. coli* grown first in a ¹³C, ¹⁵N medium demonstrated that newly formed RNA *(Fig. 15)*, was present in old ribosomes in the B band. These experiments lent strong support to the postulated informational role of the rapidly turning over DNA-complementary RNA.

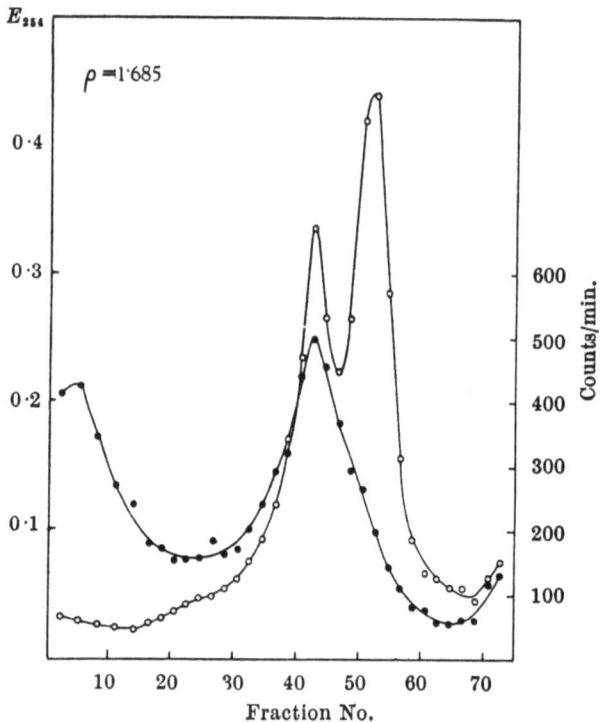

Fig. 15. Newly formed RNA is found in the B band of the light ribosomes. The dense ribosomes are not detected in this experiment *(4)*. [From: Nature (London) **190**, 576 (1961).]

3. The Guanine-Cytosine (G–C) Content of DNA in Various Organisms.

a) Microbial DNA.

Published almost simultaneously by SUEOKA, MARMUR and DOTY *(67)* and by ROLFE and MESELSON *(54)* was the finding that the DNA contained in a variety of microorganisms, known from earlier work *(9)* to have widely varying average guanine-cytosine contents, formed bands of unique and different buoyant densities (cf. *Fig. 16*). In spite of the small density heterogeneity in the DNA of each organism, a heterogeneity caused by a small variation of the *G-C* content among the molecules in each organism, there was no overlap in the buoyant positions of DNA from several of the organisms. The buoyant positions were found to be linear in the *G-C* content, as were also the melting points. The first result presented a new fact to be explained in the framework of the coding problem. Why should compositional heterogeneity be present, since there is adequate information in the sequence of bases to code for the amino acids in all the proteins in the organism?

In Fig. 16 the buoyant densities of heat-denatured DNA are also shown to be linear in G-C. The data seem sufficient to establish that the

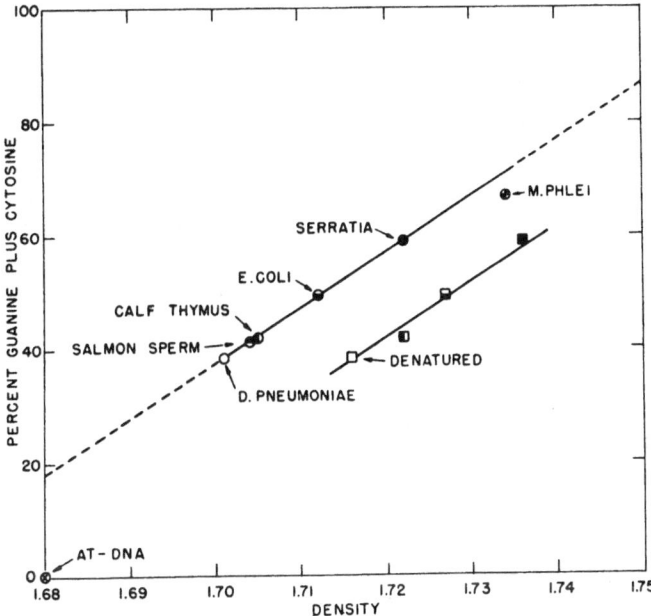

Fig. 16. Relationship of buoyant density to the guanine-cytosine content of various samples of DNA (67). [From: Brookhaven Symposia in Biology, No. 12 (1959); also (19) in Nature (London) 183, 1429 (1959).]

slopes of the lines are the same. The alternating double-stranded poly-AT prepared enzymatically in the Stanford laboratories falls below the line for native DNA.

Later, SCHILDKRAUT, MARMUR and DOTY (59) showed that the buoyant density of number of DNA from a variety of lower and higher forms fall on the line for native DNA. Buoyant density may be used as a method of base analysis. Only 10^8 bacteria are needed for such an analysis. The G–C content is expressed by an equation

$$\varrho = 0.0990\ (G\text{–}C) + 1.660.$$

ROLFE and MESELSON's (54) equation is

$$\varrho = 0.100\ (G\text{–}C) + 1.658.$$

SUEOKA (66) presents a comparable equation,

$$\varrho = 0.103\ (G\text{–}C) + 1.662.$$

b) DNA in Higher Forms.

Calf thymus DNA was found in the first paper on density gradient sedimentation (49) to be heterogeneous and to contain some dense material. Schildkraut, Marmur and Doty (59) were able to resolve a dense satellite band from calf thymus DNA. Rownd and Schildkraut (55) established that it was native DNA. Herring sperm DNA contained a light satellite band. The biological significance of these two satellite bands is not yet understood. Kit (37) has examined DNA from mouse tumor cells, mouse tissue culture cells, and from different tissues from the monkey, guinea pig and alligator. No difference was found in the DNA from the different organs of the same animal or between the DNA prepared from normal mouse cells and mouse tumor cells. In both the guinea pig DNA and mouse DNA satellite bands were observed. In the case of mouse, the minor band was less dense, while in the guinea pig it was more dense than the main band. The separation of modes corresponded to a density shift of 0.006 g/ml in the case of the guinea pig and 0.010 in the case of the mouse. In mouse DNA the satellite band consists of 8% of the total DNA.

Sueoka (66) examined a variety of DNA from testes: crab (three species), earthworm, clam, frog, and mouse. In all cases he found that the distribution of the DNA molecules was unimodal and the range of guanine-cytosine content relatively small. He also reports the presence of satellite bands in calf thymus and in the mouse. In two of the three species of crab, a light band corresponding to 30 per cent of the total DNA in *Cancer borealis* and 11% in *C. irroratus* was observed. It was noted that the density of 1.683 corresponded to that of enzymatically synthesized deoxypoly-AT (67). Sueoka suggested that this minor band might be alternating deoxypoly-AT. Nearest neighbor analysis (38) has shown that the DNA is 93% alternating deoxypoly-AT, and still contains small amounts of all possible neighbor pairs.

4. Separation of DNA Duplex Molecules into Single Strands and Their Recombination into Double Strands. The Formation of Heterozygote Molecules.

The first experimental indication of the separation of DNA into macromolecular subunits was reported in the work of Meselson and Stahl (48) with *E. coli* ^{14}N–^{15}N in vivo hybrid DNA. When this material was heated to 100° for 30 minutes in 7 molal CsCl, two bands corresponding to denatured ^{14}N and ^{15}N DNA, respectively, were found in a CsCl density gradient.

This is clear evidence that the isotopic subunits physically separate upon heating. Because the areas under the new bands were equal and the standard deviations corresponded roughly to half the molecular weight of the unheated material, the subunits are equal in molecular weight and account for the whole DNA. On the other hand, salmon sperm DNA did not change in band shape on heating. MESELSON and STAHL did not choose between two interpretations: that the hybrid *E. coli* DNA is a simple duplex molecule and unwinds, or that it is a more complex structure that dissociates into subunits that are double-stranded. DOTY, MARMUR, EIGNER and SCHILDKRAUT (*18*) have presented data to show that *E. coli* DNA drops to approximately half in molecular weight when heated for short periods in 0.01 M phosphate buffer at 84°, pH 6.8 in the presence of 0.001 M EDTA and is then quickly cooled. The molecular weights were evaluated from sedimentation coefficients and intrinsic viscosities with the aid of the Mandelkern-Flory equation. These authors report that pneumococcal DNA at a concentration of 20 γ/ml, first heated to 100° for 10 minutes in SSC buffer (1.5 M NaCl and 0.015 M Na$_3$ citrate) and then slowly cooled, substantially recovered its initial molecular weight.

These results were interpreted with the aid of similar experiments on ^{14}N and ^{15}N DNA, where some evidence was obtained that hybrid molecules were formed in vitro after heating and slow cooling. Moreover, hybrid bands appeared when DNA from closely related organisms such as *E. coli* and *Shigella* were mixed, heated, and slowly cooled. On the other hand, DNA from more distantly related organisms, *Diplococcus pneumoniae* and *Serratia marcescens*, did not form hybrids. These authors also present spectral evidence that renaturation occurs in the slow cooling of *D. pneumoniae* DNA. MARMUR and LANE (*44*), in studies of transforming activity, interpreted the results obtained on heating and slow cooling in a corresponding way and were able to show that hybrid molecules in which one strand contained a mutant marker and the other strand derived from the wild-type DNA, were active in transformation.

In a further paper SCHILDKRAUT, MARMUR and DOTY (*58*), employing deuterium as well as a nitrogen isotope to enhance greatly the density difference between labelled and unlabelled DNA, again examined in vivo *E. coli*-hybrid DNA, and found subunit separation upon heating at 100° for 10 minutes. In the case of the ^{15}N and ^{14}N hybrid, they report strand separation after heating to 100° in SSC, and at 65° in 8 M urea containing 0.01 molar salt. MARMUR and Ts'o (*45*) obtained the same result in 95% formamide. COX, MARMUR and DOTY (*13*) also obtained this result upon exposing the DNA to pH 2–5 or to 12.0. From a kinetic study of the process, SCHILDKRAUT, MARMUR and DOTY (*58*) conclude that the formation of subunits requires about 60 seconds at 100°, a time which corresponds with the estimates for the unwinding of strands made by KUHN (*39*) and by LONGUET-HIGGINS and ZIMM (*42*). With heavily labelled and natural *B. subtilis* DNA, the formation of an in vitro hybrid was shown (*Fig. 17*, p. 408). The material not renatured was successfully digested with an *E. coli* phosphodiesterase to give the original DNA and the hybrid. In this paper again hybrid DNA were obtained with DNA from closely related organisms and were not obtained with DNA from more distantly related organisms.

Upon heating T-2 and T-4 bacteriophage DNA in the presence of formaldehyde, Berns and Thomas (3) found that the apparent molecular

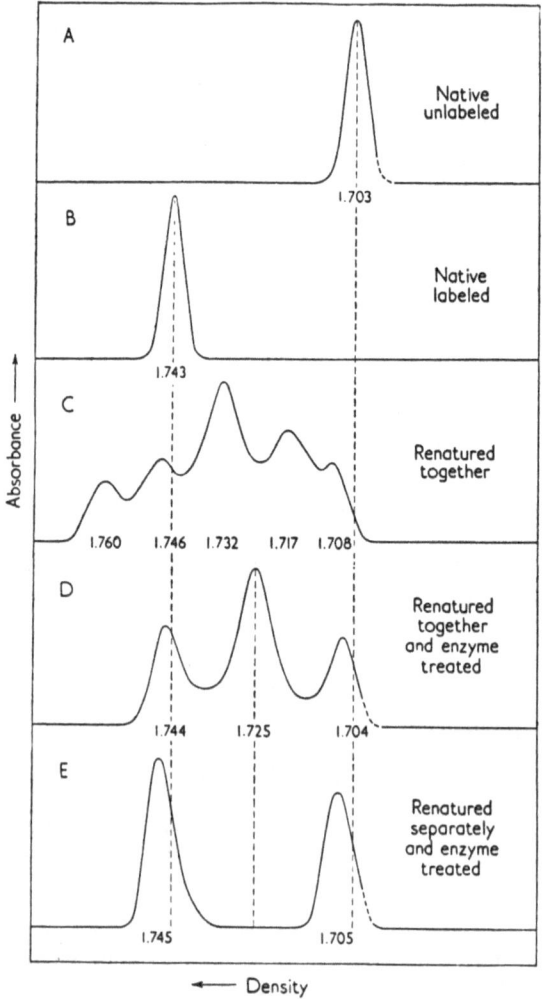

Fig. 17. The renaturation by heating and annealing of heavily labelled and natural *B. subtilis* DNA (58).
[From: J. Mol. Biol. 3, 595 (1961).]

weight in density gradient sedimentation in CsCl at 25° was reduced by a factor of approximately two. The authors interpret this result as indicating that the formaldehyde treated DNA is single-stranded and that the single strands do not aggregate in CsCl. They further conclude that in their preparations there are no "concealed" breaks in the phosphodiesterdeoxyribose chains in the duplex molecule.

5. The Buoyant Behavior of Bovine Mercaptalbumin and other Proteins.

Bovine serum albumin (BSA) has been studied in density gradients in two laboratories. Cox and SCHUMAKER (*12*) determined the buoyant density of BSA in CsCl and obtained a value of 1.295 $\pm$ 0.005 g/ml.

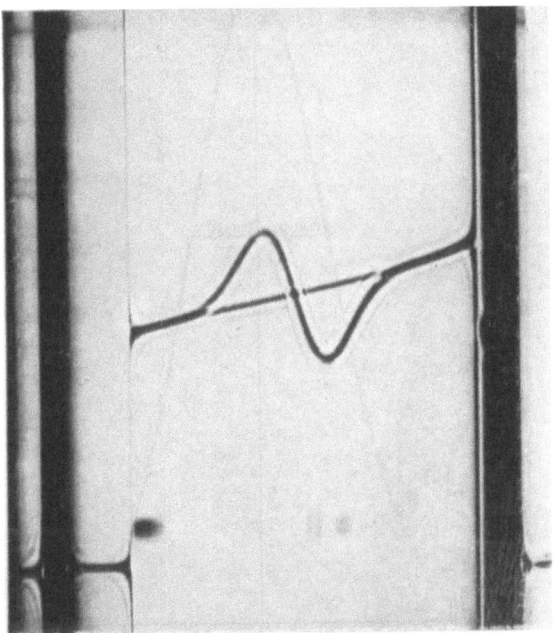

Fig. 18. Schlieren photograph of 0.1% BMA in 2.59 molal CsCl and of baseline solution at equilibrium, 56,160 rpm, 25.0° (*30*) (IFFT and VINOGRAD, unpublished).

Making the assumption that the specific volume of BSA is unchanged with respect to the value in water, they found 0.17 $\pm$ 0.02 g/g for the net solvation in CsCl. This value agreed only roughly with that obtained as a difference between the assumed anhydrous molecular weight and the molecular weight calculated with the composition density gradient from absorption optical records. According to the general theory presented above, such calculations are only approximate.

IFFT and VINOGRAD (*30*) carried out a study of bovine serum mercaptalbumin (BMA) in CsCl and in a variety of other salts. They determined the effective gradient after measuring the net solvations in a variety of buoyant salt solutions. This protein binds anions avidly and the binding is included in the solvated molecular weight as determined in the density gradient system. *Fig. 18* (p. 409) presents a schlieren optical record for a band of bovine mercaptalbumin solution in CsCl, together with a simultaneous recording of the base line. From the concentration distribution as shown in *Figs. 19* and *20*, it is seen that BMA forms a Gaussian concentration distribution. The departure from linearity in the log plot is in part due to the effect of the non-linear density gradient over these wide bands.

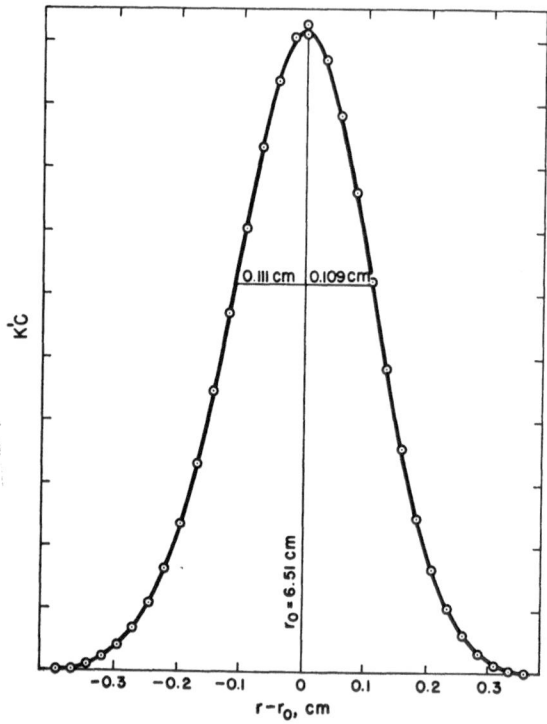

Fig. 19. Distribution of mercaptalbumin in a density gradient at equilibrium. 0.10% BMA in 2.47 molal CsCl, 56,160 rpm, 25.0° (*30*) (Ifft and Vinograd, unpublished).

The net hydration of the salt-free protein was found to be 0.198 ± 0.001 g H_2O/g BMA. This number is based on the buoyant density and the measured partial specific volume in CsCl.

From studies in a variety of salts, it was possible to evaluate the effective density gradient and to calculate the solvated molecular weight of the protein salt complexes. After separate measurements of the anion binding to BMA, the anhydrous molecular weight was calculated and found to agree within ± 5 per cent of the molecular weight measured in two component sedimentation equilibrium experiments.

The density gradient system is far simpler in its applications to the determination of buoyant density than to molecular weight determinations.

Cox and Schumaker (*12*) noted that sharp bands of precipitated protein were formed in ammonium sulfate-cesium chloride and that among seven proteins a spread of approximately 0.05 g/ml was observed for the buoyant densities. Their method of evaluating the buoyant density is, however, somewhat ambiguous. In the case of hemoglobin,

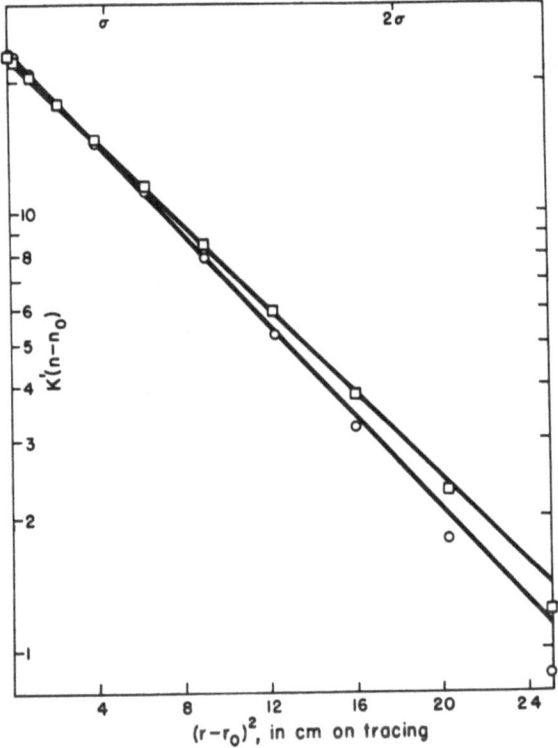

Fig. 20. Distribution of mercaptalbumin in a density gradient at equilibrium. Logarithmic plot of BMA concentration distribution. 0.10% BMA in 2.47 molal CsCl, 56,160 rpm, 25.0° (*30*) (IFFT and VINOGRAD, unpublished).

the precipitated material was also denatured. Similar denaturation was obtained in our laboratory (*74*) and was found to be caused by traces of aluminum leached from aluminum filled Epon centerpieces. In the presence of EDTA or in experiments performed in Kel-F centerpieces, human hemoglobin did not denature and Gaussian bands were obtained. It is likely that metallic ion contamination is the explanation for the denaturation found by Cox and Schumaker (*12*). They reported that thermally denatured bovine albumin is 0.015 g/ml denser than its native analogue in the ammonium sulfate-cesium chloride solution.

6. The Buoyant Behavior of Viruses.

A large number of viruses have been found to retain infectivity after banding in CsCl and after removal of CsCl by dialysis or simply by dilution. Most viruses band rapidly and form narrow bands, as is expected from the large molecular weights and sedimentation coefficients of these materials. The method is especially suited for dealing with small amounts of material sometimes detectable only by tests for infection rather than by physical methods. The buoyant densities of many viruses are below 1.5 g/ml. The combination of low buoyant densities, high molecular weights, and high sedimentation coefficients permits the use of a large variety of buoyant compositions, including many low molecular weight and low density salts with high β values and therefore high resolving power. In the following sections some examples of the application of the method to problems in virology are given.

a) Plant Viruses.

Siegel and Hudson (61) found that two strains, U_1 and U_2, of tobacco mosaic virus formed separate and non-overlapping bands. The buoyant density in CsCl for strain U_1 was 0.003 g/ml greater than for strain U_2. This difference was the same in KBr, RbBr, NaBr, and RbCl. The buoyant densities varied among these salts from 1.306 to 1.325 g/ml, in the order of listing of the salts. The authors were unable to explain these results. The order of buoyant densities is not in the sequence expected for the effect of water activity upon net solvation. There is, however, some ambiguity in the results because isoconcentration distances were assumed to be at the center of the cell. The authors report that treatment with 3 M CsCl has no effect upon infectivity or upon inactivation with ultraviolet light.

b) Animal Viruses.

Levintow and Darnell (43) used the preparative banding procedure in a density 1.33 g/ml CsCl solution as the final step in purification of a ^{14}C labelled Type I poliovirus grown in tissue culture suspension with HeLa cells. They collected about 50 two-drop fractions of 0.04 ml and diluted each to 1.2 ml. With these samples optical density, radioactivity, and plaque forming units per ml were measured. All of the data could be plotted on one bell-shaped curve demonstrating the uniformity of the material with respect to these properties. They were able to conclude that no contaminating protein or RNA was present either in the band or at the top or bottom of the tube. Essentially all of the material was recovered in ten fractions with the maximum about three fractions below the center of the liquid column. Crawford (14) purified Rous Sarcoma virus from a tissue culture sample. It was first frozen, freed of cell debris, and sedimented onto a layer of buffered RbCl at a density of 1.27. It was then banded in RbCl and found to have a fairly broad range of buoyant densities between 1.16 and 1.19. Single drops isolated from the fairly broad band were again analyzed in a density gradient and showed a small density spread compared with the original sample. CRAWFORD found no evidence to support the possibility that the different densities corresponded to genetically different strains. He suggested that the density heterogeneity was associated with the composition or the amount of the outer membrane of the virus particle.

WEIL (*81*) studied an infectious agent, presumably DNA, isolated from mouse embryo cells infected with polyoma virus. The infective material was isolated by extraction with phenol. After heating to 100°, the infective agent formed two dense bands which were still infective. Upon annealing, the original density was restored. The infective agent has a buoyant density in CsCl of 1.708, the same as *E. coli* DNA used as a marker and denser than the maximum of 1.702 for mouse DNA.

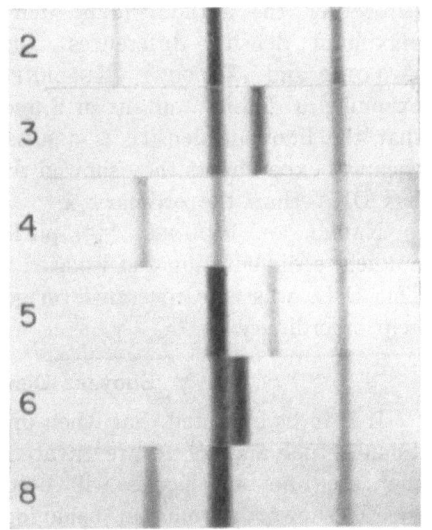

Fig. 21. Density gradient sedimentation results obtained with a series of λ lysates, at 27,690 rpm, 20°, 12 hrs. The dense phages in the right hand band were added as a marker. The middle common band is normal λ. The third band in each photograph is a transducing phage which has a density greater or less than that of λ (*80*).
[From: J. Mol. Biol. 1, 379 (1959).]

c) Bacterial Viruses.

Bacterial viruses have been the most extensively studied. The small virus, Φ X-174, purified in a preliminary way, consisted of three components by sedimentation velocity and by density gradient sedimentation in RbCl solution, density 1.40 g/ml [SINSHEIMER (*63*)]. The top layer was readily removed and the second layer, which was thought to be protein coats of the virus condensed around host DNA, was separated from the virus which banded at $\varrho^0 = 1.40$ These procedures constituted the purification. of the virus for the purpo.se of studying physical and biological properties

The bacteriophage λ exists in a number of transducing forms with different buoyant densities (*80*). The "ordinary" λ, a non-transducing form, has a buoyant density in CsCl at 20° of 1.508 g/ml. Although the band is quite sharp, the molecular weight calculated from the band width is low by

a factor of approximately three. Lambda *dg*, a transducing λ, is defective in
the sense that it cannot multiply in the absence of ordinary λ. If ordinary λ
is present together in a cell with λ *dg* and the cell is lysogenic for both,
induction yields a lysate containing an equal proportion of both phages.
Such lysates are called HFT (high frequency transducing). The transducing phage appears to lack a substantial amount of the mapped length
of the ordinary λ chromosome.

A variety of transducing phages were produced by infection of different
bacterial mutants by Weigle, Meselson and Paigen (*80*). *Fig. 21* (p. 413)
shows that phages with several different densities arise in these experiments.
The extreme right hand band is a marker phage. The central band is
ordinary, and the third band in each frame corresponds to a λ *dg*.
Altogether the authors found ten λ *dg*-s of different densities. The
maximum density differences between ordinary λ and λ *dg* were
— 0.0132 and + 0.0077. Kellenberger, Zichichi and Weigle (*36*)
examined a density mutant of λ and confirmed in genetic experiments
that the buoyant density is associated with a genetic character. In
chemical experiments they showed that the low density material contains
less DNA than the ordinary λ.

Kaiser and Hogness (*35*) purified a λ *dg* by preparative density
gradient sedimentation and isolated the DNA by treatment with phenol.
This DNA was able to transform galactose negative bacteria with the
help of ordinary λ.

7. Buoyant Density Titrations.

It is to be expected that when un-ionized acidic hydrogens in a polyanion or polyampholyte are titrated with base and converted to salts,
that the buoyant species will become more dense in CsCl solution.
Fig. 22 shows the buoyant behavior of the single-stranded DNA from
Φ X-174 bacteriophage (*75*). The pH in these experiments was measured
in CsCl in the presence of 0.04 M buffer. The buoyant titration
curves for denatured T-4 DNA and denatured *E. coli* DNA have the
same shape, and midpoints at the same pH. In these experiments the
guanine and thymine hydrogens in the No. 1 positions are removed and the
species neutralized by cesium ion (*Fig. 23*). This results in the breaking of
all Watson-Crick hydrogen bonds. The density elevation is smaller than
is calculated for the simple addition of cesium ions. It is evident
therefore that an increase in solvation attends the neutralization process.

At pH 11.5 it is likely that the duplex strands have been unwound.
This buoyant medium is therefore a suitable one in which to seek the
separation of complementary strands. The sharpness of the titration
curve is taken as evidence that denatured DNA and Φ X-DNA contain
substantial amounts of base pairing, and that the titration process

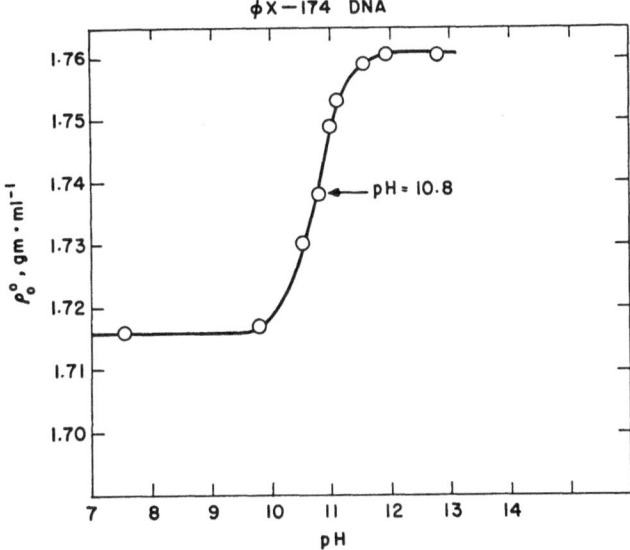

Fig. 22. Buoyant densities in CsCl of Φ X-174 DNA between pH 7.5 and 12.5 (75). [VINOGRAD, MORRIS, DOVE, and DAVIDSON, unpublished.]

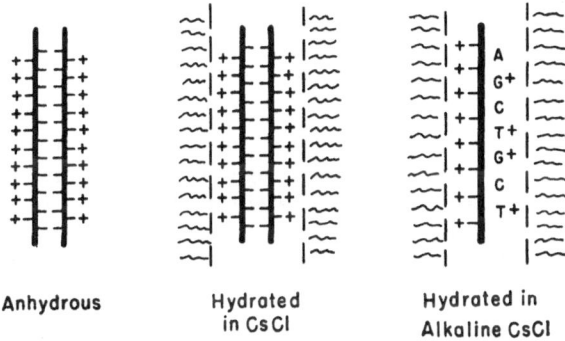

Fig. 23. Diagrammatic representation of native anhydrous and selectively solvated DNA in CsCl, and solvated single-stranded DNA in alkaline CsCl; + stands for cesium counterions on phosphate, guanine, or thymine residues.

involves cooperative effects. A titration curve for a monomer is wider than that observed above, and for a polymer with many identical titrating groups a still wider curve should be obtained.

Native *E. coli* DNA and T-4 DNA are stable at constant buoyant density up to pH 11. A transition to the dense denatured form is sharp and occurs within 0.2 pH unit. The difference between native DNA and denatured DNA at pH 10.8 is three times the value observed between pH 7 and 10. The separation of native and denatured DNA is correspondingly easier at pH 10.8.

Similar titrations have been performed with polyglutamic acid (74). Above pH 7, the cesium salt of the polyanion has a constant density of 1.70 g/ml. Down to pH 5.1 as a result of partial protonation of the salt, the buoyant density decreases. At pH 5.1 precipitate is formed, and no dissolved cesium polyglutamate is observable. The buoyant density of the precipitate continues downward and levels off at 1.50 g/ml at pH 1.0.

8. Buoyant Behavior of Synthetic High Polymers in Organic Density Gradients.

If work is to be performed in the analytical ultracentrifuge with binary organic solvents, it is necessary, because of larger refraction effects, to choose components so that the refractive indices are closely matched. The foregoing requirement was pointed out by Wales (79), who studied polystyrenes in solutions of 1,2-dibromo-1,1-difluoroethane and cyclohexene; and Hevea rubber, and synthetic cis-1,4-polyisoprene in ethylene bromide-mesitylene solution. The two rubber samples gave essentially the same schlieren pattern. On being milled for three minutes, the Hevea rubber showed the presence of very high molecular weight material, microgel, which banded in a spike at the center of the previous broad band. Polystyrenes were investigated at molecular weights of 240,000 and ~2.4 million. The buoyant density of the two samples was the same. The first material was made by anionic polymerization and the second by emulsion polymerization. Wales presents useful procedures for dealing with the concentration dependence of non-ideal macromolecules; he shows in the case of polystyrene that the plot of the measured standard deviation against the square root of the concentration is linear and that the effect of non-ideality is large. To determine densities throughout the solution, Wales used markers of immiscible liquids and a crystalline material. Pressure corrections for the compressibilities of the marker and the solution were applied.

Buchdahl, Ende and Peebles (6) have reported in a preliminary communication that an emulsion polymerized co-polymer prepared with acrylonitrile and 10% vinyl acetate separated into three discrete bands in a buoyant medium of bromoform and dimethylformamide. They also report a difference of 0.028 ml/g in the reciprocals of the buoyant densities between a stereo-regular and an atactic polystyrene in a bromoform-benzene medium. These authors note that the difference is far larger than the known difference in partial specific volume between the materials. Apparently, the authors are dealing with an effect of structure upon net solvation.

A block copolymer of styrene and isoprene is reported by Bresler, Pyrkov and Frenkel (5) to have separated into three zones in density gradient sedimentation.

V. Tables.

Table I. Density versus Refractive Index Relations for Various Aqueous Salt Solutions.

$$\varrho^{25°} = a \cdot n_D{}^{25°} - b.$$

Salt	Coefficients in Equation		Density Range
	a	b	
Cs$_2$SO$_4$	12.1200	15.1662	1.15–1.40 (29)
	13.6986	17.3233	1.40–1.70 (23)
Cs$_2$SeO$_4$	12.0919	15.1717	1.38–2.00 (23)
CsI	8.8757	10.8381	1.20–1.55 (29)
CsBr............	9.9667	12.2876	1.25–1.35 (29)
CsCl	10.8601	13.4974	1.25–1.90 (32)
Cs acetate.......	10.7527	13.4247	1.80–2.05 (23)
Cs formate	13.7363	17.4286	1.72–1.82 (23)
Cs formate	12.876*	16.209*	1.84–2.34 (16)
KBr	6.4786	7.6431	1.10–1.35 (29)
RbBr	9.1750	11.2410	1.15–1.65 (29)

* These coefficients give density at 20° from refractive index at 25°.

Table 2. Variation of $\beta° \times$ 10^{-9} with Solution Density (32).

$\varrho°$	Sucrose	KBr	RbBr	RbCl	CsCl
I.02	8.091				
1.03	6.789				
1.04	5.605				
1.05	4.643		6.729	9.817	
1.06	4.019				
1.075		7.496			
1.08	3.449				
1.10	3.237	6.121	3.643	5.532	
1.12	3.121				
1.125		5.229			
1.14	3.091				
1.15		4.594	2.536	4.109	2.491
1.175		4.151			
1.20		3.848	2.122	3.445	1.984
1.225		3.637			
1.250		3.469	1.772	3.172	1.715
1.275		3.330			
1.30		3.213	1.635	3.083	1.546
1.325		3.112			
1.35			1.528	2.777	1.430
1.40			1.434	2.334	1.346
1.45			1.372		1.286
1.50					1.245
1.55					1.216
1.60					1.197
1.65					1.190
1.70					1.190
1.75					1.199
1.80					1.215
1.85					1.236

Table 3. Densities of Cesium Sulfate (78) and Cesium Chloride Solutions.
(g/ml; corrected for air buoyancy.)

wt% Cs_2SO_4	$\varrho^{25°}$
25.98	1.263_9
30.68	1.326_5
34.11	1.375_6
37.31	1.424_7
39.38	1.458_3
41.76	1.498_3
43.40	1.527_1
45.23	1.560_5
47.30	1.600_0
47.45	1.602_8
49.19	1.637_4

A useful relation for CsCl solutions at $25°$ is wt% $= 137.48 - 138.11 \ (1/\varrho_4^{25°})$, for 30–60% solutions.

References.

1. Aten, J. B. T. and A. Schouten: Ultraviolet Absorption Optical System with Photoelectric Recording for a Phywé Ultracentrifuge. J. Sci. Instruments **38**, 325 (1961).
2. Baldwin, R. L.: Equilibrium Sedimentation in a Density Gradient of Materials Having a Continuous Distribution of Effective Densities. Proc. Nat. Acad. Sci. (USA) **45**, 939 (1959).
3. Berns, K. I. and C. A. Thomas, Jr.: A Study of Single Polynucleotide Chains Derived from T 2 and T 4 Bacteriophage. J. Mol. Biol. **3**, 289 (1961).
4. Brenner, S., F. Jacob and M. Meselson: An Unstable Intermediate Carrying Information from Genes to Ribosomes for Protein Synthesis. Nature (London) **190**, 576 (1961).
5. Bresler, S. E., L. M. Pyrkov and S. Ya. Frenkel: Equilibrium Sedimentation of Block Copolymers in a Density Gradient. Vysokomol. Soedineniya **2**, 261 (1960). [Chem. Abstr. **54**, 20302 (1960).]
6. Buchdahl, R., H. A. Ende and L. H. Peebles, Jr.: Detection of Structural Differences in Polymers in a Density Gradient Established by Ultracentrifugation. J. Physic. Chem. **65**, 1468 (1961).
7. Casassa, E. F. and H. Eisenberg: On the Definition of Components in Solutions Containing Charged Macromolecular Species. J. Physic. Chem. **64**, 753 (1960).
8. Cavalieri, L. F., B. H. Rosenberg and J. F. Deutsch: The Subunit of Deoxyribonucleic Acid. Biochem. Biophys. Res. Comm. **1**, 124 (1959).
9. Chargaff, E.: Tables. In: E. Chargaff and J. N. Davidson, The Nucleic Acids, Vol. I, p. 307. New York: Academic Press. 1955.
10. Chun, E. H. L. and J. W. Littlefield: The Separation of the Light and Heavy Strands of Bromouracil-substituted Mammalian DNA. J. Mol. Biol. **3**, 668 (1961).
11. Cohen, R. et B. Nisman: Mise en évidence par analyse en gradient de densité d'une nouvelle structure subcellulaire d'*E. coli* synthétisant des protéines spécifiques. C. R. hebd. Séances Acad. Sci. **252**, 1063 (1961).

12. Cox, D. J. and V. N. Schumaker: The Preferential Hydration of Proteins in Concentrated Salt Solutions. II. Sedimentation Equilibrium of Proteins in Salt Density Gradients. J. Amer. Chem. Soc. 83, 2439 (1961).
13. Cox, R., J. Marmur and P. Doty: unpublished.
14. Crawford, L. V.: A Study of the Rous Sarcoma Virus by Density Gradient Centrifugation. Virology 12, 143 (1960).
15. Davern, C. I. and M. Meselson: The Molecular Conservation of Ribonucleic Acid During Bacterial Growth. J. Mol. Biol. 2, 153 (1960).
16. Davison, P. F.: The Effect of Hydrodynamic Shear on the Deoxyribonucleic Acid from T 2 and T 4 Bacteriophages. Proc. Nat. Acad. Sci. (USA) 45, 1560 (1959).
17. Dintzis, H. M., H. Borsook and J. Vinograd: Microsomal Structure and Hemoglobin Synthesis in the Rabbit Reticulocyte. In: R. B. Roberts, Microsomal Particles and Protein Synthesis, p. 95. New York: Pergamon Press. 1958.
18. Doty, P., J. Marmur, J. Eigner and C. Schildkraut: Strand Separation and Specific Recombination in Deoxyribonucleic Acids: Physical Chemistry Studies. Proc. Nat. Acad. Sci. (USA) 46, 461 (1960).
19. Doty, P, J. Marmur and N. Sueoka: The Heterogeneity in Properties and Functioning of Deoxyribonucleic Acids. Brookhaven Sympos. Biol., Structure and Function of Genetic Elements, 1959.
20. Duve, C. de, J. Berthet and H. Beaufay: Gradient Centrifugation of Cell Particulates. Theory and Applications. Progr. Biophys. Biophysic. Chem. 9, 325 (1959).
21. Goldberg, R. J.: Sedimentation in the Ultracentrifuge. J. Physic. Chem. 57, 194 (1953).
22. Hall, B. D. and S. Spiegelman: Sequence Complementarity of T 2-DNA and T 2-specific RNA. Proc. Nat. Acad. Sci. (USA) 47, 137 (1961).
23. Hearst, J. E.: Thesis, California Institute of Technology, Pasadena, 1961.
24. Hearst, J. E., J. B. Ifft and J. Vinograd: The Effects of Pressure on the Buoyant Behavior of Deoxyribonucleic Acid and Tobacco Mosaic Virus in a Density Gradient at Equilibrium in the Ultracentrifuge. Proc. Nat. Acad. Sci. (USA) 47, 1015 (1961).
25. Hearst, J. E. and J. Vinograd: The Net Hydration of Deoxyribonucleic Acid. Proc. Nat. Acad. Sci. (USA) 47, 825 (1961).
26. — — A Three-Component Theory of Sedimentation Equilibrium in a Density Gradient. Proc. Nat. Acad. Sci. (USA) 47, 999 (1961).
27. — — The Net Hydration of T 4 Bacteriophage Deoxyribonucleic Acid and the Effect of Hydration on Buoyant Behavior in a Density Gradient at Equilibrium in the Ultracentrifuge. Proc. Nat. Acad. Sci. (USA) 47, 1005 (1961).
28. — — Sedimentation Equilibrium in a Density Gradient: An Evaluation of the Errors Caused by Refraction of Light in the Photometric Determination of Molecular Weight and Buoyant Density. J. Physic. Chem. 65, 1069 (1961).
29. Ifft, J. B.: Thesis, California Institute of Technology, Pasadena, 1962.
30. Ifft, J. B. and J. Vinograd: The Buoyant Behavior of Bovine Serum Mercaptalbumin in Salt Solutions at Equilibrium in the Ultracentrifuge. I. The Protein Concentration Distribution by Schlieren Optics and the Net Hydration of the Salt-free Protein in CsCl Solutions (unpublished).
31. — — The Buoyant Behavior of Bovine Serum Mercaptalbumin in Salt Solutions at Equilibrium in the Ultracentrifuge. II. The Determination of the Solvated Molecular Weight in Various Salt Solutions (unpublished).

32. Ifft, J. B., D. H. Voet and J. Vinograd: The Determination of Density Distributions and Density Gradients in Binary Solutions at Equilibrium in the Ultracentrifuge. J. Physic. Chem. 65, 1138 (1961).

33. Inman, R. and R. L. Baldwin: Formation of Hybrid Molecules from two Alternating DNA Copolymers (unpublished).

34. Jacob, F. and J. Monod: Genetic Regulatory Mechanisms in the Synthesis of Proteins. J. Mol. Biol. 3, 318 (1961).

35. Kaiser, A. D. and D. S. Hogness: The Transformation of Escherichia coli with Deoxyribonucleic Acid Isolated from Bacteriophage λ dg. J. Mol. Biol. 2, 392 (1960).

36. Kellenberger, G., M. L. Zichichi and J. Weigle: A Mutation Affecting the DNA Content of Bacteriophage Lambda and its Lysogenizing Properties. J. Mol. Biol. 3, 399 (1961).

37. Kit, S.: Equilibrium Sedimentation in Density Gradients of DNA Preparations from Animal Tissues. J. Mol. Biol. 3, 711 (1961).

38. Kornberg, A. et al.: Private communication.

39. Kuhn, W.: Zeitbedarf der Längsteilung von miteinander verzwirnten Faden-molekülen. Experientia 13, 301 (1957).

40. Langridge, R., H. R. Wilson, C. W. Hooper, M. H. F. Wilkins and L. D. Hamilton: The Molecular Configuration of Deoxyribonucleic Acid. I. X-ray Diffraction Study of a Crystalline Form of the Lithium Salt. J. Mol. Biol. 2, 19 (1960).

41. Lauffer, M. A. and I. J. Bendet: The Hydration of Viruses. Adv. Virus Res. 2, 241 (1954).

42. Longuet-Higgins, H. C. and B. H. Zimm: Calculation of the Rate of Uncoiling of the DNA Molecule. J. Mol. Biol. 2, 1 (1960).

43. Levintow, L. and J. E. Darnell, Jr.: A Simplified Procedure for the Puri-fication of Large Amounts of Poliovirus: Characterization and Amino Acid Analysis of Type I Poliovirus. J. Biol. Chem. 235, 70 (1960).

44. Marmur, J. and D. Lane: Strand Separation and Specific Recombination in Deoxyribonucleic Acids: Biological Studies. Proc. Nat. Acad. Sci. (USA) 46, 453 (1960).

45. Marmur, J. and P. O. P. Ts'o: Denaturation of Deoxyribonucleic Acid by Formamide. Biochim. Biophys. Acta 51, 32 (1961).

46. Meselson, M.: Thesis, California Institute of Technology, 1957.

47. — The Deoxyribonucleic Acid of Coliphage T 7 and its Transfer from Parental to Progeny Phages. In: The Cell Nucleus, p. 240. London: Butterworth. 1960.

48. Meselson, M. and F. W. Stahl: The Replication of DNA in Escherichia coli. Proc. Nat. Acad. Sci. (USA) 44, 671 (1958).

49. Meselson, M., F. W. Stahl and J. Vinograd: Equilibrium Sedimentation of Macromolecules in Density Gradients. Proc. Nat. Acad. Sci. (USA) 43, 581 (1957).

50. Partington, J. R.: An Advanced Treatise on Physical Chemistry, Vol. II. New York: Longmans, Green and Co. 1954.

51. Pedersen, K. O.: The Light-absorption Method. In: T. Svedberg and K. O. Pedersen, The Ultracentrifuge, p. 240. Oxford: Clarendon Press. 1940.

52. Pohl, F.: Dissert., Univ. Bonn, 1906.

53. Robkin, E., M. Meselson and J. Vinograd: A Rotor Aperture for the Determination of Optical Density within Rotating Ultracentrifuge Cells. J. Amer. Chem. Soc. 81, 1305 (1959).

54. ROLFE, R. and M. MESELSON: The Relative Homogeneity of Microbial DNA. Proc. Nat. Acad. Sci. (USA) **45**, 1039 (1959).

55. ROWND, R. and C. L. SCHILDKRAUT: unpublished.

56. SCHACHMAN, H. K.: Ultracentrifugation in Biochemistry. New York: Academic Press. 1959.

57. — Private communication.

58. SCHILDKRAUT, C. L., J. MARMUR and P. DOTY: The Formation of Hybrid DNA Molecules and their use in Studies of DNA Homologies. J. Mol. Biol. **3**, 595 (1961).

59. — — — Determination of the Base Composition of Deoxyribonucleic Acid from its Apparent Density in CsCl (unpublished).

60. SCHUMAKER, V. N. and B. MARANO: A Serious Convective Disturbance which Occurs during Ultracentrifugation using Duralumin Centerpieces. Arch. Biochem. Biophys. **94**, 532 (1961).

61. SIEGEL, A. and W. HUDSON: Equilibrium Centrifugation of Two Strains of Tobacco Mosaic Virus in Density Gradients. Biochim. Biophys. Acta **34**, 254 (1959).

62. SIMON, E. H.: Transfer of DNA from Parent to Progeny in a Tissue Culture Line of Human Carcinoma of the Cervix (Strain HeLa). J. Mol. Biol. **3**, 101 (1961).

63. SINSHEIMER, R. L.: Purification and Properties of Bacteriophage Φ X-174. J. Mol. Biol. **1**, 37 (1959).

64. SUEOKA, N.: A Statistical Analysis of Deoxyribonucleic Acid Distribution in Density Gradient Centrifugation. Proc. Nat. Acad. Sci. (USA) **45**, 1480 (1959).

65. — Mitotic Replication of Deoxyribonucleic Acid in *Chlamydomonas reinhardi*. Proc. Nat. Acad. Sci. (USA) **46**, 83 (1960).

66. — Variation and Heterogeneity of Base Compositions of Deoxyribonucleic Acids: A Compilation of Old and New Data. J. Mol. Biol. **3**, 31 (1961).

67. SUEOKA, N., J. MARMUR and P. DOTY: Heterogeneity in Deoxyribonucleic Acids. II. Dependence of the Density of Deoxyribonucleic Acids on Guanine-Cytosine Content. Nature (London) **183**, 1429 (1959).

68. SVEDBERG, T. and K. O. PEDERSEN: The Ultracentrifuge. Oxford: Clarendon Press. 1940.

69. SZYBALSKI, W.: Sampling of Virus Particles and Macromolecules Sedimented in an Equilibrium Density Gradient. Experientia **16**, 164 (1960).

70. — Private communication.

71. TRAUTMAN, R.: Determination of Density Gradients in Isodensity Equilibrium Ultracentrifugation. Arch. Biochem. Biophys. **87**, 289 (1960).

72. VAN HOLDE, K. E. and R. L. BALDWIN: Rapid Attainment of Sedimentation Equilibrium. J. Physic. Chem. **62**, 734 (1958).

73. VINOGRAD, J. and R. KENT: unpublished.

74. VINOGRAD, J. and J. MORRIS: unpublished.

75. VINOGRAD, J., J. MORRIS, W. F. DOVE and N. DAVIDSON: The Buoyant Behavior of Bacterial and Viral DNA in Alkaline Cesium Chloride Solution (unpublished).

76. VINOGRAD, J., J. MORRIS and R. GREENWALD: The Buoyant Titration of Poly-*L*-Glutamate (unpublished).

77. VOLKIN, E. and L. ASTRACHAN: Phosphorus Incorporation in *Escherichia coli* Ribonucleic Acid after Infection with Bacteriophage T 2. Virology **2**, 149 (1956).

78. WAKE, R. G. and R. L. BALDWIN: Physical Studies of the Replication of DNA in vitro (unpublished).

79. WALES, M.: Density Gradient Sedimentation in Polymer Solutions (unpublished).

80. WEIGLE, J., M. MESELSON and K. PAIGEN: Density Alterations Associated with Transducing Ability in the Bacteriophage Lambda. J. Mol. Biol. 1, 379 (1959).
81. WEIL, R.: Some Properties of the Subviral Infective Agent Related to Polyoma Virus (unpublished).
82. WILLIAMS, J. W., K. E. VAN HOLDE, R. L. BALDWIN and H. FUJITA: The Theory of Sedimentation Analysis. Chem. Rev. 58, 715 (1958).
83. WILLIAMS, R. C.: Private communication.
84. International Critical Tables. New York: McGraw-Hill, Inc. 1933.

(Received, February 28, 1962.)

Current Theories on the Origin of Life.

By **N. H. Horowitz**, Pasadena, and **Stanley L. Miller**, La Jolla, California.

With 4 Figures.

Contents.

I. Introduction.

To modern scientists, the origin of life seems one of the most difficult of all problems. This was not always so. From classic Greek times until the middle of the 19th century it was generally accepted that living organisms could originate spontaneously, without parents, from non-living material. Thus, for centuries it was believed that insects, frogs, worms, etc. were generated spontaneously in mud and decaying matter. This notion was experimentally disproved in 1668 by REDI, who showed that larvae did not develop in meat if adult insects were prevented from laying their eggs on it; but it was revived again following the discovery of microorganisms by LEEUWENHOEK in 1675. Since bacteria, yeasts and protozoa were much smaller and apparently simpler than any previously known living things, REDI's disproof did not seem to apply to them, and the possibility of their spontaneous origin became a matter of controversy for nearly 200 years. We know today that these organisms, despite their small size, are enormously complex—as complex as the cells of higher organisms—and the possibility that they could originate spontaneously from non-living material is as remote as it is for any other cells. In a series of brilliant experiments, PASTEUR (82) in 1861 finally overcame the technical difficulties that had prevented solution of the problem and demonstrated, by logically the same argument that REDI had used, that microorganisms arise only from pre-existing micro-organisms. The genetic continuity of living organisms was thus established for the first time.

Shortly before, DARWIN and WALLACE (1858) had published, simultaneously and independently, the theory of evolution by natural selection. This theory could account for the evolution from the simplest single-celled organism to the most complex plants and animals, including man. Therefore, the problem of the origin of life involved no longer how each species developed, but only how the first living organism arose.

To most scientists, PASTEUR's experiments demonstrated the futility of inquiring into the origin of life. It was even suggested that life had no origin, but, like matter, was eternal*. ARRHENIUS (7) proposed that life-bearing seeds (panspermia) are scattered throughout cosmic space and that they fall on the planets and germinate wherever conditions are favorable. Concern with the origin of life thus faded into the back-

---

* DARWIN, in a letter to HOOKER in 1863, wrote: "It is mere rubbish, thinking at present of the origin of life; one might as well think of the origin of matter." [Cited by CROW (23).] That DARWIN did have thoughts on the origin of life is shown, however, by the following interesting quotation from a letter written in 1871: "It is often said that all the conditions for the first production of a living organism are now present, which could ever have been present. But if (and oh! what a big if!) we could conceive in some warm little pond, with all sorts of ammonia and phosphoric salts, light, heat, electricity, etc., present, that a proteine compound was chemically formed ready to undergo still more complex changes, at the present day such matter would be instantly devoured or absorbed, which would not have been the case before living creatures were formed." [Cited by HARDIN (39)].

ground, while biologists applied themselves to the more profitable task of investigating the nature of living matter. As a result of these investigations, carried out over the last 100 years, the problem can be viewed today in a new light. Biologists have come to realize that life is a manifestation of certain molecular combinations. The origin of life concerns the origin of these molecular combinations, not of the mysterious properties of growth, irritability, metabolism, etc. Since, according to cosmologists, not even the elements have existed forever, it is impossible to believe that life has always existed. Biology is therefore faced again with the question of how life arose.

We do not pretend to answer this question in the present article. A complete and convincing theory of the origin of life may be constructed some day, but this is not yet possible. Neither is it our intention to compose a catalog of the numerous speculations that have been published on this subject in recent years. For a fuller discussion of various points-of-view, the reader is referred to the work of OPARIN (77) and to the Proceedings of the Moscow Symposium on the Origin of Life on the Earth (78). Rather, the purpose of this article is to summarize the basic biological, chemical, and geological data that appear relevant to a discussion of the origin of life, to give those fragments of the solution that seem to be reasonably well established, and to indicate the wide gaps that separate us from a complete understanding of this problem.

One of the reasonably well established facts that we have to start with is that life did originate on the earth at some time in the distant past. We shall therefore first consider the nature of living matter from a general point-of-view and show in what essential properties it differs from inanimate matter. Next, we will examine the chemical basis for these special properties. We will then turn to the chemistry of the primitive earth and describe the conditions that are believed to have been present during pre-biotic times. We will finally discuss experiments dealing with the production of biologically interesting compounds under primitive earth conditions.

II. The Nature of Living Organisms.

1. "What is Life?"

Some biologists and biochemists regard the question of how life started as essentially meaningless. They view living and non-living matter as forming a continuum, and the drawing of a line between them as arbitrary. Life, in this view, is associated with the complex metabolic apparatus of the cell—enzymes, membranes, metabolic cycles, etc.—and the point at which such a system becomes "alive" is undefinable (86). Most biologists, however, are agreed that living matter is uniquely defined by its genetic properties. According to this view, the feature that above all others distinguishes living matter is its mode of duplication. The reproduction of living things differs from the self-propagation that is found in many non-living systems (e. g., the multiplication of crystals, the autocatalytic increase of certain enzymes in the presence of their proenzymes, the growth of a flame) in that it is basically a process of *copying*. Like the non-living examples mentioned, living organisms select appropriate materials from their environment and transform them into (usually) accurate replicas of themselves*. Kinetically, the reproduction of living organisms is indistinguishable from the autocatalysis of non-living systems; both processes lead to the same mathematical law of autocatalytic increase (*64*). They differ fundamentally, however, in that the self-replication of living systems extends to the occasional accidental variants (mutants) which appear from time to time in populations. The mutants copy themselves when they replicate; they do not copy the parental type from which they originated**. This remarkable property, which is found only in systems that we call living, is what makes organic evolution possible. Combined with natural selection, it underlies the seemingly infinite capacity of organisms to adapt themselves to the needs of their existence. *In other words, an organism, to be called living, must be capable of both replication and mutation; such an organism will evolve into higher forms.*

The concept that the essential attributes of living matter are reproduction with mutation derives principally from the discoveries that have been made in genetics since 1900. Its most cogent expression has been given by Muller (*73, 74*). One of the most far-reaching genetic discoveries was that the properties of self-replication and mutation (henceforth called *genetic* properties) are associated with a material substance of the cell which is confined largely to the chromosomes. The rest of the cell, including its elaborate structural organization and its array of specific catalysts, is without genetic continuity itself. It is the direct or indirect product of the genetic material. It is *as if* the non-genetic substances are produced solely to insure the perpetuation of the genetic material. It is thus seen that the genetic material has two separate functions: to replicate itself and to bring about the formation of certain non-genetic products. These functions are known as the *autocatalytic* and *heterocatalytic* functions of the genes.

* Strictly speaking, this is true only in asexual reproduction. Sexual reproduction introduces complications due to the recombination of hereditary traits from the two parents. This difference is only superficial, however, since in both cases the hereditary determinants (genes) are constant from generation to generation.

** Not all biological variation is inherited, however. Inherited variations are called *genotypic*, non-inherited variations *phenotypic*. This distinction is the basis for the rejection of the Lamarckian theory of inheritance of acquired characteristics.

References, pp. 454—459.

It should be emphasized that while this picture of cellular organization is known to be correct in part and is plausible in its entirety, it is not completely established in all of its parts. It should be regarded as a working hypothesis. It is known, for example, that genetic determinants of some kind exist outside the nucleus of the cell (plasmagenes). These are believed to be few in number, compared with nuclear genes, but their nature and mode of action are almost completely unknown. We also have almost no information concerning the genesis and molecular organization of many of the morphological structures of cells—macroscopic, microscopic and submicroscopic. While many of these structures are known to be directly dependent on the activity of nuclear genes, we have insufficient knowledge at the present time to assert with confidence that they are generated totally by the genes or their products.

2. Nature of the Genetic Material.

One of the major accomplishments of biochemistry and genetics of recent years has been the identification of the genetic material. The answer has been surprising in that the genetic substance has not been found to be a protein or nucleoprotein, as was generally assumed, but nucleic acid. This was first proven in 1944, when AVERY et al. (8) demonstrated that the heredity of the pneumonia organism, *Diplococcus pneumoniae* (pneumococcus) could be transformed by treating the organism with pure deoxyribonucleic acid (DNA) isolated from a different strain of the same species. Specifically, they showed that cells of a non-virulent, unencapsulated strain of pneumococcus were transformed into virulent, encapsulated cells by growing them in the presence of DNA from an encapsulated, virulent strain. The serological type of the capsular polysaccharide, of which a large number are recognized in pneumococcus, was the same in the transformed cells as in the DNA donor. The transformed cells multiplied to give the transformed type, and from their progeny DNA with the same transforming ability could be obtained. DNA thus manifested both the autocatalytic and the heterocatalytic activities ascribed to genes. This observation was soon extended to other hereditary characteristics of pneumococcus, including resistance to drugs and antibiotics (49) and the ability to carry out specific biochemical reactions (66). Transformations can be induced in both directions—e. g., streptomycin sensitive to streptomycin resistant and vice versa—showing that DNA does not merely add to the recipient's heredity, but replaces the homologous gene (50). "Transforming" DNA can be caused to mutate in vitro by treatment with nitrous acid (63). More recently, DNA-mediated transformations have been found in several other bacterial species (4, 96).

The genetic material of a number of bacterial viruses (bacteriophages) has also been shown to be DNA (40). These viruses consist essentially of a core of DNA surrounded by a protein coat. The apparent function of the protein is to protect the DNA and to inject it into a bacterial cell.

The protein has no further rôle, but the DNA multiplies within the host cell and induces the synthesis of protein coats. After a short time, the host cell lyses, releasing a new crop of virus particles.

It is often asked whether viruses should be classified as living or non-living. According to the viewpoint expressed in this paper, viruses are living objects which require a special environment—so far known only in living cells—for their reproduction. It is safe to predict that virus production in a test tube will eventually be accomplished, however.

In many plant and animal viruses, the genetic material is not DNA, but ribonucleic acid (RNA) (93). The first such case to be worked out was the tobacco mosaic virus. This virus consists of a core of RNA, enveloped by a protein. Gierer and Schramm (33) and Fraenkel-Conrat (29) independently discovered that the viral RNA, freed of its protein, can infect tobacco plants. The infected plants show typical symptoms of the mosaic disease and from them whole virus particles can be obtained. Fraenkel-Conrat and Singer (30) have constructed mixed viruses, containing the RNA from one strain and the protein coat from another. Plants infected with such mixed viruses only produce virus corresponding to the RNA.

Despite many attempts and some fantastic claims of success, no convincing demonstration of genetic transformation in animals has appeared. Nevertheless, there are strong reasons for believing that in animals and higher plants, as well, DNA is the major genetic substance. Thus, the DNA of plant and animal cells is, with rare exceptions, confined to the chromosomes. Approximately 30% of the dry weight of isolated nuclei consists of nucleic acids; of this, 80–90% is DNA and the rest RNA (24). By autoradiography of chromosomes labeled with tritiated thymidine, Taylor et al. (100) have studied the distribution of DNA between daughter chromosomes during mitosis in higher plants. The distribution of the radioactivity strongly suggests self-duplication of the DNA strands according to the model of Watson and Crick (Fig. 1, p. 429), and it is very similar to that found for DNA in dividing *Escherichia coli* cells by Meselson and Stahl (67) by a different method. Finally, the parallelism between the absorption spectrum of nucleic acids and the mutation rate as a function of wavelength of ultraviolet light (action spectrum) is indicative that the genetic material is nucleic acid (97).

3. The Structure and Replication of DNA.

It is now generally agreed that the structure of DNA, as isolated from a variety of cells, is that proposed by Watson and Crick in 1953 (109). This model consists of two polydeoxyribonucleotide chains helically coiled around the same axis, the purine and pyrimidine bases on the inside and the phosphate-sugar groups on the outside of the helix *(Fig. 1)*. The chains are held together by hydrogen bonds between the bases, the adenine residues of either chain being bonded specifically to thymine on the other, and similarly guanine is bonded specifically to cytosine *(Figs. 2 and 3)*. The sequence of bases along a chain is not restricted, but once it is fixed, the sequence along the other chain is determined by structural requirements. This results in structural complementarity between the chains and suggests that duplication of the molecule takes place by separation of the chains and synthesis of a new complementary chain alongside each parental one, as shown in *Fig. 4*. The labeling experi-

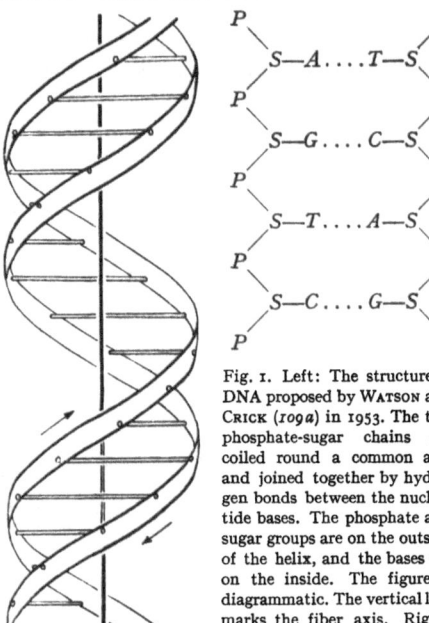

Fig. 1. Left: The structure of DNA proposed by WATSON and CRICK (*109a*) in 1953. The two phosphate-sugar chains are coiled round a common axis and joined together by hydrogen bonds between the nucleotide bases. The phosphate and sugar groups are on the outside of the helix, and the bases are on the inside. The figure is diagrammatic. The vertical line marks the fiber axis. Right: Schematic structure of deoxyribonucleic acid (DNA), according to WATSON and CRICK (*P* = phosphate; *S* = sugar; *A* = adenine; *T* = thymine; *G* = guanine; and *C* = cytosine).

[From: Nature (London) **171**, 737 (1953).]

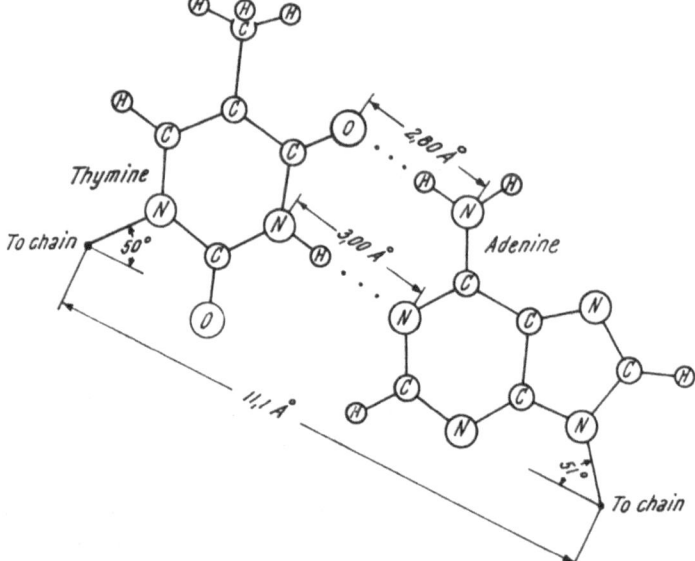

Fig. 2. Hydrogen bounding between adenine and thymine in DNA, according to PAULING and COREY (*83a*).
[From: Arch. Biochem. Biophys. **65**, 164 (1956).]

ments cited in the previous paragraph are consistent with this mode of duplication. Nevertheless, it is not yet understood how the uncoiling of the long double helix (M.-W. 10^6 to 10^8) takes place; this part

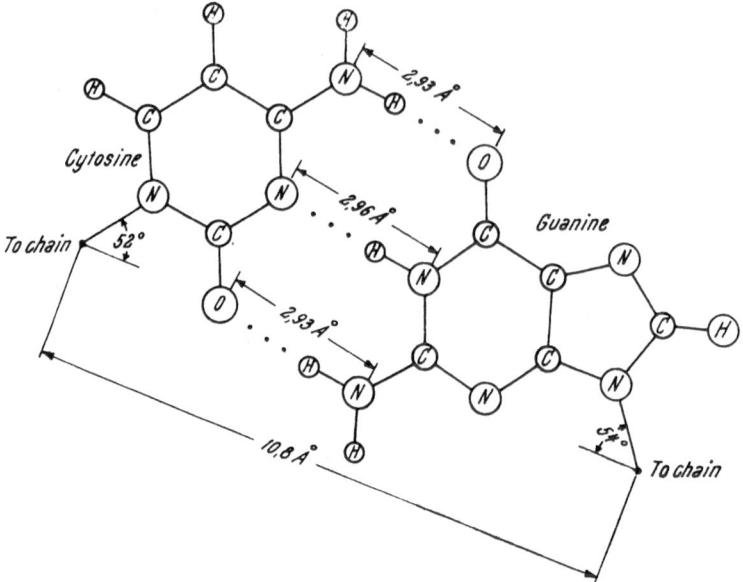

Fig. 3. Hydrogen bonding between guanine and cytosine in DNA, according to Pauling and Corey *(83a)*. [From: Arch. Biochem. Biophys. **65**, 164 (1956).]

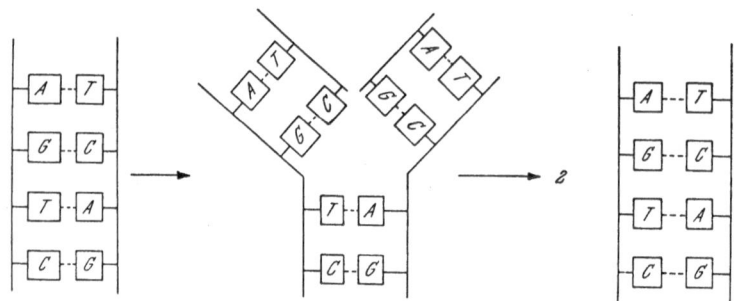

Fig. 4. DNA replication.

of the theory is not yet in a satisfactory state. It has been suggested that duplication of DNA proceeds without the uncoiling of the double helix *(21)*.

In the Watson-Crick model, the specificity of DNA is represented by the linear sequence of base pairs: adenine-thymine, thymine-adenine, guanine-cytosine, and cytosine-guanine. Small amounts of other bases are present in some organisms [reviewed in *(87)*]. Mutation consists in a change of sequence as the result of addition, subtraction, substitution, or transposition of bases. The mutagenic effects of synthetic analogs of the purine and pyrimidine bases are most easily understood in this way (*31*). Recently, direct evidence for this mechanism of mutation has been obtained in experiments in which mutations were induced by treatment of transforming DNA and viral RNA with nitrous acid, which deaminates adenine, cytosine and guanine. Deamination of the first two bases leads to mutations (*63, 75*).

The investigations of KORNBERG and his associates (*57*) on the enzymatic synthesis of DNA in vitro furnish the most important evidence for the self-replication of DNA. These workers have obtained an enzyme from bacterial cells that polymerizes the 5'-triphosphates of the four constituent nucleosides of DNA to produce DNA and inorganic pyrophosphate. This polymerization takes place only in the presence of DNA as a catalyst or primer *(Chart 1)*.

$$\text{m AdRPPP} + \text{m TdRPPP} + \text{n GdRPPP} + \text{n CdRPPP} \xrightarrow{\quad\text{DNA + Polymerase + Mg}^{++}\quad}$$

$$\xrightleftharpoons{} (\text{AdRP})_m(\text{TdRP})_m(\text{GdRP})_n(\text{CdRP})_n + 2\,(\text{m} + \text{n})\text{PP}$$

A = adenine (III).	C = cytosine (V).	P = phosphate.
T = thymine (VI).	dR = deoxyribose (II).	PP = pyrophosphate.
G = guanine (IV).		

Chart 1. Polymerization of DNA.

The DNA formed in this reaction is indistinguishable in physical properties from natural, two-stranded, high-molecular weight DNA. Chemical evidence shows that the two strands are anti-parallel, as predicted by the WATSON-CRICK model. The absolute requirement for a DNA primer and for all four deoxynucleoside triphosphates indicates that the reaction involves the copying of the primer. This is further strengthened by the observation that the base composition of the product is the same

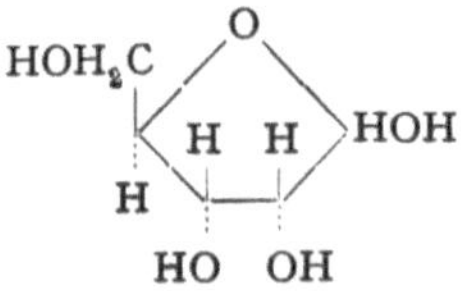

(I.) D-Ribose. 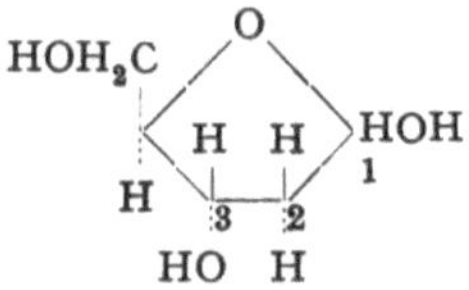 (II.) 2-Deoxy-D-ribose. 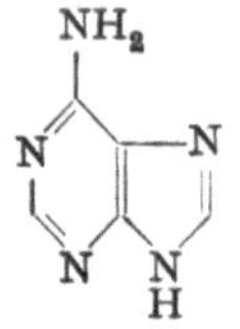 (III.) Adenine.

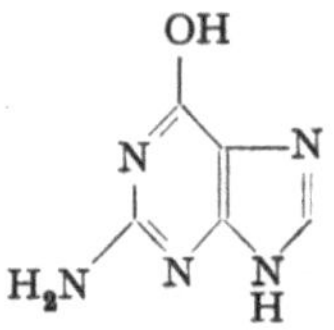

(IV.) Guanine. 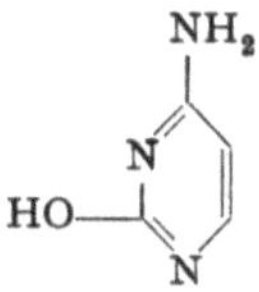 (V.) Cytosine. 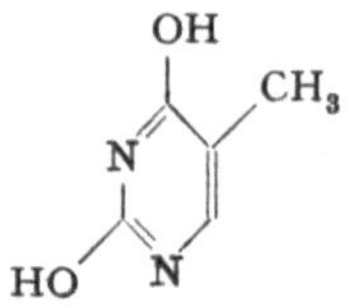 (VI.) Thymine.

as that of the primer for a variety of different DNA's and is independent of the initial concentrations of substrates.

Of special interest is the fact that in the absence of primer DNA, the polymerase can, after a long lag period, synthesize a copolymer of deoxyadenylate and thymidylate (*61*). This polymer shows the size and physical properties of normal DNA, and it can act as a primer for the synthesis of copies of itself. As Beadle (*14*) has pointed out, this observation suggests a mechanism by which a polynucleotide may have been formed spontaneously on the primitive earth, to be followed by mutations giving rise to DNA's with a variety of genetic information.

DNA polymerases of similar properties to that of bacterial origin have also been obtained from animal cells [reviewed in (*87*)].

The mechanism of replication of viral RNA is unknown. Viral RNA is single-stranded, unlike ordinary DNA (*56*). A single-stranded DNA has also been found; it appears to go through a two-stranded form during replication, but the details are not clear at this writing (*94*). It appears plausible that the replication of RNA is basically the same as that of DNA, but differing in details.

4. The Heterocatalytic Function of the Genetic Material.

It is believed at the present time that the heterocatalytic activity of the genes can be accounted for entirely on the basis of their role in the synthesis of enzymes and other proteins. The idea that genes control the synthesis of specific enzymes had its beginning early in the history of genetics (*111*). It was put on a firm footing by the work of Beadle, Tatum and their associates on the genetic control of biochemical reactions in the mold, *Neurospora crassa* [reviewed in (*13, 45*)]. It was shown that single gene mutations resulting in various biochemical abnormalities could be induced in this organism. In numerous instances, analysis of the defects showed that they could be accounted for as losses or alterations of specific enzymes. These investigations led to the conclusion that each gene (= small segment of genetic material) determines the synthesis of a specific protein by providing a pattern or template for the protein molecule, or at least for an essential region of it. This view came to be known as the "one gene-one enzyme" hypothesis of gene action (*48*). Recent work on human hemoglobin (*55*) and on tryptophan synthetase from bacteria (*22*) shows that the correct formulation is "one gene-one polypeptide chain". In both these proteins it has been found that separate genes govern the synthesis of the two kinds of polypeptide chains of which each is composed. "One gene-one enzyme" thus represents the special, but common, case in which the enzyme is made up of only one kind of polypeptide chain.

Considerable progress has been made in recent years in elucidating the synthesis of proteins in cell-free systems, despite difficulties owing to the complexity and lability of the systems. It has been established that the major site of protein synthesis in the cell is in submicroscopic ribonucleoprotein particles of the cytoplasm, the ribosomes. It is believed that genetic information from the nucleus is contained in these particles in the form of RNA and that the latter determines the sequence of amino acids in the synthesized protein. Considerable attention has been paid to the mode of activation of the amino acids and to their mode of transfer to the ribosomes. It has been established that activation and transfer require a specific enzyme and a specific ribonucleic acid for each amino acid.

For reviews of recent investigations in this field, the reader is referred to the articles by HOAGLAND (42) and BERG (15).

The question of how ribosomal particles arise in the cell is clearly fundamental to an understanding of gene action, but no answer can be given as yet. It has been proposed, on the one hand, that they originate in the nucleus (18) and, on the other, that they are self-duplicating in the cytoplasm (24).

Another problem of major concern is the identity of the agent that transfers information from the nucleus to the ribosomes since this is presumably the direct product of the gene. There is now good evidence that this agent is an RNA similar in base composition and probably complementary (in the sense of WATSON and CRICK) to the DNA it represents. Enzymes have recently been obtained from bacterial and animal cells that, in the presence of DNA and the triphosphates of adenosine, guanosine, uridine and cytidine, catalyze the synthesis of polyribonucleotides whose average base composition resembles that of the priming DNA, with uridylic acid (IX) replacing thymidylic acid (VIII) (51, 98, 110). This RNA is presumably the "messenger", which is known from other experiments (20, 35) to become attached to ribosomes in the cytoplasm and which is believed to convey structural information from the nucleus to the protein-synthesizing sites. The information is, as has

(VIII.) Thymidylic acid.

(IX.) Uridylic acid.

already been indicated, coded in the base sequence of DNA (and its "messenger"), but the manner in which the base sequence of DNA is translated into the amino acid sequence of proteins is unknown.

It has recently been found that synthetic polyribonucleotides can act as "messenger" RNA in vitro. Thus, when polyuridyclic acid is added to a ribosomal preparation from *E. coli*, it stimulates the system to produce polyphenylalanine (*76a*). This discovery has made it possible to assign trinucleotide code words to most of the amino acids (*95a*, *66a*).

The similarity between the reactions of gene duplication and of "messenger" RNA synthesis is striking. Both involve base pairing and polymerization of nucleoside triphosphates. It is likely that base pairing also operates in the alignment of amino acids in polypeptide synthesis (*42*).

Chart 2 summarizes schematically the autocatalytic and hetero-catalytic reactions of DNA.

DNA + deoxyribonucleoside triphosphates $\underset{\longleftarrow}{\overset{\text{DNA polymerase}}{\longrightarrow}}$ 2 DNA

$+$

Ribonucleoside triphosphates

$\downarrow\uparrow$ RNA polymerase

"Messenger" RNA   Amino acid + ATP + specific "transfer" RNA

$\downarrow$ $\downarrow$ specific activating enzyme

Ribosome $\longleftarrow$ Amino acid · RNA

$\downarrow$

Protein

Chart 2. DNA Replication and Control of Protein Synthesis.

5. The Evolution of Proteins.

Although most mutations are recognized as apparent losses of specific enzymes, some of them result in structural alterations of the protein without loss of activity. These structural mutations are biologically important in that they show how it is possible for protein molecules to evolve new properties and possibly even new functions (*46*). As an example, *Table 1* lists the thermostabilities and rates of electrophoretic

Table 1. The Four Tyrosinases of *Neurospora crassa*.
[From: Horowitz, Fling, MacLeod and Sueoka (*47*).]

Type	Thermostability (half-life in minutes at 59°)	Electrophoretic Migration (mm per hour on paper)
S	70	2.0
L	5	2.25
PR-15	20	1.5
Sing-2	70	1.5

migration of tyrosinases obtained from four different natural strains of *Neurospora crassa*. These differences persist through extensive purification and presumably reflect structural dissimilarities among the enzymes. It can be shown by crossing the strains and analyzing their progeny that the four forms of the enzyme are determined by four allelic forms of the same gene. In other words, the four enzymes are related to one another through one or more mutations (47).

Human hemoglobin has undergone mutations which are occasionally preserved in human populations, as PAULING and his coworkers first showed (84). Because of the facility with which hemoglobin can be isolated, these mutant forms have been the subject of important investigations. The chemical differences between normal hemoglobin and many of the mutant forms have been elucidated by a method of analysis devised by INGRAM (52). As a general rule, single amino acid substitutions have been found, as is shown in the examples in *Table 2*.

Table 2. Amino Acid Substitutions in the β-Chain of
Adult Human Hemoglobin.
[From: WATSON and KENDREW (108).]

Residue No. (from N-terminus)	Normal A	Substitution	Mutant
1	Val		
2	His		
3	Leu		
4	Thr		
5	Pro		
6	Glu	{ Val { Lys	S C
7	Glu	Gly	G
.	.		
.	.		
.	.		
28	Glu	Lys	E
.	.		
.	.		
.	.		
65	His	Tyr	M (Emory)
.	.		
.	.		
.	.		
69	Val	Glu	M (Milwaukee-1)
.	.		
.	.		
.	.		
128	Glu	Glu $\cdot$ NH$_2$	D (Punjab)
.	.		
.	.		

Hemoglobin S is of particular interest from an evolutionary point-of-view, because it confers resistance to subtertian malaria on its heterozygous carriers (5).

ITANO (54) and INGRAM (53) have discussed the evolutionary aspects of the hemoglobin molecule in relation to myoglobin, fetal hemoglobin, and hemoglobin A_2. These functionally related proteins show some remarkable similarities in amino acid sequences and/or three-dimensional configuration (55a, 85a), and it is possible to derive plausible schemes by which they might have evolved from a common ancestral protein. The genetic mechanism underlying this evolution is supposed by ITANO and by INGRAM to have involved duplication of the original gene, followed by independent evolution of the duplicate genes. Evidence for such a mechanism has been obtained in Drosophila melanogaster, where LEWIS (62) has shown that closely linked genes having similar effects on the organism are frequently seen as double-bands in the salivary chromosomes. Such double-bands, or "repeats", are thought to represent tandem gene duplications. It is postulated that, following such a doubling-up of a gene, one of the duplicate genes acquires a new function by mutation. In this way, new functional proteins could be obtained, and at the same time the old functional protein would be retained (Chart 3).

```
— A — B — C              Original chromosome
        ↓
— A — B — B — C —        Tandem duplication of gene B
        ↓
— A — B — B' — C —       Mutation of B to B'
```

Chart 3. Scheme of the Evolution of a New Gene.

The same mechanism provides the most reasonable explanation for the extraordinary arrangement of certain groups of genes in the bacterium, Salmonella typhimurium, studied by DEMEREC et al. (25). These workers have found that genes controlling the synthesis of enzymes involved in sequential reactions may be closely linked in the bacterial chromosome in the same order as the steps in the sequence. Thus, the genes controlling the four last steps in the synthesis of tryptophan are linked in the order of the reactions. The same is true for eight genes controlling histidine synthesis, five controlling isoleucine and valine synthesis, and four controlling threonine synthesis. It is not difficult to explain the fact that the same genes are not arranged in this manner in other organisms— e. g., Neurospora—since the arrangements will only be maintained if they confer a selective advantage on the organism, and what may be advantageous for one species need not be so for another. It is difficult to understand how these arrangements could have come about in the first place, however, unless evolution from an ancestral gene took place. The manner by which natural selection, acting on single mutations, could have lengthened biosynthetic sequences a step at a time, starting with the terminal step in the pathway, has been described by HORO-WITZ (*44*). .

6. Conclusions.

In the preceding pages we have presented the biological data that seem relevant to a discussion of the origin of life. We have adopted the view that the unique attribute of living matter, from which all of its other remarkable features derive, is its capacity for self-duplication with mutation. Genetic studies on a variety of organisms have shown that this capacity is confined to material that is largely localized in the chromosomes. Besides directing its own synthesis, the genetic material induces the synthesis of proteins in the cell, including the catalysts that make available the energy and the precursors needed for the perpetuation of the system. *The central problem in the origin of life is to account for the origin of material combining these properties.*

The genetic material of living organisms has been identified as nucleic acid. Of the two nucleic acids, DNA appears to be the principal genetic substance of bacterial viruses, bacteria, and higher plants and animals. RNA is the genetic substance of many plant and animal viruses, and it is not excluded that it has a genetic role in higher organisms.

The molecular structure of DNA is such as to suggest a simple mechanism for its replication. This mechanism is supported by experiments in vivo and in vitro. The latter show that replication of DNA can occur in a system containing activated precursors and a single enzyme. The structure of DNA also suggests a molecular basis for mutation, and this, too, is supported by experimental findings.

The heterocatalytic action of DNA is mediated by a specific RNA which is synthesized in a DNA-dependent reaction which appears to be very similar in mechanism to the reaction by which DNA itself is replicated. The RNA enters the ribosomes, where it determines, in an unknown manner, the amino acid sequence of a specific polypeptide chain.

The system described above fulfills the minimal requirements for a living system, as defined earlier. Its discovery and elaboration, starting from the observations of Mendelian genetics, is surely the major accomplishment of twentieth century biology to date. The system is relatively simple, compared to a whole cell, and to this extent it brings us closer to an understanding of the origin of life. Yet it is undoubtedly still too complex and too efficient to have originated spontaneously by random chemical reactions. It is almost certain that this system is itself the product of a long evolution.

It can be argued that the present genetic system has evolved so far from the original, primitive genetic system that it bears little resemblance to it. Thus the first genetic system might have utilized nucleic acids with different sugars and different purines and pyrimidines; it might not even have contained a sugar-phosphate backbone. It is obvious that other self-replicating polymers might be possible, but until specific models are proposed and their plausibility examined relative to the DNA model, the simplest assumption is that the first genetic material was closely related to DNA but probably not identical to it. The answer to this problem may become apparent when we know more about the reactions that took place in the primitive oceans.

It is tempting to speculate—and many authors have done so—that the first living organism consisted of a polynucleotide which produced or was associated with a polymerase. Such an entity would be capable of performing only one function—self-replication at the expense of preformed organic compounds (nucleotides) in its environment—but it would have the capability of evolving, by known mechanisms, into a highly complex organism. Crow (23) has pointed out that the primitive organism need not have functioned very efficiently. Replication need only have been accurate enough to prevent the system from mutating itself out of existence. Natural selection would lower the mutation rate by favoring those mutants whose ratio of correct to wrong copies was greatest. Replication may also have been slow, with perhaps a small polypeptide performing the role of polymerase. Here, too, selection would favor the discovery of more effective catalysts.

The polynucleotide hypothesis is attractive, but it is not as simple as it appears. It is by no means clear how even such a simple organism as a self-duplicating polynucleotide was produced by random chemical combinations. To obtain a polynucleotide of the required specificity implies that random polymerization of mononucleotides occurred on the primitive earth on a large scale. This would require the presence of catalysts in the environment to guide the reactions of the activated monomers in the direction of polymer synthesis, as against hydrolysis and other degradations which would otherwise predominate. To obtain these specific catalysts, it might be supposed that catalytically active polypeptides (primitive enzymes) were formed from the amino acids which there is reason to believe were abundant on the primitive earth (p. 445). It is not necessary to assume that these primitive enzymes were as specific or as efficient as modern enzymes; neither is it necessary to assume that they were as large. Recent work has shown that the entire structure of some enzymes is not needed for their activity [reviewed by Anfinsen (6)], and it is possible that even a small polypeptide can manifest some catalytic activity. We need more information than we now have on the relation between enzyme structure and function before this question can be answered. It is also possible that polypeptide sequences with catalytic activity were built up by processes that were not entirely random—as, for example, by the ordering of amino acids around the substrate. Something analogous to this has been demonstrated by WANG (*107*), who polymerized styrene in the presence of CO-heme diethyl ester. After removal of the CO, the film of polystyrene with the imbedded heme diethyl ester reversibly binds oxygen, in the manner of hemoglobin. The CO creates a pocket in the matrix which favors oxygen binding.

The formation of enzyme-like catalysts on the primitive earth would not solve the major problem of the origin of life, however, for there is no reason a priori to think that hydrolytic enzymes would not be formed by the same kind of process that gave rise to enzymes favoring polymer synthesis. Indeed, hydrolytic catalysts in the form of H^+ and OH^- would have always been present, and it is only by putting energy into the system that a synthesis of complex organic compounds can be realized at all. Unless some non-random process (such as the preferential synthesis of polymerizing enzymes) intervenes, the net result of the opposing reactions would be a low, steady-state concentration of biologically important polymers. The actual concentration would depend on the detailed mechanisms of the synthesis and breakdown and on the rate at which chemical energy is put into the system.

Some of these problems might be overcome by adsorption on mineral and clay surfaces (*17*). The polymerization might be favored over hydrolytic reactions, and it is possible that a small degree of specificity could be obtained by forming "pockets" or "templates" on the clay surface. Although a small amount of work has been done along these lines (*3, 92*), this field is largely unexplored. In the absence of experimental demonstrations it is not possible to judge whether the fundamental difficulties can be overcome by reactions on surfaces.

If the steady-state concentration of polymers was very low, then the origin of life might have been an extremely improbable event, rather than the inevitable outcome of the evolution of organic compounds on the earth, as it has come to be regarded in recent years. If so, our ideas concerning the abundance of life in the universe (*91*) would have to be revised. We have no way of judging this problem at the present time. It may be answered when more is known about the evolution of organic compounds on the earth—or perhaps sooner by the discovery of life on Mars.

Some authors consider it more likely that the first organisms were not individual molecules, but polymolecular aggregates of one kind or another, separated from the surrounding medium by a definite phase boundary. Thus, Oparin (77) assumes the formation in the primitive ocean of coacervate droplets containing proteins and other high-molecular weight compounds. These are assumed to have carried out a kind of primitive metabolism, accumulating proteins and other substances from the environment, growing in size, and finally fragmenting into smaller droplets which repeated the process. The coacervate concept is not useful as a model for the first living organism, because no detailed mechanism has been proposed by which coacervates can replicate, mutate, and therefore evolve. The DNA mechanism is the only one for which we have both direct evidence and a satisfactory theoretical model at the present time. For reasons stated earlier in this article, we believe that any model of primitive life which neglects to account for the genetic properties of living matter is doomed to failure. The coacervate concept may, however, provide a possibly useful means for concentrating specific substances in a small volume, thus increasing their opportunities for interaction.

III. The Origin of Life on the Earth.

1. The Geological Record.

It is estimated from various methods of dating rocks and meteorites that the earth was formed about 4.5 to 5.0 billion years ago (4.5×10^9). The first fossils of hard shelled animals occur in the Cambrian which begins about 0.6 billion years ago. Structures that have been found in Precambrian rocks are the fossil remains of algal colonies. A number of Precambrian coals are known, and it is likely that they are of biological origin. [For further discussion, see Barghoorn (12)].

The oldest known fossils are the remains of algal colonies found in Southern Rhodesia. Their age is at least 2.7 billion years (43, 65). It is likely that life was present before this, but so far no geological evidence is available. Many of the Precambrian rocks have been metamorphosed, and the heat has destroyed most of the fossils that may have been present. However, there are some Precambrian sediments that have not been heated and recrystallized, and these offer a rich field for investigation.

There is a period of about 2 billion years, between the origin of the earth and the occurrence of the first algal fossils, during which the origin and early evolution of life took place. This is almost half of geological time. We are without any knowledge of the biological events that occurred during this period.

There is little in the geological record that indicates what the conditions were in the very early Precambrian. The temperatures are not known, but are frequently assumed to be close to the present temperatures.

The principal problem is the composition of the primitive atmosphere. Proposals have been made that the atmosphere was strongly reducing, strongly oxidizing, and every variation in between. It is generally agreed that free oxygen was absent. The principal disagreement is whether the carbon in the atmosphere was methane, carbon dioxide or carbon monoxide, and the nitrogen was N_2 or ammonia. It has been claimed that the presence of large deposits of ferric iron in the Precambrian demonstrates the presence of oxidizing conditions, but this iron may have been oxidized after it was deposited by oxygen in ground waters. The ferric iron might also have been formed by iron bacteria or by non-biological processes, even though the thermodynamically stable species would presumably be ferrous.

Since the geological record tells us very little about the conditions on the primitive earth and when life arose, we must approach this problem from the standpoint of the origin of the earth.

2. The Formation of the Earth.

The theory that the planets were formed by tearing pieces from the sun is no longer seriously considered. Instead of the earth's being formed in a molten state, it is presently held that the planets and sun were formed at the same time from a cloud of cosmic dust at low temperatures. This spherical cloud of dust and gas collapsed into a round disk due to the forces of rotation and gravitation. The disk, in turn, broke up into sections or rotating segments, and the particles of dust and gases in these cells were pulled together by gravitational attraction until they became solid bodies. The central portion became the sun, while the sections farther out became the planets. It is clear that most of the gaseous material, particularly the hydrogen, helium, nitrogen (as ammonia), carbon (as methane) and oxygen (as water) escaped before the earth was formed. This is true because the earth contains very much less of these elements relative to a non-volatile element such as silicon than does the sun. In the case of Jupiter and Saturn more of these elements were retained when these planets formed because of the lower temperatures at that distance from the sun.

After the mass of dust and gas becomes dense enough, it acquires a gravitational field that slows up or prevents the escape of the gases in its atmosphere. In the case of the earth only the two lightest elements, hydrogen and helium, can escape. The rate of escape is strongly dependent on the temperature and the gravitational field, so that in the case of Jupiter and Saturn, their low temperatures and high gravitational fields make the escape of hydrogen and helium very slow. Therefore, the present atmospheres of these planets are probably not much different from the atmospheres they had when they were formed. The atmospheres of Jupiter and Saturn are observed to contain methane and ammonia, and the presence of hydrogen and helium has been observed indirectly.

For a discussion of the formation of the earth which emphasizes the chemical aspects, see UREY (*102*); and for atmospheres (*105*).

3. The Primitive Atmosphere.

It is reasonable to expect that the earth started out with an atmosphere similar to that of Jupiter and Saturn since the earth was formed from the same dust cloud, but with much less hydrogen and helium. In the case of Venus, Earth and Mars, this atmosphere has been altered by the escape of hydrogen. These planets, being smaller and closer to the sun than the major planets, lose their hydrogen rapidly enough to change the nature of the atmosphere in geological times.

The loss of hydrogen results in the production of carbon dioxide, nitrogen, nitrate, sulfate, free oxygen and ferric iron. The overall change has been oxidation of the reducing atmosphere to the present oxidizing atmosphere. Many complex organic compounds would have been formed during the overall change, thereby presenting a favorable environment for the formation of life.

The idea that organic compounds were produced on the primitive earth under reducing conditions was first clearly stated by OPARIN (*77*) in his book "The Origin of Life". UREY (*102, 103*) gave a more detailed statement of the reasons for a reducing atmosphere, and showed by thermodynamic analysis that as long as molecular hydrogen is present, methane and ammonia will be the stable forms of carbon and nitrogen.

The equilibrium constant (at $25°$ in the presence of liquid water) for the reaction

$$CO_2 + 4\,H_2 = CH_4 + 2\,H_2O$$

is 8×10^{22}, and therefore any pressure of hydrogen greater than about 10^{-4} atm. will reduce carbon dioxide to methane. The same is true for graphite. Carbon monoxide is unstable relative to carbon dioxide, hydrogen, and methane in the presence of water. The carbon dioxide in the atmosphere is kept low by absorption in the oceans to form HCO_3^-, H_2CO_3 and $CO_3^=$. The carbon dioxide also reacts with silicates, to form limestones, for example

$$CaSiO_3 + CO_2 = CaCO_3 + SiO_2 \quad K_{25°} = 10^8.$$

The equilibrium constant for the reaction

$$^1/_2\,N_2 + {}^3/_2\,H_2 = NH_3$$

is 7.6×10^2. Ammonia is very soluble in water and therefore would displace the above reaction toward the right, giving

$$^1/_2 N_2 + {^3/_2} H_2 + H^+ = NH_4{^+},$$

$$(NH_4{^+})/P_{N_2}^{1/2} P_{H_2}^{3/2} = 8.0 \times 10^{13} (H^+),$$

where P = partial pressure. This equation shows that most of the ammonia would have been present in the ocean instead of the atmosphere. The ammonia in the ocean would have been stable until the pressure of hydrogen fell below about 10^{-5} atm. assuming the pH of the ocean was 8, i. e. the present value.

From these equilibria it is seen that as long as there is an appreciable amount of molecular hydrogen present, we can say that the atmosphere will consist of methane, ammonia, nitrogen, and water vapor. Carbon monoxide is unstable under these conditions. Carbon dioxide dissolves in the ocean, and it also reacts with silicates to form limestones ($CaCO_3$). As the hydrogen escapes, the methane and ammonia are dehydrogenated, and this hydrogen also escapes. In the end this results in the oxidation of the methane and ammonia to carbon dioxide and nitrogen. Finally, the water is photochemically dissociated to oxygen and hydrogen. This hydrogen escapes, and free oxygen appears in the atmosphere resulting in a highly oxidizing atmosphere. This does not mean that thermodynamically unstable gases were entirely absent from the primitive atmosphere, but that they were present only to the extent of a few parts per million.

It is asserted by RUBEY (89) that surface carbon of the earth came from the outgassing of the interior, the carbon being in the form of carbon monoxide and carbon dioxide. This may well have been an important source of the surface carbon, but the more oxidized carbon would be converted to methane as long as molecular hydrogen was present.

For a more detailed discussion of the equilibria in the primitive atmosphere see MILLER and UREY (72).

It has been recently proposed by LEDERBERG and COWIE (60), by FOWLER, GREENSTEIN and HOYLE (27) and by ORÓ (79), that the synthesis of organic compounds took place before the earth was formed. Organic compounds have been synthesized at low temperatures from a mixture of methane, ammonia and water under conditions probably present in comets. These compounds include acetylene, ethane, propane and several other hydrocarbons (34); and urea, acetamide and acetone (16). It is quite probable that such syntheses took place in the primitive dust cloud and that much of the carbon was retained on the earth in this form. Most of these organic compounds were probably destroyed by heating during the formation of the earth. The organic compounds thus destroyed would eventually form methane, carbon dioxide and hydrogen, and the surviving organic compounds would undergo further transformations. Therefore the form in which the carbon was retained does not appreciably affect the conditions in the atmosphere and hydrosphere of the primitive earth.

The idea that the earth had a reducing atmosphere is at first difficult to accept, since it is so different from what is now present. It would probably not be necessary to accept the hypothesis of the reducing atmosphere if organic compounds could be synthesized under oxidizing conditions (that is, from carbon dioxide and water) and thereby provide favorable conditions for the origin of life.

Numerous attempts have been made to synthesize organic compounds under oxidizing conditions. Ultraviolet light and electric discharges do not give organic compounds except when contaminating reducing agents are present (88). If a mixture of hydrogen, carbon dioxide and water is used, then organic compounds will be obtained, but only very small amounts of hydrogen could be present under oxidizing conditions. Formic acid and formaldehyde have been synthesized from carbon dioxide and water by using 40 million electron volt helium ions from a 60 inch cyclotron as a source of energy. However, only 10^{-7} molecules of formaldehyde were synthesized per ion pair (32). Although the simplest organic compounds were indeed synthesized, the yields were so small that this experiment can best be interpreted to mean that it would not have been possible to synthesize organic compounds non-biologically as long as the earth had oxidizing conditions. This experiment is important in that it induced a re-examination of OPARIN's hypothesis of the reducing atmosphere; and subsequent experiments have shown the ease with which organic compounds can be synthesized under reducing conditions.

4. Energy Sources on the Primitive Earth.

Table 3 gives a summary of the sources of energy in the terrestrial surface regions. It is evident that sunlight is the principal source of energy, but only a small fraction of this is in the wavelengths below 2000 Å which can be absorbed by CH_4, H_2O, NH_3, CO_2, etc. If more complex molecules were formed, the absorption could move up to the 2500 Å region or longer wavelengths where substantial energy is available. Visible light would be ineffective in the synthesis of organic compounds in the atmosphere, but it might have been important in the oceans for organic transformations not requiring large amounts of energy; a possible example is the formation of a peptide bond.

Although probable, it is not certain that the large amount of energy from ultraviolet light would make the principal contribution to the synthesis of organic compounds. Most of the photochemical reactions at these short wavelengths would take place in the upper atmosphere. The compounds so formed would absorb at longer wavelengths and

Table 3. Present Sources of Energy Averaged Over
the Earth.

Source	cal. per cm^{-2} $year^{-1}$
Total radiation from sun	260 000
Ultraviolet light	
2500 Å.........................	570
2000 Å.........................	85
1500 Å.........................	3.5
Electric discharges	4.0[a]
Cosmic rays........................	0.0015
Radioactivity (to 1.0 km depth).......	0.8[b]
Volcanoes	0.13[c]

[a] Includes 0.9 cal cm^{-2} $year^{-1}$ from lightning and about 3 cal cm^{-2} $year^{-1}$ due to corona discharges from pointed objects.

[b] The value 4×10^9 years ago was 2.8 cal cm^{-2} $year^{-1}$.

[c] Calculated assuming the emission of 1 km^3 of lava per year at 1000°.

therefore might not reach the oceans before they were decomposed by the ultraviolet light. The question is whether the rate of decomposition in the atmosphere is higher or lower than the rate of transport to the oceans.

Next in importance as a source of energy are electric discharges which, as lightning and corona discharges, occur closer to the earth's surface, and hence more efficient transfer to the oceans would have taken place.

Cosmic ray energy is negligible at present, and there is no reason to assume it was greater in the past. The radioactive disintegration of uranium, thorium and potassium was more important 4.5×10^9 years ago, but still the energy was largely expended on the interior of the solid material of the rocks, and only a very small fraction of the total energy was available in the oceans and atmosphere. The energy from volcanoes is very small and could not have been very effective in synthesizing organic compounds.

5. The Synthesis of Organic Compounds.

a. Electric Discharges.

While ultraviolet light is a more important natural source of energy than electric discharges, the greatest progress in the synthesis of organic compounds under primitive conditions has been made with such discharges.

The first experiments showed that milligram quantities of glycine, α-alanine, β-alanine and α-amino-n-butyric acid were produced when methane, ammonia, water and hydrogen were subjected to a high frequency spark (68). A more complete analysis of the products gave the results shown in *Table 4* (69–71). The compounds in the Table account for 15% of the carbon added as methane, with the yield of glycine alone being 2.1%. Indirect evidence indicated that polyhydroxyl compounds (possibly sugars) were also synthesized. These compounds were probably formed from condensation of the formaldehyde that was produced by the electric discharge. The alanine was demonstrated to be racemic as would be expected in a system which contained no asymmetric reagents. It was shown that the syntheses were not due to bacterial contamination, since autoclaving the whole apparatus prior to sparking gave the same yields as when the autoclaving was omitted. This experiment has been repeated and confirmed by ABELSON (1), PAVLOVSKAYA and PASYNSKIĬ (85) as well as by HEYNS, WALTER and MEYER (41). Various mixtures of H_2, CH_4, CO, CO_2, NH_3, N_2, H_2O, and O_2 have been used, and amino acids were obtained when conditions were reducing—i. e., H_2, CH_4, CO, or NH_3 were present in excess. No amino acids were obtained under oxidizing conditions. Several of these mixtures are unstable and could not have constituted an atmosphere of the primitive earth.

Table 4. Yields in moles ($\times$ 10⁵) from Sparking a Mixture of CH_4, NH_3, H_2O, and H_2. (710 mg of carbon was added as CH_4.)

Glycine	63	Succinic acid	4
Glycolic acid	56	Aspartic acid	0.4
Sarcosine	5	Glutamic acid	0.6
Alanine	34	Iminodiacetic acid	5.5
Lactic acid	31	Iminoacetic-propionic acid	1.5
N-Methylalanine	1	Formic acid	233
α-Amino-n-butyric acid	5	Acetic acid	15
α-Aminoisobutyric acid	0.1	Propionic acid	13
α-Hydroxybutyric acid	5	Urea	2
β-Alanine	15	N-Methyl urea	1.5

The mechanism of the amino acid synthesis is of interest if we are to extrapolate the results in this simple system to the primitive earth. It would be possible for the amino and hydroxy acids to be synthesized near the electrodes from the ions and free radicals produced by the electric discharge. However, the major products of the electric discharge are aldehydes and hydrogen cyanide. These react in the aqueous phase of the system to give amino and hydroxy nitriles, which are hydrolyzed to the amino and hydroxy acids (Strecker and cyanohydrin syntheses).

The β-alanine was not formed by this mechanism, but probably by the addition of ammonia to acrylonitrile, followed by hydrolysis to β-alanine. Similarly, the addition of hydrogen cyanide to acrylonitrile would give the succinic acid on hydrolysis.

This mechanism accounts for the fact that most of the amino acids produced were α-amino acids. As is well known, the amino acids in proteins are α-amino acids; and this raises the question whether the enzymatic and structural functions of proteins can be constructed only with α-amino acids. The answer to this question is not known, but it is possible that α-amino acids are present in protein because they were the only amino acids available for use when the origin of life took place, and they have persisted in proteins ever since.

The experiments on the mechanism of the electric discharge synthesis indicate that a special set of conditions or type of electric discharge is not required to obtain amino acids. Any process or combination of processes that yielded both aldehydes and hydrogen cyanide would have contributed to the amount of α-amino acids in the ocean of the primitive earth. Therefore, it is not fundamental whether the aldehydes and hydrogen cyanide came from ultraviolet light or from electric discharges, since both processes would contribute to the result. Possibly, the electric discharges were the principal source of hydrogen cyanide and that ultraviolet light was the principal source of aldehydes, so that the two processes complemented each other.

b. Ultraviolet Light.

It is clear from Table 3, p. 445, that the greatest source of energy on the primitive earth would have been ultraviolet light. The effective wavelengths are: $CH_4 < 1450$ Å, $H_2O < 1850$ Å, $NH_3 < 2250$ Å, $CO < 1545$ Å, $CO_2 < 1690$ Å, $N_2 < 1100$ Å and $H_2 < 900$ Å. These short wavelengths are difficult to work with in the laboratory, and hence less work has been done with this source of energy. One would expect that the results of the ultraviolet light experiments would be similar to the electric discharge experiments since similar free radicals would be formed.

GROTH and v. WEYSSENHOFF (36, 37) synthesized glycine from a mixture of methane, ammonia and water using the 1470 Å and 1295 Å lines of xenon. Glycine, alanine, α-aminobutyric acid, formic acid, acetic acid and propionic acid were synthesized from ethane, ammonia and water. The mechanism of the reaction was not determined. TERENIN (101) has obtained several amino acids from a mixture of methane, carbon monoxide, ammonia and water using the short wavelengths from a hydrogen lamp.

We can expect that a considerable amount of ultraviolet light of wavelengths longer than 2000 Å would have been absorbed in the oceans, even though much of this radiation would have been absorbed by the small quantities of organic compounds in the atmosphere. Few experiments have been performed which simulate these conditions.

The most important experiment of this form is ELLENBOGEN's work with a suspension of ferrous sulfide in aqueous ammonium chloride (26). Methane was bubbled through the solution, and ultraviolet light was the source of energy. This experiment gave an insoluble substance which showed absorptions in the infrared characteristic of peptides. Paper chromatography of a hydrolysate of this substance gave a number of spots with ninhydrin, of which phenylalanine, methionine, and valine were tentatively identified. In addition to the synthesis of amino acids, this experiment shows that peptides can be formed under primitive conditions.

BAHADUR (9–11) has reported the synthesis of amino acids by the action of sunlight on concentrated paraldehyde solutions containing ferric chloride and nitrate or ammonia as the source of nitrogen. PAVLOVSKAYA and PASYNSKIĬ (85) have synthesized a number of amino acids by the action of ultraviolet light on a 2.5% solution of formaldehyde containing ammonium chloride. Such high concentrations of formaldehyde could not have been present on the primitive earth. If such syntheses could work with 10^{-4} or 10^{-6} M-formaldehyde, then this type of synthesis might have been important, since formaldehyde would have been synthesized in the atmosphere by ultraviolet light and electric discharges.

c. Radioactivity and Cosmic Rays.

Because of the small amount of energy available, it is very unlikely that high energy radiation could be important in the synthesis of organic compounds on the primitive earth. A good deal of work has been done with these sources of energy, but the results will not be discussed here, even though some of these experiments claim to simulate primitive earth conditions.

For reviews, see MILLER and UREY (72) and SWALLOW (99).

d. Thermal Energy.

As pointed out before, the idea that the earth was formed in a molten state has been abandoned. During its formation from the cold cloud of cosmic dust, the earth would have tended to heat up due to the gravitational energy released during the condensation and to the heat released from the decay of radioactive elements. This is a very complex problem, and it is not known whether the surface of the earth was molten during any period of its formation. But it is clear that the crust could not have remained molten for any length of time. Studies on the concentration of certain volatile elements in the crust of the earth indicate that the temperature during this lengthy process was lower than 150° and was probably near present terrestrial temperatures (104). There were local areas of high temperature such as volcanoes, but the energy from this source is not only small but its availability is very low. A continuous source of energy is needed. It contributes little to the evolutionary process to have a lava flow at one point of the earth at one time and to have another flow on the opposite side of the earth years later.

In spite of this argument, Fox (28) has maintained that organic compounds were synthesized on the primitive earth by heat. He has converted a mixture of malic acid and urea to aspartic acid and ureido-succinic acid, and some of the aspartic acid was decarboxylated to α-alanine and β-alanine. Polypeptides have been synthesized by Fox by heating amino acids at 150–180° under anhydrous conditions. The yield increased in the presence of excess aspartic or glutamic acid. Uracil has been synthesized from malic acid, urea, and polyphosphoric acid by heating to 130° (28a).

This thermal synthesis of polypeptides presents difficulties in that amino acids are decarboxylated at elevated temperatures. In the case of alanine the reaction is:

$$CH_3\underset{\underset{NH_2}{|}}{C}HCOOH = CH_3CH_2NH_2 + CO_2$$

The half life time of alanine, one of the more stable amino acids, is about 10^{11} years at 25°, but is only 30 years at 150° (2). Therefore, any extensive heating of amino acids will decompose them, and the same is true of most organic compounds. Heating the amino acids for a short period of time will give peptides without decomposition, but it is difficult to see how short heating periods could have been obtained on an extensive scale on the primitive earth.

To answer this argument, Fox has shown that polymerization occurs at a low temperature (70°) if polyphosphoric acid is added to the mixture of amino acids. This solves the difficulties inherent in the use of high temperatures, but raises several other problems. which will be taken up under "General Comments" (p. 450).

e. Synthesis of Purines and Pyrimidines.

There has been no synthesis of these bases starting from the constituents of the primitive atmosphere. Oró (81) has synthesized adenine and possibly guanine and uracil by allowing ammonium cyanide to polymerize in aqueous solution. Glycine, alanine, and aspartic acid are also formed by the polymerization of ammonium cyanide (80). Hydrogen cyanide is readily produced from methane and ammonia (or nitrogen) by electric discharges and some other sources of energy. However, these experiments were performed in concentrated ammonium cyanide solutions (1.5 M) which could not have been present on the primitive earth. If this polymerization could take place in very dilute solutions of ammonium cyanide in the presence of other organic compounds, the reaction may have been an important source of purine and pyrimidine bases in primitive times.

f. General Comments.

Any attempt to investigate organic syntheses under simulated primitive earth conditions is subject to obvious limitations. Our knowledge of conditions on the primitive earth is uncertain, and, as the history of the subject shows, is liable to drastic revision from time to time as new data bearing on the history of the solar system accumulate. Furthermore, it is impossible to duplicate, or even approximate, the geological time scale or the variety of conditions and the secular changes in the conditions that occurred during the earth's history. But although the uncertainties are numerous, it does not follow that investigators may ignore the laws of chemical kinetics in experiments designed to throw light on the evolution of organic compounds on the earth. For this reason, one must view with scepticism "simulated primitive earth" experiments in which a few selected chemical compounds interact under conditions which could rarely, if ever, exist in nature. It does not follow, because a biologically interesting product is formed in such an experiment, that the same process occurred in nature. Only by the rashest extrapolation can systems be regarded as "primitive" which contain 2% paraformaldehyde, 1.5 M ammonium cyanide, anhydrous pure amino acids, with or without polyphosphoric acid, reagents dissolved in pyridine, etc. In systems such as these, the numerous side-reactions that under natural conditions would compete with, and possibly abolish, the one reaction of evolutionary interest, are eliminated by the selection of reactants. Furthermore, in such concentrated systems the product of interest may be formed by a third or higher order reaction; this would result in extremely small yields in natural, more dilute, solutions. It is possible, of course, that reactions discovered in artificial systems may have been significant in the chemical evolution on the earth. We do not wish to deny this, but simply to point out that in many instances this has been assumed without justification. In some instances it would be sufficient to carry out the reaction at much lower concentrations of reactants and to extrapolate the yield as a function of concentration to infinite dilution. In other cases, the effect of impurities, especially those that might be expected to alter the reaction products, should be tested.

6. Some Other Problems Connected with the Origin of Life.

a. The Origin of Optical Activity.

The presence of optically active organic compounds in living organisms is one of their most striking characteristics. When an organic compound containing an asymmetric carbon atom is found in an organism, only one of the optical isomers is present in almost all instances. The amino acids in proteins are not only optically active, but they all are in the L configuration. Amino acids of the D configuration do occur in antibiotics and some special bacterial proteins, but these exceptions usually involve a selective advantage to the organism, and its enzymes are still made up of L-amino acids.

It is almost certain that the presence of L-amino acids in all living organisms stems from the presence of L-amino acids in the most primitive organism from which all the others have evolved. The question is then, how this organism had obtained its optical specificity. Most of the explanations offered involve asymmetric syntheses, asymmetric decompositions, resolution of the racemic mixture by fractional crystallization, or pure chance (*14*).

For a review of these hypotheses, see WALD (*106*).

None of these explanations is satisfactory. Asymmetric syntheses and decompositions without the aid of optically specific enzymes require very special conditions and at best resolve the racemic mixture to a very slight extent. Fractional crystallizations also require carefully controlled conditions, and it is most unlikely that this would have occurred in the primitive oceans. In any case, there is the difficulty of disposing of the unwanted isomer. In addition, hydroxide ion catalyzes the racemization of optically active amino acids at a significant rate, and the rate of racemization for the amino acids in peptides is still much higher (*19*). Therefore, if there were processes for resolving the amino acids, the product would have been rapidly (in terms of the time available) racemized by hydroxide ion catalysis, even at $0°$ and pH 6.

A more reasonable explanation is that the presence of a single configuration of amino acids in proteins is of selective advantage to an organism. There are several possible advantages. The D-amino acids do not fit easily into a protein of L-amino acids coiled in an α-helix. The proteins might not function well with both the D and L isomers present. An organism metabolizing both isomers would need a double set of enzymes, one for the D and one for the L isomer, since an enzyme which is specific for a given amino acid would certainly be stereospecific. In a complex organism the "extra" enzymes might not be of great disadvantage, but for the first organism, which would consist of a minimum number of enzymes, the necessity of synthesizing "extra" enzymes would be a distinct disadvantage (*83*).

The problem of optical configuration also applies to the deoxyribose and ribose moieties of the nucleic acids. The pentoses are of the D configuration (at the number 4 carbon). There are also asymmetric centers which affect the structure of the polymer at the carbons 3 and 1. Unless the configuration is correct at these asymmetric carbons, there will be sufficient steric hindrance that the formation of a single strand of nucleic acid would be very difficult, and a double strand impossible. It is tempting to suggest that the optical activity of the individual amino acids is caused by the firm steric requirements for optical activity of the nucleic acids. This seems unlikely, however, because the amino acids are probably located at some distance from the asymmetric centers of the pentoses when they are polymerized to the protein. However, the spatial arrangement of amino acid and nucleic acid during polymerization is not known, and it is possible, although improbable, that there is some connection between them.

If we accept the hypothesis that it is a selective advantage to use only a single configuration of amino acids, the question arises as to why "all-*D*" organisms do not occur as well as the "all-*L*" organisms. An "all-*D*" organism would certainly function as well as an "all-*L*" organism. If life arose but once, then it could be either *D* or *L*, and it was by chance that on the earth it was *L*. If life began many times, then both *D* and *L* organisms would exist in about equal numbers. However, in the course of time an alteration (mutation) would occur in one form of organism, say *L*, to give it a selective advantage over *D* organisms. Such an advantage might be the ability to synthesize an essential amino acid or vitamin. With this advantage the *L* form would crowd out the *D* form. Since it is equally probable for an *L* or a *D* organism to obtain such advantage, we would expect that about half the planets with life on them would contain organisms with *D*-amino acids and the other half would have *L* organisms.

The preceding discussion follows closely that given by Wald (*106*).

b. Porphyrin Synthesis.

The synthesis of porphyrins is considered by many authors to be a necessary step for the origin of life. Porphyrins are not necessary for living processes if the organism obtains its energy requirements by the fermentation of sugars or other energy-yielding organic reactions.

According to the heterotrophic theory of the origin of life, the first organisms would derive their energy requirements from fermentations. The metabolism of sulfate, iron, N_2, hydrogen, and oxygen as well as photosynthesis appears to require porphyrins. Therefore, porphyrins probably would have to be synthesized before free energy could be derived from these compounds. While porphyrins may have been present in the environment before life began, this was apparently not a necessity; and porphyrins may have arisen during the evolution of primitive organisms.

c. Organic Phosphates.

GULICK (*38*) has pointed out that the synthesis of organic phosphates presents a difficult problem because phosphate precipitates as calcium and other phosphates under present earth conditions, and that the scarcity of phosphate often limits the growth of plants, especially in the oceans. He proposes that the presence of hypophosphites, which are more soluble, would account for higher concentrations of phosphorus compounds when the atmosphere was reducing. Thermodynamic calculations show that all lower oxidation states of phosphorus are unstable under any pressures of hydrogen that are reasonable It is possible that stronger reducing agents than hydrogen reduced the phosphate or that some process other than reduction solubilized the calcium phosphate. This problem deserves careful attention.

d. Oxygen.

It is a rather common misconception that oxygen is necessary for life to exist. Since there are numerous anaerobic organisms, oxygen is clearly not essential for life. Oxygen may well be required for the evolution of higher forms, however, because of the greater free energy per gram of nutrient available in oxidative metabolism.

IV. Space Research and the Origin of Life.

In this survey of current views on the origin of life, we have pointed out some of the gaps in our present knowledge which must be filled before a satisfactory theory can be hoped for. There are many such unanswered questions in biology, biochemistry, cosmology, and geochemistry. Recent developments in space technology open the possibility of finding answers to some of these questions in a more direct way and perhaps sooner than was considered possible even a few years ago.

Within the foreseeable future, instrumented rockets from the earth will explore the moon and the nearest planets, Venus and Mars. Many new scientific problems will present themselves for study in space, but none is more important than the question of whether life exists on other planets. The discovery of life on another planet would be one of the momentous events in human history. It could tell us more about the origin of life on the earth than any other discovery, except the synthesis of living matter in the laboratory. Perhaps the most fundamental biological question that space exploration could answer is whether a form of living matter is possible which is not based on nucleic acids and proteins. Some of the implications of this question have been discussed by LEDERBERG (*59*). It may also be possible to test experimentally

Arrhenius' panspermia theory (p. 424). Although it seems far less plausible today than when it was first advanced, this theory will have to be re-examined closely if life similar to our own in chemical organization is found on Mars or Venus.

Although the possibility of detecting and studying life on other planets is the most exciting aspect of space exploration, the biological importance of space research is not limited to the study of extra-terrestrial life. Even if no life is found on them, the possibility of examining the organic compounds in other celestial bodies may yield invaluable evidence bearing on the origin of life on the earth. Such sterile worlds could well provide unique clues to the organic chemical processes which preceded the development of life on the earth. The recent observations of Sinton (95) on Mars and of Kozyrev (58) on the moon suggest the possibility that large-scale chemical processes involving carbon are taking place on these bodies. A variety of hydrocarbons has been found in carbonaceous chondrites (meteorites containing several per cent of carbon) (20a). These hydrocarbons are similar to hydrocarbons of biological origin found in recent marine sediments. It has been suggested that the meteoritic hydrocarbons are of biological origin (76). Finally, Sagan (90) has pointed out that the moon may be the repository of large quantities of pre-biological organic matter.

It is beyond the scope of this article to elaborate on these and other findings related to the possibility of organic chemical evolution on the moon and planets. It may well be, however, that the study of the problem of the origin of life is entering a new phase in which speculations will be submitted to a direct test.

References.

1. Abelson, P. H.: Amino Acids Formed in "Primitive Atmospheres". Science (Washington) 124, 935 (1956).
2. — Paleobiochemistry and Organic Geochemistry. Fortschr. Chem. organ. Naturstoffe 17, 379 (1959).
3. Akabori, S.: On the Origin of the Fore-Protein. In (78), p. 189.
4. Alexander, H. E. and G. Leidy: Determination of Inherited Traits of H. influenzae by Desoxyribonucleic Acid Fractions Isolated from Type-Specific Cells. J. exp. Medicine 93, 345 (1951).
5. Allison, A. C.: Protection Afforded by Sickle-Cell Trait Against Subtertian Malarial Infection. Brit. Med. J. 1954, 290.
6. Anfinsen, C. B.: The Molecular Basis of Evolution. New York: John Wiley and Sons, Inc. 1959.
7. Arrhenius, S.: Worlds in the Making. New York: Harper. 1908.
8. Avery, O. T., C. M. MacLeod and M. McCarty: Studies on the Chemical Nature of the Substance Inducing Transformation of Pneumococcal Types. J. exp. Medicine 79, 137 (1944).
9. Bahadur, K.: Photosynthesis of Amino Acids from Paraformaldehyde and Potassium Nitrate. Nature (London) 173, 1141 (1954).

10. BAHADUR, K.: The Reactions Involved in the Formation of Compounds Preliminary to the Synthesis of Protoplasm and Other Materials of Biological Importance. In (*78*), p. 140.

11. BAHADUR, K., S. RANGANAYAKI and L. SANTAMARIA: Photosynthesis of Amino Acids from Paraformaldehyde Involving the Fixation of Nitrogen in the Presence of Colloidal Molybdenum Oxides, as Catalyst. Nature (London) **182**, 1668 (1958).

12. BARGHOORN, E. S.: Origin of Life. Geol. Soc. Amer., Memoirs No. **67**, 2, 75 (1957).

13. BEADLE, G. W.: Biochemical Genetics. Chem. Rev. **37**, 15 (1945).

14. — Evolution in Microorganisms, with Special Reference to the Fungi. Accad. naz. Lincei, Roma **47**, 301 (1960).

15. BERG, P.: Specificity in Protein Synthesis. Annu. Rev. Biochem. **30**, 293 (1961).

16. BERGER, R.: The Proton Irradiation of Methane, Ammonia, and Water at 77° K. Proc. Nat. Acad. Sci. (USA) **47**, 1434 (1961).

17. BERNAL, J. D.: The Physical Basis of Life. London: Routledge and Kegan Paul. 1951.

18. BONNER, J.: Structure and Origin of the Ribosomes. In: R. J. C. HARRIS, Protein Biosynthesis, p. 323. New York: Academic Press. 1961.

19. BOVARNICK, M. and H. T. CLARKE: Racemization of Tripeptides and Hydantoins. J. Amer. Chem. Soc. **60**, 2426 (1938).

20. BRENNER, S., F. JACOB and M. MESELSON: An Unstable Intermediate Carrying Information from Genes to Ribosomes for Protein Synthesis. Nature (London) **190**, 576 (1961).

20 a. BROWN, H.: The Carbon Cycle in Nature. Fortschr. Chem. organ. Naturstoffe **14**, 317 (1957).

21. CAVALIERI, L. F., B. H. ROSENBERG and J. F. DEUTSCH: The Subunit of Deoxyribonucleic Acid. Biochem. Biophys. Res. Comm. **1**, 124 (1959).

22. CRAWFORD, I. P. and C. YANOFSKY: On the Separation of the Tryptophan Synthetase of *Escherichia coli* into Two Protein Components. Proc. Nat. Acad. Sci. (USA) **44**, 1161 (1958).

23. CROW, J. F.: Darwin's Influence on the Study of Genetics and the Origin of Life. In: M. R. WHEELER, Biological Contributions, p. 49. Austin: Univ. Texas. 1959.

24. DAVIDSON, J. N.: The Biochemistry of the Nucleic Acids. London: Methuen and Co., Ltd. 3rd ed. 1957.

25. DEMEREC, M. and P. E. HARTMAN: Complex Loci in Microorganisms. Annu. Rev. Microbiol. **13**, 377 (1959).

26. ELLENBOGEN, E.: Photochemical Synthesis of Amino Acids. Abstr. Amer. Chem. Soc. Meeting, Chicago (1955), p. 47 C; and personal communications.

27. FOWLER, W. A., J. L. GREENSTEIN and F. HOYLE: Deuteronomy: Synthesis of Deuterons and the Light Nuclei During the Early History of the Solar System. Amer. J. Physics **29**, 393 (1961).

28. FOX, S. W.: How Did Life Begin? Science (Washington) **132**, 200 (1960).

28 a. FOX, S. W. and K. HARADA: Synthesis of Uracil under Conditions of a Thermal Model of Prebiological Chemistry. Science (Washington) **133**, 1923 (1961).

29. FRAENKEL-CONRAT, H.: The Role of the Nucleic Acid in the Reconstitution of Active Tobacco Mosaic Virus. J. Amer. Chem. Soc. **78**, 882 (1956).

30. FRAENKEL-CONRAT, H. and B. SINGER: Virus Reconstitution. II. Combination of Protein and Nucleic Acid from Different Strains. Biochim. Biophys. Acta **24**, 540 (1957).

31. Freese, E.: On the Molecular Explanation of Spontaneous and Induced Mutations. Brookhaven Sympos. Biol. **12**, 63 (1959).
32. Garrison, W. M., D. C. Morrison, J. G. Hamilton, A. A. Benson and M. Calvin: Reduction of Carbon Dioxide in Aqueous Solutions by Ionizing Radiation. Science (Washington) **114**, 416 (1951).
33. Gierer, A. and G. Schramm: Infectivity of Ribonucleic Acid from Tobacco Mosaic Virus. Nature (London) **177**, 702 (1956).
34. Glasel, J.: Stabilization of NH in Hydrocarbon Matrices and its Relation to Cometary Phenomena. Proc. Nat. Acad. Sci. (USA) **47**, 174 (1961).
35. Gros, F., H. Hiatt, W. Gilbert, C. G. Kurland, R. W. Risebrough and J. D. Watson: Unstable Ribonucleic Acid Revealed by Pulse Labelling of *Escherichia coli*. Nature (London) **190**, 581 (1961).
36. Groth, W. und H. v. Weyssenhoff: Photochemische Bildung von Amino-säuren aus Mischungen einfacher Gase. Naturwiss. **44**, 510 (1957).
37. — — Photochemical Formation of Organic Compounds from Mixtures of Simple Gases. Planet. Space Science **2**, 79 (1960); Ann. Physik **4**, 70 (1959).
38. Gulick, A.: Phosphorus and the Origin of Life. Ann. N. Y. Acad. Sci. **69**, 309 (1957); Amer. Scientist **43**, 479 (1955).
39. Hardin, G.: Darwin and the Heterotroph Hypothesis. Sci. Monthly **70**, 178 (1950).
40. Hershey, A. D. and M. Chase: Independent Functions of Viral Proteins and Nucleic Acid in Growth of Bacteriophage. J. Gen. Physiol. **36**, 39 (1952).
41. Heyns, K., W. Walter und E. Meyer: Modelluntersuchungen zur Bildung organischer Verbindungen in Atmosphären einfacher Gase durch elektrische Entladungen. Naturwiss. **44**, 385 (1957).
42. Hoagland, M. B.: The Relationship of Nucleic Acid and Protein Synthesis as Revealed by Studies in Cell Free Systems. In: E. Chargaff and J. N. Davidson, The Nucleic Acids, Vol. 3, p. 349. New York: Academic Press, Inc. 1960.
43. Holmes, A.: The Oldest Dated Minerals of the Rhodesian Shield. Nature (London) **173**, 612 (1954).
44. Horowitz, N. H.: On the Evolution of Biochemical Syntheses. Proc. Nat. Acad. Sci. (USA) **31**, 153 (1945).
45. — Biochemical Genetics of Neurospora. Adv. Genetics **3**, 33 (1950).
46. Horowitz, N. H. and M. Fling: The Role of the Genes in the Synthesis of Enzymes. In: O. Gaebler, Enzymes: Units of Biological Structure and Function, p. 139. New York: Academic Press, Inc. 1956.
47. Horowitz, N. H., M. Fling, H. MacLeod and N. Sueoka: A Genetic Study of Two New Structural Forms of Tyrosinase in Neurospora. Genetics **46**, 1015 (1961).
48. Horowitz, N. H. and U. Leupold: Some Recent Studies Bearing on the One Gene-One Enzyme Hypothesis. Cold Spring Harbor Sympos. Quant. Biol. **16**, 65 (1951).
49. Hotchkiss, R. D.: The Biological Role of the Deoxypentose Nucleic Acids. In: E. Chargaff and J. N. Davidson, The Nucleic Acids, Vol. 2, p. 435. New York: Academic Press, Inc. 1955.
50. Hotchkiss, R. D. and J. Marmur: Double Marker Transformations as Evidence of Linked Factors in Desoxyribonucleate Transforming Agents. Proc. Nat. Acad. Sci. (USA) **40**, 55 (1954).
51. Hurwitz, J., A. Bresler and R. Diringer: The Enzymatic Incorporation of Ribonucleotides into Polyribonucleotides and the Effect of DNA. Biochem. Biophys. Res. Comm. **3**, 15 (1960).

52. INGRAM, V. M.: Abnormal Human Haemoglobins. I. The Comparison of Normal Human and Sickle-Cell Haemoglobins by "Fingerprinting". Biochem. Biophys. Acta **28**, 539 (1958).

53. — Gene Evolution and the Haemoglobins. Nature (London) **189**, 704 (1961).

54. ITANO, H. A.: The Human Hemoglobins: Their Properties and Genetic Control. Adv. Protein Chem. **12**, 215 (1957).

55. ITANO, H. A. and E. ROBINSON: Genetic Control of the α- and β-Chains of Hemoglobin. Federat. Proc. (Amer. Soc. exp. Biol.) **19**, 193 (1960).

55a. KENDREW, J. C., R. E. DICKERSON, B. E. STRANDBERG, R. G. HART, D. R. DAVIES, D. C. PHILIPS and V. C. SHORE: Structure of Myoglobin. Nature (London) **185**, 422 (1960).

56. KLUG, A. and D. L. D. CASPAR: The Structure of Small Viruses. Adv. Virus Res. **7**, 225 (1960).

57. KORNBERG, A.: Biologic Synthesis of Deoxyribonucleic Acid. Science (Washington) **131**, 1503 (1960).

58. KOZYREV, N. A.: Observation of a Volcanic Process on the Moon. Sky and Telescope (Harvard College Observatory) **18**, 184 (1959).

59. LEDERBERG, J.: Exobiology: Approaches to Life Beyond the Earth. Science (Washington) **132**, 393 (1960).

60. LEDERBERG, J. and D. B. COWIE: Moondust. Science (Washington) **127**, 1473 (1958).

61. LEHMAN, I. R.: Enzymatic Synthesis of Desoxyribonucleic Acid. Ann. N. Y. Acad. Sci. **81**, 745 (1959).

62. LEWIS, E. B.: Pseudoallelism and Gene Evolution. Cold Spring Harbor Sympos. Quant. Biol. **16**, 159 (1951).

63. LITMAN, R. M. et H. EPHRUSSI-TAYLOR: Inactivation et mutation des facteurs génétiques de l'acide désoxyribonucléique du Pneumocoque par l'ultraviolet et par l'acide nitreux. C. R. hebd. Séances Acad. Sci. **249**, 838 (1959).

64. LOTKA, A. J.: Elements of Physical Biology. Baltimore: Williams and Wilkins Co. 1925.

65. MACGREGOR, A. M.: A Precambrian Algal Limestone in Southern Rhodesia. Geol. Soc. South Africa, Trans. **43**, 9 (1940).

66. MARMUR, J. and R. D. HOTCHKISS: Mannitol Metabolism, a Transferable Property of Pneumococcus. J. Biol. Chem. **214**, 383 (1955).

66a. MATTHAEI, J. H., O. W. JONES, R. G. MARTIN and M. W. NIRENBERG: Characteristics and Composition of Coding Units. Proc. Nat. Acad. Sci. (USA) **48**, 666 (1962).

67. MESELSON, M. and F. W. STAHL: The Replication of DNA in *Escherichia coli*. Proc. Nat. Acad. Sci. (USA) **44**, 671 (1958).

68. MILLER, S. L.: A Production of Amino Acids Under Possible Primitive Earth Conditions. Science (Washington) **117**, 528 (1953).

69. — The Mechanism of Synthesis of Amino Acids by Electric Discharges. Biochem. Biophys. Acta **23**, 480 (1957).

70. — Production of Organic Compounds Under Possible Primitive Earth Conditions. J. Amer. Chem. Soc. **77**, 2351 (1957).

71. — The Formation of Organic Compounds on the Primitive Earth. Ann. N. Y. Acad. Sci. **69**, 260 (1957); also in (*78*), p. 123.

72. MILLER, S. L. and H. C. UREY: Organic Compound Synthesis on the Primitive Earth. Science (Washington) **130**, 245 (1959).

73. MULLER, H. J.: Variation Due to Change in the Individual Gene. Amer. Naturalist **56**, 32 (1922).

74. Muller, H. J.: The Gene as the Basis of Life. Proc. Intern. Congr. Plant Science, Ithaca 1, 897 (1929).

75. Mundry, K. W. und A. Gierer: Die Erzeugung von Mutanten des Tabakmosaikvirus durch chemische Behandlung der Nukleinsäure in vitro. Z. Vererbungslehre 89, 614 (1958).

76. Nagy, B., W. G. Meinschein and D. J. Hennessy: Mass Spectroscopic Analysis of the Orgueil Meteorite: Evidence for Biogenic Hydrocarbons. Ann. N. Y. Acad. Sci. 93, 25 (1961).

76a. Nirenberg, M. W. and J. H. Matthaei: The Dependence of Cell-free Protein Synthesis in E. coli upon Naturally Occurring or Synthetic Polyribonucleotides. Proc. Nat. Acad. Sci. (USA) 47, 1588 (1961).

77. Oparin, A. I.: The Origin of Life on the Earth. Edinburgh: Oliver and Boyd. 3rd Ed. 1957.

78. Oparin, A. I., A. E. Braunshtein, A. G. Pasynskiĭ and T. E. Pavlovskaya (editors): Proceedings of the First International Symposium on the Origin of Life on the Earth. New York: Pergamon Press. 1959.

79. Oró, J.: Comets and the Formation of Biochemical Compounds on the Primitive Earth. Nature (London) 190, 389 (1961).

80. Oró, J. and S. S. Kamat: Amino Acid Synthesis from Hydrogen Cyanide Under Possible Primitive Earth Conditions. Nature (London) 190, 442 (1961).

81. Oró, J. and A. P. Kimball: Synthesis of Purines Under Possible Primitive Earth Conditions. I. Synthesis of Adenine. Arch. Biochem. Biophys. 94, 217 (1961).

82. Pasteur, L.: Mémoire sur les corpuscules organisés qui existent dans l'atmosphère. Examen de la doctrine des générations spontanées. Dans: P. Vallery-Radot, Oeuvres de Pasteur, vol. 2, p. 210. Paris: Masson et Cie. 1922.

83. Pauling, L.: Discussion in (78), p. 182.

83a. Pauling, L. and R. B. Corey: Specific Hydrogen-Bond Formation Between Pyrimidines and Purines in Deoxyribonucleic Acids. Arch. Biochem. Biophys. 65, 164 (1956).

84. Pauling, L., H. A. Itano, S. J. Singer and I. C. Wells: Sickle Cell Anemia, a Molecular Disease. Science (Washington) 110, 543 (1949).

85. Pavlovskaya, T. E. and A. G. Pasynskiĭ: The Original Formation of Amino Acids Under the Action of Ultraviolet Rays and Electric Discharges. In (78), p. 151.

85a. Perutz, M. F., M. G. Rossmann, A. F. Cullis, H. Muirhead, G. Will and A. C. T. North: Structure of Haemoglobin. A Three-dimensional Fourier Synthesis at 5.5 Å. Resolution, Obtained by X-Ray Analysis. Nature (London) 185, 416 (1960).

86. Pirie, N. W.: The Meaninglessness of the Terms Life and Living. In: J. Needham and D. E. Green, Perspectives in Biochemistry, p. 11. Cambridge Univ. Press. 1937.

87. Potter, Van R.: Nucleic Acid Outlines. Minneapolis: Burgess Publ. Co. 1960.

88. Rabinowitch, E. I.: Photosynthesis and Related Processes, Vol. I, p. 81. New York: Interscience Publ. 1945.

89. Rubey, W. W.: Development of the Hydrosphere and Atmosphere, with Special Reference to Probable Composition of the Early Atmosphere. Geol. Soc. Amer., Special Paper No. 62, 631 (1955).

90. Sagan, C.: Indigenous Organic Matter on the Moon. Proc. Nat. Acad. Sci. (USA) 46, 393 (1960).

91. Shapley, H.: Of Stars and Men. Boston: Beacon Press. 1958.

92. Siegel, S. M.: Catalytic and Polymerization-Directing Properties of Mineral Surfaces. Proc. Nat. Acad. Sci. (USA) 43, 811 (1957).

93. Sinsheimer, R. L.: The Biochemistry of Genetic Factors. Annu. Rev. Biochem. 29, 503 (1960).

94. — Bacteriophage With Single-Stranded Deoxyribonucleic Acid. Federat. Proc. (Amer. Soc. exp. Biol.) 20, 661 (1961).

95. Sinton, W. M.: Further Evidence of Vegetation on Mars. Science (Washington) 130, 1234 (1959).

95a. Speyer, J. F., P. Lengyel, C. Basilio and S. Ochoa: Synthetic Polynucleotides and the Amino Acid Code. IV. Proc. Nat. Acad. Sci. (USA) 48, 441 (1962).

96. Spizizen, J.: Genetic Activity of Deoxyribonucleic Acid in the Reconstitution of Biosynthetic Pathways. Federat. Proc. (Amer. Soc. exp. Biol.) 18, 957 (1959).

97. Stadler, L. J. and F. M. Uber: Genetic Effects of Ultraviolet Radiation in Maize. IV. Comparison of Monochromatic Radiations. Genetics 27, 84 (1942).

98. Stevens, A.: Incorporation of the Adenine Ribonucleotide into RNA by Cell Fractions from E. coli B. Biochem. Biophys. Res. Comm. 3, 92 (1960).

99. Swallow, A. J.: Radiation Chemistry of Organic Compounds. New York: Pergamon Press. 1960.

100. Taylor, J. H., P. S. Woods and W. L. Hughes: The Organization and Duplication of Chromosomes as Revealed by Autoradiographic Studies Using Tritium-Labeled Thymidine. Proc. Nat. Acad. Sci. (USA) 43, 122 (1957).

101. Terenin, A. N.: Photosynthesis in the Shortest Ultraviolet. In (78), p. 136.

102. Urey, H. C.: The Planets, their Origin and Development. New Haven, Conn.: Yale Univ. Press. 1952.

103. — On the Early Chemical History of the Earth and the Origin of Life. Proc. Nat. Acad. Sci. (USA) 38, 351 (1952).

104. — On the Concentration of Certain Elements at the Earth's Surface. Proc. Roy. Soc. (London) 219 A, 281 (1953).

105. — The Atmospheres of the Planets. In: S. Flügge, Handbuch der Physik, Bd. 52, S. 363. Berlin: Springer-Verlag. 1959.

106. Wald, G.: The Origin of Optical Activity. Ann. N. Y. Acad. Sci. 69, 352 (1957).

107. Wang, J. H.: Hemoglobin Studies. II. A Synthetic Material with Hemoglobin-like Property. J. Amer. Chem. Soc. 80, 3168 (1958).

108. Watson, H. C. and J. C. Kendrew: Comparison Between the Amino-Acid Sequences of Sperm Whole Myoglobin and of Human Haemoglobin. Nature (London) 190, 670 (1961).

109. Watson, J. D. and F. H. C. Crick: Molecular Structure of Nucleic Acids. A Structure for Deoxyribose Nucleic Acid. Nature (London) 171, 737 (1953).

109a. — — Genetical Implications of the Structure of Deoxyribonucleic Acid. Nature (London) 171, 964 (1953).

110. Weiss, S. B. and T. Nakamotu: On the Participation of DNA in RNA Biosynthesis. Proc. Nat. Acad. Sci. (USA) 47, 694 (1961).

111. Wright, S.: Color Inheritance in Mammals. J. Hered. 8, 224 (1917).

(Received, November 15, 1961.)

Namenverzeichnis. Index of Names. Index des Auteurs.

Sachverzeichnis. Index of Subjects. Index des Matières.

31*

SPRINGER-VERLAG IN WIEN

Fortschritte der Chemie organischer Naturstoffe. Progress in the Chemistry of Organic Natural Products. Progrès dans la chimie des substances organiques naturelles. Herausgegeben von L. Zechmeister, California Institute of Technology, Pasadena, California, U. S. A.

Bisher erschienen:

Erster Band: Mit 41 Abbildungen im Text. VI, 371 Seiten. Gr.-8⁰. 1938.
Ganzleinen S 348.—, DM 72.25, sfr. 74.—, $ 17.20

Zweiter Band: Mit 24 Abbildungen im Text. VII, 366 Seiten. Gr.-8⁰. 1939.
Ganzleinen S 348.—, DM 72.25, sfr. 74.—, $ 17.20

Dritter Band: Mit 10 Abbildungen im Text. VI, 252 Seiten. Gr.-8⁰. 1939.
Ganzleinen S 264.—, DM 55.45, sfr. 56.80, $ 13.20

Vierter Band: Mit 47 Abbildungen im Text. VIII, 499 Seiten. Gr.-8⁰. 1945.
Ganzleinen S 474.—, DM 99.10, sfr. 101.50, $ 23.60

Fünfter Band: Mit 34 Abbildungen. VIII, 417 Seiten. Gr.-8⁰. 1948.
Ganzleinen S 305.—, DM 50.40, sfr. 52.20, $ 12.—

Sechster Band: Mit 32 Abbildungen. VIII, 392 Seiten. Gr.-8⁰. 1950.
Ganzleinen S 338.—, DM 55.80, sfr. 57.80, $ 13.30

Siebenter Band: Mit 12 Abbildungen. VII, 330 Seiten. Gr.-8⁰. 1950.
Ganzleinen S 325.—, DM 53.70, sfr. 55.50, $ 12.80

Achter Band: Mit 47 Abbildungen. XI, 400 Seiten. Gr.-8⁰. 1951.
Ganzleinen S 427.—, DM 70.50, sfr. 72.20, $ 16.80

Neunter Band: Mit 20 Abbildungen. XI, 535 Seiten. Gr.-8⁰. 1952.
Ganzleinen S 498.—, DM 82.50, sfr. 84.50, $ 19.60

Zehnter Band: Mit 19 Abbildungen. IX, 529 Seiten. Gr.-8⁰. 1953.
Ganzleinen S 498.—, DM 83.—, sfr. 85.—, $ 19.80

Über den Inhalt der zehn Bände erteilt der Verlag bereitwilligst Auskunft.

Elfter Band: Mit 67 Abbildungen. VIII, 457 Seiten. Gr.-8⁰. 1954.
Ganzleinen S 448.—, DM 74.80, sfr. 77.40, $ 18.—

Inhalt: **Peat, S.** Starch: Its Constitution, Enzymic Synthesis and Degradation. — **Freudenberg, K.** Neuere Ergebnisse auf dem Gebiete des Lignins und der Verholzung. — **Inhoffen, H. H.,** und **K. Brückner.** Probleme und neuere Ergebnisse in der Vitamin-D-Chemie. — **Schmid, H.** Natürlich vorkommende Chromone. — **Pauling, L.,** and **R. B. Corey.** The Configuration of Polypeptide Chains in Proteins. — **Schroeder, W. A.** Column Chromatography in the Study of the Structure of Peptides and Proteins. — **Lemberg, R.** Porphyrins in Nature. — **Albert, A.** The Pteridines.

Zwölfter Band: Mit 15 Abbildungen. X, 550 Seiten. Gr.-8⁰. 1955.
Ganzleinen S 497.—, DM 82.80, sfr. 85.10, $ 19.80

Inhalt: **Haagen-Smit, A. J.** Sesquiterpenes and Diterpenes. — **Jones, E. R. H.,** and **T. G. Halsall.** Tetracyclic Triterpenes. — **Tschesche, R.** Neuere Vorstellungen auf dem Gebiete der Biosynthese der Steroide und verwandter Naturstoffe. — **Haxo, F. T.** Some Biochemical Aspects of Fungal Carotenoids. — **Warren, F. L.** The Pyrrolizidine Alkaloids. — **Thompson, E. O. P.,** and **A. R. Thompson.** Paper Chromatography in the Study of the Structure of Peptides and Proteins. — **Roche, J.,** et **R. Michel.** Acides aminés iodés et iodoprotéines. — **Slotta, K.** Chemistry and Biochemistry of Snake Venoms. — **Beadle, G. W.** Gene Structure and Gene Action.

Weitere Bände siehe nächste Seite!

Zu beziehen durch Ihre Buchhandlung

Fortsetzung von vorhergehender Seite

Dreizehnter Band: Mit 48 Abbildungen. XII, 624 Seiten. Gr.-8°. 1956.
Ganzleinen S 645.—, DM 107.50, sfr. 110.10, $ 25.60

Inhalt: **Cole, A. R. H.** Infrared Spectra of Natural Products. — **Schmidt, O. Th.** Gallotannine und Ellagen-Gerbstoffe. — **Tamm, Ch.** Neuere Ergebnisse auf dem Gebiete der glykosidischen Herzgifte: Grundlagen und die Aglykone. — **Nozoe, T.** Natural Tropolones and Some Related Troponoids. — **Price, J. R.** Alkaloids Related to Anthranilic Acid. — **Chatterjee, A., S. C. Pakrashi** and **G. Werner.** Recent Developments in the Chemistry and Pharmacology of Rauwolfia Alkaloids. — **Graßmann, W.,** und **E. Wünsch.** Synthese von Peptiden.

Vierzehnter Band: Mit 38 Abbildungen. VIII, 377 Seiten. Gr.-8°. 1957.
Ganzleinen S 450.—, DM 75.—, sfr. 76.80, $ 17.85

Inhalt: **Bohlmann, F.,** und **H. J. Mannhardt.** Acetylenverbindungen im Pflanzenreich. — **Tamm, Ch.** Neuere Ergebnisse auf dem Gebiete der glykosidischen Herzgifte: Zucker und Glykoside. — **Brockmann, H.** Photodynamisch wirksame Pflanzenfarbstoffe. — **Birch, A. J.** Biosynthetic Relations of Some Natural Phenolic and Enolic Compounds. — **Sobotka, H., N. Barsel** and **J. D. Chanley.** The Aminochromes. — **Morton, R. A.,** and **G. A. J. Pitt.** Visual Pigments. — **Brown, H.** The Carbon Cycle in Nature.

Fünfzehnter Band: Mit 81 Abbildungen. VI, 244 Seiten. Gr.-8°. 1958.
Ganzleinen S 246.—, DM 41.—, sfr. 42.—, $ 9.75

Inhalt: **Schlubach, H. H.** Der Kohlenhydratstoffwechsel der Gräser. — **Zechmeister, L.** Some in vitro Conversions of Naturally Occurring Carotenoids. — **Hartwell, J. L.,** and **A. W. Schrecker.** The Chemistry of Podophyllum. — **Hodgkin, Dorothy Crowfoot.** X-ray Analysis and the Structure of Vitamin B_{12}.

Sechzehnter Band: Mit 27 Abbildungen. VI, 226 Seiten. Gr.-8°. 1958.
Ganzleinen S 240.—, DM 40.—, sfr. 41.—, $ 9.50

Inhalt: **Freudenberg, K.,** und **K. Weinges.** Catechine, andere Hydroxy-flavane und Hydroxy-flavene. — **Wiesner, K.,** and **Z. Valenta.** Recent Progress in the Chemistry of the Aconite-Garrya Alkaloids. — **Tamelen, E. E. van.** Structural Chemistry of Actinomycetes Antibiotics. — **Bonner, J.** Protein Synthesis in Plants. — **Kuhn, H.** The Electron Gas Theory of the Color of Natural and Artificial Dyes: Problems and Principles.

Siebzehnter Band: Mit 57 Abbildungen. X, 515 Seiten. Gr.-8°. 1959.
Ganzleinen S 498.60, DM 83.10, sfr. 85.10, $ 19.80

Inhalt: **Venkataraman, K.** Flavones und Isoflavones. — **Inhoffen, H. H.,** und **K. Irmscher.** Fortschritte der Chemie der Vitamine D und ihrer Abkömmlinge. — **Korte, F., H. Barkemeyer** und **I. Korte.** Neuere Ergebnisse der Chemie pflanzlicher Bitterstoffe. — **Bernauer, K.** Alkaloide aus Calebassencurare und südamerikanischen Strychnosarten. — **Stowe, B. B.** Occurrence and Metabolism of Simple Indoles in Plants. — **Dimond, A. E.** Some Biochemical Aspects of Disease in Plants. — **Schroeder, W. A.** The Chemical Structure of the Normal Human Hemoglobins. — **Abelson, Ph. H.** Paleobiochemistry and Organic Geochemistry. — **Kuhn, H.** The Electron Gas Theory of the Color of Natural and Artificial Dyes: Applications and Extensions.

Achtzehnter Band: Mit 65 Abbildungen. X, 600 Seiten. Gr.-8°. 1960.
Ganzleinen S 618.—, DM 103.—, sfr. 105.50, $ 24.50

Inhalt: **Brockmann, H.** Die Actinomycine. — **Pailer, M.** Natürlich vorkommende Nitroverbindungen. — **Thoai, N. van** et **J. Roche.** Dérivés guanidiques biologiques. — **Kjaer, A.** Naturally Derived *iso*Thiocyanates (Mustard Oils) and Their Parent Glucosides. — **Völker, O.** Die Farbstoffe im Gefieder der Vögel. — **Zechmeister, L.** *Cis-trans* Isomeric Carotenoid Pigments. — **Brian, P. W., J. F. Grove** and **J. MacMillan.** The Gibberellins. — **Williams, J. W.** Selected Subjects in Sedimentation Analysis, with Some Applications to Biochemistry. — **Heidelberger, M.** Structure and Immunological Specificity of Polysaccharides.

Neunzehnter Band: Mit 16 Abbildungen. VIII, 420 Seiten. Gr.-8°. 1961.
Ganzleinen S 490.—, DM 78.—, sfr. 83.90, $ 19.50

Inhalt: **Šorm, F.** Medium-ring Terpenes. — **Nozoe, T.,** and **S. Itô.** Recent Advances in the Chemistry of Azulenes and Natural Hydroazulenes. — **Crombie, L.,** and **M. Elliott.** Chemistry of Natural Pyrethrins. — **Barton, D. H. R.,** and **G. A. Morrison.** Conformational Analysis of Steroids and Related Natural Products. — **Van Tamelen, E. E.** Biogenetic-type Syntheses of Natural Products. — **Schlubach, H. H.** Der Kohlenhydratstoffwechsel im Roggen und Weizen. — **Courtois, J. E.,** et **A. Lino.** Les phosphatases des végétaux supérieurs: répartition et action.